U0175488

中国北方地区极端气候的变化及成因

王会军　等 著

内 容 简 介

本书介绍了国家重点研发计划项目“中国北方地区极端气候的变化及成因研究”的研究成果，这些成果揭示了中国北方极端气候年际和年代际尺度的时空演变特征、主要物理过程和动力学机制，构建了中国北方极端气候变化机制的概念模型；发展了新的预测理论和方法，构建了适用于中国北方极端气候的高分辨率动力嵌套预测系统及统计与动力相结合的预测模型；发展了机制研究和模式模拟相结合的方法，预估了中国北方极端气候的未来演变趋势。本书内容涵括中国北方地区极端气候（高温、干旱、低温、暴雪、极端降水与洪涝）的年际年代际变异规律和物理机制，极端气候预测新理论新方法与应用，极端气候未来变化预估等。本书可供从事大气科学、海洋科学、环境科学等专业的研究人员和业务工作者参考，也适合各类高等院校相关专业师生阅读。

图书在版编目（CIP）数据

中国北方地区极端气候的变化及成因 / 王会军等著. -- 北京 : 气象出版社, 2022.4
ISBN 978-7-5029-7661-3

Ⅰ. ①中… Ⅱ. ①王… Ⅲ. ①北方地区－气候变化－研究－中国 Ⅳ. ①P467

中国版本图书馆CIP数据核字(2022)第017319号

审图号：GS(2022)1081 号

中国北方地区极端气候的变化及成因
Zhongguo Beifang Diqu Jiduan Qihou de Bianhua ji Chengyin

出版发行：气象出版社
地　　址：北京市海淀区中关村南大街 46 号　　**邮政编码**：100081
电　　话：010-68407112(总编室)　010-68408042(发行部)
网　　址：http://www.qxcbs.com　　**E-mail**：qxcbs@cma.gov.cn
责任编辑：黄红丽　　**终　　审**：吴晓鹏
责任校对：张硕杰　　**责任技编**：赵相宁
封面设计：博雅锦
印　　刷：北京地大彩印有限公司
开　　本：787 mm×1092 mm　1/16　　**印　　张**：19.25
字　　数：486 千字
版　　次：2022 年 4 月第 1 版　　**印　　次**：2022 年 4 月第 1 次印刷
定　　价：190.00 元

著者名单

王会军　孙建奇　陈海山　高学杰　周波涛

马洁华　段明铿　郑景云　董文杰　黄丹青

陈　冬　陈桂兴　陈活泼　陈威霖　高　雅

郭东林　韩婷婷　郝　鑫　贺圣平　华文剑

黄艳艳　郎咸梅　李　菲　李　华　陆春晖

陆　希　施　健　施　宁　孙　博　汪　君

王　涛　王遵娅　燕　青　尹志聪　于恩涛

袁潮霞　张　杰　张　颖　周　放　祝亚丽

前　言

近百年来，全球气候系统显著变暖。在气候变暖背景下，全球许多区域的极端天气气候事件频发重发，不可预测性增强，对人民生命财产安全和经济社会可持续发展构成严重威胁。因此，极端天气气候事件研究和风险管理是所有国家应对气候变化的当务之急和优先重点。

中国北方地区是一个气候变化的高敏感区，其范围涵盖16个省(直辖市、自治区)，包含我国政治经济文化中心、商品粮生产基地、"一带一路"倡议重要窗口地区，总人口占全国人口三分之一以上。该区域幅员辽阔，生态资源丰富，自然和社会体系复杂。随着全球变暖的加剧，中国北方地区的高温、干旱、洪涝、暴雪等极端天气气候事件频发，致使气象灾害损失加重，严重影响了该地区的自然环境和社会经济。但是，目前对中国北方极端气候变化规律和物理机制的系统性认识不足，气候预测水平不高，远不能满足国家防灾减灾和应对气候变化的重大需求。因此，亟需开展中国北方地区极端气候事件的变化规律和机制研究，发展预测理论与方法，提升其预测预估水平，这既是我国的重大现实需求，也是国际研究的前沿科学问题。

在国家重点研发计划项目"中国北方地区极端气候的变化及成因研究"(编号：2016YFA0600700)的资助下，来自南京信息工程大学、中国科学院大气物理研究所、中国科学院地理科学与资源研究所、国家气候中心、南京大学、中山大学六家单位的近40位专家组成研究团队，紧密围绕中国北方地区极端气候(高温、干旱、低温、暴雪、极端降水与洪涝)的年际和年代际变化与成因以及极端气候变化的预测预估开展了系统深入的研究。项目团队经过5年的合作研究，取得了一系列的创新性成果，主要包括：①揭示了中国北方极端气候年际和年代际尺度的时空演变特征、主要物理过程和动力学机理，构建了中国北方极端气候变化机制的概念模型；②发展了新的预测理论和方法，构建了适用于中国北方极端气候的高分辨率动力嵌套预测系统及统计与动力相结合的预测模型；③发展了机制研究和模式模拟相结合的方法，对中国北方极端气候的未来演变趋势作了预估研究。这些成果对国家防灾减灾和应对气候变化工作有重要科技支撑意义。

为及时总结和交流本项目取得的研究成果，进一步推动我国在极端气候变化领域的研究，提升极端气候预测预估水平，我们特此编写了本论著，以飨读者。本论著主要内容包括：高温、干旱、低温、暴雪、极端降水与洪涝的年际、年代际变异规律和物理机制，极端气候预测新理论新方法与应用，极端气候未来变化预估等几个方面，共分为8章。限于我们的水平，论著中瑕疵在所难免，恳请广大读者和科研人员批评指正。

极端气候在当前和未来相当一段时期内都是全球科技界高度关注的、带有重大科学挑战的研究课题，期待我国科技工作者在这方面能够不断取得优秀成果并跻身世界领先行列。

项目首席科学家：王会军

2021年12月

目　　录

前　言
第1章　绪论……………………………………………………………………………（1）
　　参考文献…………………………………………………………………………（2）
第2章　高温……………………………………………………………………………（3）
　　2.1　持续性高温事件的年代际变化 ……………………………………………（3）
　　2.2　极地夏季冷气团对高温事件的影响 ………………………………………（12）
　　2.3　土壤湿度对高温事件的影响 ……………………………………………（15）
　　2.4　人类活动对高温事件的影响 ……………………………………………（24）
　　参考文献…………………………………………………………………………（31）
第3章　干旱 …………………………………………………………………………（32）
　　3.1　北方干旱变化特征 …………………………………………………………（32）
　　3.2　环流模态对北方干旱的影响 ……………………………………………（38）
　　3.3　青藏高原和欧亚大陆热力状况对北方干旱的影响 ……………………（42）
　　3.4　海温对北方干旱的影响 …………………………………………………（48）
　　3.5　北极海冰对北方干旱的影响 ……………………………………………（55）
　　3.6　人类活动对北方干旱的影响 ……………………………………………（62）
　　参考文献…………………………………………………………………………（66）
第4章　低温……………………………………………………………………………（69）
　　4.1　历史时期华北气温变化 …………………………………………………（69）
　　4.2　极端低温变化与相关大气环流 …………………………………………（73）
　　4.3　北大西洋涛动对极端低温的影响 ………………………………………（81）
　　4.4　积雪对极端低温的影响 …………………………………………………（87）
　　4.5　北极增暖对极端低温的影响 ……………………………………………（94）
　　4.6　平流层及太阳活动对极端低温的影响 …………………………………（100）
　　4.7　人类活动对极端低温的影响 ……………………………………………（112）
　　4.8　极端低温的冷空气团定量分析 …………………………………………（117）
　　参考文献…………………………………………………………………………（129）
第5章　暴雪……………………………………………………………………………（131）
　　5.1　中国降雪变化特征 …………………………………………………………（131）
　　5.2　中国降雪的年际变化与成因 ……………………………………………（142）
　　5.3　东北降雪与哈得来环流的联系 …………………………………………（158）
　　5.4　北方强降雪年代际变化与大西洋年代际振荡的联系 …………………（163）

5.5 东北暴雪年代际变化与北极海冰的联系 …………………………………………… (168)
参考文献…………………………………………………………………………………… (173)
第6章 极端降水与洪涝…………………………………………………………………… (176)
6.1 东部持续性暴雨的日变化和年际变化 ……………………………………………… (176)
6.2 北方极端降水事件变化及其与气温的联系 ………………………………………… (180)
6.3 北方降水年代际变化与热带海温的联系 …………………………………………… (194)
6.4 北方持续性降水的年代际变化与成因 ……………………………………………… (204)
6.5 人类活动对极端降水的影响 ………………………………………………………… (211)
参考文献…………………………………………………………………………………… (218)
第7章 极端气候预测新理论新方法与应用……………………………………………… (221)
7.1 北方极端气候动力预测 ……………………………………………………………… (222)
7.2 滑坡泥石流事件预测 ………………………………………………………………… (231)
7.3 东北暴雨日数预测 …………………………………………………………………… (233)
7.4 华北霾日预测 ………………………………………………………………………… (236)
7.5 年代际气候预测 ……………………………………………………………………… (245)
参考文献…………………………………………………………………………………… (252)
第8章 极端气候未来变化预估…………………………………………………………… (259)
8.1 极端温度 ……………………………………………………………………………… (259)
8.2 极端降水 ……………………………………………………………………………… (275)
8.3 干旱 …………………………………………………………………………………… (288)
参考文献…………………………………………………………………………………… (297)

第1章　绪论

工业革命以来，气候系统增暖已是毋庸置疑的事实，即大气和海洋增暖，冰雪减少，海平面上升，温室气体浓度增加（IPCC，2013）。1880—2012年，全球平均的陆地和海表温度增加了0.85 ℃（90%的置信区间为[0.65，1.06]）。北半球中纬度陆地区域平均降水1901年以来增加（1951年前后分别为中等信度和高信度）。1992—2011年，格陵兰和南极冰盖持续减少，全球冰盖收缩，北极海冰和北半球春季雪盖范围持续缩小。1901—2010年，全球平均海平面上升了0.19 m（90%的置信区间为[0.17，0.21]），其中冰川融化和海洋变暖引起的热力膨胀可以解释20世纪70年代早期以来海平面上升的75%。20世纪50年代以来的气候变化是过去千年前所未有的现象。

全球气候变化影响之一体现在极端天气气候事件的显著变化。1950年以来，冷日和冷夜数量（暖日和暖夜数量）极有可能在全球尺度上减少（增加）；热浪频次很可能在欧洲、亚洲和澳大利亚的大部分地区增加；强降水事件增加的陆地区域很可能多于减少的区域；强降水的频次和强度在北美和欧洲很可能是增加的，而在其他大陆，强降水事件变化的信度最多是中等的；干旱频次和强度在地中海和西非地区很可能是增加的，而在北美中部和澳大利亚西北部减少（IPCC，2013）。

未来随着温室气体浓度的继续增加，全球将进一步变暖，海洋增暖将从海表传递到深层，影响海洋环流。随着全球平均气温的持续升高，几乎可以确定，在大部分陆地区域会出现更频繁的极端高温事件，未来热浪将极可能发生频次更高、持续时间更长，而极端低温事件会减少。21世纪全球水循环对变暖的响应则存在较大的区域和季节差异，干—湿区和干—湿季之间的降水差异会加大。到21世纪末，大部分中纬度陆地区域和热带湿润区的极端降水事件强度和频次都极可能增加。北极冰盖极可能持续收缩变薄，同时北半球春季雪盖减少。

近几十年极端气候事件的频率和强度变化很大，但存在明显的区域和季节差异，区域尺度的研究亟需深入（《第三次气候变化国家评估报告》编写委员会，2015；IPCC，2013）。未来的区域极端气候将如何变化，具有很大的不确定性。此外，除了全球变暖的长期趋势，全球平均气温还呈现显著的年际—年代际变率，如21世纪初的全球变暖滞缓现象，而在区域尺度上这种年际—年代际尺度的变化特征更为突出。年际—年代际尺度的气候变率与长期趋势相互作用，使得区域气候与极端气候变化的成因和机制更加复杂。

中国是世界上极端天气气候事件及灾害最严重的国家之一，极端天气气候事件种类多、频次高，区域差异大、影响范围广（秦大河 等，2015）。其中，中国北方地区（主要指35°N以北的中国区域）位于全球增暖最快的北半球中高纬，同时也是我国增温幅度最大的区域，是气候变化的高敏感区。该地区地形和下垫面特征极其复杂（主要地形分布如图1.1所示），地处西部干旱半干旱区、北方干湿过渡带和东北季风边缘区，气候既受到西风系统也受到季风系统的显著影响。中国北方地区1月平均气温在−10 ℃以下，7月平均气温基本在15～25 ℃（塔里木盆地除外)，气温年较差在 25 ℃以上。年降水量东西部差异很大，从塔里木盆地的几十毫米到东北地区的上千毫米不等。

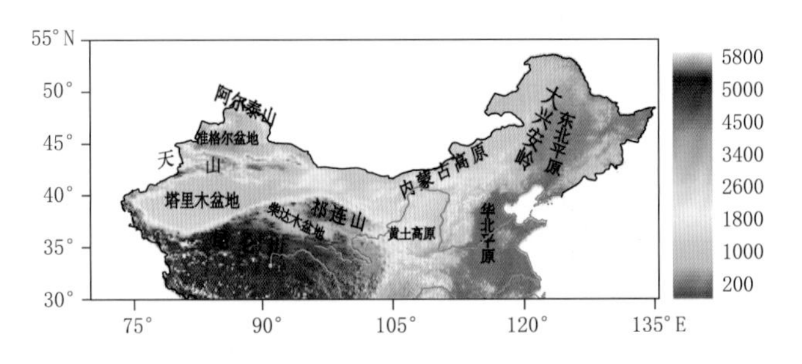

图 1.1　中国北方地区海拔高度(单位:m)和主要地形分布

随着气候增暖，中国北方地区气候趋向于极端化发展，极端气候事件频发(符淙斌 等，2002;黄建平 等，2013)。高温、干旱、低温、暴雪、极端降水/洪涝是该地区高发的极端气候事件。伴随气候异常和极端天气气候事件的增加，该地区气象灾害加重，给当地经济带来巨大损失，如:2017 年 5 月开始，北方出现多次范围广、持续时间长、极端性强的高温事件，多站日最高气温突破历史极值;2018 年夏季，黄河上游强降水事件多发，降水较常年同期偏多四成;2020 年初冬，寒潮暴雪天气袭击东北地区，过程最大降温幅度超过 8 ℃，局地超过 14 ℃，东北三省及内蒙古部分地区遭受雪灾和低温冷冻灾害。这些极端天气气候事件给当地的生产生活带来极大的不利影响，造成严重的经济损失。

在上述气候变化背景下，为了系统认识中国北方地区极端气候在年际—年代际尺度上的变化机制，进而对该地区极端气候开展更为有效的预测，并对其未来变化进行预估，全球变化及应对重点专项“中国北方地区极端气候的变化及成因研究”得以立项。经过项目团队近 5 年的合作研究，对中国北方地区极端气候变化及成因取得了新的系统认知，发展了新的预测理论、方法和模型，并对其未来变化进行了全面的预估。

本书将目前对中国北方极端气候的已有认知和项目取得的研究成果进行了系统的梳理，内容共分为 8 章:第 1 章为绪论;第 2～6 章分别从高温、干旱、低温、暴雪、极端降水/洪涝着手，系统总结中国北方极端气候的变异事实与机制;第 7 章介绍极端气候预测新理论新方法及其在中国北方极端气候预测中的应用;第 8 章对中国北方地区极端气候的未来变化给出预估。相信本书将对提升我国北方地区极端气候变异的认知和预测预估水平有所助益。

参考文献

《第三次气候变化国家评估报告》编写委员会，2015. 第三次气候变化国家评估报告[M]. 北京:科学出版社:903.

符淙斌，温刚，2002. 中国北方干旱化的几个问题[J]. 气候与环境研究，7(1):22-29.

黄建平，季明霞，刘玉芝，等，2013. 干旱半干旱区气候变化研究综述[J]. 气候变化研究进展，9:9-14.

秦大河，张建云，闪淳昌，等，2015. 中国极端天气气候事件和灾害风险管理与适应国家评估报告(精华版)[M]. 北京:科学出版社:109.

IPCC，2013. Climate Change 2013: The Physical Science Basis[M]. Cambridge: Cambridge University Press:1535.

第 2 章　高温

观测显示，在过去几十年中全球平均地表温度快速上升，特别是北半球高纬度地区的地表温度变暖速度是全球平均值的两倍。近百年，极端高温事件变得更加频繁、持续和强烈。未来随着全球温度的进一步升高，极端高温事件的频率和强度将增加。

极端高温事件的复杂性表现为显著的区域差异和时间上的多尺度性。35°N 以北的我国北方地区，是我国重要的政治、文化和经济中心。基于"一带一路"倡议，我国北方地区进入了全面发展时期。该地区对于气候变化的敏感性极高，近年来受到包括极端高温在内的各类极端气候事件的危害日益严重，给当地带来了巨大的人员伤亡和经济损失。研究指出，我国北方地区的增温幅度均高于全国平均水平，以东北和华北地区的增温幅度为最，西北地区次之。气候系统模式的预估结果指出，高温热浪事件在未来，尤其是在 21 世纪下半叶可能会更频繁地发生，历史记录中罕见的热浪将在以后的几十年成为常见事件。

因此，了解北方地区极端温度变化背后的原因对更加准确地预测未来的气候变化具有重要意义。本章主要论述著者及其科研团队侧重于我国北方地区极端高温事件特征及机制研究，主要包括：北方地区持续性高温事件的年代际变化，背景环流、极地夏季冷气团、土壤湿度和温室气体等因子对极端高温事件的影响。

2.1　持续性高温事件的年代际变化

2.1.1　频次特征

定义持续性高温事件(PHE)为夏季(5 月中旬—9 月中旬)滤除 8 天以下高频扰动的低频温度场与每日气候平均年温度场的标准偏差(STD) ≥1.0，且其持续时间超过 5 天(Shi et al.，2019)。图 2.1 中第二行表征不同纬度上欧亚大陆上基于网格的 PHE 频率异常分布。总体而言，基于网格的 PHE 在欧亚大陆上表现出明显的年代际变化。在东亚(约 90°—135°E，30°—55°N)和南欧/西亚(约 20°—45°E，30°—55°N)两个地区中，PHE 的发生频次均是在 20 世纪 50 年代—70 年代初以及 90 年代中期之后这两个时段中偏多，而两个活跃期之间偏少。PHE 的发生频率在最近一次活跃期要高于第一次活跃期。可见，两个区域 PHE 的发生频率呈现出一致的年代际变化特征。对于中亚(约 50°—90°E，45°N)，PHE 也显示出年代际变化特征：活跃期为 20 世纪 70 年代中期—90 年代中期，而非活跃期则在 90 年代中期之后。因此，该地的 PHE 呈现出与东亚或南欧/西亚地区反相的年代际变化关系。

对于 PHE 的持续时间，不同的幅度阈值(例如 0.8 STD 或 1.5 STD)(图 2.1 中的第一行和第三行)或不同的时长阈值(例如 3 天或 7 天)并不会定性改变以上基本结论。此外,在将 PHE 的事件个数替换为构成 PHE 的所有炎热天数之后,其频率异常的分布特征与图 2.1 相似(图略)。

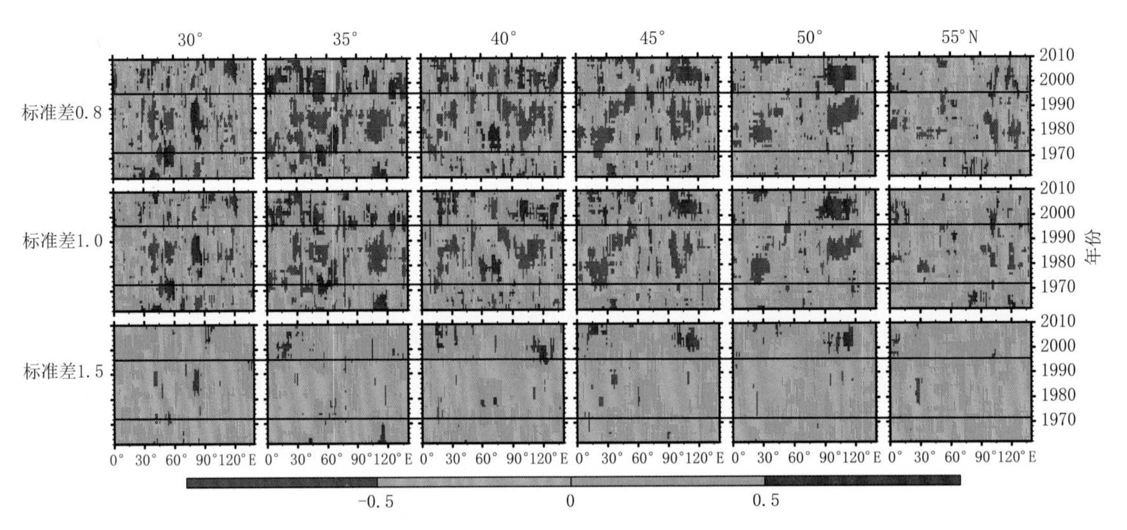

图 2.1 11 年滑动平均的 PHE 频次异常,从上至下各行显示了识别 PHE 时基于不同幅度阈值的结果;从左到右各列表示不同纬度处的频率异常。黑色粗线表示将 PHE 频次较高和较低时段的近似边界(Shi et al. ,2019)

根据图 2.1 所示的南欧/西亚和东亚地区 PHE 频率的年代际变化特征,将 58 年大致分为三个时期:1958—1972 年、1973—1996 年和 1997—2015 年。总体而言,这两个区域在这三个时段中均具有基本相同的 PHE 频率异常特征。为了方便起见,将这三个时段称为活跃期、非活跃期和再活跃期。

图 2.2 为两个活跃期和非活跃期之间 PHE 频率的差异。与非活跃期相比,两个活跃期中 PHE 的发生频次在南欧、西亚和东亚地区呈现出显著的增加,而在中亚和西藏高原西南部呈现出弱的下降特征。总体而言,中纬度欧亚大陆上 PHE 频率异常的交替分布现象与欧亚大陆上的不对称变暖存在可能的联系。由于相对较大的空间尺度和两个活跃期的年代际增加,后文将选择南欧/西亚(31.25°—52.5°N,20°—46.25°E)和中国北方(31.25°—42.5°N,92.5°—117.5°E)这两个关键地区作进一步对比研究。

分别对南欧/西亚和中国北方地区的气温异常进行平均,并相应地挑选出这两个地区的 PHE。表 2.1 显示了这两个地区的 PHE 事件数量和天数。据统计,在 58 个夏季中,共有 75 个 PHE,其中南欧/西亚有 641 天,平均持续时间为 8.5 天;而中国北方地区有 72 个 PHE,共 532 天,平均持续时间为 7.4 天。图 2.3 给出了区域 PHE 的数量和构成区域 PHE 的炎热天数。总体而言,这两个频率的年代际变化具有很大的相似性。具体而言,在活跃和再活跃(非活跃)期间,南欧/西亚和中国北方地区的区域 PHE 的 11 年平均频率超过(低于)其 58 年平均值。两个地区之间 PHE 年代际变化的总体一致性意味着可能存在一个共同的潜在机制。

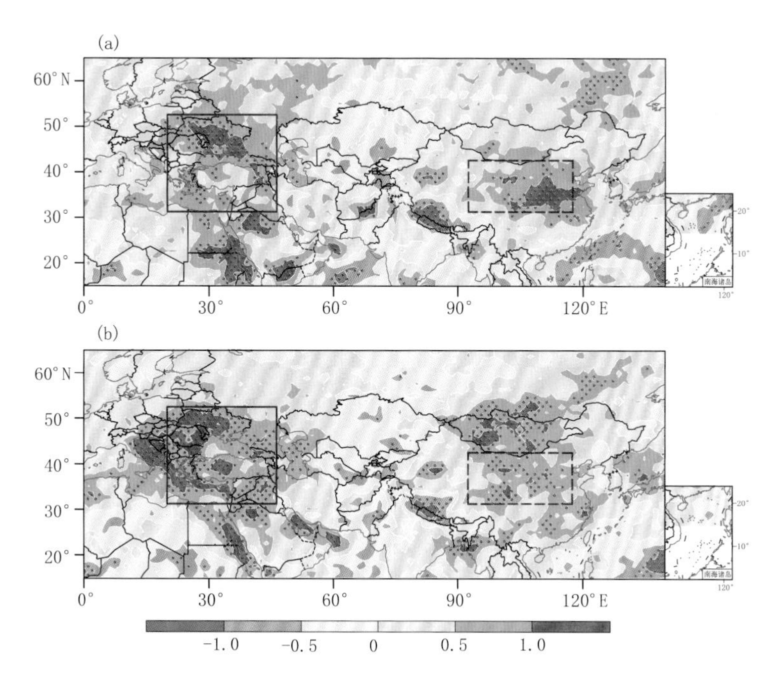

图 2.2　(a)活跃期和非活跃期之间的 PHE 频率差异；(b)同(a)，但为再活跃期和非活跃期之间的差异。值线间隔为 0.5。打点区域通过了置信度为 95%的双侧 Student's t 检验。黑色实线和虚线矩形分别标记了年代际变化显著的关键区域[31.25°—52.5°N,20°—46.25°E]和[31.25°—42.5°N,92.5°—117.5°E]（Shi et al.,2019）

表 2.1　南欧/西亚和中国北方地区 PHE 的事件个数和天数(Shi et al.,2019)

		1958—1972 年（活跃期）	1973—1996 年（非活跃期）	1997—2015 年（再活跃期）	总计
南欧/西亚	事件个数(个)	26	11	38	75
	事件天数(d)	200	70	371	641
中国北方	事件个数(个)	26	14	32	72
	事件天数(d)	176	98	258	532

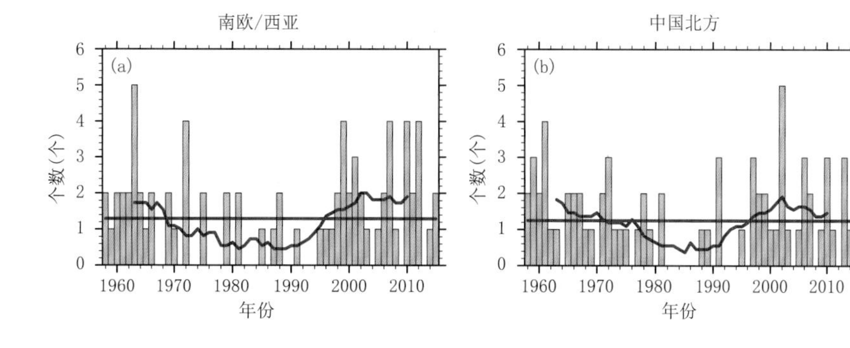

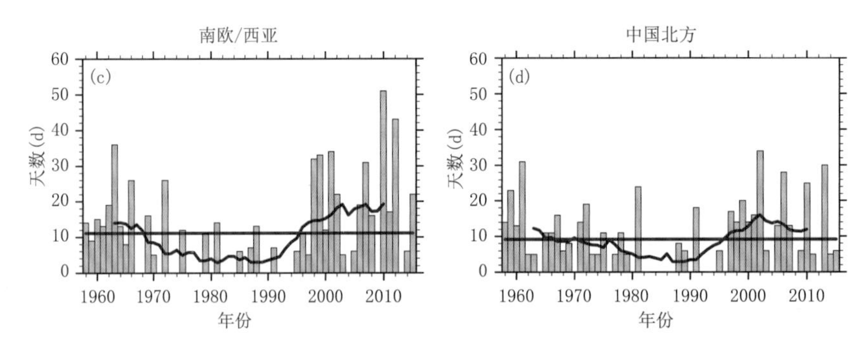

图 2.3　南欧/西亚(a,c)和中国北方(b,d)地区平均气温异常的区域 PHE 频次的逐年变化(a)和(b)为 PHE 的事件个数;(c)和(d)为 PHE 的总天数。红线是 11 年的滑动平均值,蓝线是 58 年平均值(Shi et al. ,2019)

2.1.2　典型环流特征

图 2.4 和图 2.6 给出季节内 PHE 的环流异常合成场。为了保证合成分析中 PHE 事件彼此之间的独立性,对盛期间隔小于 15 天以内的连续两个事件,删去其中强度较弱的 PHE。据此得到,南欧/西亚地区有 63 个 PHE,中国北方地区有 66 个 PHE,它们将被用于后文的合成分析。为方便起见,将盛期日作参考日,记为第 0 天,而 $-N$ 和 N 天分别表示盛期日之前和之后的 N 天。由于中纬度欧亚大陆上的位势高度异常在对流层中通常呈现准正压构造,因此本节仅给出 300 hPa 的位势高度异常。

在第－9 天(图略),格陵兰岛周围形成了明显的正高度异常。在第－6 天(图 2.4a),美国东北部出现明显的负异常,波作用通量向东指向并在格陵兰岛南部辐合,这有利于正高度异常向南扩展到格陵兰岛。另一方面,罗斯贝波(Rossby 波)在正高度异常的东部辐散,并向东传播,它们在东北大西洋上下游形成负高度异常。在第－3 天(图 2.4b),由于能量频散,格陵兰岛上空的正高距平中心向南移动到北大西洋,而上游的负距平变弱。同时,与北部大西洋和南欧的波作用通量辐合一致,下游负高度异常增强,其中心位于英国,而南欧上方则形成正高度异常。对应于在第－3 天以南欧为中心的正高度异常,从南欧到俄罗斯西部地区的气温正异常普遍存在,中心振幅为＋2 ℃(图 2.4f),表明该地区发生了 PHE。

在第 0 天(图 2.4c),北大西洋上空的正高距平减弱,中心振幅减小到大约 20 gpm,而下游环流异常逐渐增强并扩大,这与 Rossby 波波包抵达至中亚一致。在第 0 天南欧/西亚周围增强和扩展的正高度异常与中心振幅为＋4 ℃的增强的气温正异常一致(图 2.4g)。

在第 0 天之后,东北大西洋和西欧的上游显著的高度异常在第 3 天逐渐减弱并消失(图 2.4d)。欧洲南部仍然存在正高度异常,但中心振幅降低了约 80 gpm。与之对应,正气温异常仍维持在南欧/西亚地区,中心振幅为＋3 ℃。第 3 天(图略)之后,南欧/西亚附近的正高度异常减弱并向东移动。同时,气温异常表现出相似的运动特征,对应着南欧/西亚地区 PHE 的衰减阶段。

从能量转换角度来看,从基本流量中提取斜压能量也有助于维持区域 PHE 的典型异常循环(图 2.5)。图 2.5 表明,南欧/西亚的区域 PHE 不仅从一些地区的平均环流(正值,红色

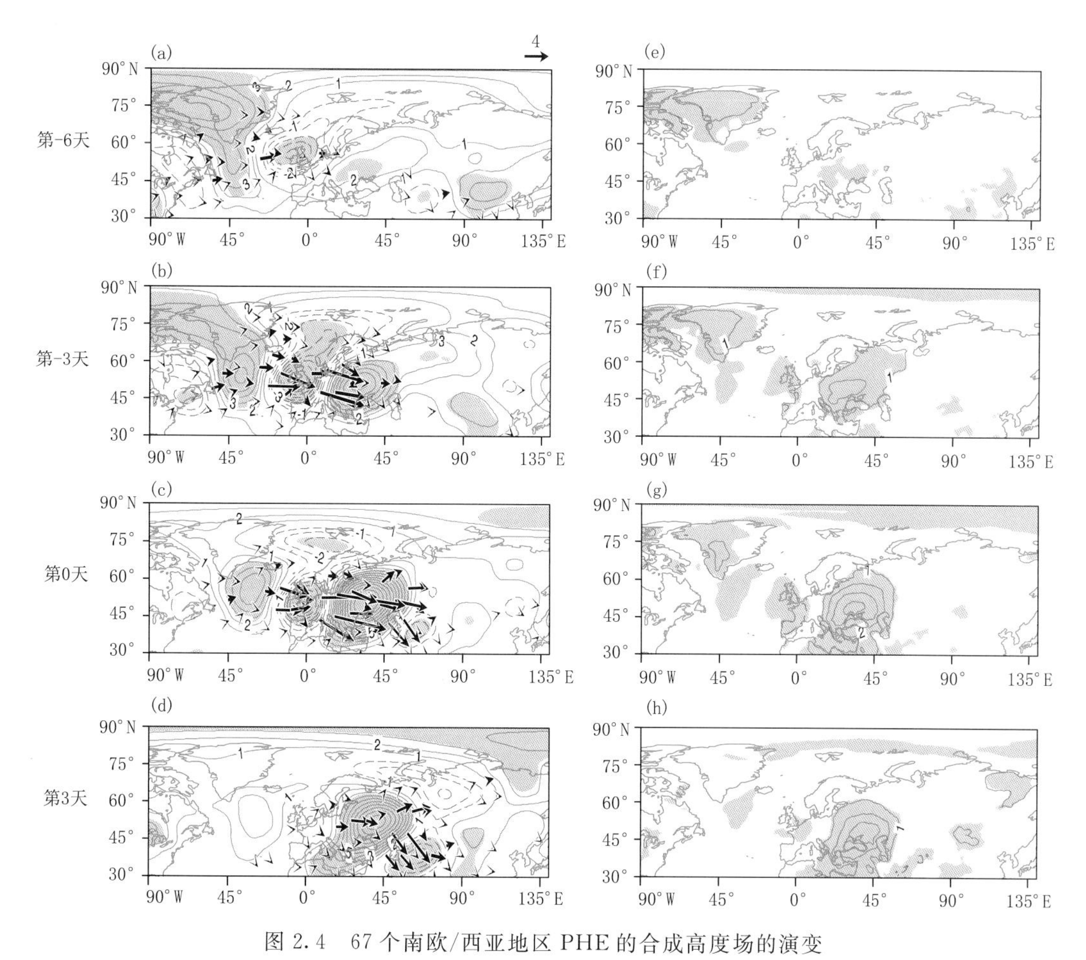

图 2.4　67 个南欧/西亚地区 PHE 的合成高度场的演变

第 1 和第 2 列分别表示 300 hPa 的位势高度异常(gpm)和气温(℃)异常;从上至下各行分别表示第−6、−3、0 和 3 天;位势高度异常和气温异常的等值线间隔分别为 10 gpm 和 1 ℃;红色实线和蓝色虚线分别表示正异常和负异常;零等值线被省略;阴影区通过了置信度为 95%的显著性检验;左列中的箭头(m^2/s^2)是 Takaya 等(2001)提出的波作用通量(Shi et al.,2019)

等值线)中提取能量,而且还将能量释放到其他区域的平均环流(负值,蓝色等值线)中。对整个北半球的正压能量转换(CK)和斜压能量转换(CP)进行积分后显示,CP(图 2.5 右列)在从基本流中提取斜压能量方面非常有效。它可以在盛期日之前的 6 天内提供区域 PHE 所需的有效位能。与之对比,CK 通常在盛期日之前需要一个多月来提供所需的动能(图 2.5 左列),这与主要在欧亚大陆上的正和负 CK 之间的很大程度上的抵消相符。从第−4 天到第 4 天的总能量整体转化效率为 11.4 天,它与南欧/西亚地区 PHE 的平均持续时间约为 9 天相当。由基本流提取的能量(主要由斜压能量提取)在维持典型异常循环中起主要作用。

因此,南欧/西亚地区 PHE 的演变过程的特征是从东北大西洋到南欧/西亚地区的准定常波列异常,其在南欧/西亚地区维持着明显的正高度异常,这是造成该地 PHE 的主要环流原因。该典型环流异常可以有效地从基本流中提取有效位能来维持自身。

中国北方地区 PHE 同样存在着显著上游环流异常。在第−6 天(图 2.6a),负、正偶极型位势高度异常维持在东大西洋上空。实际上,该偶极型异常大约在第−9 天出现(图略),其北

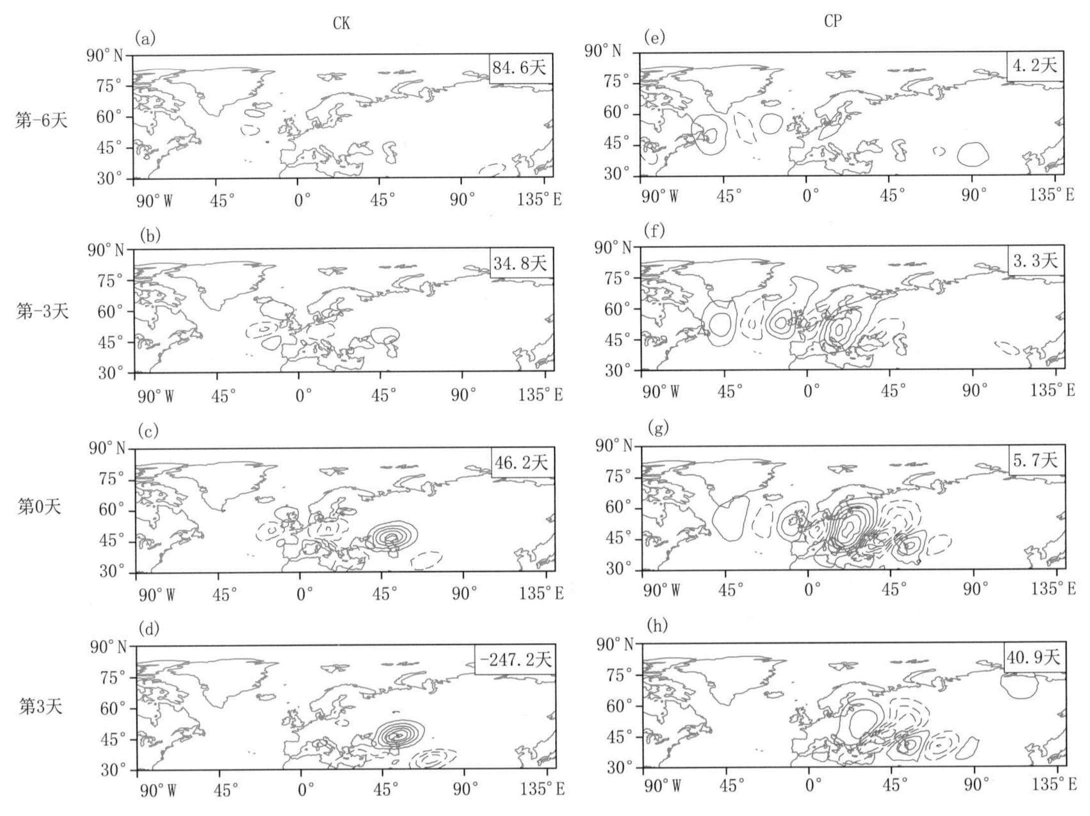

图 2.5 67 个南欧/西亚地区 PHE 的正压能量转换(CK，左列，W/m^2) 和斜压能量转换(CP，右列，W/m^2) 这里 CK 和 CP 是源于 Kosaka 等 (2009)中提到的能量学诊断方法，均是从地表至 100 hPa 的积分结果；等值线为±0.3、±0.9、±1.5、…… W/m^2；能量转换效率 τ 在每个图形的右上方显示(Shi et al.,2019)

边的负异常中心持续向下游频散 Rossby 波能量，这有利于在第－6 天欧洲地区形成正异常(图 2.6a)。这种情况与南欧/西亚在第－3 天的区域 PHE 相似(图 2.4b)，它位于欧洲地区的反气旋异常的形成也与 Rossby 波包的向东传播有关。在第－3 天，由于 Rossby 波能量频散，东北大西洋上的负异常消失，并且从欧洲到巴尔哈什湖东部出现波列环流异常，这表明 Rossby 波包到达了东亚。

在第 0 天，欧亚大陆上的波列环流异常得到增强，但欧洲上空的正高度异常向北收缩，这与 Rossby 波包的向东传播是一致的。与南欧/西亚地区的 PHE 相似，波作用通量通常在环流异常的西部辐合，而在其东部扩散，这可能会减慢环流异常在西风中的向东运动，从而有助于 PHE 的持续存在。同时，中国北方的气温异常也以大约 3 ℃的中心振幅增强(图 2.6g)。

在第 3 天(图 2.6d)，中亚地区明显的负高度异常消失，而中国北方地区的正高度异常仍然持续，这有利于中国北方地区气温异常的持续存在。第 3 天后，东亚的正高度异常和气温异常都逐渐向南迁移，并且大约在第 6 天，中国北方不再受到显著气温异常的影响(图略)。

能量转换在维持中国北方 PHE 的典型环流异常中也起着正向作用(图 2.7)。与南欧/西亚中的 PHE 中相比(图 2.5 左列)，CK 在这里变得更为重要。在第－6 天为 13.2 天(图 2.7a)，并在第 0 天逐渐减少为 5.9 天(图 2.7c)。在第 3 天(图 2.7d)，由于在整个北半球正、负 CK 之间几乎完全抵消，导致 $\tau_{CK}=-1694.7$ 天，表明它的作用可以忽略不计。另一方面，

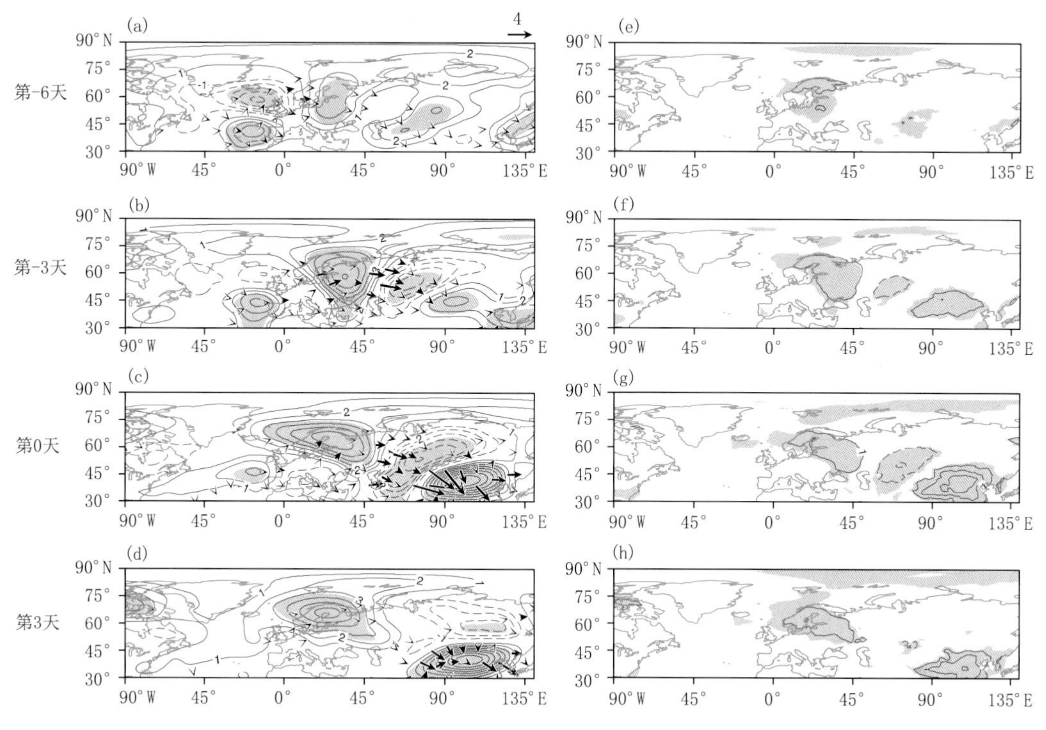

图 2.6　同图 2.4，但为中国北方地区 65 个 PHE 的合成结果(Shi et al.,2019)

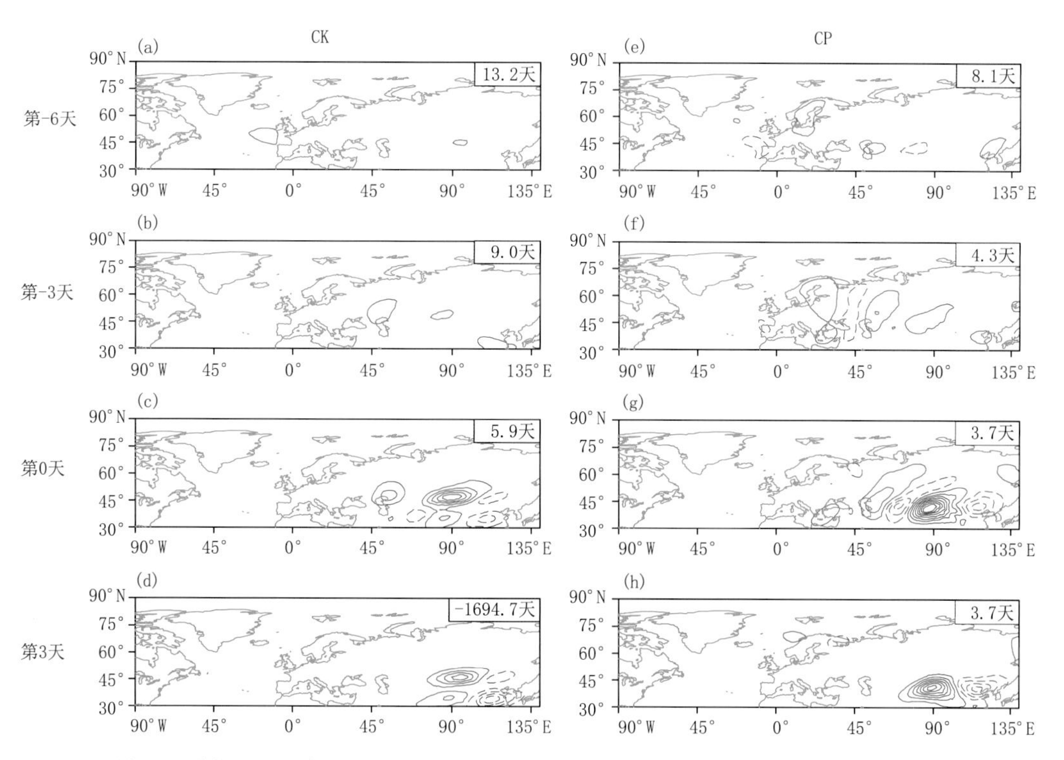

图 2.7　同图 2.5，但为中国北方地区 65 个 PHE 的能量转换特征(Shi et al.,2019)

转换效率 τ_{CP} 在第－6 天为 8.1 天(图 2.7e)，而在－3 天之前变为不足 5 天(图 2.7f、2.7g 和 2.7h)。显然，相比于正压能量转换，斜压能量转换更占主导地位。据计算，从第－3 天到第 3 天平均整体的转换总效率为 5.2 天，与中国北方 PHE 的 7 天持续时间相当。因此，中国北方地区 PHE 的典型环流异常也可以通过有效地从基本流中提取能量来维持。实际上，除了欧洲和中亚地区的环流异常位置的较为偏北外，南欧/西亚(图 2.4)和中国北方(图 2.6)PHE 的典型环流异常与丝绸之路遥相关型的环流异常相似。因此，中国北方地区 PHE 也具有横跨欧亚大陆的准定常的波列异常，它与源自上游东北大西洋环流异常所激发的 Rossby 波向东传播有关。此外，从基本流中提取能量也可能在塑造欧亚大陆准定常的波列异常中起重要作用。在东亚持续的正高度异常的影响下，中国北方经历持续的高温天气。

2.1.3　背景环流的年代际变化

图 2.8 给出了三个特定时期内南欧/西亚和中国北方地区区域平均的日气温概率密度函数(PDF)。一方面，PDF 形态在这三个时期内基本一致，尤其是对于中国北方地区(图 2.8b)，这表明次季节的变率没有太大变化。为了验证这一点，我们评估了每个单独时段所有夏季气温的次季节方差，并基于 F 检验进一步测试了三个时段之间差异的显著性。两个区域中的任何一个活跃期和非活跃期之间，均在 95%的置信度下，平均次季节方差都没有显著变化。另一方面，与非活跃期(蓝线)相比，两个活跃期中的两个区域所有气温值(红线)几乎均明显增加。这表明，平均状态发生了年代际变化，它可能会导致气温的整体偏移并调节了 PHE 的发生频率。

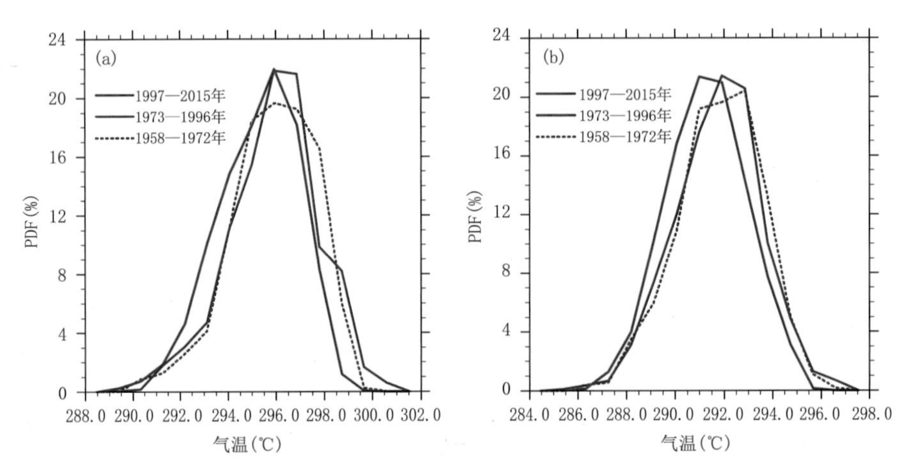

图 2.8　两个活跃期(红线)和一个非活跃期(蓝线)南欧/西亚(a)和中国北方(b)夏季气温概率分布函数(Shi et al.，2019)

上述分析表明，区域 PHE 通常与高空正高度异常相关。那么，背景平均环流的变化是否有利于 PHE 的典型环流异常出现，则通过下文对三个时段背景环流的比较得以证实(图 2.9)。

图 2.9a 和图 2.9c 给出了活跃期和非活跃期之间的环流差异。显然，类似波列的异常围绕着北半球的中高纬度(图 2.9a)。该年代际尺度上的环流变化基本上与图 2.4 和图 2.6 所示的南欧/西亚和中国北方区域 PHE 在季节内时间尺度上的典型环流异常相吻合，西北大西洋和欧洲的高度异常为正，而东北大西洋的高度异常为负。欧洲下游，中亚和东亚分别受到负

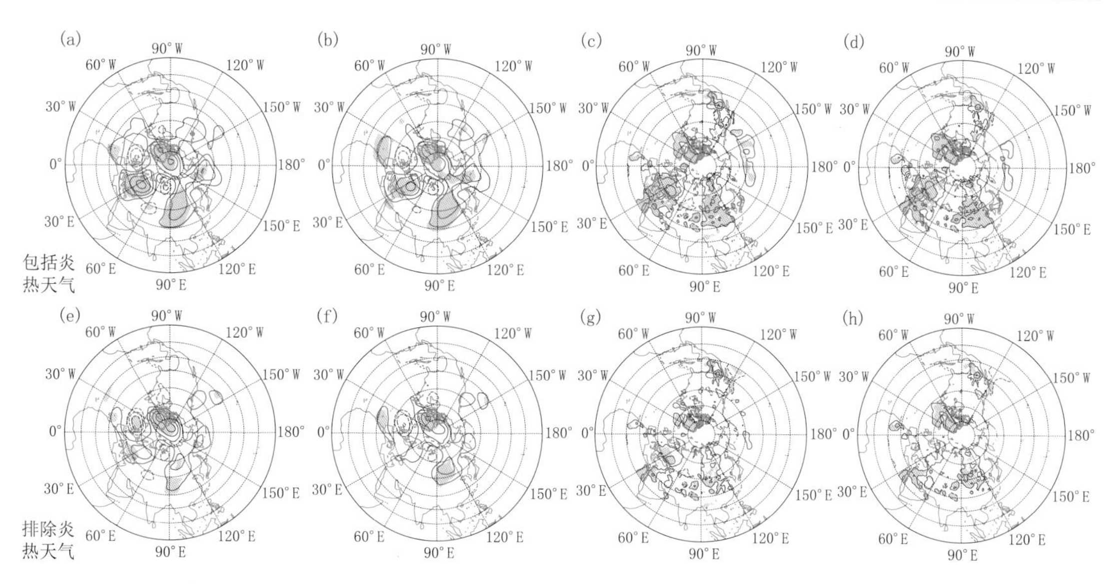

图 2.9 (a)夏季平均 300 hPa 位势高度(gpm)在活跃期(1958—1972 年)和非活跃期(1973—1996 年)之间差异;(b)同(a),但为再活跃期(1997—2015 年)和非活跃期(1973—1996 年)之间的差异;(c)和(d)分别与(a)和(b)相同,但为气温(℃)差异;(e)至(h)与(a)至(d)相同,但扣除了 PHE 中的所有炎热天所对应的环流。位势高度的等值线间隔为 10 gpm,气温的等值线间隔为 0.4 ℃,红色实线和蓝色虚线分别代表正异常和负异常,零值线均省略。阴影区通过了置信度为 95%的显著性检验(Shi et al.,2019)

高度和正高度异常的影响(图 2.9a)。此外,在欧洲/西亚和东亚,正气温异常普遍存在(图 2.9c)。实际上,当将再活跃期与非活跃期进行比较时,背景环流的上述变化会再次出现(图 2.9b 和 2.9d)。这些结果表明,背景环流的年代际变化有利于南欧/西亚和中国北方地区 PHE 的发生,这是通过增强典型环流异常来实现。

独立于 PHE 的夏季平均环流的变化特征的分析使得从活跃期、非活跃期和再活跃期的夏季总日中分别排除了 358(26%)、190(9%)和 553(32%)炎热日。如图 2.9 的第二行所示,在排除所有炎热天气之后,夏季平均状态的年代际差异仍然很明显,尽管它们的显著性有所降低,且其幅度有所减小。因此,年代际变化贯穿于整个时期,而不仅限于 PHE 的高温时期。这一发现与图 2.8 一致。图 2.8 显示了每日气温的 PDF 的总体平均变化,而不是 PDF 形态的变化。实际上,图 2.9 所示的背景环流差异的大小可与其年际变率的强度相当(图略),表明背景环流的年代际变化并不弱。它们可以同时调节南欧/西亚和中国北方区域 PHE 频率的年代际变化。

进一步比较丝绸之路遥相关型所对应的时空演变特征与年代际环流场的联系发现，丝绸之路遥相关型与从东北大西洋到东亚的背景环流的年代际变化相似(图 2.9a 和 2.9b),在三个阶段中,丝绸之路遥相关型和平均状态的年代际变化之间也存在时间变化上的相似性。如图 2.9 所示,丝绸之路遥相关型表现出明显的年代际位相变化,其中 20 世纪 70 年代初和 90 年代中期代表位相转变年份(蓝色实线)。这里的位相转变年份与本节将 58 年划分为三个时期基本一致。因此,背景环流的年代际变化与丝绸之路遥相关型的年代际位相转变密切相关。同时,丝绸之路遥相关型在年代际时间尺度上可能还会调节中亚地区 PHE 的频率,并可能导致中亚地区 PHE 的频率与东亚或南欧/西亚的 PHE 频率呈反相变化的特征。因此,背景循环的年代际变化可以同时在两个区域上调节着 PHE 的频率。基于时空特征的相似性，背景环流的变化与丝绸之路遥相关型的年代际变化密切相关。

2.2　极地夏季冷气团对高温事件的影响

极地冷空气团是地球气候系统的一个重要成员，可以反映当地大气能量收支，并作为极地变化的指标(Kanno et al.，2019)。冷空气团向中低纬地区的经向输送是维持大气能量平衡的关键过程，能够调节中高纬度地区的天气和气候。极地冷空气团的活动会影响冬季的气温进而导致极端冷事件的发生。在夏季，极地冷空气团的活动也可能抑制高温热浪的发生。此外，冷空气团向南流动与低纬度暖湿气团相遇形成锋面，可能影响降水。近年来北半球中纬度地区多次出现异常的暖夏，北半球夏季的极地冷空气团可能也在发生显著的变化。因此，有必要研究极地冷空气团的长期变化及其在北半球夏季可能的气候效应，并探讨极地冷空气团变化与全球变暖的联系，从而了解气候变暖的区域不均匀性和高温热浪增加的原因。

本节研究采用等熵分析方法(Iwasaki et al.，2014)，定量描述了冷空气团的三维结构和动力和热力学特征。高温热浪日数的计算需要首先确定夏季逐日的高温热浪阈值，即对某一格点夏季(6 月、7 月和 8 月)92 天中的每一天，选取当日及其前后 7 天(总计 60 年×15 天)的地面气温，作为计算阈值的样本。对样本选取第 95 百分位数，可以得到该日的高温热浪阈值。由此，高温热浪日可以被确定为日表面温度超过相应日阈值的一天，高温热浪事件是指连续 3 天或 3 天以上的高温热浪日。最终可以计算夏季热浪事件的总天数。

图 2.10a 给出 1958—2017 年夏季冷空气团厚度的气候平均空间分布。夏季冷空气团主要集中在北极地区以及大西洋和太平洋的北部地区，在北极附近达到 300 hPa 以上的厚度。这种空间分布主要是由于陆地和海洋的热力特征差异。在夏季，高纬度海洋(大陆)是当冷空气团的源(汇)(图 2.10b)。在极地和中高纬度海洋上由于非绝热冷却作用，冷空气以每天 10～30 hPa 的速率生成，而在中高纬度陆地和大洋东部则以每天 10～50 hPa 的速度消散。冷空气团的活动能够使海洋变暖、使大陆降温，在海洋和大陆之间的热交换中起着重要作用。

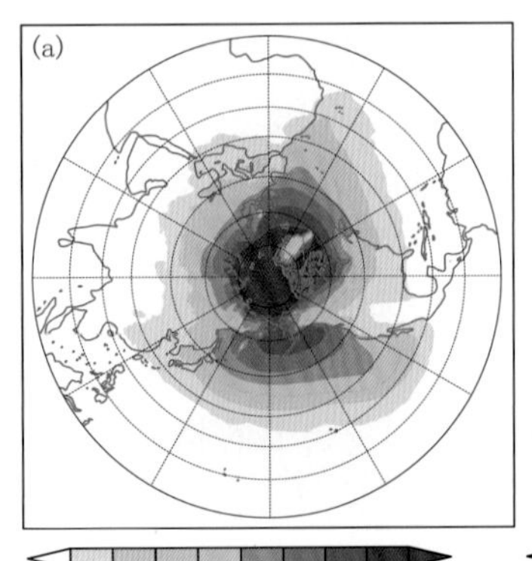

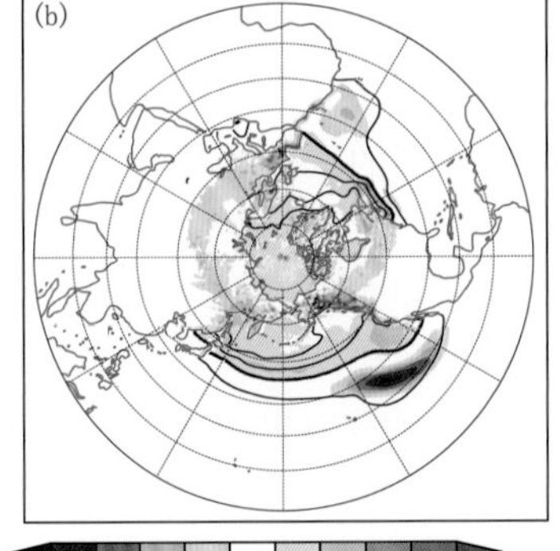

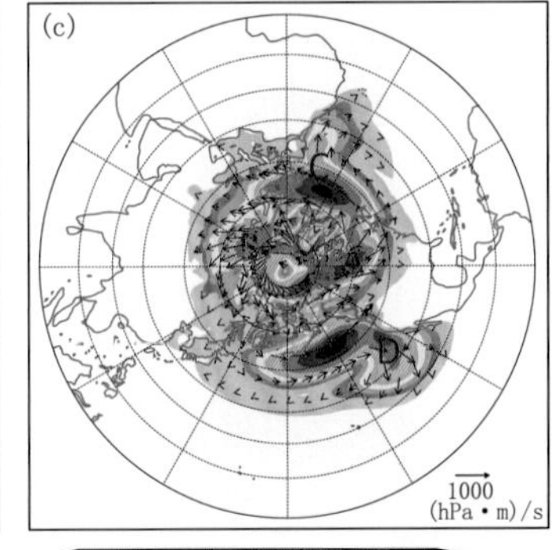

图 2.10　1958—2017 年北半球夏季平均冷空气团厚度(a)、生消速率(b)和质量通量(c)的分布((b)中的黑色等高线为海表面温度，间隔为 5 ℃，粗线表示 20 ℃。(c)中的红色字母“A”—“D”表示极地冷空气团的四个向南流动通道)(Liu et al.，2020)

夏季冷空气团的流动以一个绕极涡旋和四支主要的向南冷空气流为主要特征(图2.10c)。其中两支从自北冰洋分别向东南流向北美东北部和欧亚大陆中部(图2.10c中“A”和“B”)。第三支从北大西洋向东流动,之后再分为两支:一支继续向东流向欧洲,另一支向南流向副热带东大西洋(“C”)。第四支气流从北太平洋北部向东流动,被落基山脉阻挡后转向南进入副热带东太平洋(“D”)。这些向南的冷空气流会显著影响其路径沿线的天气和气候。

夏季北半球平均冷空气团的长期变化表明,北半球夏季冷空气厚度在20世纪50—70年代保持较为稳定的数值范围(图2.11a),自20世纪80年代开始出现明显的减少趋势(−2.3 hPa/(10 a))。在过去的30年中,北半球冷空气厚度减少了约11%。利用NCEP2、ERA20C和ERA5(图略)等不同再分析资料,均可发现上述显著的冷空气团减少趋势。而且,冷空气团这一减少趋势始于20世纪80年代,明显晚于20世纪70年代开始的全球变暖。从空间分布来看,1958—1985年冷空气在北半球大部分地区呈较弱的增加趋势,北大西洋地区则为减少趋势(图2.11b)。这一特征使得北半球冷空气在总体上微弱地增加。而在1985—2017年,北半球几乎所有地区都呈现出较为明显的冷空气厚度减少趋势(图2.11c)。尤其是在冷空气团的边界,如北太平洋、欧亚大陆北部和北美,减少尤为迅速,约为−10 hPa/(10 a)。

与冷空气团厚度相比,向南的冷空气质量通量较早开始减少(从20世纪70年代开始),总计减少约21%(图2.11a)。这种减少主要发生在大陆和副热带海洋地区(图2.11d)。进一步分析表明,向南的冷空气质量通量的减弱是由冷空气总量的减少和对流层低层风的减缓共同造成的(图略)。由于向南输送减弱、冷空气团活动局限在北极和高纬度海洋区域,削弱了对流层的经向热交换,最终引起了极地冷空气团边界的后退(图2.11c)。极地冷空气团的四支主要向南气流也明显减弱,特别是在北美、东大西洋和东太平洋,自1970年以来分别减少了约32%、35%和19%。此外,纬向冷空气质量通量的减少也说明冷空气的绕极地涡旋减弱(图2.11e),使得冷空气团的移动放缓,并可能放大了低层大气温度的空间分布不均匀性。与冷空气团厚度和向南质量通量减少相反,夏季中高纬度大陆的气温出现明显升高(图2.12a)。地面气温的上升也始于20世纪80年代,与极地冷空气团的减少相吻合。尤其是中纬度和高纬度大陆的地表温度以0.29 ℃/(10 a)的速率上升,比北半球的平均升温速率高出25%。尤其是欧洲、东亚和北美的西北部,增温速度甚至超过了0.5℃/(10 a)。这些快速增暖区域大多位于极地冷空气团和热带暖空气团之间的过渡区,对极地冷空气团及其气流的变化十分敏感。回归分析表明,当北半球平均冷空气厚度减少10 hPa时,45°N以北的平均地面气温可上升1.4 ℃。快速变暖的地区,如欧洲、东北亚和北美,对冷空气厚度的变化更加敏感。回归分析中与冷空气团有关的增温趋势和实际观测的增温趋势具有相似的空间分布(图2.12b),意味着近几十年中高纬度地区夏季增温可能与极地冷空气团的减少和运动停滞密切相关。

随着夏季极地冷空气团减少、地面气温升高,高温热浪的发生频率也将增加。自20世纪80年代以来,中高纬度陆地的平均高温热浪日数增加了148%(图2.12a)。南欧、北美洲南部和东亚的一些地区的增长率甚至达到每10年3.5天(图略)。这些地区的高温热浪日数在最近10年已经超过了每年10天。这一快速增加的高温热浪日数与冷空气团厚度及其向南质量通量的减少密切相关(图2.12c)。在冷空气团长期减少的背景下,天气尺度冷空气活动的频率也在减少,其发生间隔在延长。由于冷空气团“冷却效应”的减弱,地面热量积累和增温将难以被打断,导致更加频发的高温热浪事件。特别是在冷空气绕极涡旋和向南气流路径及周边区域,高温热浪日数的增加速度比其他区域快得多,也体现了极地冷空气团长期变化对北半球

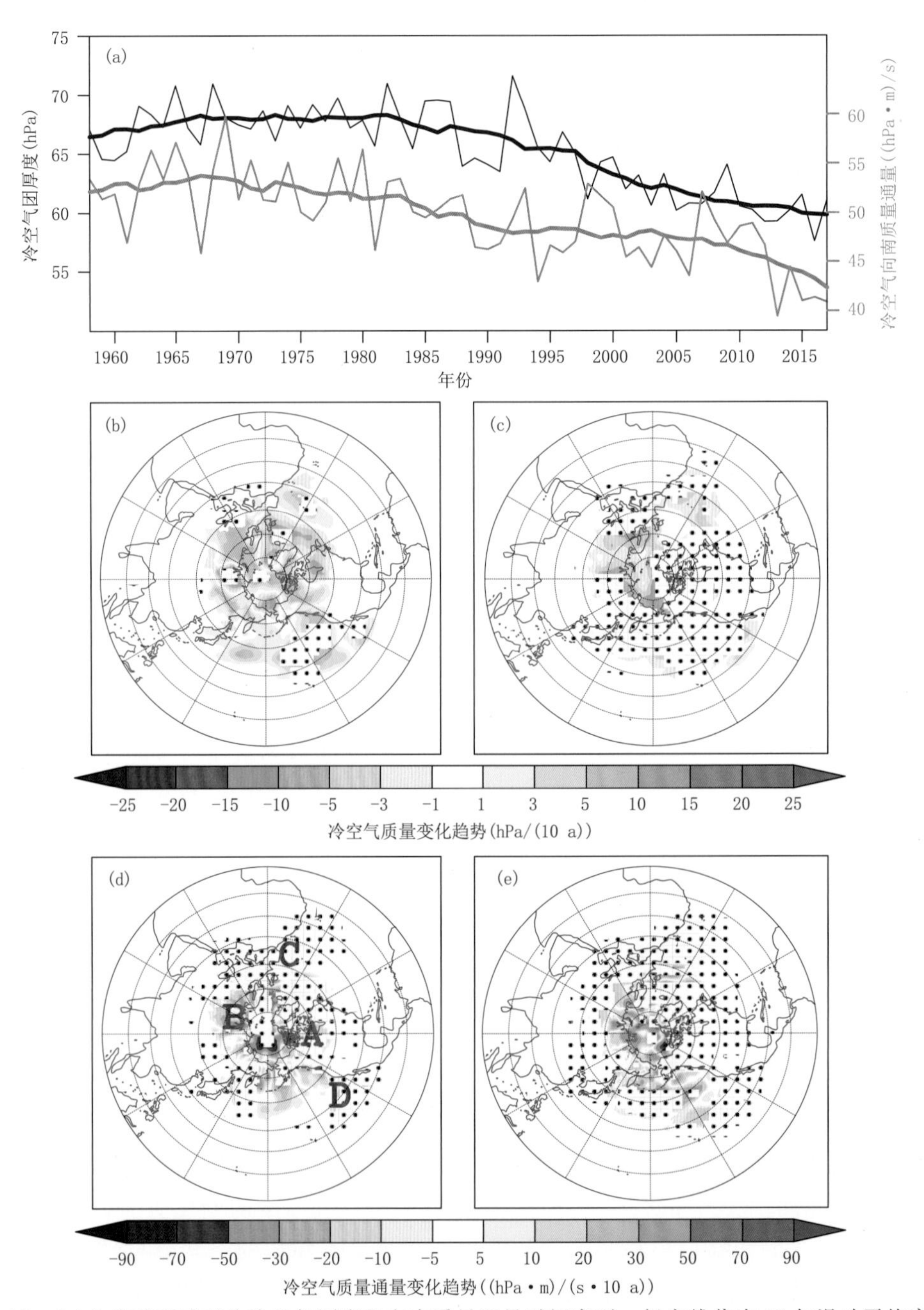

图 2.11　(a)北半球夏季平均冷空气厚度和向南质量通量时间序列。粗实线代表 11 年滑动平均序列。1958—1985 年(b)和 1985—2017 年(c)平均的冷空气厚度变化趋势空间分布。1970—2017 年平均的冷空气向南质量通量(d)和向东质量通量(e)变化趋势空间分布。(b—e)中打点区域通过了置信度为 95%的显著性检验。(d)中字母 A、B、C、D 表示冷空气向南流动的四条主要通道(Liu et al.,2020)

夏季增温的区域差异的影响。因此,自 20 世纪 80 年代以来,北半球夏季极地冷空气团迅速减少,通过联系气候系统内部变率(海温年代际变化)和温室气体强迫(北极增暖趋势),导致中高纬度陆地的地面气温和热浪日数增加。此外,冷空气团的减少和向南气流减弱也解释了北半球地面升温的区域不均匀性。

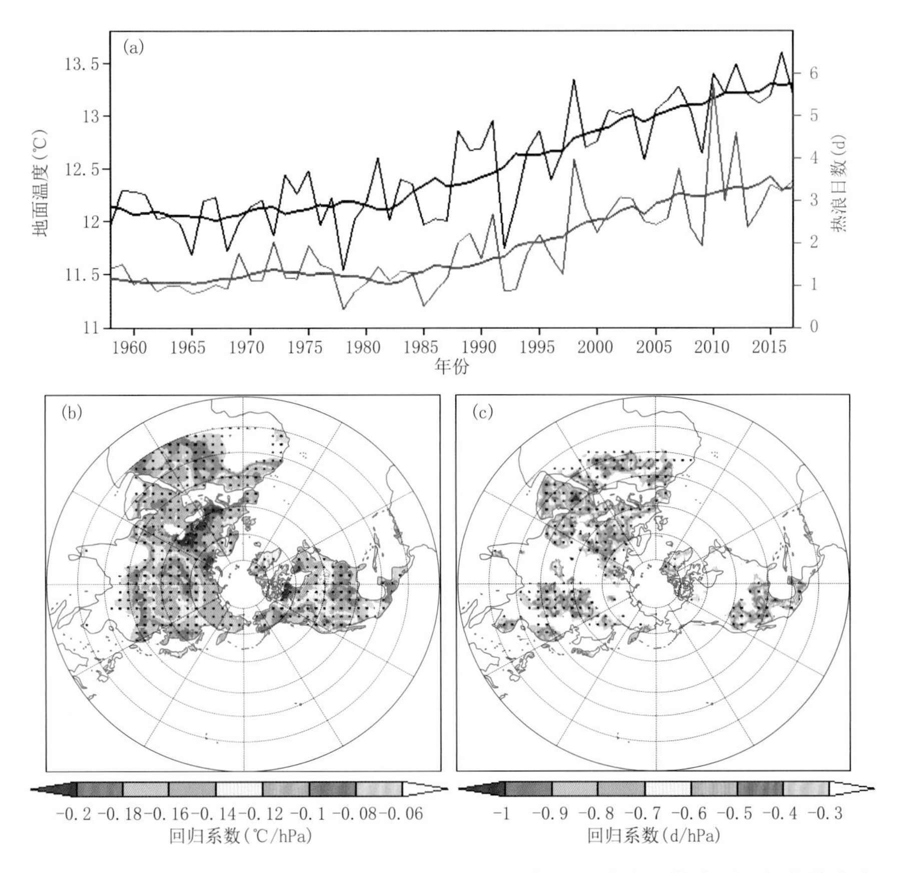

图2.12 (a)北半球中高纬度(45°—90°N)夏季平均地面气温和热浪日数序列。粗实线代表11年滑动平均序列。1958—2017年夏季冷空气厚度分别与地面气温(b)和热浪日数(c)之间线性回归系数的空间分布。(b—c)中打点区域通过了置信度为95%的显著性检验(Liu et al.,2020)

2.3 土壤湿度对高温事件的影响

土壤湿度作为是陆—气耦合中的关键因子,是干—湿异常状态的存储介质。土壤湿度能够对大气造成持续性影响,可以导致天气/气候异常的变化发生。长江中下游到华北地区土壤湿度异常能够通过改变地表热力状况来影响大气环流,进而影响到华东地区的夏季降水。全球范围的陆—气耦合分析工作发现,中国北方地区为强土壤湿度—温度耦合区(Seneviratne et al.,2006)。中尺度天气预报模式(WRF)模拟结果指出,华北地区的热力异常与土壤湿度的年际变化有紧密的联系,土壤湿度的负异常发生能够显著引起局地的温度升高(Zhang et al.,2011b)。此外,也有研究表明,土壤湿度的年际变化对极端高温及热浪事件的发生也起到重要的作用(Zhang et al.,2011a),且该作用将可能从春季持续到夏季,对局地的潜热、感热通量分配有着重要作用(Wu et al.,2015),进而对华北地区的极端高温天气和热浪事件造成影响。然而,陆—气耦合或土壤湿度对天气/气候的影响方式复杂多样,并不是一个独立的过程,也会随着气候条件的不同而发生变化。在全球变暖、华北地区显著增温的大背景下,鲜有针对土壤湿度对温度等热力因子的反馈差异的研究。本节将讨论华北地区土壤湿度热力反馈影响极端高温事件的机制。

本节选用资料为时间覆盖范围较长的一套土壤湿度同化资料集(GLDAS V2.0)和中国气象局提供的格点气温、日最高/日最低气温资料来表征局地热力状态。基于1961—1990年间某日前后滑动5天,30年共150天的日最高温度进行排序,将第90百分位的日最高温度值确定为当日的极端高温阈值。

为了定量分析土壤湿度的热力反馈能力,选取反馈参数计算方法来进行统计分析,土壤湿度的反馈参数可以由下式计算得到:

$$\lambda = \frac{\mathrm{cov}[S(t-\tau),V(t)]}{\mathrm{cov}[S(t-\tau),S(t)]} \tag{2.1}$$

式中,$\mathrm{cov}[S(t-\tau),V(t)]$是前一个月土壤湿度异常与当月气象因子的协方差,$\mathrm{cov}[S(t-\tau),S(t)]$是土壤湿度自身的协方差,$\lambda$即是在逐月时间尺度上计算得到的瞬时土壤湿度$S$对气象因子$V$的反馈。进一步选取蒙特卡罗模拟方法对反馈差异进行显著性检验。

图2.13给出GLDAS 2.0资料中的夏季土壤湿度气候态分布,合理地反映出我国东部地区土壤干—湿状态条件的分布,即北部干燥,普遍低于21%,南部则湿润,最高可达36%以上,东北地区则为额外的半湿润地区。研究区域——华北地区(图2.13中方框所示,37°—47°N,110°—120°E),为明显的干湿过渡地区。考虑到土壤湿度影响温度的能力可以分为两个部分:土壤湿度影响潜热(蒸散发)的能力和潜热(蒸散发)影响温度的能力。因此,首先分析华北地区陆—气耦合的基本特征,基于GLDAS 2.0资料,华北地区土壤湿度与潜热及潜热与平均气温的相关分布如图2.14所示,就华北地区而言,土壤湿度与潜热表现为十分显著的正相关,表明土壤湿度对蒸散发有绝对的控制能力,当土壤湿度增加,蒸散发则会明显增强,反之则会减弱;而潜热与平均气温的相关则表现为显著的负相关,这说明当蒸散发较强时,蒸发吸热的机制使得平均气温显著下降,反之则上升。

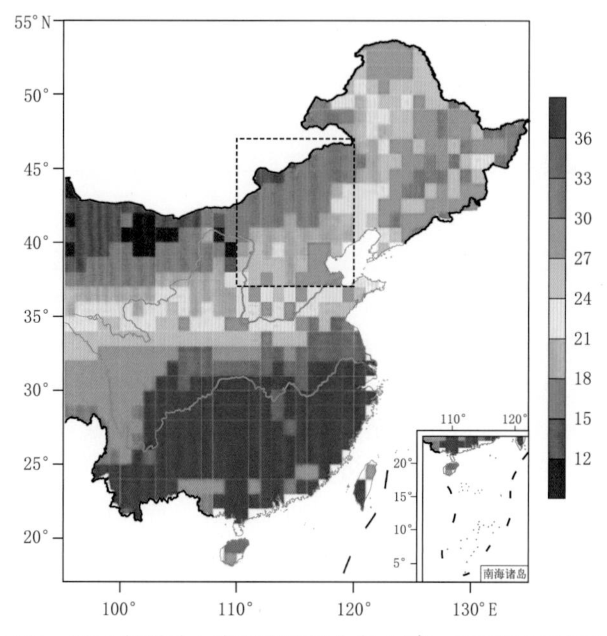

图2.13　1961—2012年夏季土壤湿度空间分布(1%),方框所示区域为华北地区

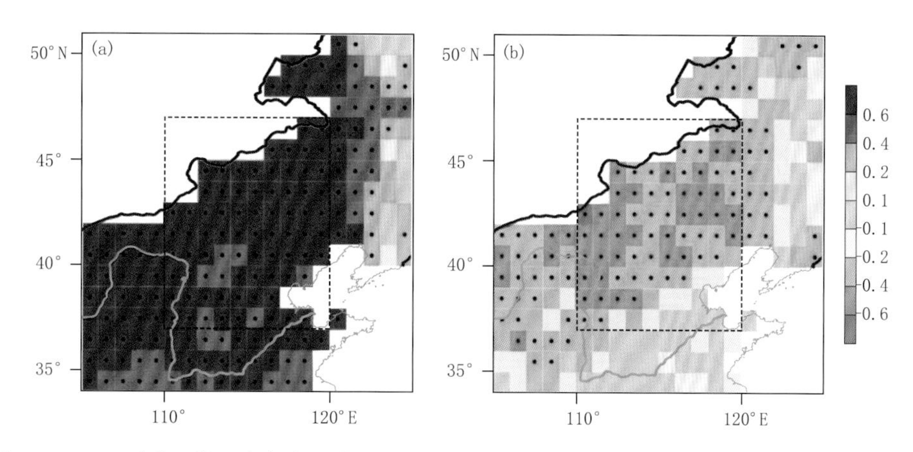

图 2.14　(a)夏季土壤湿度与向上潜热通量的相关分布;(b)潜热通量与平均气温的相关分布,打点区域通过了置信度为 95%的显著性检验

图 2.15 给出土壤湿度、潜热及平均气温三者的区域平均标准化时间序列,从图中可以看出,华北地区夏季平均的土壤湿度年际异常变化十分明显(1 个标准差为 1.68%),其与潜热存在明显的同位相变化,去除趋势后相关系数高达 0.72,再次说明该地区土壤湿度对蒸散发的强大控制力,湿度偏高(低)则蒸散发偏强(弱)。而平均气温的异常变化与前述二者呈现反位相关系,其与土壤湿度及潜热通量去趋势后的相关系数分别为−0.47 及−0.44,说明蒸散发的增加(减少)能够明显导致近地面冷却(升温),也从区域平均的角度证明该地区平均气温受到土壤湿度的影响较大。

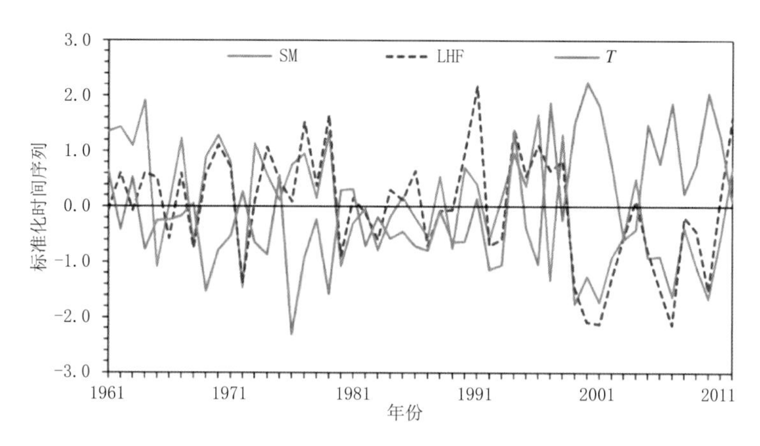

图 2.15　1961—2012 年华北地区夏季土壤湿度(SM)、向上潜热通量(LHF)和平均气温(T)的标准化时间序列(Xu et al.,2019)

以上的结果表明,华北地区是强陆—气耦合作用的关键区之一,土壤湿度的变化能够明显引起局地热力的异常发生。同时,各相关的物理量也存在明显的年际及年代际变化。

图 2.16 给出了华北地区反馈参数及其贡献计算结果的空间分布。对于华北地区过去 52 年总体而言,土壤湿度对平均气温的反馈全区一致为负值,但反馈的程度根据区域不同也存在一定的变化。较为显著的土壤湿度负反馈主要集中在华北地区的西部及中部地区,其大小能

够达到 0.1 ℃/(1%)以上，这表示若土壤湿度异常升高 1%，则能够导致该地区降低大约 0.1 ℃ 以上，反之则会升高；在西部地区土壤湿度反馈所引起的平均气温变化大约能够解释平均气温总体变化的 10%，甚至能够达到 20%以上，中部地区为 10%左右。从区域平均的角度来说，华北地区平均的土壤湿度对平均气温的反馈为−0.11 ℃ /(1%)，对平均气温变化的解释达到 6.1%，通过了置信度为 90%的显著性检验(表 2.2)。

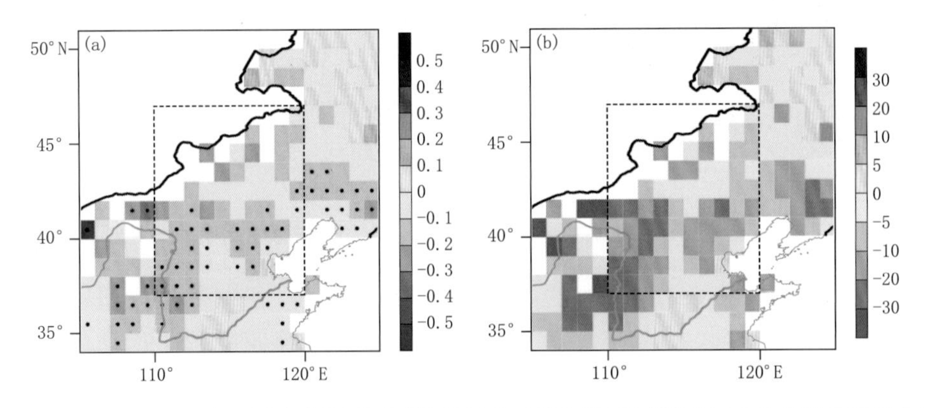

图 2.16　1961—2012 年夏季土壤湿度对平均气温的反馈参数(℃/(1%))(a)和反馈贡献百分率(1%)(b)的空间分布，打点区域通过了置信度为 90%的显著性检验，土壤湿度持续性较差(提前 1 个月自相关无法通过置信度为 95%的显著性检验)的格点则作缺省处理

表 2.2　夏季土壤湿度对各物理量的反馈参数(λ)及其贡献(CP,1%)，包括平均气温(TM,℃/(1%))、日最低气温(TN,℃/(1%))、日最高气温(TX,℃/(1%))、极端高温日数(NHD,d/(1%))及热浪(NHW,次/(1%))(Xu et al.，2019)

		TM	TN	TX	NHD	NHW
1961—2012 年	λ	−0.11*	−0.05	−0.17*	−0.45*	−0.11*
	CP	6.1	1.6	8.9	9.1	9.2
1961—1993 年	λ	0.00	0.02	−0.03	−0.08	−0.06
	CP	0.0	0.2	0.3	0.5	3.2
1994—2012 年	λ	−0.26*	−0.15*	−0.35*	−0.92*	−0.20*
	CP	36.2	18.8	41.9	33.7	25.2

注：* 表示通过了置信度为 90%的显著性检验。

进一步解释土壤湿度对温度日较差的作用，发现，土壤湿度对日最低温度的影响较为微弱(图 2.17)，华北地区基本上表现为不显著的负反馈，仅有西部极少格点通过了置信度为 90%的显著性检验，达到了−0.1 ℃/ (1%)，反馈贡献超过 10%，而其他大部分地区则接近 0%。平均来说，华北地区平均的土壤湿度对日最低温度的反馈仅达到−0.05 ℃/(1%)，整体贡献也仅为 1.6%(表 2.2)。相较而言，土壤湿度对日最高温度的影响更强(图 2.18)，同时存在明显的空间变化，土壤湿度的负反馈在华北地区均能达到 0.1 ℃以上，但显著的负反馈仅存在华北的南部地区，该区域范围内的反馈对日最高温度的变化能够解释 20%以上，西南角甚至能够达到 30%，整体上华北地区平均土壤湿度对日最高温度的反馈高达−0.17 ℃/(1%)，解释了整个华北地区 8.9%的日最高温度变化。表明了华北地区的土壤湿度对热力异常的反馈主要作用于白天，而夜间的作用则很有限。

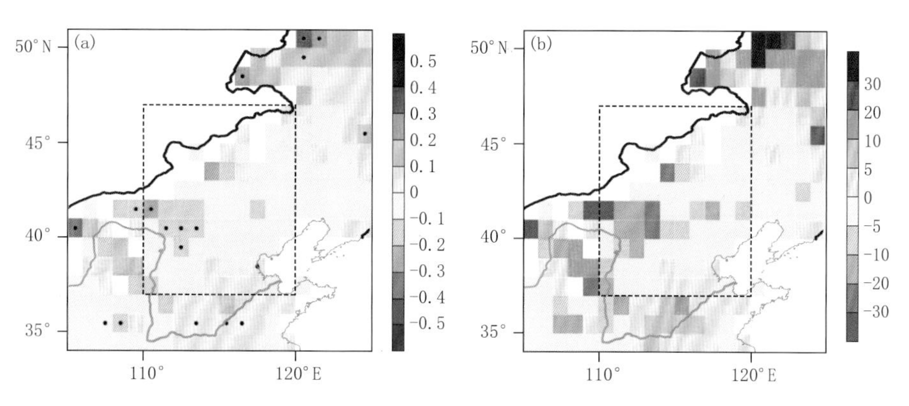

图 2.17 同图 2.16，但为日最低气温(℃/(1%))

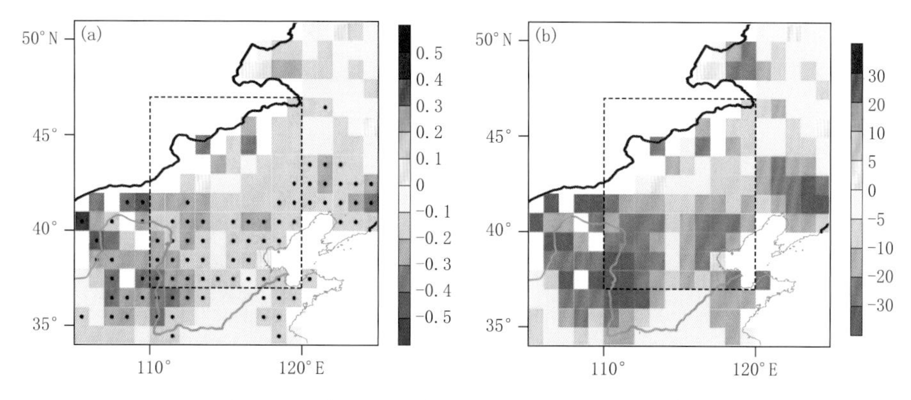

图 2.18 同图 2.16，但为日最高气温(℃/(1%))

由于土壤湿度对日最高温度的影响较大，且与极端高温事件联系更为紧密，进一步分析夏季华北地区土壤湿度对极端高温日数及热浪频次的反馈(图 2.19 和图 2.20)。华北地区土壤湿度对每异常增加或减少 1%能够普遍导致夏季每一个月 0.3 次极端高温事件的减少或者发生，在西南及东部部分地区甚至能够造成达 0.5 次以上的变化，反馈对极端高温日数变化的贡献均可达 10%以上，西南及东部部分地区则为 30%以上。就整个地区而言，土壤湿度对高温日数的反馈达到了−0.45 d/(1%)，其贡献为 9.1%(图 2.19)。同样地，土壤湿度对热浪也表现为统一的负反馈(图 2.20)，其显著的影响主要集中在华北地区南部，每月能造成 0.1 次的热浪异常变化，其贡献程度与极端高温日数相当，整体而言，土壤湿度在夏季每个月份的反馈达到−0.11 次/(1%)，能够解释 9.2%的热浪频次的变化。

华北地区夏季气温于 1993 年呈现显著的突变 (图 2.21)：在 20 世纪 90 年代以前，华北地区的气温为负异常，而 1993 年后气温跳跃式升温，表现为较强的正距平。鉴于此，华北地区的气候背景大致可以将其分为两个阶段：冷期(1961—1993 年)和暖期(1994—2012 年)。两种年代际背景下，陆—气耦合作用是否发生了改变，土壤湿度的反馈会出现什么样的差异是接下来关注的内容。

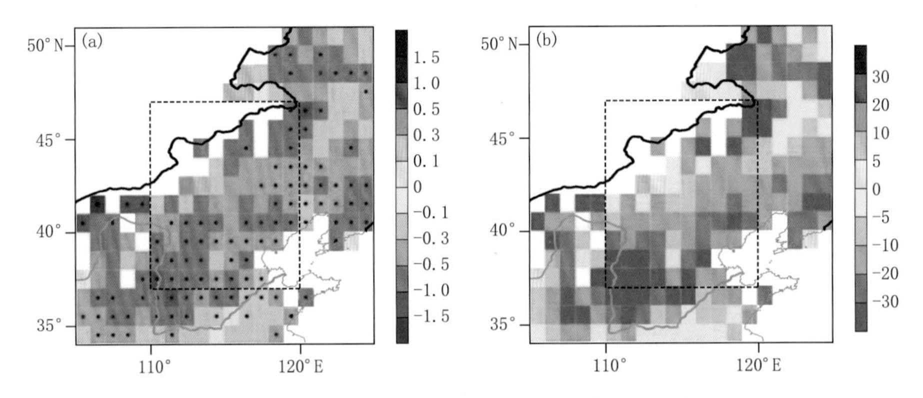

图 2.19　同图 2.16,但为极端高温日数(d/(1%))

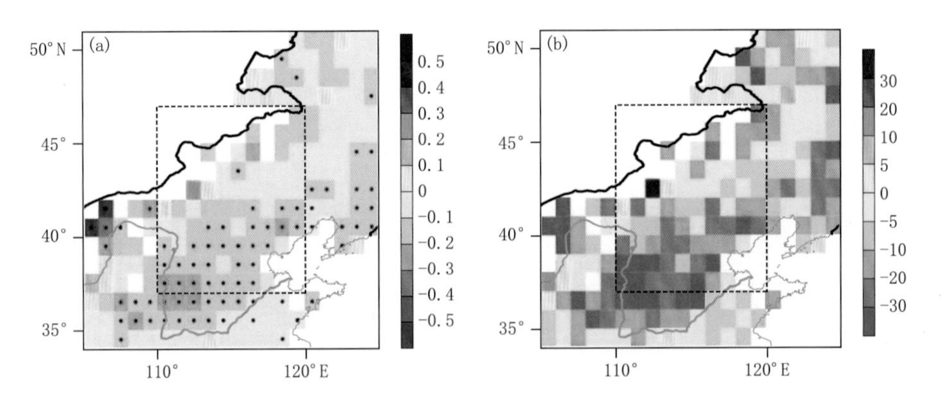

图 2.20　同图 2.16,但为热浪频次(次/(1%))

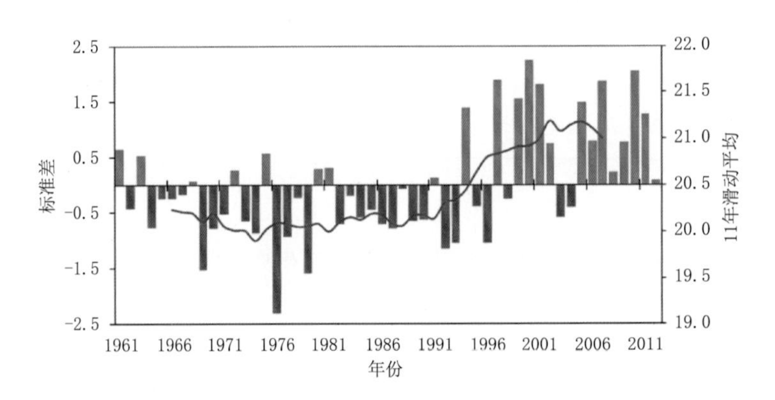

图 2.21　华北地区平均气温标准化时间序列(柱状)及 11 年滑动平均气温(黑实线,℃)

比较两个时期的土壤湿度对极端高温事件指标的反馈系数发现,对于极端高温日数而言,土壤湿度在冷期阶段的反馈主要体现在华北地区南部(图 2.22a),每 1%土壤湿度的异常变化能使得该地区夏季极端高温日数每个月增加或减少 0.3～0.5 天,对该地区整体极端高温日数的变化贡献大约为 10%～30%(图 2.22c),但从华北地区区域平均来说,其反馈并不显著,仅能解释 0.5%的极端高温日数变化。同样地，暖期阶段土壤湿度的反馈扩展到华北全境(图 2.22b)，普遍造成夏季每个月 0.5 天以上极端高温日数的变化，部分地区的负反馈甚至能达到 1～1.5 天以上，对极端高温事件的贡献基本上都达到了 30%以上(图 2.22d)，在此阶段区域平均计算结果显示，土壤湿度对整个华北地区极端高温日数的反馈每个月能达到约 −0.92 d/(1%)，解释了 33.7%的日数变化(表 2.2)。类似地，土壤湿度对热浪事件发生频次也有相对应的表现(图 2.23)，冷期阶段，对热浪事件的负反馈也集中在华北南部地区，每 1%的土壤湿度异常变化大约造成一个月内 0.1～0.2 次热浪事件的发生或减少(图 2.23a)，整体上华北地区平均土壤湿度对热浪的变化贡献了大约 3.2%(表 2.2)；进入暖期阶段后，土壤湿度对热浪的反馈同样扩展到全华北地区且有所加强，部分地区甚至能达到 −0.4 次/(1%)(图 2.23b)，华北地区土壤湿度整体上贡献了大约 25.2%的热浪频次变化(表 2.2)。

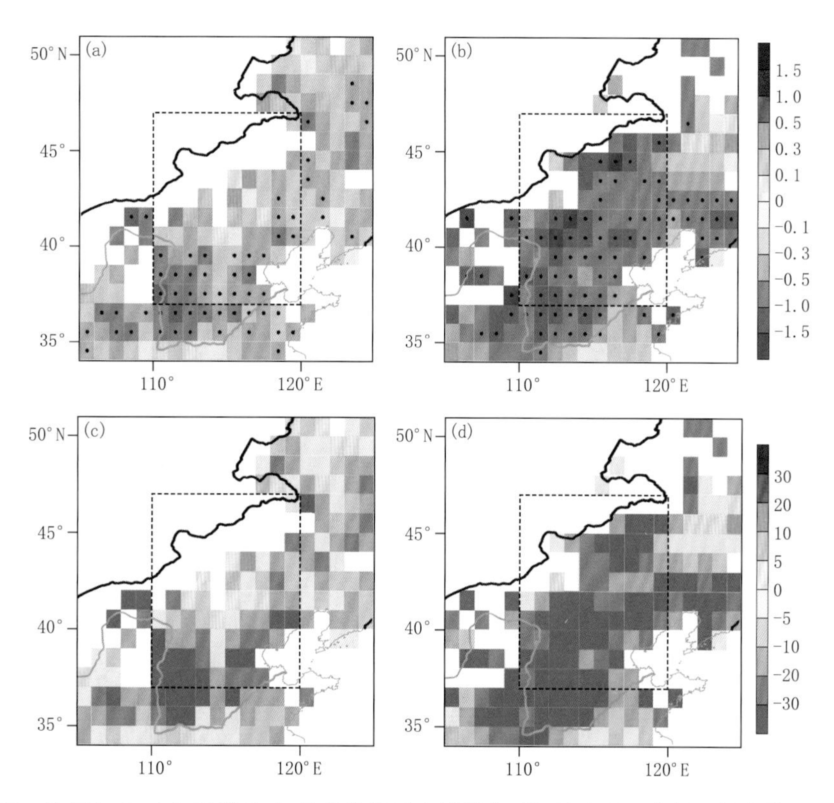

图 2.22　冷期(a 和 c)和暖期(b 和 d)华北地区土壤湿度对极端高温日数的反馈参数(d/(1%))(a 和 b)及方差贡献(1%)(c 和 d)，打点区域通过了置信度为 90%的显著性检验，土壤湿度持续性较差(提前 1 个月自相关无法通过置信度为 95%的显著性检验)的格点则作缺省处理(Xu et al.，2019)

对比华北地区在不同时期的气候背景下土壤湿度对热力状况反馈的结果得知，夏季华北地区土壤湿度对局地热力因子的影响效果明显。值得注意的是，在年代际尺度上，华北地区温度的显著上升，正好对应着土壤湿度的反馈中对局地热力状态影响的增强。这种土壤湿度热力反馈年代际增强的影响机制值得进一步探讨。下文则首先分析不同背景时期土壤湿度、气温及潜热/感热通量之间的相关关系(表 2.3)。在两个不同时期，土壤湿度与潜热/感热表现为显著的正/负相关关系。这表明对于地表能量平衡中潜热、感热的能量分配而言，土壤湿度

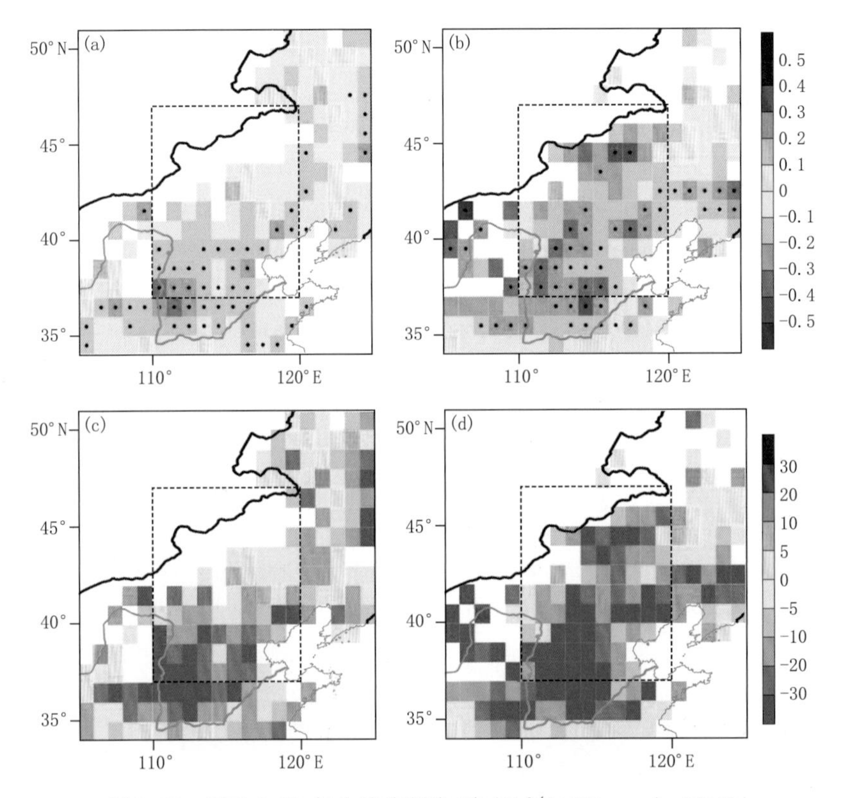

图 2.23　同图 2.22,但为热浪频次(次/(1%))(Xu et al.,2019)

处于绝对的主导地位。如,异常偏低的土壤湿度减少了向上的潜热通量(蒸散发),然后导致向上感热通量的增加,进一步使得气温升高。相反,作为对比,气温与潜热、感热通量之间的相关性在暖期明显强于冷期(表 2.3),这可能表明陆地表面的能量调节影响气温的能力在暖期得到了极大的加强。图 2.24 给出华北地区平均的土壤湿度、潜热和感热通量的标准化时间序列,以便更加直观地观察土壤湿度及能量的年际/年代际变化情况。土壤湿度对全球变暖或华北升温的响应表现为从 20 世纪 90 年代中期开始出现明显的下降趋势,土壤湿度阶段性地大幅减少,气候平均态下降(图 2.24a)。这种情况下带来的直接后果就是蒸散发强度的显著减弱,并呈现年代际下降的转折变化(图 2.24b)。而感热的变化相对更为复杂,影响因子较多,其年代际变化并不如前述两者显著(图 2.24c)。

表 2.3　华北地区夏季土壤湿度(SM)/平均气温(TM)与地表向上潜热(LH)/感热(SH)通量的相关系数(Xu et al.,2019)

年份	SM		TM	
	LH	SH	LH	SH
1961—1993 年	0.64*	−0.55*	−0.25	0.36*
1994—2012 年	0.83*	−0.83*	−0.57*	0.76*

注:* 表示通过了置信度为 90%的显著性检验。

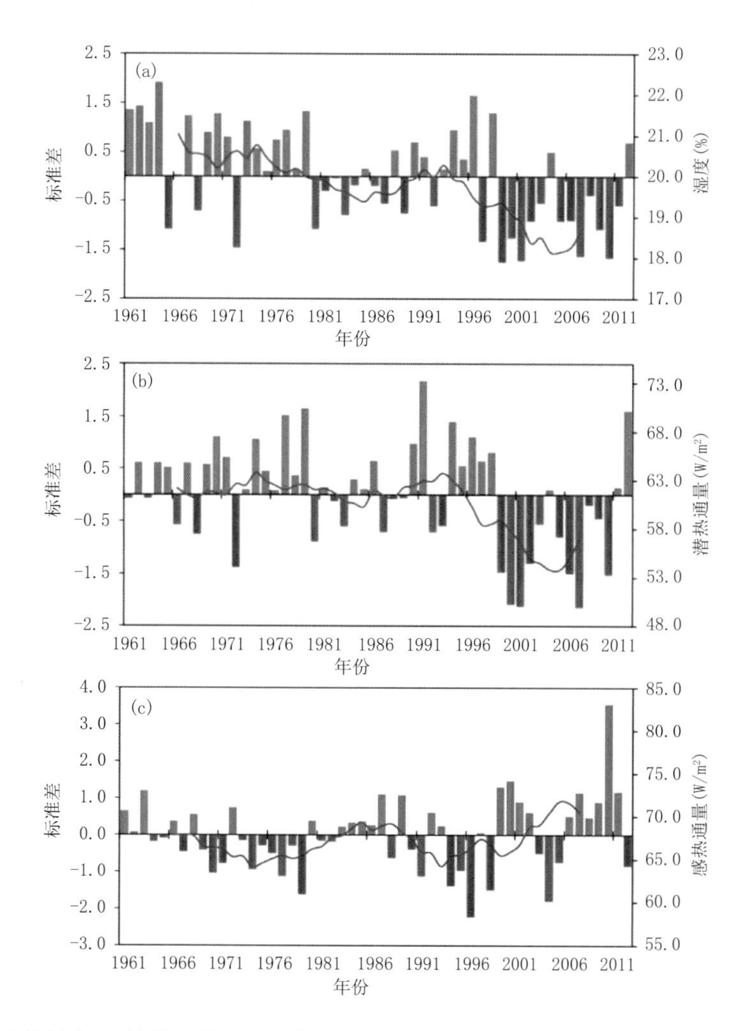

图 2.24 土壤湿度(a,柱状,1%)、向上潜热(b,柱状,单位:W/m^2)和感热(c,柱状,单位:W/m^2)通量的标准化时间序列及11年滑动平均(黑实线)

波文比的时间演变进一步了解陆地表面能量平衡的年际/年代际变化(图2.25),在冷期期间,波文比值接近1.0,1993年开始出现迅速增加的趋势。这表明随着华北地区的增暖,地表向上的能量传输得到了加强,而异常的土壤湿度造成该地区热力状态异常变化的可能性显著增加,一定程度上也就解释了土壤湿度对平均气温、日最高气温以及极端高温事件的反馈在冷、暖期出现不同。因此,华北地区土壤湿度贡献了整个区域平均气温方差变化的6%,尤其是在1994年后,贡献达到了36%。土壤湿度通过调节表面潜热和感热通量,进而作用于极端高温事件(包括高温日数和热浪)。呈现出显著的负反馈关系:偏干的土壤能够导致更多的极端高温事件的发生。

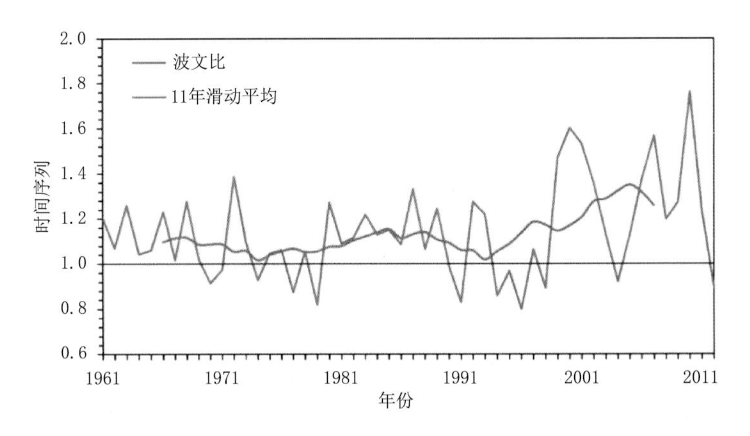

图 2.25　夏季华北地区平均波文比时间序列(Xu et al.,2019)

2.4　人类活动对高温事件的影响

许多证据表明,自 20 世纪中叶以来,人类影响极有可能是变暖的主要原因。人类活动导致的全球变暖和城市化是中国东部地区极端暖化和极端冷化的两个重要驱动因素(Sun et al.,2019)。1961—2013 年观测到的平均气温上升 1.44 ℃中,约有三分之一(约 0.49 ℃)是由 20 世纪 80 年代中期以来的城市化影响造成的;对气候系统的外部强迫,包括大规模的人类影响,即人类排放的温室气体和气溶胶,以及包括太阳和火山活动在内的自然外部力量可以解释剩余的大部分变暖。由于极端温度与平均温度相关,因此这两种驱动因素一定也影响到了极端温度。全球变暖(平均态)全球增暖最显著和直接的影响是对温度相关的极端事件,过去几十年全球和中国区域观测到了极端热事件(高温热浪)频次和强度的显著增加,进一步的归因研究发现人类活动对上述趋势有重要贡献,但温室气体和气溶胶的相对贡献值得进一步研究。

本节选取世界气候研究核心子计划"气候变率与可预测性研究"下 的 20 世纪气候检测归因计划(Climate of the Twentieth Century Project ,C20C)(Stone et al.,2019)通用大气模式(CAM)5.1 大气环流模式(水平分辨率 1°×1°)的逐日最高、最低温度和逐日降水模拟结果(时段取 1960—2015 年),通过计算风险比率(risk ratio,RR),RR$=P_1/P_0$,其中 P_1 为全强迫下极端气候大于某个阈值(如 99%分位点)的概率,P_0 则为自然强迫下大于同阈值的概率。对比分析了全强迫(All,用观测海面温度(SST)和海冰,以及观测温室气体和气溶胶驱动大气模式)以及自然强迫(Nat,强迫场去掉 SST 中的增暖信号且温室气体取 1850 年)下我国极端温度事件的变化。同时,选取第六次国际耦合模式比较计划(CMIP6)检测归因试验中(DAMIP,Gillett et al.,2016)5 个模式(CanESM5、CNRM-CM6-1、MIROC6、MRI-ESM2-0 和 NorESM2-LM)的全强迫(All)、温室气体(GHG)、人为气溶胶(AA)和自然强迫(Nat)的历史试验(historical,Eyring et al.,2016),对比分析了我国极端温度事件的特征,并选取中国区域观测中国区域格点化数据集(CN05)格点资料作为比对数据(吴佳 等,2013)。

极端气候指数的英文缩写、指数名称、定义和单位,如表 2.4 所示,用于表征极端事件频次、强度和持续性特征,详见 http://etccdi.pacificclimate.org/list_27_indices.shtml。

表 2.4 极端温度指数的定义

英文缩写	指数名称	定义	单位
TXx	最热日	日最高温度的年最大值	℃
TNn	最冷夜	日最低温度的年最小值	℃
TX90P	暖日	日最高气温大于90%阈值的天数百分率	%
TN90P	暖夜	日最低气温大于90%阈值的天数百分率	%
TN10P	冷夜	日最低气温小于10%阈值的天数百分率	%
WSDI	暖持续日数	日最高温度连续6天大于90%阈值的总天数	d
FD	霜冻日数	一年中日最低温度低于0℃的总天数	d

图2.26给出了基于C20C-CAM5.1模式的我国不同极端温度指数RR值的空间分布，其中最热日TXx、暖日TX90P和暖持续日数WSDI表征极端热事件。对于TXx，除东北、华北

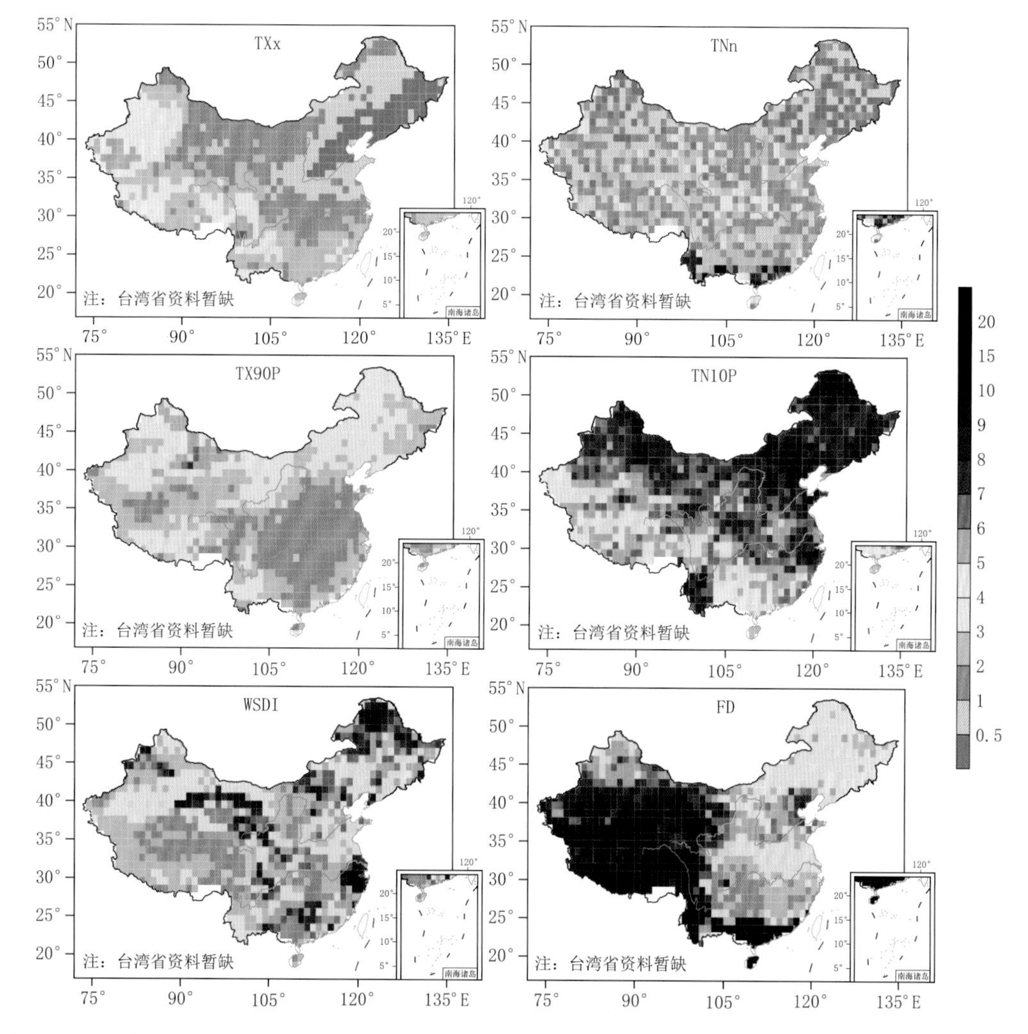

图2.26 不同极端温度指数RR的空间分布，RR＝P_1/P_0，P_1 和 P_0 分别为全强迫(All)和自然强迫(Nat)下大于某个极端事件阈值的概率；对热事件，如TXx、TX90P和WSDI(左列)，RR大于1说明增暖使得其发生风险增大；对冷事件，如TNn、TN10P和FD(右列)，RR大于1说明增暖使得冷事件发生风险减小，反之RR小于1表征增暖使得冷事件发生风险增大

区域外，中国大陆其他区域的 RR 值皆大于 0，尤其西北和西南区域 RR 值大于 4，说明相较自然强迫 Nat，全强迫下最热日的发生概率（风险）显著增加，也说明了人为温室气体等外强迫对极端热事件的发生概率增加有显著贡献。对于暖日指数，其 RR 值在中国大陆区域几乎呈全局性大于 1 的空间分布，但北方地区总体大于南方地区，其大值区在西北地区，青藏高原等地，其 RR 值大于 5，其次为东北和华北，其 RR 值大于 3，说明了人类活动对暖日，也对日最低温度的增加有显著贡献，注意观测中也发现我国北方地区的日最低温度和暖日日数显著增加，其增幅大于南方地区。对于表征极端高温持续性特征的暖持续日数 WSDI，其 RR 值也几乎呈全局性大于 1，但分布特征与 TXx 以及 TX90P 有差异，如其大值区在东北、长江中下游地区、华南以及中部和西北部分地区，其 RR 值皆大于 7，说明人类活动等外强迫增加了长持续时期极端热事件的发生概率。

为定量对比全强迫和自然强迫驱动下北方地区和中国区域整体极端温度指数 RR 值的差异，对上图进行区域平均，其中北方地区取 35°N 以北，得到区域平均的 RR 值，如表 2.5 所示。可以发现，对比表征极端热事件的 3 个指数，RR 皆大于 1，但人类活动等外强迫对 TX90P 和 WSDI 的影响较 TXx 大，如北方地区 3 个指数的 RR 值分别为 2.85、2.86 和 1.25；对比中国大陆区域整体和北方地区，除 WSDI 指数北方地区的 RR 值更大外，其他指数二者没有显著差异。

表 2.5　不同极端温度指数区域平均的 RR 值，大于 1 值加粗

区域	TXx	TX90P	WSDI	TNn	TN10P	FD
中国大陆	1.28	2.75	2.02	0.69	5.90	3.17
北方地区	1.25	2.86	2.85	0.59	6.60	1.96

全强迫和自然强迫驱动大气环流模式 CAM5.1 的归因结果表明，人类活动等外强迫对北方地区极端暖事件（高温）的影响主要是显著增加了东北地区高持续性暖事件 WSDI 的发生概率，显著增加了西北地区 TXx 和 TX90P 的发生概率。此外，人类活动对不同极端温度指数的影响存在差异。

进一步利用 CMIP6-DAMIP 试验进行分析，图 2.27 给出代表暖事件的暖日 TX90P 的泰尔-森（Theil-Sen）趋势。发现，全球变暖背景下，1961—2015 年观测的暖日在除山东半岛外的中国大陆区域，如西北、内蒙古、东北、西南和东南区域皆呈显著增加趋势（Zhai et al.，2003），全强迫能较好地再现上述观测趋势，进一步分离温室气体和气溶胶的影响，可以发现暖日观测趋势很大程度能由温室气体的增加引起；气溶胶则有显著降温效应，使得暖日变少。

极端高温频次的另一代表指数是暖夜（TN90P），图 2.28 给出其在观测和不同强迫因子下的变化趋势。可见 1961—2015 年中国大陆观测（图 2.28a）的暖夜日数占比显著增加，且最大值位于青藏高原，幅度达 5%/（10 a），这与最近几十年高原的显著增暖有关，日最低温度的显著增加导致暖夜日数的增加；对比暖日和暖夜频次，发现暖夜频次的增加速率更大，这是因为变暖背景下中国大陆的日最低温度增幅大于日最高温度。全强迫试验（图 2.28b）和温室气体试验（图 2.28c），模拟出了与观测一致的趋势空间分布，尽管幅度较观测略弱；与前述暖日一样，气溶胶强迫下（图 2.28d），中国大陆暖夜频次显著减小。综上，观测中国大陆暖夜日数的增加，主要归因于温室气体的增加，而气溶胶则是反向贡献。

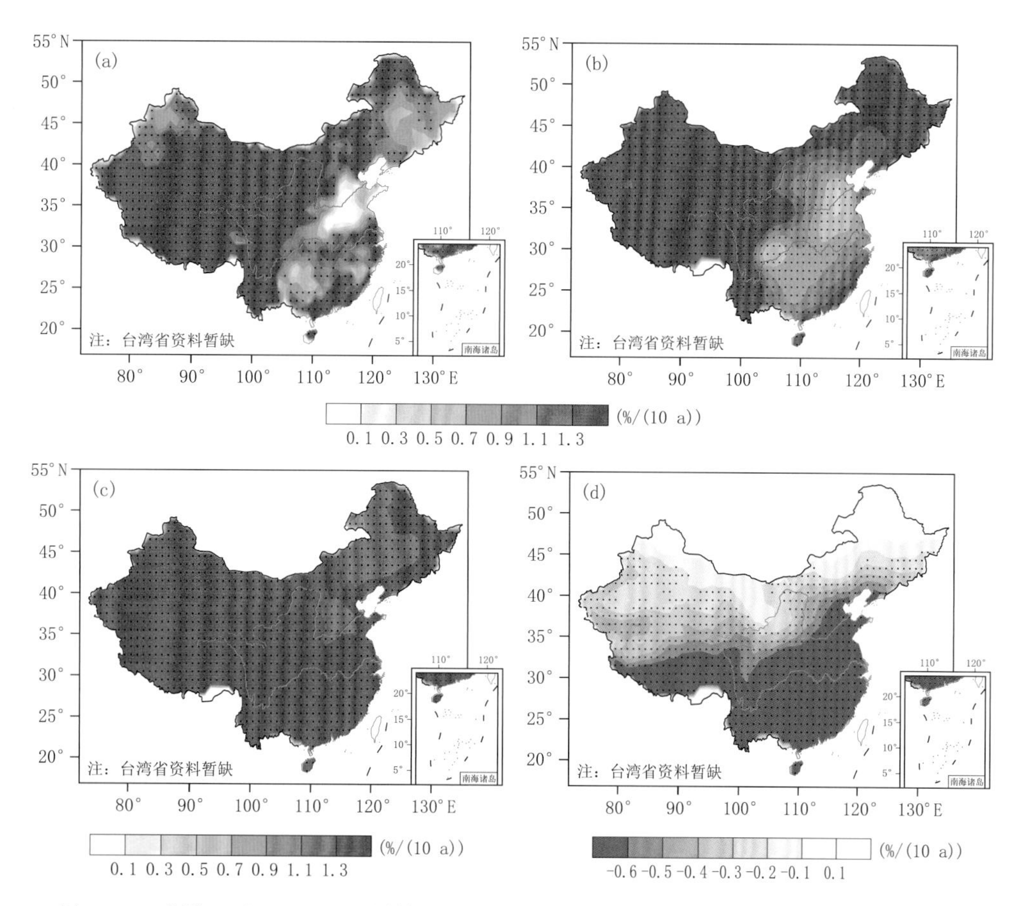

图 2.27 观测(a)和 DAMIP 不同外强迫(全强迫(b)、温室气体(c)、气溶胶(d))我国热事件(暖日,TX90P)的 Theil-Sen 变化趋势(单位:%/(10 a)),打点区域通过了置信度为 95%的显著性检验

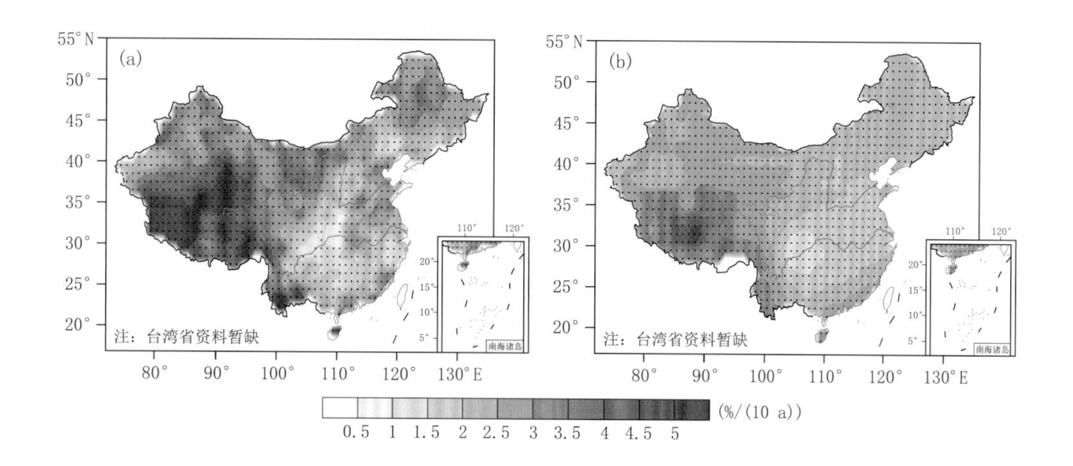

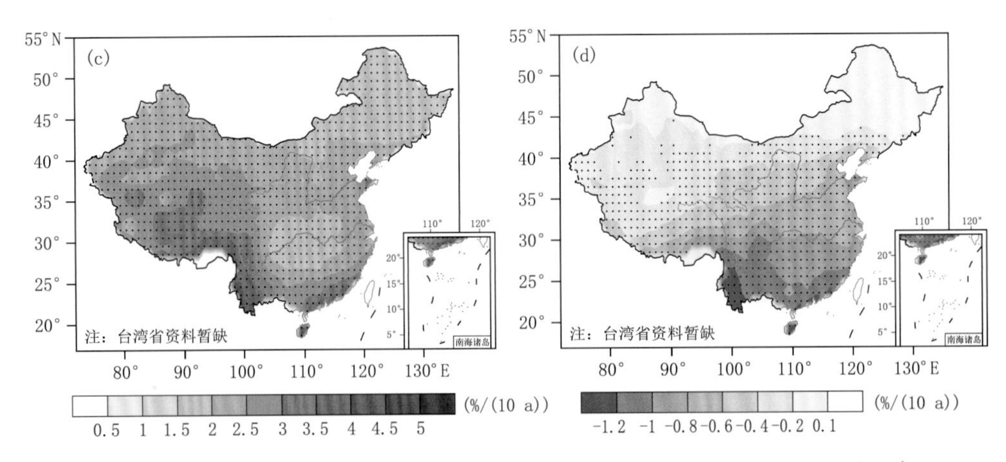

图 2.28　同图 2.27，但为我国热事件频次（暖夜，TN90P）的 Theil-Sen 变化趋势（单位：%/(10 a)）

对于极端高温事件的强度，极端最高气温（TXx）在观测和不同强迫因子下的 Theil-Sen 变化趋势，表明，伴随平均态的增暖，观测极端最高气温（图 2.29a）在我国大部分地区增加，尤以青藏高原和黄河、长江中上游幅度最大。另外，在两广地区、长三角和东北北部也有较大增加；全强迫试验（图 2.29b）模拟出与观测较一致的空间分布，尽管大值中心在青藏高原西北

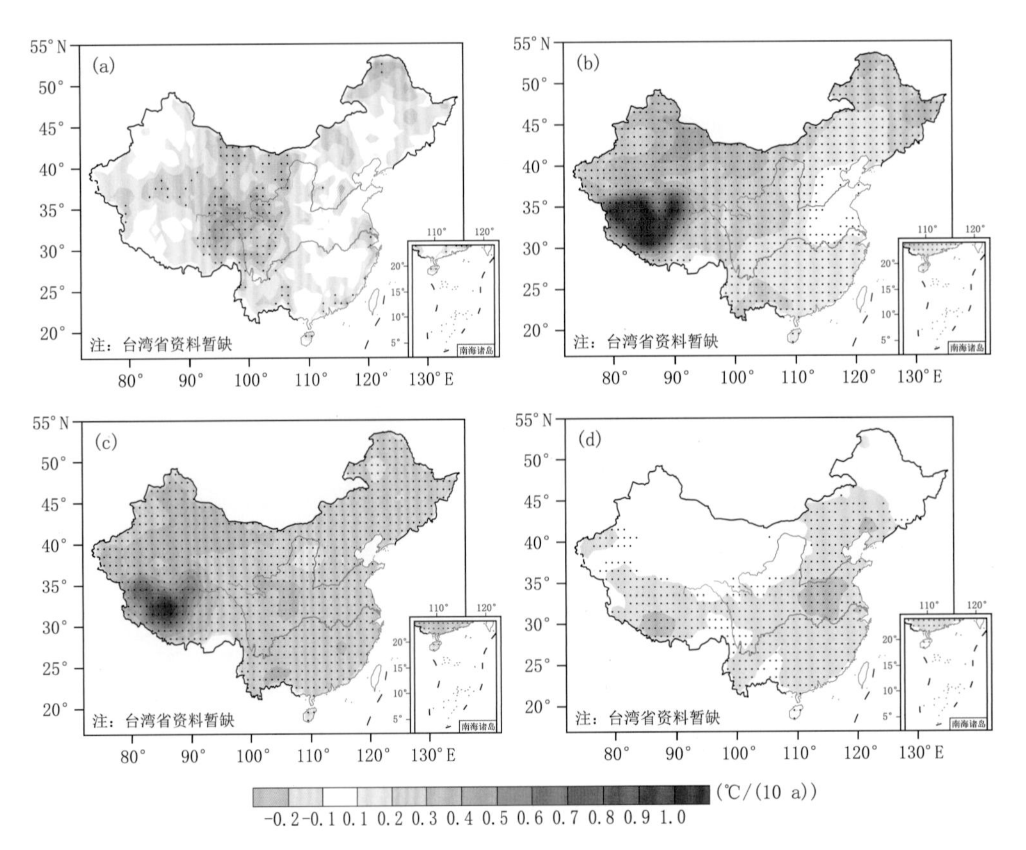

图 2.29　同图 2.27，但为我国热事件强度（极端最高气温，TXx）的 Theil-Sen 变化趋势（单位：℃/(10 a)）

部，注意到该区域观测资料稀少，因而观测资料本身亦存在较大不确定性。温室气体强迫（图 2.29c）下的极端最高气温变化趋势空间分布与全强迫类似，中国大陆几乎呈全局性增加；与前述极端高温频次（暖夜和暖日天数）类似，气溶胶强迫（图 2.29d）下的极端最高气温在中国区域整体减少，这一方面说明观测的极端最高气温的变化主要是温室气体的贡献；另一方面，随着未来环境的显著改善，东亚气溶胶粒子显著减少，将增加该区域极端高温发生频次和强度。

对于长持续性极端暖事件，图 2.30 给出了观测和 CMIP6-DAMIP 不同外强迫（全强迫、温室气体、气溶胶）下我国暖日持续日数（WSDI）的 Theil-Sen 变化趋势。观测发现，在全球增暖背景下，我国大部分地区暖持续日数呈显著上升趋势，高值中心位于青藏高原，其幅度大于 6 d/(10 a)，另外在西北南部、西南地区、东北地区也观测到了暖持续日期的增长（图 2.30a）；全强迫试验（图 2.30b）模拟的近几十年来 WSDI 的变化与观测较为一致，表现为 WSDI 的全局性增加，以及大值中心位于青藏高原，其次是西南、西北和东北，尽管模拟的青藏高原变化趋势较观测偏大，达 6 d/(10 a)；仅温室气体强迫下（图 2.30c），WSDI 的变化趋势与全强迫较为一致，大值中心位于青藏高原、西北地区以及西南地区，尽管幅度有所差异，说明观测中上述区域暖日持续日数的增加趋势很大程度由温室气体的增加导致；仅气溶胶强迫下（图 2.30d），WSDI 的变化趋势表现为南北反向，如西北、内蒙古和东北北部 WSDI 增加，而青藏高原和南方大部分地区呈减少趋势，说明观测中我国北方地区 WSDI 的增加亦有气溶胶强迫的贡献。

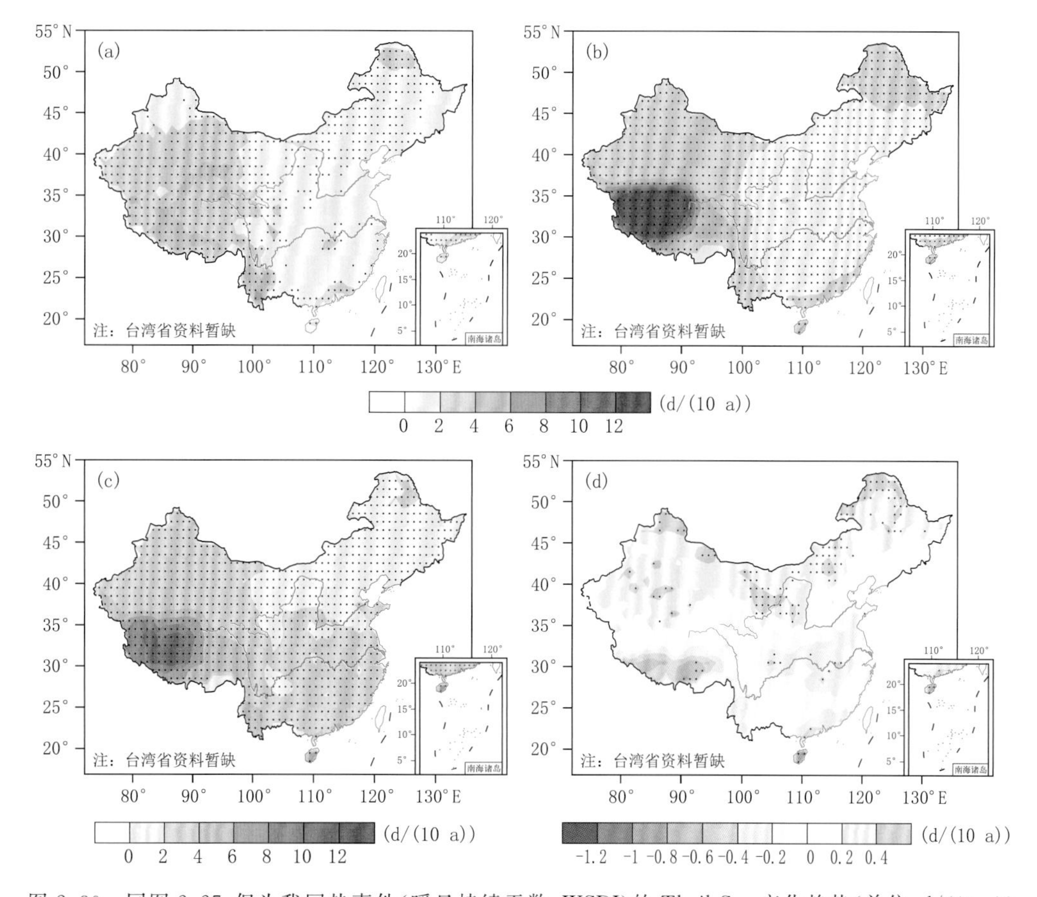

图 2.30　同图 2.27，但为我国热事件（暖日持续天数，WSDI）的 Theil-Sen 变化趋势（单位：d/(10 a)）

对自然强迫下的极端热事件变化，图 2.31 给出了 CMIP6 自然强迫驱动下我国极端热事件频次（暖日 TX90P 和暖夜 TN90P）、强度（极端最高温度 TXx）、持续性（暖日持续天数 WSDI）的 Theil-Sen 变化趋势。可见对于 TX90P、TN90P 和 TXx，其趋势的幅度远小于对应温室气体和气溶胶强迫，且几乎没有通过置信度为 95%的显著性检验的区域；对于暖日持续天数 WSDI，自然强迫下表现为显著增加趋势，但幅度偏低，说明自然强迫对观测中 WSDI 的增加有一定贡献。

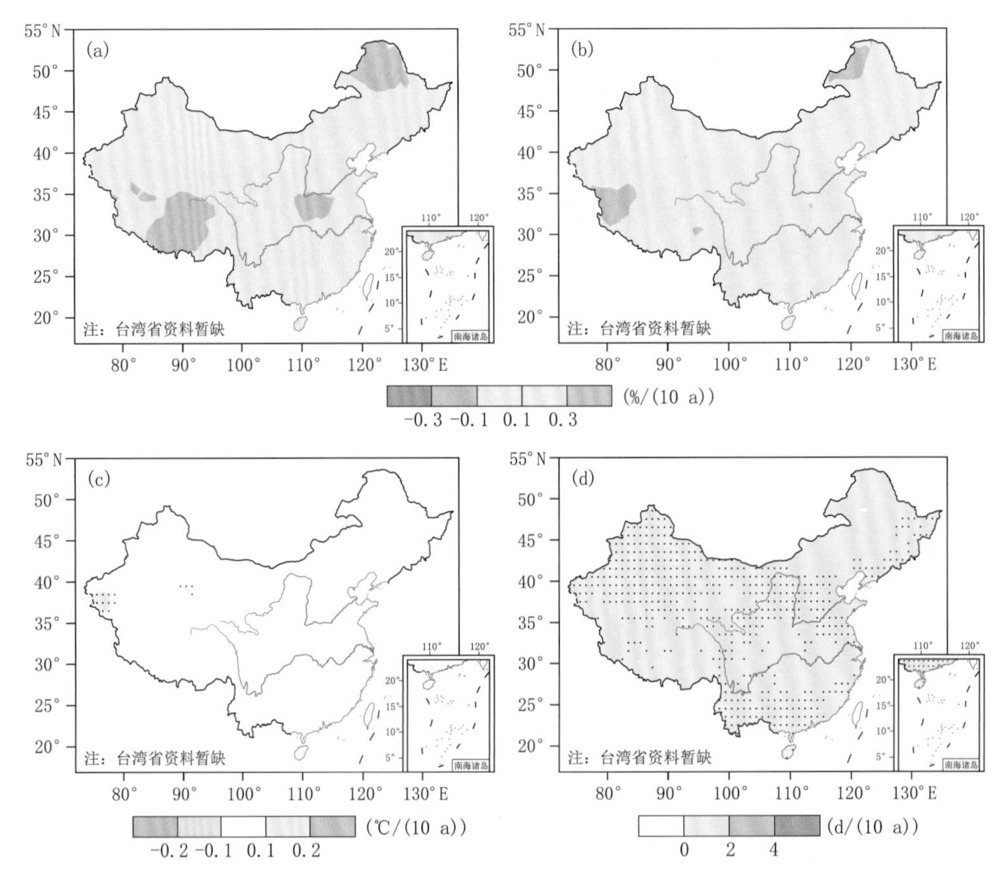

图 2.31　CMIP6 自然外强迫下我国热事件（暖日 TX90P，%/(10 a)(a)、暖夜 TN90P，%/(10 a)(b)、最热日 TXX，℃/(10 a)(c)和暖日持续天数 WSDI，d/(10 a)(d)）的 Theil-Sen 变化趋势

C20C-CAM5.1 试验的归因结果表明，人类活动等外强迫对北方地区极端暖事件（高温）的影响主要是显著增加了东北地区高持续性暖事件 WSDI 的发生概率，同时，增加了西北地区极端最高温度 TXx 和暖日频次 TX90P 的发生概率。CMIP6-DAMIP 试验的归因分析表明，其中暖日、暖夜频数和极端最高温度的显著增加趋势很大程度由温室气体的增加所贡献，气溶胶使之减少；温室气体和气溶胶对中国北方暖日持续天数的增加皆有贡献，自然强迫次之。随着未来中国区域大气环境的显著改善，区域气溶胶粒子显著减少，将增加该区域极端高温事件的发生频次和强度。

参考文献

吴佳,高学杰,2013. 一套格点化的中国区域逐日观测资料及与其他资料的对比[J]. 地球物理学报,56(4),1102-1111.

EYRING V, BONY S, MEEHL G A, et al,2016. Overview of the Coupled Model Intercomparison Project Phase 6 (CMIP6) experimental design and organization[J]. Geosci Model Dev, 9(5):1937-1958.

GILLETT N P, SHIOGAMA H, FUNKE B, et al, 2016. The Detection and Attribution Model Intercomparison Project (DAMIP v1.0) contribution to CMIP6[J]. Geosci Model Dev, 9:3685-3697.

IWASAKI T, SHOJI T, KANNO Y, et al, 2014. Isentropic analysis of polar cold airmass streams in the northern hemispheric winter[J]. J Atmos Sci,71:2230-2243.

KANNO Y, WALSH J, ABDILLAH M, et al, 2019. Indicators and trends of polar cold airmass[J]. Environ Res Lett, 14:025006.

KOSAKA Y,NAKAMURA H,WATANABE M, et al, 2009, Analysis on the dynamics of a wave-like teleconnection pattern along the summertime Asian jet based on a reanalysis dataset and climate model simulations[J]. J Meteorol Soc Japan, 87:561-580.

LIU Q, CHEN G,IWASAKI T, 2020. Long-term trends and impacts of polar cold airmass in boreal summer [J]. Environ Res Lett, 15:084042.

SENEVIRATNE S I,KOSTER R D ,GUO Z, et al,2006. Soil moisture memory in AGCM simulations: Analysis of Global Land-Atmosphere Coupling Experiment (GLACE) data [J]. J Hydrometeorol, 7: 1090-1112.

SHI N, WANG Y, WANG X, et al, 2019. Interdecadal variations in the frequency of persistent hot events in boreal summer over Midlatitude Eurasia[J]. J Clim, 32(16):5161-5177.

STONE D A,CHRISTIDIS N,FOLLAND C, et al,2019. Experiment design of the International CLIVAR C20C+ Detection and Attribution Project[J]. Weather Climate Extremes,24:100206.

SUN Y, HU T, ZHANG X, et al, 2019. Contribution of global warming and, urbanization to changes in temperature extremes in eastern China[J]. Geophys Res Lett:46.

TAKAYA K,NAKAMURA H, 2001. A formulation of a phase-Independent wave-activity flux for stationary and migratory quasigeostrophic eddies on a zonally varying basic flow[J]. J Atmos Sci, 58:608-627.

WU L,ZHANG J, 2015. The relationship between spring soil moisture and summer hot extremes over north China[J]. Adv Atmos Sci, 32:1660-1668.

XU B, CHEN H S, GAO C J, et al, 2019. Decadal intensification of local thermal feedback of summer soil moisture over north China[J]. Theor Appl Climatol, 138(3/4):1563-1571.

ZHAI P M, PAN X H, 2003. Trends in temperature extremes during 1951—1999 in China[J]. Geophys Res Lett, 30(17):1913.

ZHANG J Y,WU L Y,2011a. Land-atmosphere coupling amplifies hot extremes over China[J]. Chinese Sci Bull, 56(31):3328-3332.

ZHANG J Y, WU L Y,DONG W J, 2011b. Land-atmosphere coupling and summer climate variability over East Asia[J]. J Geophys Res Atmos, 116:D05117.

第3章　干旱

3.1　北方干旱变化特征

3.1.1　过去300年华北干旱变化

华北地区历史悠久，历史文献记载丰富，记录了旱涝气候长期变化的信息。作为特别的历史记载方式之一，清代“雨雪分寸”由各地方官员负责观测和记录，并以奏折形式向皇帝呈报。此种方式不仅记述了每次降雨之后各地的雨水渗入土壤深度和降雪之后的积雪厚度(记录单位为分、寸，故称“雨雪分寸”)，还记述了一个时段(如一旬、一月等)降水的总体状况。基于此，结合这一地区农业气象站的土壤含水量观测记录，采用水量平衡方程和土壤物理学的Green-Ampt入渗模型等方法，重建了这一地区17个站点的1736—2000年的逐季降水序列(图3.1)，有助于了解这一地区过去300年的干旱、雨涝等极端气候事件的变化情况。

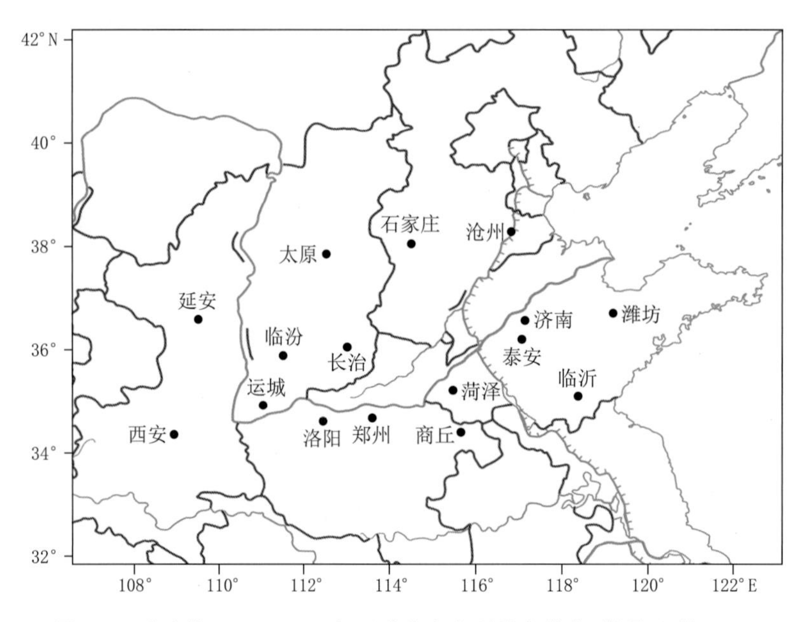

图3.1　重建的1736—2000年逐季降水序列站点分布(郑景云 等，2005)

依据上述华北地区17个站点的年降水序列辨识区域极端干旱与雨涝年。首先根据17站1951—2000年的年降水量，用伽玛(Gamma)函数对各站点年降水量的概率分布进行拟合，辨识其累积概率为10%、20%、80%、90%的降水量分位点，据此按年度辨识极旱(涝)、重旱(涝)事件。然后计算每一年发生极旱(涝)、重旱(涝)事件的站点占17个站点的比例(图3.2)，并以1951—2000年间十年一遇的比例为标准，即当某一年中至少有35%(35%)和29%(24%)发生重旱(重涝)和极旱(极涝)，作为辨识整个华北地区极端旱(涝)年。据此可得，在1736—2000年间，华北地区有29年发生极端干旱，分别是：1743、1777、1778、1783、1786、1792、1805、1813、1847、1856、1869、1876、1877、1900、1901、1902、1916、1919、1920、1922、1927、1936、1939、1941、1965、1981、1986、1991和1997年；28年发生极雨涝，分别是：1742、1751、1774、1776、1794、1797、1798、1799、1800、1822、1823、1830、1858、1867、1872、1882、1883、1886、1889、1890、1910、1914、1937、1956、1958、1961、1963和1964年(图3.2)。

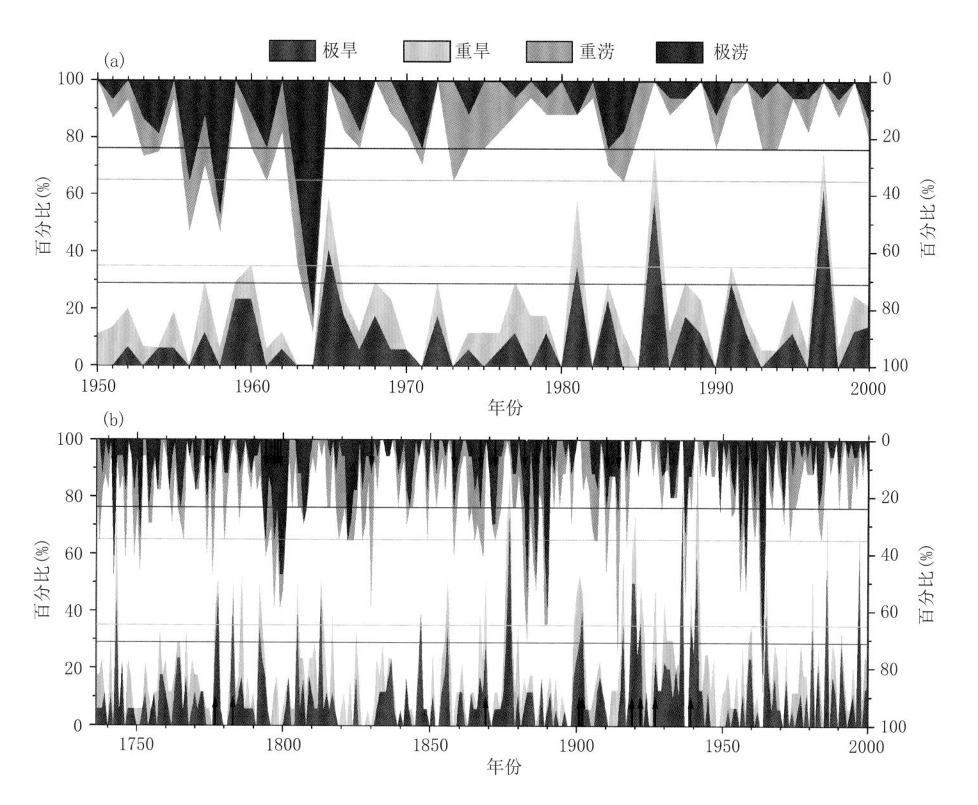

图3.2　1736—2000年发生极旱(涝)、重旱(涝)站点占17个站点的比例(Zheng et al.,2018)

与前人的研究相比，该方法所采用的降水重建序列的资料时间分辨率更高，因此在得到多数极端旱涝年份的同时，还新增9个极端干旱事件和18个极涝事件(图3.2中以"↑"标识)。

图3.3进一步给出每个极端旱涝年份17个站的各季降水异常百分比值。对于大多数极端旱涝年份，其夏、秋季节的降水量异常最为显著。如在干旱最严重的1877年，全区春夏秋冬四季的降水异常分别为−25%、−53%、−53%和−23%；但亦有少数年份(如1902和1981年)是因为夏季降水虽无显著异常但其他三季降水显著异常而致。另外，也有一些极涝年份(如1794、1823、1872和1961年)降水异常程度也有较显著的局地差异。

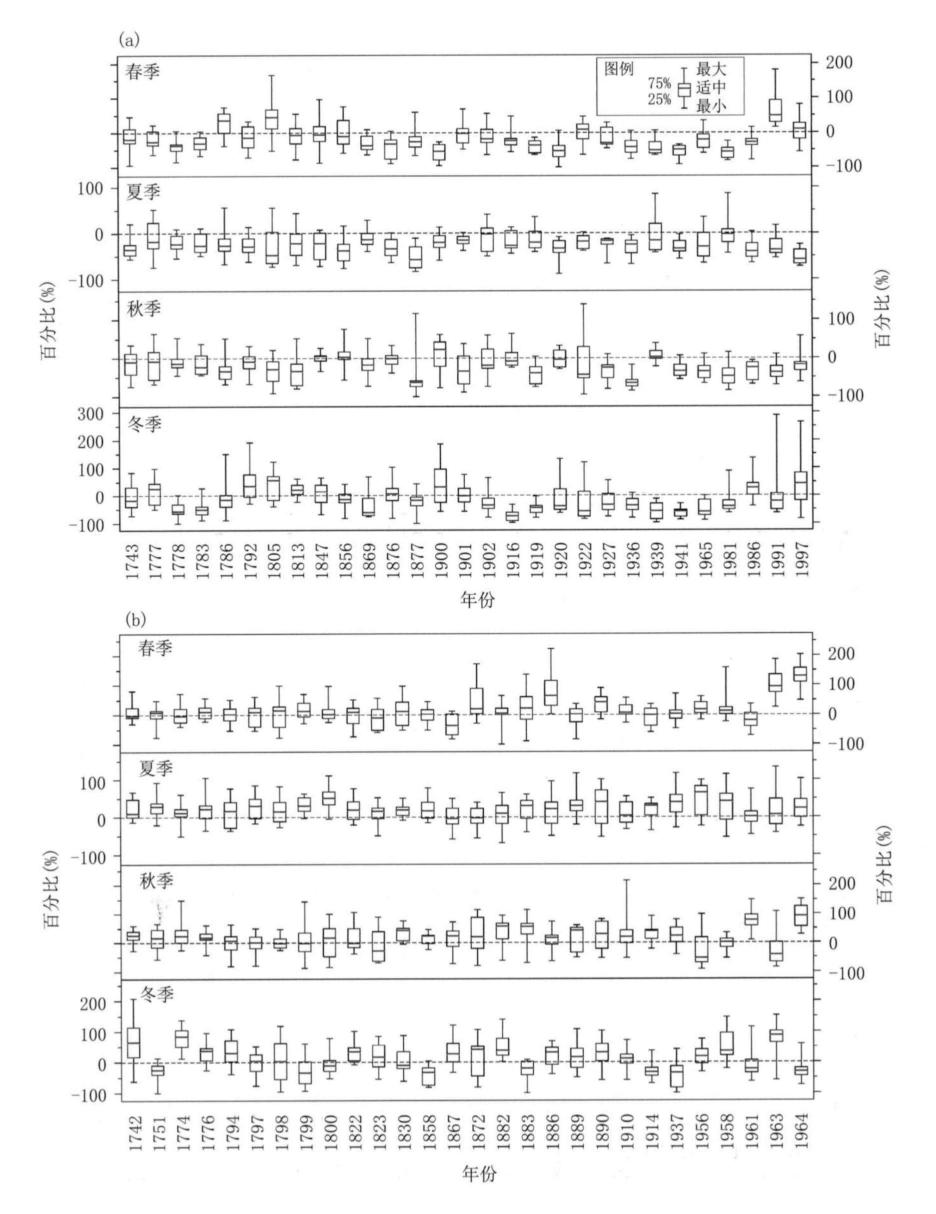

图 3.3　华北地区 1736—2000 年发生极端干旱(a)和极涝事件(b)年份的各季节降水异常百分比箱线图(Zheng et al. ,2018)

在 18 世纪 40 年代—20 世纪 90 年代间，华北地区极端旱涝存在显著的年代际变化，特别是多年代际变化(图 3.4)，如在 18 世纪 70 年代、18 世纪 80 年代、19 世纪 70 年代、20 世纪 00 年代、20 世纪 10 年代、20 世纪 20 年代、20 世纪 40 年代、20 世纪 80 年代 和 20 世纪 90 年代至少发生了两次极端干旱事件，而在 18 世纪 50 年代、18 世纪 60 年代、19 世纪 20 年代、19 世纪 30 年代、19 世纪 80 年代、19 世纪 90 年代、20 世纪 50 年代和 20 世纪 70 年代未出现极端干旱事件。在 18 世纪 70 年代、18 世纪 90 年代、19 世纪 20 年代、19 世纪 80 年代、20 世纪 10 年代、20 世纪 50 年代和 20 世纪 60 年代至少发生了两次极涝事件，其中 18 世纪 90 年代、19 世纪80年代和20世纪60年代发生了3～4次。特别是19世纪80年代出现4年极涝，因此导致1882—1890年(光绪八年至十六年)黄河连续9年发生大规模漫决。而在18世纪60年代、18世纪80年代、19世纪10年代、19世纪40年代、20世纪00年代、20世纪20年代、20世纪40年代、20世纪70年代、20世纪80年代和20世纪90年代，极涝事件次数为零。以极端旱涝事件总和计，在18世纪70年代、18世纪90年代、19世纪70年代、19世纪80年代、20世纪00年代、20世纪10年代、20世纪20年代和20世纪60年代，极端旱涝最为频繁，其中18世纪90年代极端旱涝事件超过了所有时段平均值的2倍，而18世纪60年代和20世纪70年代则无极端旱涝事件发生。

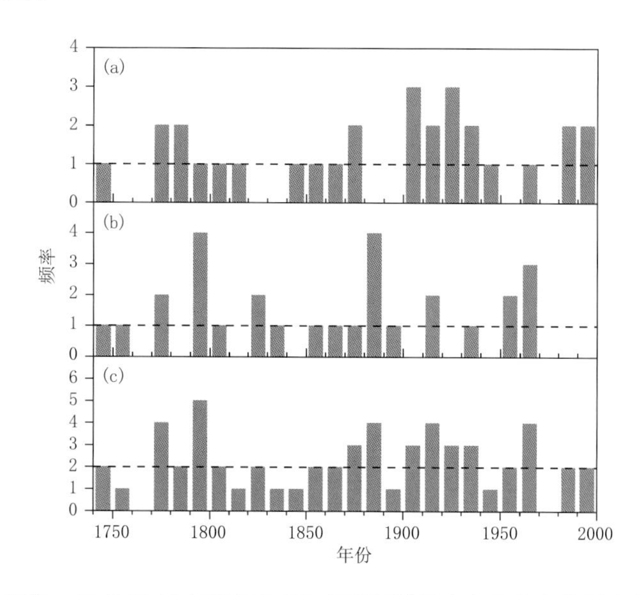

图3.4 18世纪40年代—20世纪90年代华北地区极端旱涝发生年数的年代际变化(Zheng et al.,2018)
(a)极旱;(b)极涝;(c)极旱涝

3.1.2 器测以来的北方干旱变化

自1950年以来，中国北方地区的降水量呈现出持续减少的趋势，同时可以观察到显著的年际和年代际变化(孙建奇 等,2006;Sun et al.,2012;Chen et al.,2019);同样，华北—东北地区地表气温也呈现上升趋势，且具有明显的年际和年代际变化(Sun et al.,2008)。华北—东北地区降水和气温变化的复杂性不仅表现在不同时间尺度的特征上，还表现在影响因素的多样性上。而降水和气温是影响干旱强度最直接的两个因素(Chen et al.,2015)。

对1979—2017年夏季7—8月中国北方地区的干旱指数(sc-PDSI)进行经验正交分解(EOF)处理，得到干旱的空间模态和时间系数(图3.5)。EOF第一模态表现出“东北—西南”型的空间分布，正异常主要集中在西北东部、华北和东北地区，负异常主要在35°N以南。时间序列在1998年左右有较明显的年代际转折，在1998年之后干旱增多。EOF第二空间模态表现出“东—西”型的分布，正异常区域主要集中在中国新疆和青海地区，负异常中心主要集中在中国的西北东部、华北以及东北地区，这一空间型与第一模态的大部分区域相反，但是中国北方东部地区的异常特征基本表现一致。其对应的时间系数也表现出明显的年代际转折，在

1998 年左右由负转正。两种模态一致表明：1998 年之后华北和东北地区干旱增多，干旱等级明显增强，出现了 5 次极端干旱事件，13 次特大干旱事件；而在 1998 年之前则为轻度干旱。

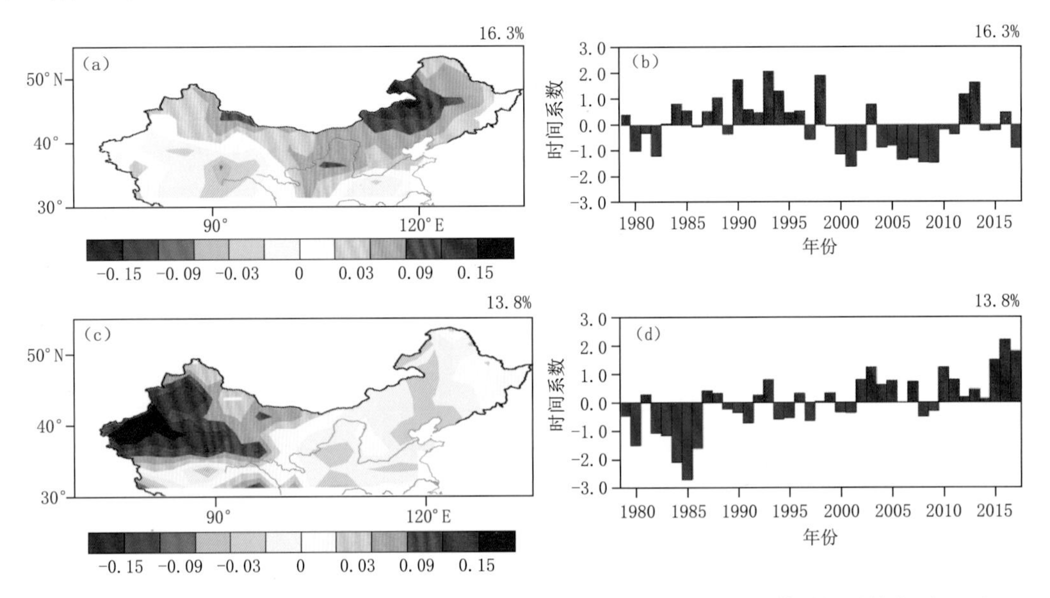

图 3.5　中国北方地区夏季 sc-PDSI 干旱指数 EOF 第一空间模态(a)及其时间系数序列(b)和第二空间模态(c)及其时间系数序列(d)

中国北方在 1979—1996 年时间段受干旱影响的地区主要集中在华北，表现为受灾面积较小，干旱等级较弱的特点，而在 1998 年之后，受干旱影响的地区扩张到东北南部和西北东部地区，干旱受灾面积大，干旱等级强，其中，东北南部地区和华北地区表现出极端干旱的特征。尽管前后两个时间段干旱影响的程度不同，但是 8 月干旱的影响程度比 7 月更加严重。从 sc-PDSI 指数变化趋势的空间分布来看，华北和西北东部（包括陕西、宁夏和内蒙古中部地区）为干旱加重的趋势（图 3.6）；而中国西北地区整体表现出变湿润的特征，尤其在 1998 年之后这一特征更加明显。

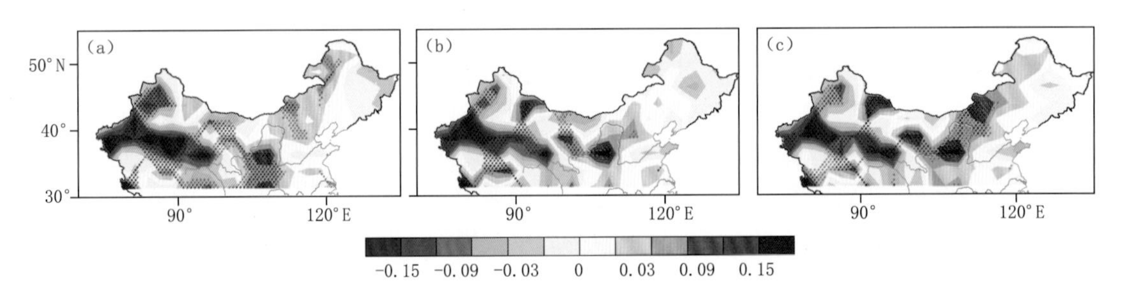

图 3.6　(a)1979—2017 年夏季 sc-PDSI 干旱变化趋势的空间分布，(b)为 7 月，(c)为 8 月

在过去 61 年（1950—2010 年）中，我国东北干旱指数时间序列表明：东北干旱还存在较为显著的年代际振荡，其周期大约为 25～30 年（图 3.7），且振幅大约为线性趋势的两倍。东北干旱的线性趋势主要与该区域内降水和温度的变化趋势密切相关，在过去几十年，东北温度持续上升，而降水则持续减少，这两个趋势使得干旱持续加重。去掉线性趋势后，年代际振荡的

信息在干旱指数中也更好地体现出来，与之对应的降水也存在显著的年代际振荡，而这种年代际振荡在温度序列中不明显，说明东北干旱的年代际变化的主要贡献来自于降水变化(Chen et al.,2020)。

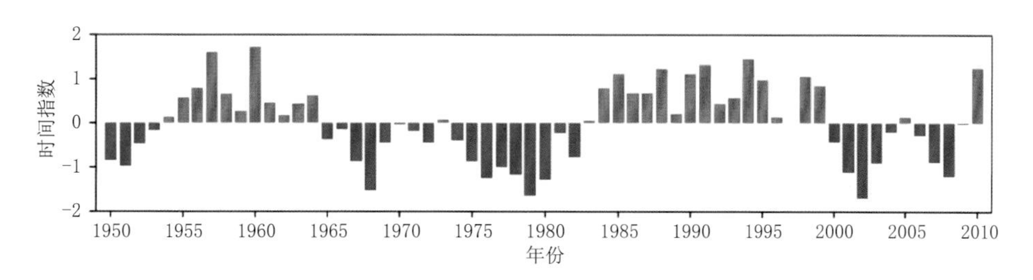

图3.7 1950—2010年东北帕尔默干旱强度指数(PDSI)的时间序列(Chen et al.,2020)

在全球变暖背景下，高温事件发生的频次增多、强度增强，使得全球很多地区的干旱事件变得更加频繁。随着全球变暖，温度变化在干旱的发生中也有着越来越重要的作用。综合考虑温度和降水的作用，定义一个东北高温干旱指数(PINEC，Li et al.,2018)，该指数可以反映复合型高温干旱事件，1961—2016年东北地区高温干旱指数的时间序列呈现明显的年际、年代际的变化特征(图3.8)。以2016年夏季为例，该年的东北的少雨事件为34年一遇的极端事件，而高温事件为16年一遇的极端事件。当同时考虑温度和降水两个变量时，2016年的高温干旱事件则为过去50多年来最为严重的一次事件。由此可知，若单独考虑降水这一变量，干旱的严重程度可能会被低估(如2016年的干旱)或者被高估(如2007年的干旱)。因此，高温干旱指数能够更好地反映干旱的严重程度。

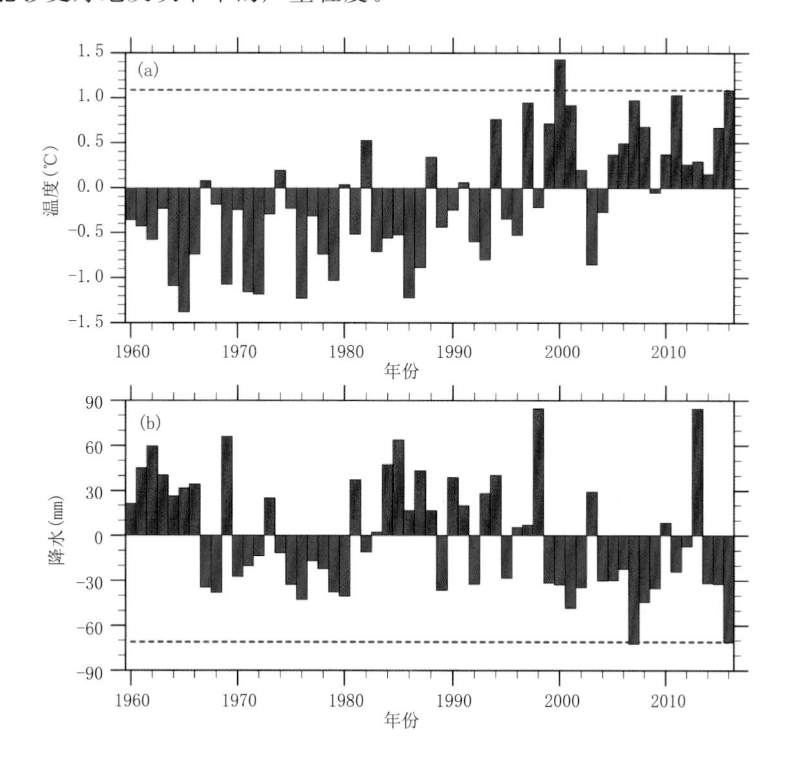

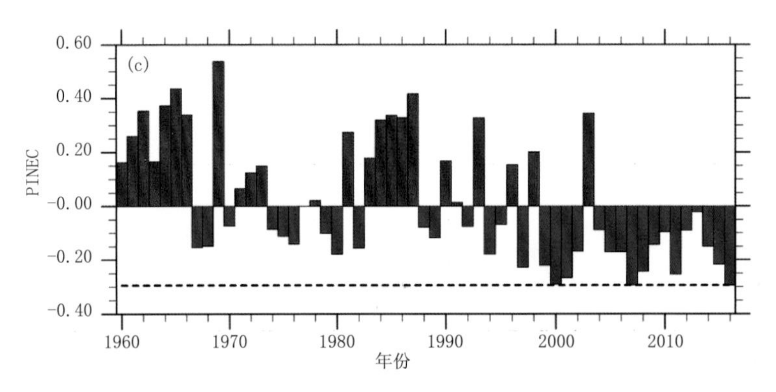

图 3.8　夏季东北区域平均的温度(a)、降水(b)、PINEC 指数(c)的异常序列(相对于 1981—2010 年的平均),虚线为 2016 年的异常(Li et al.,2018)

除了显著的年际变化以外,东北夏季高温干旱也表现出明显的年代际变化特征。东北夏季高温干旱事件的发生频次在 20 世纪 20 年代和 90 年代中后期发生了两次年代际转折,且其发生转折的时间与大西洋年代际振荡(AMO)年代际转折的时间基本一致(图 3.9)。

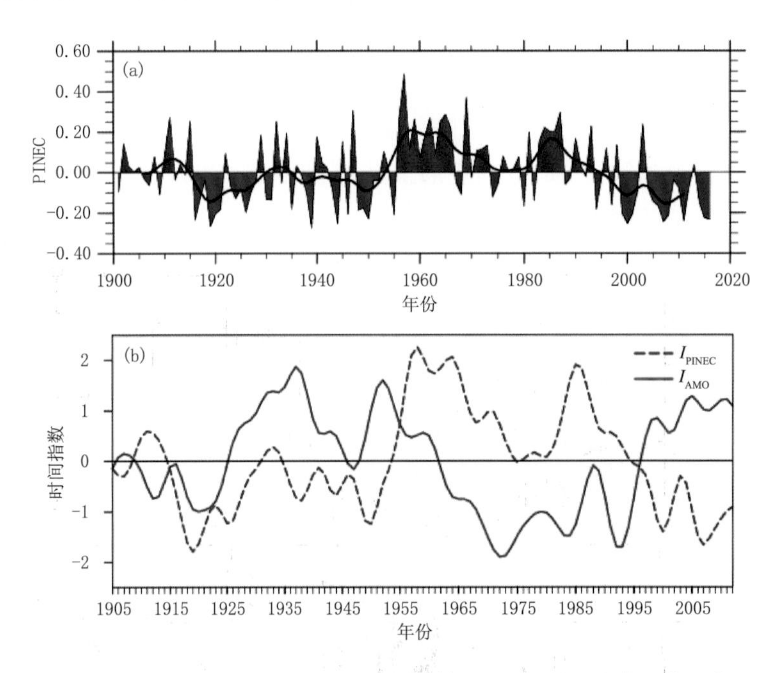

图 3.9　(a)东北高温干旱指数的时间序列;(b)标准化的 9 年低通滤波后东北高温干旱指数和 AMO 指数的时间序列(Li et al.,2020a)

3.2　环流模态对北方干旱的影响

北方夏季干旱的环流异常表现在:①贝加尔湖以南至华北东北上空的反气旋和北风加强;②贝加尔湖附近的波脊加强;③西风带波动振幅加大,波速变慢(Zhang et al.,2019a,2020)。

与此局地环流异常相关的主要大尺度环流异常包括中高纬度的极地—欧亚遥相关型、西风带遥相关波列和负位相北大西洋涛动(NAO)以及中—低纬度东亚季风系统,厄尔尼诺—南方涛动(ENSO)(Han et al.,2017)等。自20世纪90年代中期以来,增强的负位相NAO、欧亚波列和极地—欧亚型导致北方120°E上空西脊和东槽异常的增强和北风异常(图3.10),另外,副热带高压和季风北边缘带偏南使得水汽向中国北方地区输送减弱,造成该地区正异常的水汽通量散度,促进了极端干旱的发生(Zhang et al.,2018; Zhang et al.,2019a; Du et al.,2020)。异常环流相关的强迫因子包括北极海冰(Liu et al.,2019),大西洋年代际振荡(AMO)和太平洋多年代际振荡(PMO、PDO)(Chen et al.,2019)和印度洋海温(Han et al.,2018a,2018b)等。

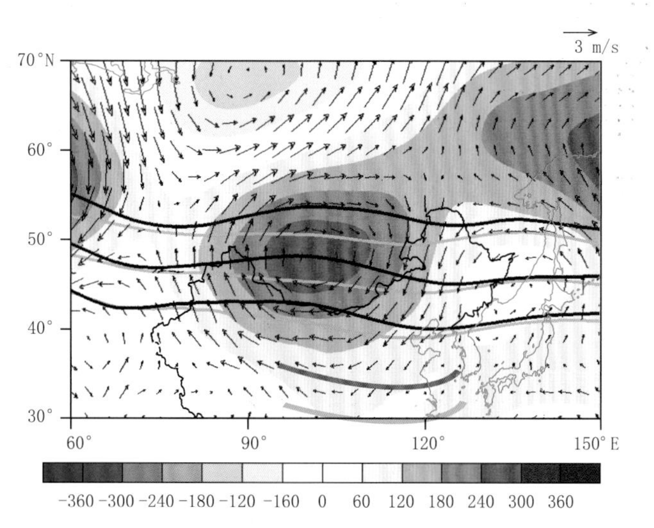

图3.10　北方干旱年份7—8月500 hPa高度场(gpm)和风场合成(紫线和绿线分别代表1997年之前和之后的等位势高度线,紫色和绿色虚线分别代表两个时段的槽线位置)

复合型高温干旱指数能够更好地反映东北高温干旱的严重程度。利用1960—2016年夏季平均的高温干旱指数对大气环流场进行回归(图3.11),东北上空500 hPa位势高度场的“－＋－”的环流异常分布类似于极地—欧亚遥相关型,并且表现为明显的正压结构,其中,东北上空的反气旋异常一方面不利于水汽在东北地区的辐合;另一方面,东北上空的下沉运动显著,有利于大气增温,促使高温事件发生,导致高温干旱事件进一步增强。

在北方干旱年代际频发的尺度上,高纬度上出现了一个具有显著的欧亚—太平洋遥相关型(EU)波列结构,该波列起于欧洲西海岸,经过欧亚大陆北部和乌拉尔山,最终到达日本(图3.12)。这与2001年、2002年、2010年和2011年等干旱年份7月的实际的经向风异常相似。中纬度则出现丝绸之路波列结构(SRP)(Lu et al.,2002)。这一波列也可能与印度季风加热和对流层上部沿亚洲急流的驻波传播强迫有关,这与1999、2000、2009和2010等干旱年份7月的实际的经向风异常相似。在青藏高原加热与北太平洋和北大西洋经向海温梯度的耦合作用下,这种波列结构有助于形成环球低频波(Zhang et al.,2018)。EU和SRP两支波列的时间变化呈现多尺度特征,其年代际变化明显,从1973—1995年,呈现出年代际的负趋势,反映了波列减弱或负位相异常;在1973年前和1995年后,则呈现正位相且增强趋势。

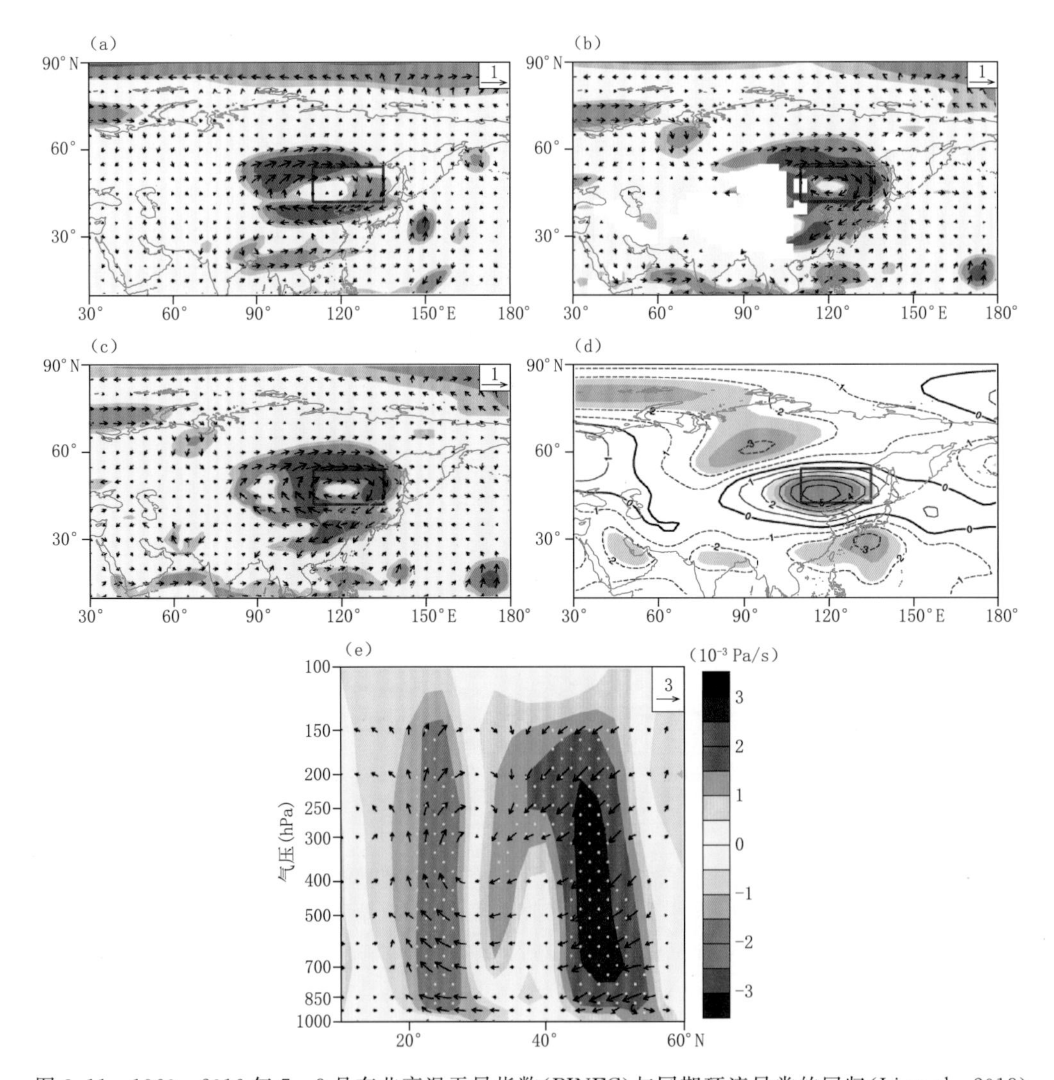

图 3.11　1960—2016 年 7—8 月东北高温干旱指数(PINEC)与同期环流异常的回归(Li et al.,2018)
(a)200 hPa 风场(m/s);(b)850 hPa 风场(m/s);(c)水汽输送(kg/(m·s));
(d)500 hPa 位势高度(dagpm);(e)垂直风场(m/s)

叠加在驻波上增强的 EU 和 SRP,是导致中纬度异常大气环流的关键因子之一。1995 年后增强的 EU 模式和 SRP 模式有助于增强中国北方上空的反气旋,这有助于贝加尔湖和中国北方的高压脊加强和维持,最终导致下沉运动和辐散增强,进一步促进了持续干旱。此外,减弱的西太平洋副热带高压还导致弱的水汽输送到中国北方,进一步加强了北方的干期。

此外,北方地区的干旱指数 sc-PDSI 和夏季 NAO 指数存在显著的正相关关系,当夏季 NAO 为负位相时,北方更加容易出现干旱事件(Du et al.,2020)。图 3.13 是 1979—2017 年夏季 NAO 指数随时间的变化序列,指数的大小值代表 NAO 位相和强弱,可以看到 1980 年为最强 NAO 负位相年份,指数为−0.35,但是在 2000—2017 年之间除了 2002、2005 和 2013 年这 3 年为 NAO 正位相年,其他年份均为 NAO 负位相。当 NAO 转为负位相后中国北方关键区域的极端干旱频次也有所增多。定义典型的夏季负位相 NAO 年为 2006、2008、2010、2011

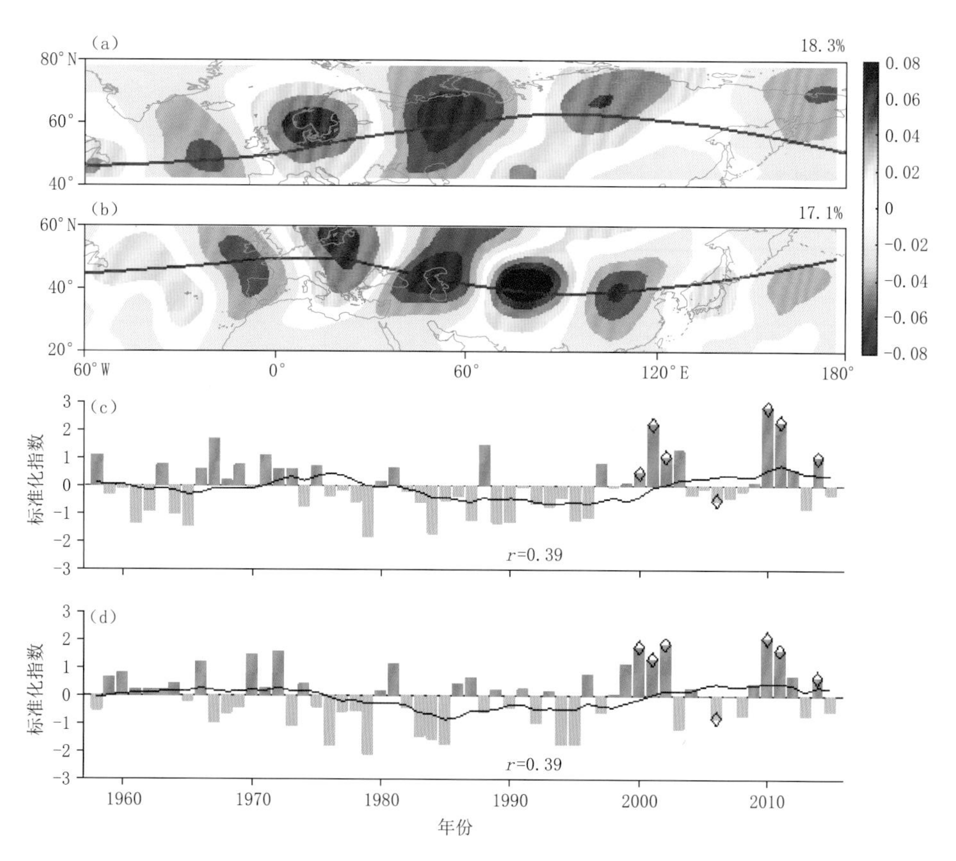

图 3.12 经向风 EOF 分解的第一模态反映的高纬度 EU 和中纬度 SRP 型模态(a—b)及主成分分析(PC)(c—d)分布(图中菱形符号代表干旱年份,Zhang et al.,2019a)

(a)经向风 V1 EOF 分解的第一模态;(b)经向风 V2 EOF 分解的第一模态;(c)V1 主成分分解第一模态序列;(d)V2 主成分分解第一模态序列

和 2014 年。当 NAO 处于负位相时,位于欧洲西岸的气旋性涡旋驱动北大西洋急流在出口区表现出东伸的特征,引起的 40°N(60°N)西风(东风)异常进一步增强(减弱),北大西洋急流的东伸促进了其与亚非急流的连接,加强了急流的波导作用,建立了负位相 NAO 异常与中国北方地区的干旱之间的联系。NAO 负位相年的 sc-PDSI 干旱等级反映了宁夏、陕西北部和内蒙古中东部(关键区域)的极端干旱特征。与 sc-PDSI 相比,虽然标准化降水指数(SPI)的干旱等级较弱,但关键区域的干旱分布特征相似,这可能与 SPI 的算法和适用性有关,SPI 指数仅基于降水量计算,并没有考虑蒸散发。

负位相 NAO 也可以激发出异常波列,其进入亚非急流向下游地区传播,类似于夏季横跨欧亚大陆的丝绸之路遥相关型,该波列叠加在准定常波上,增强准定常波的共振效应,进一步导致波幅的放大,加强中国北方的反气旋环流异常。NAO 对水汽通量的回归表明,在负位相 NAO 加强的情况下,尽管 30°N 以南的中国东南沿海地区受到异常西南水汽的影响,但是在 30°N 以北的北方地区被异常的北风和东北风主导,抑制了来自西南方向的暖湿水汽向北方输送,促进了北方极端干旱事件的发生。

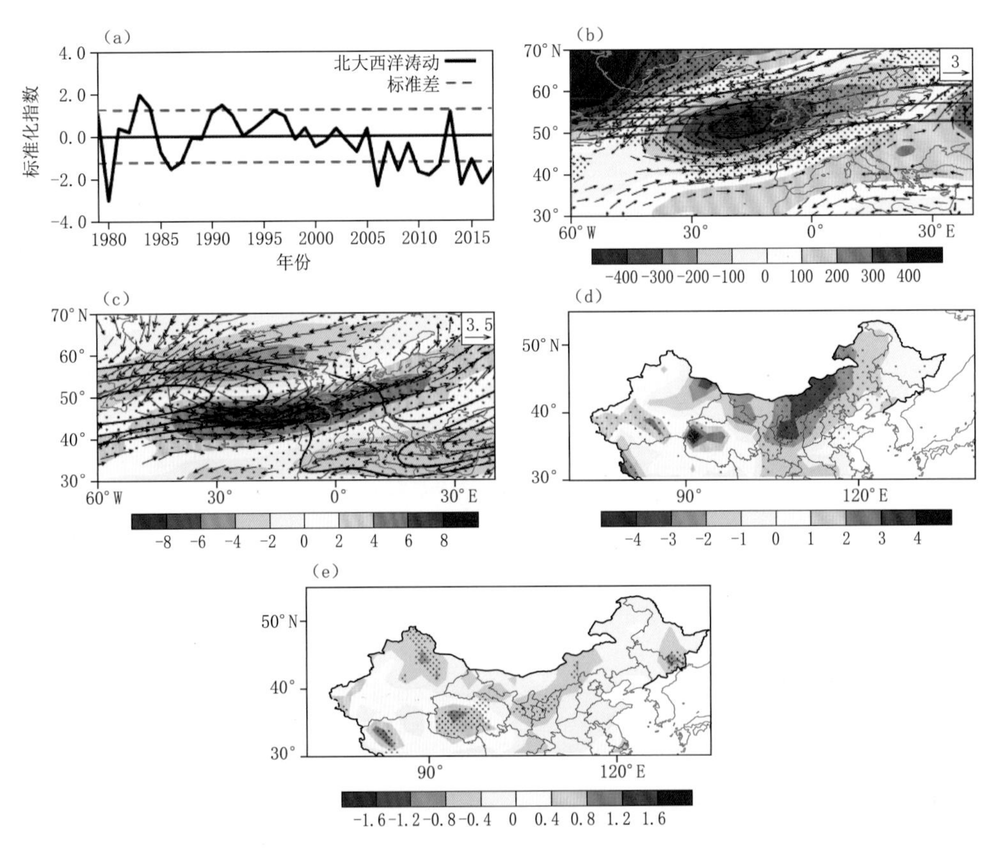

图 3.13　(a) 1979—2017 年夏季 NAO 标准化时间序列，(b) 500 hPa 位势高度场(gpm)和水平风场(m/s)在负位相 NAO 年和气候态的差值合成场，(c)与(b)相同，但为 200 hPa 纬向风(m/s;填色)和水平风场(m/s;矢量)的差值合成场，(e)和(d)与(b)相同，但是分别为 sc-PDSI 和 SPI 的差值合成场。图(c)中黑色等值线表示大于 15 m/s 的纬向风，打点区域通过了置信度为 95%的显著性检验(Du et al.,2020)

3.3　青藏高原和欧亚大陆热力状况对北方干旱的影响

3.3.1　高原热力与印度季风对北方干旱年代际变化的协同影响

华北的 7、8 月降水表现出显著的年代际减少和干旱增强的特征，除东亚夏季风影响外，印度夏季风强度与华北地区和日本南部的 7、8 月降水也有很强的相关性(Kripalani et al.,1997)；此外，印度半岛上的低压也被认为是与北方气候相关的关键环流因子之一。由于这些联系，一些研究讨论了印度半岛和华北地区之间的环流和降水的一致性，然而，二者之间的关系存在不确定性。研究指出：ENSO 是印度夏季风相位变化的驱动因素(Ashok et al.,2001)；此外，青藏高原的加热作用与印度半岛降水和印度夏季风有相互作用，二者表现出反向变化

(Jiang et al.,2017),青藏高原的感热通量有助于热带水汽向北输送,从而影响印度夏季风的位置;相反地,青藏高原西南部夏季降水也受印度半岛上空的深对流控制(Dong et al.,2016)。另外,青藏高原的加热作用可激发波列,调控华北地区上空的环流和水汽输送(Zhang et al.,2018)。可见,青藏高原热力特征与印度季风和华北降水之间的关系对北方旱涝的预测至关重要。

图3.14显示了盛夏7、8月降水异常的EOF第一模态(阴影)。该模态在印度半岛和华北地区之间呈三极子分布,表现在印度半岛和华北地区上有强的负异常中心,青藏高原东部有一个正异常中心。该三极子模态具有年代际变化,在1960年之前和2000年之后为负异常,在1960年和2000年之间为正异常。Jiang等(2017)讨论了印度半岛与青藏高原之间的反位相降水分布,但现有关于青藏高原和华北地区之间降水反位相分布的研究有限。此外,中国华南和中南半岛的降水与华北的降水模态相似于三极子模态,该分布可能与太平洋—日本(PJ)波列有关。降水分布表明华北降水与中南半岛和印度半岛降水有潜在的联系。

印度半岛的降水中心与印度夏季风的区域一致,将该区域的标准化夏季降水量定义为印度夏季风指数,其时间序列的周期分析表明,印度半岛和华北的盛夏降水变化在2～3年和5～7.1年周期的年(代)际尺度上显著相关,以及在10年以上周期的年代际尺度上显著相关(图3.14)。太平洋的海温模态与PDO的阶段性变化可以解释年代际尺度上的关系;3.1年周期上的降水变化可能与ENSO对印度夏季风的调制有关(Ashok et al.,2001);此外,华北降水不仅受到印度夏季风的影响,还受到西风带和东亚夏季风的影响。

用印度夏季风指数对7、8月降水进行回归,可得两个重要的三极子模态(Zhang et al.,2019b):第一个是经过青藏高原的印度半岛—华北模态,这与7、8月降水EOF分析的第一模态相似。第二个是连接华南和华北的中南半岛—华北模式,类似于西延的PJ波列。在7、8月,涡度的空间型也显示出印度半岛和华北之间的三极子遥相关结构,在印度半岛和华北为负涡度异常,在青藏高原东部为正涡度异常。青藏高原与印度半岛和华北之间的涡度的反向分布与降水反向变化相一致。

用涡度模态的序列对环流场进行回归,也可以得到两个重要的三极子模态和遥相关型:一种是跨越青藏高原的印度半岛—华北遥相关,另一种是中南半岛—华北遥相关。去除年代际趋势的回归结果仍然表现出两个遥相关型,这表明在年际和年代际时间尺度上两个遥相关型都是存在的(图3.15)。从波动通量回归可以发现:除了中纬度地区显著的纬向波动通量外,经向波动通量有三个明显的分支。一个分支波动通量的主要分布是从中南半岛到华北,呈现中南半岛—华北(见绿色箭头)和类似太平洋—日本遥相关;另一个分支较弱,印度半岛—青藏高原—华北遥相关(见红色箭头)。此外,中纬度地区的纬向波动通量跨越印度半岛和阿拉伯海,并通过西中亚的一个能量下沉区向东亚频散,这可能会增强中亚上空的环流,从而调节中纬度丝绸之路波列(Ding et al.,2005),并进一步调节华北地区和日本的环流(Zhang et al.,2018);因此,印度季风环流异常有可能通过三种遥相关波列影响华北地区的环流。其中,印度半岛—青藏高原—华北模式解释了三极降水模态。

由于青藏高原大地形和复杂的地表特征,再分析数据和数值模式模拟在高原周边有一定的不确定性。以2016年8月15—25日的环流为例,期间没有热带气旋和台风事件,但华北发生了两次暴雨过程。利用FY-2G卫星的产品,如对流层中上层湿度、总可降水量和出射长波辐射以及云导风矢量分布指示水汽和环流特征(Zhang et al.,2019b)。卫星观测结果进一步

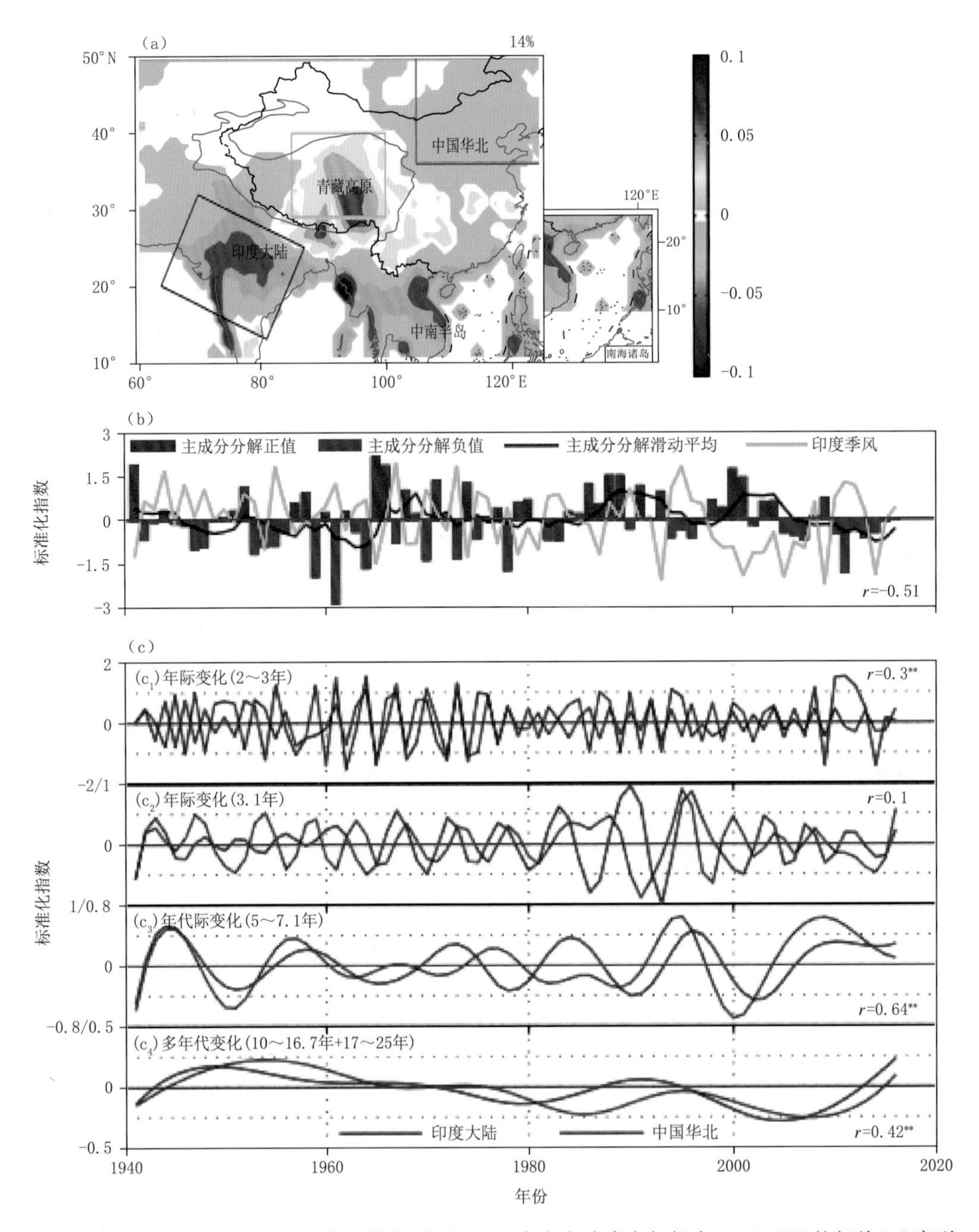

图 3.14　(a) 7、8 月降水 EOF 的第一模态(阴影)；(b)来自全球降水气候中心(GPCC)的相关 PC 序列；(c)不同时间尺度上印度半岛和华北地区的 7、8 月降水序列；*(**)表示通过了置信度为 95%(99%)的显著性检验，矩形是研究区域，包括印度半岛、中国华北和青藏高原(Zhang et al.，2019b)

证明了印度半岛—华北三极子遥相关型以及沿波列的云和水汽分布。沿中南半岛—华北路径的水汽运动弱于沿印度半岛—华北路径的水汽运动，一个可能的原因是卫星的红外波段无法获得对流层低层的水汽信息，另一个可能的原因是在整个对流层中上层，中南半岛—华北的波列较弱。总的来说，高的大气湿度、可降水量和云导风矢量可以指示印度半岛—华北和中南半

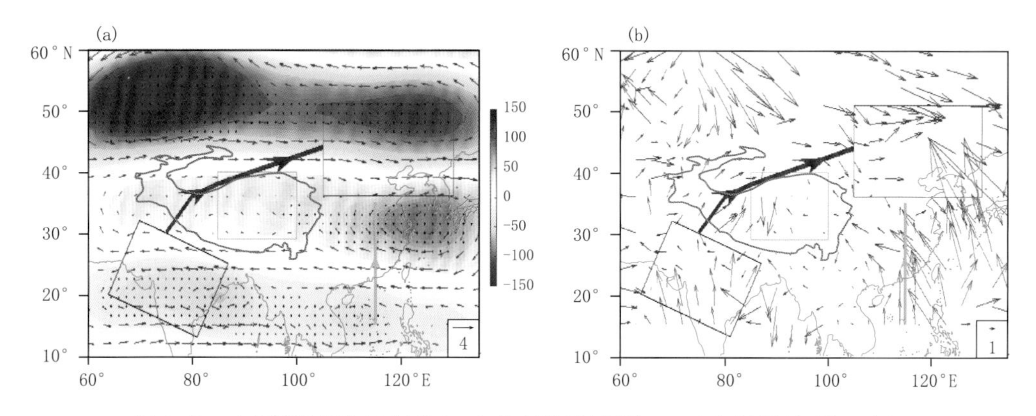

图 3.15　(a)涡度 PC1 回归的 7—8 月高度场(阴影;gpm)和风场(矢量;m/s);
(b)波动通量(矢量;m^2/s^2)。(a)中打点区域通过了置信度为 95%的显著性检验,
红色、蓝色和绿色箭头代表移动方向(Zhang et al.,2019b)

岛—华北的遥相关,以及从中南半岛到印度半岛的水汽输送,印度半岛—华北沿线的平均水汽通量高达中南半岛—华北波列沿线的 70%,表明印度半岛—华北波列是华北地区水汽输送的一条新路径(Zhang et al.,2019b)。

遥相关波列连接了印度半岛上的气旋和青藏高原上的反气旋,并在华北上空存在一个低槽,对前二者的协同效应进行模拟,结果表明:印度季风的凝结潜热强迫和青藏高原非绝热冷却相关。基于线性斜压模式模拟结果,图 3.16 显示了每 4 天的位势高度场和风场异常,第 4 天在印度半岛上空形成一个气旋异常,并逐渐向东北方向发展;在青藏高原东部出现一个反气旋异常,逐渐向西北方向扩大。第 8 天出现负—正—负的印度半岛—华北遥相关型,在印度半岛和华北上空出现气旋异常,青藏高原东部出现反气旋异常,与上述卫星观测和再分析资料的诊断分析相吻合。随着环流的演变,中纬度波列和 PJ 波列结构出现。综上所述,青藏高原和

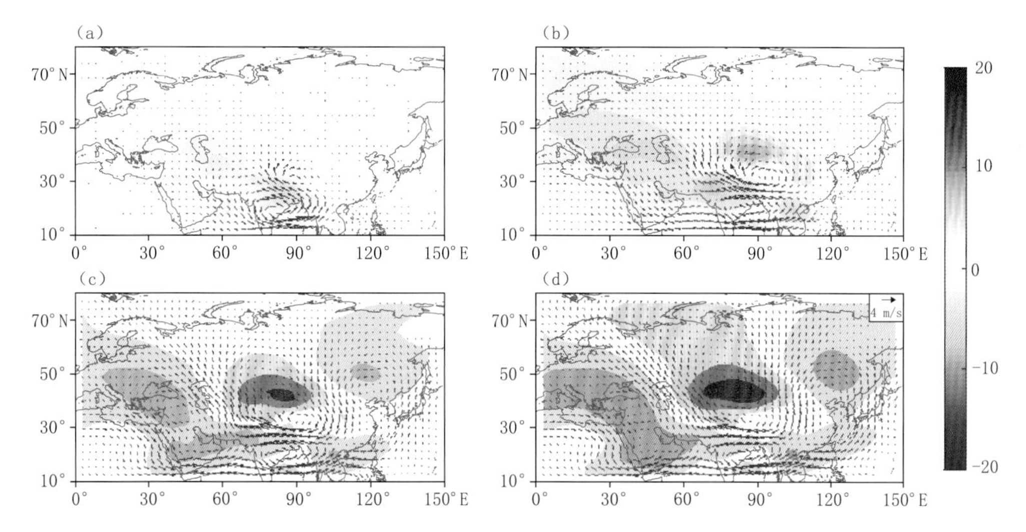

图 3.16　印度半岛上连续 16 天内非绝热加热强迫位势高度异常(gpm)和风场(m/s)演变的动态分布
(中心:25°N,80°E,水平尺度:20°E×10°N)(Zhang et al.,2019b)
(a)第 4 天;(b)第 8 天;(c)第 12 天;(d)第 16 天

印度半岛的热力强迫不仅影响局地环流，而且通过遥相关导致热带外大气异常。当该强迫模态减弱或反位相配置时，有助于华北降水减少和干旱发生。

3.3.2　欧亚陆面非均匀增温对北方干旱的影响

陆—气相互作用在近年来的极端气候中起着重要的作用。中国北方局地陆—气相互作用反馈对北方干旱增强有促进作用；欧亚陆—气相互作用与中国北方的干旱也有密切联系(Zhang et al.,2019a)，此反馈作用是一种典型的遥强迫过程。从北方干旱年份的波动能量看，在40°—75°N之间有明显向东的能量频散(图3.17)，500 hPa垂直能量输送和能量频散表明两个显著的波源均在欧亚大陆北部，最大中心出现在北欧西海岸，来自对流层低层能量为上层能量散度提供了主要能量来源。向上输送的波动能量的时间变化呈现增加趋势，在1995年前为负异常，在1995年后为正异常，表明欧亚大陆北部陆面和边界层热力异常为中上层强迫波提供更多能量，并且自20世纪90年代中后期有所增强。此外，1995年前后正是北大西洋AMO的冷暖位相转换的时期，此信号指示了波活动通量变化可能与大西洋海温模态的联系。

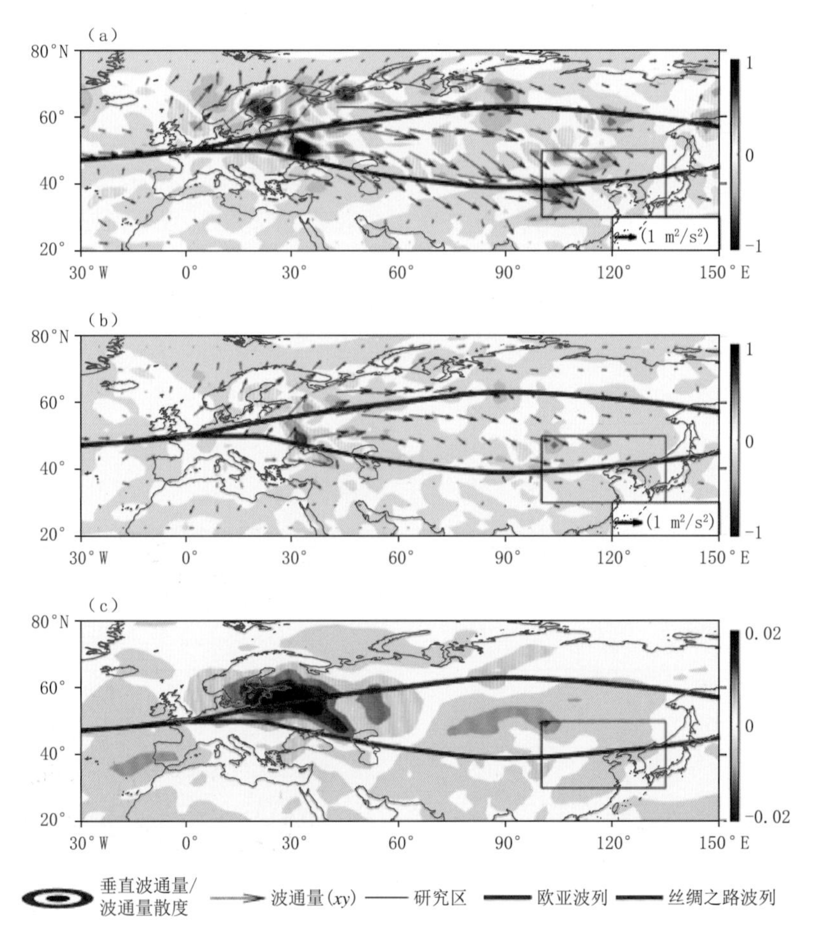

图3.17　干旱年份在300 hPa(a)和500 hPa(b)处的波通量(矢量)和波通量散度(阴影)以及垂直波通量(c)的合成(Zhang et al.,2019a)

用垂直波通量序列对位势高度场进行回归可得：在整个欧亚大陆显示出 3 波分布，在北大西洋、北欧和东西伯利亚到东亚有三个正中心；两个负中心分别位于欧洲西海岸和西伯利亚中部和北部的喀拉海上空，该波列模态是中国北部产生反气旋的原因之一，最终导致干期延长，干旱频发。在中纬度，位势高度也表现出明显的波列结构，在里海及周边地区、青藏高原至中国北部存在正位势高度，除了南欧上空有一个明显的负中心外，另外两个负中心更靠南，位于阿拉伯海的北缘和副热带太平洋的西海岸，这有助于减弱西太平洋副热带高压的西伸，抑制副热带水汽北上，进而减弱北方的降水。

作为夏季的大陆非绝热加热强迫，欧亚地表加热对异常环流非常重要。联合国气候变化专门委员会第四次报告（IPCC/AR4）的多模式模拟显示，全球土壤湿度呈现严重减少趋势，促进了干旱的频繁发生（持续 4～6 个月）。陆面加热对大气的影响与陆面感热通量和其他加热因素有关。中等排放情景（RCP4.5）情景下 2006—2055 年（50 年）7 月地表温度、感热通量和垂直波通量的趋势率变化（图 3.18）表明：表面温度的趋势率沿 EU 和 SRP 波列呈高值分布，但在欧洲的关键区域，西部趋势率略低，东部趋势率较高；在中国北方，表面温度趋势率低于欧盟和中国东北的其他地区。相对应地，感热通量沿 EU 和 SRP 波列的正趋势率也很明显。垂直波通量的趋势率沿欧亚波列分布呈现波模结构，在北欧、中亚和中国北方存在高的趋势率；沿 EU 波列呈正变化的垂直波通量与西北欧、沿喀拉海和东北亚的感热通量正变化和地表温

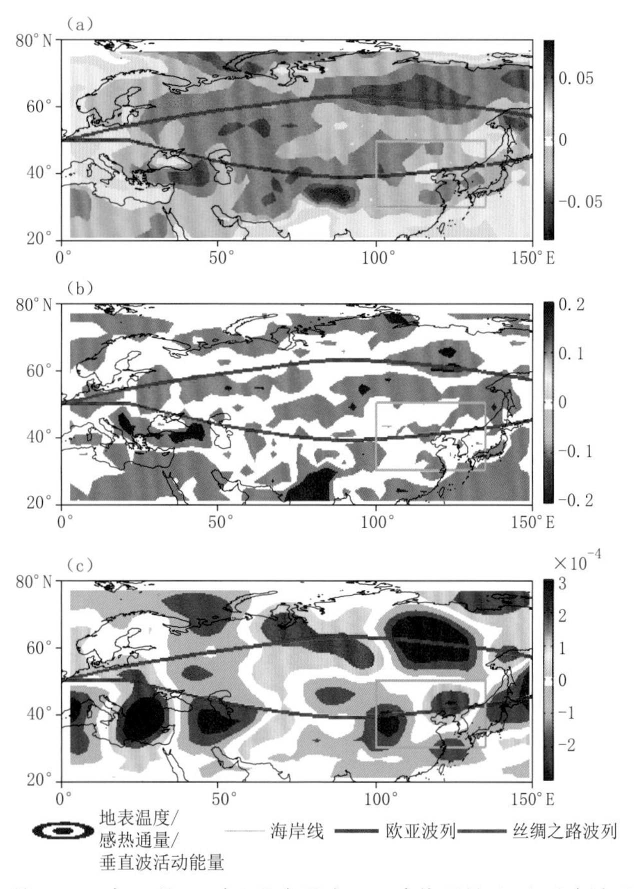

图 3.18　2006 年 7 月—2055 年 7 月（50 年）地表温度（a）、感热通量（b）和垂直波通量（c）变化的趋势，采用第五次国际耦合模式比较计划和 RCP4.5 情景的多模式模拟（Zhang et al.，2019a）

度高趋势率相对应，结果表明：随着全球变暖，波通量对感热通量和地表温度的升高有明显的响应。欧亚变暖是波活动通量正异常变化的主要原因之一，全球变暖为低频波提供了能量，增加了低频波与准定常波的共振效应和北方的反气旋环流异常，进一步增加了极端事件发生。可见，欧亚大陆的非均匀增温和陆—气相互作用对极端事件起着调制作用。

3.4　海温对北方干旱的影响

3.4.1　北太平洋海温年(代)际变化对北方干旱的影响

研究表明中国北方地区干旱与太平洋地区海温有紧密的联系，但鉴于器测资料和再分析资料时间相对较短，导致极端干旱事件样本数相对较少，进行北方地区极端干旱形成机理及相关的机制研究受到很大限制。

基于干旱重建资料亚洲季风干旱指数集(MADA，Monsoon Area Drought Atlas)数据，重建了公元1300—2005年亚洲地区PDSI指数(Cook et al.，2010)，900—2002年ENSO(Li et al.，2011)和500—2006年PDO指数(Mann et al.，2009)。另外，采用大样本过去千年集合模拟(LME，Last Millenium ensemble)结果可以对比百年尺度上的干旱演变，该模拟采用通用地球系统模式(CESM)(Otto-Bliesner et al.，2016)，实现全球模式自由模拟ENSO和PDO对中国北方干旱的影响。

所得序列中厄尔尼诺和拉尼娜样本数量都超过100。在厄尔尼诺年，亚洲东部地区干湿呈现出较为明显的纬向分布特征，其中，中亚和中国西北地区则呈现湿润的特征，特别是中亚地区；此外，在中国华北大部分地区主要表现为干旱，而东北地区则主要表现为湿润。在拉尼娜年，亚洲地区干湿分布总体也呈现纬向分布的特征。与厄尔尼诺年份相反，在中亚和中国西北地区则为显著的干旱趋势，华北和东北大部分地区湿润特征较为明显(图3.19)。

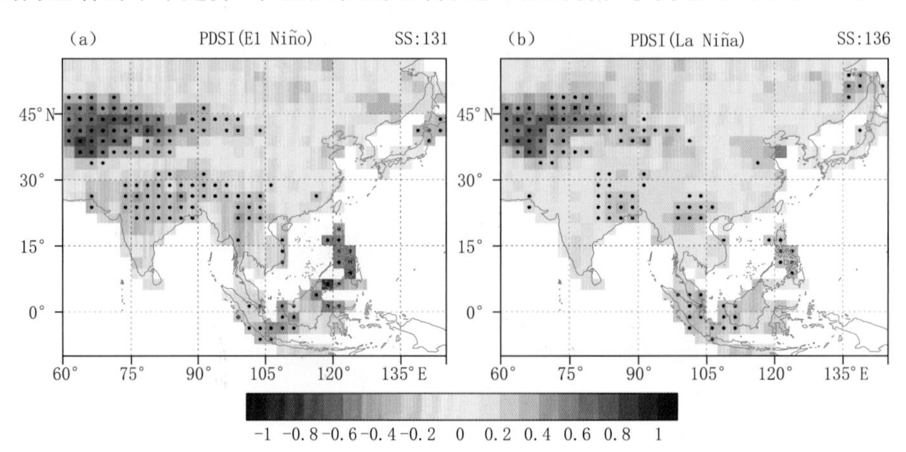

图3.19　基于MADA和重建ENSO指数合成分析的PDSI空间分布，右上角的SS为样本数，打点区域通过了置信度为95%的显著性检验(Yu et al.，2018)

(a)厄尔尼诺；(b)拉尼娜

LME 控制试验中厄尔尼诺和拉尼娜样本数与重建资料较为接近，同时数值模式可以较好地再现 ENSO 不同位相热带海温异常特征，表明数值模拟结果是可信的。LME 控制实验中 ENSO 不同位相的合成分析结果和重建资料十分一致，但干湿幅度要大于重建资料。在厄尔尼诺年，中亚和中国西北地区则表现为湿润，华北和东北地区则呈现一致的干旱特征。在拉尼娜年，中亚地区和中国西北地区干旱特征明显，而中国华北和东北地区呈现显著的干旱特征（图 3.20）。

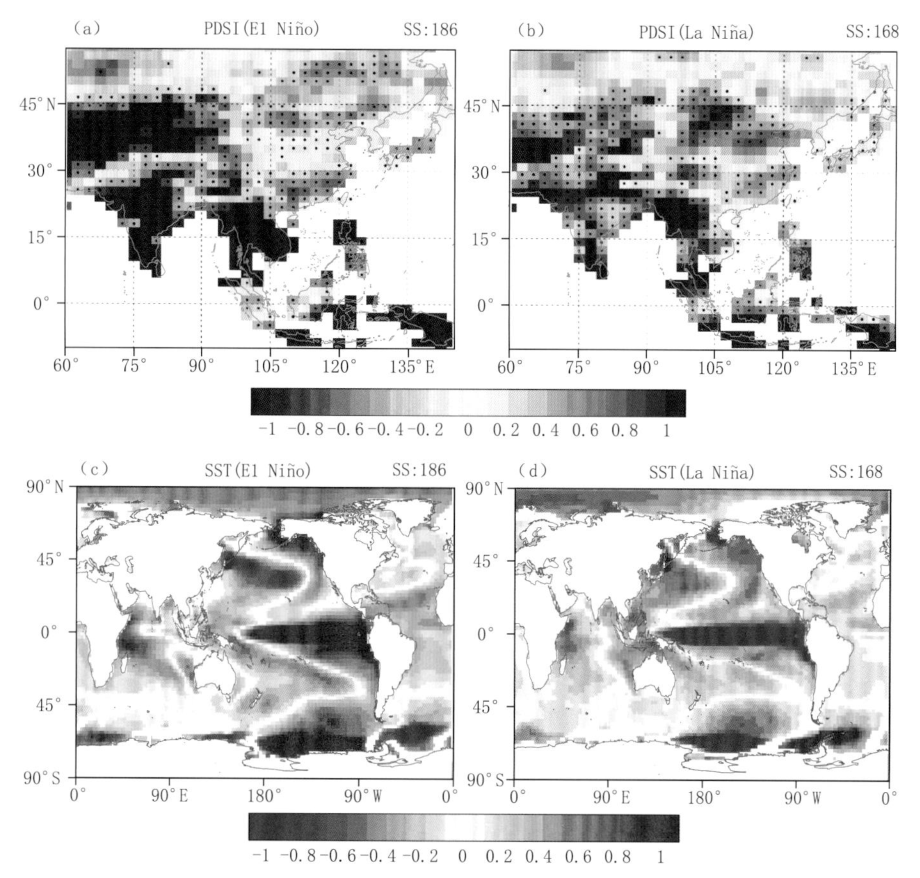

图 3.20 基于 LME 模拟结果合成的厄尔尼诺(El Niño)和拉尼娜(La Niña)年 PDSI 的空间分布(a,b)，以及海面温度(SST,℃)异常的分布(c,d)，右上角 SS 为样本数，打点区域通过了置信度为 95%的显著性检验(Yu et al.,2018)

Yu 等(2015)发现正位相的 PDO 可以增强夏季的西太平洋副热带高压，从而在增加对中国南方水汽输送的同时减少对北方的水汽输送，形成“南涝北旱”的降水格局。利用 Mann 等(2009)重建 PDO 资料和 MADA 资料的重叠时段进行合成分析，结果如图 3.21 所示。重建资料中 PDO 正负位相的样本数也都超过 100，其结果在统计学上代表性较好。当 PDO 正位相时，中亚地区呈现干旱特征，中国西北地区则表现为湿润特征，而在中国华北、东北地区，干旱特征较为显著。当 PDO 为负位相时，中国西北地区呈现干旱特征，而中国华北和东北大部分地区也呈现出干旱的特征，但统计上并不显著(图 3.21)。

LME 数值模拟中 PDO 正负位相年份的样本量多于重建资料，模式可以较好地再现 PDO 模态 SST 异常场空间分布的主要特征(图 3.22)。LME 资料显示 PDO 位于正位相时，中亚地

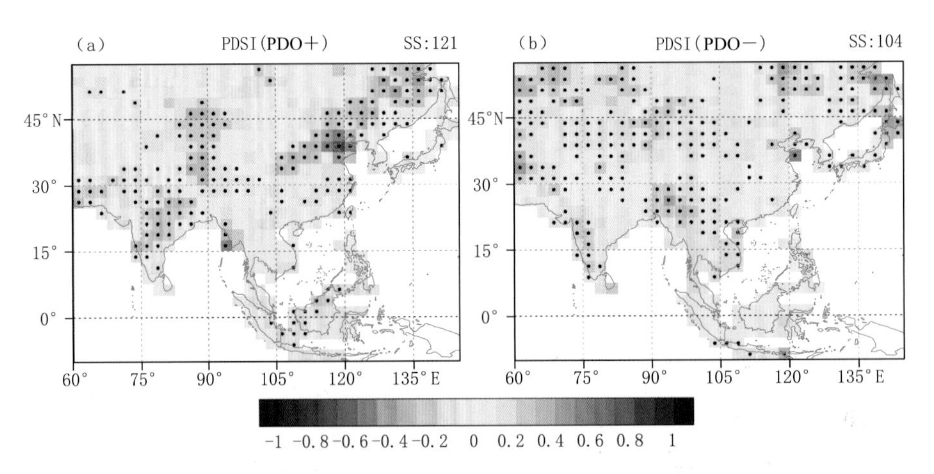

图 3.21　基于重建 PDO 和 MADA 数据合成的 PDO 正(a)、负位相(b)年 PDSI 指数的空间分布，其中右上角 SS 为样本数，打点区域通过了置信度为 95%的显著性检验(Yu et al.,2018)

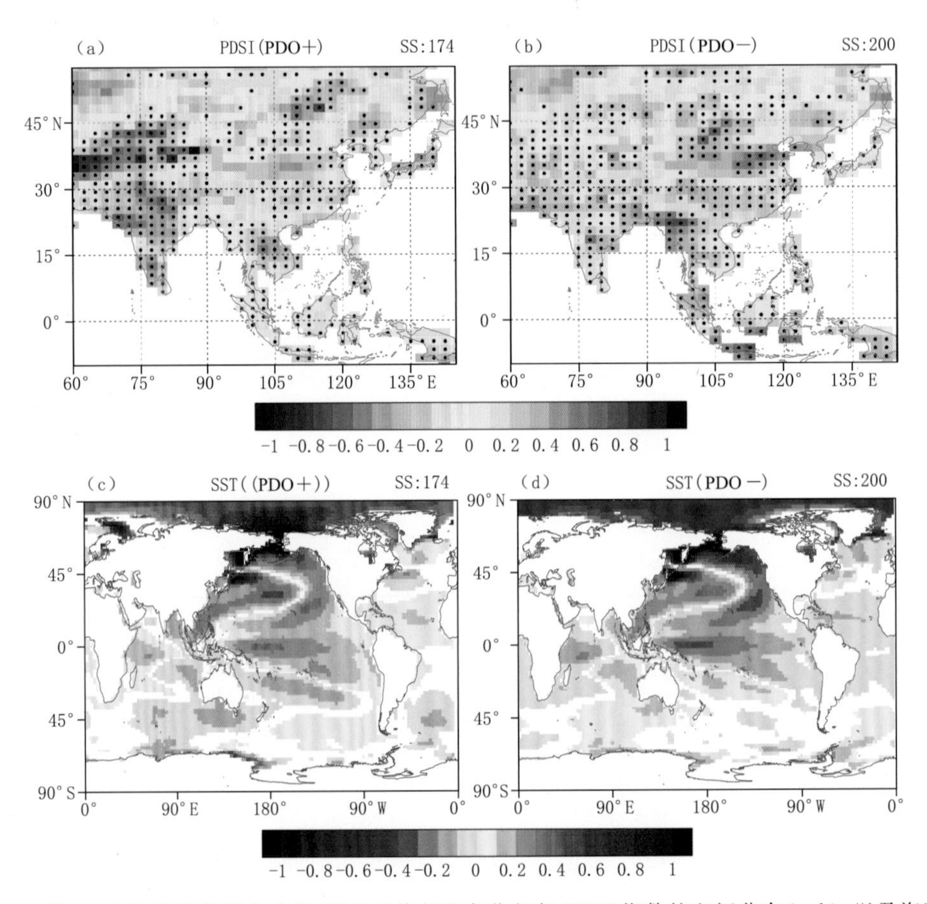

图 3.22　基于 LME 模拟结果合成的 PDO 正位相和负位相年 PDSI 指数的空间分布(a,b)，以及海面温度(SST,℃)异常的分布(c,d)，右上角 SS 为样本数，打点区域通过了置信度为 95%的显著性检验(Yu et al.,2018)

区和中国西北地区则较为湿润，而中国华北和东北地区则表现为显著的干旱趋势。而当 PDO 为负位相时，中国华北和西北部分地区表现为显著的湿润趋势，而中亚和中国东北部分地区则主要表现为干旱特征。对比重建资料和LME模拟结果可以看出,PDO对干旱的影响在千年尺度上两种资料总体上较为一致,但部分地区存在较大差异。当PDO位于正位相时,两种资料一致显示中国华北、东北地区出现干旱趋势,而西北地区则表现为湿润的特征;而PDO位于负位相时,中国东北地区则呈现干旱的特征。

当厄尔尼诺叠加正位相PDO时,中亚和中国西北地区则表现为湿润的特征,而中国华北和东北地区的干旱特征十分明显,这种干旱变化特征与厄尔尼诺和PDO正位相的合成分析结果十分一致,但干旱指数的量值更高,这在一定程度上表明,厄尔尼诺和PDO正位相对中国北方地区干旱存在叠加效应,其协同影响可以加重中国华北地区的干旱。然而,当拉尼娜和PDO负位相叠加时,中国北方地区干湿变化并未出现明显的叠加效应,中国华北和东北地区依然表现为干旱趋势,这和单独的拉尼娜和PDO负位相的结果并不一致。但在中国西北地区,两者叠加的效应较为明显,该地区表现为强烈的干旱趋势,这表明拉尼娜和PDO负位相的叠加可以加强中国西北地区的干旱。当厄尔尼诺叠加PDO负位相时,中亚和华北地区表现为湿润的特征,而西北地区干湿变化不明显,当拉尼娜叠加PDO正位相时,西北地区呈现干旱趋势,而华北地区则依然为湿润趋势(Yu et al. ,2018)。

3.4.2 北大西洋海温年代际变化对东北干旱的影响

除了显著的年际变化以外,东北夏季高温干旱也表现出明显的年代际尺度的变化特征。东北夏季高温干旱事件的发生频次在20世纪50年代和90年代中后期发生了两次年代际的转折,且其发生转折的时间与北大西洋多年代际振荡(AMO)年代际转折的时间基本一致(Li et al. , 2020a)。在20世纪90年代末,东北高温干旱指数(PINEC)的变化与东北夏季降水的年代际减少及温度的年代际增加密切相关。另外,20世纪50年代末PINEC年代际增加与温度的年代际变冷时间也一致。PINEC指数的负位相时段为P1(1925—1954年)和P3(1996—2012年),正位相时段为P2(1955—1995年),表明在20世纪上半叶以及在20世纪90年代以后,东北夏季高温干旱事件发生的频次更多。

当PINEC处于负位相时,北方大部分地区温度偏高、降水偏少。且PINEC指数对东北地区温度和高温干旱年代际变化的解释方差大于80%,对东北大部分地区降水年代际变化的解释方差大于50%。9年低通滤波后的PINEC指数的变化能够较好地描述年代际尺度上东北夏季温度和降水的时空变化特征,以及东北夏季高温干旱事件的年代际变化特征。

与年际尺度上的环流异常一致,年代际尺度上的环流异常在东北上空从对流层低层到高层均为反气旋式异常,使得东北上空水汽辐散,不利于水汽在东北的集中,导致东北夏季降水年代际偏少。此外,东北的下沉运动与地表正的净辐射通量导致东北局地加热异常。由此导致东北高温干旱事件年代际偏多(图3.23)。

当东北高温干旱事件年代际偏多时,在对流层中高层表现为两个明显的异常遥相关型:丝绸之路遥相关和极地—欧亚遥相关型(POL)(图3.24)。

图3.25为全球海温在PINEC指数的负位相与正位相年的合成场。相比于正位相年而言,当PINEC指数位于负位相时,北大西洋、东印度洋及南太平洋海温均为正异常,且北大西洋海温异常呈现出AMO正位相的模态。具体而言,北大西洋海温的增加幅度和范围在三个大洋中均是最强的,大部分区域海温的增加高达0.4 ℃,通过了置信度为99%的显著性检验。

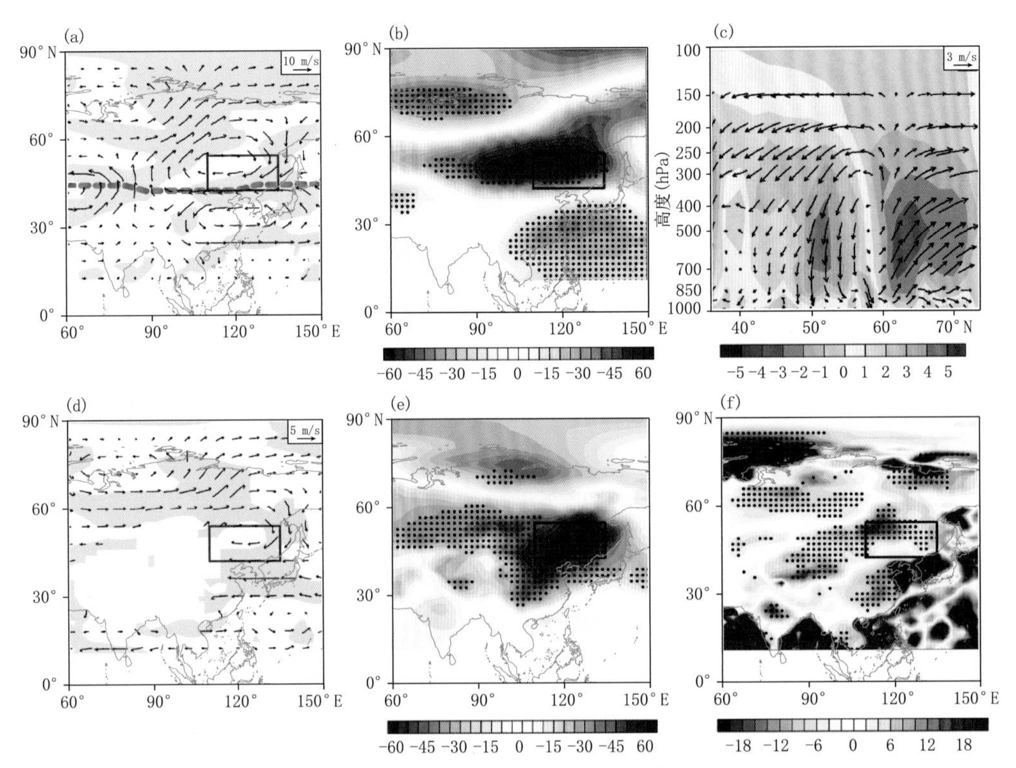

图 3.23　9 年低通滤波的东北高温干旱指数对 9 年低通滤波的环流场回归(Li et al.,2020a)
(a)200 hPa 风场;(b)500 hPa 位势高度场;(c)沿 115°—135°E 剖面的垂直速度;
(d)700 hPa 风场;(e)海平面气压场;(f)净热通量

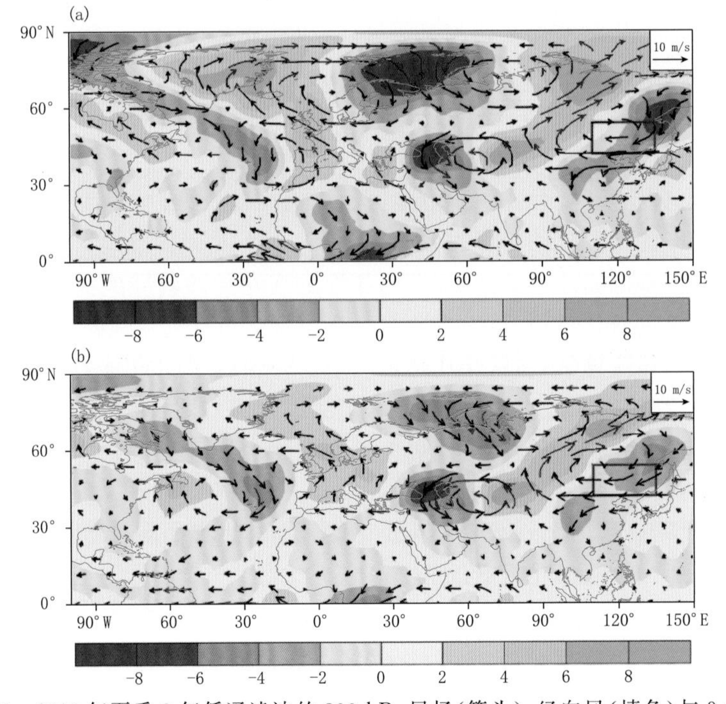

图 3.24　1925—2010 年夏季 9 年低通滤波的 300 hPa 风场(箭头)、经向风(填色)与 9 年低通滤波的 PINEC 指数(a)和 SSTI(b)的回归,所有变量均去除线性趋势(Li et al.,2020a)

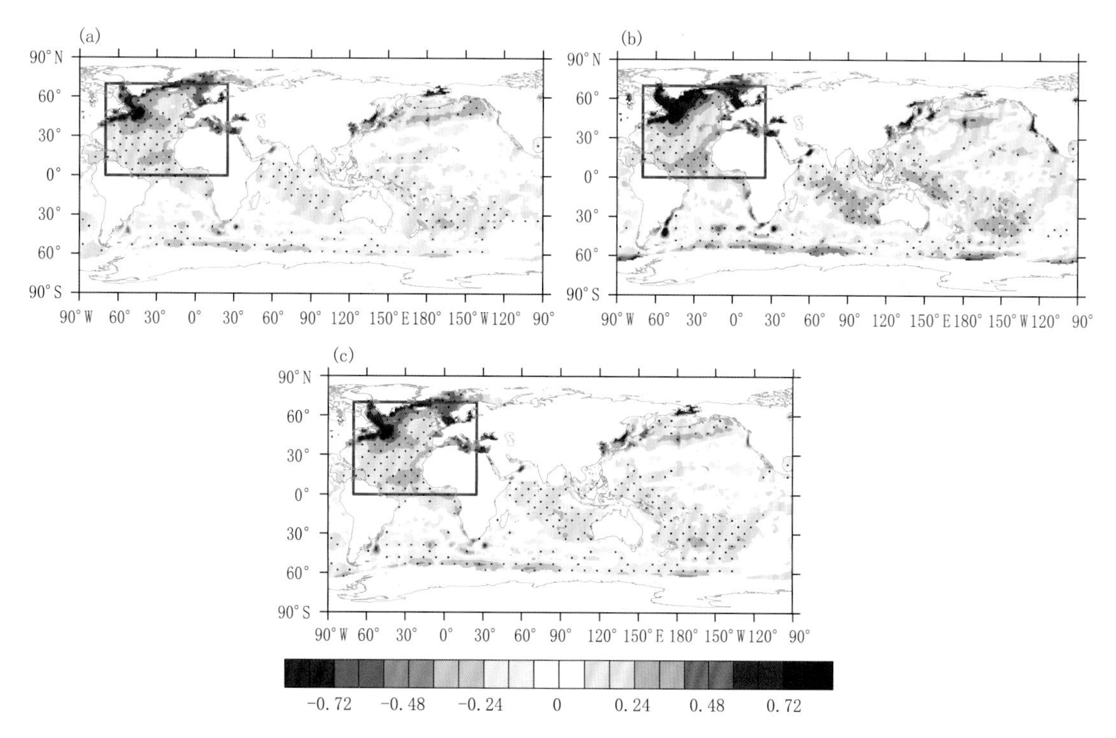

图 3.25 全球夏季海温在不同时段的合成场。(a)P1(1925—1954 年)与 P2(1955—1995 年)时段的差异;(b)P3(1996—2012 年)与 P2 时段的差异;(c)P1 及 P3 时段与 P2 时段的差异。打点区域的异常通过了置信度为 99%的 Student's t 检验,单位:℃(Li et al.,2020a)

但是对于印度洋和南太平洋而言,P1 和 P2 时段合成的海温仅在少数区域有增加的现象;与之相比,P3 与 P2 时段合成的海温增加则更加显著。对整个时段而言,PINEC 指数负位相与正位相下海温的合成在印度洋和南太平洋小于 0.2 ℃。因此,北大西洋海温异常的年代际变化可能是影响东北地区夏季高温干旱发生年代际变化的重要原因。

定义夏季北大西洋区域平均(0°—70°N,70°W—25°E)的海温为北大西洋海温指数(SSTI)。结果表明,9 年低通滤波的北大西洋海温指数主要反映了夏季 AMO 的变化。在 AMO 型海温处于正位相时,大气环流异常呈现为极地—欧亚遥相关型的正位相。在东北上空出现反气旋异常中心和位势高度场正异常中心,且东北上空的高空急流减弱。这些大气环流异常导致东北地区降水年代际偏少、温度年代际偏高,导致东北高温干旱事件的年代际增强。

因此,AMO 型海温的年代际变化可能通过调控与东北夏季高温干旱年代际变化相关的环流场,进而导致东北高温干旱的年代际变化(图 3.26)。北大西洋海温正异常(AMO 正位相)有利于热通量从海洋传向大气,导致北大西洋上空的对流层偏暖。对流层增暖可在北大西洋上空激发波列并向上、向东传播。其中一条路径为从北大西洋向东亚平直传播的 Rossby 波列,波形与丝绸之路遥相关型的负位相类似;另一条波列沿着大圆路径传播,从北大西洋向极地传播,并进一步向东亚地区传播,这一波形与极地—欧亚遥相关型的正位相类似。AMO 正位相也有利于北大西洋急流向东南延伸的年代际变化、负位相 NAO 的东移和经向海陆热力差异的增强,进而增强两支波列和波动振幅(Zhang et al., 2020)。极地—欧亚遥相关型和丝绸之路遥相关型使得东北上空呈现反气旋式环流异常和位势高度场正异常中心,伴随东北上空高空急流减弱。这些异常环流为东北地区的降水偏少和温度偏高提供有利的条件，并最终导致东北地区的高温干旱事件年代际偏多。因此，AMO 型海温的年代际变化可能是造成东北夏季高温干旱发生年代际增加的重要原因之一，而极地—欧亚遥相关型和丝绸之路遥相关型可以通过影响东北局地环流来连接北大西洋海温异常和东北地区的高温干旱事件的年代际变化。

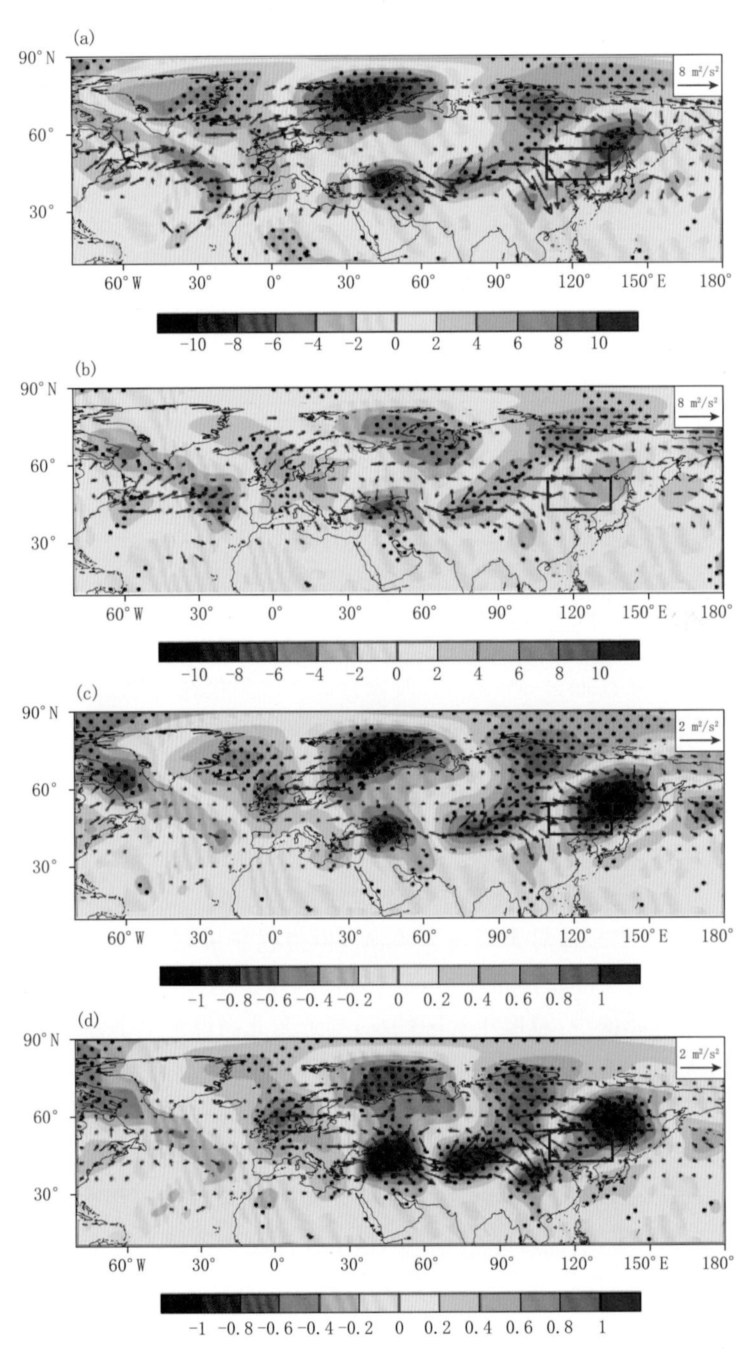

图 3.26　东北高温干旱指数(a)、AMO 指数(b)、极地欧亚遥相关指数(c)、丝绸之路遥相关指数(d)对波通量(矢量)和经向风(阴影；m/s)的回归 (Li et al.,2020a)

3.5　北极海冰对北方干旱的影响

3.5.1　北极海冰年际变化对东北干旱的影响

1979—2016 年 3 月巴伦支海海冰指数(SICBS)与 7—8 月 PINEC 指数的时间变化在 1996/1997 年后具有较高的一致性(图 3.27,Li et al.,2018)。在 1979—2016 年间,两者的相关系数为 0.41;在 1979—1996 年间,两者的相关系数仅为−0.1,但在 1997—2016 年间,两者的相关系数达到了 0.75。去趋势后 1997—2016 年间的相关系数为 0.82;21 年滑动相关系数在 20 世纪 90 年代末期也显著增强。同时,3 月海冰指数与 7—8 月东北平均的温度和降水的年际变化也具有较强的一致性,在 1997—2016 年的相关系数高达−0.70(0.69)。

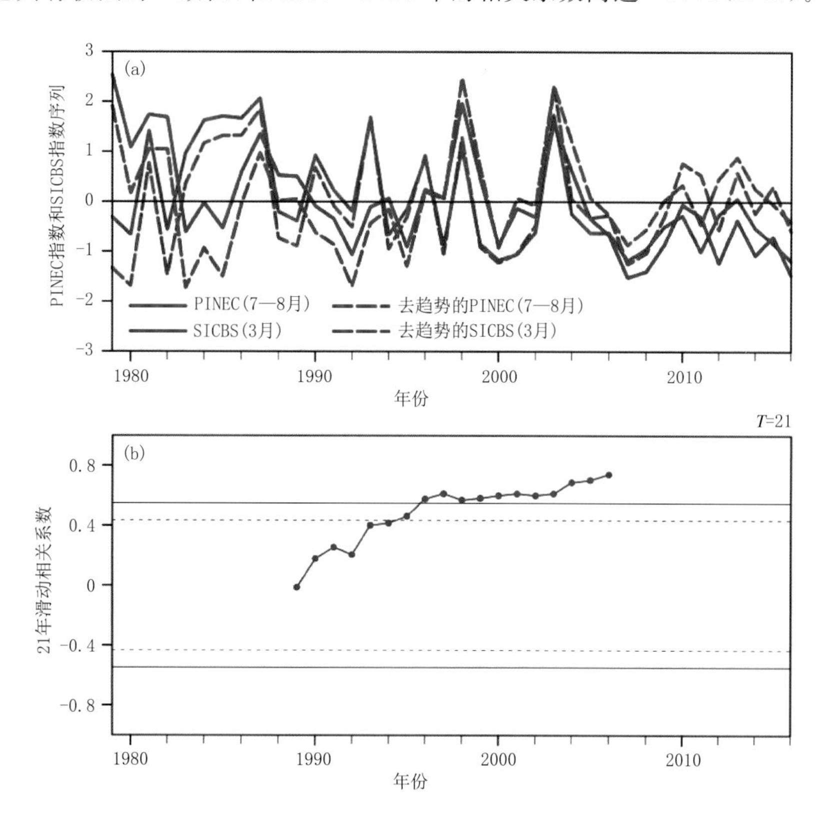

图 3.27　(a)1979—2016 年 7—8 月 PINEC 指数(红线)和 3 月巴伦支海海冰指数(SICBS,72°—77°N,30°—60°E 区域平均的海冰,蓝线)的时间序列,实线为标准化的序列,虚线为去除线性趋势后的标准化序列;(b)PINEC 指数和 3 月 SICBS 指数的 21 年滑动相关系数,虚线(实线)是通过置信度为 95%(99%)的 Student's t 检验的相关系数(Li et al.,2018)

4 月欧亚大陆西部(55°—70°N,30°—60°E)的积雪与 3 月海冰指数密切相关,且二者的关系可持续到 6 月;另外,4 月欧亚大陆西部的积雪异常与 7—8 月的 PINEC 指数也显著相关

(图 3.28)，表明 4 月欧亚大陆西部积雪可能是连接 3 月海冰与东北夏季高温干旱的重要“桥梁”。3 月巴伦支海海冰的减少能够激发准静止的 Rossby 波列并南传，在欧亚大陆西部产生绝热加热，导致 4 月欧亚大陆西部的气温偏高，加快积雪融化，并进一步影响东北夏季高温干旱事件的发生。4 月欧洲积雪指数与 3 月海冰指数在整个时段显著相关；相比而言，4 月积雪指数与夏季 PINEC 指数的关系在 1996/1997 年之前较弱，但之后加强，在 1997—2014 年期间的相关系数为 0.66(去除线性趋势后为 0.71)。因此，欧亚大陆西部积雪的变化可能对 3 月巴伦支海海冰的减少与东北夏季高温干旱的加剧起到重要的作用。

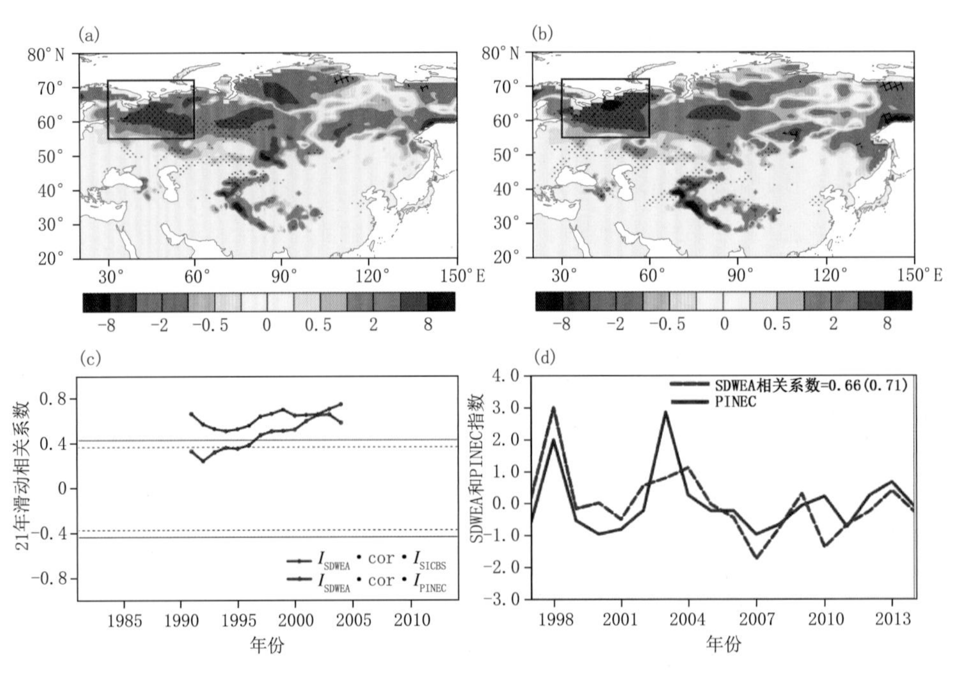

图 3.28　(a)4 月积雪对 3 月 SICBS 指数的回归，(b)4 月积雪对 PINEC 指数的回归，打点(交叉)区域的正(负)相关通过了置信度为 90%的 Student's t 检验。(c)1979—2014 年 4 月积雪指数(SDWEA)与 7、8 月 PINEC 指数和 3 月 SICBS 指数 21 年滑动相关系数，基于标准化去除线性趋势的序列；水平虚线(实线)是通过置信度为 95%(99%)的 Student's t 检验的相关系数。(d)1979—2014 年 PINEC 指数与 4 月 SDWEA 指数的标准化时间序列，括号里的值为去除线性趋势后的相关系数(Li et al.,2018)

积雪融化可以增加局地土壤湿度，也可以通过大气环流异常影响其他地方的土壤湿度。土壤湿度的变化可以通过陆气相互作用进一步影响大气环流。土壤湿度的信号可以持续 2～3 个月，且春季长江—华北地区土壤湿度(30°—40°N，105°—120°E)的变化与东北夏季降水的变化关系密切。当长江—华北地区土壤偏干会导致局地蒸发减少、比湿降低、温度偏高。而 5—6 月长江—华北地区气温偏高则会影响东亚夏季风及大气环流的变化。另一方面，东北局地的土壤干有利于高温干旱事件的发生，且加强东北上空盛行北风异常、高压异常和下沉运动异常。

4 月欧亚大陆西部积雪的减少会导致 5—6 月长江—华北地区土壤湿度显著偏干；另外，3 月巴伦支海海冰的减少与 4 月欧亚大陆西部积雪的减少均会导致 7—8 月东北地区土壤湿度的偏干(图 3.29)。20 世纪 90 年代后期以来，东北夏季降水减少与土壤湿度偏干与 4 月欧亚大陆积雪的减少以及 3 月巴伦支海海冰变化之间的关系显著相关。

北极海冰和积雪变化可以通过影响反照率、水文条件等来影响陆面的热力条件以及大气环流。此外,海冰具有较好的记忆性,其异常偏少的信号可以一直持续到夏季,导致巴伦支海上空气温偏高,有利于上升运动,并在上空形成低压异常中心,进一步激发向南传播的波列,产生极地—欧亚遥相关型,这种环流型有利于东北上空的北风异常、高压中心异常以及下沉运动异常。这些环流异常均不利于水汽在东北地区的集中,且有利于高温事件的发生。

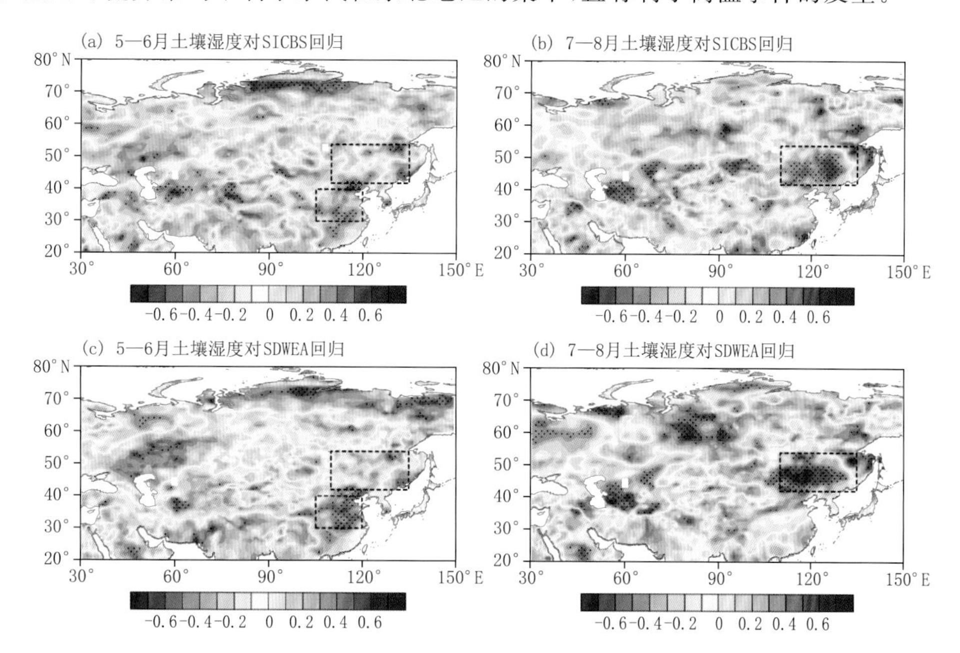

图 3.29 1997—2016 年 5—6 月土壤湿度(a,c)、7—8 月土壤湿度(b,d)对 3 月 SICBS 指数(左)、4 月 SDWEA 指数(右)的回归;基于标准化去除线性趋势的序列,打点区域的回归系数通过了置信度为 90%的 Student's t 检验 (Li et al.,2018)

3.5.2 北极海冰年代际变化对北方干旱的影响

海冰的变化可通过大气—海冰—海洋相互作用影响大气环流的变化(如鄂霍次克海高压),最终导致我国东北降水的变化。在年代际时间尺度上夏季 sc-PDSI 干旱指数与同期巴伦支海和喀拉海的海冰呈现显著的负相关关系。当海冰减少时,对应的大尺度环流与东北降水增加所需要环流一致(图 3.30—图 3.31),鄂霍次克海高压显著加强,由东向西输送到我国东北地区的水汽显著增加,与西北冷空气汇合造成垂直气流加强,最终导致东北降水增加,干旱减弱,反之亦然。

巴伦支海的海冰变化可以影响经向温度梯度来影响纬向风强度。在年代际尺度上,当北极海冰较少时,地表反照率明显减弱,吸收的太阳辐射增加,进而导致巴伦支海和喀拉海的气温升高。根据热成风原理,纬向西风减弱,对流层上部槽脊加强,促进乌拉尔阻塞高压和鄂霍次克海阻塞高压的形成。从高纬度能量输送的角度来看,对应于海冰的增加,来自巴伦支海和喀拉海的能量确实是由西向东输送到鄂霍次克海地区,从而引起该区域大气环流发生改变影响我国东北降水。

巴伦支海和喀拉海海冰减少的强迫试验,进一步证明了巴伦支海和喀拉海海冰在我国东

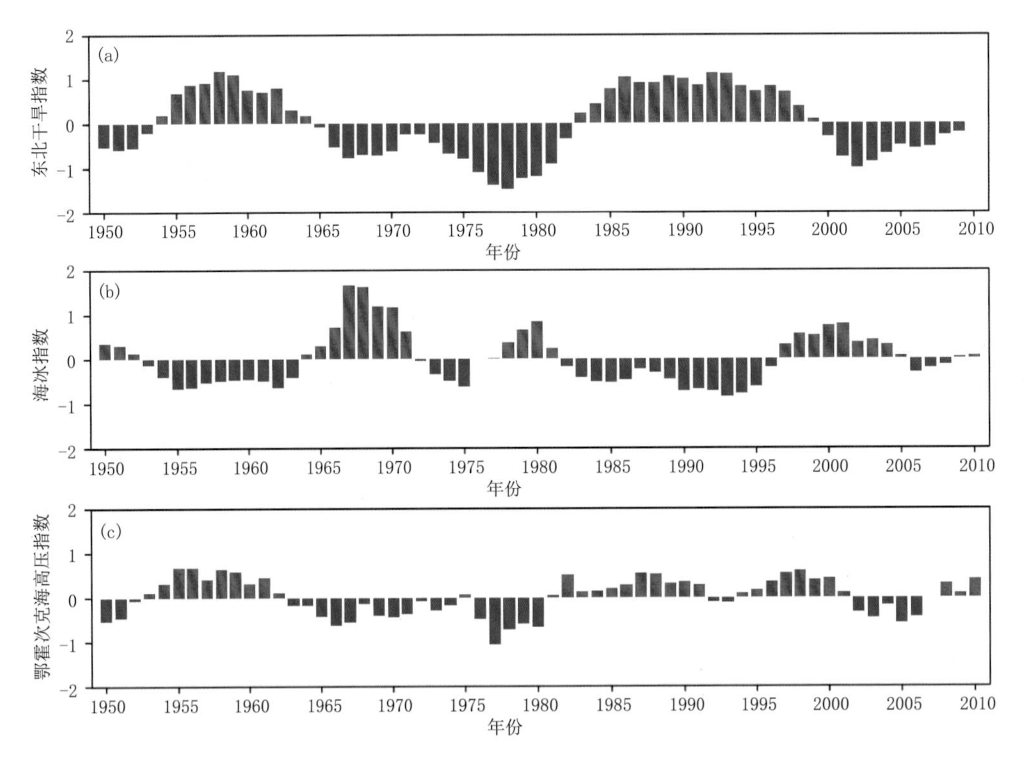

图 3.30　1950—2010 年东北干旱指数(a)、海冰指数(b)和鄂霍次克海高压指数(c)5 年滑动平均后的时间序列(Chen et al.,2020)

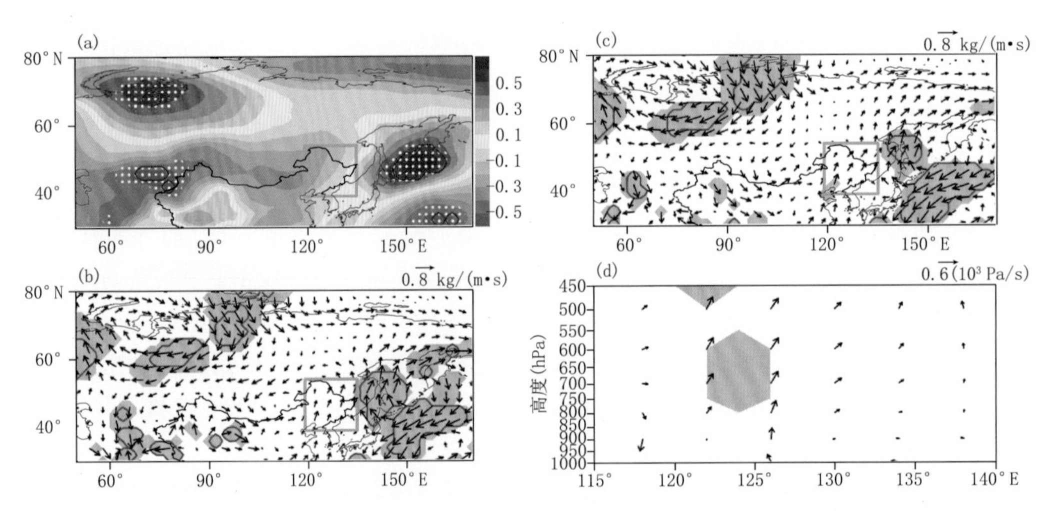

图 3.31　夏季的海冰指数与 850 hPa 位势高度(a,dagpm)、850 hPa 水平风(b)、水汽输送(c)和垂直风 39°—54°N 经向平均的垂直—水平剖面(d)的相关系数。绿色框表示研究区域,相关系数乘以−1。(a)中的打点区域和灰线区域分别表示通过了置信度为 90%和 95%的显著性检验。(b)、(c)和(d)中的阴影和蓝线区域分别表示通过了置信度为 90%和 95%的显著性检验(Chen et al.,2020)

北干旱年代际增强中的主导作用(图 3.32),海冰的减少促使鄂霍次克海高压区域高度场增加,在该区域形成一个异常反气旋,同时东北地区局地对流加强,此外海冰的变化可以通过感热通量和潜热通量的变化影响大气环流，最终影响与我国东北降水相关的大气环流背景。海冰减少区域有显著的能量通过向东传播和先向南传播再向东传播两条路径到达鄂霍次克高压所在区域。

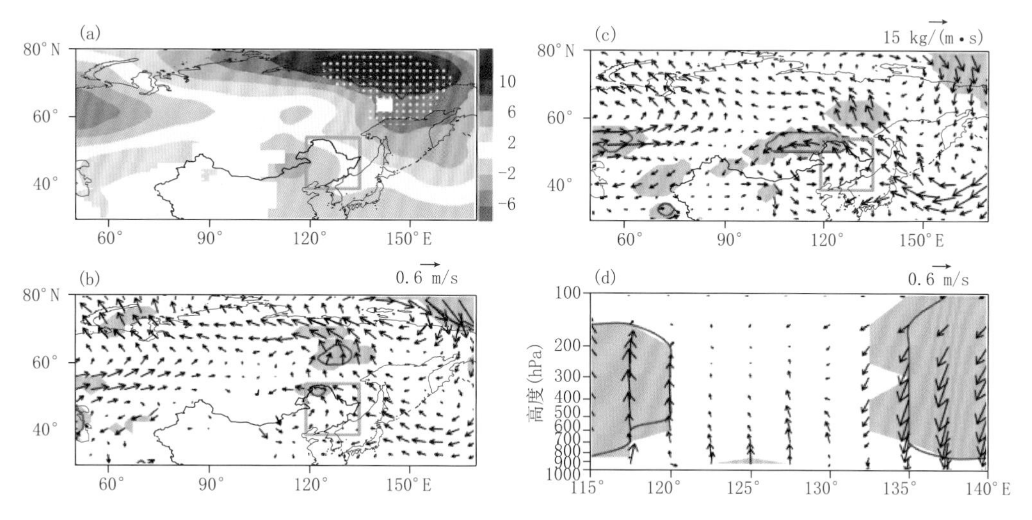

图 3.32　与图 3.31 类似，但为模式敏感性试验和参照试验的差值(Chen et al.,2020)

除了夏季海冰退化的影响，北极海冰与次年中国东部夏季降水和干旱也有密切联系。自 1979 年以来北极海冰快速减少，通过“海冰—反照率”反馈机制(反照率的变化改变北冰洋面吸收的太阳辐射)对全球大气产生显著的影响。北极海冰减少的速度在秋季最为明显，奇异值分解法(SVD)第一模态分布表明当秋季喀拉海—拉普捷夫海海冰面积偏少时，东亚地区北部降水量为正距平，而中国东部、日本以南降水量为负距平(图 3.33)。这种降水异常分布型和东亚地区的降水“三极子”型(中国中东部及日本地区降水中心和中国南部、北部的两个中心异号)的北部中心和中部中心相似。东亚夏季降水场和海冰面积指数时间系数在 20 世纪 90 年代后期以后表现出明显的同相变化和年代际转变。19 年滑动相关分析在 1979/1980—1995/1996 年不显著(相关系数为 0.23)，而在 1996/1997—2015/2016 年变得显著(相关系数为 0.85)。

1980—1996 年海冰偏少时，降水异常在东亚地区并不显著，显著的降水正异常和负异常分别位于乌拉尔山以东和贝加尔湖东侧，东亚地区环流异常不显著，显著的低层气旋异常出现在西西伯利亚地区，伴有海平面气压负异常；高空辐散异常对应低空辐合异常有利于上升运动，导致降水偏多。在 1997—2016 年期间，降水异常在东亚地区呈现“偶极子”型分布，即正、负异常中心分别位于东亚北部和南部，说明 1997 年以后海冰与东亚夏季降水联系变得密切。从环流场上看，在 1997—2016 年期间，东亚北部低层(35°—55°N，100°—130°E)海平面气压负异常，伴有气旋异常，中国东北部上空主要是南风异常，有利于降水偏多；同时，日本南部海平面气压正异常，伴有反气旋异常，北风异常有利于降水偏少。中国东北 200 hPa 高空出现辐散异常、对应低层的辐合异常，有利于上升运动。然而，日本南部高空主要是辐合异常、对应低层辐散异常，有利于下沉运动。上述环流型有利于东亚地区“北部降水偏多、南部降水偏少”的分布，形成降水异常“偶极子”模态，表明秋季喀拉海—拉普捷夫海海冰与东亚夏季降水之间的联系在 20 世纪 90 年代后期开始变得显著(图 3.34)。

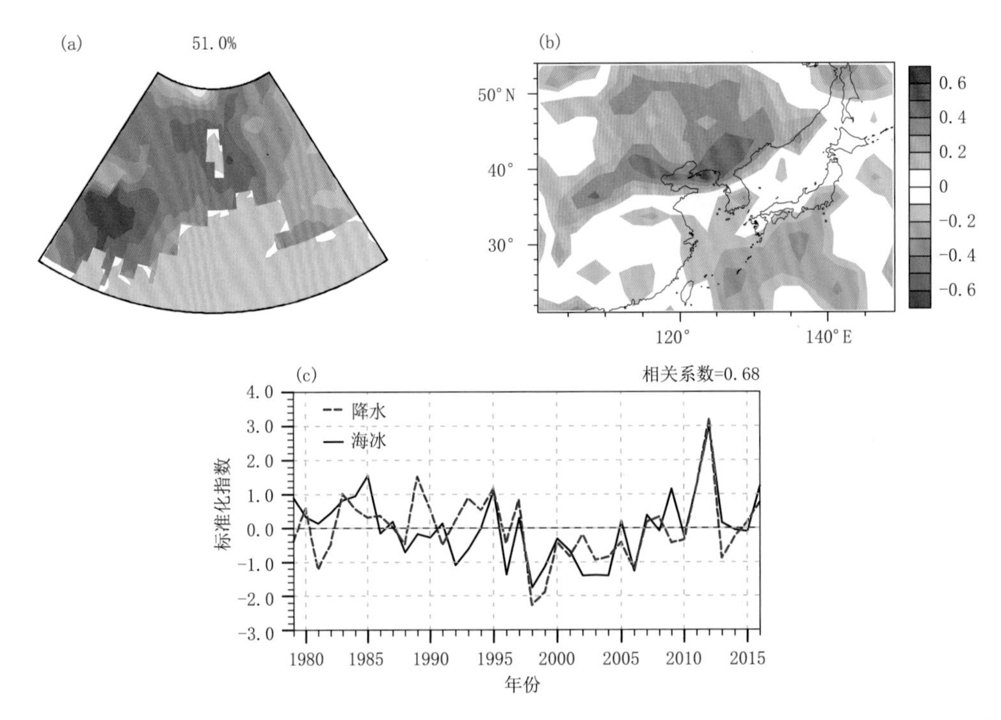

图 3.33　秋季喀拉海—拉普捷夫海海冰(a)与东亚夏季降水(b)的 SVD 第一模态空间分布及其时间系数(c)。海冰范围为(70°—85°N,60°—130°E),东亚范围为(20°—55°N,100°—150°E)(Liu et al. ,2019)

对比秋季海冰与东亚夏季降水联系的年代际转变,1980—1996 年期间海冰偏少,500 hPa 位势高度场在中高纬表现出经向"跷跷板"型分布,但是,东亚地区并未出现显著异常值;同时,低空海平面气压(SLP)正异常出现在极区、负异常出现在中纬度地区,有利于乌拉尔山以东地区(大约 60°—70°N)出现降水负异常、贝加尔湖以西出现降水正异常。然而,在 1997—2016 年期间,高度异常场分布向东南方向延伸,在中国上空出现位势高度负异常;同时,海平面气压正、负异常分别分布在西伯利亚中部和中国东北地区;高纬降水偏少,中国东北地区出现降水偏多。

秋季环流异常和降水分布的差异将影响后期陆面状况。在 1997 年之后秋季海冰减少,同期西伯利亚北部积雪偏少、南部及中国东北部积雪偏多,这种积雪深度异常的经向分布同样出现在冬季和次年春季,异常模态的保持可能是造成寒冷季节气温低于 0 ℃的原因。然而在 1982—1996 年期间,积雪深度异常模态相对于 1997 年之后向北偏移,积雪深度负异常主要分布于乌拉尔山以东,并且这种异常模态同样持续到冬季和春季。由于积雪的高反照率和低传导率特征,它能改变气温、降水和土壤特性,影响边界层气候。土壤湿度的异常分布也可能因寒冷季节持续到冬季,甚至到春季。与秋季降水异常分布对应,西伯利亚地区土壤湿度负异常从秋季到次年春季均显著,但两个时期间也存在差异。在 1980—1996 年期间,土壤湿度负异常主要分布在西伯利亚中部和西部;而在 1997—2016 年期间负异常向东移动,出现在西伯利亚中部。此外,1997—2016 年中国东北地区土壤湿度正异常受积雪融化影响在春季变得显著。

可见,积雪深度和土壤湿度由于其较大的热惯性,可能将秋季北极海冰变化的信号传递到后续的季节。一方面,积雪融化时通过"积雪—反照率"反馈影响大气环流,积雪融化后通过改变土壤湿度继续影响大气;另外,积雪融化产生的滞后水文效应将影响到季节尺度的土壤湿度变化,进而影响大气环流。异常偏干的土壤(常伴有地面空气偏暖、偏干)通过"土壤湿度—大

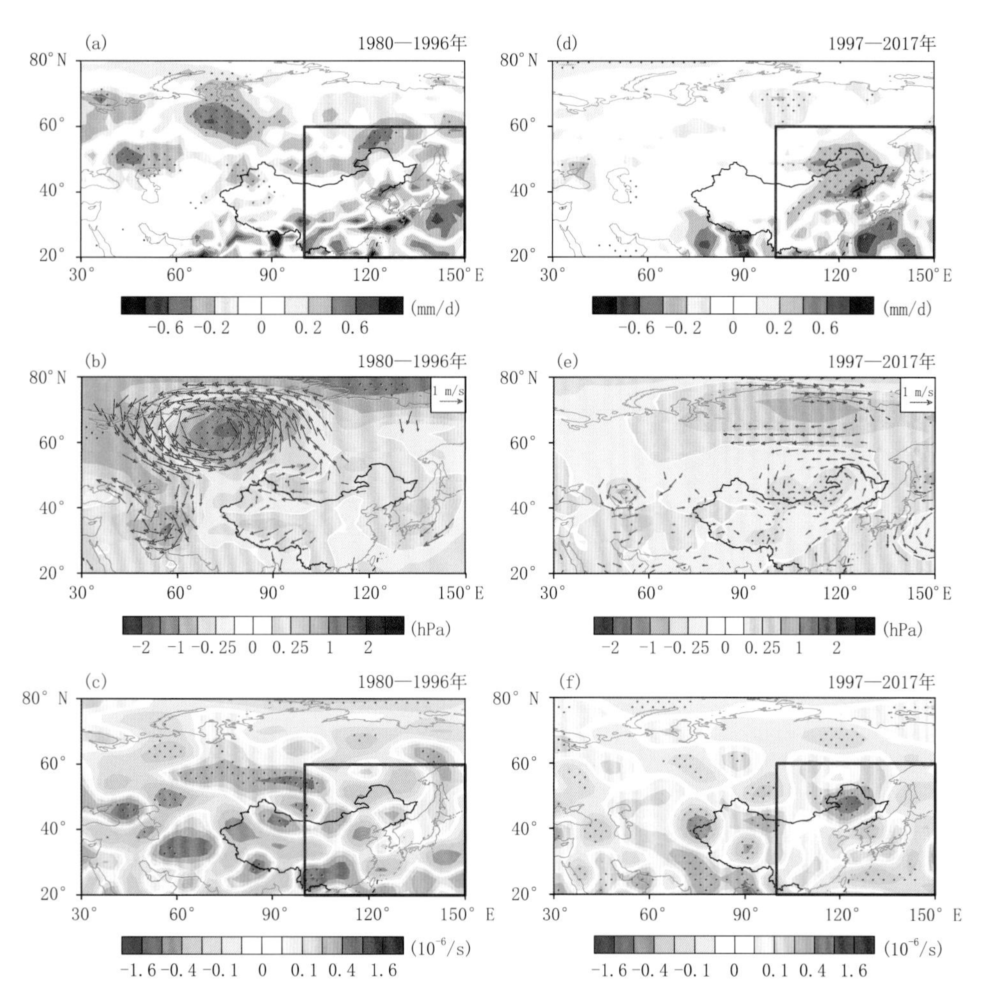

图3.34 1979/1980—1995/1996年和1996/1997—2016/2017年夏季降水(a,d)、SLP及850 hPa风场(b,c)和200 hPa散度风场(c,f)对海冰指数(SIC)的回归场。打点区域通过了置信度为90%的显著性检验(Liu et al.,2019)

气"反馈作用激发大尺度行星波,进一步影响非局地大气环流。在1997—2016年期间,当中西伯利亚土壤偏干时,导致500 hPa高空出现位势高度正异常;同时出现从西伯利亚—贝加尔湖以南—东亚中部的经向波列,使得土壤异常信号由高纬向低纬传播,进而与东亚地区环流变化联系起来。低层出现位于东北地区的SLP负异常,及位于日本以南的正异常,有利于产生"北多南少"的降水异常模态(图3.35)。在1997—2016年期间,与中西伯利亚地区土壤偏干相关的降水分布与秋季海冰偏少的降水分布一致。当西部和中部西伯利亚土壤偏干时,上空出现SLP负异常及气旋环流异常,有利于产生局地降水正异常,这种降水异常分布与海冰偏少相关的降水分布一致。表现为"土壤湿度—降水"负反馈作用,土壤偏干会产生偏高的波文比和更深的边界层,进而诱发对流活动产生降水。

积雪也可以通过局地辐射作用和水文作用影响大尺度环流。东北地区积雪偏多时,500 hPa高空出现高度负异常,其南部为高度正异常;这种位势高度异常的南北分布在海平面气压场同样显著。故而有利于形成"北多南少"的降水异常模态(图3.35),其与降水异常分布一

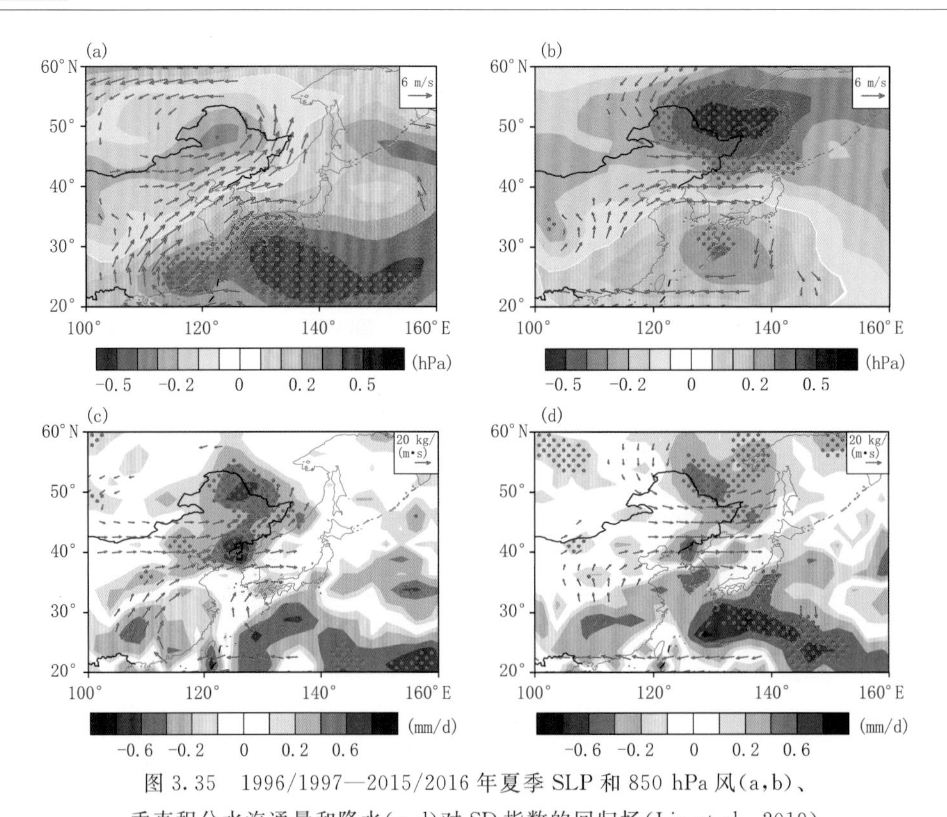

图 3.35　1996/1997—2015/2016 年夏季 SLP 和 850 hPa 风(a,b)、垂直积分水汽通量和降水(c,d)对 SD 指数的回归场(Liu et al.,2019)

致。综上,秋季北极海冰减少的信号将通过积雪和土壤的热惯性持续到后续季节,产生与东亚地区夏季环流的联系。

3.6　人类活动对北方干旱的影响

观测数据得到的 1961—2005 年东北夏季温度和降水变化趋势的空间分布表现为过去几十年来,东北夏季温度显著增加;降水虽然呈现减少趋势,但在部分地区有所增加。图 3.36 为第五次国际耦合模式比较计划(CMIP5)模式模拟的历史时期全强迫对 1961—2005 年东北夏季温度、降水变化趋势模拟的结果,大多数模式能够较好地再现观测中温度的增加趋势(除 MIROC-ESM 模式以外)。但对于降水而言,只有 8 个模式能够较好地模拟出东北夏季降水的减少趋势。主要挑选能够同时再现东北地区温度和降水变化趋势的 6 个模式进行后续的分析工作(包括 bcc-csm1-1、CNRM-CM5、CSIRO-Mk3-6-0、GFDL-CM3、GFDL-ESM2M、HadGEM2-ES)。

基于历史时期全强迫试验得到的东北地区夏季高温干旱指数(PI)变化趋势的空间分布较好地再现东北地区高温干旱的趋势。与全强迫试验结果一致,人类活动强迫试验也能够较好地再现东北地区高温干旱增加的趋势。温室气体强迫结果与全强迫、人类活动强迫结果基本一致,模式与观测的相关系数均高于 0.73,多模式集合与观测的相关系数则高达 0.95(图 3.37)。但是,自然强迫和其他人类活动强迫结果与观测存在较大差异。大部分自然强迫的结

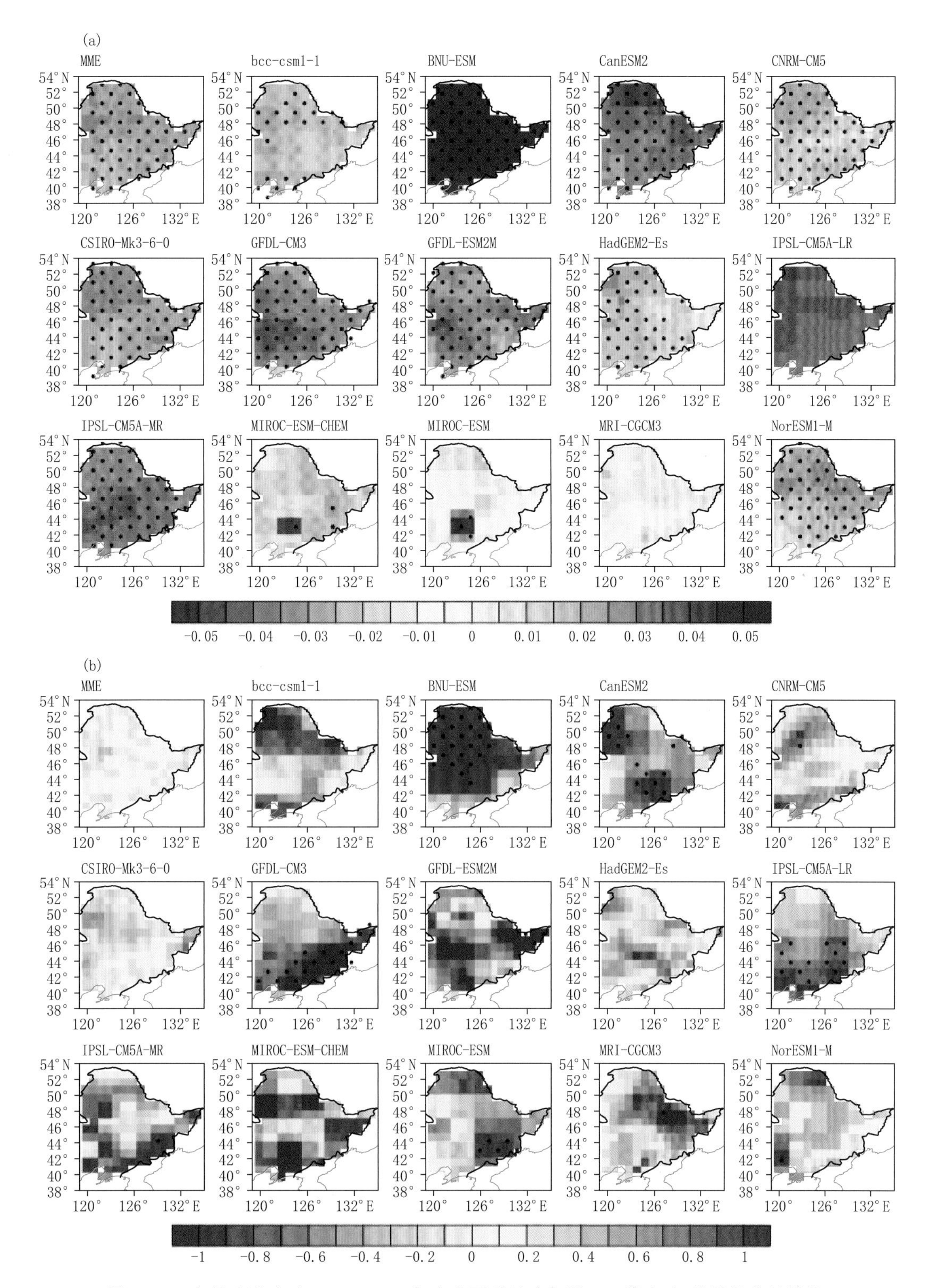

图 3.36 全强迫试验对 1961—2005 年东北夏季地表气温(a)、降水(b)线性趋势的模拟，打点区域通过了置信度为 90%的曼-肯德尔(Mann-Kendall，M-K)非参数检验(Li et al.，2020b)

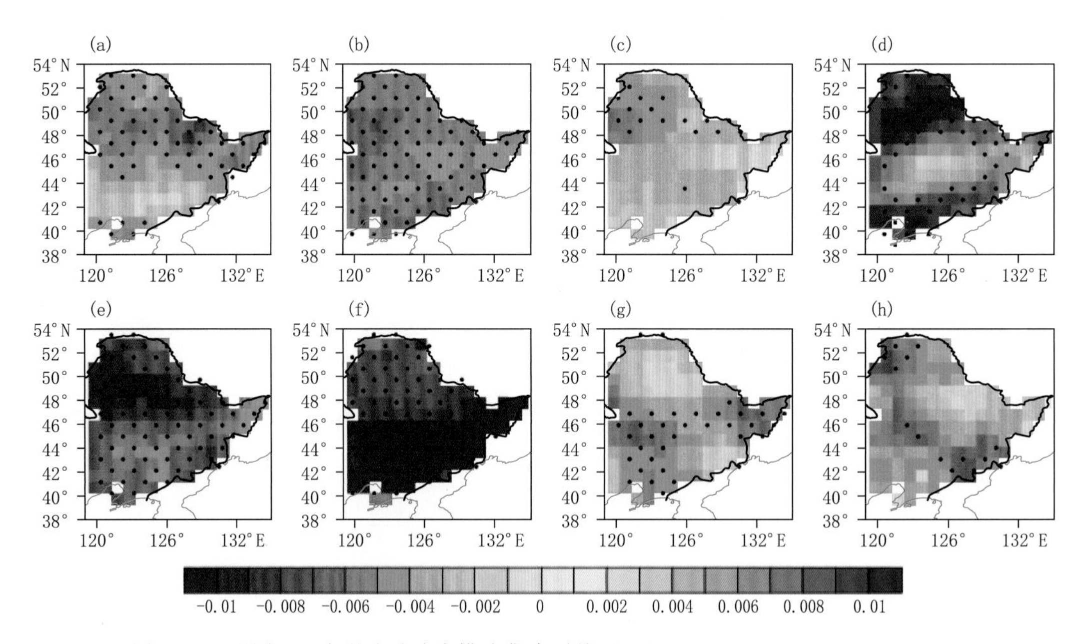

图 3.37　观测(a)、全强迫试验多模式集合平均(b)、bcc-csm1-1(c)、CNRM-CM5(d)、CSIRO-Mk3-6-0(e)、GFDL-CM3(f)、GFDL-ESM2M(g)、HadGEM2-ES(h)中各个模式模拟的东北地区夏季高温干旱指数(PI)线性趋势的空间分布(Li et al.,2020b)

果展现了东北地区高温干旱在1961—2005年间呈现减小趋势，而其他人类活动强迫试验间的不一致性较高。

在1961—2005年间，PINEC指数表现出明显的减弱趋势。全强迫(All)、温室气体强迫(GHG)和人类活动强迫(Ant)试验结果显示，多模式集合结果均能够较好地再现PINEC指数减弱的趋势，反映了东北夏季高温干旱在1961—2005年间具有明显增加和增强的趋势。而自然强迫(Nat)和其他人类活动强迫(除温室气体外的其他人类活动强迫)的多模式集合结果却与观测相反(图3.38)。从变率项来看，所有外强迫试验的再现能力均较差，这可能是由于东北夏季高温干旱的年际、年代际变化主要受气候系统内部变率的影响。

图3.39为利用“最优指纹法”估算的不同外强迫的响应系数。当响应系数的90%置信区间大于0且响应系数的最优估计接近1时，表明外强迫对气候变化是有影响的。全强迫、人类活动强迫和温室气体强迫试验的响应系数均大于0且最优估计接近1，表明它们是可以被检测的。另外，由残差一致性检验计算得到的p值均大于0.1(通过了置信度为90%的Mann-Kendall非参数检验)，表明由这3个外强迫因子得到的相对于观测的回归模型均是可靠的。而且全强迫、人类活动强迫和温室气体强迫响应系数的最优估计均接近1，能够较好地再现观测的变化。但是，自然强迫和其他人类活动强迫的作用无法被检测，且两者的最优响应系数均小于0，表明它们所起到的作用与观测相反。因此，人类活动可能对东北地区高温干旱事件增加的趋势有一定的影响。图3.39c给出了观测中PINEC指数的变化及其在不同强迫下的归因变化。PINEC指数在1961—2005年间变化了−0.21(−0.33～−0.09)，表明东北夏季高温干旱事件在过去半个世纪中明显增加。全强迫、人类活动强迫和温室气体强迫试验能够较好地再现这一特征；具体而言，PINEC指数的变化分别为−0.17(−0.34～−0.01)(全强迫)、

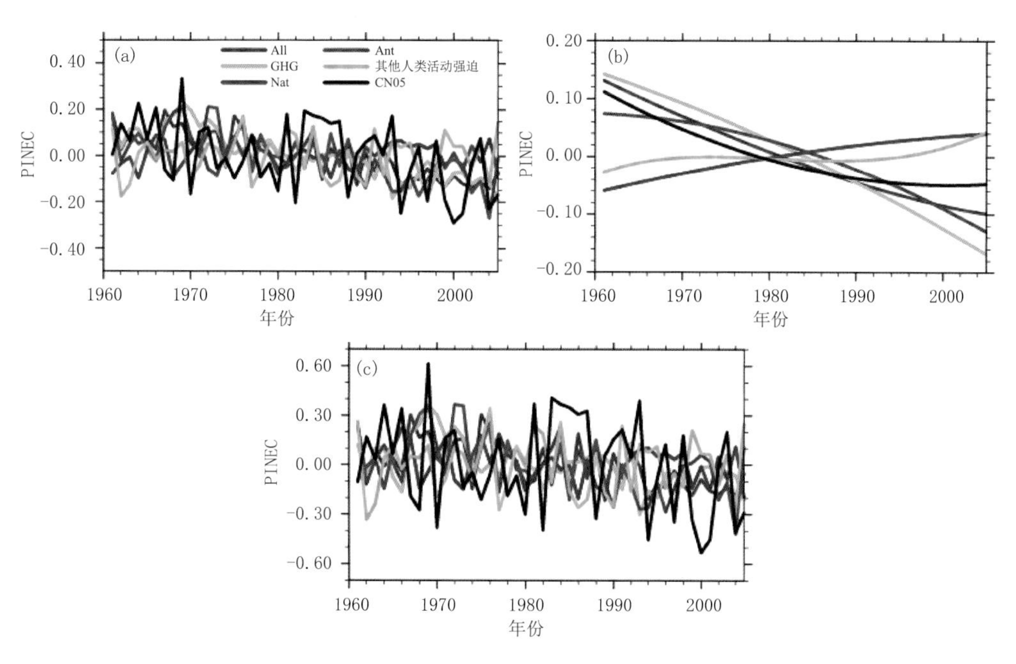

图 3.38　1961—2005 年基于第五次国际耦合模式比较计划的 8 个挑选模式的中位数得到的 PINEC 指数的时间序列（Li et al.，2020b）

（a）原始序列；（b）趋势项；（c）变率项

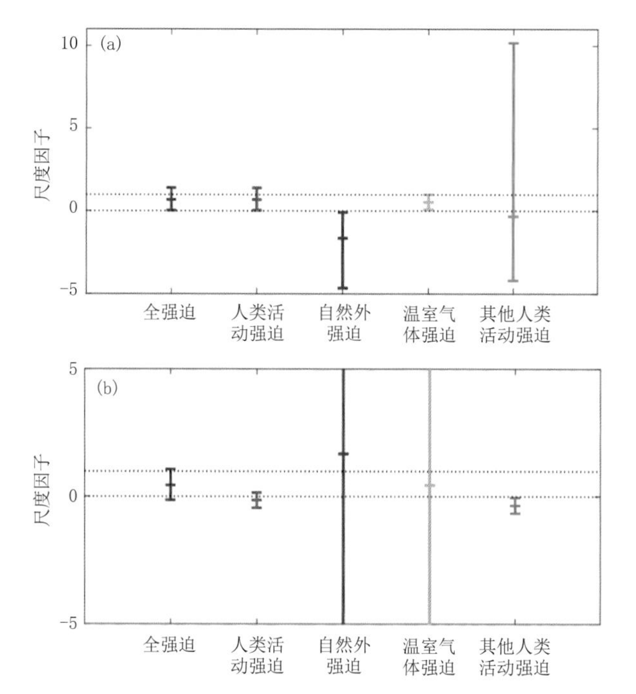

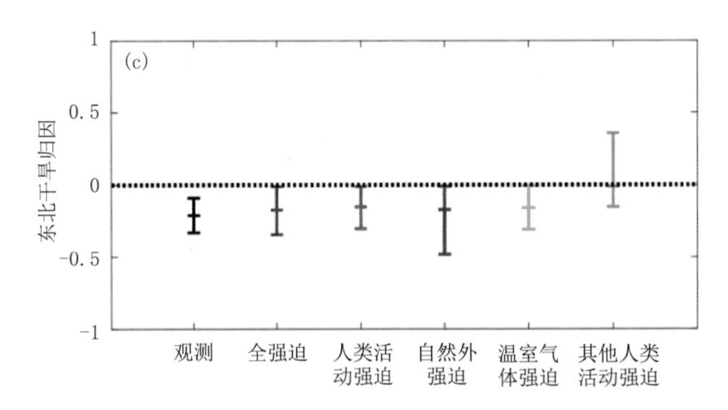

图 3.39　基于最优指纹法得到的 PINEC 指数的响应系数:(a)趋势项,(b)变率项,(c)观测及不同强迫下东北干旱指数归因的变化(Li et al.,2020b)

−0.15(−0.30～−0.01)(人类活动强迫)和−0.16(−0.31～−0.01)(温室气体强迫)。这些强迫的归因结果与观测较为一致,对东北夏季高温干旱的增加趋势有重要的作用。但是,自然强迫与其他人类活动强迫的结果与观测有较大差异,二者的最优归因值分别为−0.04 和−0.08,明显低估了观测的变化。另外,自然强迫和其他人类活动强迫的 90%置信区间与观测也有较大的不一致性,对东北夏季高温干旱变化趋势的影响较小。

以往研究指出,未来中国大部分地区干旱事件的发生频次增加、强度增强。图 3.40 给出了东北区域平均的高温干旱指数(PINEC)在未来不同排放情景下(中等排放情景(RCP4.5)和高排放情景(RCP8.5))变化趋势。未来 PINEC 指数会进一步减少(对应更多高温干旱事件的发生),且在 RCP8.5 情景下,高温干旱事件发生的概率比在 RCP4.5 情景下的概率更大。因此,随着温室气体排放的持续增加,未来东北地区高温干旱事件的发生频次会显著增加,强度会更强。

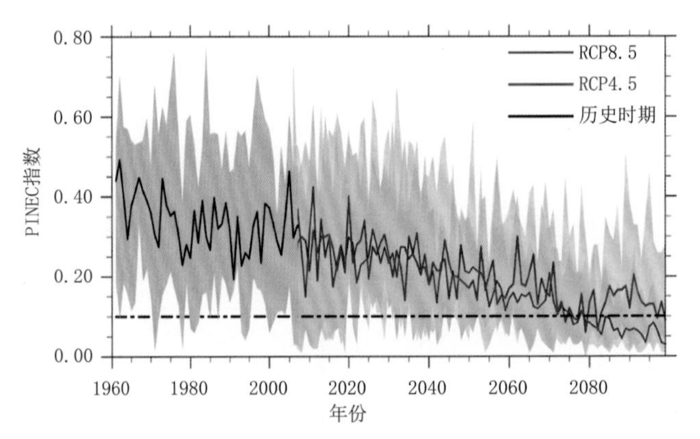

图 3.40　1961—2100 年 PINEC 指数的时间序列:历史时期(黑),RCP4.5(蓝)、RCP8.5(红)(Li et al.,2020b)

参考文献

孙建奇,王会军,2006. 东北夏季气温变异的区域差异及其与大气环流和海边温度的关系[J]. 地球物理学报,49:662-671.

郑景云，郝志新，葛全胜，2005. 黄河中下游地区过去300年降水变化[J]. 中国科学：地球科学，35(8)：765-774.

ASHOK K,GUAN Z,YAMAGATA T, 2001. Impact of the Indian Ocean dipole on the relationship between the Indian monsoon rainfall and ENSO[J]. Geophys Res Lett, 28:4499-4502.

CHEN H,SUN J, 2015. Changes in drought characteristics over China using the standardized precipitation evapotranspiration index[J]. J Clim, 28:5430-5447.

CHEN D,SUN J Q, GAO Y, 2019. Distinct impact of the Pacific multi-decadal oscillation on precipitation in northeast China during April in different Pacific multi-decadal oscillation phases[J]. Int J Climatol,40(3):1630-1643.

CHEN D,GAO Y, SUN J Q, et al, 2020. Interdecadal variation and causes of drought in northeast China in recent decades[J]. J Geophys Res Atmos, 125(17):e2019JD032069.

COOK E R, ANCHUKAITIS K J, BUCKLEY B M, et al, 2010. Asian monsoon failure and megadrought during the last millennium[J]. Science, 328:486-489.

DING Q,WANG B,2005. Circumglobal teleconnection in the NH summer[J]. J Clim, 18(17):3483-3505.

DONG W, COAUTHORS, 2016. Summer rainfall over the southwestern Tibetan Plateau controlled by deep convection over the Indian subcontinent[J]. Nat Commun,7:10925.

DU Y,ZHANG J,ZHAO S,2020. Impact of the eastward shift in the negative-phase NAO on extreme drought over orthern China in summer[J]. J Geophys Res Atmos,125(16).

HAN T T, WANG H J,SUN J Q, 2017. Strengthened relationship between eastern ENSO and summer precipitation over northeast China[J]. J Clim, 30:4497-4512.

HAN T T, HE S P, WANG H J, et al, 2018a. Enhanced influence of early-spring tropical Indian Ocean SST on the following early-summer precipitation over Northeast China[J]. Clim Dyn, 51:4065-4076.

HAN T T,HE S P, HAO X,et al,2018b. Recent interdecadal shift in the relationship between northeast China's winter precipitation and the North Atlantic and Indian Oceans[J]. Clim Dyn, 50:1413-1424.

JIANG X,TING M, 2017. A dipole pattern of summertime rainfall across the Indian subcontinent and the Tibetan Plateau[J]. J Clim, 30:9607-9620.

KRIPALANI R,KULKARNI A,SINGH S,1997. Association of the ISM with the northern hemisphere mid-latitude circulation[J]. Int J Climatol, 17:1055-1067.

LI J, XIE S P, COOK E R, et al,2011. Interdecadal modulation of El Niño amplitude during the past millennium[J]. Nat Clim Change 1(2):118-114.

LI H, CHEN H, WANG H, et al, 2018. Can Barents Sea ice decline in spring enhance summer hot drought events over northeastern China? [J]. J Clim, 31:4705-4724.

LI H X,HE S P,GAO Y Q, et al,2020a. North Atlantic modulation of interdecadal variations in hot drought events over northeastern China[J]. J Clim,33:4315-4332.

LI H X,CHEN H P, SUN B, et al,2020b. A detectable anthropogenic shift toward intensified summer hot drought events over northeastern China[J]. Earth Space Sci,7(1):836.

LIU Y,ZHU Y,WANG H,et al, 2019. Role of autumn Arctic Sea ice in the subsequent summer precipitation variability over East Asia[J]. Int J Climatol, 40(2):706-722.

LU R, OH J H, KIM B J,2002. A teleconnection pattern in upper-level meridional wind over the North African and Eurasian continent in summer[J]. Tellus, 54A:44-55.

MANN M E,ZHANG Z H,RUTHERFORD S,et al,2009. Global signatures and dynamical origins of the little ice age and medieval climate anomaly[J]. Science,326:1256-1260.

OTTO-BLIESNER B, BRADY E, FASULLO J, et al, 2016. Climate variability and change since 850 CE: An ensemble approach with the Community Earth System Model (CESM) [J]. Bull Am Meteorol Soc, 97 (5): 735-754.

SUN J, WANG H, 2012. Changes of the connection between the summer North Atlantic Oscillation and the East Asian summer rainfall[J]. J Geophys Res Atmos, 117: D08110.

SUN J, WANG H, YUAN W, 2008. Decadal variations of the relationship between the summer North Atlantic Oscillation and middle East Asian air temperature[J]. J Geophys Res Atmos, 113: D15107.

YU L, FUREVIK T, OTTERÅ O H, et al, 2015. Modulation of the Pacific Decadal Oscillation on the summer precipitation over east China: A comparison of observations to 600-years control run of Bergen Climate Model[J]. Clim Dyn, 44(1): 475-494.

YU E T, KING M P, SOBOLOWSKI S, et al, 2018. Asian droughts in the last millennium: A search for robust impacts of Pacific Ocean surface temperature variabilities[J]. Clim Dyn, 50(1): 4671-4689.

ZHANG J, LIU C, CHEN H S, 2018. The modulation of Tibetan Plateau heating on the multi-scale northernmost margin activity of East Asia summer monsoon in northern China[J]. Glob Planet Change, 161: 149-161.

ZHANG J, CHEN H, ZHANG Q, 2019a. Extreme drought in the recent two decades in northern China resulting from Eurasian warming[J]. Clim Dyn, 52: 2885-290.

ZHANG J, CHEN H, ZHAO S, 2019b. A tripole pattern of summertime rainfall and the teleconnections linking northern China to the Indian subcontinent[J]. J Clim, 32: 3637-3652.

ZHANG J, CHEN Z, CHEN H, et al, 2020. North Atlantic multidecadal variability enhancing decadal extratropical extremes in boreal late summer in the early twenty-first century[J]. J Clim, 33: 6047-6064.

ZHENG J, YU Y, ZHANG X, et al, 2018. Variation of extreme drought and flood in north China revealed by document-based seasonal precipitation reconstruction for the past 300 years[J]. Clim Past, 14: 1135-1145.

第 4 章　低温

冬季极端低温极易引发暴雪、霜冻等灾害性天气，造成人员失踪死亡、农作物受灾绝收、房屋大棚建筑倒塌、公路封路机场关闭等灾难，导致严重的经济损失和生活不便。深入理解极端低温的长期变化规律及其发生的大尺度环流背景、强迫影响过程和内部物理机制，有助于提高极端低温的预测能力，从而对可能造成的灾害进行提前预估，进而采取合适的预防措施，从而减轻极端低温的影响和损失。

在过去 100 年中，全球的气候变化非常显著，其主要特点是全球变暖。虽然全球平均地表气温总体上呈现明显的上升趋势，但全球气候变暖的空间分布并不均匀，这对全球的气候变化有着重要的作用。一个有趣现象是，北半球中纬度地区在过去几个冬季出现异常寒冷天气。例如：2008 年年初发生在我国南方地区的持续性低温雨雪冰冻天气事件。在 2009/2010 年和 2010/2011 年的冬天，美国大部分地区和欧洲西北部地区出现了一场异常大雪事件，2013/2014 年冬季美国东部一半地区仍然存在极其寒冷天气和持续降雪天气。在此背景之下，有必要探讨亚洲中高纬度地区尤其是我国北方的持续性低温事件的频次、主模态的空间特征、年际及年代际变动规律，其形成的物理机制。深入认识我国北方地区极端低温的变化规律和机理，具有明确的理论意义，更具有实践应用价值。

4.1　历史时期华北气温变化

4.1.1　公元 1500 年以来的冬半年气温序列重建

针对长时间尺度的气温变化，中国各类历史文献中拥有丰富的自然物候记载，可用于重建气温序列。采用的资料主要来源于华北各地明、清两朝的地方志。通过系统检索，采集华北各地的异常霜、雪、结冰及渤海沿海海冰等自然物候记录，共得到 1501—1911 年记录 2323 条(图 4.1)。资料处理主要包括两步，一是根据《中国古今地名大辞典》等确定记载所发生事件的地点(区)，并通过阴阳历转换确定事件的日期；二是将历史时期气候事件发生的时间与现代同类型事件的平均(1961—1990 年)发生时间进行对比，计算二者之间的日期差异。

按霜、雪、冰三类记录分别分析这些自然物候与冬半年季温度变化的关系，据此建立冬半年气温序列。其中表 4.1 显示：华北北部的农牧交错带地区、华北平原区和黄土高原区三个子区域内初、终霜日期与温度变化关系，子区域初霜期与秋季气温的相关系数在 0.5～0.8 之间，均具有显著的正相关(通过了置信度为 99%的显著性检验)，一元线性回归系数在 0.05～0.09 之间，表明初霜期每提前 10 天，相当于子区域秋季平均气温降低 0.5～0.9 ℃；终霜期与春季气温相关系数在 0.5～0.8 之间，回归系数在 0.07～0.11 之间，表明终霜期每推迟 10 天，相当于春季平均气温降低 0.7～1.1 ℃。

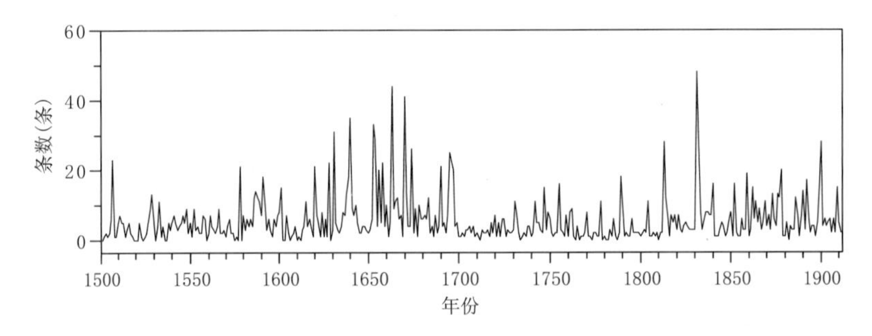

图 4.1　华北地区气候记录条数随时间的变化

表 4.1　华北地区各子区域初、终霜日期与温度变化关系

子区域	初霜日期				终霜日期			
	R_a^2	k	N	Sig.	R_a^2	k	N	Sig.
农牧交错带	0.257	0.064	50	<0.001	0.275	−0.070	50	<0.001
华北平原区	0.569	0.091	50	<0.001	0.457	−0.113	50	<0.001
黄土高原区	0.242	0.050	50	<0.001	0.383	−0.078	50	<0.001

注：R_a^2：调整自由度后的方差解释量；k：回归系数；N：样本长度；Sig.：统计显著性水平。

进一步看平均气温与降雪的关系。图 4.2 显示，积雪日数和敏感月份平均气温的相关系数在 0.3～0.7 之间，且呈现出明显的地带性特征，即纬度越低，相关性越好；越靠近东部沿海，相关系数越高。其中华北平原地区的相关系数在 0.4～0.7 之间，济南、石家庄等都在 0.6 以

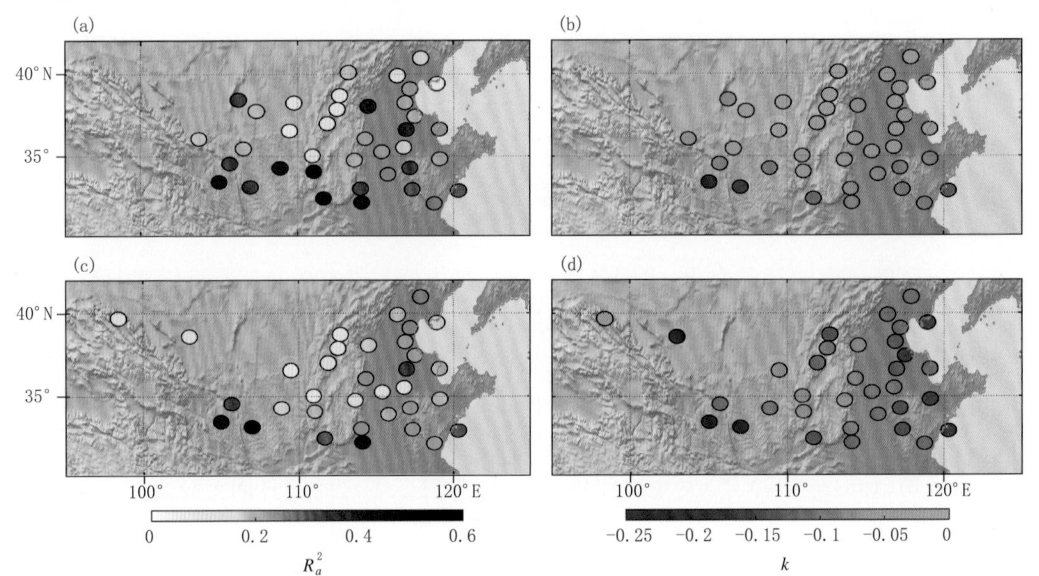

图 4.2　华北各站点积雪和降雪日数对冬季气温变化的响应

(a)积雪日数与冬季气温间的 R_a^2；(b)积雪日数与冬季气温间的回归系数 k；

(c)降雪日数与冬季气温间的 R_a^2；(d)降雪日数与冬季气温间的回归系数 k

上；西北东部黄土高原地区和农牧交错带，除西安、武都、汉中、银川、天水等少数站点之外，大部分站点相关系数都在0.5以下。降雪日数和敏感月份平均气温的相关系数在－0.8～－0.2之间，其空间分布同样呈现出类似的地带性特征，其中华北平原地区相关系数普遍在－0.7～－0.4之间，相关系数最高的信阳为－0.639；西北东部黄土高原地区，除西安、武都、天水等站点之外，大部分站点相关系数都在0.4以下。

此外，渤海海冰冰情要素变化也与沿岸站点冬季平均气温密切相关。相关分析（表4.2）表明，除初冰日外，渤海海域终冰日、结冰期以及海冰等级与冬季气温的相关系数均在0.6以上，具有显著的负相关。

表4.2 渤海海冰要素与沿岸站点冬季平均温度关系

冰情要素	相关系数	回归系数	F检验值
初冰日期	0.434	0.073	13.467
终冰日期	－0.638	－0.087	39.919
结冰期	－0.732	－0.070	66.971
海冰等级	－0.688	－1.001	52.177

利用上述回归模型，可以将历史文献中初终霜日期、积雪、降雪日数和海冰记载转换为敏感月份的温度距平；根据区域冬半年温度重建方法（郑景云 等，2005），重建华北地区过去510年（1501—2010年）冬半年温度变化序列（图4.3）；并依据该序列，以程度达1951—2000年10％（十年一遇）的发生频率定义寒冷年份，分析华北地区的极端冷暖变化特征。

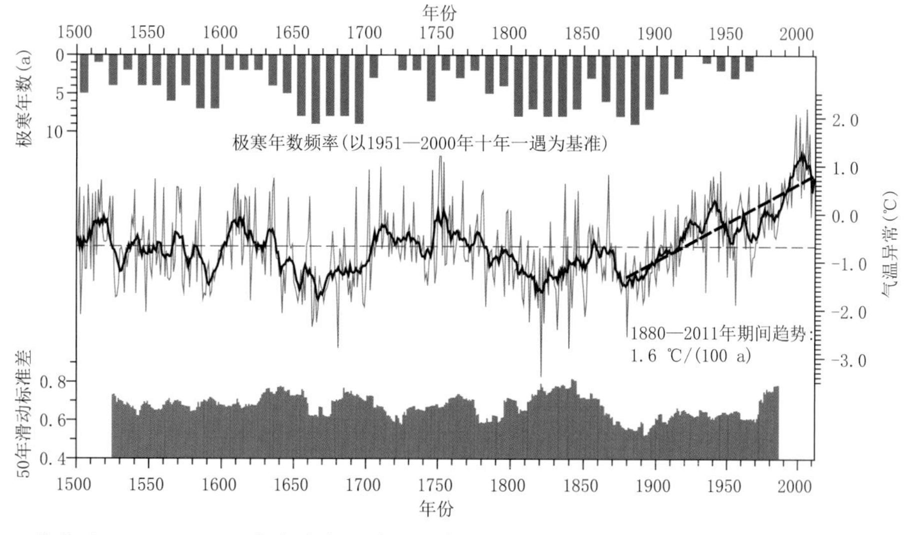

图4.3 华北地区1501—2010年冬半年温度距平序列（中，基准时段：1951—1980年均值）及50年滑动标准差（下）和各年代极寒年出现频率（上，以1951—2000年十年一遇为基准）

4.1.2 冬半年温度和极端冷冬的变化特征

图4.3显示，华北地区过去510年冬半年温度变化大致经历了五个阶段，三个相对温暖期和两个相对寒冷期。尽管16世纪末期存在一个大约30年左右的冷谷（1571—1600年），期间

冬半年气温平均距平－0.86 ℃。但 1501—1640 年仍相对温暖，当时气温比现代平均值(1961—1990 年)低 0.53 ℃。最冷年份出现在 1503 年，气温距平为－1.99 ℃；最暖年份出现在 1636 年，气温距平为 0.86 ℃，最冷与最暖年的冬半年气温相差 2.85 ℃。就年代变化而言，1587—1596 年最冷，气温较现代约低 1.33 ℃，最暖 10 年(1608—1617 年)的温暖程度则达到现代水平。最冷的 30 年、50 年分别出现在 1573—1602 年和 1548—1597 年，气温较现代低 0.93 ℃和 0.76 ℃。1608—1637 年和 1505—1554 年分别为最暖的 30 年和 50 年，但冬半年气温仍低于现代水平。

从 1641 年开始直至 17 世纪结束，华北地区进入过去 510 年的第一个相对寒冷期，气温较现代低 1.17 ℃。最冷年份(1681 年，－2.67 ℃)和最暖年份(1693 年，0.68 ℃)的气温相差 3.35 ℃。最冷和最暖年代分别出现在 1663—1672 年和 1643—1652 年，气温较现代分别低 1.65 ℃和 0.88 ℃。最冷的 30 年和 50 年出现在 1663—1692 年和 1651—1700 年，冬半年气温平均较现代低 1.31 ℃和 1.23 ℃。

在 18 世纪，尽管华北地区的冬半年气温仍较现代约低 0.42 ℃，但在过去 500 年中，该时段为一个长达百年的相对温暖期。其中，最冷年份(1783 年，－1.81 ℃)和最暖年份(1751 年，1.32 ℃)相差 3.13 ℃。最寒冷年代(1783—1792 年，－0.92 ℃)和最温暖年代(1751—1760 年，0.13 ℃)相差 1.05 ℃，最暖 10 年温暖程度超过了现代水平。但从更长时间尺度来看，最暖的 30 年(1751—1780 年，－0.23 ℃)和 50 年(1709—1758 年，－0.32 ℃)仍低于现代平均水平。

从 19 世纪开始直至 1910 年，华北地区进入过去 510 年的第二个相对寒冷期，气温较现代约低 1.01 ℃。最冷年份(1821 年，－3.27 ℃)和最暖年份(1867 年，0.94 ℃)冬半年气温相差 4.21 ℃。就年代变化而言，在 19 世纪 20 年代和 70 年代出现了两个冷谷，19 世纪 50、60 年代附近出现暖峰，最冷年代(1817—1826 年)的冬半年气温平均较现代低 1.51 ℃，但最暖 10 年(1853—1862 年)仍较现代平均低 0.46 ℃。最冷的 30 年(1813—1842 年)和 50 年(1803—1852 年)冬半年平均气温较现代分别低 1.26 ℃和 1.14 ℃。

1911 年以后华北地区气温逐渐升高，进入过去 510 年最温暖的时期。冬半年平均气温距平为 0.13 ℃。最冷年(1956 年，－1.77 ℃)和最暖年(2006 年，2.32 ℃)相差 4.09 ℃。最冷年代(1911—1920 年，－0.53℃)和最暖年代(1997—2006 年，1.37 ℃)相差 1.90 ℃。尽管在 20 世纪 50、60 年代发生降温过程，但自 20 世纪 80 年代以来持续增暖，1981—2010 年和 1961—2010 年分别是过去 510 年最暖的 30 年和 50 年，冬半年温度平均较 1961—1990 年分别高 0.75 ℃和 0.41 ℃。

由于在 20 世纪之前，华北地区大多数时段的冬半年温度均较 20 世纪低，因此以程度达 1951—2000 年 10%(相当于十年一遇)的发生频率定义的寒冷年份，过去 510 年间冷年共 217 年。其中 17 世纪 60、90 年代，19 世纪 80 年代中均有 9 年冷年，17 世纪 50、70、80 年代，19 世纪 00、20、30、70 年代中也有 8 年冷年；而 18 世纪 10 年代、20 世纪 20 年代、1970—2000 年间均无冷年，16 世纪 10 年代、20 世纪 30 年代中也仅有 1 年。

周期分析(图 4.4)显示，在过去 510 年中，华北地区冬半年温度主要呈年际和多年代际的周期变化，而年代际的周期变化信号极弱。在年际尺度上，主周期为 2.1～2.5 年及 3.4 年，表明准 2 年振荡特征极为显著。在年代际及以上尺度，则以 60～80 年周期为主。其中在 1600 年之前，准 60 年变化周期比较显著，1600 年之后转为准 80 年周期。另外，1700—1800 年期间华北地区还出现了 40～50 年的变化周期。

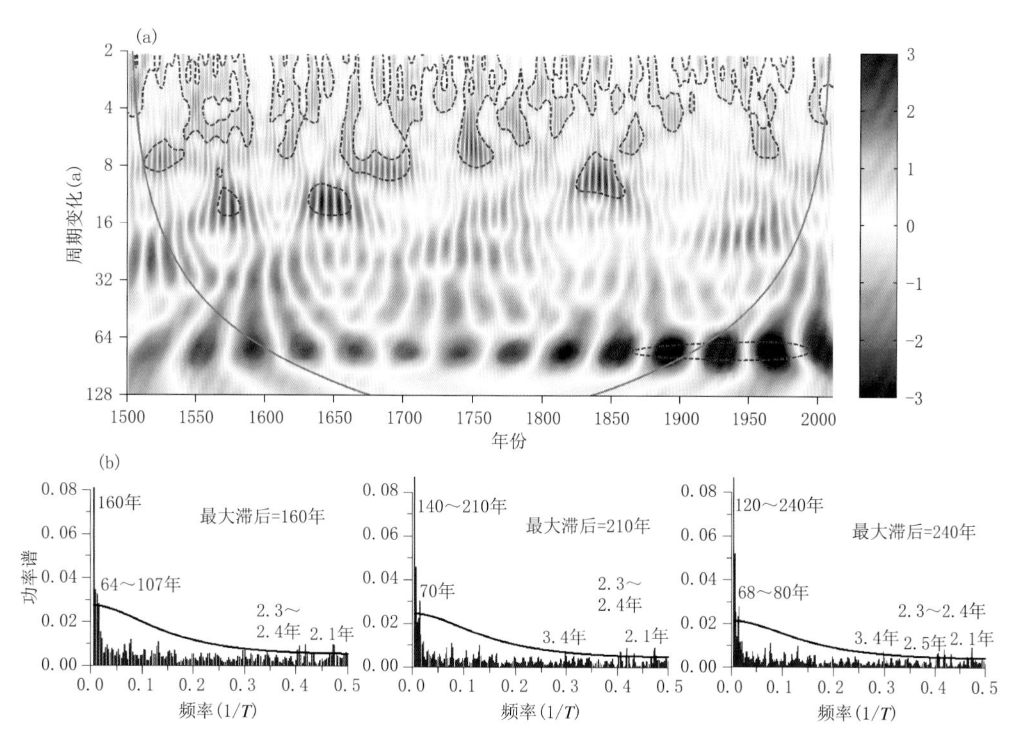

图 4.4 华北地区1500—2010年冬半年温度变化的周期分析结果
(a)小波分析结果;(b)不同后延的功率谱分析结果(周期(T)的单位为a)

4.2 极端低温变化与相关大气环流

4.2.1 东亚中纬度持续性低温频次的年代际变化

Shi等(2019)利用全球再分析资料,将逐日地表气温异常强度超过0.8个标准差和持续时间超过5天的事件定义为持续低温事件(PCE)。图4.5给出1959—2015年冬季亚洲不同纬度带的PCE发生频次异常值。图4.5第二行显示,在40°—60°N的中纬度地区,PCE在20世纪50年代末期—80年代中期的发生频次偏多,在20世纪80年代中期—90年代末期的发生频次偏少,在21世纪初的发生频次再次偏多。上述特征不受PCE阈值选取的明显影响,见图4.5第一行和第三行。可将1959—2015年共57个冬季分为三个时期:1959—1984年、1985—1999年和2000—2015年,分别代表PCE的活跃期、不活跃期和再活跃期。

图4.6显示三个时期之间各格点上PCE发生频次的差异。与不活跃期相比,两个活跃期的PCE发生频次在巴尔喀什湖至贝加尔湖的中纬度区域(简称巴贝地区)均有一致且显著的增加现象。针对巴贝地区的统计分析表明,57个冬季中共发生了45个区域PCE,频率为0.8次/年,表明它们与极端事件密切相关。这45个PCE的累积天数为668天,平均持续14.8天,呈现出较强的持续性。从11年滑动平均来看(图4.6c),PCE的发生频次在20世纪90年代初出现最小值,之后迅速增加。在21世纪其发生频次变化很小,每年冬季区域PCE发生频

次约为 1.0。这与巴贝地区近期(1990—2013 年)的变冷趋势相一致。

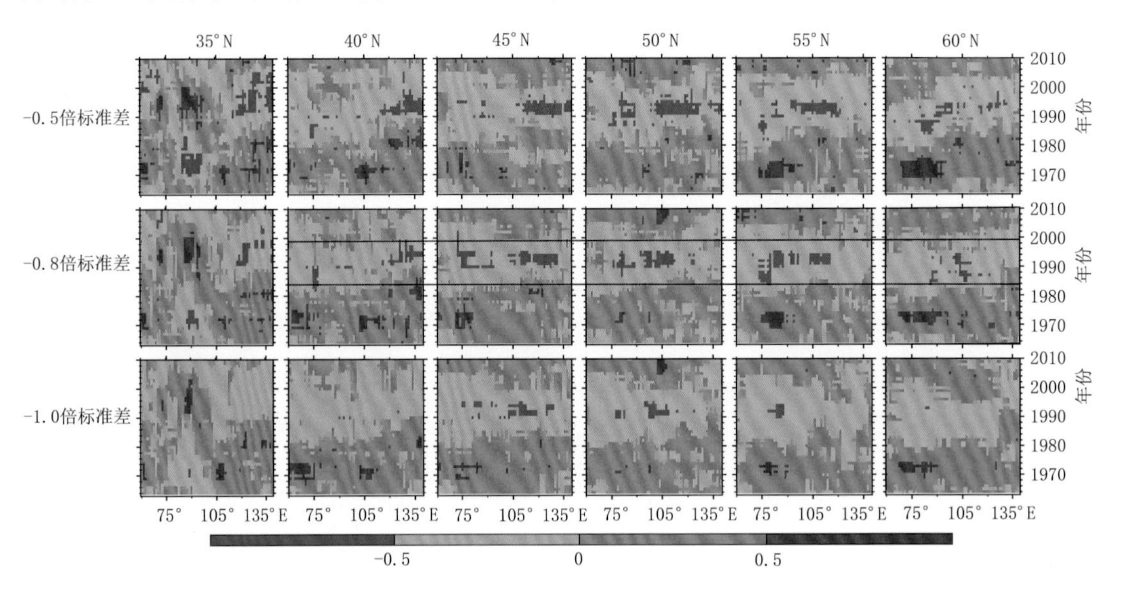

图 4.5　11 年滑动平均后 1959—2015 年每个网格点上 PCE 发生频次的异常值。粗黑线条大致表示 PCE 发生频次相对偏多和偏少的分界线。从左到右各列分别表示从 35°—60°N 每隔 5°的 PCE 发生频次异常情况,从上到下各行分别表示按照不同的强度阈值挑选 PCE(Shi et al.,2019)

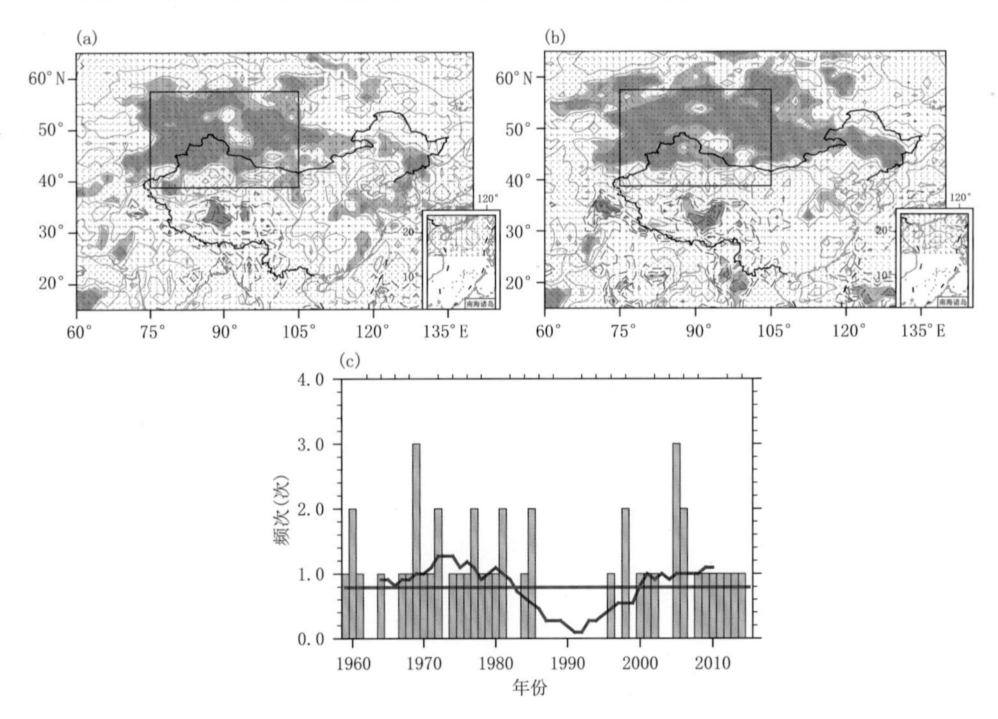

图 4.6　(a)活跃期(1959—1984 年)和不活跃期(1985—1999 年)之间网格点上 PCE 发生频次的差异。(b)同(a),但为再活跃期(2000—2015 年)和不活跃期之间 PCE 发生频次的差异。等值线间隔为 0.2。红色实线和蓝色虚线分别代表正异常和负异常,零等值线省略。浅色(深色)阴影区通过了置信度为 90%(95%)的显著性检验。(a)和(b)中的黑色矩形是重点关注的巴贝地区。(c)巴贝地区平均的逐年 PCE 频次。红线表示 11 年滑动平均值,蓝线表示 57 年的平均值(Shi et al.,2019)

进一步研究巴贝地区PCE的季内典型环流异常特征。图4.7显示了巴贝地区PCE发生前后各6天的地面气温(SAT)、海平面气压(SLP)、300 hPa位势高度的合成结果。第0天表

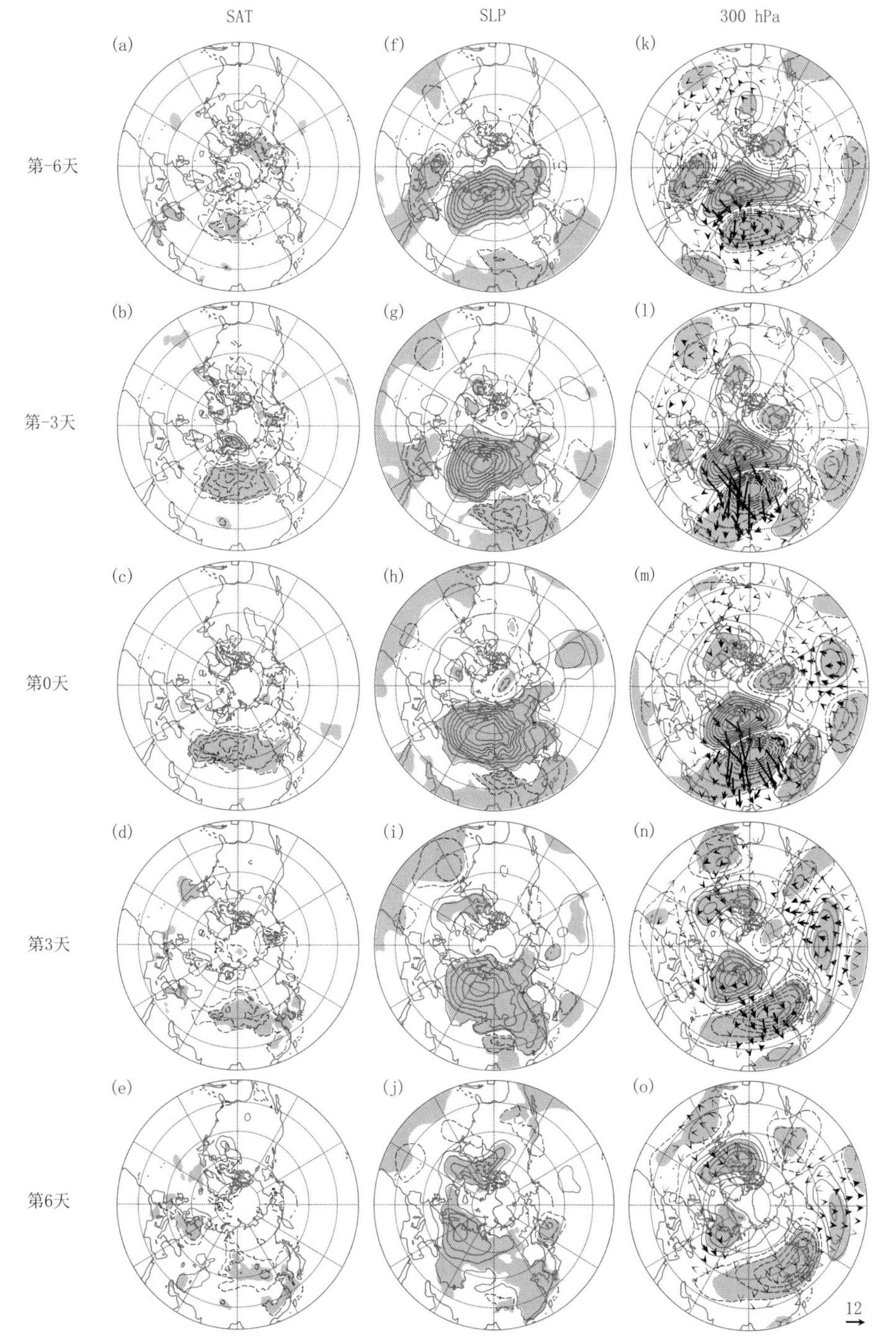

图4.7 1959—2015年的45个巴贝地区PCE的合成图。从左到右各列分别表示SAT异常、SLP异常和300 hPa的位势高度异常。等值线间隔分别为1 ℃、2 hPa、2 dagpm。从上到下各行分别表示在−6、−3、0、3和6天的合成结果。红色实线和蓝色虚线分别表示正异常和负异常,零等值线省略。阴影区通过了置信度为95%的显著性检验。最右列中的箭头(m^2/s^2)表示波作用通量(Shi et al.,2019)

示 PCE 盛期，而第 $-N$ 和 N 天分别表示盛期前 N 天和后 N 天。第 -6 天，在巴尔喀什湖北部至贝加尔湖西侧地区出现显著的 SAT 负异常，最大振幅为 -3 ℃(图 4.7a)。同时在 300 hPa 位势高度场上，欧亚中高纬度地区出现了波列异常，在乌拉尔山地区上空正高度异常约为 140 gpm(图 4.7k)。巴贝地区附近的 SAT 冷异常和乌拉尔山上层高压脊相互耦合，因此有利于西伯利亚高压在第 -3 天之前的增强和北扩(图 4.7f 和 4.7g)。对应地，SAT 异常逐渐向东扩展，其中心强度增加至 -5 ℃(图 4.7b、4.7c)。

在对流层上层，乌拉尔山正高度异常的维持除了与巴贝地区的 SAT 异常相互作用外，也与 Rossby 波能量频散有关。波作用通量分析显示，从第 -6 天(图 4.7k)至第 -3 天(图 4.7l)，波包自北美洲的正高度异常出发，经过北大西洋后，沿着欧亚大陆向东南方向传播。与之对应，乌拉尔山地区存在一个显著的正高度异常中心，而巴贝地区存在一个显著的负高度异常中心。该正、负异常环流的强度在第 0 天达到最大(图 4.7m)。值得注意的是，乌拉尔山和东亚上空正异常和巴贝地区负异常都是由东北向西南方向延伸，这种倾斜的环流结构对我国大范围持续性低温事件非常重要(Bueh et al.，2011)。

在第 0 天之后，显著 SLP 正异常向我国东南方向扩展(图 4.7i 和 4.7j)。巴贝地区的 SAT 负异常相应地向东南方向延伸，并且强度逐渐减小(图 4.7d 和 4.7e)。在对流层高层 300 hPa 位势高度场上(图 4.7n 和图 4.7o)，乌拉尔山附近仍存在正异常，但向西退，振幅迅速下降。原本中心位于巴贝地区的负高度异常逐渐向东移动。由此可见，由于 Rossby 波的传播，巴贝地区 PCE 的典型环流特征是 300 hPa 位势高度场上存在一个从北美至欧亚大陆的异常波列，其中最值得注意的是对流层上层乌拉尔山地区显著正异常和巴贝地区显著负异常。由于乌拉尔山上空形成的正异常与巴贝地区附近的 SAT 负异常存在着垂直耦合关系，因此有利于对流层上层欧亚大陆上的环流异常以及巴贝地区环流异常的长时间维持。

另一个关键问题是，背景环流是否发生了朝着有利于上述典型环流特征出现的变化，进而调节着 PCE 的年代际变化？背景环流场的变化特征将通过三个时期的气象要素场分别进行对比而获得。图 4.8 显示了活跃期和不活跃期之间的环流差异。最近再活跃期和不活跃期之间的差异也有类似分布，但强度更强，不再重复给出。在 300 hPa 位势高度场上，从北美到欧亚大陆中高纬度地区存在一个异常波列，即乌拉尔山上空为正异常，西欧和东亚上空分别为负异常(图 4.8a)。该分布形态与季内时间尺度的环流特征相类似(图 4.7)。此外，欧亚大陆中高纬地区为显著的 SLP 正异常(图 4.8b)，这也与季内时间尺度上的典型环流类似(图 4.7)。由此可见，背景场的年代际变化正朝着有利于巴贝地区 PCE 发生的方向发展。

瞬变涡动反馈强迫作用通常对中高纬异常环流的形成和维持起着重要的作用。图 4.8d 通过求解位势倾向方程显示了瞬变涡动反馈强迫作用的影响。由于在对流层上层斜压的影响很小，这里只显示了正压的影响。正压影响的幅度被认为是瞬变涡动反馈强迫作用的上限。瞬变涡动反馈强迫作用使北美西北部到北大西洋和西欧在 300 hPa 位势高度场上呈现出显著的负异常，乌拉尔山和格陵兰岛呈现出显著的正异常。由于在乌拉尔山瞬变涡动反馈强迫作用的振幅为 20 m/d，它可在 1.5 天内强迫出乌拉尔山的正异常(30 m)。在西欧地区，瞬变涡度反馈强迫作用的振幅为 50 m/d，可在 1 天内强迫出该地区的负异常(-40 m)。由此可见，瞬变涡动反馈强迫作用很大程度上影响了西欧和乌拉尔山地区大气环流的年代际变化，这有利于巴贝地区 PCE 季内时间尺度上典型环流的形成。

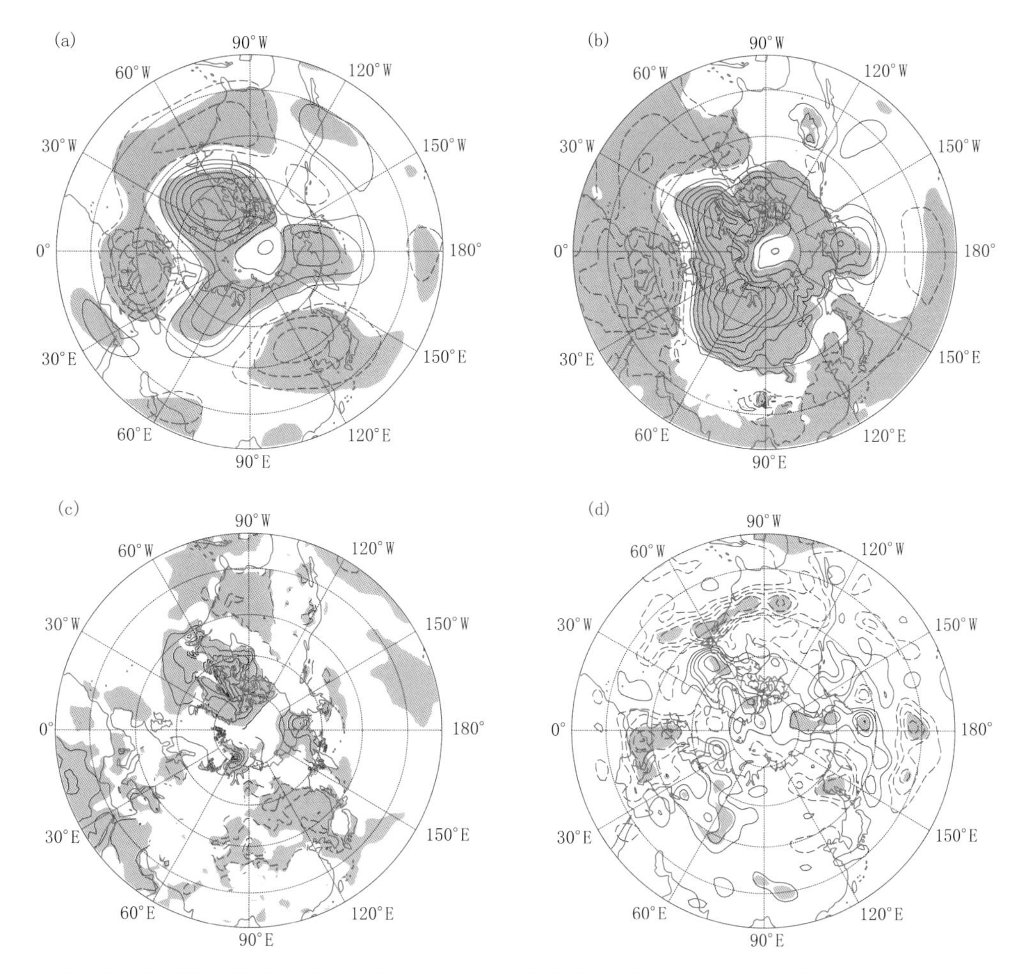

图 4.8　活跃期和不活跃期之间背景环流的差异。(a)位势高度(dagpm);(b)SLP(hPa);(c)SAT(℃);(d)由瞬变涡动通量辐合强迫的高度趋势(m/d)。等值线由−8 到 8,间隔为 1,零等值线省略。(c)中只画出了通过置信度为 95%的显著性检验区域的 SAT 等值线。红色实线和蓝色虚线分别表示正值和负值(Shi et al.,2019)

4.2.2　中国北方低温频次长期变化的主模态

图 4.9 显示中国北方极端低温频次的主要模态和它们对应的时间序列。第一模态(EOF1)是全区一致型,方差贡献率为 39.9 %。第二模态(EOF2)为东西相反型,方差贡献率为 17.0%。这两个主模态的形成与北极涛动(AO)和西伯利亚高压(SH)的配置密切相关(图 4.10)。当 AO 为负位相,SH 异常加强时,冬季风增强,北方地区全区极端低温日增加。当 AO 为负位相,而 SH 异常减弱时,东北地区受 AO 负位相引起的冷平流影响,极端低温日增加,而西北地区偏北风减弱,低温日减少,形成东西相反型。

进一步分析表明,EOF1 与前期秋季东北亚大陆积雪异常有关(图 4.11)。如果前期秋季积雪偏多,一方面可通过局地积雪—反射率反馈,导致冬季 SH 增强,另一方面也可激发向上传播的 Rossby 波,引起平流层极涡减弱,平流层极涡信号反过来向下传播,导致冬季 AO 负位

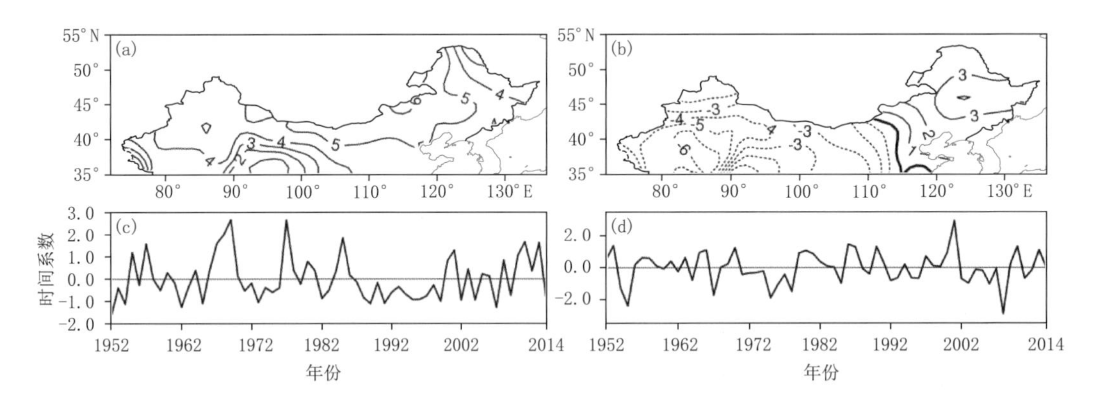

图 4.9　中国北方极端低温频次 EOF 第一(a)和第二(b)模态空间分布及其对应的时间序列（c—d)(Yuan et al.，2019)

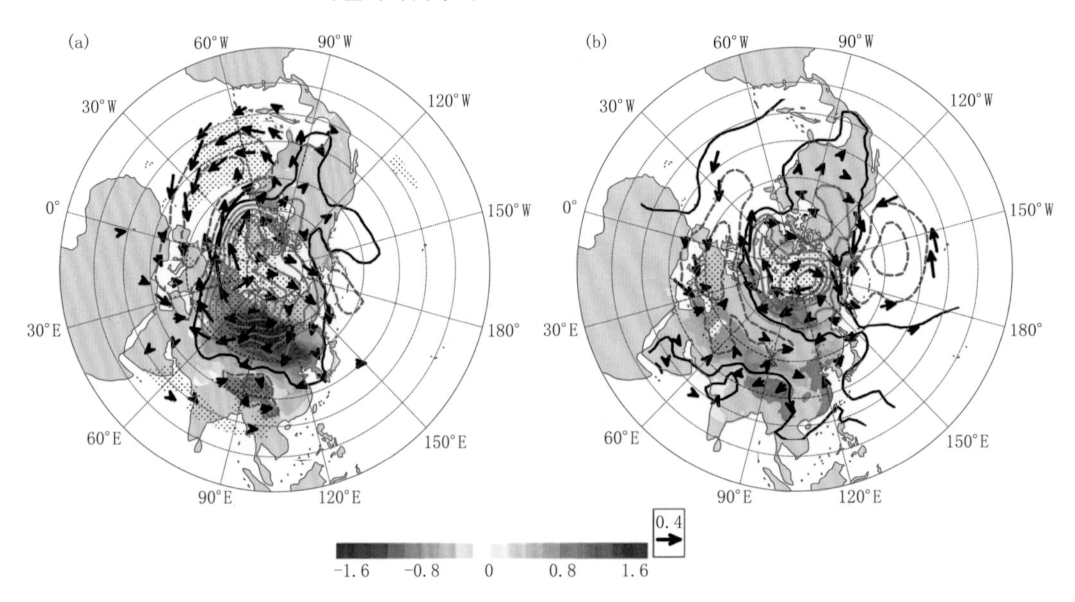

图 4.10　EOF1(a)和 EOF2(b)时间系数回归的 SLP(等值线，0.5 hPa)、10 m 风场(矢量，m/s)以及地表温度(填色，℃)异常。打点区域的海平面气压异常通过了置信度为 95%的显著性检验，10 m 风场及地表气温异常只显示通过置信度为 95%的显著性检验的区域(Yuan et al.，2019)

相(图 4.12)。EOF2 的形成则可能受热带太平洋 ENSO 的影响。El Niño 可通过大气遥相关减弱冬季东亚大槽，因此槽后的下沉气流减弱，导致 SH 减弱，西北地区极端低温减少。如果此时 AO 为负位相引起东北极端低温频次增加，则容易引起东西相反的异常形态。

EOF1 与 EOF2 均呈现显著的年代际变化(图 4.9c，d)，两者 10 年以上周期的年代际成分共解释冬季极端低温频次异常方差的 24%。EOF1 年代际成分与 AO 年代际信号密切相关，相关系数可达−0.78。相对年际尺度上 EOF1 的形成需要 AO 负位相与增强的 SH 协同作用。在年代际尺度上，由于 AO 负位相引起的极地环流异常更向南延伸，单独可引起整个北方地区极端低温日增加(图 4.13)。与年际分量类似，EOF2 的年代际分量和 ENSO 的年代际信号相联系，El Niño 型信号能减弱冬季东亚大槽，引起槽后的下沉气流减弱，导致 SH 减弱，西北地区极端低温日减少，形成东西异常梯度。使用美国地球物理流体动力学实验室(GFDL)

AM2.1 大气模式，在热带太平洋(20°S—20°N，180°—80°W)加入中心强度为 0.5 ℃的异常海温强迫，能很好再现冬季 SH 减弱，西北地区极端低温日减少(图 4.14)。

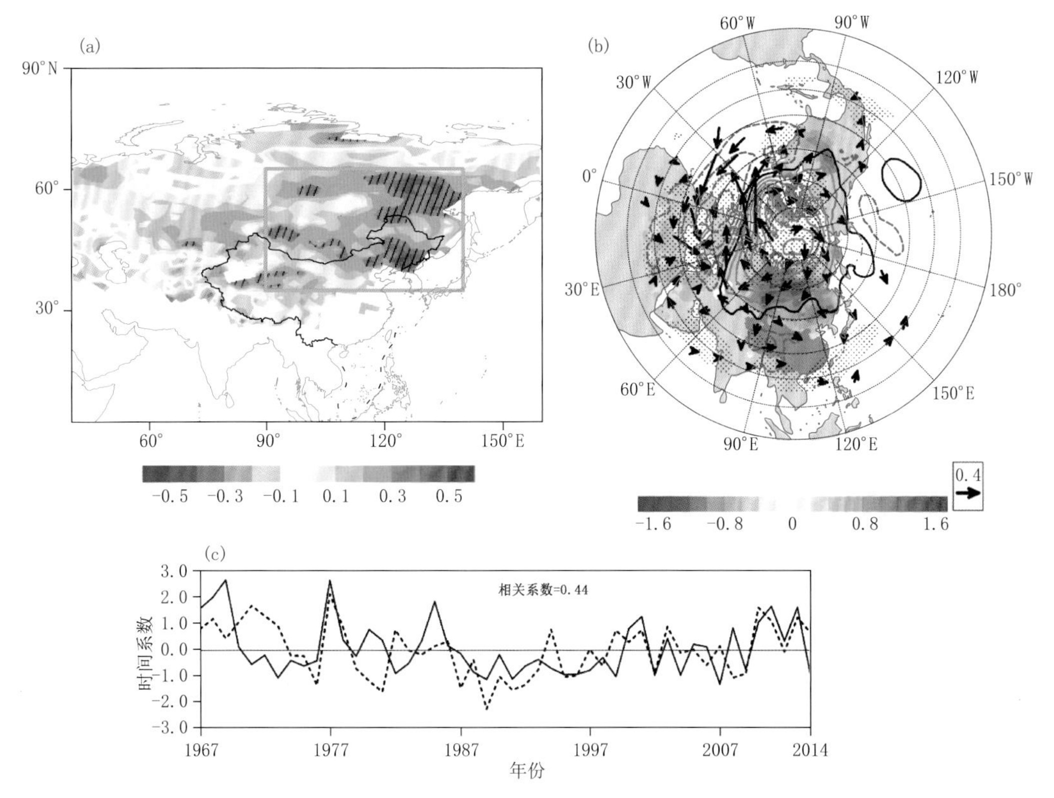

图 4.11　(a)EOF1 时间系数与前期 9—11 月欧亚大陆雪盖的相关系数分布。(b)积雪指数回归的 SLP(等值线，0.5 hPa)、10 m 风场(矢量，m/s)以及地表温度(填色，℃)异常。打点区域的海平面气压异常通过了置信度为 95%的显著性检验，10 m 风场及地表气温异常只显示通过置信度为 95%的显著性检验的区域。(c)EOF1 和积雪指数的时间系列。积雪指数为(a)中绿框所示区域 9—11 月雪盖异常(Yuan et al.，2019)

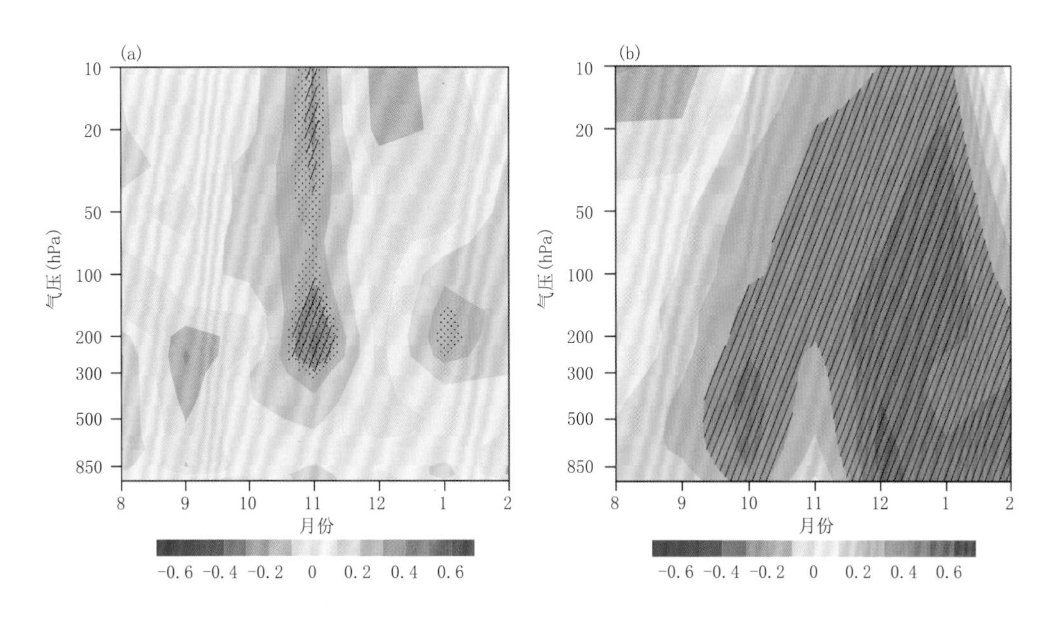

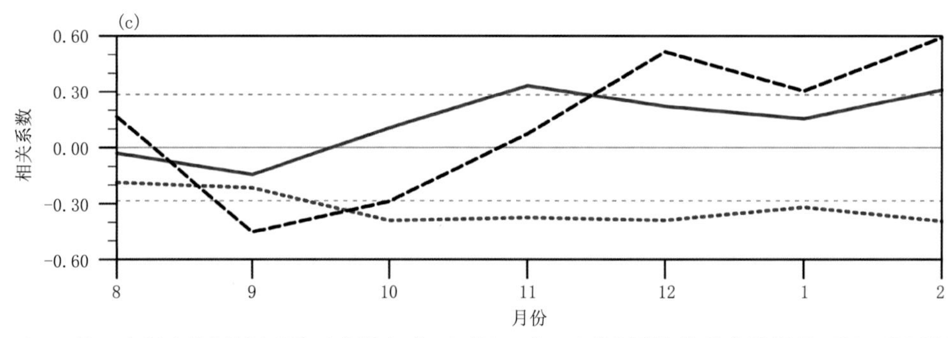

图 4.12　8 月—次年 2 月逐月(a)欧亚大陆(35°—70°N,30°—180°E)平均的垂直波通量,(b)60°N 以北区域平均高度场(极盖),(c)西伯利亚高压地区(40°—60°N,70°—120°E)地表向上太阳辐射(黑线)、平均 SLP(红线)、近地面气温(蓝线)和积雪指数的相关系数(Yuan et al., 2019)

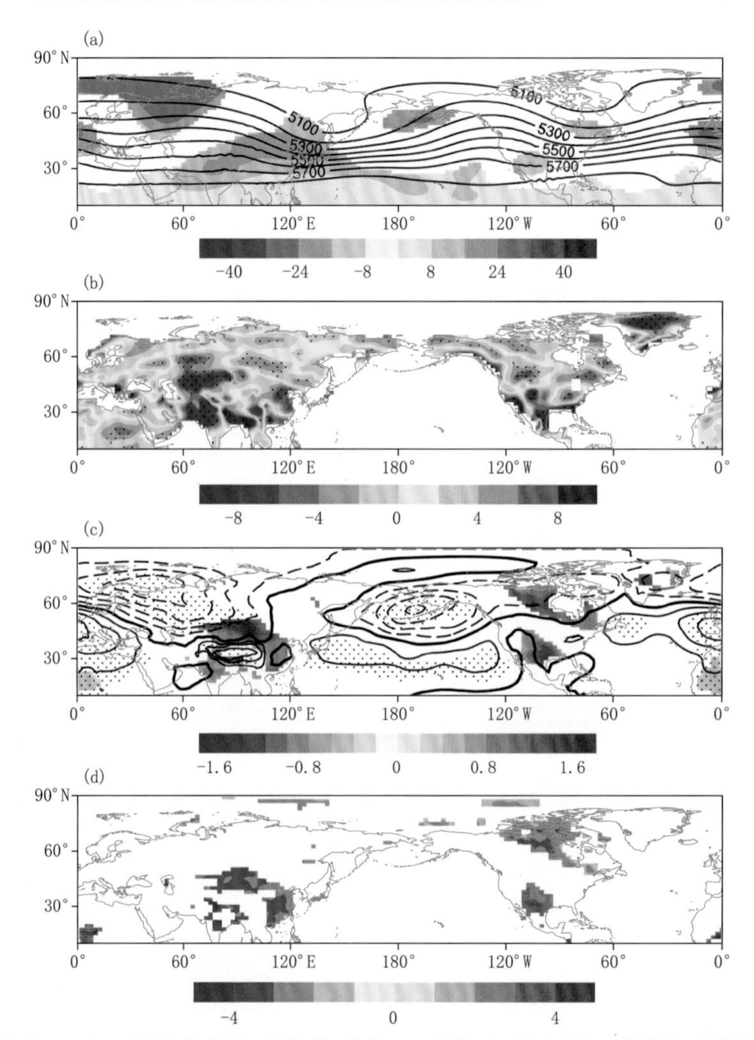

图 4.13　(a)冬季 500 hPa 平均高度场(等值线,单位:m)及其对厄尔尼诺型热带太平洋海温异常的响应(填色,单位:m,只画出通过置信度为 95%的显著性检验的区域),(b)600 hPa 垂直速度(单位:10^{-3} Pa/s,打点区域通过了置信度为 90%的显著性检验),(c)SLP(等值线,间隔 0.6 hPa,打点区域通过了置信度为 90%的显著性检验)和近地面气温(填色,单位:℃,只画出了通过置信度为 90%的显著性检验的区域)(Yuan et al., 2019)

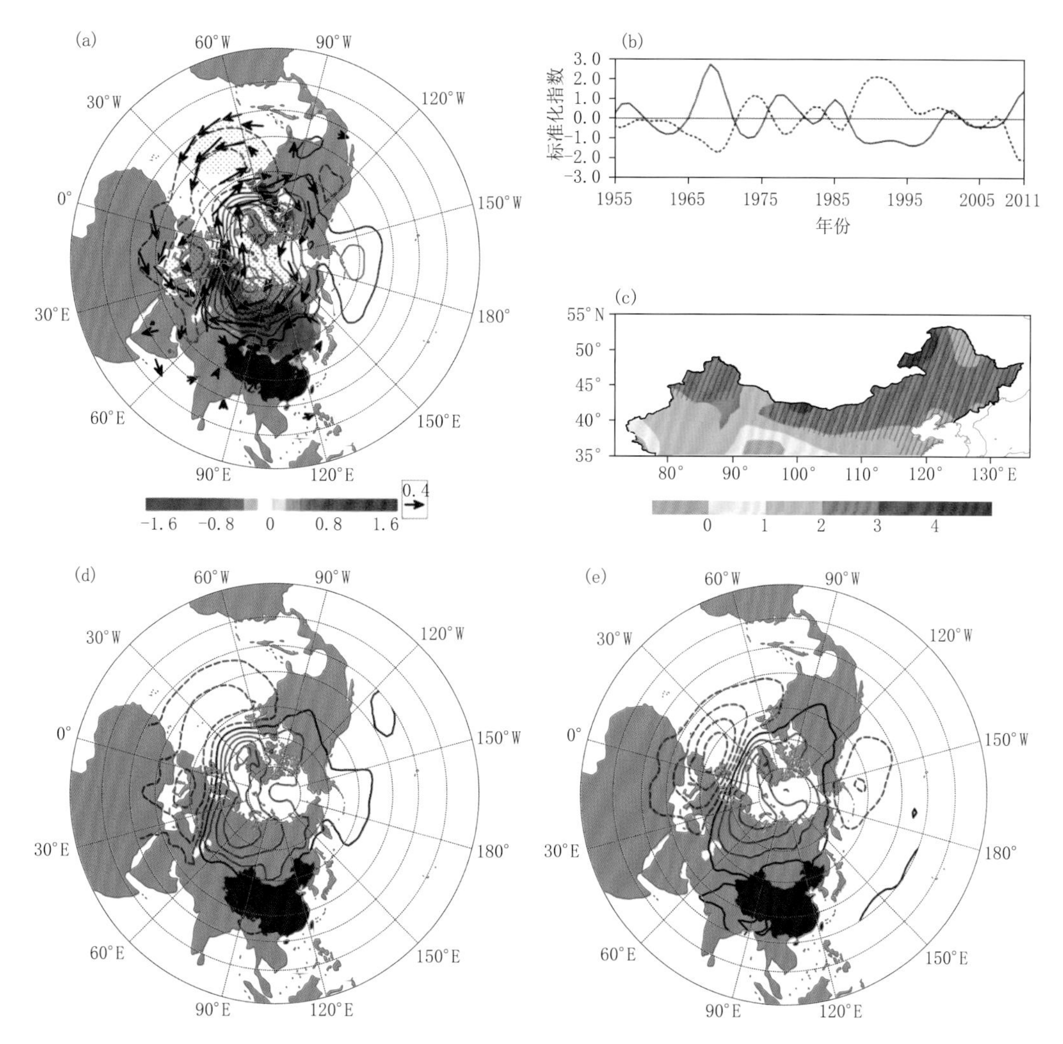

图 4.14　(a)EOF1 时间系数 10 年低通滤波分量回归的冬季 SLP(等值线,0.5 hPa)、10 m 风场(矢量,m/s)以及地表温度(填色,℃)异常。打点区域的 SLP 异常通过了置信度为 95%的显著性检验,10 m 风场及地表气温异常只显示通过置信度为 95%的显著性检验的区域。(b)EOF1(实线)和 AO 指数(虚线)的 10 年低通滤波分量。AO 指数 10 年低通(c)和高通(d)分量分别回归的冬季 SLP 异常

(Yuan et al., 2019)

4.3　北大西洋涛动对极端低温的影响

已有研究注意到北大西洋涛动(NAO)对中国气温的影响,但对冬季 NAO 与中国极端低温关系的变化特征尚不完全清楚。本研究从极端温度阈值的角度出发,围绕冬季季节内中国北方冷日(夜)与同期 NAO 相关性差异,探讨二者之间关系的可能年代际变化及其影响机理,为进一步认识 NAO 对中国北方极端低温的影响提供参考依据。其中,冷日(夜)定义为日最高(最低)温度<10%分位值的天数,标记为 TX10P(TN10P)。

使用经验正交函数分解对1961—2011年中国北方冬季平均(12月—次年2月)和各个月份的极端低温事件进行分析。图4.15(图4.16)显示中国北方冷日(冷夜)频次第一模态(EOF1)的空间分布和时间序列。冷日(夜)空间模态均表现为区域一致性的变化,在冬季和各月份的解释方差分别为43.9%(41.5%)、40.8%(36.9%)、36.6%(33.3%)、50.6%(48.7%),通过了North检验。冷日和冷夜第一模态对应的时间序列均表现出明显的年代际变化特征。20世纪80年代中期以前冷日(夜)时间序列主要为正位相,80年代中期以后主要为负位相。由此可见,中国北方极端低温事件在20世纪呈现显著的年代际减少,但在21世纪的近年转为增多态势,尤其是冷日。

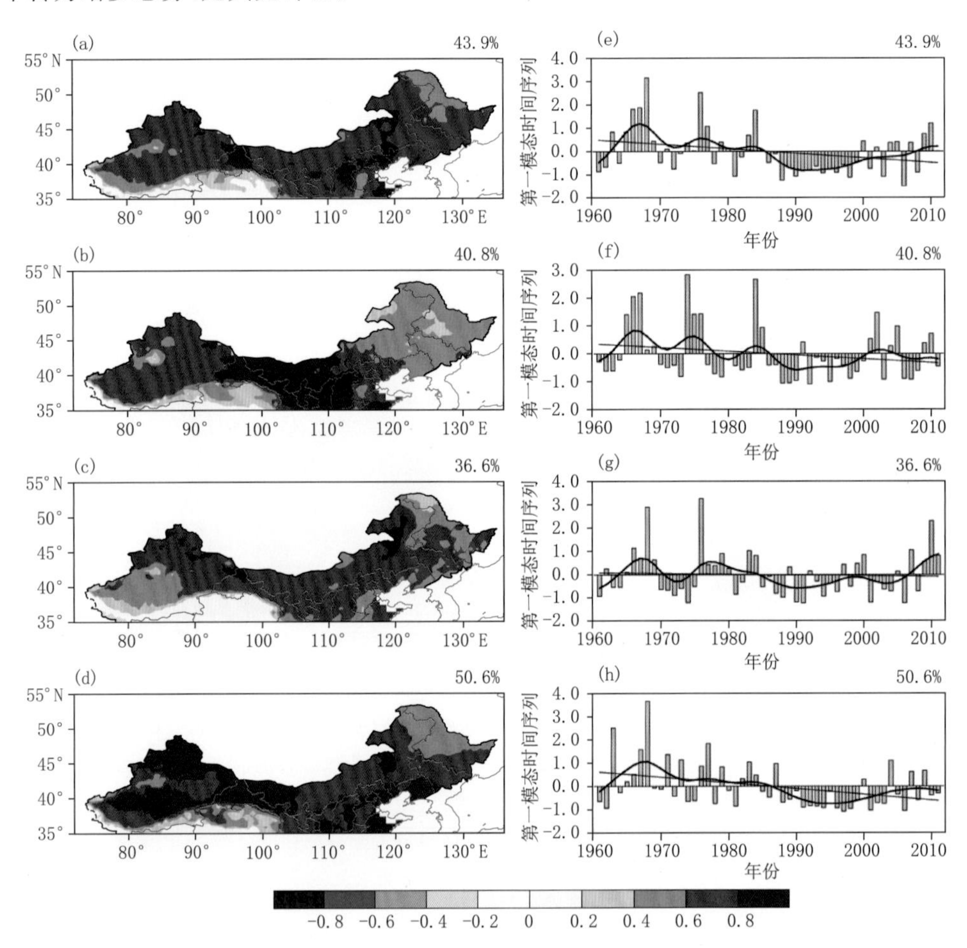

图4.15 中国北方冷日第一模态空间分布及时间序列:(a、e)12月—次年2月;(b、f)12月;(c、g)次年1月;(d、h)次年2月(曲线代表11点高斯滤波,直线代表趋势线,下同)

图4.17给出了中国北方极端低温与同期NAO指数相关系数空间分布。图4.17a、图4.17e显示中国北方冬季(12月—次年2月)冷日(夜)与NAO相关系数以负相关为主,且大部分地区都通过了显著性检验。分析12月、次年1月和2月与NAO指数相关系数的空间分布进一步表明,冬季季节内冷日(夜)与NAO相关性存在一定差异,二者相关性在冬季后期(次年1月和2月)尤为显著。

由于区域性极端高、低温变化存在不对称性特征,通过计算东北冬季季节内暖日(夜)与同

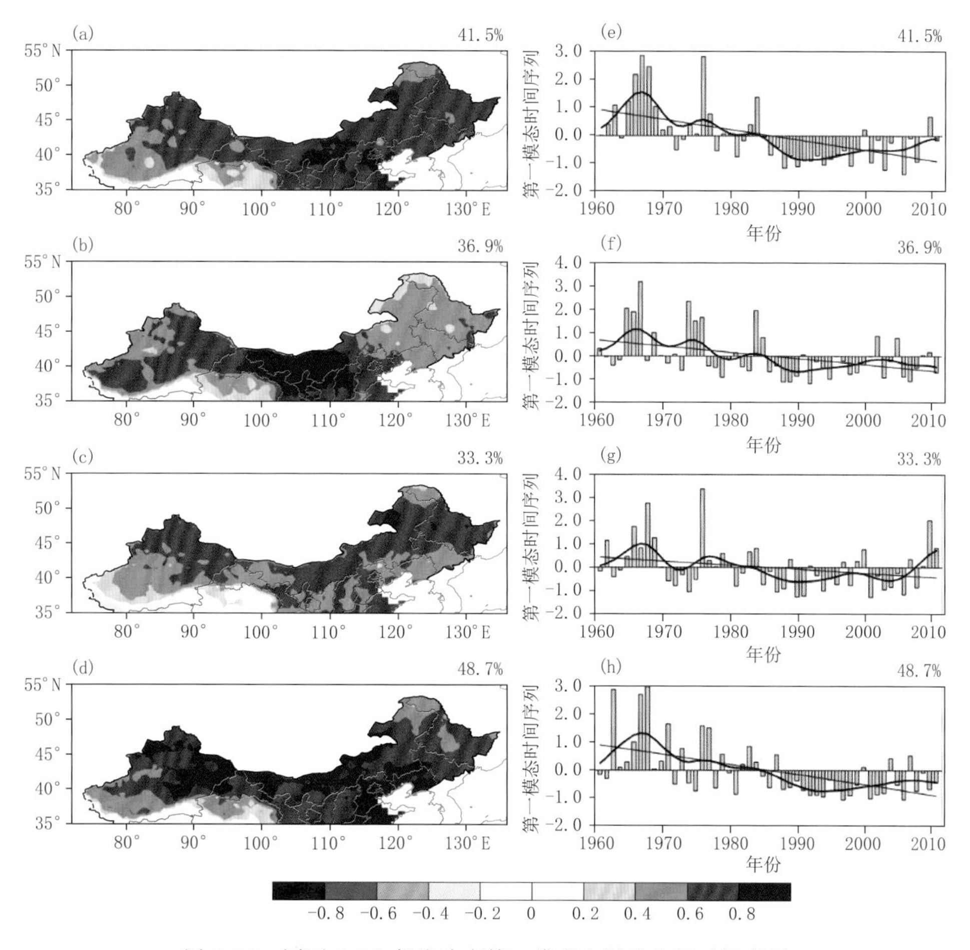

图 4.16　同图 4.15，但为冷夜第一模态空间分布及时间序列

期 NAO 指数的相关系数发现，二者在 12 月以负相关为主，在次年 1 月和 2 月以弱正相关为主。这说明东北冬季季节内暖日(夜)、冷日(夜)与 NAO 相关系数并不是相反的。NAO 对东北冬季季节内极端高、低温的影响同样具有不对称性，NAO 对东北极端低温的影响要高于极端高温。

由于 NAO 与极端低温的显著相关主要集中在我国东北(38°—53.5°N，113.5°—135.5°E)，以下侧重分析东北冷日(夜)与同期 NAO 的关系。东北冬季季节内冷日(夜)标准化场 EOF 分析表明，12 月、次年 1 月和 2 月冷日(夜)第一模态(EOF1)空间分布非常相似，均表现为全区一致型，解释方差分别为 62.9%(54.6%)、62.2%(61.3%)、70.6%(69.2%)。其中，12 月和次年 2 月空间分布为正异常，次年 1 月空间分布为负异常。

图 4.18 显示冷日(夜)EOF1 时间序列在冬季的三个月均呈现显著的年代际变化(次年 1 月 EOF1 时间序列乘以 −1.0，下同)，在 20 世纪 80 年代中期以前为正位相，80 年代中期以后为负位相，对应于 20 世纪 80 年代中期的 NAO 位相转变。此外，东北冷日(夜)频次在各个月份整体呈下降趋势，其中次年 2 月下降趋势最为明显，这与全球增暖趋势一致，但在近年转为增多趋势。

进一步计算 12 月、次年 1 月和 2 月东北极端低温 EOF1 时间序列与同期 NAO 指数的相

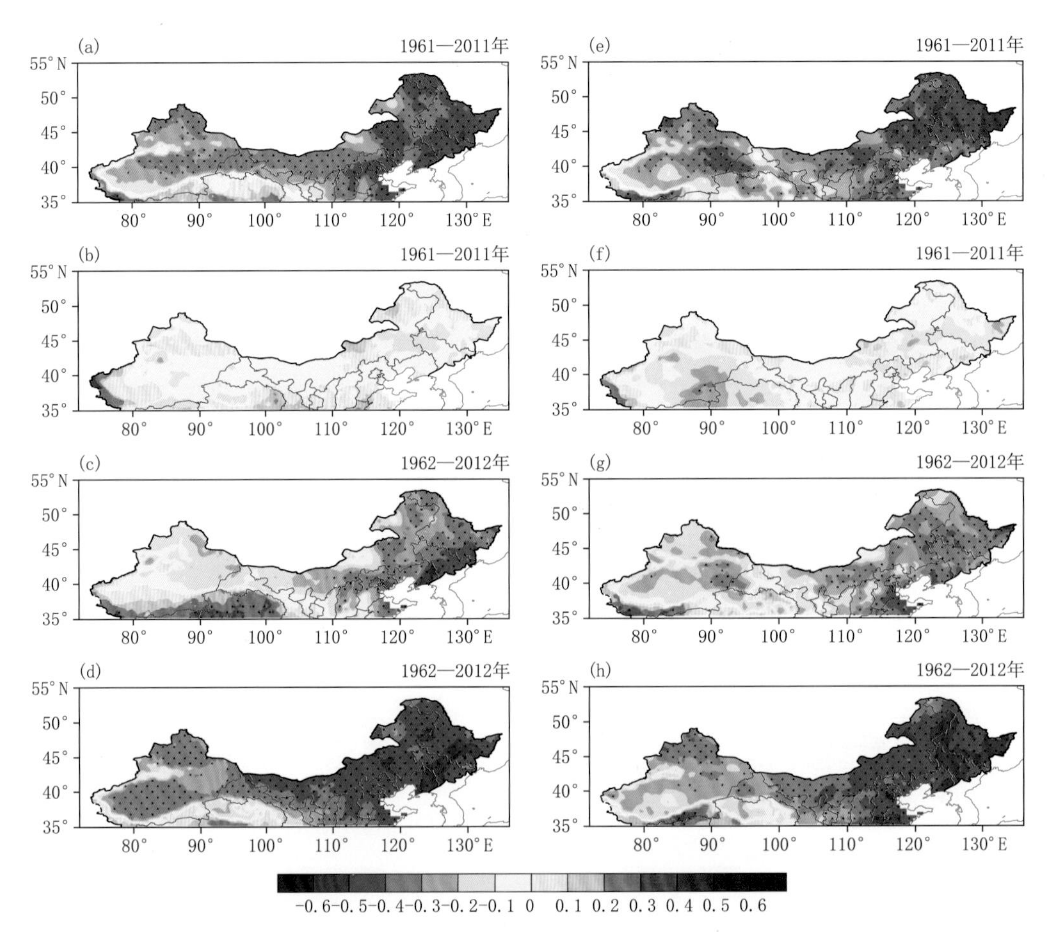

图 4.17　中国北方极端低温与 NAO 指数的相关系数空间分布。(a)—(d)为冷日:(a)12 月—次年 2 月;(b)12 月;(c)次年 1 月;(d)次年 2 月。(e)—(h)与(a)—(d)相同,但为与冷夜的相关系数分布(打点区域通过了置信度为 95%的显著性检验,下同)(韩方红 等,2018)

关系数。东北后冬(次年 1、2 月)冷日(夜)EOF1 时间序列与同期 NAO 的相关性较强,其相关系数分别为－0.39(－0.34)、－0.49(－0.50),通过了置信度为 99%的显著性检验(除 1 月冷夜外)。12 月东北冷日(夜)EOF1 时间序列与 NAO 的相关性较弱,未通过显著性检验,说明 NAO 对东北冷日(夜)的影响主要体现在后冬。

图 4.19 给出了东北后冬冷日(夜)EOF1 时间序列与同期 NAO 指数的滑动相关系数(乘以－1.0,滑动窗口取为 21 年),呈现两者相关关系的年代际变化。东北后冬冷日(夜)与 NAO 的相关关系在 20 世纪 80 年代中期以前为 0.43 左右,通过了置信度为 95%的显著性检验,在 20 世纪 80 年代中期以后明显减弱。这说明东北后冬冷日(夜)与 NAO 的相关性存在年代际变化,且该相关关系不稳定。进一步对比分析表明,转折时间点大致在 1988/1989 年前后,相应的环流场背景也发生了显著的变化。

进一步分析 1988 年前后冬季 NAO 对中国北方极端低温的影响差异。图 4.20 给出了 1969—1988 年和 1989—2009 年东北 1 月冷日(夜)EOF1 时间序列与 500 hPa 位势高度场的回归系数。东亚中高纬地区和极地地区的位势高度场呈反位相。其中,在东亚中高纬地区呈

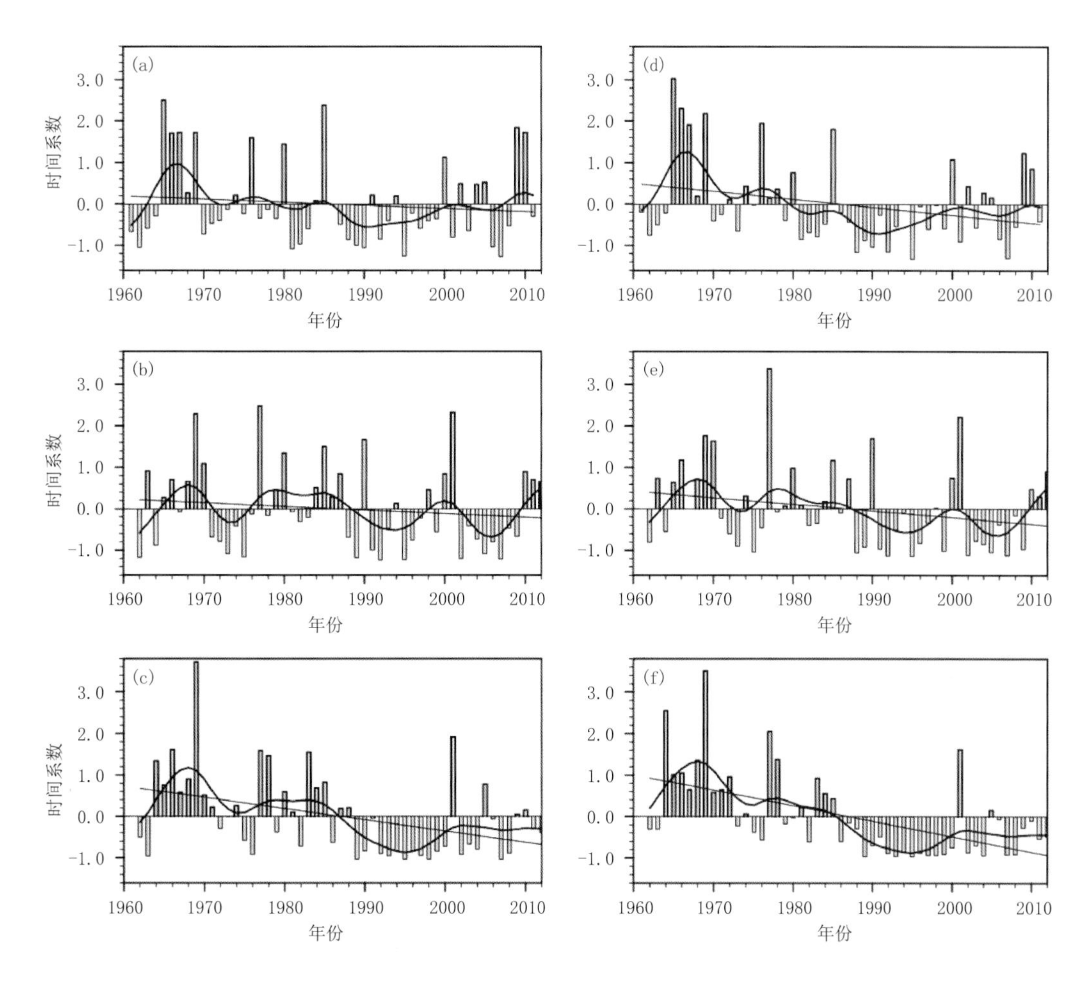

图4.18 东北极端低温EOF1时间序列。(a)—(c)为冷日:(a)12月;(b)次年1月;(c)次年2月。(d)—(f)与(a)—(c)相同,但为冷夜的时间序列(曲线代表11点高斯滤波,直线代表趋势线)(韩方红 等,2018)

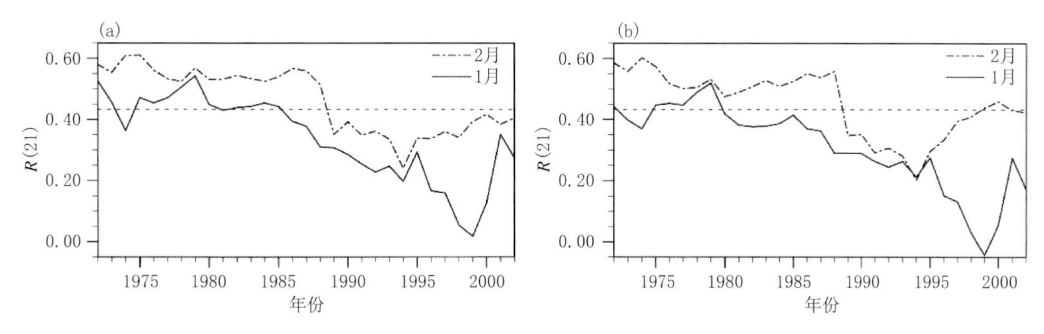

图4.19 东北后冬(1、2月)极端低温EOF1时间序列与NAO指数的滑动相关(乘以-1.0)。(a)冷日,(b)冷夜,滑动窗口取21年(横虚线是置信度为95%的显著性检验所对应的相关系数)(韩方红 等,2018)

现东西向带状分布,其最大中心位于贝加尔湖附近,极地地区表现为与东亚中高纬的反向异常。位势高度在极地地区偏高而在东亚地区偏低,这意味着极涡强度偏弱且易分裂南下。该环流形势可以使得冷涡等天气系统维持在贝加尔湖到中国东北一带,有利于东北地区冷日

(夜)频发。但北大西洋地区位势高度场存在显著差异:在1969—1988年北大西洋地区表现为显著的NAO负位相结构(图4.20a、4.20c),而在1989—2009年NAO结构不明显(图4.20b、4.20d),由此推断NAO可能是影响1969—1988年阶段东北冷日(夜)频发的重要原因。

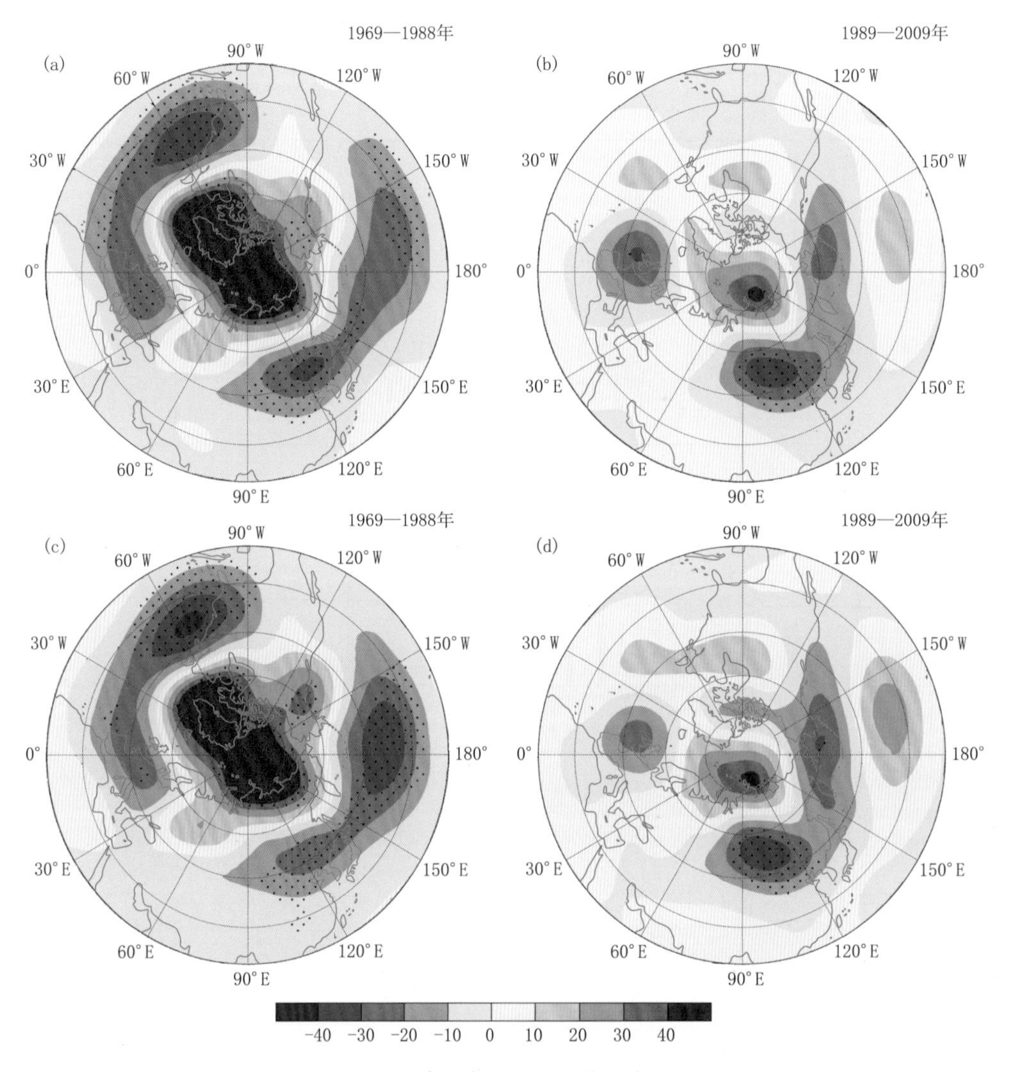

图4.20　东北1月极端低温EOF1时间序列与500 hPa位势高度场回归系数。(a)—(b)为冷日:(a)1969—1988年,(b)1989—2009年。(c)—(d)与(a)—(b)相同,但为与冷夜的回归系数(韩方红 等,2018)

图4.21给出了1月NAO指数与500 hPa位势高度场的回归系数空间分布。东亚中高纬地区和极地地区的位势高度场明显不同。在1969—1988年,NAO引起的环流异常与东北1月冷日(夜)对应的环流异常较为相似(图4.21a),然符号相反,表现为东亚中高纬地区和极地地区位势高度场的反位相变化。这表明该阶段NAO引起的环流异常有利于冷涡等天气系统维持在贝加尔湖到中国东北一带,使东北气温偏低,冷日(夜)频发,与NAO的相关性较好。1989—2009年NAO引起的环流异常在山东半岛上空表现为高压异常(图4.21b),而在贝加尔湖西北地区表现为低压异常,这使得东亚大槽和贝加尔湖地区的高压脊的强度有所减弱,不利于极地冷空气南下,致使该阶段东北地区气温较正常年偏高,冷日(夜)少发,与NAO的相

关性较弱。同时，在北大西洋地区两阶段位势高度场仍存在显著差异。两阶段均存在南北偶极子，但这两阶段偶极子的中心位置和振幅差异较为明显，NAO活动中心在1989—2009年较1969—1988年发生明显的东移现象。NAO活动中心的变化影响着局地环流的变化，这可能是引起东北1月冷日(夜)与同期NAO相关性年代际变化的重要原因。可见，东北1月冷日(夜)与同期NAO相关性的年代际变化，极大程度上与NAO相关环流系统的年代际变化有关。

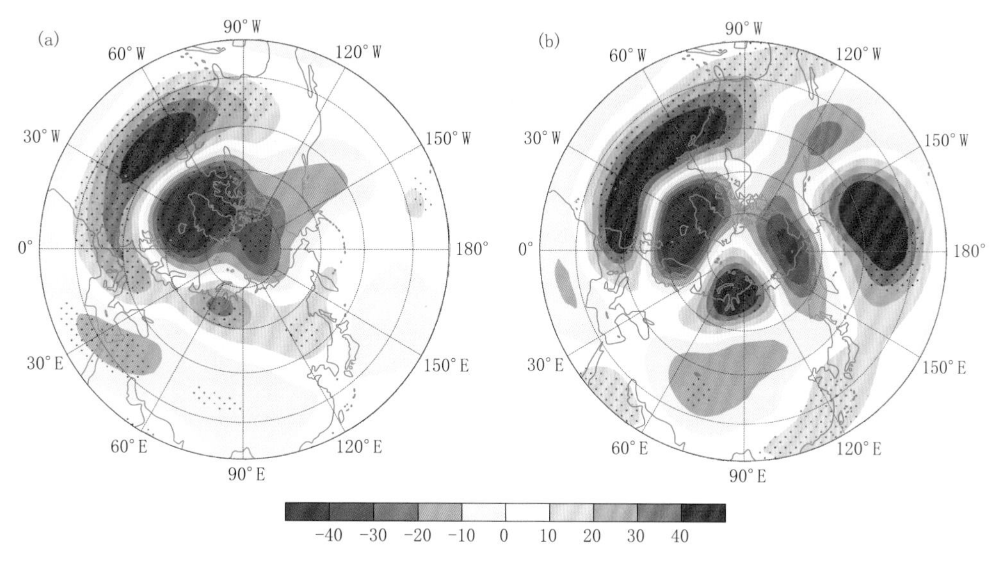

图4.21　1月NAO指数与500 hPa位势高度场回归系数(韩方红 等，2018)
(a)1969—1988年；(b)1989—2009年

4.4　积雪对极端低温的影响

4.4.1　欧亚积雪

陆面积雪反馈是影响冬季气温的重要因素之一。Xu等(2018)研究揭示，10月欧亚大陆北部积雪范围异常与东亚冬季气温存在显著联系；并且，欧亚大陆北部积雪范围与冬季“北极偏暖、欧亚偏冷”模态存在关联，这种关联在1月最为显著。由1980—2015年1月的东亚地面气温指数线性回归1979—2014年9月、10月、11月、12月的欧亚大陆积雪范围异常，发现主要在10月的欧亚大陆北部(30°—90°E，58°—68°N)出现了显著的积雪范围正异常，而9月、11月、12月的积雪范围异常值均偏弱(图略)。因此，选取正异常区域(30°—90°E，58°—68°N)，积雪异常区域平均值乘以－1，定义为积雪指数(SNOWCI)。

图4.22给出了基于10月SNOWCI的高、低值年对次年1月的表面气温、海平面气压和850 hPa风场、500 hPa位势高度场展开的合成分析。欧亚大陆60°N以南从乌拉尔山到东亚沿岸，出现显著的气温负距平(可达－6 ℃)，巴伦支海—喀拉海和欧亚大陆东北角出现显著的气温正距平(图4.22a)，形成“北极偏暖、欧亚偏冷”模态。欧亚大陆中高纬出现显著的海平面

气压正异常，西伯利亚高压加强西伸，并伴随着对流层低层显著的反气旋环流异常，其中心位于(60°E,60°N)附近(图 4.22b)。500 hPa 位势高度上，显著的正距平、负距平分别位于乌拉尔山和东亚地区(图 4.22c)，说明乌拉尔山阻塞高压偏强、东亚大槽加深，有利于北大西洋的暖湿气流向极输送、高纬的冷空气向欧亚大陆输送，有利于巴伦支海—喀拉海气温偏高(Luo et al.,2016)、欧亚中纬度气温偏低(贺圣平 等,2012)。

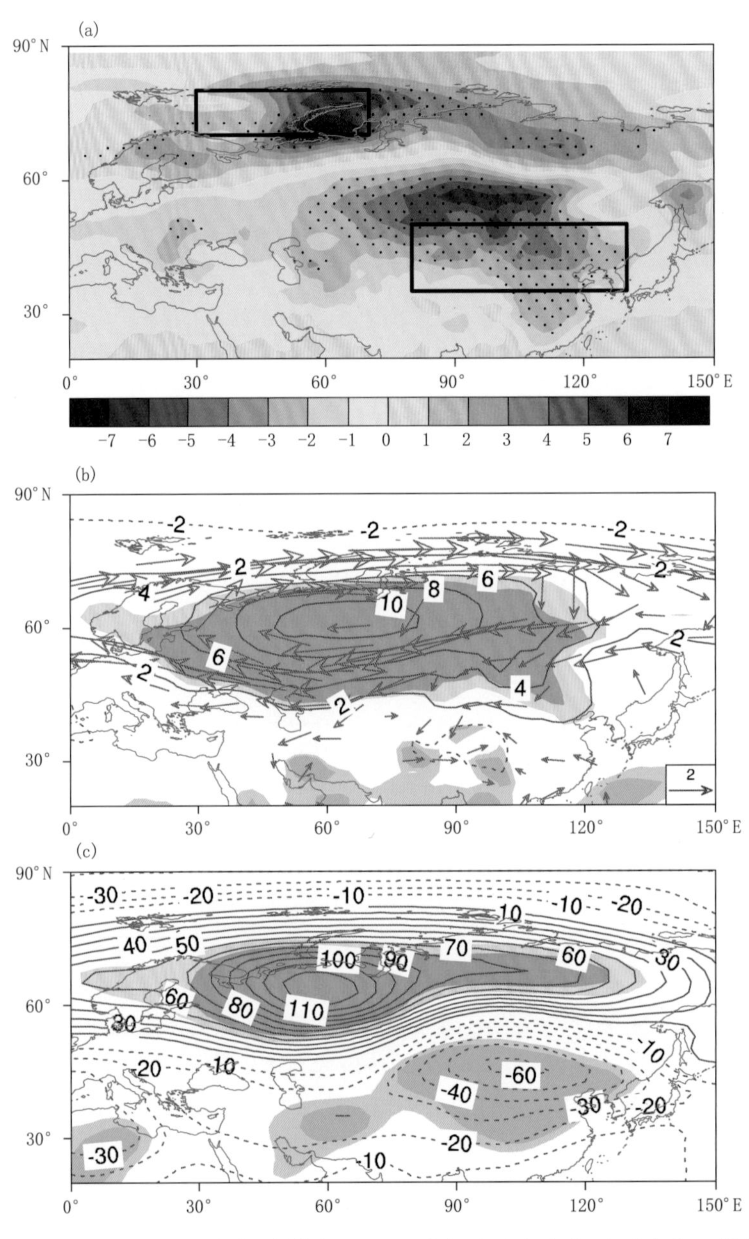

图 4.22　10 月积雪指数(SNOWCI)高值、低值年(以 0.8 个标准差为参考)合成次年 1 月的表面气温异常(单位:℃)(a)、海平面气压异常(等值线;单位:hPa)和 850 hPa 风场异常(箭头;单位:m/s)(b)、500 hPa 位势高度异常(单位:m)(c)。(a)打点区域和(b—c)填色(深色)分别表示表面气温异常、500 hPa 位势高度异常通过了置信度为 90%(95%)的显著性 t 检验，箭头通过了置信度为 90%的显著性 t 检验(Xu et al.,2018)

研究表明，北极海冰异常偏少的暖北极，通过引起异常的混合热通量，可以激发向下游传播的 Rossby 波列，对中纬度的气候产生影响。图 4.23a 给出了基于 1979—2014 年 10 月 SNOWCI 线性回归的次年 1 月的 250 hPa 准地转流函数和波作用通量异常。从流函数的空间型看，其波列特征非常明显，显著的正异常中心位于巴伦支海—喀拉海和乌拉尔山上空，显著的负异常中心位于欧亚大陆中纬度上空。从波作用通量的传播看，其能量频散源主要分布在巴伦支海—喀拉海和乌拉尔山附近，能量向东南方向频散，可以传播至欧亚中纬度，进而引起中纬度的大气环流异常(东亚大槽加深)和温度异常。图 4.23b 进一步展示了基于 1979—2014 年 10 月 SNOWCI 线性回归的次年 1 月的 250 hPa 高频瞬变涡动异常，在贝加尔湖以南至我国北方地区出现了显著的负异常，说明风暴轴活动减弱，位于高纬的异常反气旋和中低纬的异常气旋之间。研究表明，来自高频瞬变波的异常强迫，通过经向涡度通量异常，可以维持经向偶极子结构的发展。因此，1 月风暴轴活动的异常有利于乌拉尔山阻塞高压、东亚大槽的偏强和维持，有利于"北极偏暖、欧亚偏冷"模态的形成。

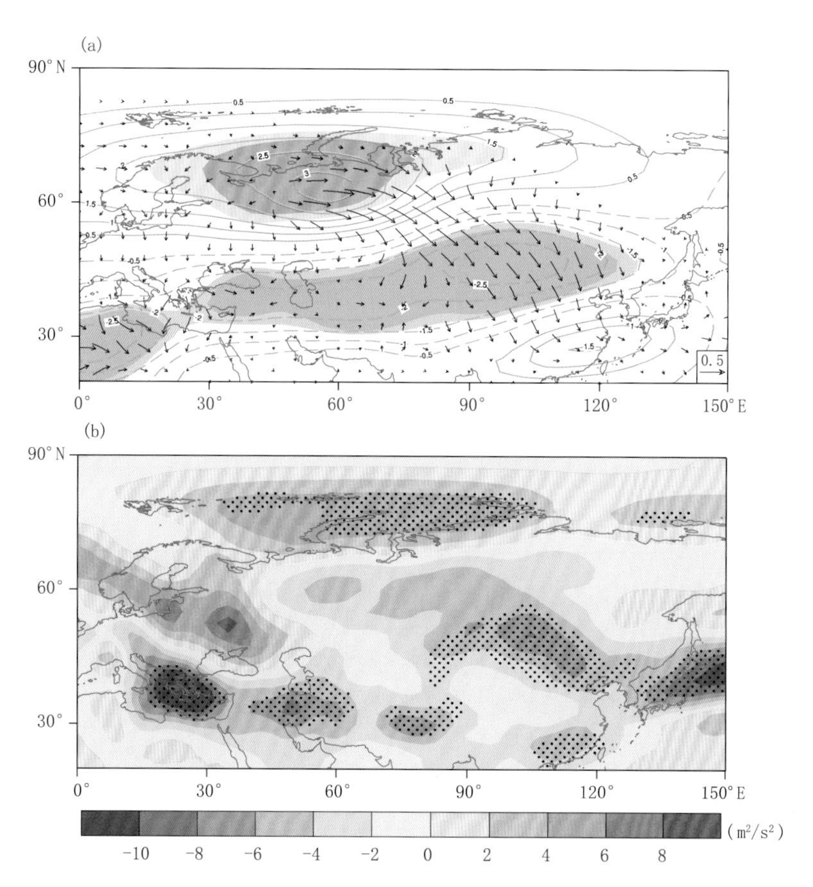

图 4.23 基于 1979—2014 年 10 月积雪指数(SNOWCI)线性回归的次年 1 月 250 hPa 准地转流函数异常(等值线；单位：10^6 m^2/s)和波作用通量异常(箭头；单位：m^2/s^2)(a)、3～8 天带通滤波的天气尺度瞬变波异常(单位：m^2/s^2)(b)。(a)填色(深色)和(b)打点区域分别表示 250 hPa 准地转流函数异常、天气尺度瞬变波异常通过了置信度为 90%(95%)的显著性 t 检验(Xu et al.，2018)

秋季积雪与冬季 1 月大气环流异常之间是如何建立联系的？已有研究证实了欧亚大陆秋季积雪对高纬行星波和平流层大气环流的影响。分析表明，当 10 月欧亚大陆积雪面积异常偏多时，在 50 hPa 位势高度上，在东半球和西半球的中高纬地区分别存在负、正位势高度异常中心，类似准定常行星波 1 波的分布型，一直持续到次年 1 月。由此可以推测，10 月欧亚大陆北部积雪面积异常的信号，有可能储存在了平流层，并持续到次年 1 月。

图 4.24 展示了基于 1979—2014 年 10 月 SNOWCI 线性回归的 10—11 月平均、11—12 月平均、次年 1 月和 2 月的 60°N 纬向波数为 1 的位势高度异常的高度—经度剖面图。在欧亚大陆 0°—60°E 区域有显著的正异常从对流层低层向平流层上层延伸，并随高度向西倾斜；在下游北太平洋区域，有显著的负异常向平流层上层延伸（图 4.24a）。该东西向贯穿对流层和平流层的偶极子结构，进一步证实了积雪与准定常行星波 1 波的重要联系。值得注意的是，在 11—12 月，显著的准定常行星波 1 波主要分布在平流层和对流层上层，对流层中低层的波活动较弱（图 4.24b）。次年 1 月，准定常行星波 1 波信号从平流层向对流层传播，对流层和平流层相互作用，异常信号再次出现在对流层，导致乌拉尔山阻高加强（图 4.24c）。次年 2 月，对流层的准定常行星波 1 波结构基本减弱消失（图 4.24d），体现了秋季积雪面积异常通过激发准定常行星波 1 波的活动影响冬季 1 月的大气环流和气温的合理性。

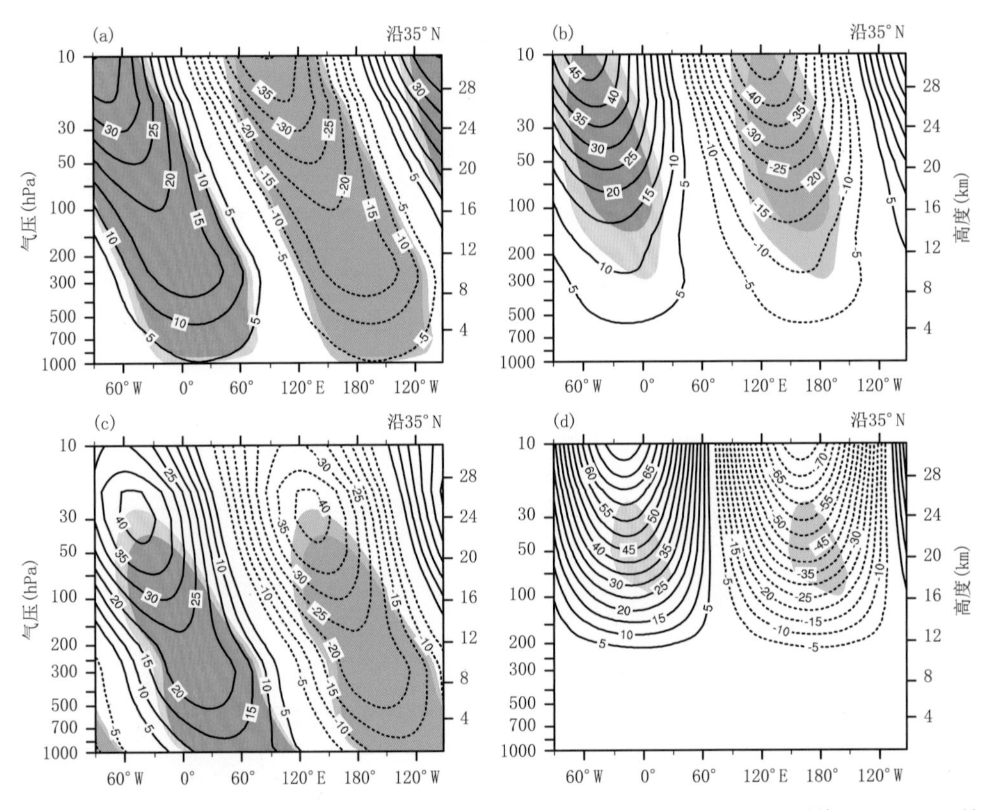

图 4.24　基于 1979—2014 年 10 月积雪指数（SNOWCI）线性回归的 10—11 月平均（a）、11—12 月平均（b）、次年 1 月（c）、2 月（d）的 60°N 纬向波数为 1 的位势高度异常（单位：m）的高度—经度剖面图。填色（深色）表示位势高度异常通过了置信度为 90%（95%）的显著性 t 检验（Xu et al.，2018）

4.4.2 北美积雪

除了欧亚陆面积雪以外，北美积雪也是影响冬季气温的因素。使用奇异值分解法(SVD)探寻前期北美地区积雪面积和亚洲地区近地面气温间可能存在的联系。图 4.25 为 12 月北美积雪面积和次年 1 月近地面气温的 SVD 第一模态空间分布。结果表明，12 月北美积雪面积和次年 1 月亚洲近地面气温联系密切：当 12 月位于北美大陆东部积雪覆盖区域南边缘带的积雪面积增大时(图 4.25a)，在次年 1 月，东亚中纬度地区将出现近地面气温负异常(图 4.25b)。SVD 第一模态左右两场对应的时间序列的相关系数为 0.73，通过了置信度为 99%的显著性检验。

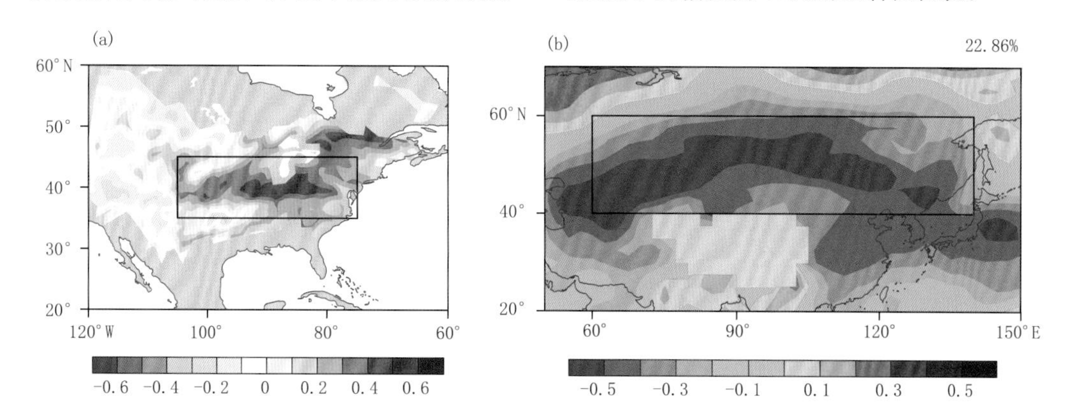

图 4.25 12 月北美积雪面积(a)和次年 1 月近地面气温(b)的 SVD 第一模态空间分布型。图(b)中右上角的百分数表明该 SVD 右场解释方差占近地面气温总体变率的百分比；灰色阴影部分为青藏高原地区(Li et al.，2019)

图 4.26 显示 500 hPa 高度场、水平波活动通量和 300 hPa 纬向风场对 12 月北美积雪指数的回归场。在 12 月，500 hPa 高度场在太平洋—北美至北大西洋—欧洲地区呈现显著的正—负—正异常，波活动通量表明显著的 Rossby 波列从太平洋发出，并向东传播至欧洲地区(图 4.26a)。在次年 1 月，该波列在北大西洋地区的部分向南北方向倾斜，同时向下游的巴伦支海和东亚地区传播(图 4.26b)，引起东亚上空出现高度场负异常，增强了东亚大槽强度。在 300 hPa 纬向风场，12 月北美积雪偏多引发北美大陆异常偏冷、大陆上方等压层间大气厚度减小，积雪区南侧沿 40°N 区域的大气厚度经向梯度增大，根据热成风原理可知 40°N 区域出现偏西风异常(图 4.26c：填色)，即大西洋西风急流增强。在次年 1 月，伴随着向下游发展的准静止 Rossby 波列，大西洋西风急流异常同样向下游延伸(图 4.26d)。而在东亚地区，300 hPa 纬向风负异常和正异常分别出现在 60°N 和 40°N，意味着东亚地区的极锋急流向南移动。定量分析发现，12 月北美积雪与次年 1 月西伯利亚高压(相关系数为 0.38，通过了置信度为 95%的显著性检验)、东亚西风急流(相关系数为 0.48，通过了置信度为 99%的显著性检验)及亚洲近地面气温(相关系数为−0.37，通过了置信度为 95%的显著性检验)均有明显的相关关系。因此，当北美积雪在 12 月偏多时，次年 1 月通常出现北大西洋西风急流增强东伸、亚洲西风急流增强南移、西伯利亚高压增强以及亚洲中纬度地区近地面大气异常偏冷的现象。

12 月北美积雪异常引发的大尺度环流响应在大西洋上空的维持和发展，可能是将积雪异常信号传递至东亚地区的关键过程。当北美积雪在 12 月偏多时，其下游地区如北美大陆东

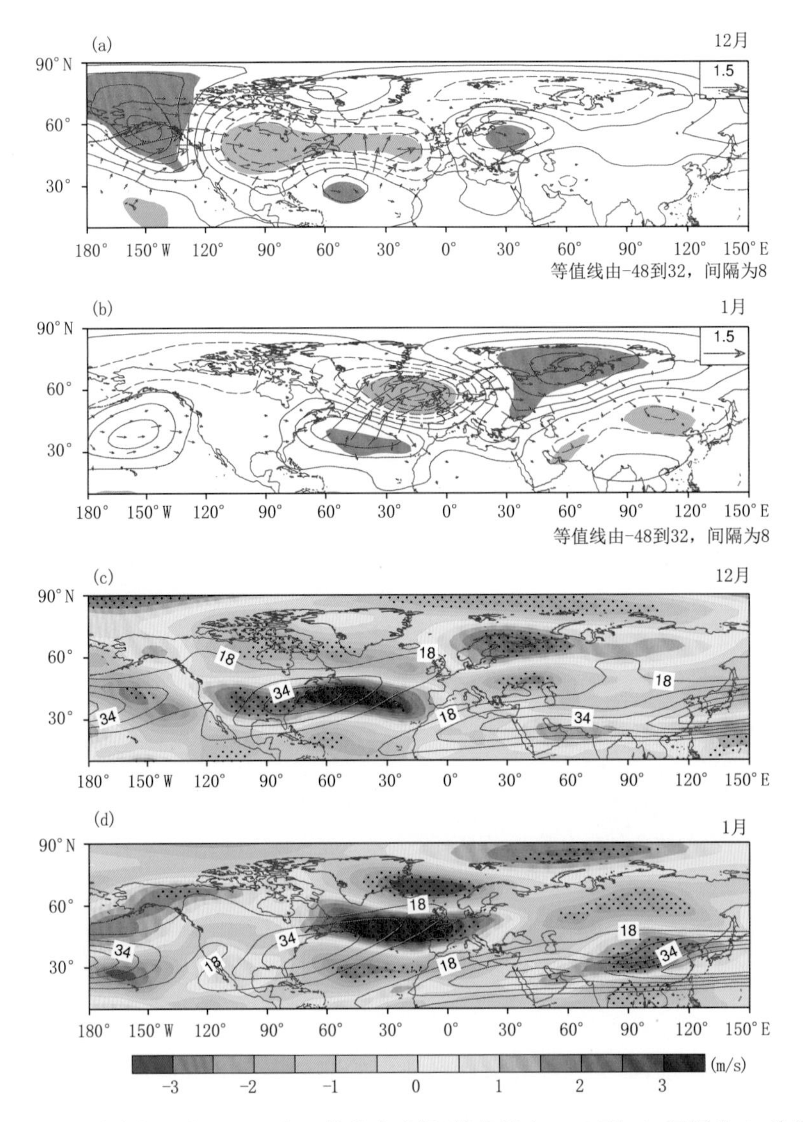

图 4.26　12 月(a)和次年 1 月(b)500 hPa 位势高度场(等值线由－48 到 32，间隔为 8；单位：m)及波活动通量(矢量；单位：m^2/s^2)的回归场。阴影区通过了置信度为 95％的显著性检验。(c，d)同(a，b)但为 300 hPa 纬向风场(填色；单位：m/s)的回归场(填色)及气候平均值(等值线)。打点区域通过了置信度为 95％的显著性检验(Li et al.，2019)

部—大西洋西部 40°N 区域出现显著的冷平流异常(图 4.27a：矢量)，其中北大西洋西部海面存在向上的湍流热通量异常(图 4.27a：等值线)，这意味着大气冷平流异常使其下方海洋失去更多热量，并在使得海温下降(图 4.27a：绿框填色)。在次年 1 月，大西洋西部地区的大气冷平流消失，而海温负异常持续存在(图 4.27b：绿框填色)，此时该区域湍流热通量负异常(图 4.27b 等值线)表明海温冷却上方大气。偏冷的海洋可以减弱其上空天气尺度瞬变波活动的强度，使得 700 hPa 天气尺度瞬变波场在 1 月大西洋西部出现显著负异常(图 4.27d：填色)。

另一方面，在大西洋东侧，12 月偏强的大西洋西风急流通过瞬变波—平均流相互作用向天气尺度瞬变波输送能量(图 4.27e)，使该区域上空天气尺度活动增强(图 4.27c)，平均流与

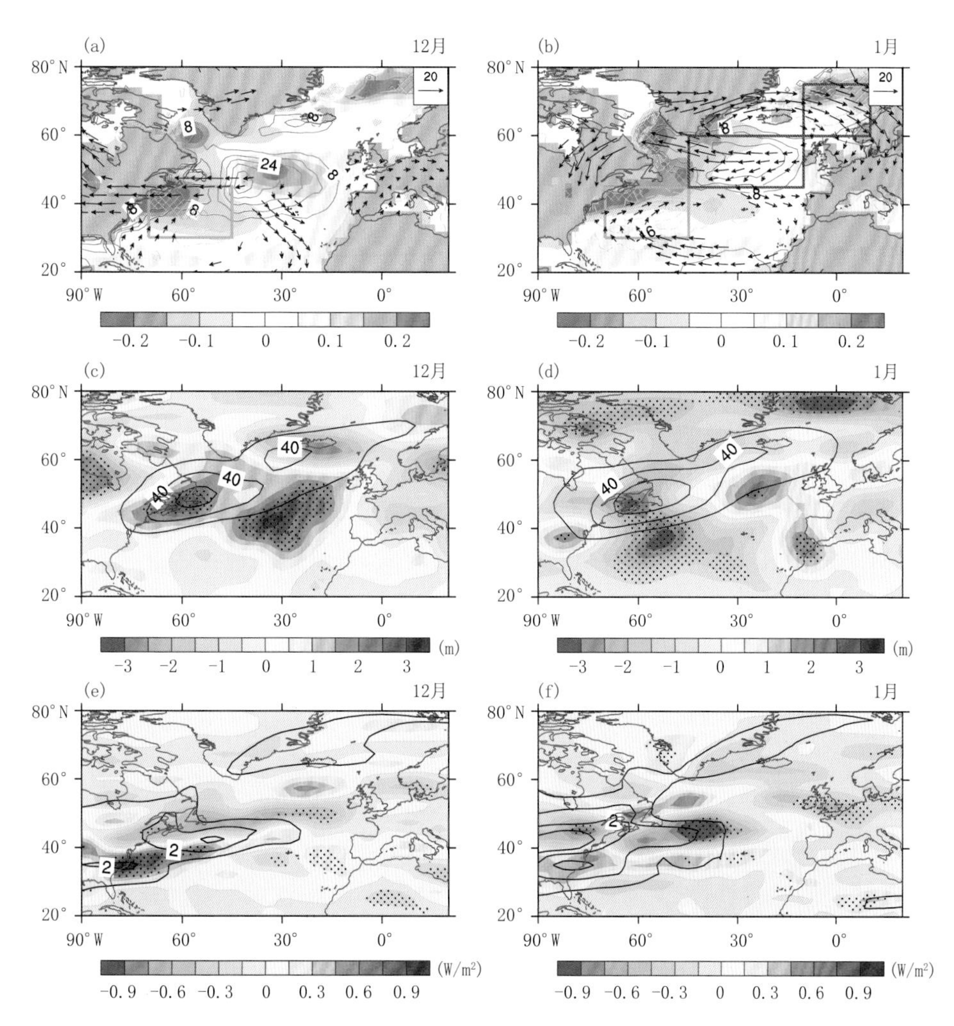

图 4.27　12 月(a)和次年 1 月(b)的海表面温度(填色;单位:℃)、湍流热通量(等值线:红色为正值,蓝色为负值;单位:W/m²)和 850 hPa 温度平流场(矢量;单位:(℃ • m)/s)对 12 月北美积雪指数的回归场。热通量正值表示向上输送热量通量。网格区域通过了置信度为 90%的显著性检验。(c,d)同(a,b)但为 700 hPa 天气尺度瞬变波(阴影;单位:m)的回归场(填色)及气候平均值(等值线)。(c,d)同(e,f)但为平均流向瞬变波的净能量转换(填色;单位:W/m²)的回归场(填色)及气候平均值(等值线)(Li et al.,2019)

瞬变波间的正反馈促使该瞬变波正异常维持至次年 1 月,并与 1 月偏冷海温激发的瞬变波负异常共同构成“西负东正”的异常分布型(图 4.27d)。根据大西洋上空沿 40°—50° N 分布的平均流—瞬变波能量转换负异常可知(图 4.27f),在 1 月,东西两极型瞬变波异常将能量输送到纬向平均流,这有利于局地西风增强并向下游发展,因此平均流—瞬变波能量转换是促使北大西洋上空环流异常维持和发展的关键过程。此外,注意到大西洋地区的环流异常在中高纬区域海表面激发了强烈的湍流热通量异常(如图 4.27b 黑框所示),这种下垫面异常热源同样有利于激发东传 Rossby 波列,进而影响东亚地区的大气环流和近地面气温变化。

4.5　北极增暖对极端低温的影响

20 世纪 90 年代以来，伴随着北极快速增暖，欧亚大陆冬季变冷。大量研究证实，海冰覆盖变少的异常暖北极易导致欧亚冬季气温偏低。然而，近几年不断有研究开始质疑北极对欧亚冬季气候的影响。争论的焦点在于：数值试验中欧亚气候对北极海冰减少的响应与观测诊断结论不一致。但值得注意的是，基于北极海冰减少强迫气候模式时，模式与观测之间、模式与模式之间的北极增暖信号也不一致：观测到的北极增暖信号可以从地表延伸至对流层高层，表现为深层暖；而数值模拟中的北极增暖主要位于对流层低层，表现为浅层暖（Ogawa et al.，2018；Cohen et al.，2020）。关键问题是，气候模式对"北极偏暖、欧亚偏冷"模态的模拟是否依赖于模式对北极增暖的模拟能力呢？简而言之，是不是模式对北极增暖的模拟不同，导致了欧亚中纬度的响应不同？

基于 CMIP5 发布的 36 个耦合模式的历史模拟数据，可将模式模拟的北极增暖分为北极深层暖、北极浅层暖，然后对比北极出现深层暖、浅层暖时的欧亚气候异常。图 4.28 给出了北极深层暖冬季、北极浅层暖冬季合成的表面气温和 300 hPa 纬向风异常，以及 0°—150°E 纬向平均的气温和纬向风异常的高度—纬度剖面图。在北极深层暖冬季，巴伦支海—喀拉海出现较强的增暖，暖异常超过 2.4 ℃，欧亚大陆中部出现显著的冷异常（可达－1.8 ℃），不同模式

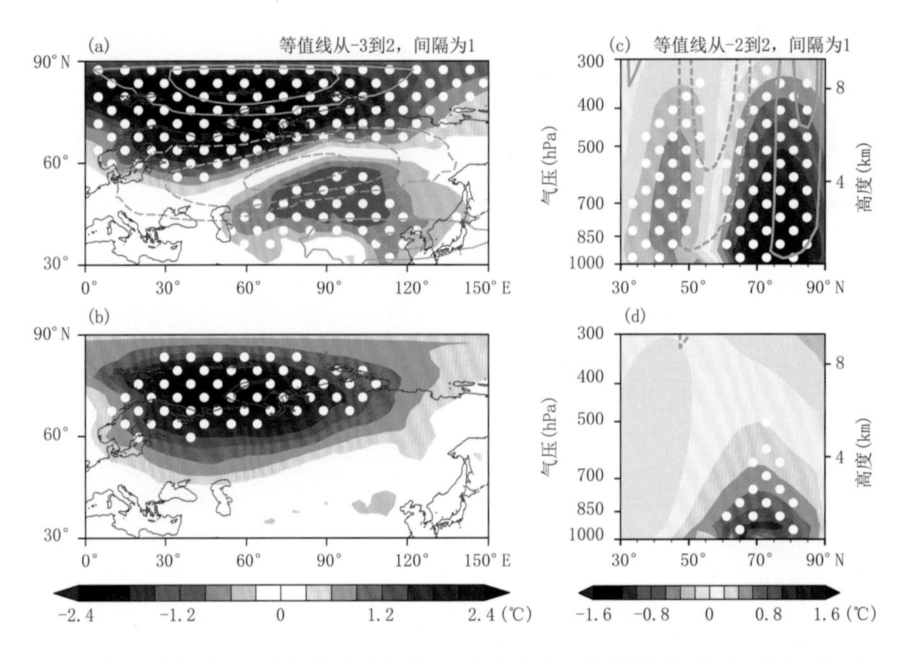

图 4.28　北极深层暖冬季（a）、北极浅层暖冬季（b）合成的表面气温异常（填色；单位：℃）和 300 hPa 纬向风异常（等值线；单位：m/s）。（c—d）类似（a—b），但为 0°—150°E 纬向平均的气温异常（填色；单位：℃）和纬向风异常（等值线；单位：m/s）的高度—纬度剖面图。打点区域、等值线分别表示有 90% 的模式的气温异常、纬向风异常与多模式集合平均结果的符号一致。数据来源于 CMIP5 的 1900—2004 年冬季月平均历史模拟结果，36 个模式集合平均（He et al.，2020b）

之间的一致性较高(图 4.28a:填色)。北极的暖异常和欧亚的冷异常都可以向上延伸到对流层上层,且北极对流层中层的暖异常超过 1.0 ℃(图 4.28c:填色)。在北极浅层暖冬季,虽然巴伦支海—喀拉海有显著的暖中心,但欧亚大陆中部并没有出现冷异常,中纬度气候响应较弱,且不同模式之间的一致性较低(图 4.28b)。此时北极的暖异常主要位于对流层低层,对流层中层偏暖很弱(低于 0.2 ℃)(图 4.28d)。在北极深层(浅层)暖冬季,巴伦支海—喀拉海(30°—70°E,70°—80°N)区域平均的表面气温异常为 3.5 ℃(2.5 ℃),欧亚大陆中部(60°—120°E,40°—60°N)区域平均的表面气温异常为−0.8 ℃(0.4 ℃)。CMIP5 多模式集合平均结果表明,当模式能够模拟北极深层暖时,就可以模拟出“北极偏暖、欧亚偏冷”模态;当模式只能模拟北极浅层暖时,则不能重现“北极偏暖、欧亚偏冷”模态。

由图 4.28 可知,当北极深层偏暖时,欧亚大陆上空的西风急流显著减弱,幅度达 3 m/s(图 4.28a:等值线);垂直方向上,对流层整层的纬向风显著减弱(图 4.28c:等值线),有利于欧亚中纬度偏冷(图 4.28c:填色)。此时,多模式一致模拟出向极温度梯度的减弱(图略)。而在北极浅层暖冬季,向极温度梯度的变化较弱(图略),高层西风急流没有明显变化(图 4.28b 和 4.28d:无等值线)。研究表明,北极增暖可能会削弱大陆南北的温度梯度,导致中纬度西风偏弱,有利于欧亚大陆偏冷。进一步分析表明,当北极的暖异常延伸到对流层上层时,才可能有效减弱大陆南北的温度梯度;然后,一方面通过热成风原理,导致西风急流减弱,另一方面大气斜压性减弱,波流相互作用,导致西风急流减弱;急流变化产生的瞬变涡旋驱动,有利于下游的异常低压结构形成,欧亚中纬度对流层中下层偏冷(图 4.28c:填色)。

北极增暖可能通过减弱西风急流,从而有利于欧亚大陆阻塞形势频发。图 4.29 展示了北极深层暖冬季、北极浅层暖冬季合成的阻塞高压频率和极端低温日数异常。北极深层暖冬季,在欧亚大陆北部尤其是乌拉尔山附近,阻塞高压频率增加了约 6%(图 4.29a),而且超过 90%

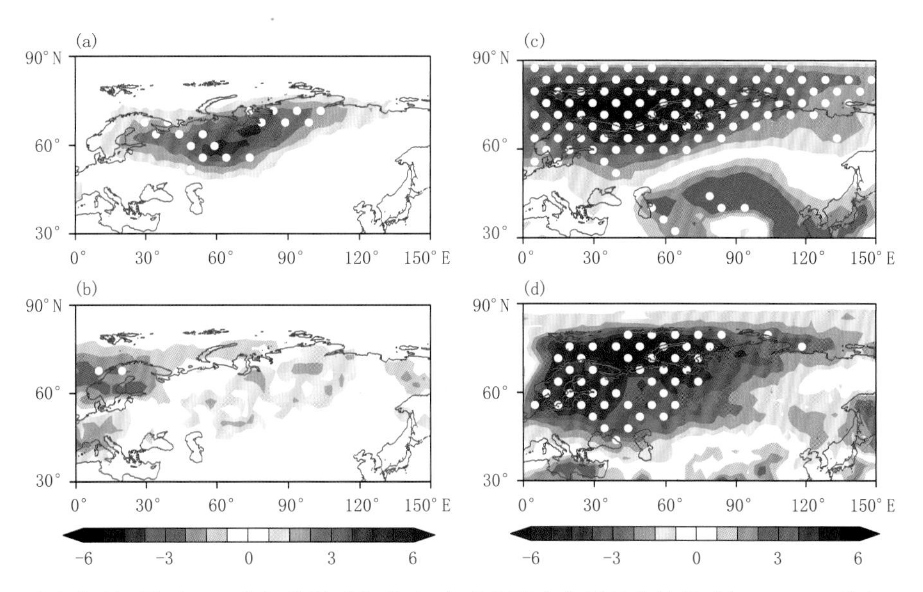

图 4.29　北极深层暖冬季(a)、北极浅层暖冬季(b)合成的阻塞高压频率异常(%)。(c—d)类似(a—b),但为极端低温日数异常(单位:d)。打点区域表示有 90%的模式的(a—b)阻塞高压频率异常、(c—d)极端低温日数异常与多模式集合平均结果的符号一致。数据来源于 CMIP5 的 1950—2004 年冬季逐日历史模拟结果,13 个模式集合平均(He et al., 2020b)

的模式一致模拟出了阻塞高压频率的增加(图略)。当乌拉尔山阻塞高压加强时,易引起冷空气向南输送,欧亚中纬度偏冷。此时,欧亚大陆的极端低温日数明显增多(图 4.29c)。然而,在北极浅层暖冬季,乌拉尔山阻塞高压频率的增加是十分微弱的,并且不同模式之间的差异较大(低于 3%;图 4.29b),所以欧亚中纬度的极端低温日数没有明显偏多(图 4.29d)。

上述基于 CMIP5 多模式结果的分析表明,北极深层偏暖与欧亚冬季气候联系密切,而北极浅层偏暖与欧亚冬季气候的联系偏弱。北极深层暖、北极浅层暖与欧亚冬季气候的不同联系,可以解释为什么一些气候模式可以模拟出北极表层增暖,但不能重现欧亚冷冬。因此,调和模式模拟的北极增暖与观测的北极增暖的差异,有助于我们更深入地理解北极增暖与欧亚冬季气候间的联系。

进一步分析大气模式对"北极偏暖、欧亚偏冷"模态的模拟结果。大气模式由气候态的海温和实际观测变化的海冰驱动,每一个模式有 20 或 30 个集合,不同集合的大气初始条件不同。图 4.30 给出了北极深层暖冬季、北极浅层暖冬季的表面气温异常和海平面气压异常,相对于 1982—2013 年冬季 GREENICE 项目 6 个大气模式 130 个集合的平均结果。在北极深层

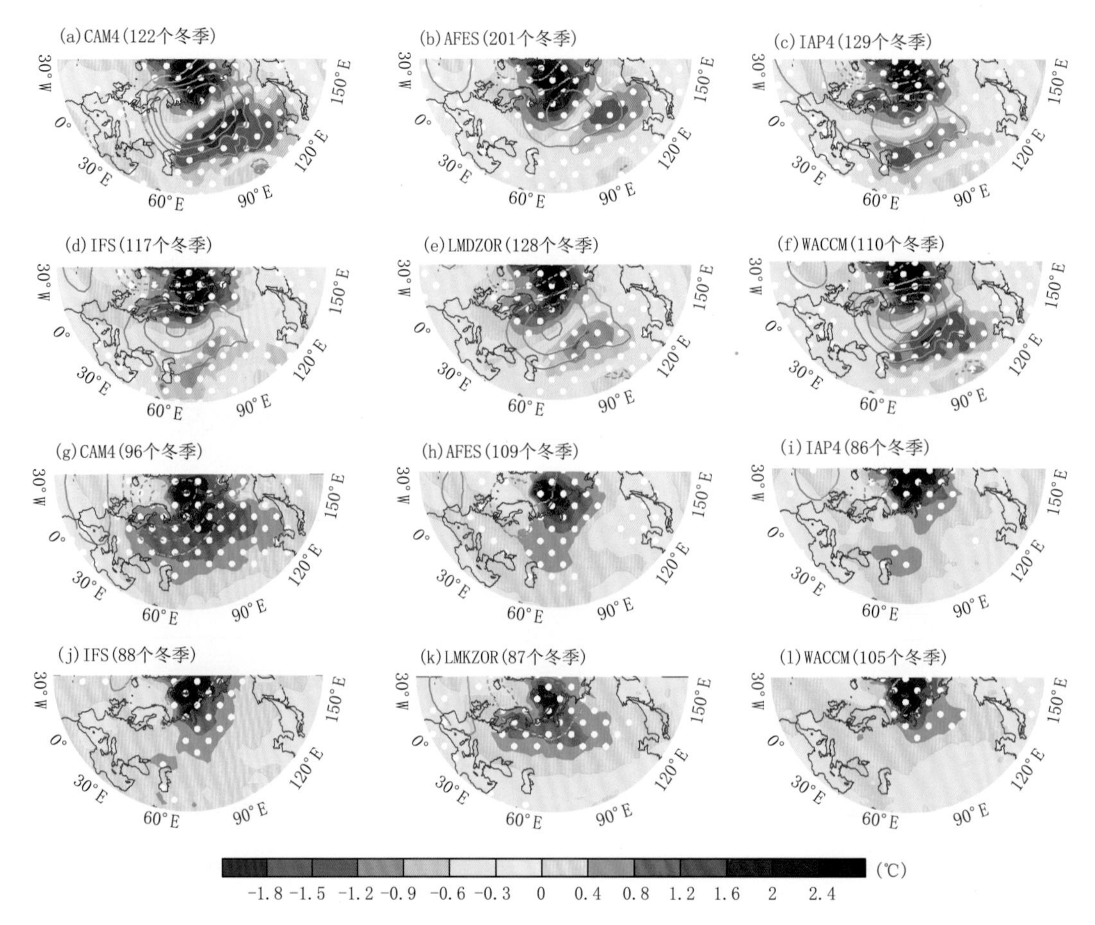

图 4.30　北极深层暖冬季(a—f)、北极浅层暖冬季(g—l)的表面气温异常(填色;单位:℃)和海平面气压异常(等值线;单位:hPa),相对于 1982—2013 年冬季 GREENICE 项目 6 个大气模式 130 个集合的平均结果。打点区域的表面气温异常通过了置信度为 90%的显著性 t 检验,等值线通过了置信度为 90%的显著性 t 检验(He et al.,2020b)

暖冬季，6 个大气模式可以一致模拟出北极显著的暖异常和欧亚大陆中部显著的冷异常；同时，乌拉尔山上空（60°E 左右）出现显著的高压异常（图 4.30a—f）。该结果进一步验证了北极深层暖与阻塞高压之间的重要联系。然而，在北极浅层暖冬季，欧亚大陆没有出现显著的冷异常，乌拉尔山上空也没有显著的高压异常，不同模式之间的结果基本一致（图 4.30g—l）。基于数值试验结果的分析表明，在所有模式试验中，均存在“北极偏暖、欧亚偏冷”模态，主要取决于北极暖的垂直延伸范围。

以上合成分析结果均为同期分析，并不能确定北极深层暖与乌拉尔山阻塞频率、欧亚大陆异常反气旋环流，以及欧亚偏冷之间的因果关系。可通过天气尺度的超前滞后分析，探讨它们之间的因果关系。图 4.31a 给出了关于天气尺度北极深层暖事件的合成分析。红色粗线、绿色粗线分别代表多模式集合平均的北极对流层中层气温异常、欧亚表面气温异常，两侧的灰色细线分别是 13 个模式的结果。在天气尺度上，北极对流层中层气温异常的峰值超前于北极表面气温异常的峰值 1 天（图 4.31a：红色点），说明北极对流层中上层增暖可能不是由北极表层增暖引起。值得注意的是，欧亚大陆表面气温异常的极小值滞后于北极对流层中层气温异常的极大值 2～3 天，且多模式的结果较一致（图 4.31a：红色点和绿色点）。不同模式模拟的欧亚大陆降温在 −3.4～−1.0 ℃之间，并且冷异常可以维持 10 天左右（图 4.31a：绿色点和两侧灰色点）。然而，在北极浅层暖事件中，不同模式模拟的北极对流层中层暖与欧亚冷的超前滞后联系并不一致，且欧亚中纬度的降温幅度以及冷异常的持续时间均比在北极深层暖事件中少（图 4.31b）。

以上分析表明，北极深层暖超前于欧亚冷，且所有模式的模拟结果基本一致。那么，北极深层暖与欧亚冷在天气尺度上的联系是否与天气尺度的环流形势有关呢？图 4.31a 中的蓝色粗线表示多模式集合平均的中纬度纬向风异常，两侧的灰色细线分别是 13 个模式的结果。北极中上层暖达到峰值之后，中纬度纬向风异常达到极小值，不同模式模拟的西风减速在 −10～−5 m/s 之间（图 4.31a：蓝色点和两侧灰色点）。研究表明，北极增暖通过减弱经向温度梯度导致西风急流减少，使得乌拉尔山阻塞高压的发生频率增加、持续性加强，进而引起欧亚气温偏低。因此，在北极深层暖事件中，欧亚中纬度持续时间较长的强降温与中纬度显著偏弱的西风有关。

乌拉尔山阻塞高压对北极增暖可能有一定的促进作用。但关于乌拉尔山区域范围的定义，不同研究之间的差异较大；比如向西可至 10°W、向东可至 100°E。我们针对北极深层暖事件、浅层暖事件中的乌拉尔山东部（60°—75°N，60°—100°E）和西部（40°—65°N，0°—60°E）的海平面气压异常展开合成分析。图 4.31 中的浅橙色、深橙色粗线分别表示多模式集合平均的乌拉尔山东部、乌拉尔山西部的海平面气压异常，两侧的灰色细线、黑色细线分别是 13 个模式的结果。在北极深层暖事件中，当深层暖达到峰值之前，乌拉尔山 60°E 以东的海平面气压正异常达到极大值（图 4.31a：浅橙色点和两侧灰色点）；在北极深层暖达到峰值之后，乌拉尔山 60°E 以西的海平面气压正异常继续加强达到极大值（图 4.31a：深橙色点和两侧黑色点），并且该极大值超前于欧亚中纬度表面气温异常的极小值。

简而言之，在北极深层暖事件中，北极暖与乌拉尔山阻塞高压之间可能存在正反馈机制：首先乌拉尔山东部的高压加强导致北极深层偏暖，北极深层偏暖进一步引起乌拉尔山西部的高压加强，最终引起欧亚偏冷，形成“北极偏暖、欧亚偏冷”模态。在北极浅层暖事件中，并没有类似的一致变化特征（图 4.31b）。

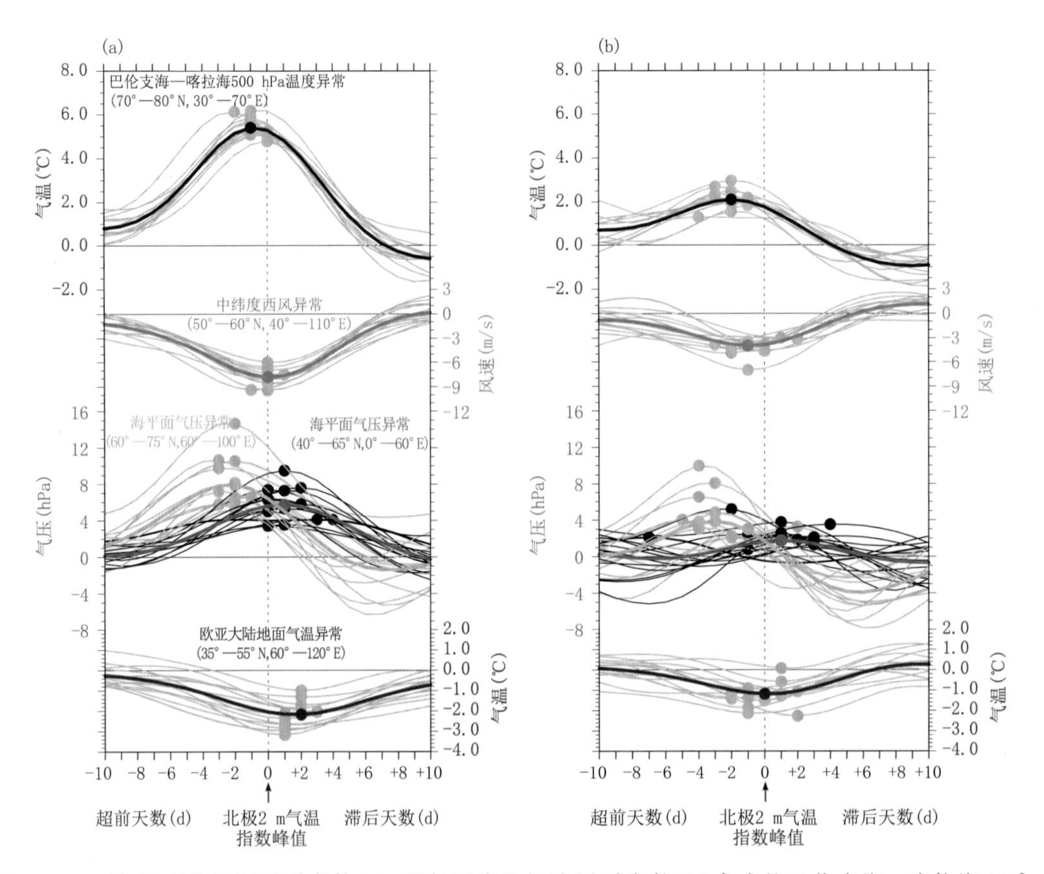

图 4.31　天气尺度北极深层暖事件(a)、天气尺度北极浅层暖事件(b)合成的巴伦支海—喀拉海(70°—80°N,30°—70°E)区域平均的 500 hPa 气温异常(红色粗线;单位:℃)、中纬度(50°—60°N,40°—110°E)区域平均的 300 hPa 纬向风异常(蓝色粗线;单位:m/s)、乌拉尔山西侧(40°—65°N,0°—60°E;深橙色粗线)和乌拉尔山东侧(60°—75°N,60°—100°E;浅橙色粗线)区域平均的海平面气压异常(单位:hPa)、欧亚大陆中纬度(35°—55°N,60°—120°E)区域平均的表面气温异常(绿色粗线;单位:℃)。粗线代表多模式集合平均的结果,两侧细线代表单个模式的结果。横轴的第 0 天表示北极 2 m 气温指数峰值,−2 和 2 分别表示北极暖事件达到峰值的 2 天前、2 天后,以此类推。圆点代表曲线的极大值或极小值。数据来源于 CMIP5 的 1950—2004 年冬季逐日历史模拟结果,13 个模式(He et al., 2020b)。

进一步研究表明,向极的暖湿气流的输入和大气能量的输入可能对北极对流层增暖有重要贡献。在天气尺度上,北极深层暖达到峰值之前 2～3 天,向极的水汽和大气能量输送达到极大值,而北极浅层暖时的能量输入变化并不明显(图略),体现了大气变率对北极对流层中上层增暖的贡献。在北极深层暖达到峰值前 7 天左右,北大西洋的风暴轴活动开始向巴伦支海—喀拉海移动;在北极深层暖达到峰值之前 3～5 天,巴伦支海—喀拉海的风暴轴活动达到最强,超前于水汽和能量输入的峰值(图略)。研究表明,风暴轴活动与其北侧的气旋性涡动和南侧的反气旋性涡动有关。巴伦支海—喀拉海较强的风暴轴活动(图略)表明了北极深层暖可能与北大西洋风暴轴的北移有关。当然,北极表层增暖的主要原因可能是北极海冰的减少。

图 4.32 概括了与北极深层暖、北极浅层暖有关的一些重要物理机制:北大西洋风暴轴的北移以及乌拉尔山东部的高压加强(图 4.32a-①),导致更多的水汽和能量向极地输送(图

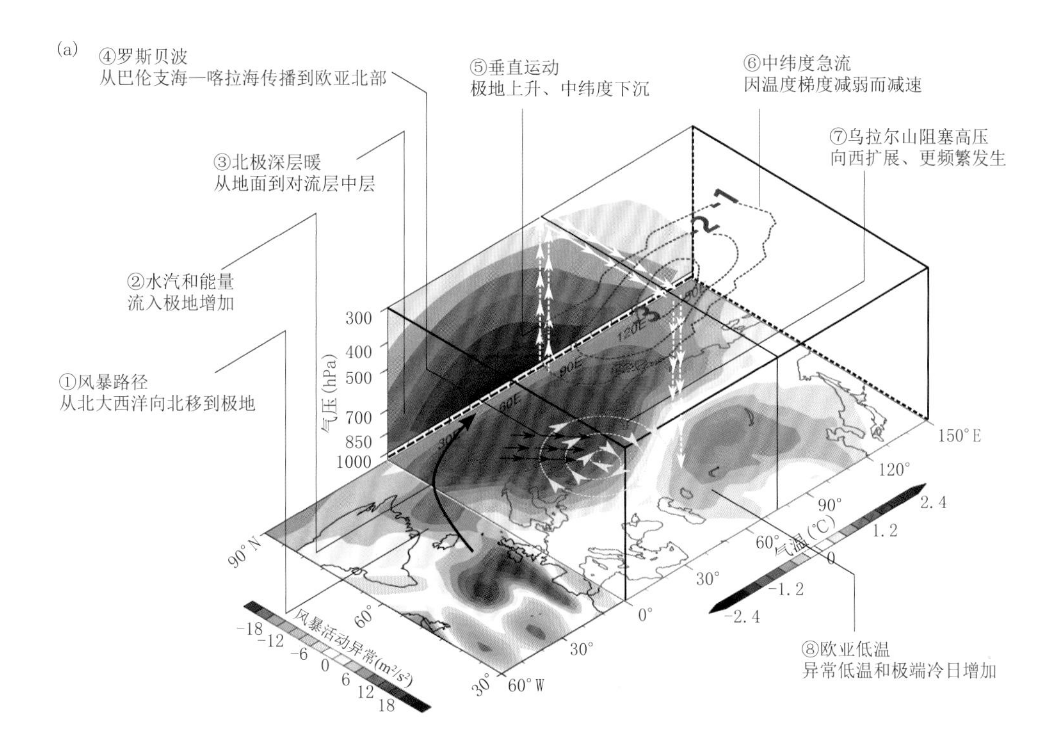

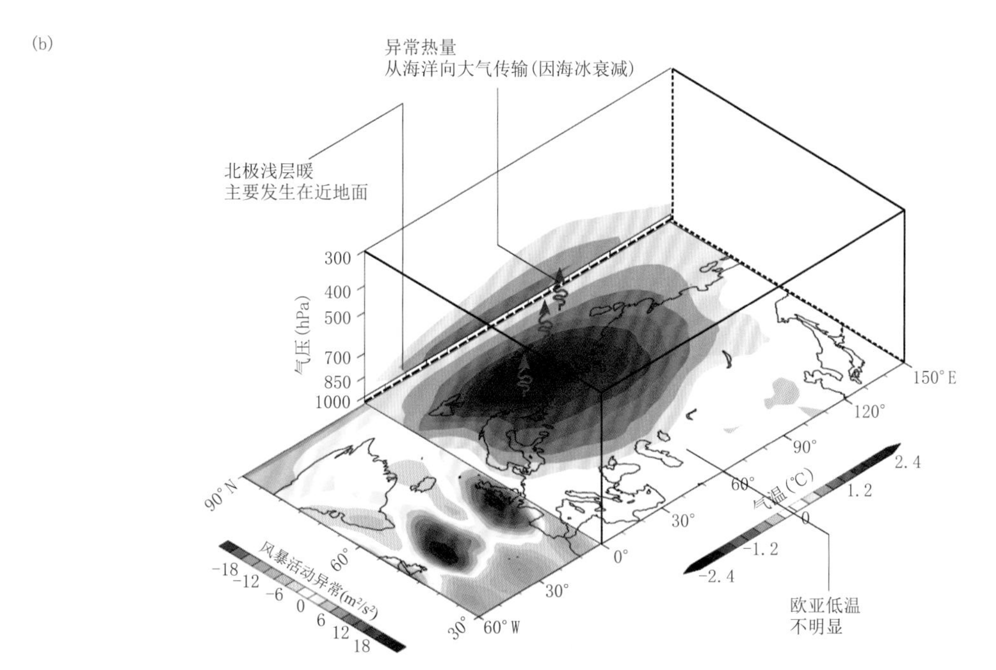

图 4.32　与北极深层暖(a)、北极浅层暖(b)有关的一些重要物理机制概括(He et al., 2020b)

4.32a-②),可能引起北极深层暖(图 4.32a-③);北极深层暖与乌拉尔山阻塞高压之间存在正反馈作用,北极深层暖一方面激发向下游传播的 Rossby 波列(图 4.32a-④),另一方面激发向上的垂直运动异常、在欧亚大陆引起下沉运动异常(图 4.32a-⑤),另外通过削弱经向温度梯度导致西风急流减弱(图 4.32a-⑥),三方面共同作用,导致乌拉尔山阻塞高压频发、持续性强(图 4.32a-⑦),进而引起欧亚偏冷、极端低温日数增多(图 4.32a-⑧)。当北极浅层暖时,中纬度气候异常响应较弱(图 4.32b)。

4.6　平流层及太阳活动对极端低温的影响

4.6.1　极涡和太阳活动

平流层极涡和太阳活动变化对极端低温的发生有着重要影响。这里把平流层和对流层作为是一个耦合系统,对 1979—2015 年期间每月 17 层的位势高度距平进行 EOF 分解。图 4.33 给出了不同高度上 EOF 第一和第二模态的空间分布,方差贡献分别为 31.29% 和 17.39%。平流层和对流层第一模态的分布清楚地呈现出北半球环状模(NAM)的特征。在极地高纬度地区,从平流层中高层 20 hPa 到近地面 1000 hPa 都是位势高度异常的正值中心,对应了北极涛动(AO)的负位相弱极涡特征。从平流层中低层 100 hPa 开始在极涡外围的中纬度区域环绕分布着一圈位势高度的负异常,在直接影响和反映对流层天气、气候变化的

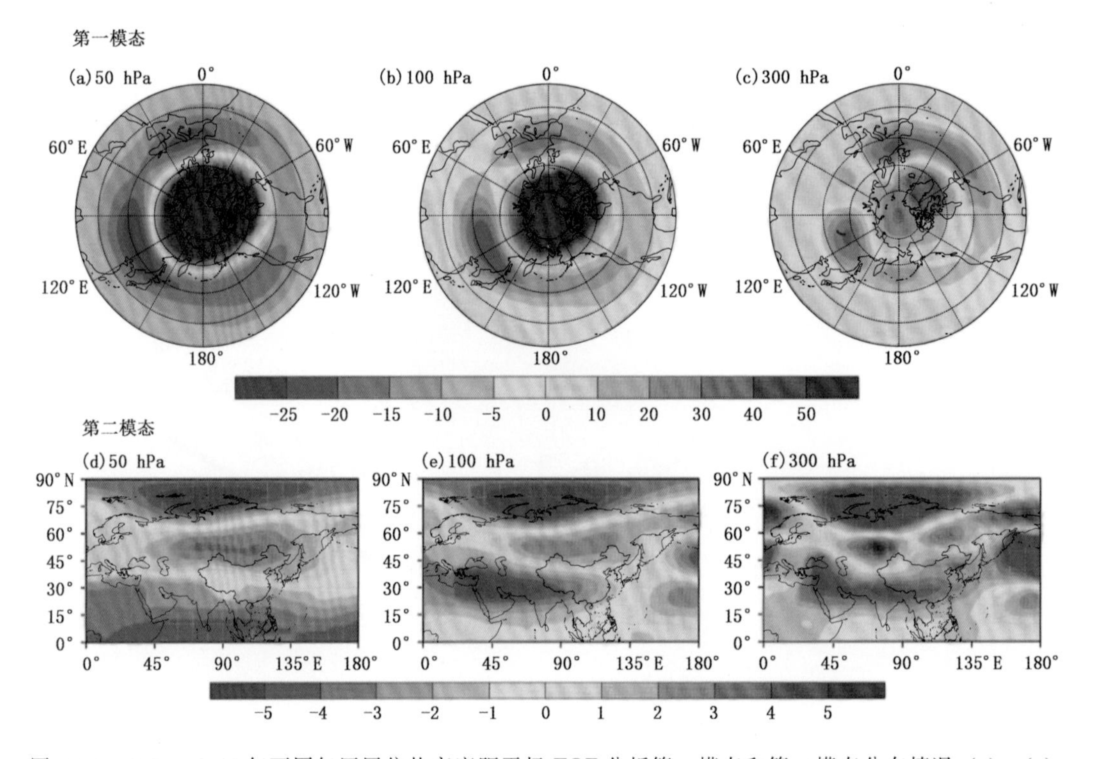

图 4.33　1979—2015 年不同气压层位势高度距平场 EOF 分析第一模态和第二模态分布情况,(a)—(c):不同气压上第一模态在北半球中(20°—90° N)的分布,(d)—(f):不同气压上第二模态在东半球中(0°—180° E)的分布情况(Lu et al., 2018)

500 hPa 和 1000 hPa 高度上中纬度的负异常存在两个大值中心，分别位于欧亚大陆的东北部和北大西洋东部，乌拉尔山地区则是位势高度异常的正值区。这样的环流分布特征如果出现在冬季意味着乌拉尔山阻塞高压增强，其下游会有冷空气堆积并向南、向东暴发，对我国东部和北部地区的温度分布产生重大影响。

EOF 分析的第二模态在北半球表现为多极型的分布格局(图 4.33d—f)。负的位势高度异常位于极地、副热带和赤道地区，而正的位势高度异常位于中纬度，具有相反符号的位势高度异常中心自北向南交替分布，并且在中高纬地区位势高度距平的分布呈正压型特征，上下层符号一致。这种分布特征与 EOF 第一模态在中高纬度地区的分布符号相反，表明当第一模态的时间序列和第二模态的时间序列处于同一相位时，它们引起的环流异常可能会相互抵消。相反，当这两个模态的时间序列处于相反相位时，可以通过叠加来增强所产生的环流扰动。

图 4.34 给出了 EOF 第一和第二模态的时间序列逐月变化情况。两个时间序列具有不同的作用时间，在此期间它们的变化幅度会变得非常大。第一模态的主要活跃期发生在冬季末期(1—3 月)，见图 4.34 中的红色直方图。第二模态的强烈变化主要发生在深秋和初冬(10—12 月)，见图 4.34 中的绿色直方图。由此可见，位势高度距平场 EOF 的第一和第二模态都对冬季平流层和对流层环流的变化具有重要影响，并且它们的影响几乎彼此独立。

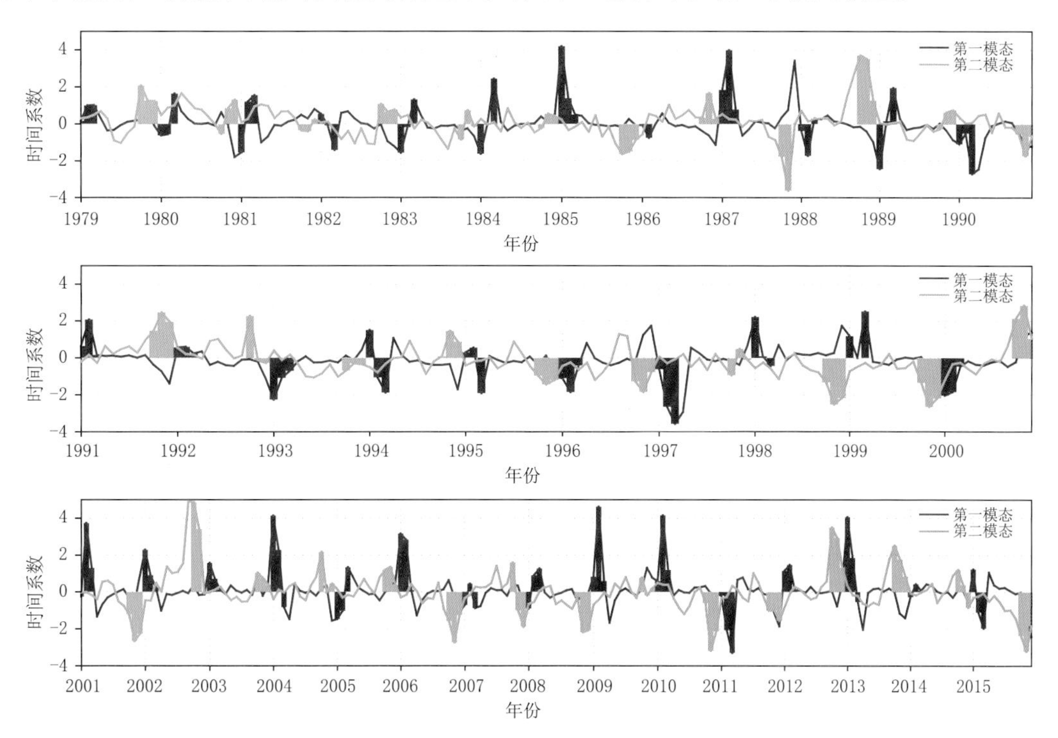

图 4.34　位势高度异常场 EOF 分析第一(红色实线)、第二(绿色实线)模态对应的时间序列变化，红色柱表示第一模态时间序列在 1—3 月的值；绿色柱表示第二模态时间序列在 10—12 月的值(Lu et al.，2018)

进一步对第一模态的时间序列展开分析，可以发现时间序列的大幅变化大多发生在冬季，而在其他季节时间序列的值都很小，在 0 值附近小幅振荡(图 4.34)。这表示第一模态主要反映的冬季极涡强弱的分布和变化特征，当时间序列大幅增加时，平、对流层极区都为位势高度的正异常，平流层极涡扰动增多、强度减弱，并且在整层大气中极涡的变化是上下连续的；而在对流层中乌拉尔山地区的位势高度增加，有利于阻塞高压的发展增强，造成我国东部和北部地区冷空气活动频繁、寒潮降温过程增多。相反，当时间序列急剧下降为负值时，平流层极涡扰动减少、强度增加，对流层中乌拉尔山阻塞高压的强度也减弱，欧亚大陆东部为位势高度正异常中心，使得我国冬季的降温过程减少，整体温度偏高。

另一个值得注意的是在1989—2012年期间，第一模态的时间序列表现出明显的上升趋势（图4.35），以2000年6月为分界，在1989年11月—2000年3月的11个冬季中时间序列以负值为主，并且其中9个冬季的时间序列都为较大的负值；而在2000年11月—2010年3月期间的10个冬季里时间序列大多为正值，其中7次出现了较大的振幅。1989—2012年的线性趋势分析也可以看出这样一个显著的上升变化特征。这样的变化特征表示在20世纪90年代北半球冬季的极涡更加稳定，AO以正位相的强极涡分布特征为主，对流层中影响我国冬季冷空气活动的乌拉尔山阻塞高压强度较弱；而进入21世纪后则相反。对100 hPa高度极区（60°—90° N）区域平均位势高度距平的时间演变分析也证明了上述特征（图4.35b）。

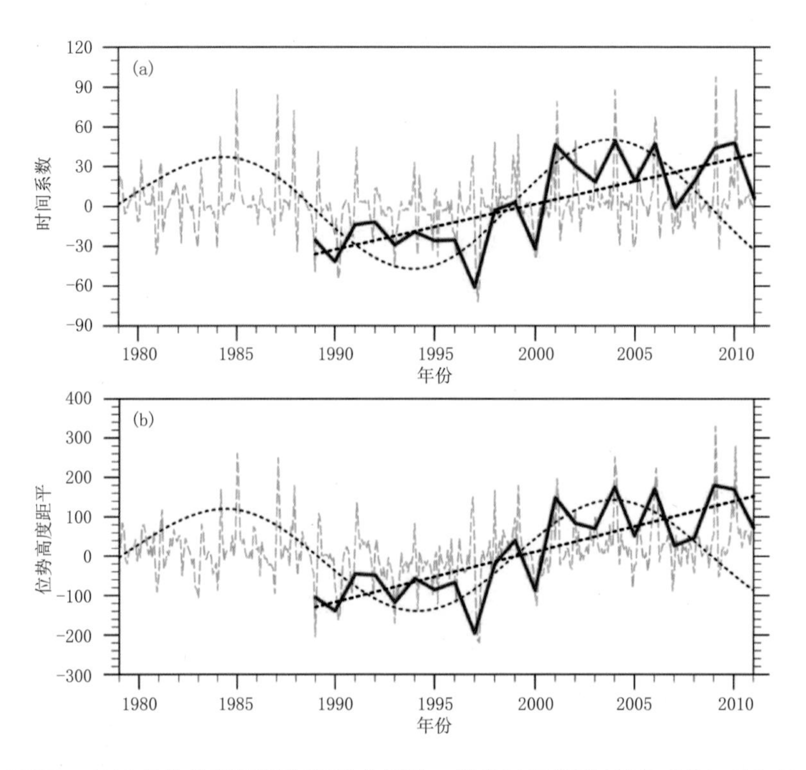

图4.35　(a)1979—2012年位势高度距平EOF分析第一模态时间序列（灰色虚线），(b) 100 hPa高度上北极地区（60°—90° N）区域平均位势高度距平的时间演变（灰色虚线）。红色实线表示冬季滑动平均值的结果；黑色虚线表示从1989—2012年的线性趋势；蓝色虚线表示带通滤波后的结果（Lu et al.，2016）

利用北半球环状模（NAM）指数来表征极涡扰动后的平—对流层耦合过程。结果表明，在极涡较强的年份里，下传的正NAM指数和东亚大槽之间的联系很小，几乎没有什么影响。但是，在极涡偏弱的冬季里，下传的负NAM指数会引起东亚大槽的明显加深。图4.36给出了5个弱极涡典型年中200 hPa高度NAM指数和东亚大槽强度指数的演变情况，两者的时间序列都经过标准化处理。两个时间序列的相关系数不大，这是因为东亚大槽是对流层中的天气系统，并且在不同的时间尺度上具有多种变化特征，它的发展变化主要是受到对流层环流信号的影响。平流层异常信号很难起到主导作用，但是，当强烈的扰动出现在平流层环流中并向下传播到对流层时，在东亚大槽的强度变化中是可以观察到明显的响应，如图4.36所示，在所有的5个冬季中，当NAM指数剧烈下降时，东亚大槽的强度曲线中都观察到了相应的显著下降，表明大槽的加深加强。

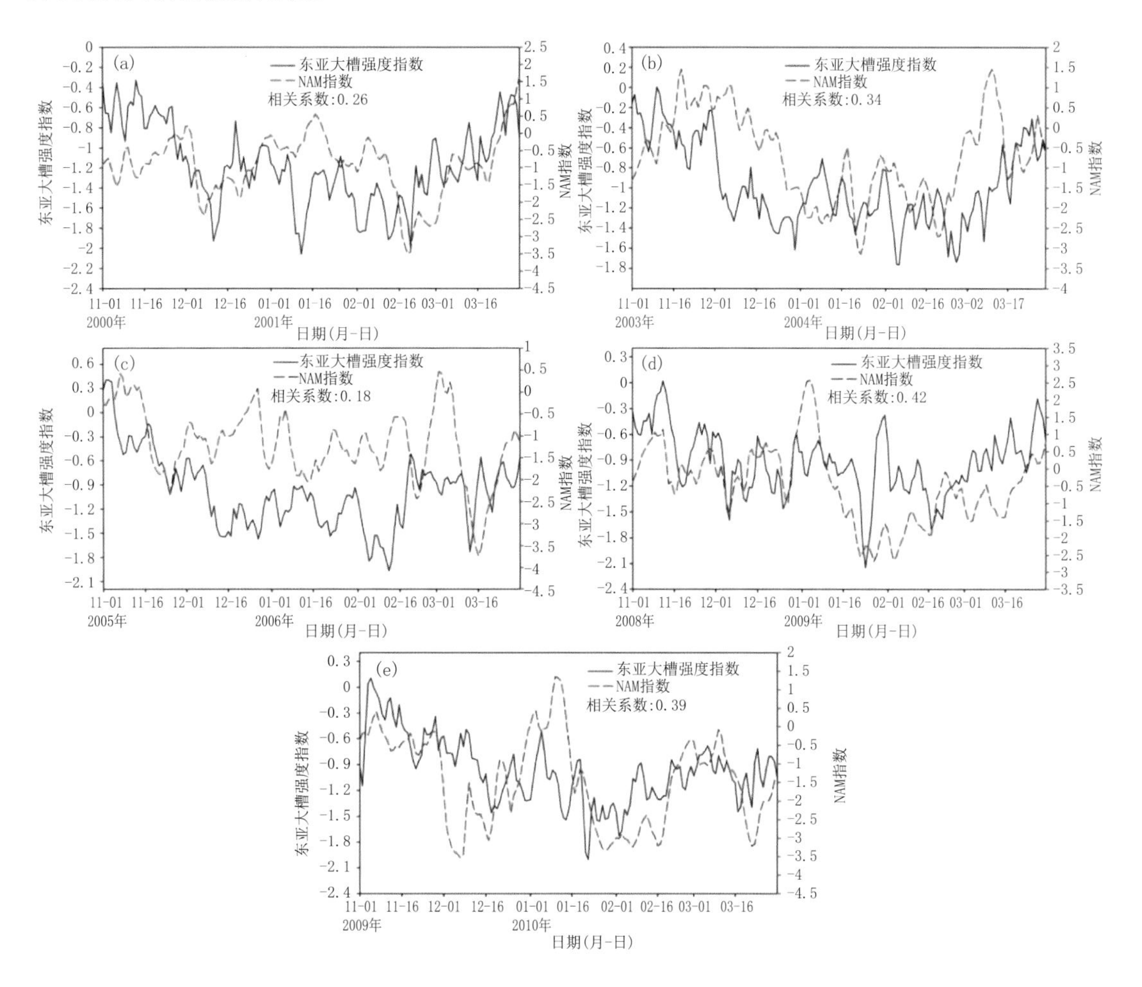

图4.36　典型年冬季东亚大槽强度指数（蓝色实线）和200 hPa高度上NAM指数（红色虚线）随时间的演变（Lu et al.，2016）

(a)2000—2001年；(b)2003—2004年；(c)2005—2006年；(d)2008—2009年；(e)2009—2010年

分析在弱极涡典型冬季中，当200 hPa高度上NAM指数的负异常达到一定的强度时，来自平流层环流异常的影响就可以激发东亚大槽的加深，并且在大约1周后达到最大强度。相反，在强极涡年中，极涡在整层大气中都很强且稳定，NAM指数正值的向下传播表明了强极涡信号。它对低层大气的影响主要集中在极地，而对中纬度系统东亚大槽的作用很小。因此，正NAM指数下传后，东亚大槽的强度没有明显改变。

进一步用EOF第一模态的时间序列和站点的观测气温做相关性分析。图4.37显示，极涡扰动带来的影响区域主要集中在我国的东北地区，极涡的强度和地表平均、最高和最低气温

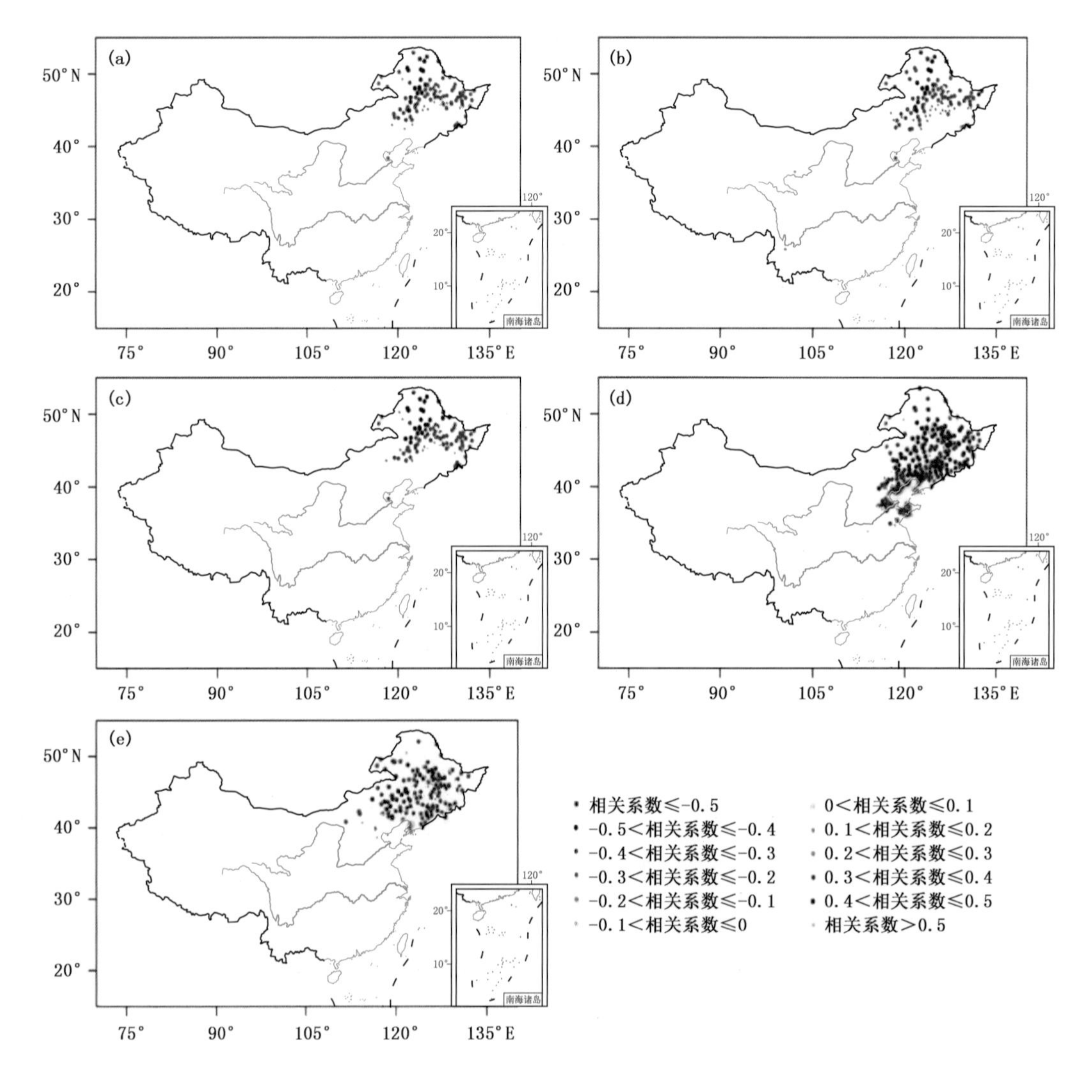

图 4.37　1979—2015 年深冬(1—3 月)EOF 第一模态时间序列和台站温度、极端温度相关系数分布情况，图中只给出了通过置信度为 95%的显著性检验的台站，并且在进行相关分析前对数据进去了去趋势处理(Lu et al.，2018)

(a)日平均气温；(b)日最低气温；(c)日最高气温；(d)冷日指数；(e)冷夜指数

都呈显著的负相关关系，而和冷夜/日指数则呈显著的正相关关系。由此可见，当极涡发生扰动强度减弱后，会有平流层环流异常向下向南传播，通过上述的分析可以发现这一来自平流层的环流异常可以使东亚大槽加深，从而引起我国东北地区显著的降温过程，冷日和冷夜出现的频率也大大增加。

对 EOF 第二模态的时间序列分析发现，该时间序列存在一个周期大约为 10 年的扰动特征，在 20 世纪 80、90 年代和 21 世纪 00 年代这每个十年的开始阶段，时间序列都为较大的正值，随着时间的发展，时间序列逐渐减小，在各个年代的中后期会减小为负值，并出现较大的振幅。图 4.38a 为第二模态时间序列的小波分析结果。其中一个显著信号是出现在 1985—1990 年和 2000—2005 年期间的 60～80 个月(大约 5～7 年)的周期；另一个则是 118～132 个月(大约 10 年)的周期，大值区出现在 1995—2005 年。这表明，位势高度年际异常的第二模态在 2000 年前后存在着周期为 10 年的变化特征。图 4.38b、图 4.38c 分别给出了第二模态时间序列和太阳 11 年活动指数在 1990—2012 年期间的分布情况，图中绿色和红色虚线表示的是经过 118～132 个月的带通滤波后的结果。两种时间序列的分布形式十分相似，在 20 世纪 90 年代和 21 世纪 00 年代的前期以强太阳活动为主，第二模态的时间序列也为较大的正值。20 世纪 90 年代和 21 世纪 00 年代的后期，太阳活动指数和第二模态时间序列都明显减弱，出现了较大的负值分布。带通滤波信号显示，太阳的 11 年周期活动稍稍领先于第二模态的时间序

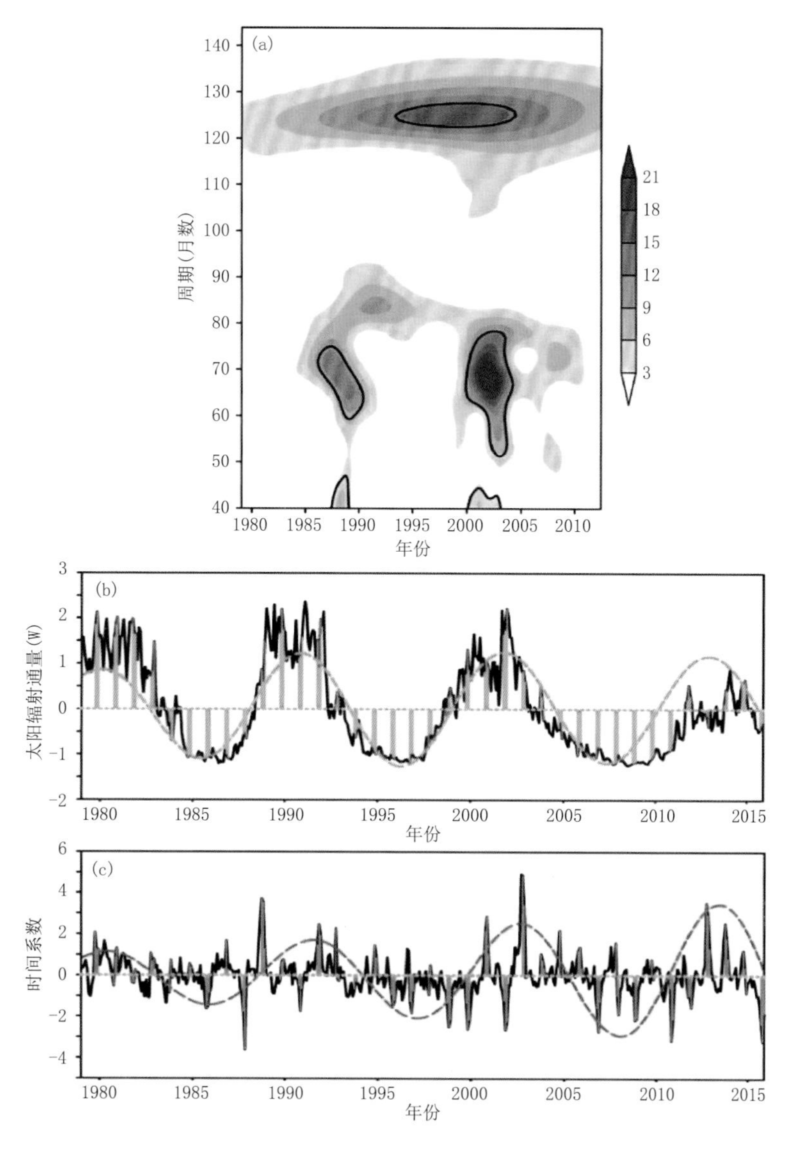

图 4.38　(a)EOF 第二模态时间序列的莫莱特(Morlet)小波分析结果(黑色轮廓线内的区域表示通过了置信度为 95%的显著性检验)，(b)10.7 cm 太阳辐射通量的时间演变，(c)EOF 第二模态时间序列。(b)和(c)中的时间序列均已归一化，绿色和橙色直方图分别代表 10—12 月的 10.7 cm 太阳辐射通量和 Ha_2，绿色和红色虚线表示 120～144 个月的带通滤波结果(Lu et al.，2018)

列。这表示太阳活动作为一个重要的外部强迫，对位势高度异常场第二模态的分布有着非常重要的影响。

使用 EOF 第二模态的时间序列和站点的观测气温做相关性分析。图 4.39 显示，受太阳活动影响的 EOF 第二模态对秋末冬初的我国温度是“冷效应”，和日平均温度、最低温度及最高温度都是负相关，主要的作用区域集中在华北和部分的东南沿海地区。进一步分析表明太阳活动强的冬季里，增强的太阳紫外辐射会加热平流层的臭氧层，使得平流层获得的太阳能量增多，从而加速了平流层中环流型的季节转换，使得在秋末冬初时表现出冬季的环流特征，即 200 hPa 高度的副热带急流偏强。增强的高空副热带急流对应了影响我国的冬季风会增强，对应了近地面温度的冷效应，即温度偏低和冷夜(日)增多。

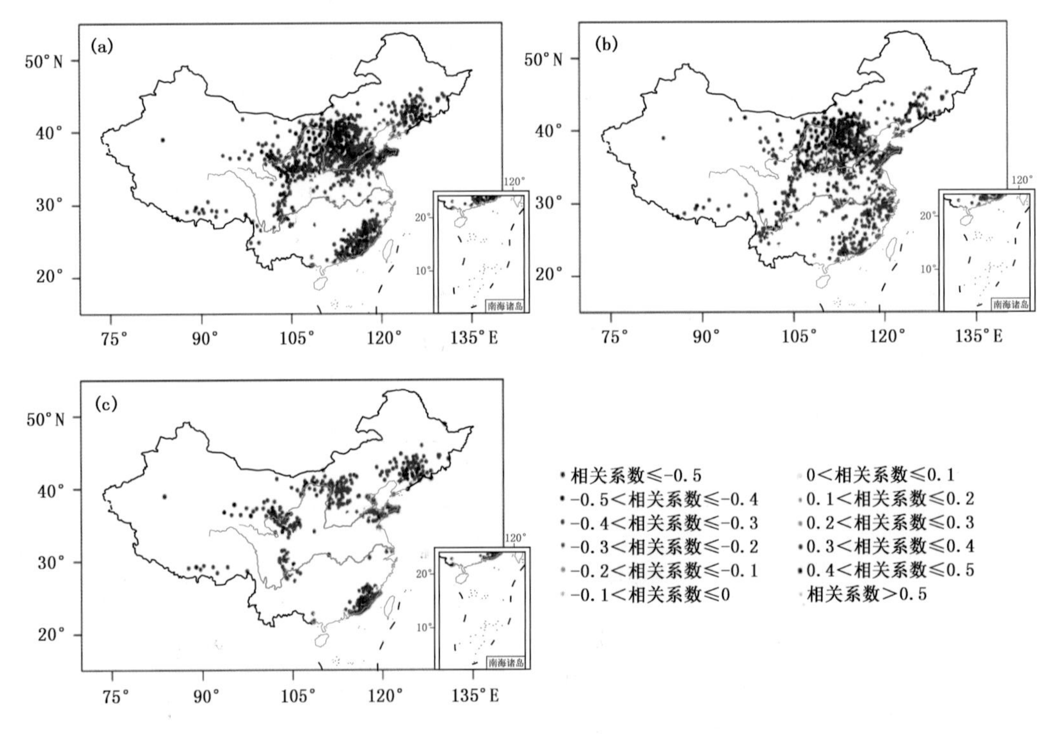

图 4.39　1979—2015 年初冬(10—12 月)EOF 第二模态时间序列和台站温度相关系数分布情况，图中只给出了通过置信度为 95%的显著性检验的台站，并且在进行相关分析前对数据进去了去趋势处理(Lu et al.，2018)
(a)平均气温；(b)最低气温；(c)最高气温

将北半球冬季的平流层和对流层作为一个完整的耦合系统展开分析，通过对整层大气的位势高度距平场 EOF 分解，得到的第一和第二模态占约 50%的方差贡献。图 4.40 显示，第一模态主要反映了北半球极涡的扰动情况，主要的作用时间集中在隆冬的 1—3 月，可以通过北半球环状模的下传影响东亚大槽，从而影响我国东北地区的寒潮降温过程。第二模态则主要反映了太阳周期活动的影响，主要的作用时间集中在秋末冬初的 10—12 月。由此可见，两个模态的活跃时间和影响机制各不相同。强的太阳活动可以通过加速平流层环流的季节转换影响 200 hPa 高度的副热带急流，增强的副热带急流可以给我国华北地区带来明显的“冷效应”，降温过程频繁出现。

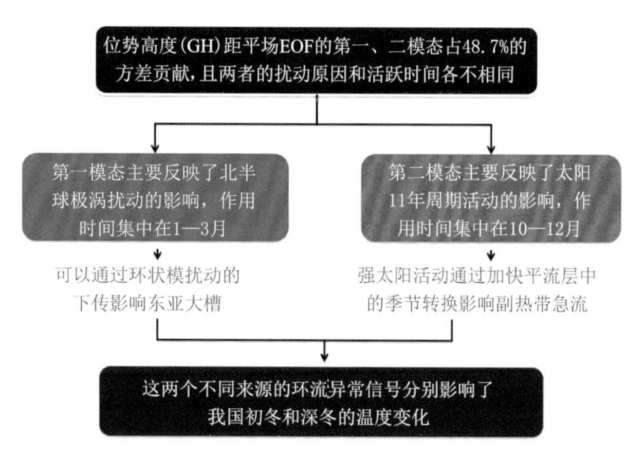

图 4.40　影响我国冬季温度和极端温度的物理概念模型

4.6.2　太阳风能量

太阳辐射是地球系统的主要能量来源，主要包括两种类型：太阳光子辐射和太阳风。众所周知，太阳活动强度的变化主要表现为准 11 年的周期变率。前期研究表明，对流层和平流层的气候系统在全球和区域尺度上都受到太阳活动的影响。研究进入磁层的太阳风总能流（E_{in}）对气候年际变率的潜在影响是重要的科学问题。本节利用三维磁流体力学定量估计 E_{in}，从而揭示进入磁层的太阳风总能流对北半球冬季气候的年际变率的影响。

太阳黑子数（SSN）以低频变率为主，其时间序列呈现为正相位和负相位交替出现，没有明显的高频变率（图 4.41a）。然而，进入磁层的太阳风总能流（E_{in}）除了准 11 年的低频变率外，

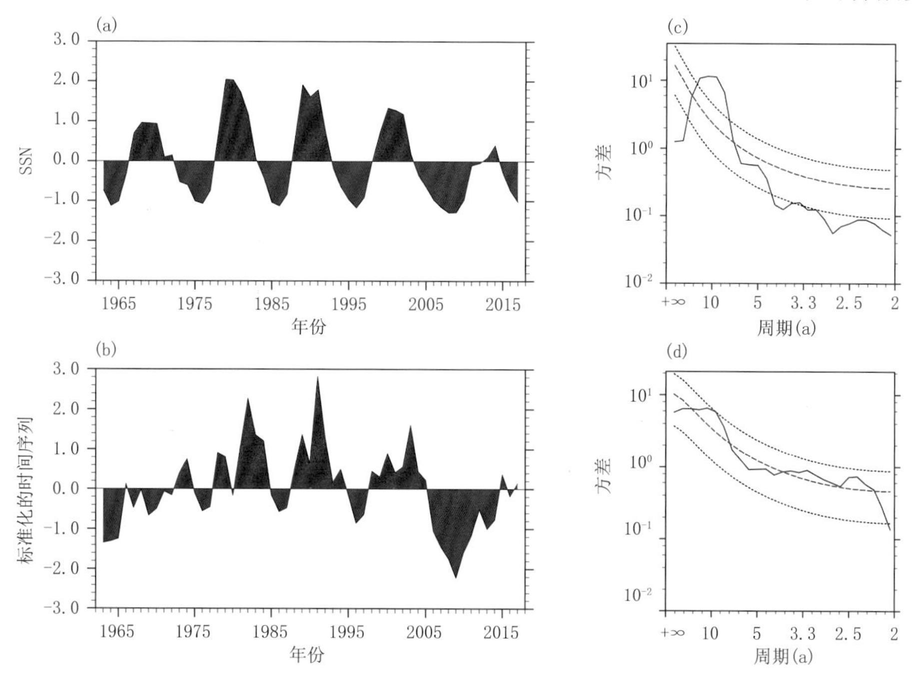

图 4.41　1963—2017 年 SSN 年平均时间序列(a)，E_{in}的标准化的时间序列(b)及其对应的频谱分析(蓝色曲线)：SSN(c)和 E_{in}(d)，红色虚线表示红色噪声置信区间，黑色虚线表示上下置信区间(He et al.，2020a)

在其正、负位相期还存在明显的年际变率(图 4.41b)。为了清楚地说明两个变量的主要变化时间尺度,图 4.41c 和图 4.41d 展示了时间序列的频谱分析。SSN 以年代际变率为主,即准 11 年周期(图 4.41c),而 E_{in} 同时存在显著的年际和年代际变率(图 4.41d)。因此,有必要进一步研究 E_{in} 与大气环流以及北半球气候在年际尺度上的联系。

从图 4.42a 可以看出,当年平均的 E_{in} 显著偏高时,次年冬季(即滞后 E_{in} 一年),显著偏高的气温异常出现在欧洲西北部、西伯利亚直至东北亚、阿拉斯加到加拿大西南部;欧亚大陆上空最大偏暖幅度高达 0.9 ℃。与此同时,在欧洲南部(北纬 45°N 以南)和加拿大东部至格陵兰岛出现了显著的偏冷异常,最大幅度可达 −0.8 ℃。欧亚大陆 50°N 以北的极端低温频次显

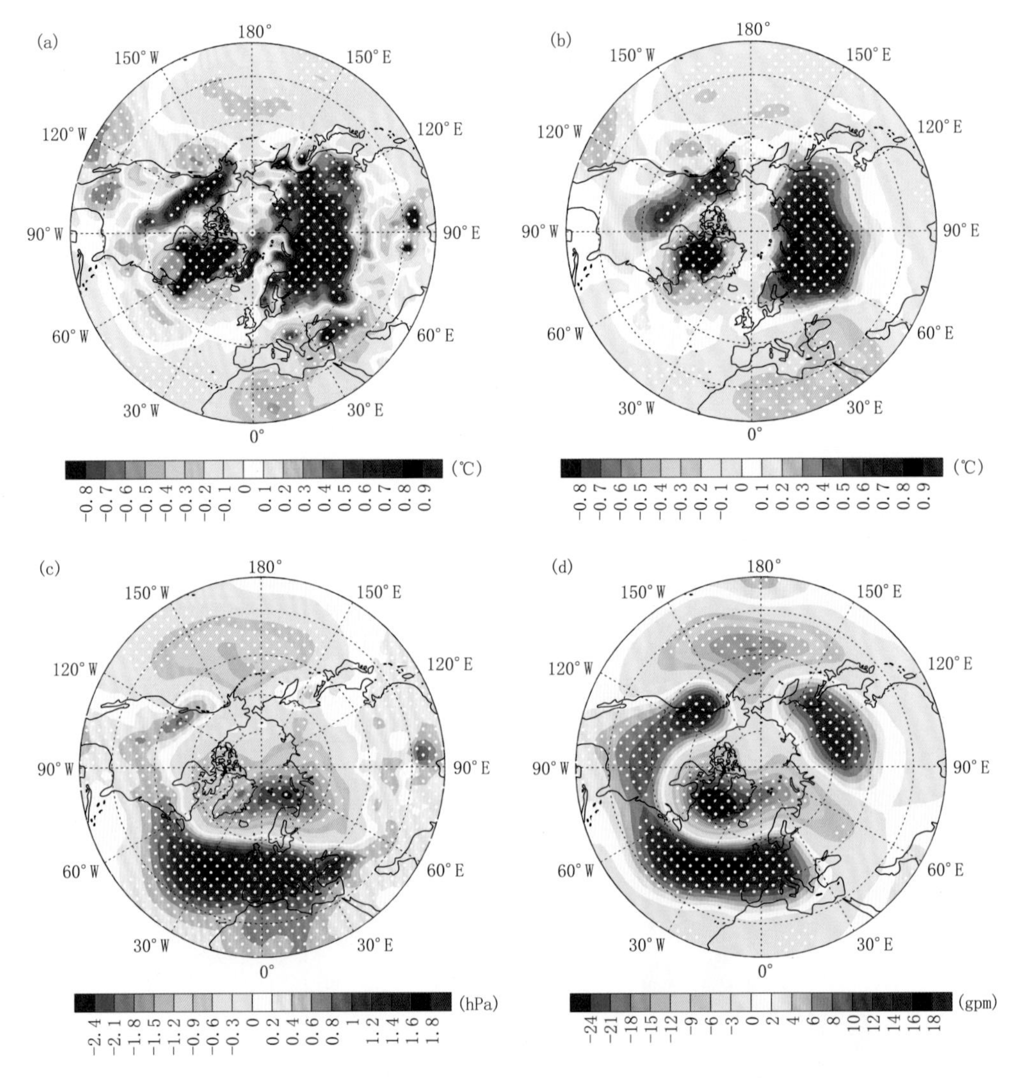

图 4.42　(a)基于 1963—2016 年进入磁层的太阳风总能流(E_{in})指数、线性回归的 1964—2017 年冬季(12 月、次年 1 月和 2 月的平均) 20°N 以北的表面气温;表面气温数据来源于美国国家环境预报中心/美国国家大气研究中心(NCEP/NCAR)再分析资料;打点区域表示回归系数通过了置信度为 90%的显著性检验;(b)与(a)相同,但为 GISTEMP-Team(2022)的结果(http://data.giss.nasa.gov/gistemp/)。(c)和(d)与(a)相同,但为海平面气压和 500 hPa 位势高度的结果(He et al.,2020a)

著偏少，欧洲南部的极端低温频次显著偏多，类似欧亚大陆极端低温频次经验正交函数展开的主模态（图 4.43）。E_{in}超前北半球气温一年的最大相关系数高达 0.5，表明了进入磁层的太阳风总能流（E_{in}）可以导致北半球冬季气候在年际尺度的显著异常。另外，基于观测数据 GISTEMP-Team（2016）的分析结果（图 4.42a）与 NCEP/NCAR 再分析的结果（图 4.42b）基本吻合；两个结果的空间相关系数为 0.78。需要指出的是，当去除 ENSO 的线性影响之后，上述结果和结论基本不变。

进一步分析冬季北半球大尺度大气环流的异常分布型。如图 4.42c 所示，当年平均的 E_{in}显著偏高时，次年冬季北大西洋中纬度地区出现显著的海平面气压正异常，北大西洋中部（45°N 附近）最大异常值为 2.4 hPa。海平面气压的正异常横跨北美，经北大西洋向东延伸至欧亚大陆。与此同时，显著的海平面气压的负异常位于靠近北极区的北大西洋，负中心的最小值约为－2.4 hPa。可见，偏高的 E_{in}引起的次年冬季海平面气压异常的空间分布与北大西洋涛动（NAO）或北极涛动（AO）的正位相模态非常相似。这种类似 NAO 或者 AO 的空间分布型也出现在对流层中层的 500 hPa 位势高度场（图 4.42d）。值得注意的是，500 hPa 位势高度场异常在贝加尔湖上方还有一个显著的正异常中心，这在海平面气压场中并不明显。因此，进入磁层的太阳风总能流可能是通过"自上而下"的传播路径影响对流层的大气环流和气候。另外，我们对数据进行年际变率滤波之后，也可以得到类似的结果。这表明进入磁层的太阳风总能流与北半球冬季气候显著的年际关系可能由于太阳活动对 NAO 或者 AO 有关的大气环流场的影响。

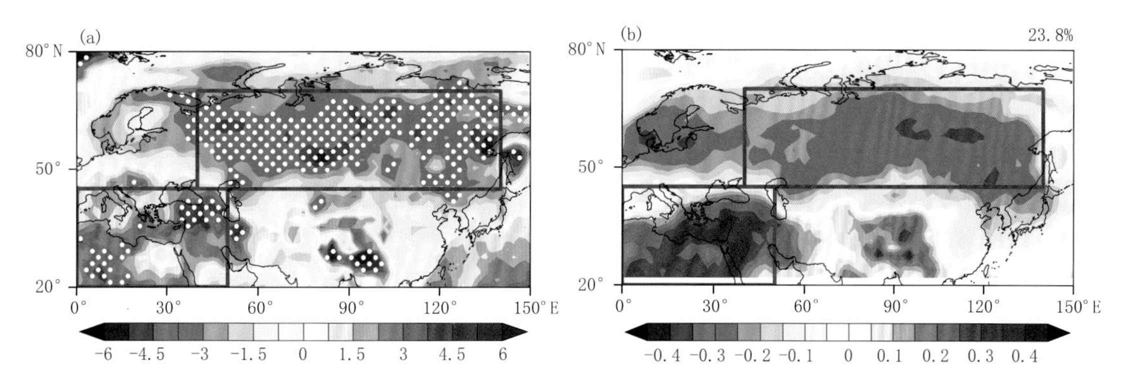

图 4.43　(a)基于 1963—2017 年进入磁层的太阳风总能流（E_{in}）指数、线性回归的 1964—2018 年冬季（12 月、次年 1 月和 2 月的平均）的极端低温频次，打点区域表示回归系数通过了置信度为 90%的显著性检验。(b)1964—2018 年冬季欧亚大陆（20°—80°N，0°—150°E）极端低温频次做经验正交函数展开的主模态（Xu et al.，2020）

随着进入磁层的太阳风总能流的增加，热带地区（30°S—30°N）的大气出现两个显著的暖异常中心，主要位于对流层上层（200～70 hPa 或 12～18 km）和平流层顶（图 4.44a—d：填色）。这种显著的暖异常从春季（3—4 月）持续到冬季。对流层至平流层的增温响应可能是由于臭氧吸收太阳紫外线辐照度增强和绝热增温所致。冬季，较高的太阳风总能流可以显著增强平流层极地涡旋；由于极地涡旋的加强，在极地地区的对流层上部和平流层下部出现了约－0.9 ℃ 的冷异常（图 4.44d：填色）。因此，冬季向极的温度梯度进一步增强，导致高纬度地区出现显著的西风异常，增加幅度最高可达 1.8 m/s（图 4.44d：等值线）。值得注意的是，年际尺度上的纬向平均气温、纬向风和极涡的异常滞后 E_{in} 一年，且空间分布型与前人基于太阳活动准 11 年周期分析的结果相似。这也表明，太阳活动对北半球气候年际变率和年代际变率的影响机制基本一致。

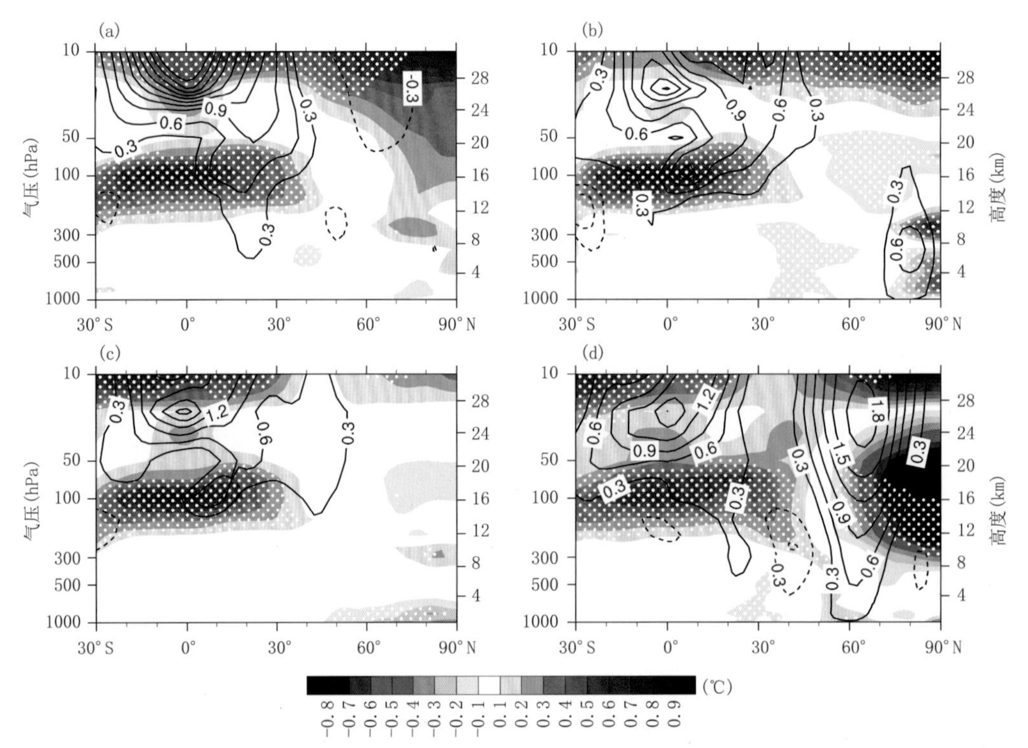

图 4.44　1964—2017 年 3—5 月(a)、7—8 月(b)、9—11 月(c)和 12 月—次年 2 月(d)纬向平均的纬向风(等值线)和气温(填色)与 1963—2016 年入地球磁层的太阳风总能流(E_{in})线性回归结果；打点区域表示气温回归系数通过了置信度为 90% 的显著性 t 检验(He et al.，2020a)

异常的纬向平均可以改变准定常行星波从平流层向对流层的传播，从而将太阳能量变化与北半球冬季的气候联系起来。当进入磁层的太阳风总能流显著偏高时，次年的冬季会出现明显异常的 *E-P* 通量，从平流层上层向下传播到对流层(60°N 以北)(图 4.45：矢量)。冬季 *E-P* 通量的异常向下传播可能是由于高纬度的西风加速所致(图 4.44：等值线)；因为偏强的西风不利于准定常行星波向上传播。异常向下传播的行星波导致了高纬度地区平流层和对流层上层的 *E-P* 通量的辐散，这将进一步加速西风并导致极涡加强。这种波—流相互作用为太阳风总能流影响对流层气候提供一种可能途径。值得注意的是，在中纬度有明显的准定常行星波从对流层低层向对流层上层(约 100 hPa)传播，并向赤道方向倾斜传播(图 4.45)，这可能是由于进入磁层的太阳风总能流增加导致的中纬度海表温度异常所致。由于指向赤道的 *E-P* 通量与向极的经向涡度角动量对应，因此进入磁层的太阳风总能流增加将导致向极地的动量通量加强，进一步维持偏强的西风并使其从平流层向对流层传播。这种波—流相互作用有利于太阳风总能流与对流层大尺度大气环流的联系。

位势高度的异常场显示，进入磁层的太阳风总能流异常可以导致异常大气环流的向下传播(图 4.46)。在春季、夏季和秋季，北大西洋的副热带地区、欧亚大陆和北美地区对流层上层到平流层的位势高度出现显著的正异常。到了冬季，正位势高度异常从平流层向下传播到中

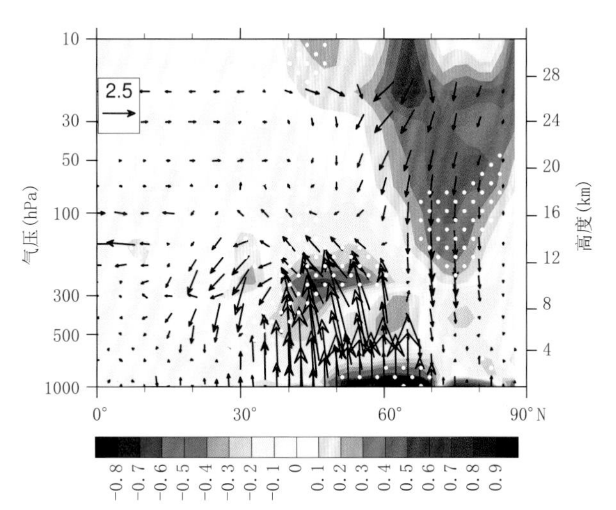

图4.45 1964—2017年冬季 *E-P* 通量(矢量;单位:10^7 m^2/s^2)及其散度(填色;单位:m/(s·d))与1963—2016年进入地球磁层太阳风总能流指数(E_{in})的线性回归结果;打点区域表示散度异常通过了置信度为90%的显著性 *t* 检验(He et al., 2020a)

纬度地区的对流层下层(图4.46a—c);这种向下传播机制在北大西洋地区最为明显。冬季中纬度大气环流异常的这种向下传播机制可能与冬季最活跃的布鲁尔—多布森(Brewer-Dobson)环流有关。伴随位势高度异常的向下传播,显著的西风异常在高纬度从平流层向下传播到对流层低层。

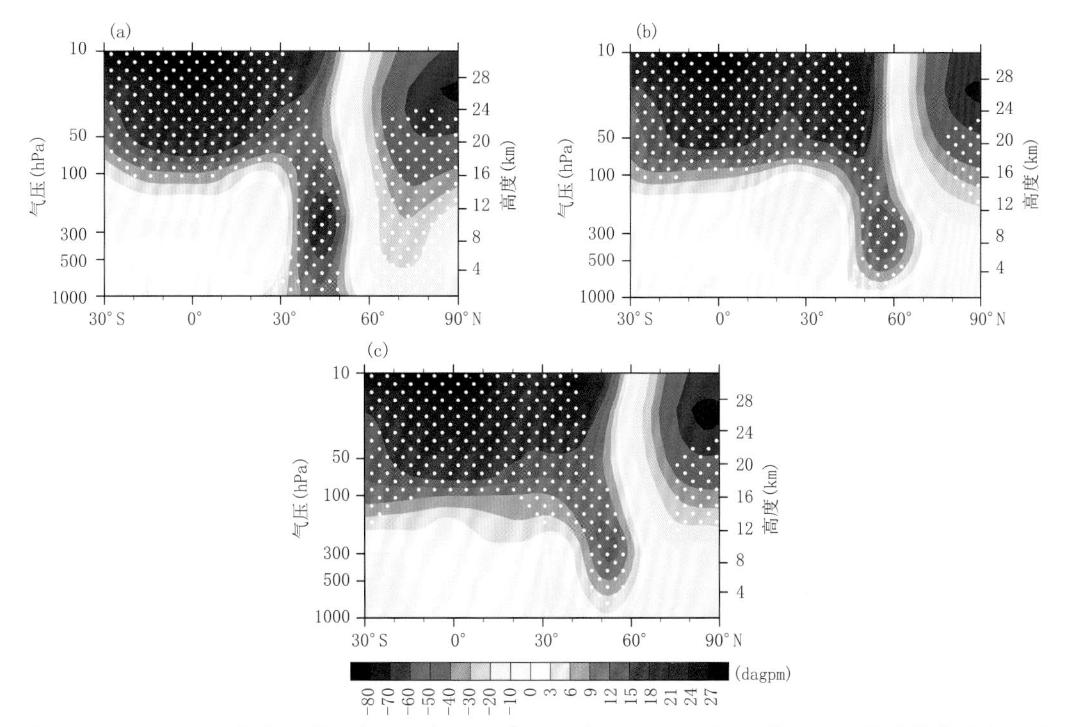

图4.46 1964—2017年冬季沿60°W—0°(a)、90°—150°E(b)和150°—90°W(c)平均的位势高度异常(填色)与1963—2016年进入地球磁层的太阳风总能流(E_{in})指数的线性回归场。打点区域表示回归系数通过了置信度为90%的显著性 *t* 检验(He et al., 2020a)

综上所述，在北半球对流层中层出现一个明显的 Rossby 波波列，从北大西洋向东传播到欧亚大陆(图 4.47)。这种 Rossby 波在北半球中纬度的水平传播可以影响阻塞高压的发生频次，从而影响北半球的冬季气候。例如，当前一年进入地球磁层的太阳风总能流显著增强时，次年冬季乌拉尔阻塞频率显著降低 30%以上。因此，冬季欧亚大陆北部的极端冷日的频次明显减少、极端暖日频次则显著增加。与此同时，北美到北欧的冬季阻塞频次增加了 25%以上、加拿大北部到格陵兰岛的冬季阻塞频次减少了 35%以上。阻塞高压频次、极端冷日和极端暖日的显著异常可以很好地解释太阳风能流异常引起的北半球冬季气候变化。

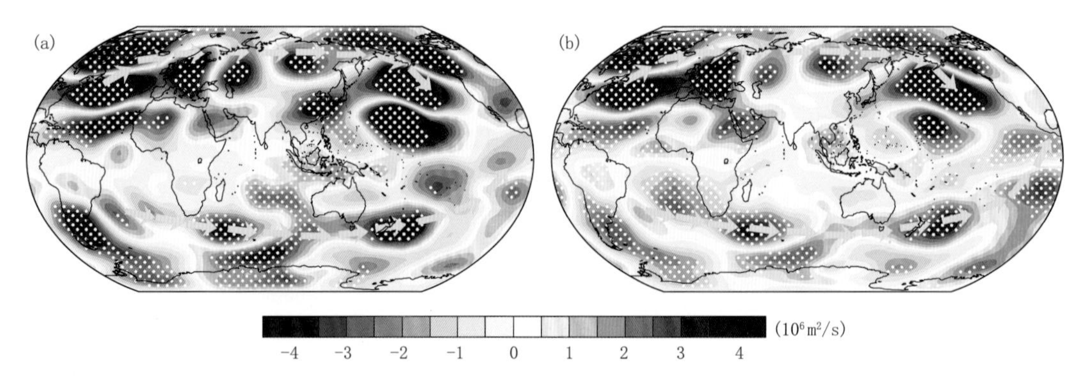

图 4.47　300 hPa(a)和 500 hPa(b)的流函数在 1982、1983、1984、1985、1990、1992、1993、2004 年冬季(前一年的标准化的 E_{in}≥+0.5)和 1964、1965、1966、2008、2009、2010、2011、2012 年冬季(前一年的标准化的 E_{in}≤−0.5)的合成分析结果；黄色箭头的示意图显示了从北大西洋和南大西洋向东传播的主波列(He et al., 2020a)

4.7　人类活动对极端低温的影响

基于"气候变率与可预测性研究"(CLIVAR)下的 C20C 检测归因计划 CAM5.1 大气环流模式，以及 CMIP6 检测归因试验(DAMIP)的 5 个模式单因子强迫(温室气体、气溶胶和自然强迫)以及历史试验(全强迫)和中国区域观测 CN05 格点资料，阐述外强迫因子对极端低温发生概率和变化趋势的影响。表征极端低温的指数如表 4.3 所示，其中 TX10P 和 TN10P 为相对指数，其他为绝对指数。

表 4.3　极端低温指数的定义

英文缩写	指数名称	定义	单位
TNn	最冷夜	日最低温度的年最小值	℃
TX10P	冷日	日最高气温大于 10%阈值的天数百分率	%
TN10P	冷夜	日最低气温小于 10%阈值的天数百分率	%
FD	霜冻日数	一年中日最低温度低于 0 ℃的总天数	d
ID	结冰日数	一年中日最高温度低于 0 ℃的总天数	d

图 4.48 给出了基于 C20C-CAM5.1 模式的我国不同极端冷事件指数(最冷夜 TNn、冷日 TN10P 和霜冻日数 FD)RR 值(风险比)的空间分布。需要说明的是，对于冷事件，计算 RR 时取左侧阈值(如 1%分位数)，因此，极端冷事件 RR 值大于 1，表征增暖使得冷事件极值发生风

险减小，反之 RR 小于 1 表征增暖使得冷事件发生风险增大。由图可见，人类活动等外强迫对冷事件影响较大的是冷日 TN10P 和霜冻指数 FD，如使得我国北方地区（东北、华北和西北）的冷日极端值发生概率显著减少，该区 RR 值大于 5；最低温度的增加，使得霜冻日数大幅减少，尤以青藏高原和西北地区最为显著，其 RR 值大于 7，说明人类活动等外强迫显著减少了霜冻日数极值的发生概率。进一步对比中国大陆和北方地区区域平均的 RR 值也可以一致的结论，如 TN90P 和 FD 指数北方地区平均的 RR 值分别为 6.6 和 1.96，也能发现人为温室气体对北方冷事件极值发生概率显著减小的影响。

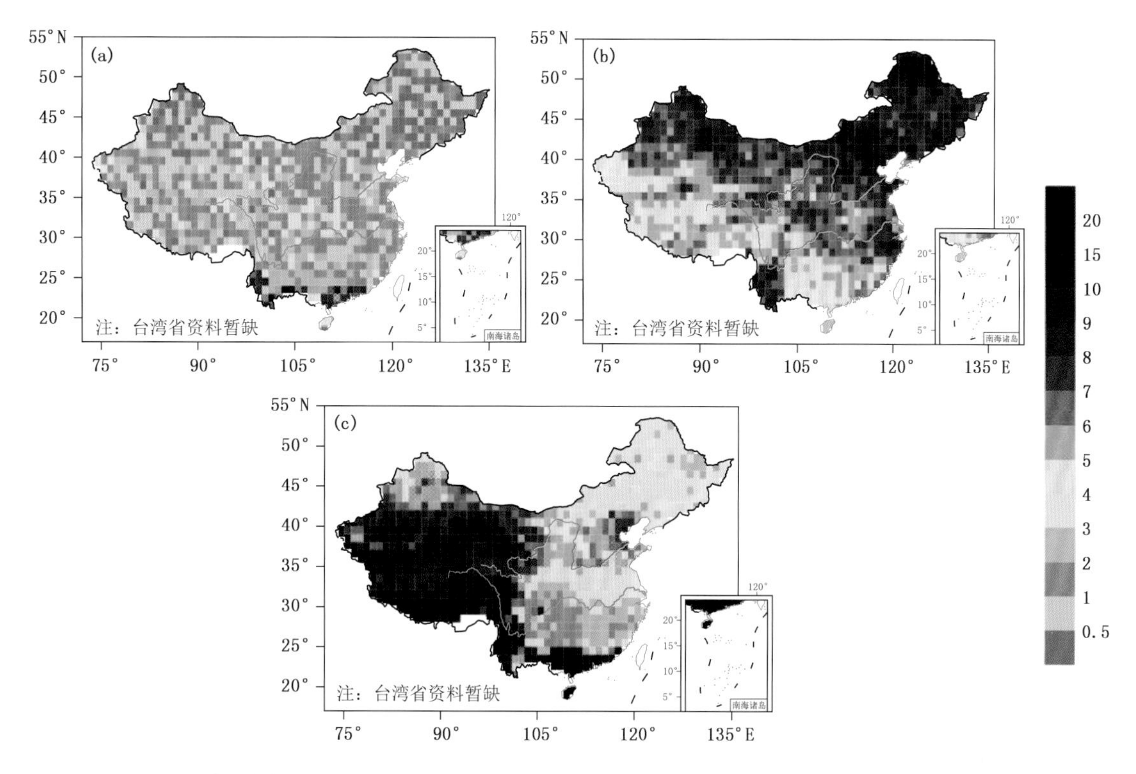

图 4.48　不同极端低温指数 RR(risk ratio)的空间分布，$RR=P_1/P_0$，P_1 和 P_0 分别为 All(增暖)和 Nat(自然强迫)下大于某个极端事件阈值的概率；注意对冷事件，如 TNn(a)、TN10P(b)和 FD(c)，阈值取左侧，RR 大于 1 说明增暖使得冷事件发生风险减小，反之 RR 小于 1 表征增暖使得冷事件发生风险增大(Chen et al.，2021)①

在全球增暖背景下，我国日最低气温显著增加，导致冷夜指数 TN10P 大幅减少（图 4.49），减少幅度最大区域为青藏高原区域，可达 −2%/(10 a)，这与最近几十年高原的显著增暖有关。其次为北方区域。CMIP6 全强迫试验（All）成功模拟了我国冷夜的减少趋势，大值中心也和观测较为一致，位于青藏高原和北方地区，但是幅度较观测弱；温室气体（GHG）和气溶胶单因子强迫试验结果表明，全强迫试验（All）中冷夜的减少很大程度由 GHG 贡献，气溶胶的降温效应导致冷夜变多，尤其是在我国南方地区，冷夜增多幅度为 0.7%/(10 a)，上述结论与全球尺度的相关研究一致。

① 引自：CHEN W，ZHANG W，LI L，2021. Human influence on frequency of temperature extremes over China，下同。

对于冷日 TX10P，图 4.50 给出观测和不同外强迫（全强迫、温室气体、气溶胶）我国冷事件（冷日，TX10P）的 Theil-Sen 变化趋势，可以发现观测中我国冷日百分比（频次）总体呈减少趋势，青藏高原存在大值中心，但其幅度较冷夜指数（图 4.49）显著偏小，这是由于逐日最高温度的增幅小于最低温度导致。CMIP6 全强迫下模拟的 TX10P 能再现上述趋势的空间分布，尽管在东北和华南模拟的减少趋势偏大；对比温室气体和气溶胶单因子强迫，可发现与前述冷夜指数类似，GHG 的冷日指数变化趋势与观测较为一致，而气溶胶强迫下中国大陆冷日增加，尤以南方地区幅度最大。因此，总体而言，最近几十年我国冷日天数的减少很大程度是 GHG 的贡献。

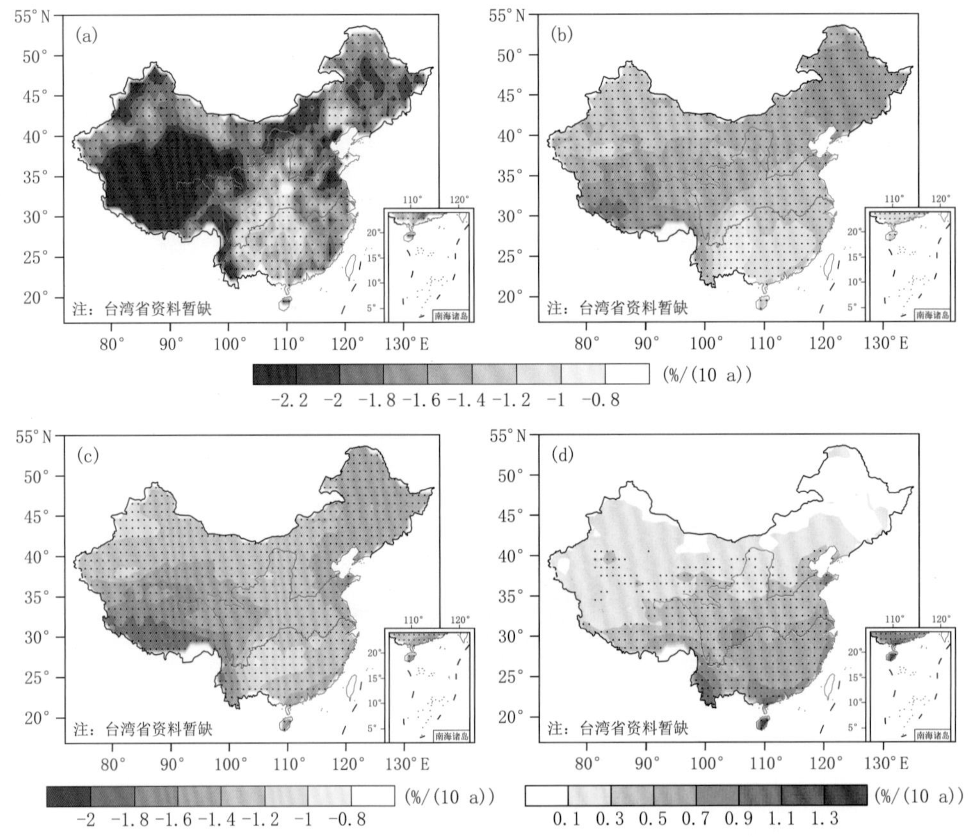

图 4.49　观测(a)和不同外强迫(全强迫(b)、温室气体(c)、气溶胶(d))我国冷事件(冷夜，TN10P)的 Theil-Sen 变化趋势，打点区域通过了置信度为 95%的显著性检验(Chen et al.，2021)

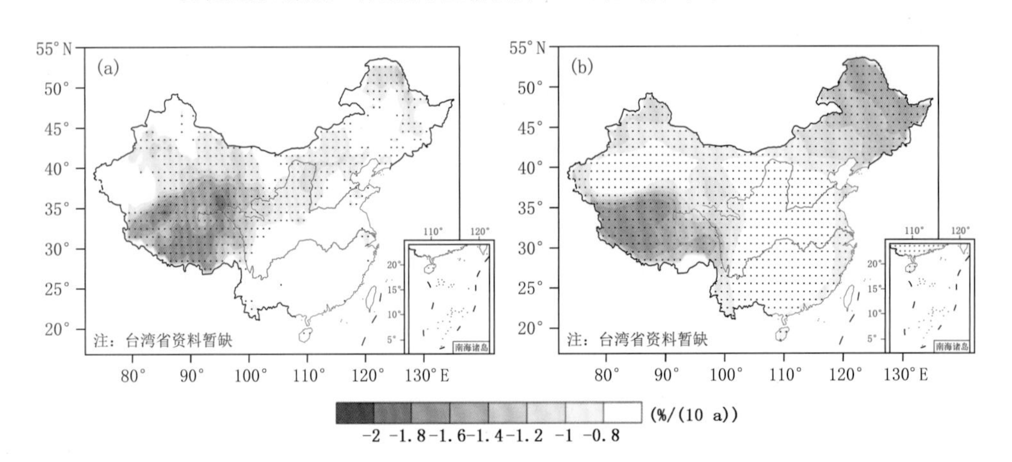

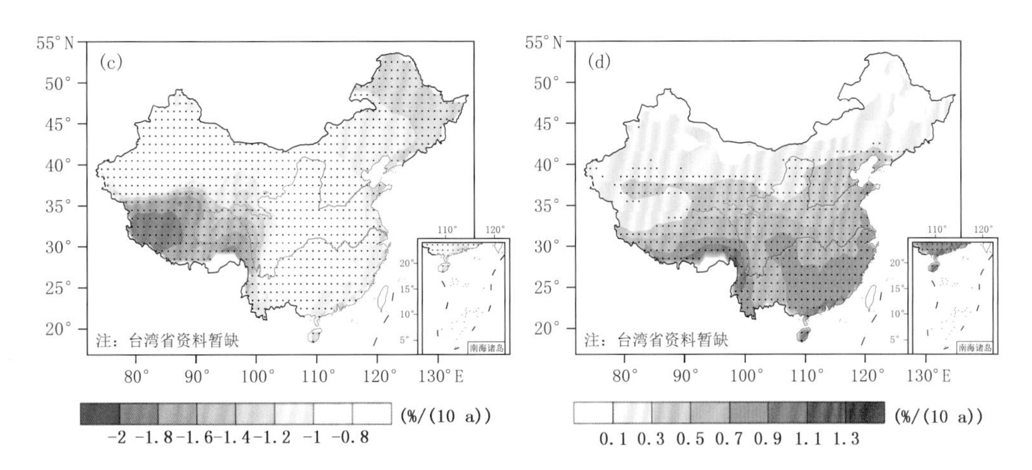

图4.50 观测(a)和不同外强迫(全强迫(b)、温室气体(c)、气溶胶(d))我国冷事件(冷日，TX10P)的Theil-Sen变化趋势，打点区域通过了置信度为95%的显著性检验(Chen et al.，2021)

极端冷事件的另一典型代表为霜冻日数和结冰日数，霜冻是一项重要的农业气候指标同样，考察外强迫对该指数的影响具有较大意义。同样基于CMIP6检测归因试验(DAMIP)的5个模式，对比分析了观测和不同外强迫下我国霜冻的变化趋势(图4.51)。由观测可见，近几

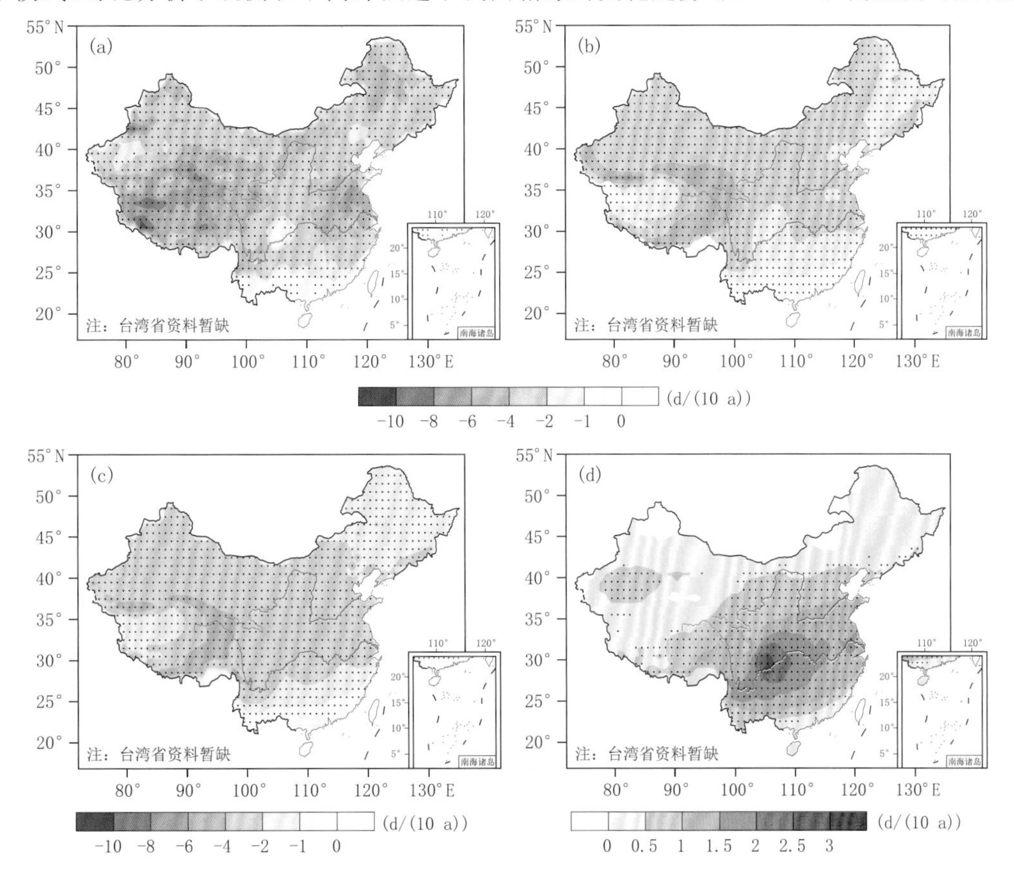

图4.51 观测(a)和不同外强迫(全强迫(b)、温室气体(c)、气溶胶(d))我国冷事件(霜冻日数，FD)的Theil-Sen变化趋势，打点区域通过了置信度为95%的显著性检验(Chen et al.，2021)

十年来我国年霜冻日数呈全局性显著减少趋势，尤以青藏高原和北方地区为甚，减少幅度达6 d/(10 a)，这是由于日最低温度的显著增加导致；全强迫试验 All 能再现我国霜冻日数的上述减少趋势，尽管减幅较观测弱，如青藏高原和北方地区的减弱幅度为 2 d/(10 a)；进一步基于单因子强迫试验，可发现霜冻的减少可归因于温室气体 GHG 的增加，后者引起逐日最低温度和最高温度显著增加，引起霜冻日数减少，这与基于 CMIP5 归因试验的结论类似(Zhai et al.，2018)；而气溶胶由于降温效应，使得霜冻增加，增加幅度大值区位于长江中游地区，达2 d/(10 a)。

对于结冰日数，图 4.52 给出最近几十年观测和 DAMIP 模式不同外强迫因子强迫下我国结冰日数(ice day，ID)变化趋势的空间分布，与前人的发现一致，全球变暖背景下观测中我国北方结冰日数显著减少(周雅清 等，2010)，大值中心位于青藏高原，可能与高原超过全球平均速率的快速增暖有关，逐日最高温度的增加导致结冰日数显著减少。全强迫试验 All 能再现我国结冰日数的上述减少趋势，但减弱幅度较观测强，如青藏高原西北部的减少幅度为 8 d/(10 a)；温室气体强迫下的结冰日数变化趋势与全强迫较为一致；与霜冻类似，气溶胶强迫下结冰日数为增加趋势，这可能与气溶胶增加导致逐日最高温度降低，进而引起结冰日数增加。综上，观测中我国冰冻日数的减少，很可能是温室气体增加的贡献。

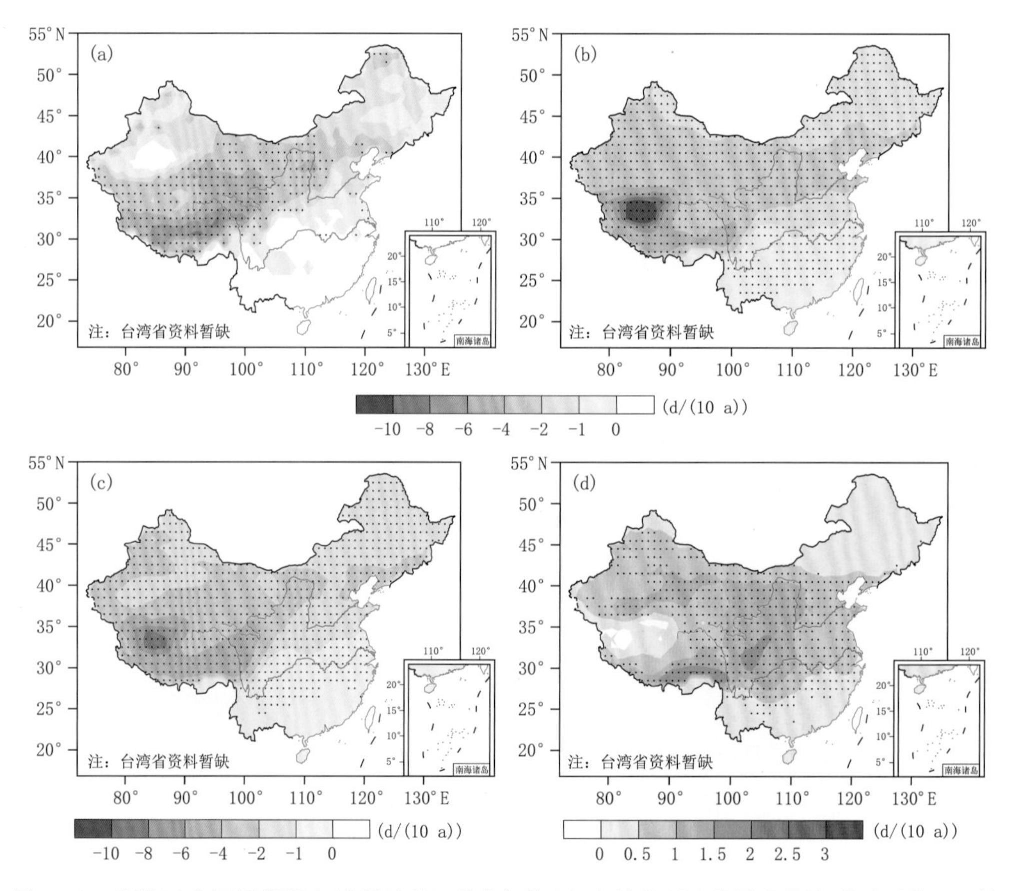

图 4.52　观测(a)和不同外强迫(全强迫(b)、温室气体(c)、气溶胶(d))我国冷事件(结冰日数，ID)的 Theil-Sen 变化趋势，打点区域通过了置信度为 95%的显著性检验 (Chen et al.，2021)

而自然强迫(Nat)下我国极端冷事件的变化趋势表明(图 4.53),除冷日 TX10P 在华南沿海有显著减少趋势外,其他指数的趋势变化幅度较全强迫以及温室气体和气溶胶强迫偏小,而且几乎没有通过统计检验的区域,说明总体而言,Nat 强迫对我国冷日、冷夜、霜冻和结冰日数等极端冷事件的变化趋势的贡献可忽略,也说明观测中国大陆极端冷事件的变化主要是温室气体和气溶胶的叠加贡献。

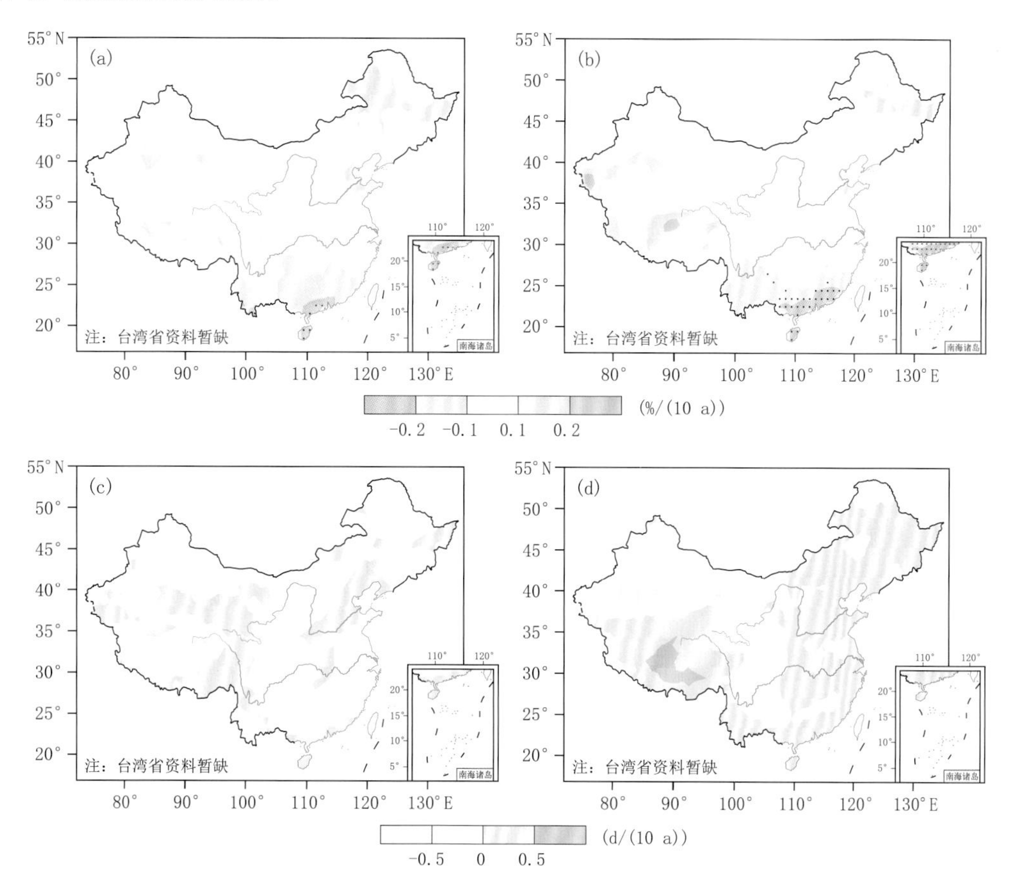

图 4.53　自然外强迫下我国冷事件(冷夜 TN10P(a)、冷日 TX10P(b)和霜冻日数 FD(c)、结冰日数 ID(d))的 Theil-Sen 变化趋势,打点区域通过了置信度为 95%的显著性检验 (Chen et al., 2021)

4.8　极端低温的冷空气团定量分析

4.8.1　区域性低温事件中的冷空气活动

区域性低温事件频发影响我国北方地区,且存在明显的地区差别(王遵娅 等, 2006;Peng et al., 2011;Wang et al., 2017)。区域性低温事件的出现频率、持续时间和强度在中国北方的不同区域可能有所差别。其中,中国东北地区发生区域性低温事件的频率高于中国北方其他地区。此外,中国东北部的许多区域性低温事件持续时间相对较短,而中国西北部的区域性低温事件通常可持续数天。为了弄清造成上述差异的可能原因，有必要对中国北方不同区域的低温事件进行详细分析。

低温事件的形成和演化与从地面到对流层的诸多动力和热力过程密切相关。低温事件发生前西伯利亚高压明显加强并向南扩张，意味着冷空气团的堆积。低温事件的暴发时对流层中低层往往出现很强的冷平流，说明冷空气的向南输送。向南的冷空气输送主要由西风带上的经向扰动引导，例如对流层中上部乌拉尔阻高；冷空气输送的路径和影响范围则受到东亚大槽强度的倾斜状况的调节。因此，对冷空气活动进行深入定量分析，可以为区域性低温事件的特征和不同区域间差异提供新的认识。

研究使用日本气象厅提供的1958—2015年，共58个冬季(12月、次年1月和2月)日本气象厅全球再分析资料(JRA-55)再分析资料。中国北方地区东西部的地形差异较大，为了调查这种地形差异对区域低温事件的影响，把中国北方划分为西北地区(35°—50°N, 70°—100°E)和东北地区(35°—50°N, 100°—130°E)。利用去除气候平均日循环的逐6 h JRA-55数据，计算了西北和东北地区的地表气温距平。在本研究中，区域低温事件被定义为一段持续超过24 h，气温距平低于−4 ℃这一阈值的事件，发生在西北地区和东北地区的低温事件分别简称为西北事件和东北事件。区域性低温事件的持续时间由区域内平均温度距平低于−4 ℃的时长定义，而强度被定义为低温事件过程中出现的最低气温。第0天表示事件的开始日期，−1(+1)天表示事件开始之前(之后)的第一天。

冷空气团质量(或称为厚度)及其水平质量通量可以使用等熵分析方法进行定量描述(Iwasaki et al., 2014)。参考前人的研究，将冬季的冷空气上界面的位温阈值定为$\theta_T=280$ K。冷空气团水平质量通量(F)定义为水平风(v)和压力(p)从地面到上述阈值等熵面($p(\theta_T)$)的垂直积分：

$$F=\int_{p(\theta_T)}^{p_s} v\mathrm{d}p \tag{4.1}$$

冷空气团流动的动力诊断参考Yamaguchi等(2019)的研究，定义冷空气团中的平均风速(v_m)为冷空气质量通量(F)和冷空气厚度(DP)的商：

$$v_m=F\cdot \mathrm{DP}^{-1} \tag{4.2}$$

将其带入冷空气厚度的局地变化方程：

$$\frac{\partial}{\partial t}\mathrm{DP}=-\nabla\cdot F+G(\theta_T) \tag{4.3}$$

可以得到：

$$\frac{\partial}{\partial t}\mathrm{DP}=-(v_m\cdot\nabla)\mathrm{DP}+\mathrm{DP}(\nabla\cdot v_m)+G(\theta_T) \tag{4.4}$$

上式中前两项分别表示冷空气团内水平风的平流效应和辐合效应对冷空气团厚度局地变化的作用，第三项表示非绝热过程对冷空气团厚度变化的影响。

在过去58年间，西北地区发生了83次低温事件，平均每年发生1.4次。其中，56.6%的低温事件发生在1月。相比之下，在东北地区共发生了153次低温事件，几乎是西北地区事件频数的两倍。在持续时间方面，西北低温事件的平均可持续6.8天，有一些事件的持续时间甚至可以超过15天；东北低温事件的平均持续时间仅为4.7天，显著短于西北低温事件。从强度来看，西北低温事件的平均强度为−6.8 ℃，而东北地区的平均强度为−7.0 ℃，两个区域的低温事件的强度差别较小。在区域性低温事件发生前会出现一个快速的降温过程，东北地区的降温速率(−2.4 ℃/d)明显快于西北地区(−1.9 ℃/d)。

图 4.54 两个区域的低温事件过程中温度异常的时空演变。在西北地区低温事件的第−4天,温度异常起源于毗邻中国西北部的西伯利亚地区(图 4.54a)。从第 4 天到第 1 天,其边界逐渐延伸至天山北侧。低温边界在第 0 天穿过天山—阿尔泰地区到达青藏高原北侧。边界主要向东南延伸至河西走廊,部分向西南延伸至塔里木盆地。在第+2 天,低温几乎影响了整个西北地区,其影响甚至延伸到东北地区。从第 4 天到第 0 天,中心向南移动到中国西北部。然后,在第+1 天到第+2 天通过天山和阿尔泰山脉之间的山谷,在第+4 天到达河西走廊。低温异常中心的移动速度如图 4.54c 所示。从第 4 天到第+1 天,移动速度为 200～300 km/d,在第+2 天之后增加到 400～550 km/d。

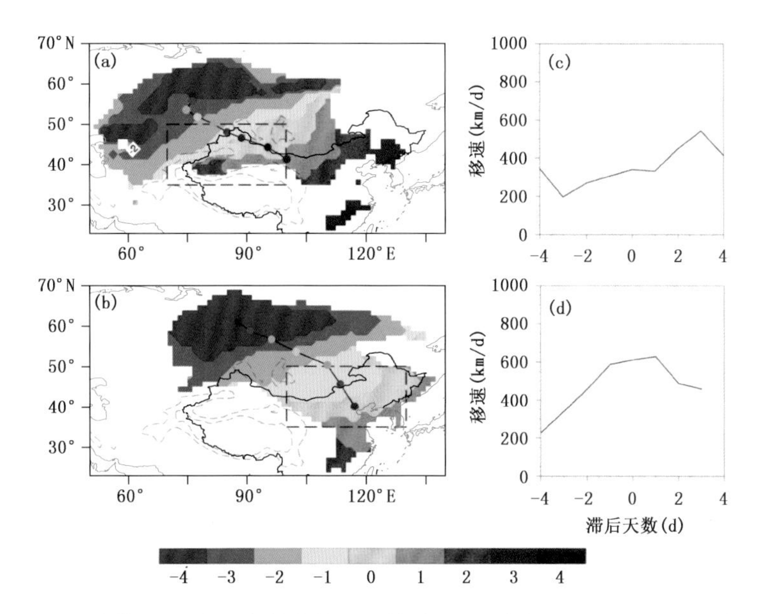

图 4.54　(a)西北事件和(b)东北事件中低温区域(气温距平小于−4 ℃)的时空演变及其移动速度。填色表示该格点地表气温首次低于−4 ℃的时间,彩色点表示低温区域中心在每一天对应的位置。灰色虚线为 2000 m 和 4000 m 地形海拔等值线。图(a)和(b)中黑色虚线框标出的范围分别为西北地区和东北地区。图(c)和(d)分别表示西北事件和东北事件中低温中心的移动速度变化(Liu et al., 2020)

东北低温事件开始前的第−4 天,异常低温同样起源于西伯利亚地区,和西北低温事件类似(图 4.54d)。从第−4 天到第−2 天,异常低温的边界伸展到贝加尔湖和天山山脉,并在第−1 天跨过蒙古高原到达华北地区。在事件发生时,低温异常控制了整个东北区域。在第 0 天之后,低温中心继续向南移动,在第+2 天到达华北平原,随后影响到华中和华南。尽管两类低温事件的起源地在类似的位置,但东北事件的低温异常中心移动轨迹更加偏东。低温中心移速在第−4 天和第−3 天时相对比较慢(200～300 km/d),但是它在第−2 天后快速增加到超过 400 km/d,并在第+1 天达到峰值(628 km/d)。在第−3 天到第+2 天之间东北事件低温异常中心的移速要远大于西北事件的异常中心移速(图 4.54c, d)。

中国北方两个地区区域性低温特征的差异可以与冷空气的活动和演化相联系(图 4.55)。在西北地区区域性低温发生前,西伯利亚上空的冷空气逐渐堆积增厚。在乌拉尔地区高压脊

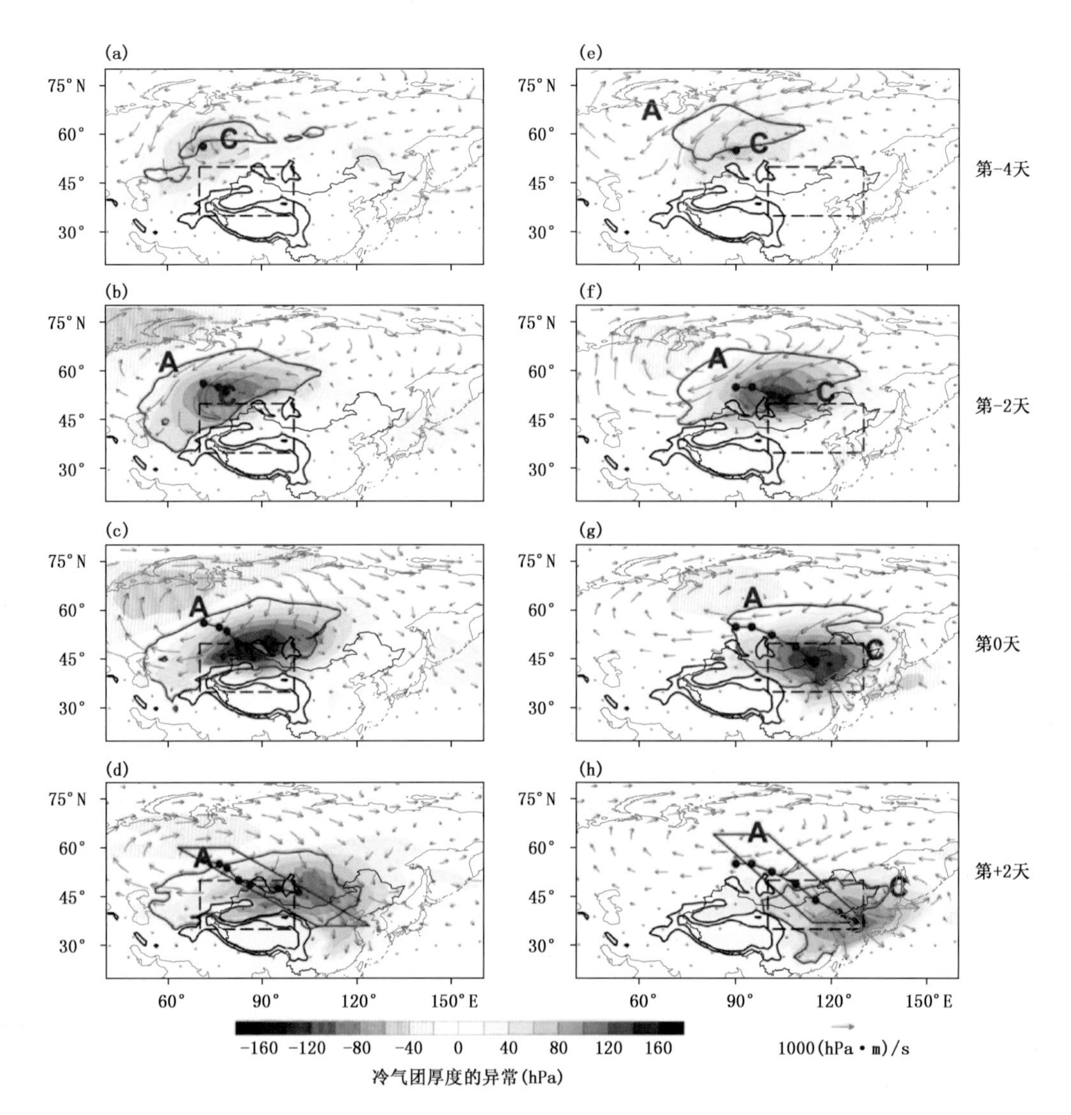

图 4.55　中国北方区域低温事件期间冷空气异常的时空演变。填色表示冷空气厚度异常。矢量表示冷空气质量通量的异常。红线(点)表示冷空气厚度异常的轨迹(中心)。(a—d)和(e—h)中的黑色虚线矩形分别表示中国西北和东北地区。黑色等值线表示海拔 2000 m 和 4000 m。红色等值线表示相应日期的地面气温异常－4 ℃。图中的“A”和“C”分别表示反气旋和气旋式冷空气质量通量异常的中心(Liu et al.，2020)

的影响下，冷空气质量通量异常在西伯利亚地区建立了一个反气旋和气旋的西北—东南向偶极子。在偶极结构之间的高纬度地区(50°—70°N)，向西南的流量异常增强。这个流量异常在气旋式流量异常中心南侧转为向东南的流量异常，引导冷空气流入西北地区。因此冷空气团厚度异常的强度增强、面积扩大，与图 4.54 中低温异常面积的增大有密切关系。在区域低温事件建立的当日，冷空气在偶极子式环流的引导下向东南移动到天山—阿尔泰山脉。随后的几天中，冷空气穿过山脉之间的山谷，一部分冷空气西移至塔里木盆 地，而大部分冷空气移动到河西走廊和蒙古高原，同时伴随着冷空气团厚度异常的前部向东南流量增强。在经过天山—阿尔泰山脉后,冷空气和低温区域的移动速度明显加快,侧面说明地形效应对低温时空演变的重要影响。

对于东北地区的区域性低温事件,前期冷空气堆积的位置偏东,主要位于阿尔泰山区。冷空气流量异常出现于西北低温事件类似的偶极型结构,但位置偏东约 20 个经度。之后,冷空气从贝加尔湖附近向蒙古高原移动。在冷空气移动路径上没有明显地形阻挡,使得冷空气可以快速向东南移动到中国东北地区。除了东北和西北地区之间的差异,对于同一地区不同类型的冷空气也会导致区域性低温特征的差别。进一步利用冷空气厚度对地面气温的回归分析表明,冷空气厚度异常越大,地面最低温度越低。前期冷空气厚度异常位置偏西北且流动较慢,会导致区域性低温维持更长的时间。

对于冷空气厚度这一能调节区域性低温事件特征的关键因子,可以进一步诊断主导其变化的物理过程(图 4.56)。通过计算低温事件过程中冷空气团异常大值区(图 4.55 中红点及其附近)中的厚度变化,定量分析影响冷空气厚度局地变化的相关物理过程。结果表明,绝热过程对西北和东北地区区域性低温事件中冷空气厚度的变化起着决定作用,而非绝热过程的影响要小得多。绝热过程中的水平平流项主要解释了冷空气前缘厚度的增加,而辐合项则导致区域性低温发生前(后)冷空气厚度的积累(减少)。在西北地区低温事件暴发前水平辐合项大约贡献了 10 hPa/d 的厚度增加,和水平平流项相当(10～20 hPa/d)。平流项在第 0 天以后成为了主要的贡献项,而辐合项的贡献趋近于零。东北地区区域性低温事件中绝热过程引起的冷空气厚度变化速率比西北地区高约 50%。辐合项在东北事件发生前较强,大约为 20 hPa/d。这种较强的冷空气辐合是由于在东北地区以北气旋式冷空气流量异常以及东亚大槽的加深导致的。在冷空气团的前缘,较强的辐合项能够增强冷空气团厚度梯度,从而导致较强的水平平流。在低温事件暴发时,平流项在东北地区达到它的峰值 85 hPa/d,这几乎是西北事件平流项峰值的两倍。因此,较强的水平平流项导致了东北地区冷空气团厚度的快速变化,从而解释了该地区低温事件过程中地表气温的快速降低。

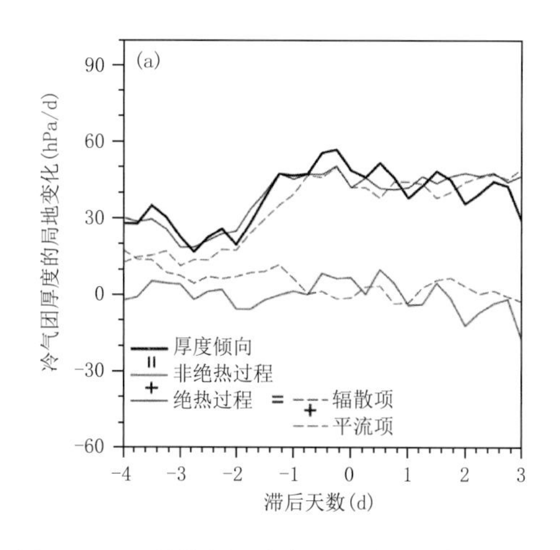

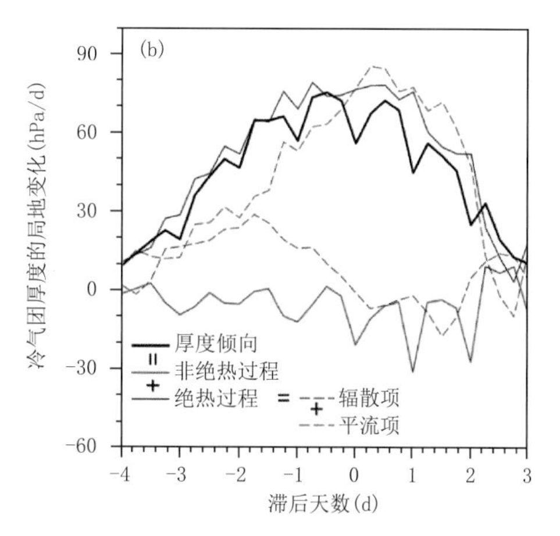

图 4.56　区域性低温事件过程中冷空气厚度倾向(粗黑线)、非绝热过程(红线)、绝热过程(蓝线)、平流项(棕虚线)和辐合项(绿虚线)的时间序列。(a)和(b)分别表示西北和东北地区的区域性低温事件(Liu et al.,2020)

4.8.2 冷空气活动多样性及其对低温的影响

向南冷空气流动的周期性增强是东亚冬季风的重要活动，被称为冷空气暴发或冷涌。东亚地区冷空气暴发的频率约为每年10次（王遵娅 等，2006）。冷空气暴发期间向南输送了大量冷空气，并产生强烈的热量和水分交换，显著影响着东亚中低纬度地区的天气。以往的研究表明，东亚地区的冷空气暴发在时间演变和空间分布上存在差异。在冷空气暴发期间，冷空气团通常来自北极或高纬度欧亚大陆，然后向东南移动经过西伯利亚中部，最后到达东亚中低纬地区。前人研究根据冷空气暴发的路径将其分为几种类型，并指出了不同类型的冷空气来源、流向或驱动因素的差异。但对于冷空气暴发的经向活动范围差异尚缺少深入研究。在冷空气暴发事件中，冷空气经向运动是冬季大气跨纬度相互影响的重要过程，也是联系不同尺度系统之间的关键纽带，并对东亚的天气和气候产生直接影响。从经向活动范围的角度，揭示冷空气暴发事件的多样性，有助于深入理解东亚冬季风以及东亚地区的天气和气候变化。

对于冷空气的定量描述，基于公式（4.1）的冷空气水平质量通量，还可以进一步计算某一纬度上的冷空气向南输送量（Shoji et al.，2014）：

$$F_{\phi}=\frac{a\cos\phi}{g}\int_{\text{lon1}}^{\text{lon2}}F_{-v}\,\mathrm{d}\lambda\,|_{\phi} \tag{4.5}$$

式中，F_{-v}、a 和 g 分别是冷空气向南质量通量、地球半径和重力加速度。除了动力特征，该方法还可以用来量化冷空气团的热力属性。冷空气团的负热含量（NHC）定义为冷空气团内位温与阈值位温之差的垂直积分：

$$\text{NHC}=\int_{p(\theta_T)}^{p_s}(\theta_T-\theta)\,\mathrm{d}p \tag{4.6}$$

图4.57a展示了气候平均状态（1958—2015年）的冷空气团质量通量，这种强劲的向东南方向流动的冷空气称为东亚冷气流。在高纬度（50°—70°N）的冷空气源地，气流主要表现为向东流动。之后在东亚地区冷气流转向东南，并扩展到东亚中纬度地区（30°—50°N）。在此基础上，还存在一条相对较弱的冷气流经过中国东部，进一步流向低纬度（<30°N）。本研究中选择50°N和30°N的纬度来划分高、中、低纬度。图4.57b进一步显示，东亚冷气流主要在100°—138°E这一窗口流经50°N，在110°—130°E的窗口通过30°N。因此，利用这两个经度范围来计算进入中纬度和低纬度的冷气流强度（$F_{50°\text{N}}$ 和 $F_{30°\text{N}}$）。并对其进行标准化，得到了进入中、低纬度地区的冷气流强度指数：

$$\text{CAOI}_{\phi}=\frac{F_{\phi}-\overline{F_{\phi}}}{\sigma_{F_{\phi}}} \tag{4.7}$$

本研究主要关注较强的冷空气团活动（即冷空气暴发事件），因此，选定阈值 CAOI_{ϕ} 大于1.5的作为冷空气暴发事件的选取标准。

基于 CAOI_{50} 和 CAOI_{30} 这两个指数，东亚的冷空气暴发事件可分为三种类型。第一类为中纬度型事件，表现为冷空气团由高纬度向中纬度流动，但向低纬度流动不明显（$\text{CAOI}_{50}\geqslant1.5$，$\text{CAOI}_{30}<1.5$）。第二类为贯穿型事件，表现为冷空气团自北向南贯穿高、中、低纬地区（$\text{CAOI}_{50}\geqslant1.5$，$\text{CAOI}_{30}\geqslant1.5$）。在这种类型中下，超过 CAOI_{50} 和 CAOI_{30} 超过1.5阈值的时段应至少有1天的重叠。最后一类是低纬度型事件，表示冷空气团直接从中纬度向低纬度入侵 $\text{CAOI}_{50}<1.5$，$\text{CAOI}_{30}\geqslant1.5$）。在本研究的时段内，三种类型的冷空气暴发事件的发生次

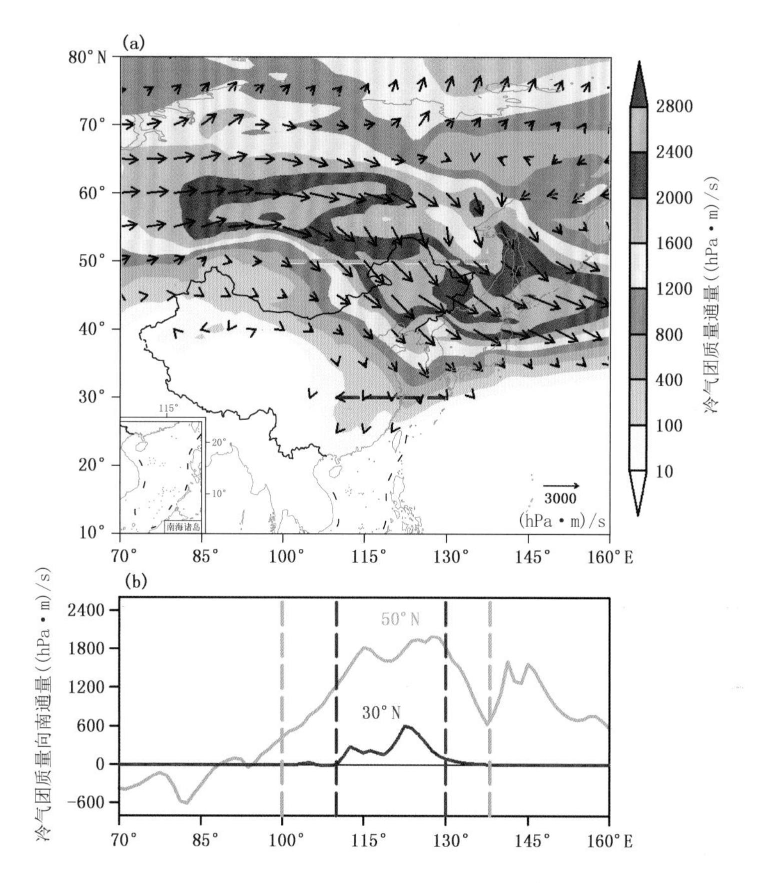

图4.57　1958—2016年平均的冷空气质量通量空间分布(a)和50°N和30°N上经向冷空气质量通量(b)。(a)中的矢量和填色分别表示冷空气质量通量及其量级。(b)中绿色和粉色虚线分别表示100°—138°E和110°—130°E的纬度窗口(Liu et al., 2021)

数分别为92(中纬度型)、95(贯穿型)和163(低纬度型)。

冷空气暴发事件的开始日期定义为第0天，既$CAOI_{50}$(中纬度型和贯穿型)或$CAOI_{30}$(低纬度型)首次超过1.5的日期。冷空气暴发事件持续时长定义为冷空气暴发指数(CAOI)连续大于1.5的时间。冷空气暴发事件的强度定义为持续时间内的最大CAOI。中纬度型和贯穿型事件的持续时间和强度的计算依据$CAOI_{50}$，低纬度型事件的持续时间和强度的计算依据$CAOI_{30}$。

持续时间是冷空气暴发的重要特征。从平均值来看，贯穿型事件的持续时间为2.4天，明显长于中纬度型(1.8天)和低纬度型(1.7天)事件的持续时间。图4.58a进一步显示了不同类型冷空气暴发(CAO)持续时间的概率分布。三种类型事件中的大多数(89%)持续时间都短于4天(图4.58a)。其中，贯穿型事件里持续时间超过4天所占比例相对较高(23%)，一些极端情况下持续时间长达8天。三种类型的冷空气暴发事件的强度也有明显差异(图4.58b)。中纬度型事件中超过60%的事件强度较弱(1.5<CAOI<2.0)。然而低纬度型事件中，CAOI>3.0的强事件发生率接近27%。这些结果表明，三种类型的冷空气暴发事件(CAOs)之间存在着明显的差异。冷空气暴发事件的发生也具有明显的次季节尺度变化(图4.58c)。中纬度型事件在冬季有多个活跃期，主要包括12月中旬、次年1月上旬和2月上旬。贯穿型和低纬度型事件主要发生在12月下旬—次年2月上旬。具体来看，低纬度型事件频率的峰值比贯穿型事件晚 10 天左右。这些结果表明，三种类型的 CAOs 之间存在着明显的差异，而这些差异可能受到不同大尺度环流的调制。

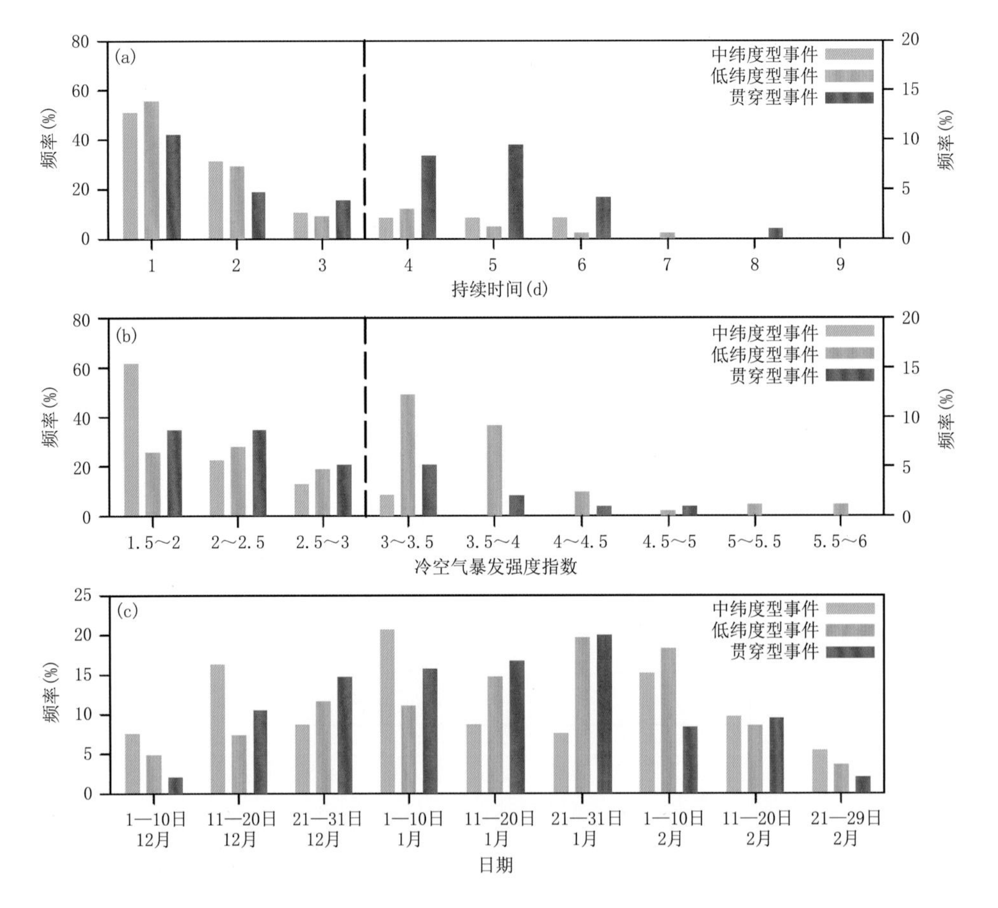

图 4.58　冷空气暴发事件持续时间(a)和强度(b)和发生日期(c)的概率分布。蓝色、黄色和红色柱分别表示中纬度型、低纬度型和贯穿型事件(Liu et al.，2021)

三类冷空气暴发事件的时空演变特征具有明显的差别。在中纬度型事件发生时(图 4.59a)，冷空气质量通量的异常在第－4 天首先出现在西伯利亚北部靠近喀拉海区域(75°—100°E)。在此之后，冷空气质量通量异常逐渐发展成一个偶极子形态，在西伯利亚上空是反气旋式的冷空气质量异常，而在东北亚上空的气旋式的冷空气质量通量异常。到第 0 天，这个偶极子，特别是东北亚上空的气旋，增强到最大值并向南移动到大约 50°N。此时偶极子中部强大的向南冷空气质量通量从高纬度延伸到中纬度。在东北亚的气旋以南，向南的通量转变为向东的通量，使得冷空气并不能进一步到达低纬度。从第＋2 天到第＋4 天，偶极型逐渐消失，向南的冷空气质量通量减弱。

在贯穿型事件中(图 4.59b)，冷空气质量通量的异常在第－4 天出现在拉普捷夫海(120°—150°E)。此后，冷空气质量通量的异常同样也会发展出一个偶极子形态。但与中纬度型事件不同的是，西伯利亚上空反气旋比东北亚上空气旋强得多。因此，偶极子中部的向南冷空气流在贯穿型事件中比在中纬度型事件具有更大的向西分量。第 0 天到第＋2 天，向南的冷空气质量通量反气旋的东侧加强，并逐步延伸到中纬度和低纬度地区。

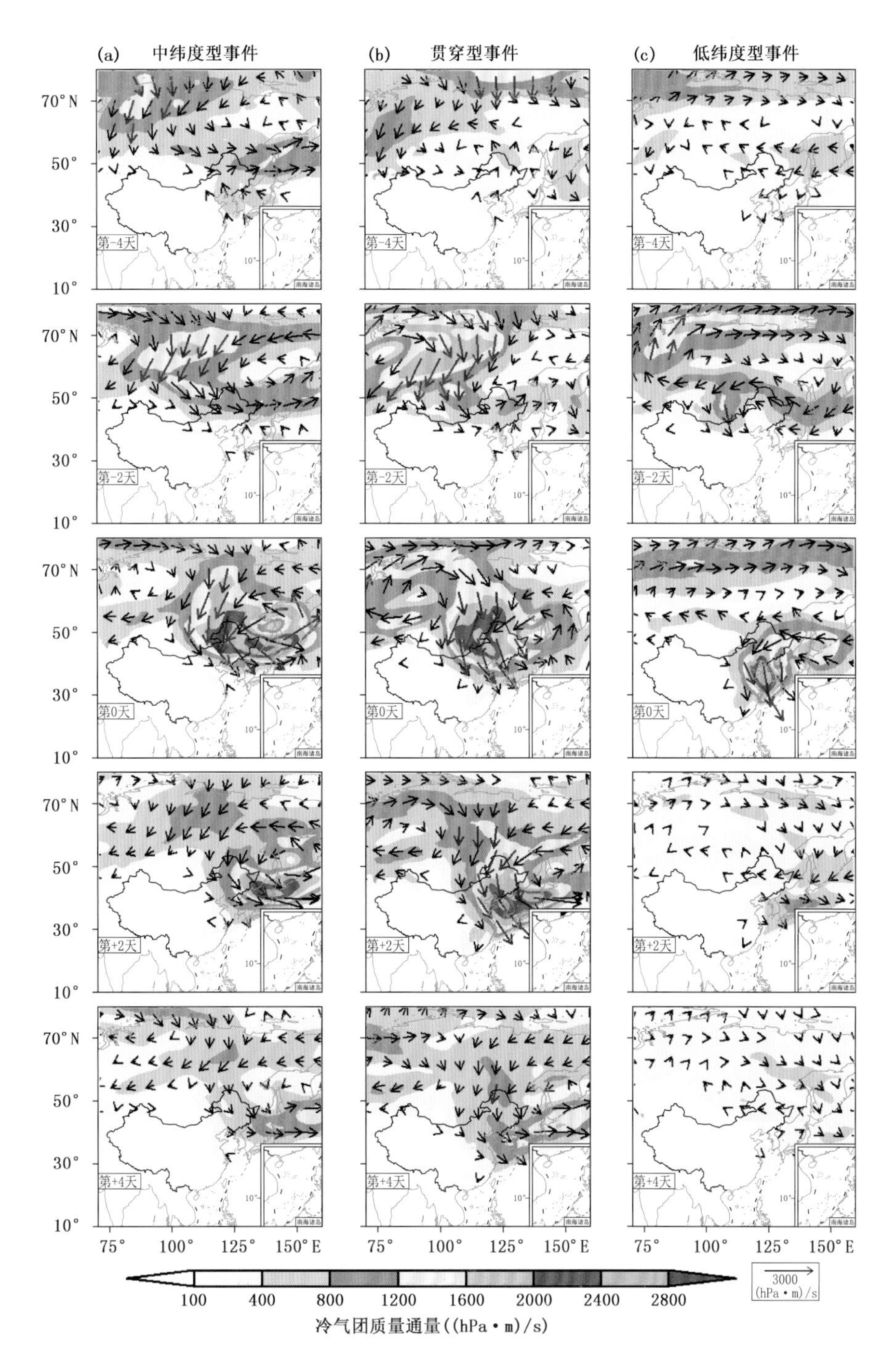

图 4.59　中纬度型(a,左列)、低纬度型(b,中列)和贯穿型(c,右列)事件中冷空气质量通量的时空演变。箭头和填色表示冷空气质量通量相对气候平均的异常。红色箭头表示冷空气向南质量通量大于 1000 (hPa · m)/s(Liu et al., 2021)

低纬度型事件的冷空气质量通量异常与前两种类型具有完全不同的空间形态(图 4.59c)。在第－4 天,高纬度地区没有出现明显的向南冷空气团通量异常。直到第－2 天,在欧亚大陆建立了一个十分庞大的反气旋式冷空气质量通量异常。此时，从日本海到中国东北部50°N附近出现了向西的冷空气通量异常，表明东亚气流的减速和辐合堆积。在第0天，这种向西的异常通量随着日本海上气旋式环流的加强逐渐转向南，开始影响低纬度地区。然而，由于缺乏来自高纬度的冷空气补充，向南通量异常在第+2天迅速减少。上述结果表明，通过前期欧亚高纬地区冷空气质量通量异常的形态不同，可以三种类型的冷空气暴发事件进行有效区分。

三类冷空气暴发事件的冷空气质量通量垂直结构在热力和动力方面也表现出很高的差异性(图4.60)。在50°N，贯穿型事件的温度异常中心相比中纬度型事件位置更偏西也更接近地面。此外，贯穿型事件的具有更强的异常低温。从动力角度，贯穿型事件发生时对流层中部的西风带出现减速使得南风分量增加，有利于冷空气向更低纬度地区输送。在30°N，低纬度型事件比贯穿型事件具有更低的温度异常，同时低纬度型事件中除了更低的温度还搭配了更强的北风异常。

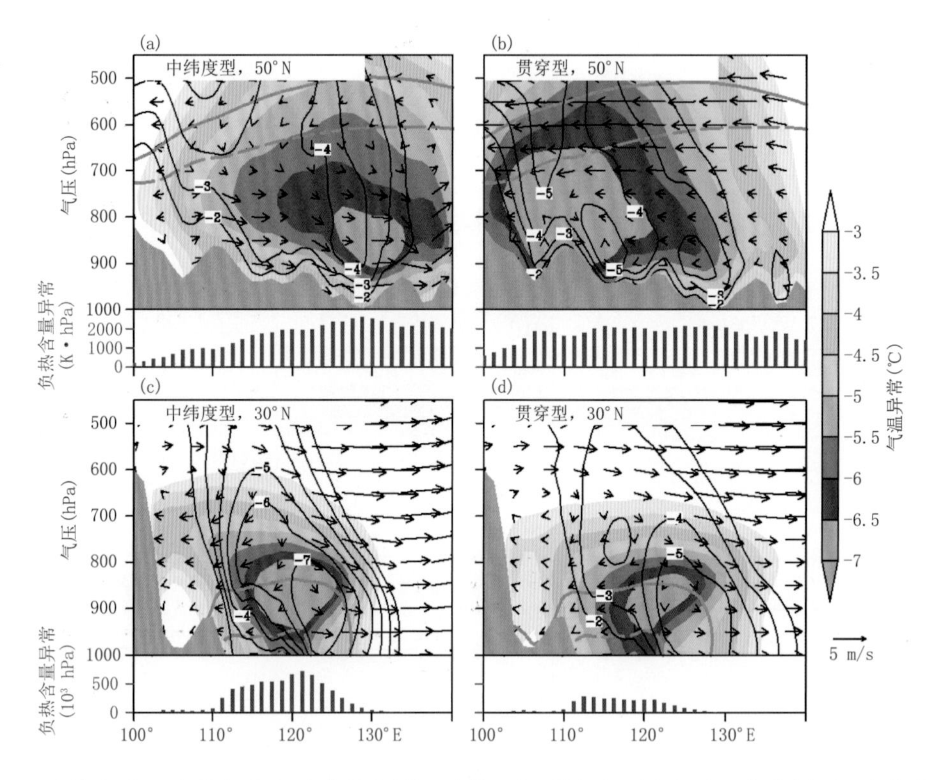

图4.60　中纬度型(a)和贯穿型(b)事件暴发第一天沿50°N的气象要素经度—高度剖面。中纬度型(c)和贯穿型(d)事件暴发第一天沿30°N的气象要素经度高度剖面。橙色实线和虚线分别表示事件合成和气候平均的冷空气团上边界。黑色等值线表示气温异常，箭头表示风场异常。紫色柱状图为冷空气负热含量异常的纬向分布(Liu et al.，2021)

由于冷空气暴发存在不同的类型，与之相关的低温和降水天气也表现出不同的特征。冷空气暴发通常在其路径和周边地区引起严重的低温事件。这里低温事件强度定义为冷空气暴发事件持续期间地表温度异常的最大值，降温速率定义为地面气温逐日变率的最大负值。低温的持续时间定义为温度异常低于−5 ℃的时长。图4.61可以看出在不同类型的冷空气暴

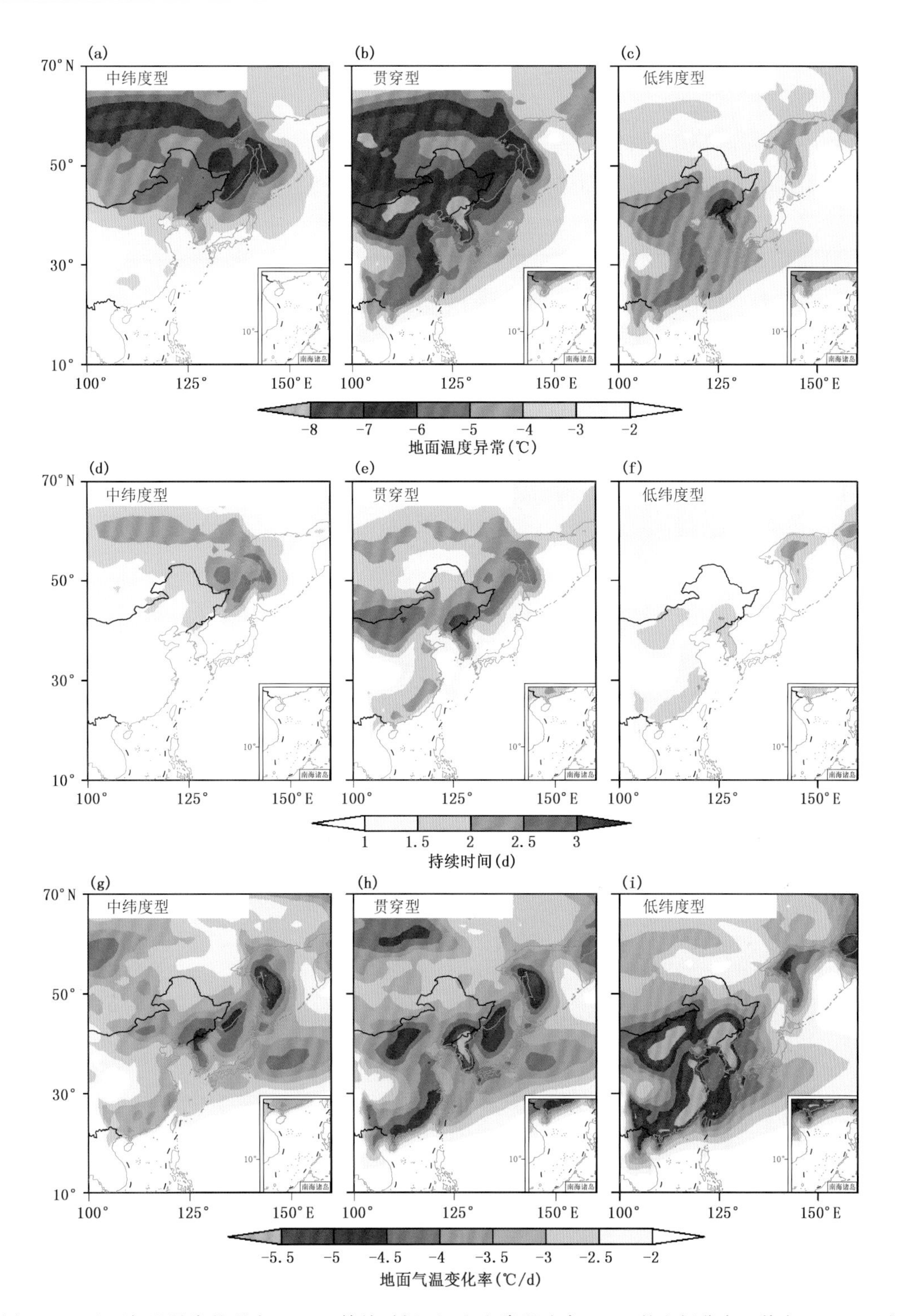

图4.61 地面气温异常的强度(a—c)、持续时间(d—f)和降温速率(g—i)的空间分布。其中(a, d, g)为中纬度型,(b, e, h)为贯穿型,(c, f, i)为低纬度型。持续时间定义为冷空气暴发期间地面气温异常低于−5 ℃的时长(Liu et al., 2021)

发事件中，近地面低温所覆盖的空间范围与冷空气暴发的路径是基本一致的。对于中纬度型事件期间(图 4.61a)，冷异常主要发生在西伯利亚和东北亚约 40°—60°N，较好对应了冷空气团的主要路径(图 4.59a)。低温事件的强度约为－7～－5 ℃，降温速率为－5～－3 ℃/d，持续时间为 1.5～2 天(图 4.61a,d,g)。

在贯穿型事件中的低温异常占据了东亚中、低纬度的大部分地区，比其他两类事件的范围更大(图 4.61b)。贯穿型事件中的低温强度最大，中国北部和朝鲜半岛的温度异常强度超过－8 ℃，甚至华南也有－6 ℃。相比于中纬度型，贯穿型时间的降温速率更大，约为－5.5～－4 ℃/d；持续时间更长，为 1.5～2.5 天(图 4.61e 和 h)。对于低纬度型事件，低温的影响仅限于中低纬度，强度也相对较弱(－6～－4 ℃)(图 4.61c)。但是其降温速率(<5.5 ℃/d)明显比其他两种类型的冷空气暴发(图 4.61i)更为剧烈。这种快速的温度下降可归因于对流层低层强偏北风驱动的南向冷空气质量通量的突然增强(图 4.59c 和 4.60c)。由于低纬度型事件本身持续时间短，其影响范围的低温持续时间仅为 1～1.5 天(图 4.61f)。考虑到上述差异，东亚地区的低温事件特征及其影响因素也较为复杂。例如中国华南地区的低温可能是由不同类型的冷空气暴发事件引起的(贯穿型和低纬度型事件)，而不同冷空气暴发事件所引起的低温强度、持续时间和降温速率则会有明显差别。

近几十年来，由于这三种类型冷空气暴发事件的长期变化趋势不同，东亚冬季极端低温的变化也呈现出空间差异性(图 4.62)。在低纬度地区，贯穿型和低纬度型事件明显减少，导致中国东部和朝鲜半岛等地区地面极端低温阈值的升温明显快于冬季平均地面气温。另一方面，中纬度型事件呈现相对平缓的趋势，使得东北亚地区地面极端低温阈值与冬季平均气温的增温速率基本一致。上述这些结果均显示了对东亚冬季风中的冷空气暴发事件进行分类和详细描述的必要性。

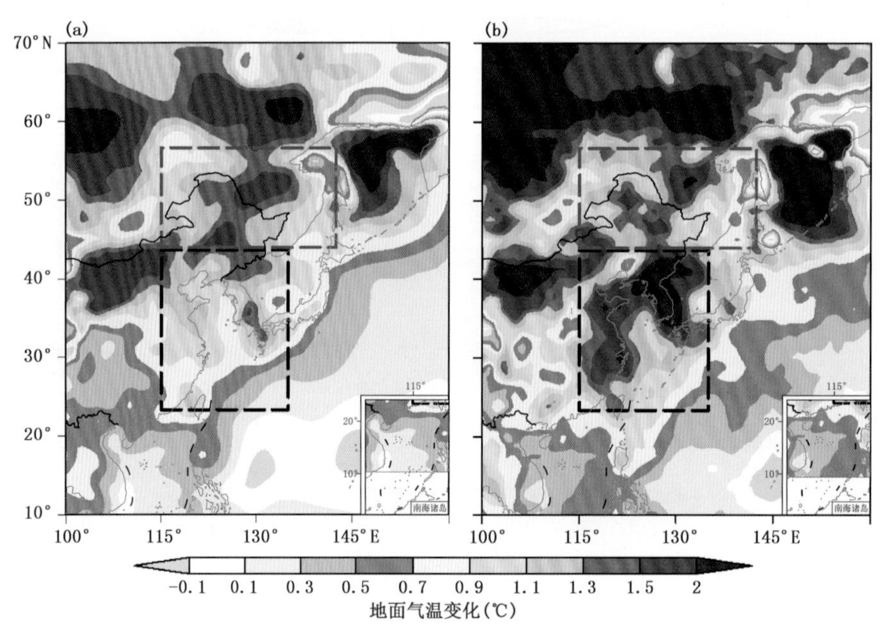

图 4.62　1958—1988 年和 1989—2004 年间气候平均地表温度(a)和第 95 百分位低温阈值的差异(b)。蓝色矩形表示受中纬度型和贯穿型事件影响的区域。黑色矩形表示受贯穿型和低纬度型事件影响的区域(Liu et al.，2021)

参考文献

韩方红，陈海山，马鹤翟，2018.冬季北大西洋涛动与中国北方极端低温相关性的年代际变化[J]. 大气科学，42:239-250.

贺圣平，王会军，2012.东亚冬季风综合指数及其表达的东亚冬季风年际变化特征[J]. 大气科学，36：523-538.

王遵娅，丁一汇，2006. 近53年中国寒潮的变化特征及其可能原因[J]. 大气科学，30(6)：1068-1076.

郑景云，满志敏，方修琦，等,2005.魏晋南北朝时期的中国东部温度变化[J]. 第四纪研究，25:129-140.

周雅清，任国玉，2010.中国大陆 1956—2008 年极端气温事件变化特征分析[J]. 气候与环境研究，15：405-417.

BUEH C,FU X,XIE Z,2011. Large-scale circulation features typical of wintertime extensive and persistent low temperature events in China[J]. Atmos Oceanic Sci Lett，4：235-241.

COHEN J, COAUTHORS, 2020. Divergent consensuses on Arctic amplification influence on midlatitude severe winter weather[J]. Nat Clim Change，10:20-29.

GISTEMP Team，2022. GISS Surface Temperature Analysis (GISTEMP)，version 4. NASA Goddard Institute for Space Studies[EB/OL]. (2022-05-11)[2022-05-15]. http://data. giss. nasa. gov/gistemp/.

HE H,WANG H,LI F,et al，2020a. Solar-wind-magnetosphere energy influences the interannual variability of the northern-hemispheric winter climate[J]. Natl Sci Rev，7 (1):141-148.

HE S,XU X,FUREVIK T,et al，2020b. Eurasian cooling linked to the vertical distribution of Arctic warming [J]. Geophys Res Lett，47(10):e2020GL087212.

IWASAKI T,SHOJI T,KANNO Y,et al，2014. Isentropic analysis of polar cold airmass streams in the northern hemispheric winter[J]. J Atmos Sci，71:2230-2243.

LI J Y,LI F,HE S P,et al，2019. Influence of December snow cover over North America on January surface air temperature over the midlatitude Asia[J]. Int J Climatol，40:572-584.

LIU Q,LIU Q,CHEN G，2020. Isentropic analysis of regional cold events over northern China[J]. Adv Atmos Sci，37:718-734.

LIU Q,CHEN G,WANG L,et al，2021. Southward cold airmass flux associated with the East Asian winter monsoon：Diversity and impacts[J]. J Clim，34:3239-3254.

LU C,ZHOU B，2018. Influences of the 11-yr sunspot cycle and polar vortex oscillation on observed winter temperature variations in China[J]. J Meteorol Res，32:367-379.

LU C,ZHOU B,DING Y，2016. Decadal variation of the Northern Hemisphere Annular Mode and its influence on the East Asian trough[J]. J Meteorol Res，30:584-597.

LUO D,XIAO Y,YAO Y，et al，2016. Impact of Ural blocking on winter warm Arctic-cold Eurasian anomalies. Part I：Blocking-induced amplification[J]. J Clim，29:3925-3947.

OGAWA F,KEENLYSIDE N,GAO Y，et al，2018. Evaluating impacts of recent Arctic sea ice loss on the northern hemisphere winter climate change[J]. Geophys Res Lett，45:3255-3263.

PENG J B,BUEH C，2011. The definition and classification of extensive and persistent extreme cold events in China[J]. Atmos Oceanic Sci Lett，4:281-286.

SHI N,WANG X,TIAN P，2019. Interdecadal variations in persistent anomalous cold events over Asian midlatitudes[J]. Clim Dyn，52:3729-3739.

SHOJI T,KANNO Y,IWASAKI T,et al，2014. An isentropic analysis of the temporal evolution of East Asian cold air outbreaks[J]. J Clim, 27:9337-9348.

WANG Z Y, YANG S, ZHOU B T, 2017. Preceding features and relationship with possible affecting factors of persistent and extensive icing events in China[J]. Int J Climatol, 37:4105-4118.

XU X P, HE S P, LI F, et al, 2018. Impact of northern Eurasian snow cover in autumn on the warm Arctic-cold Eurasia pattern during the following January and its linkage to stationary planetary waves[J]. Clim Dyn, 50:1993-2006.

XU X P, HE S P, WANG H J, 2020. Relationship between solar wind-magnetosphere energy and Eurasian winter cold events[J]. Adv Atmos Sci, 37:652-661.

YAMAGUCHI J, KANNO Y, CHEN G X, et al, 2019. Cold air mass analysis of the record-breaking cold surge event over East Asia in January 2016[J]. J Meteorol Soc Japan, 97:275-293.

YUAN C, LI W, 2019. Variations in the frequency of winter extreme cold days in northern China and possible causalities[J]. J Clim, 32:8127-8141.

ZHAI P M, ZHOU B Q, CHEN Y, 2018. A review of climate change attribution studies[J]. J Meteorol Res, 32:671-692.

第 5 章　暴雪

强降雪常常引发严重灾害,给经济社会带来巨大影响(Changnon et al.,2006a,2006b)。如,2009/2010 年和 2010/2011 年冬季美国和欧洲西北部的暴雪造成大面积交通瘫痪和通信中断,导致数十人丧生。中国北方作为降雪最为集中和频繁的地区之一(刘玉莲 等,2012),也最易受到雪灾的侵袭。2005 年 12 月山东半岛出现持续性冷流暴雪(周淑玲 等,2008),2007 年 3 月初中国东部的北方地区发生严重暴风雪(孙建奇 等,2009),2009 年冬季新疆北部出现持续性暴雪(张书萍 等,2011),2010 年 1—2 月新疆北部发生特大暴雪等(李如琦 等,2015),均对社会经济、农牧业、人民生活造成了巨大影响。因此,强降雪变化以及相关的机理研究越来越受到关注。

本章主要介绍了我国北方降雪事件(特别是强降雪事件)的年际和年代际变化特征,以及影响强降雪发生的大尺度环流特征和水汽条件,同时揭示了外强迫因子(包括热带关键区海温、哈得来(Hadley)环流、北极海冰、AMO)对我国北方强降雪事件的影响过程和物理机制。另外,本章还对比了 2008 年初和 2018 年初我国两次大范围低温雨雪冰冻事件的异同点,并对影响两次事件的大气环流因子进行了对比分析。

5.1　中国降雪变化特征

5.1.1　过去 300 年北京降雪序列重建及特征分析

基于清代"晴雨录"记录和现代观测记录重建了过去 300 年(即 1724—2012 年期间)北京降雪日数变化序列,对其变化特征进行了分析。

清代"晴雨录"记录记载北京逐日降雪情况(图 5.1),分"微雪""雪"两个强度及其对应的降雪历时,具体分辨至时辰(2 h)。该记载最早起自康熙十一年(1672 年),其中雍正二年至光绪二十九年(1724—1904 年)基本连续,仅个别年份有资料缺失。从降雪强度看,其中"微雪"指"不成分寸"的降雪,约相当于日降水量低于 1 mm 的降雪;"雪"指地面见积雪的降雪,约相当于日降水量 1 mm 以上的降雪。

现代观测记录又分为早期(1929—1950 年)天气现象观测记录和 1951 年以来的逐日气象观测两部分。其中 1929—1950 年天气现象观测记录仅观测某日是否降雪,未分降雪量大小。1951 年以来的逐日气象观测记录不仅观测了某日是否降雪,还同时观测具体的降水量。

针对这些记录,我们首先按月统计降雪日数,分 1 mm 以上的日数和总日数(含微量)两个指标进行统计,然后按年度(如 1724 年,指 1724 年 10 月—1725 年 4 月)汇总;其中在历史资

B20　　fx　十一年

	A	B	C	D	E	F	G	H	I	J
19	朝代	纪年	月	日	公历年	公历月	公历日	降水具体记录		
35	康熙	十一年	正月	十六	1672	2	14	辰时微雪至未时止	戌时微雪至子时未止	
36	康熙	十一年	正月	十七	1672	2	15	子时微雪至辰时止		
37	康熙	十一年	正月	十八	1672	2	16			
38	康熙	十一年	正月	十九	1672	2	17			
39	康熙	十一年	正月	二十	1672	2	18			
40	康熙	十一年	正月	二十一	1672	2	19			
41	康熙	十一年	正月	二十二	1672	2	20			
42	康熙	十一年	正月	二十三	1672	2	21			
43	康熙	十一年	正月	二十四	1672	2	22			
44	康熙	十一年	正月	二十五	1672	2	23	辰时微雪即止	巳时微雪即止	午时微雪即止
45	康熙	十一年	正月	二十六	1672	2	24	子时微雪至卯时止		
46	康熙	十一年	正月	二十七	1672	2	25			
47	康熙	十一年	正月	二十八	1672	2	26			
48	康熙	十一年	正月	二十九	1672	2	27			
49	康熙	十一年	二月	初一	1672	2	28	辰时微雨至午时止		
50	康熙	十一年	二月	初二	1672	2	29			
51	康熙	十一年	二月	初三	1672	3	1	午时微雪至戌时止		
52	康熙	十一年	二月	初四	1672	3	2			
53	康熙	十一年	二月	初五	1672	3	3			
54	康熙	十一年	二月	初六	1672	3	4	卯时微雨至辰时止	戌时微雨至子时未止	
55	康熙	十一年	二月	初七	1672	3	5	子时微雨至辰时止	巳时雪至午时止	
56	康熙	十一年	二月	初八	1672	3	6			
57	康熙	十一年	二月	初九	1672	3	7			
58	康熙	十一年	二月	初十	1672	3	8	辰时雪至午时止		
59	康熙	十一年	二月	十一	1672	3	9			
60	康熙	十一年	二月	十二	1672	3	10	丑时微雪至卯时止		
61	康熙	十一年	二月	十三	1672	3	11			

北京《晴雨录》中的降水记录

图 5.1　北京“晴雨录”记录示例(郑景云提供)

料记录中,若一天内多次降雪(如辰时微雪、午时雪),则以强度大的类别统计。

对不同观测时段的逐月降雪日数分布的统计结果(图 5.2)对比显示:虽然不同时段资料来源不一,但除 1929—1950 年因统计时段短而致与其他 2 个时段略有差异,总体上未见显著的系统性误差;说明可以将上述不同观测时段的结果整合为一个年降雪日数序列(图 5.3),以此来分析 1724 年以来北京降雪变化的主要特征。

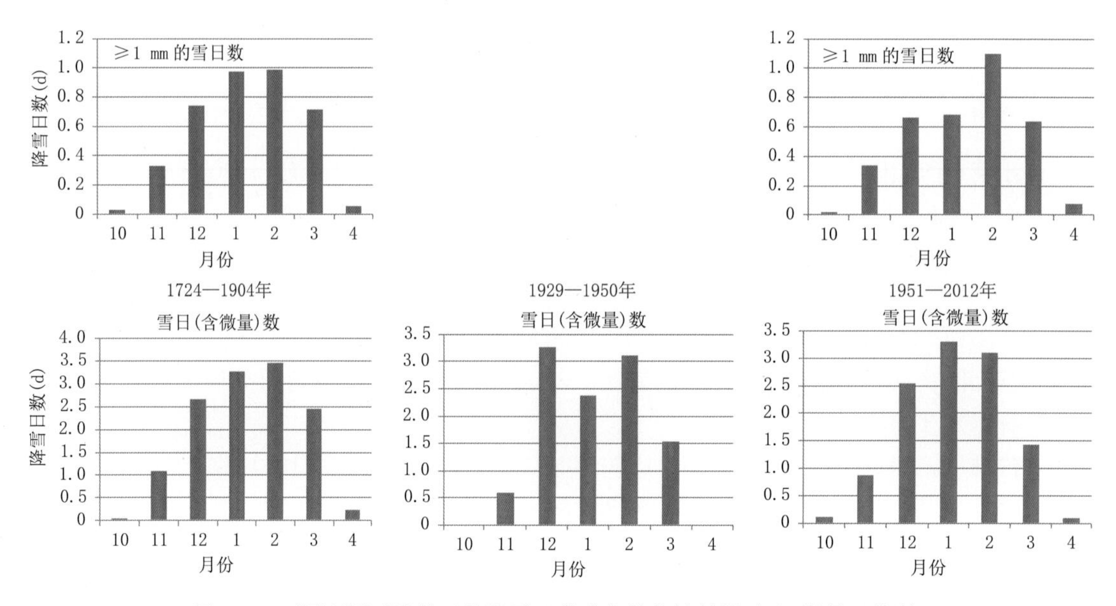

图 5.2　不同观测时段的逐月降雪日数分布的统计结果对比(郑景云绘制)

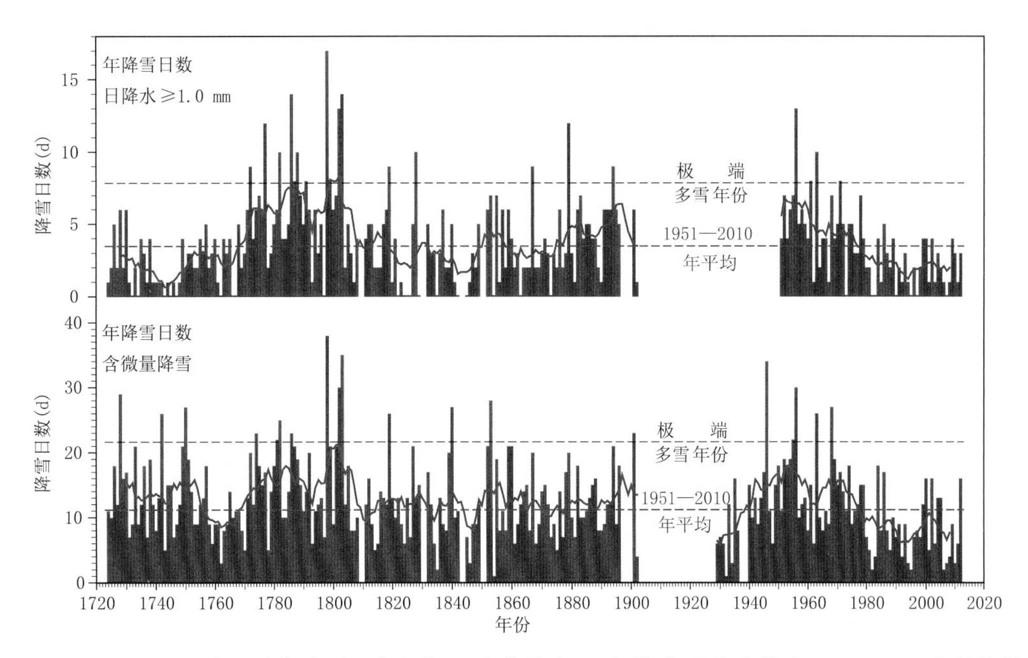

图 5.3　1724—2012 年北京年降雪日数变化(蓝色曲线为 10 年滑动,蓝色虚线为 1951—2010 年的均值,黑色虚线为 1951—2010 年间达十年一遇的阈值)(郑景云绘制)

1724—2012 年北京降雪(含微雪日或日降雪量小于 1 mm 的雪日,下简称“总雪日”,实有记录共 248 年)日数年均为 12.6 天,其中日降雪量达 1 mm 及以上的降雪日数(下简称“雪日”,实有记录共 229 年)年均为 3.7 天;且存在如下主要变化特征(图 5.3)。

(1)年际变率极大。从总雪日年际变率看,最多年达 38 天(出现在 1798 年,且 1802、1803、1946 和 1956 年 4 个年份也均达 30 天以上),而最少年仅 1 天(出现在 1854 年和 1932 年),二者之间的差异约为均值(12.6 天)的 3 倍;其中日降雪量≥1 mm 的雪日数最多年达 17 天(出现在 1798 年,且 1777、1782、1786、1788、1802、1803、1828、1879、1956、1963 年 10 年也均达 10 天以上),但有 27 年未出现日降雪量≥1 mm 的降雪(占有记录总年数的 11.8%),二者之间的差异更是达均值(3.7 天)的 4.6 倍。

(2)多年代际阶段变化显著,但年代际变化并不显著。综合 1724—2012 年年总雪日数和日降雪量≥1 mm 的雪日数序列的 10 年滑动平均可以明显看出,自 1724 年以来,北京的年降雪日数存在显著的多年代尺度变化,但年代际波动特征不显著。其中在 1771—1805 年和 1941—1975 年两个时段,北京降雪明显多于其他时段;此外,1850—1900 年也相对偏多,而其他时段相对偏少。这与上述“华北地区公元 1500 年以来的冬半年气温序列重建”(第 4.1.1 节)研究所得到的其冬季温度变化也以多年代尺度为主要波动特征的认识基本一致。

(3)以 1951—2010 年间日降雪量≥1 mm 的降雪日数发生概率达十年一遇为阈值定义极端多雪年,可以看出:北京自 1724 年以来,极端多雪年主要集中出现在 18 世纪 70 年代、18 世纪 80 年代、20 世纪 50 年代、20 世纪 60 年代和 1796—1805 年间。

5.1.2　1961 年来中国降雪变化特征

基于 1961—2014 年中国台站观测资料，分析了 20 世纪 60 年代以来我国冬半年(11 月—次年 4 月)总降雪和不同等级降雪的长期变化特征。降雪等级的划分依据降雪量等级国家标准(GB/T 28592—2012)，分为小雪(0.1～2.4 mm/d)、中雪(2.5～4.9 mm/d)、大雪(5～9.9 mm/d)和暴雪(≥10 mm/d)。

图 5.4 为 1961—2013 年我国冬半年总降雪量、降雪日数和降雪强度的线性变化趋势。对总降雪量而言(如图 5.4a)，有 50 站呈现显著的增加趋势，这些站点主要位于我国西北、东北和青藏高原东部地区。降雪量呈显著减少趋势的站点共有 45 站，主要位于黄河流域、长江流域、青藏高原南部和东北沿岸区域。与总降雪量变化不同，总降雪日数呈现大范围一致减少的趋势变化，特别是在我国北方和西部地区。从统计来看，减少趋势通过置信度为 95%的显著性检验的站点共有 284 站(图 5.4b)。另外，平均降雪强度呈现显著增强的趋势，趋势变化通过置信度为 95%的显著性检验的站点有 178 站(图 5.4c)。总体而言，在全球变暖背景下，近几十年我国降雪发生频次减少，但强度在增强。

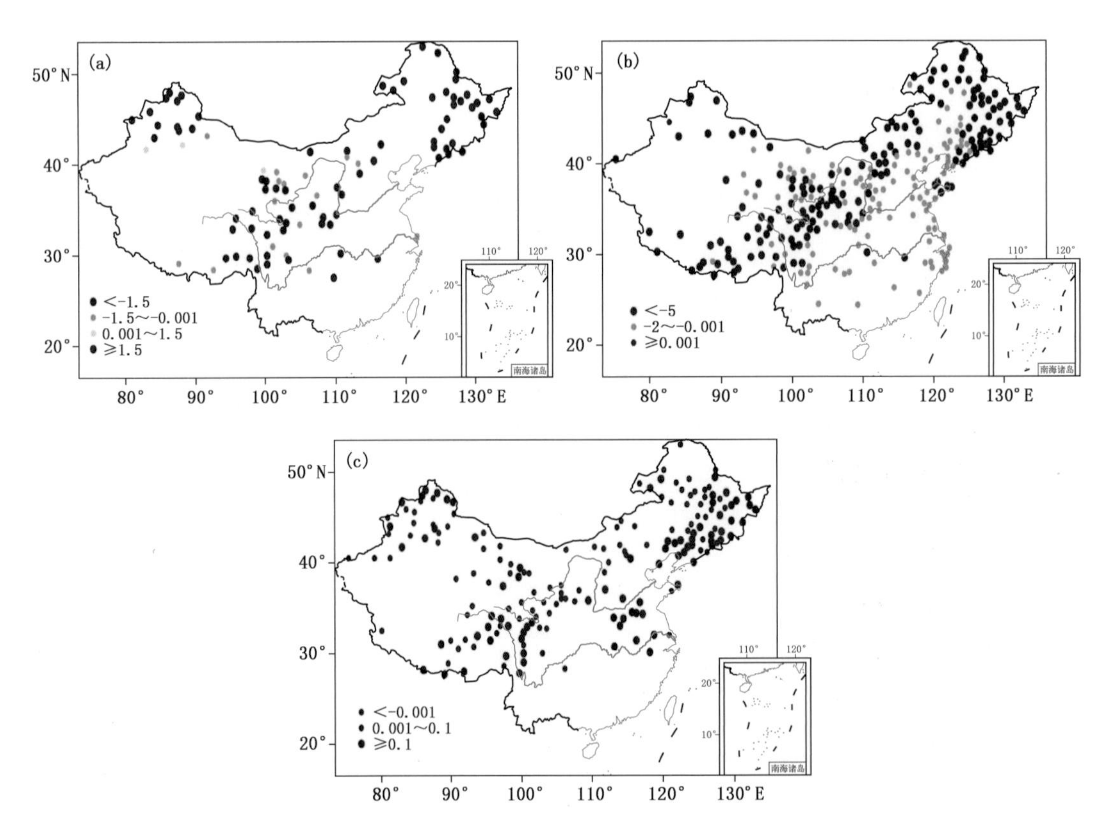

图 5.4　1961—2013 年冬半年总降雪量(单位：mm/(10 a))(a)、总降雪日数(单位：d/(10 a))(b)和平均降雪强度(单位：mm/(d · 10 a))(c)的线性趋势。仅给出了通过置信度为 95%的显著性检验的站点(Zhou et al.，2018)

为进一步分析我国典型区域不同等级降雪的变化特征，定义了四个降雪关键区：西北地区(NWC，40°N以北，90°E以西)、东北地区(NEC，40°N以北，120°E以东)、青藏高原东部(ETP，28°—35°N，87.5°—105°E)和我国东南部地区(SEC，28°—38°N，110°E以东)。就区域平均而言，在NWC、NEC和ETP区域，小雪事件占总降雪量的一半，其次为中雪、大雪和暴雪。对于SEC区域，小雪、中雪、大雪和暴雪在总降雪量中的占比接近。

图5.5为四个区域不同等级的降雪量、频次和强度的线性趋势变化。图中除降雪强度外，其他所有指数均为距平百分率。由图5.5可见，1961年以来，NWC和NEC区域的总降雪量呈线性增加的趋势，增加速率分别为9.7%/(10 a)和3.6%/(10 a)，通过了置信度为95%的显著性检验。ETP区域的总降雪量也呈增加的趋势，但是由于其南侧一些站点的降雪量减少，趋势变化(0.5%/(10 a))并不显著。与NWC、NEC和ETP区域不同，SEC区域的总降雪量呈减少的趋势，减少速率为2.7%/(10 a)。不同于总降雪量趋势变化的区域差异，四个区域的总降雪日数均呈现减少趋势，而平均强度呈现一致的增强趋势。因此，降雪强度加强对于NEC、NWC和ETP区域的总降雪量的增加起着主要作用，而降雪频次的减少对SEC区域总降雪量的减少有重要贡献。

对于四种等级的降雪事件，在NWC区域，除小雪事件的发生频次呈减少趋势外，其他指标均呈显著增加的线性趋势变化。1961—2013年期间，NWC区域的中雪、大雪和暴雪的雪量变化趋势分别为11.0%/(10 a)、17.1%/(10 a)和29.8%/(10 a)，频次变化趋势分别为10.6%/(10 a)、17.3%/(10 a)和29.4%/(10 a)，强度的线性趋势分别为0.08 mm/(d·10 a)、0.26 mm/(d·10 a)和0.34 mm/(d·10 a)，均通过了置信度为95%的显著性检验(图5.5)。因此，频次和强度的变化对中雪到暴雪等级雪量的增加均有贡献。对于小雪事件，雪量增加、频次减少、强度增强意味着小雪量的增加主要是强度增加所致。比较总降雪和四类等级的降雪事件可见，小雪到暴雪雪量的增加对于总降雪量的增加都具有贡献，最大的贡献来于暴雪雪量的增加。总降雪日数的减少主要是因为小雪事件发生频次的减少。此外，小雪事件在总降雪量和总降雪频次中的占比分别以3.3%/(10 a)和1.2%/(10 a)的速率减少(通过了置信度为95%的显著性检验)，大雪和暴雪在总降雪量和总降雪频次中的比率则呈增加的趋势(图5.6)。

NEC区域降雪的变化与NWC区域的相类似，但变化幅度相较偏弱(图5.5)。1961—2013年期间，NEC区域的中雪、大雪和暴雪的累积量分别以33.9%/(10 a)、39.8%/10和43.5%/(10 a)的速率增加，结果导致总降雪的增加。中雪、大雪和暴雪的频次分别以33.9%/(10 a)、39.2%/(10 a)和34.5%/(10 a)的速率增加。虽然小雪事件变化与NWC相似，即小雪发生频次呈减少趋势(7.9%/(10 a)，通过了置信度为95%的显著性检验)，小雪强度呈增强趋势(0.03 mm/(d·10 a)，通过了置信度为95%的显著性检验)，但小雪的累积量却自20世纪60年代来减少1.6%(未通过置信度为95%的显著性检验)。NEC区域中雪到暴雪事件在总降雪量和总降雪频次中的比重越来越大，小雪事件在总降雪量和总降雪频次中的比重越来越低(图5.6)。ETP区域降雪的变化特征与NEC区域的相类似。

和上述三个区域降雪变化不同，SEC区域小雪、中雪、大雪和暴雪的雪量和频次均呈现一致的下降趋势(图5.5)，其中小雪事件的变化最为显著，小雪雪量和频次分别以6.9%/(10 a)和12.4%/(10 a)的速率减少，趋势变化通过了置信度为95%的显著性检验；暴雪雪量和频次的变化最小，其变化趋势分别为−0.2%/(10 a)和−0.1%/(10 a)(未通过置信度为95%的显著性检验)。由于小雪事件显著减少,中雪、大雪和暴雪事件在总降雪量和总降雪频次中的占比增加(图 5.6)。

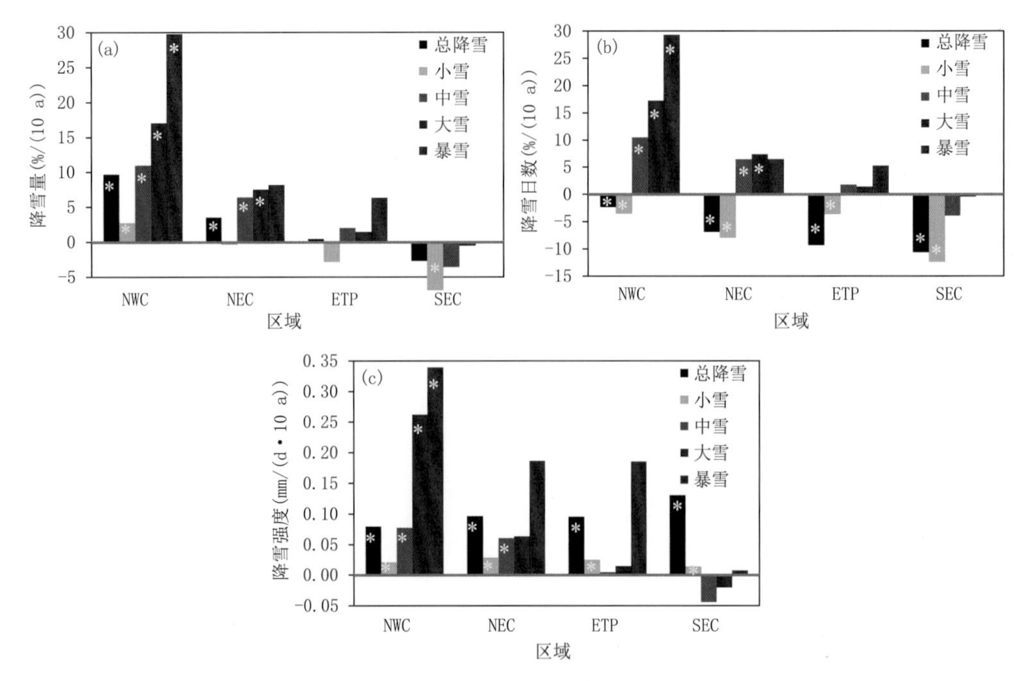

图 5.5　1961—2013 年冬半年不同等级降雪事件的降雪量(单位:%/(10 a))(a)、降雪日数(单位:%/(10 a))(b)和降雪强度(单位:mm/(d·10 a))(c)的线性变化趋势。* 表示通过了置信度为 95%的显著性检验(Zhou et al.,2018)

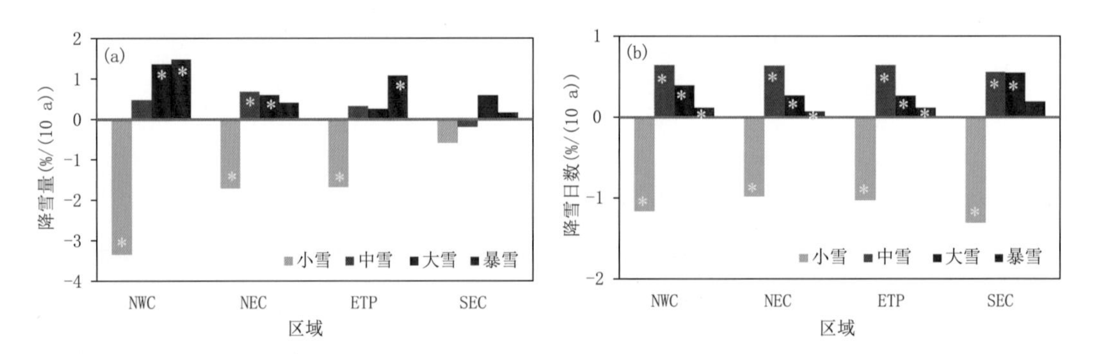

图 5.6　1961—2013 年冬半年不同等级降雪事件在总降雪量(a)和总降雪日数(b)中占比的线性变化趋势。* 表示通过了置信度为 95%的显著性检验(Zhou et al.,2018)

综上,自 20 世纪 60 年代以来,中国四个典型降雪区域——西北(NWC)、东北(NEC)、东南(SEC)和青藏高原东部(ETP)呈现总降雪日数减少、平均强度增强的线性趋势变化。总降雪量在 NWC、NEC 和 ETP 区域呈线性增加的趋势,而在 SEC 区域呈线性减少趋势。四个区域的总降雪日数减少主要来源于小雪日数的减少。NWC、NEC 区域的总降雪量增加主要来源于中到暴雪量的增加,而小到暴雪量的减少共同造成 SEC 区域总降雪量的减少,其中小雪雪量的减少最为明显。

5.1.3 中国降雪的未来可能变化

利用区域气候模式 RegCM4（Giorgi et al.，2012）对四个全球气候模式（CSIRO-Mk3.6.0、EC-EARTH、HadGEM2-ES 和 MPI-ESM-MR）在历史模拟（1979—2005 年）和 RCP4.5(2006—2099 年)情景下的模拟结果进行降尺度。RegCM4 水平分辨率为 25 km。降尺度区域为中国和相邻地区。由于 RegCM4 模拟并不直接输出降雪，所以依据以下标准来判别降雪(Sun et al.，2010)：①日降雨量不小于 0.1 mm；②日均地表气温低于 0 ℃；③地面温度低于 0 ℃。

首先评估 RegCM4 对降雪的模拟能力。图 5.7 为台站观测和四个模式动力降尺度模拟等权重集合(ENS)模拟的 1986—2005 年平均的降雪量、降雪日数和平均强度的空间分布。可见，RegCM4 ENS 可以很好地再现观测的气候态分布。亦即，降雪量和降雪日数大值区位于我国西北、东北和青藏高原东部。我国东部降雪强度较其他区域偏强的特征也能被 ENS 较好

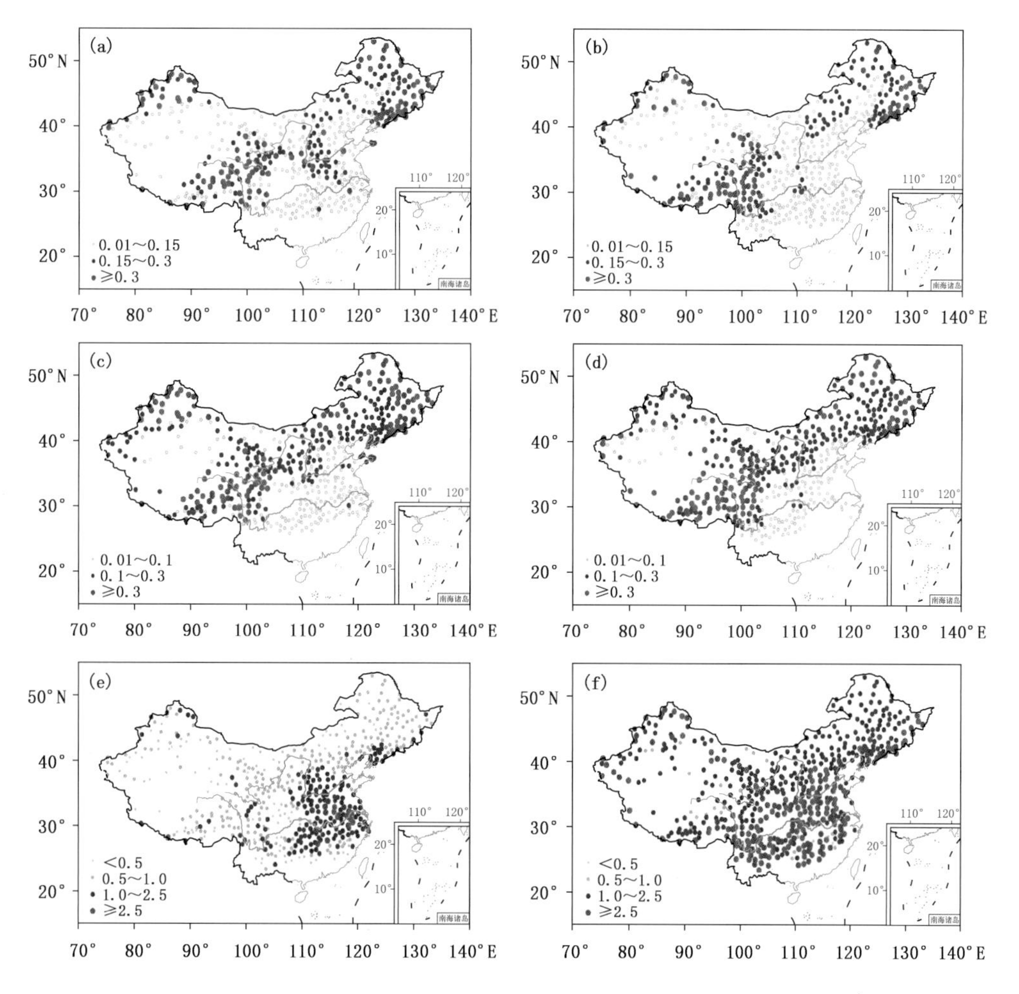

图 5.7 1986—2005 年观测(左列)和 ENS 模拟(右列)的降雪量(%)(a,b)、降雪日数(%)(c,d)和平均强度(mm/d)(e,f)的气候态空间分布。降雪量和降雪日数除以各自的全国平均值(Zhou et al.，2018)

地模拟出，尽管强度有所高估。ENS 模拟和观测的降雪量、降雪日数和平均强度的空间相关系数分别为 0.50、0.79 和 0.49，通过了置信度为 95%的显著性检验。因此，RegCM4 动力降尺度集合对于我国降雪具有较好的模拟能力，这为降雪未来变化预估奠定了基础。

图 5.8 为 ENS 预估的 RCP4.5 情景下 21 世纪末期(2080—2099 年)总降雪量、总降雪频次和平均强度相对于参考时段(1986—2005 年)的变化。由图可见，总降雪量将在我国西北地区增加，而在其他区域减少(图 5.8a)；我国降雪日数将减少(图 5.8b)，而降雪强度则将加强(图 5.8c)。依据降雪的观测特征，定义四个降雪关键区：西北地区(NWC)、东北地区(NEC)、青藏高原东部(ETP)和我国东南部地区(SEC)。从区域平均来讲，到 21 世纪末期，NWC 地区降雪量将增加 3.6%，NEC、ETP 和 SEC 区域的降雪量则将分别减少 3.9%、15.0% 和 33.0%。NWC、NEC、ETP 和 SEC 区域的降雪日数将分别减少 8.9%、10.2%、17.7% 和 35.9%，平均强度将分别增加 13.7%、7.0%、3.3% 和 4.4%。单个模式成员预估的 NWC、NEC、ETP 和 SEC 区域平均的降雪量变化范围分别为 −5.3%～9.4%、−12.2%～4.6%、−27.4%～−8.3% 和 −47.2%～−22.6%；降雪日数的变化范围分别为 −11.3%～−4.9%、−13.1%～−2.7%、−26.1%～−11.0% 和 −45.9%～−26.5%；降雪平均强度变化范围分别为 6.8%～19.3%、0.6%～13.2%、−2.8%～12.1% 和 −2.4～8.7%。

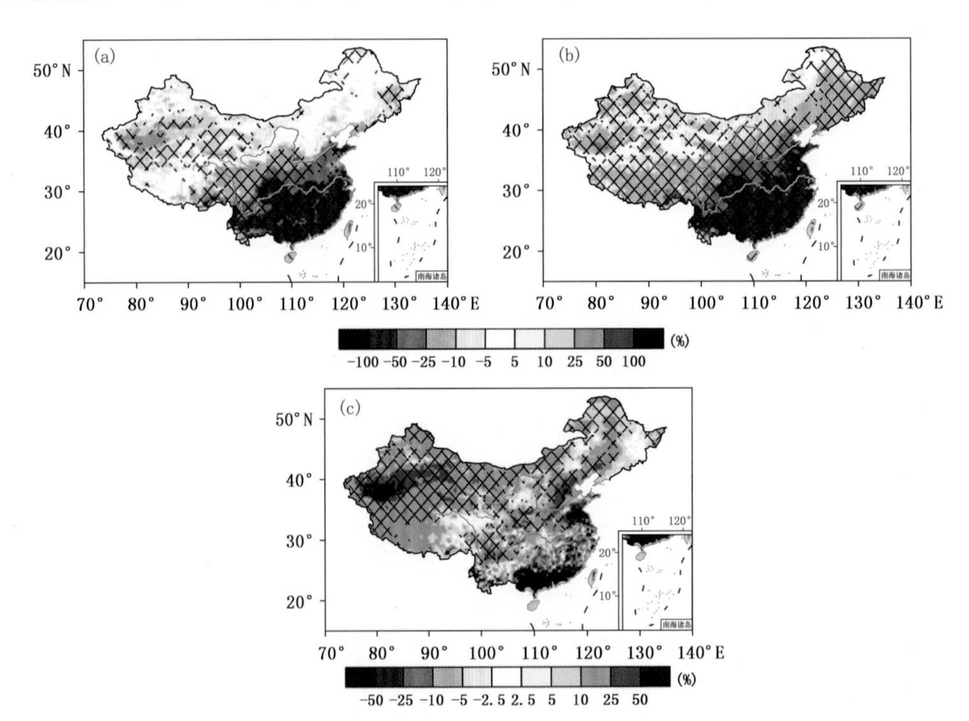

图 5.8　集合预估的 RCP4.5 情景下冬半年降雪量(a)、降雪日数(b)和平均强度(c)到 21 世纪末期(2080—2099 年)的百分率变化(相对于 1986—2005 年)。斜线区域表示四个模式集合成员预估的变化符号相一致(Zhou et al.,2018)

图 5.9 和图 5.10 分别为 ENS 预估的 RCP4.5 情景下 21 世纪末期(2080—2099 年)小雪、中雪、大雪和暴雪雪量和频次的变化。比较图 5.9 和图 5.10 可以发现，两者变化趋势十分类似。对于小雪事件，到 21 世纪末期，其降雪量和发生频次都呈全国一致减少的趋势(图 5.9a

和5.10a)。区域平均来讲,ENS预估的小雪量在NWC、NEC、ETP和SEC区域将分别减少11.5%、12.1%、17.9%和35.7%,小雪频次将分别减少13.3%、11.9%、18.4%和36.0%,这种变化均通过了置信度为95%的显著性检验,并具有模式一致性。小雪量的减少对于NEC、ETP和SEC区域总降雪量减少的贡献分别为90.7%、34.2%和13.0%,而对NWC总降雪量变化的贡献为-76.9%。在NWC、NEC、ETP和SEC区域,小雪日数的减少对该区域总降雪日数减少的贡献分别为106.5%、91.1%、78.2%和60.7%。

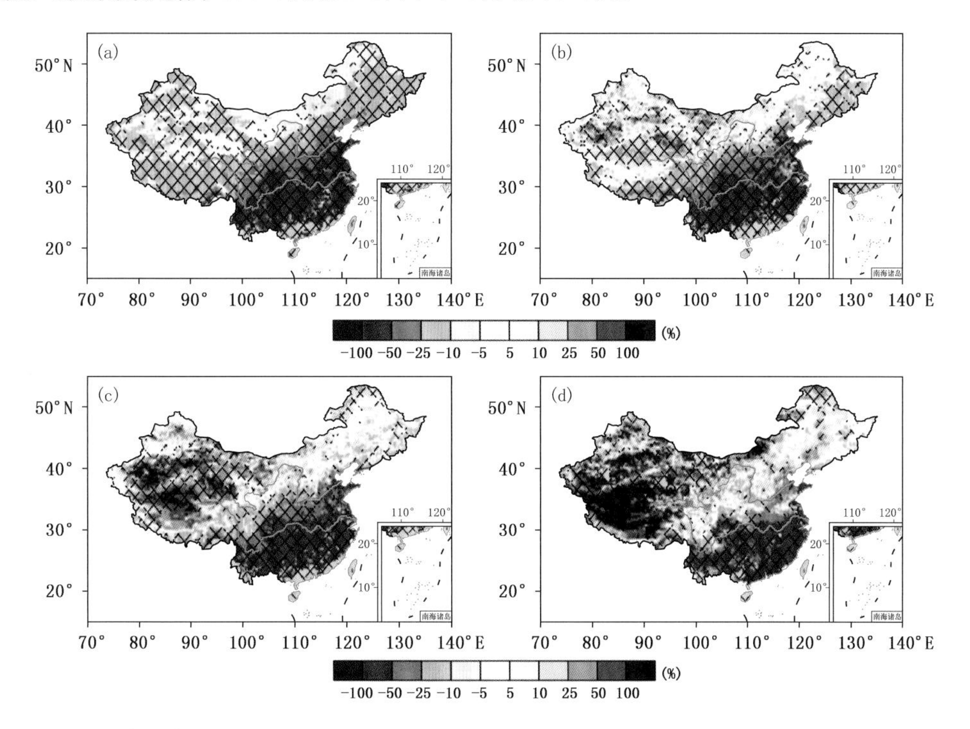

图5.9 集合预估的RCP4.5情景下冬半年小雪(a)、中雪(b)、大雪(c)和暴雪(d)到21世纪末期(2080—2099年)的百分率变化(相对于1986—2005年)。斜线区域表示四个模式集合成员预估的变化符号相一致(Zhou et al.,2018)

与小雪变化显著不同的是,中雪事件的降雪量和降雪频次在我国西部增加(图5.9b和5.10b)。但就区域平均而言,到21世纪末期,NWC区域的中雪降雪量和发生频次仍将分别减少4.2%和4.6%,其对总降雪量和总降雪日数变化的贡献分别为-25.0%和7.6%。在NEC、ETP和SEC区域,中雪量将分别减少6.8%、16.4%和36.8%,对各自区域总降雪量变化的贡献分别为34.3%、21.8%和15.0%;中雪频次将分别减少7.1%、16.4%和36.8%,对于各自区域总降雪日数变化的贡献分别为8.0%、12.3%和14.9%。

大雪事件的降雪量和降雪频次变化表现为在西南—东北走向的北侧增加,南侧减少(图5.9c和5.10c)。到21世纪末期,通过置信度为95%的显著性检验的明显变化包括:NWC区域的降雪量将增加5.4%(对总降雪量变化的贡献为40.1%);ETP和SEC区域降雪量将分别减少16.1%和37.5%(对总降雪量变化的贡献分别为22.9%和27.8%);ETP和SEC区域的大雪频次将分别减少16.2%和37.6%(对各自区域总降雪日数变化的贡献分别为6.5%和14.1%)。

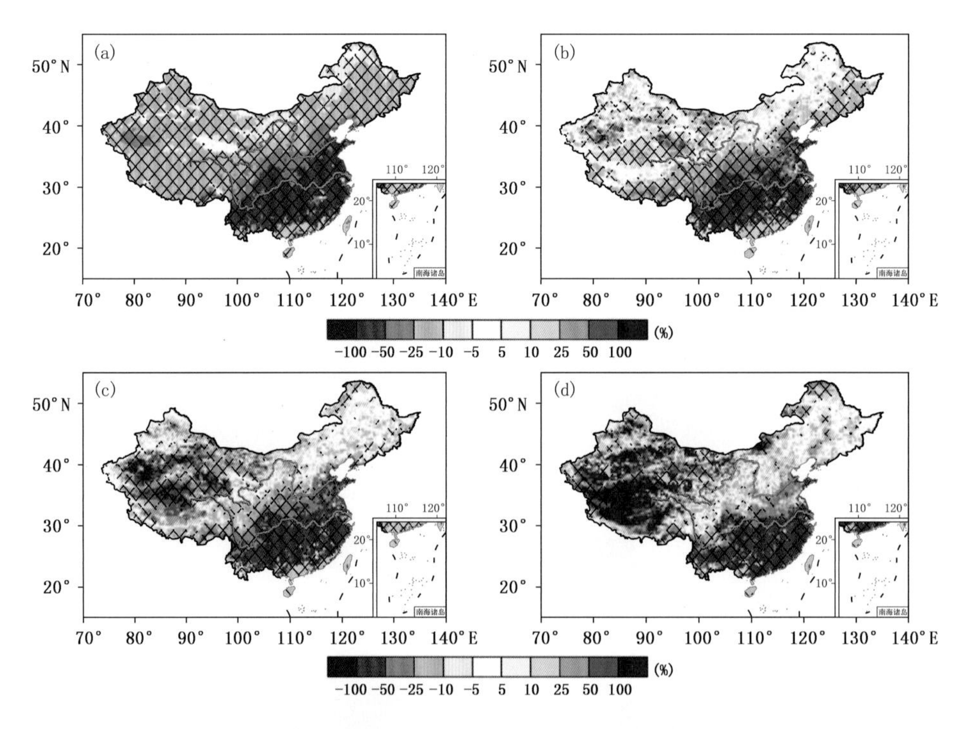

图 5.10　同图 5.9,但为不同等级降雪事件发生频次的变化(Zhou et al.,2018)

暴雪事件到 21 世纪末的降雪量和发生频次在我国北方增加,在南方减少(图 5.9d 和 5.10d)。区域平均而言,通过置信度为 95%的显著性检验的明显变化包括:NWC 区域的暴雪量和频次分别增加 22.3%和 19.6%;ETP 和 SEC 区域的暴雪量分别减少 10.4%和 29.0%,频次分别减少 12.1%和 31.7%。暴雪增加对于 NWC 总降雪增加的贡献最为显著(160.7%),ETP 和 SEC 区域暴雪减少对于总降雪量减少的贡献分别为 20.1%和 43.0%。东北地区暴雪事件变化不太显著。另外,暴雪强度呈增强趋势。因此,北方暴雪量增加是强度和频次增加的共同结果,南方暴雪量减少主要是频次减少所致。

图 5.11 为 21 世纪末期不同等级降雪事件在总降雪中的占比变化。一个显著的特点是:小雪比重减小,暴雪比重增加。到 21 世纪末期,在 NWC、NEC、ETP 和 SEC 区域,ENS 预估小雪在总降雪量的比率将分别减少 3.5%、2.5%、1.0%和 0.5%,小雪频次在总降雪频次的比率将分别减少 3.4%、1.5%、0.6%和 0.1%;预估的暴雪量在总降雪量中的比率将分别增加 4.7%、2.7%、1.6%和 3.0%,暴雪频次在总降雪频次中的比率将分别增加 1.3%、0.5%、0.3%和 0.7%,意味着在未来变暖背景下,强降雪事件的比率将增加。

综上,在 RCP4.5 情景下,到 21 世纪末(相对于 1986—2005 年),四个关键区域的总降雪日数将减少,平均降雪强度则增强。总降雪量在 NWC 将增加,在其他三个区域将减少。对于不同等级的降雪事件,四个区域里的小雪和中雪的降雪量及日数将减少;大雪量和日数在 NWC 地区将增多,在其余三个区域将减少;暴雪量和日数在 NWC 和 NEC 将增多,在 ETP 和 SEC 将减少。

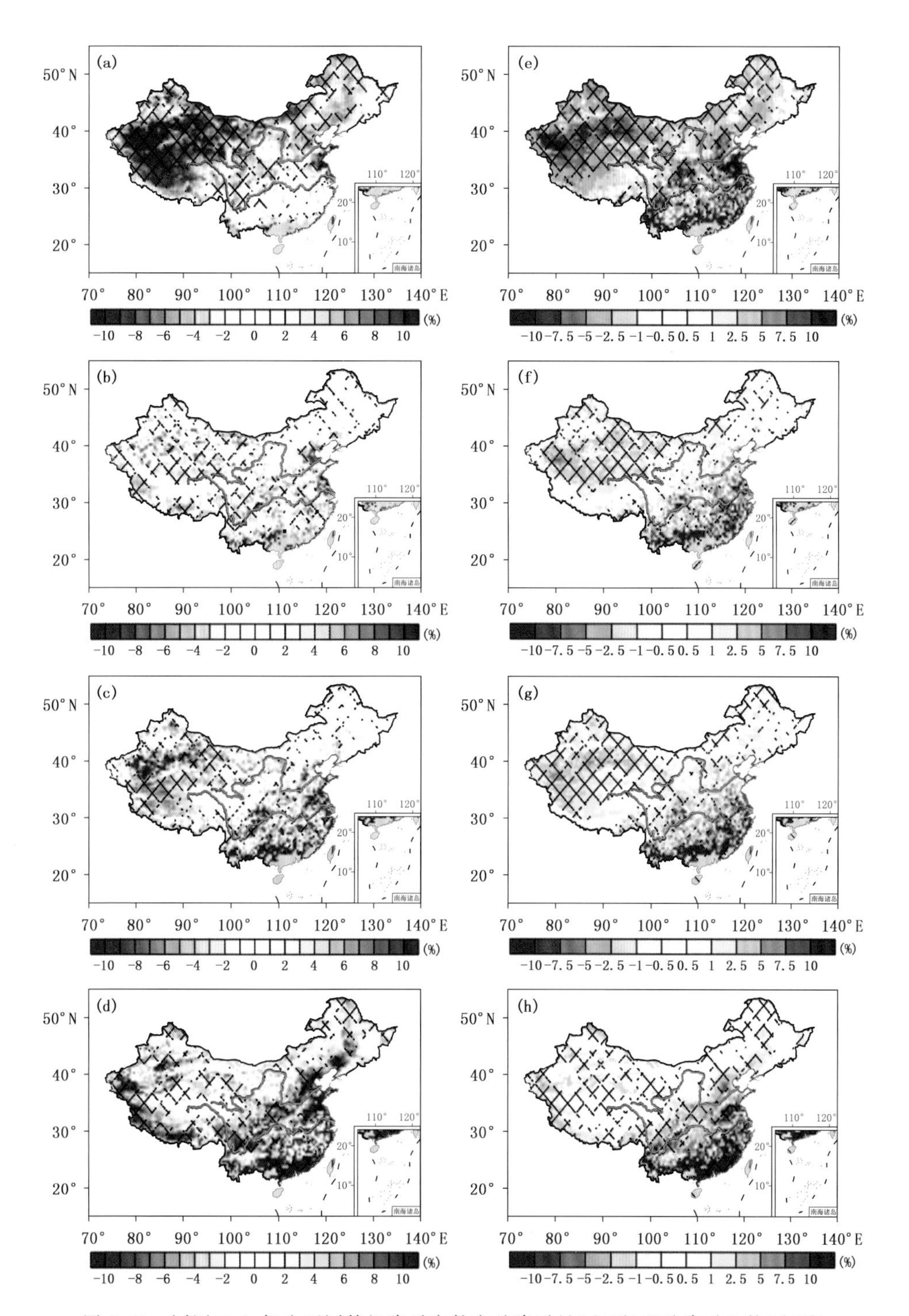

图5.11 同图5.9，但为不同等级降雪事件在总降雪量(左列)和总降雪日数(右列)中的占比变化(Zhou et al.，2018)

5.2 中国降雪的年际变化与成因

5.2.1 影响北方强降雪的典型环流特征和水汽条件

图 5.12 显示了中国北方冬半年(10 月—次年 4 月)各台站强降雪日数和强降雪量的气候态分布。本节所指的强降雪事件包括大雪和暴雪,即日降雪量达 5 mm 及以上。可以看到,虽然冬半年降雪在中国北方地区非常普遍,但强降雪却主要集中在东北地区(40°N 以北,120°E 以东)和新疆北部(40°N 以北,90°E 以西)。冬半年期间,这两个区域的大到暴雪日数大都超过 1 天,最长可达 8 天;多年平均的降雪量在 4 mm 以上,最大可达 32 mm。而在中国北方的其余大部地区,多年平均的大到暴雪日数多为 0.5 天左右,降雪量不足 4 mm。

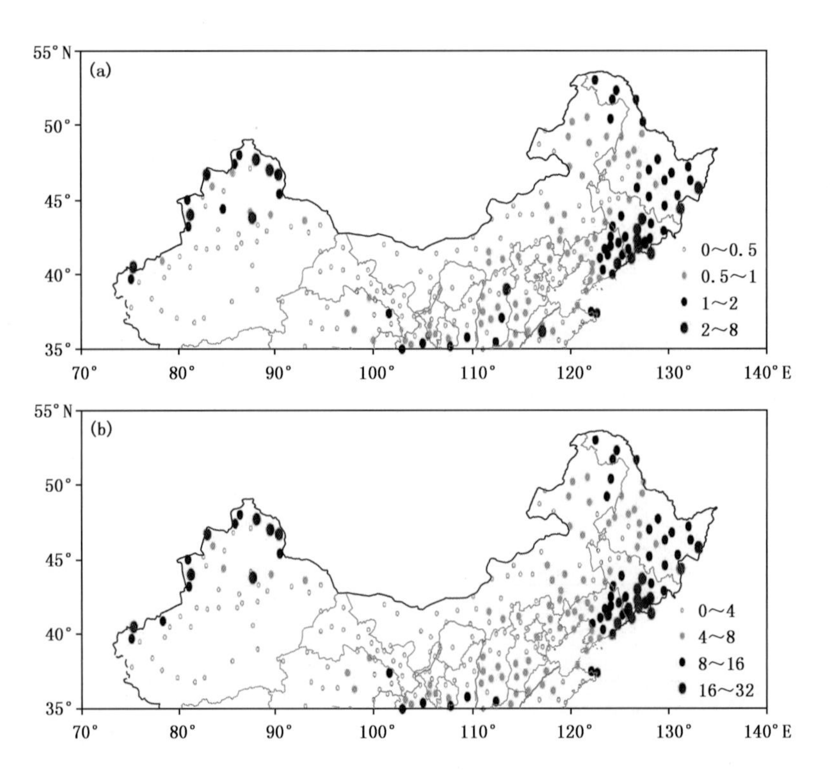

图 5.12　中国北方 10 月—次年 4 月大到暴雪日数(a,单位:d)和降雪量(b,单位:mm)的气候态分布(王遵娅 等,2018)

中国北方多年平均的大到暴雪日数和降雪量呈现出显著的月际变化(图 5.13)。无论是新疆北部还是东北地区,大到暴雪日数和降雪量的年循环都表现出明显的双峰特征,并且这种双峰特征在东北地区更为清楚。东北地区主峰值出现在 11 月,而新疆北部则出现在 12 月,次峰值均出现在 3 月。此外,中国北方的大到暴雪主要集中在 10 月—次年 4 月,占全年总量的

95%以上。

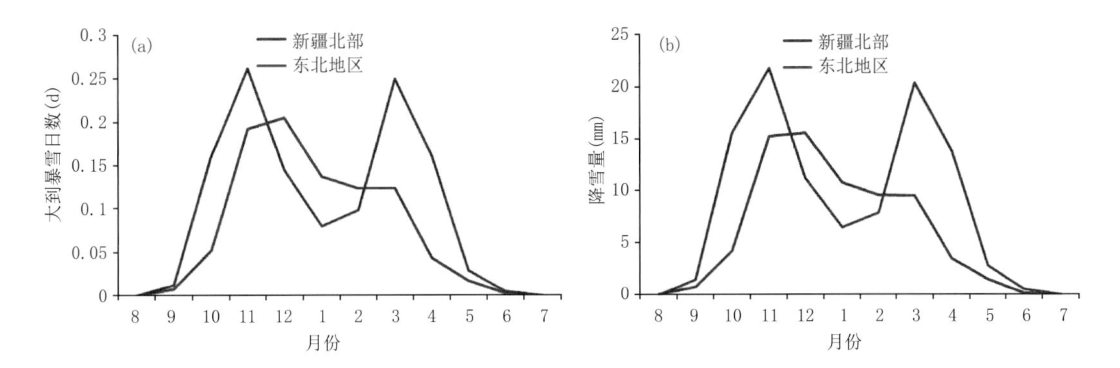

图 5.13 中国新疆北部(蓝色线)和东北地区(红色线)(a)大到暴雪日数(单位:d)和(b)降雪量(单位:mm)的年循环(王遵娅 等,2018)

图 5.14 显示了中国北方、东北地区和新疆北部区域平均的大到暴雪日数和降雪量的年际变化。可以发现,2009/2010 年中国北方的大到暴雪日数和降雪量都最大。另外,2010/2011 和 2012/2013 等年份的大到暴雪也远高于气候平均值。东北地区和新疆北部还是中国北方强降雪事件年际变率最大的两个区域。中国北方大到暴雪日数的方差为 0.16,而东北地区和新疆北部则分别为 0.34 和 0.39。对于大到暴雪量的年际方差而言,中国北方区域平均值为 1.42,而东北地区和新疆北部则分别达到 3.18 和 3.44。

图 5.14 还清楚地表明,中国北方大到暴雪日数和降雪量的年际变率具有高度的一致性,两者的相关系数高达 0.93,通过了置信度为 99.9%的显著性检验,这意味着大到暴雪日数对强降雪量的年际变率具有主要贡献。此外,东北地区大到暴雪的年际变化与新疆北部的也非常相似。两个区域的大到暴雪日数的相关系数为 0.73,降雪量的相关系数为 0.76,均通过了置信度为 99.9%的显著性检验。这说明中国北方大到暴雪的年际变化具有很好的空间一致性。另外,功率谱分析的结果显示,中国北方大到暴雪具有统计显著的 2～3 年的年际周期。

基于中国北方 10—4 月大到暴雪日数的年际变化序列,以±1 个标准差为界限,挑选出 7

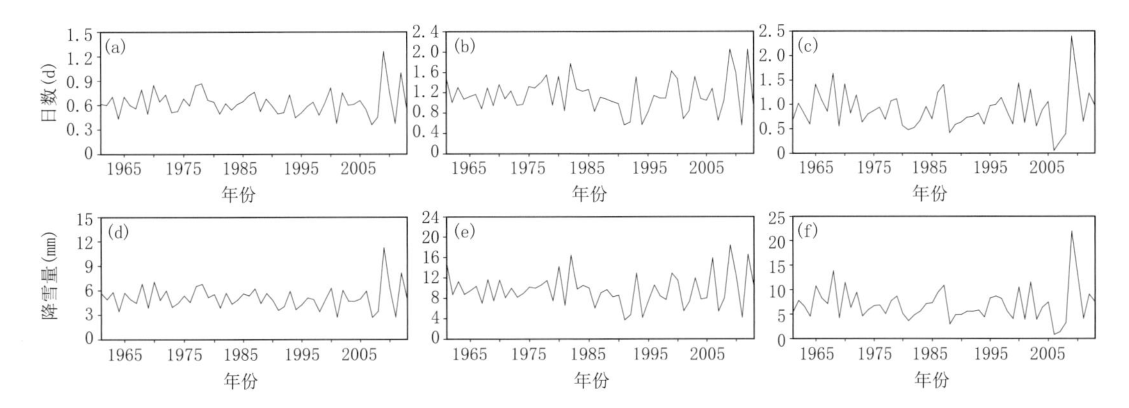

图 5.14 10 月—次年 4 月大到暴雪日数(单位:d)(a—c)和降雪量(单位:mm)(d—f)的年际变化:(a,d)为中国北方,(b,e)为东北地区,(c,f)为新疆北部(王遵娅 等,2018)

个强降雪事件偏多年(1968、1970、1977、1978、2000、2009、2012 年)和 6 个强降雪事件偏少年(1964、1994、2001、2007、2008、2011 年)进行合成分析。如图 5.15a 所示,可以发现,中国北方强降雪事件偏多时,北大西洋中高纬 SLP 偏低而极区 SLP 偏高。这种经向偶极环流型与 NAO 负位相特征相一致。从更大范围来看,极地区域为正 SLP 距平区,中高纬大部分地区为负 SLP 距平区,这种环流形势与 AO 负位相模态非常相似。因而,中国北方强降雪的年际变化是和 NAO/AO 密切联系在一起的。NAO 和 AO 的负位相都表征北半球中高纬地区较强的经向型环流,易于引导冷空气的暴发南下,活跃的冷空气有利于强降雪事件的发生。中国北方强降雪事件偏少年对应的 SLP 距平场则表现出大致相反的特征(图 5.15b)。NAO 和 AO 维持正位相,冷空气向极地区域收缩,中高纬地区以纬向型环流为主,不利于冷空气的暴发南下。

500 hPa 位势高度合成距平场表现出与 SLP 距平场非常相似的特征(图 5.15c—d)。在中国北方强降雪偏多年,中高层大气也表现出 NAO 和 AO 负位相特征,而中国北方强降雪偏少年则对应着 NAO 和 AO 正位相。并且,多雪年时 NAO 负位相特征更为明显,而少雪年时 AO 正位相特征更加突出。另一个影响中国北方强降雪的显著环流系统是贝加尔湖附近的高度场异常,该地区的异常低槽有利于引导冷空气南下,从而导致大到暴雪的发生,强降雪事件偏多;异常高压脊时则相反,不利于大到暴雪的发生,强降雪事件偏少。结合低层和中高层环流特点可以发现,影响中国北方强降雪的环流系统非常深厚,呈准正压结构,且空间尺度大。

从对流层低层风场来看,中国北方强降雪事件偏多时(图 5.15e),新疆北部主要受异常偏西气流控制。一方面,大约沿 40°—60°E,自热带西印度洋经阿拉伯海到贝加尔湖以西的“反气旋—气旋—反气旋—气旋”经向波列将热带的暖湿气流“接力”输送至中高纬;另一方面,沿 50°N 左右,自北大西洋至贝加尔湖以西维持一纬向遥相关波列。在这两个波列的共同作用下,异常西风、西北和西南气流汇合于新疆北部上空,有利于冷暖气流辐合从而产生降雪。东北地区主要受异常西南气流控制,该西南气流源自孟加拉湾和热带西太平洋上空的异常反气旋。可见,中国北方强降雪事件偏多在很大程度上受到中低纬环流的影响,并且相关的典型中低纬环流就是热带印度洋至热带西太平洋上空维持的一“串”异常反气旋,从东、西两条路径分别影响新疆北部和东北地区的降雪。中国北方强降雪事件偏少年,北方地区主要受异常偏东风和东北风控制,这样的环流特征主要是由贝加尔湖附近的异常反气旋性环流造成(图 5.15f)。在此情况下,干冷的冬季风占据主导地位,而来自温暖海洋的水汽供应不足,不利于强降雪的发生。另外,贝加尔湖以西的异常反气旋性环流对应 500 hPa 位势高度场上的异常高脊,也是 AO 正位相在低层的局地表现。总体而言,中国北方降雪事件偏多是中低纬暖湿水汽供应充足和中高纬冷空气活跃的共同结果,而中国北方强降雪事件偏少则往往伴随着强冬季风主导而中低纬水汽供应不足。

在 200 hPa 高层大气中,对应偏多的强降雪事件,中国北方及其以北区域盛行异常西风气流(图 5.15g)。这会激发次级环流,在西风异常区域的中下层促使上升运动增强。上升运动为中国北方提供了有利的动力抬升条件,从而有利于强降雪的发生。而在中国北方强降雪事件偏少年,情况正好相反(图 5.15h)。40°—60°N 维持东风异常而 30°—40°N 维持西风异常,中国北方正好位于次级环流造成的下沉运动区,受抑制的动力抬升条件不利于强降雪的发生。

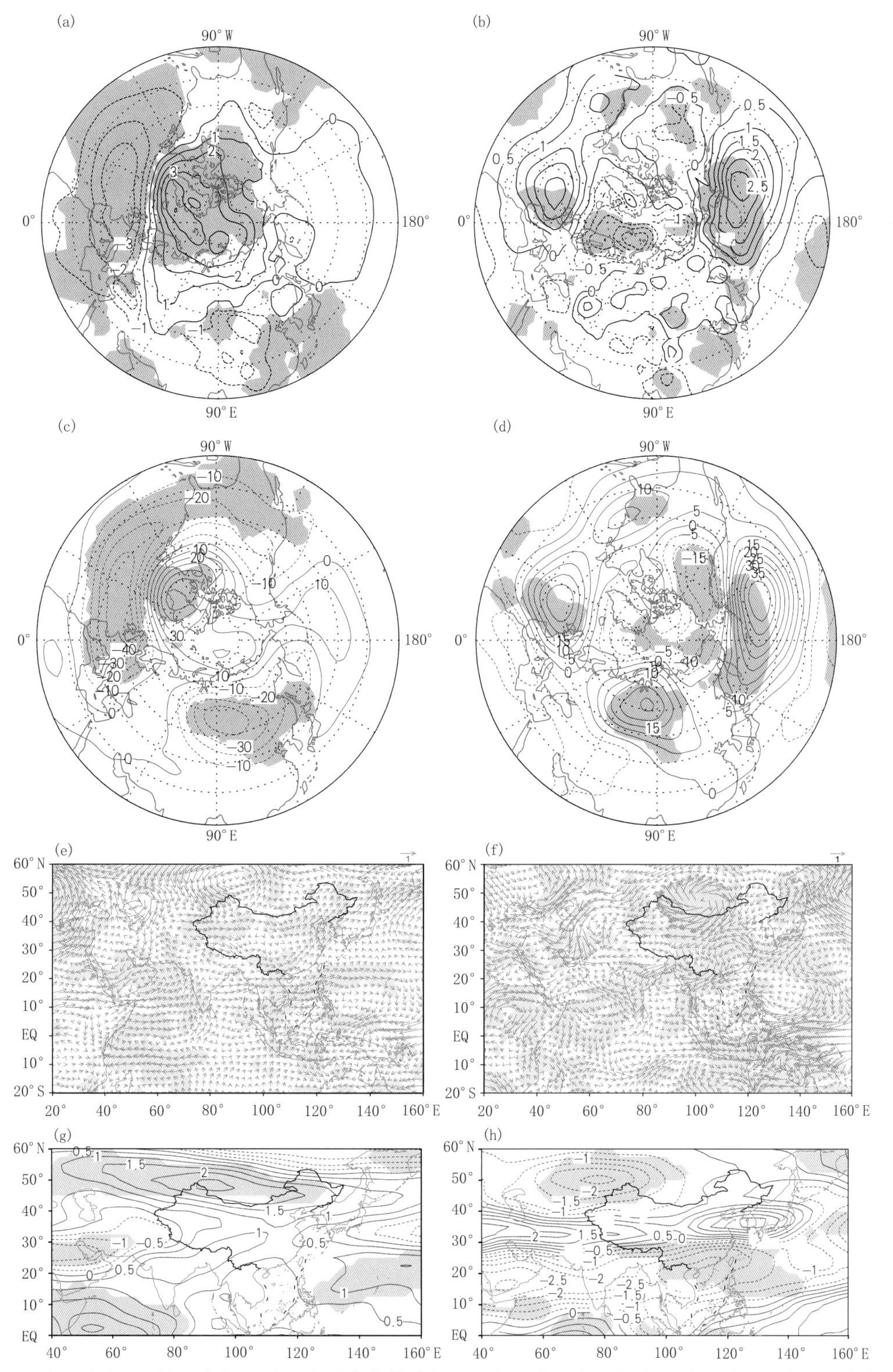

图5.15　中国北方10月—次年4月强降雪事件偏多年(左列)和偏少年(右列)对应的海平面气压(单位:hPa)(a,b),500 hPa位势高度(单位:gpm)(c,d),850 hPa风场(单位:m/s)(e,f)和200 hPa纬向风速(g—h,单位:m/s)(g,h)的合成距平场。阴影区通过了置信度为95%的显著性检验(王遵娅 等,2018)

充足的水汽供给对强降雪发生至关重要(Sun et al.,2013)。图 5.16 显示了与中国北方强降雪事件年际变化相关的水汽输送特征。在强降雪事件偏多年(图 5.16a),影响中国北方的水汽输送主要分为东、西两路。西路水汽输送又分为两支,一支来自热带—副热带地区,由 40°—60°E 附近的经向波列向北输送;另一支来自中纬西风带。它们在加勒比海以东地区汇合并转向东输送,在中亚西部至我国西北地区形成一条显著的异常偏西水汽输送带。东路水汽输送通道与西北太平洋和东亚东部的经向波列有关,促使异常偏南水汽输送控制东北地区。在强降雪偏少年(图 5.16b),东亚大部都维持异常偏东水汽输送,来自热带海洋的暖湿水汽输送几乎不可见。

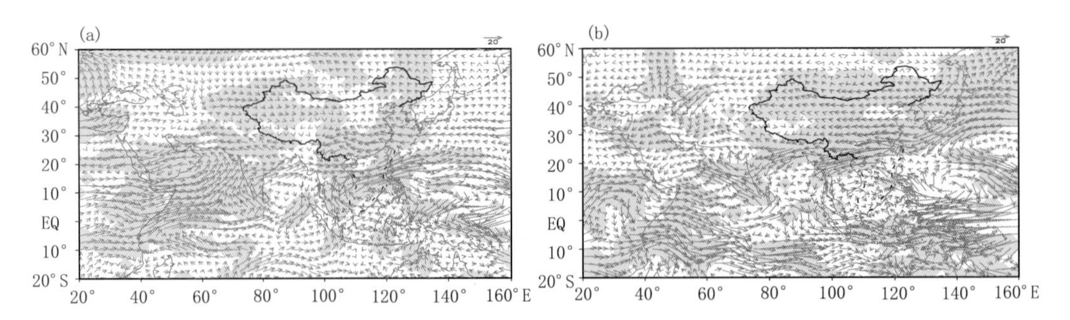

图 5.16　中国北方 10 月—次年 4 月强降雪事件(a)偏多年和(b)偏少年对应的整层积分的水汽输送通量(单位:kg/(m · s))的合成距平场。阴影区通过了置信度为 95%的显著性检验(王遵娅 等,2018)

为了定量评估各方向的水汽输送通量及其对局地水汽辐合辐散的贡献,进一步分析了中国北方的水汽收支(图 5.17)。在气候态上,可以看到以下特点:首先,纬向水汽输送明显大于经向水汽输送,两者相差两个数量级。其次,纬向水汽输送均为西风输送,反映西风带的明显影响,而且西边界的水汽流入小于东边界的水汽流出,因而纬向水汽输送对中国北方水汽散度的贡献是净流出;第三,南北边界为数值相当的水汽流入,表明来自中高纬和中低纬的水汽对中国北方水汽散度的贡献相当;第四,中国北方水汽的净流入和流出相抵消,并非明显的水汽源区或汇区。在强降雪偏多年,西风水汽输送增强,西边界增强幅度更大,使得纬向水汽输送由气候态的净流出变为净流入。同时,南边界的南风水汽输送也有所增强,使得经向水汽输送的净流入相应增强。总体而言,西南水汽输送增强使得中国北方变为一个水汽汇区,提供形成强降雪的有利水汽条件。而在强降雪事件偏少年,西风水汽输送减弱,纬向水汽输送的净流出作用进一步增大,与北边界的北风水汽流入增强基本抵消,中国北方的水汽通量散度与气候态基本持平。

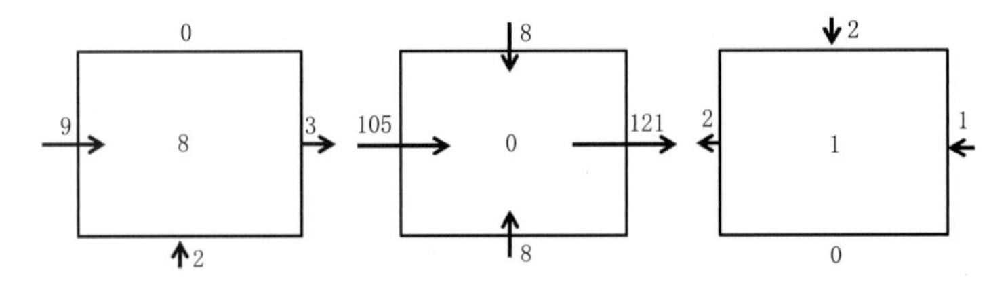

图 5.17　中国北方 10 月—次年 4 月水汽收支的气候态(中)和强降雪事件偏多年(左)、偏少(右)年的水汽收支合成距平(王遵娅 等,2018)

综上，中国北方强降雪事件的年际变化是中高纬和中低纬环流共同作用的结果。中国北方强降雪事件偏多时，对应NAO和AO负位相；贝加尔湖上空维持异常低槽区，有利于冷空气的暴发南下；热带印度洋至热带西太平洋上空维持一条异常反气旋带，有利于暖湿气流向北输送；中国北方及以北区域高空为异常西风气流，提供有利的动力抬升条件，使得强降雪易于在中国北方发生；反之亦然。水汽收支分析显示，中国北方西边界和南边界水汽入流增强在强降雪偏多中起着主要贡献。异常西风水汽输送利于新疆北部大到暴雪偏多，异常西南风水汽输送则利于东北地区大到暴雪的发生。

5.2.2　影响华北和长江流域强降雪事件的不同关键因子

大范围强降雪事件对于社会经济发展和人民生命财产安全具有重要影响，而来自北方的冷平流和来自南方的暖湿空气的相互作用是引发大范围强降雪事件的重要因素。值得注意的是，由于不同地区的降雪机制和气候背景不同，冷平流和水汽输送在不同地区的强降雪事件中所起的作用也是不同的。通过分析1961—2014年期间华北地区的70次大范围强降雪事件和长江流域的40次大范围强降雪事件，发现华北地区的大范围强降雪事件伴随着显著的自南向北的水汽输送异常和水汽辐合异常。虽然长江流域的大范围强降雪事件平均降水量明显大于华北地区的大范围强降雪事件，但华北地区大范围强降雪事件过程中的水汽通量异常却大于长江流域大范围强降雪事件过程中的水汽通量异常。通过定量分析华北地区和长江流域大范围强降雪事件的降雪强度和水汽收支的演变过程（图5.18），发现华北地区和长江流域的大范围强降雪事件中水汽收支的峰值时段提前于降雪强度的峰值时段，这种现象表明水汽收支和降雪发生存在着超前—滞后的关系。依据水汽收支和降雪强度的超前—滞后关系，将华北地

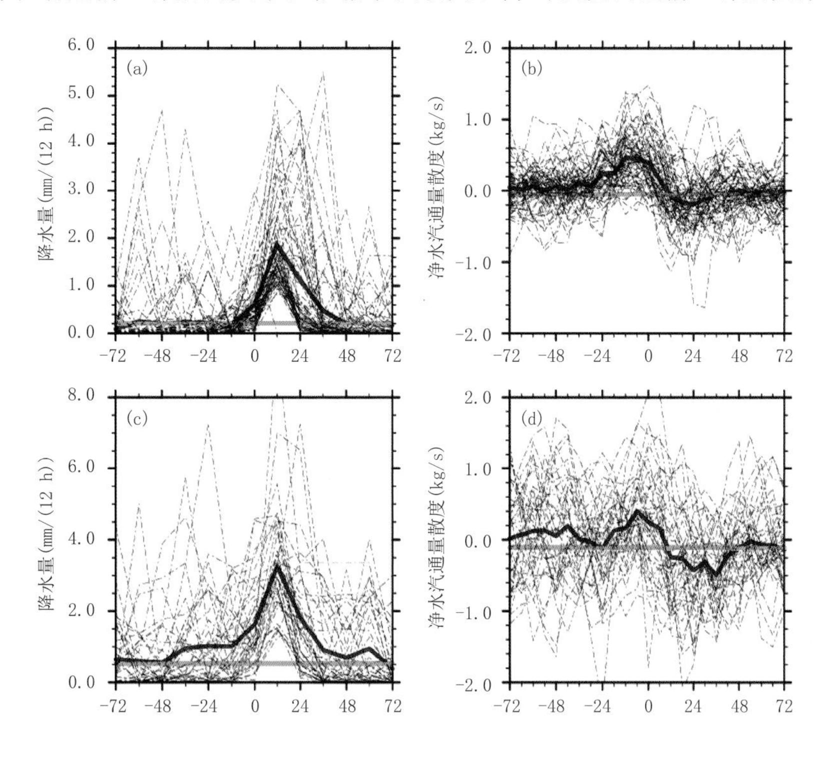

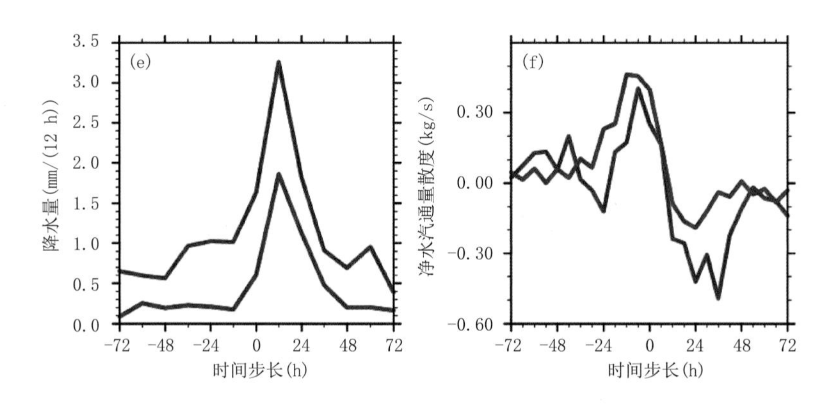

图 5.18　华北地区和长江流域大范围强降雪事件发生前后 72 h 的 12 h 累积区域平均降水量(单位:mm)(a,c,e)和净水汽通量散度(单位:10^8 kg/s)(b,d,f)。(a)—(d)中黑色虚线代表降雪个例,粗的蓝色实线和红色实线代表对应的所有降雪个例的平均值。水平的绿色实线代表对应物理量的气候态值;(e)、(f)中蓝线为华北地区,红线为长江流域(Xie et al. ,2019)

区和长江流域大范围强降雪事件划分为水汽累积时段(－24 h～0)和降雪暴发时段(0～48 h)。定量分析不同时段的水汽收支对降雪全过程的水汽贡献率(表 5.1),结果表明对于华北地区的大范围强降雪事件,水汽累积阶段的水汽收支的贡献率为 73%;对于长江流域的大范围强降雪事件,水汽累积阶段的水汽收支的贡献率为 16%。

表 5.1　ΔWVT(水汽输送收支)、Δ*O*(本地大气存储的水汽)、Δ*P* (降雪量)在水汽累积阶段和降雪暴发阶段对总降雪量的贡献率(Xie et al. ,2019)

	华北地区			长江流域		
	ΔWVT	Δ*O*	Δ*P*	ΔWVT	Δ*O*	Δ*P*
水汽累积阶段(%)	73	－57	16	16	10	26
降雪暴发阶段(%)	－10	94	84	－38	112	74

进一步,通过分析华北地区南边界、北边界、西边界、东边界的水汽通量和华北地区降雪量的偏相关系数(表 5.2),发现来自不同边界的水汽输送对华北地区大范围降雪事件强度的相关性有显著差异。南边界的水汽输送和降雪量的偏相关系数为 0.55,通过了置信度为 95%的显著性检验,而西边界、东边界、北边界的水汽输送和降雪量的偏相关系数分别为 －0.27、－0.24、0.03。这说明南边界的水汽输送与华北地区大范围强降雪事件关系密切,来自南方的暖湿平流是华北地区大范围强降雪事件的主要水汽输送路径,向华北地区输送大量的暖湿气流,是华北地区大范围强降雪事件的主要水汽来源。另一方面,虽然长江流域的大范围降雪事件也伴随有异常的南边界水汽输送,但是长江流域大范围降雪事件的主要水汽来源于本地的水汽,这主要与长江流域纬度位置偏南、冬季气候偏暖湿有关。上述结果表明南边界的水汽输送在华北地区的大范围强降雪事件中起着关键作用,而对长江流域的大范围强降雪事件影响较小。

表 5.2　边界水汽输送与降雪强度的偏相关系数(Xie et al. ,2019)

华北地区	北边界	南边界	西边界	东边界
偏相关系数	0.0253	0.5534 *	－0.2659	－0.2384

注:* 表示通过了置信度为 95%的显著性检验。

另一方面，长江流域的大范围强降雪事件发生前后西伯利亚高压显著偏强，且中国东部北风显著偏强，而华北地区大范围强降雪事件发生前后西伯利亚高压的增强程度小于长江流域的大范围强降雪事件。不同的西伯利亚高压强度会导致华北地区和长江流域大范围强降雪事件中不同的冷平流强度。通过分析近地面经向风风场，发现华北地区大范围强降雪事件发生前72～12 h风向由南风主导，降雪发生后经向风风向转变为北风；对于长江流域的大范围强降雪事件，降雪发生前后72 h近地面风场主要为北风。风向的差异导致冷平流对长江流域强降雪事件的影响大于对华北地区强降雪事件的影响。通过分析强降雪事件发生前后的气温变化（图5.19），发现长江流域大范围强降雪事件的降温幅度大于华北地区大范围强降雪事件的降温幅度。对于长江流域的大范围强降雪事件，降雪发生前后72 h降温幅度平均为6 ℃；对于华北地区的大范围强降雪事件，降雪发生前后72 h降温幅度平均为3 ℃。上述结果表明，增强的西伯利亚高压和来自北方的冷平流在长江流域的大范围降雪事件中起着关键作用，而对华北地区的大范围强降雪事件影响相对较小。

综上，通过合成分析华北地区大范围强降雪事件和长江流域大范围强降雪事件的水汽输送和冷平流的天气演变过程，结果表明，水汽输送和冷平流在不同地区的大范围强降雪事件中扮演着不同角色，这与华北和长江流域的冬季气候差异有关：华北地区冬季气候偏干偏冷，因此充沛的水汽对于该地区强降雪事件的发生至关重要；长江流域冬季气候偏湿偏暖，水汽条件较好，因此来自北方的冷平流对于引起该地区强降雪事件至关重要。

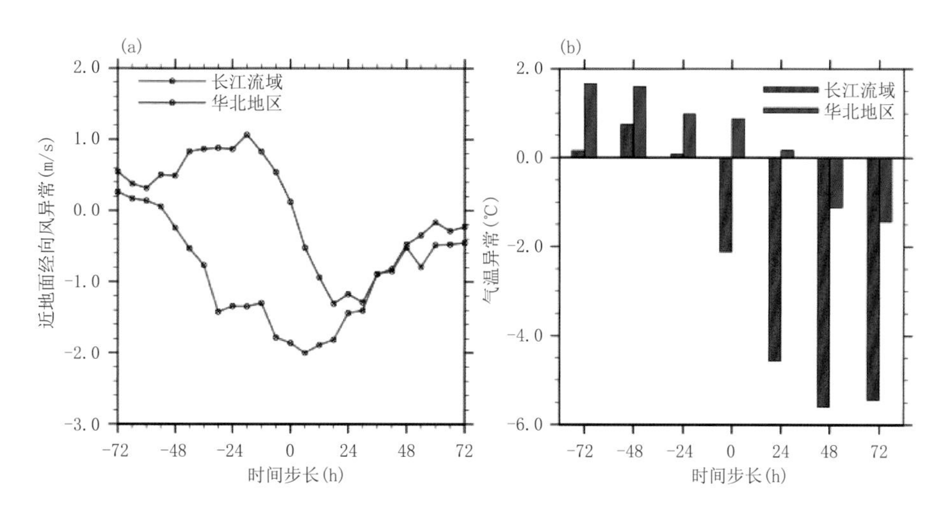

图5.19 长江流域（红色）和华北（蓝色）强降雪事件发生前后72 h区域平均的近地面经向风异常(a)和气温异常(b)的时间序列(Xie et al.,2019)。

5.2.3 2018年1月东部强降雪事件成因

2018年1月3—4日和24—25日，中国东部地区先后发生了两次大范围的强降雪过程，陕西、河南、江苏、安徽等省份出现大雪或暴雪，对我国东部地区的社会经济活动造成严重影响。1月3—4日，中国东部地区（26°—35°N，110°—122°E；下同）区域平均累计降水量达到了26.6 mm；1月24—25日，中国东部地区区域平均累计降水量为9.5 mm。

这两次强降雪事件均由来自南方的暖湿气流和来自北方的冷平流在我国东部地区发生交汇引起。如图 5.20 所示，1 月 3—4 日和 24—25 日，有来自中国南海、孟加拉湾、西北太平洋的暖湿气流进入我国东部地区（图 5.20a—b），引起我国东部上空自南向北的水汽通量异常。1 月 3—4 日的水汽通量异常大于 24—25 日的水汽通量异常，在我国东部引起的水汽辐合更加强烈，这是导致 1 月 3—4 日我国东部降雪量大于 24—25 日降雪量的重要原因。上述暖湿气流异常主要与两个因素有关，一个是位于西北太平洋和中国东部上空的异常反气旋，另一个是位于青藏高原和印度上空的异常气旋，二者共同作用导致中国东部经向水汽输送增强（图 5.20a—b）。

与此同时，1 月 2—4 日和 22—26 日中国东部都经历了大幅降温过程。1 月 2—4 日，中国东部区域平均气温从 8.3 ℃降至 1.9 ℃（图 5.20c）；1 月 22—26 日，中国东部区域平均气温从 6.3 ℃降至－1.2 ℃（图 5.20d）。降温过程主要发生在 850 hPa 等压面以下的近地面层，由北风异常引起的强冷平流造成。

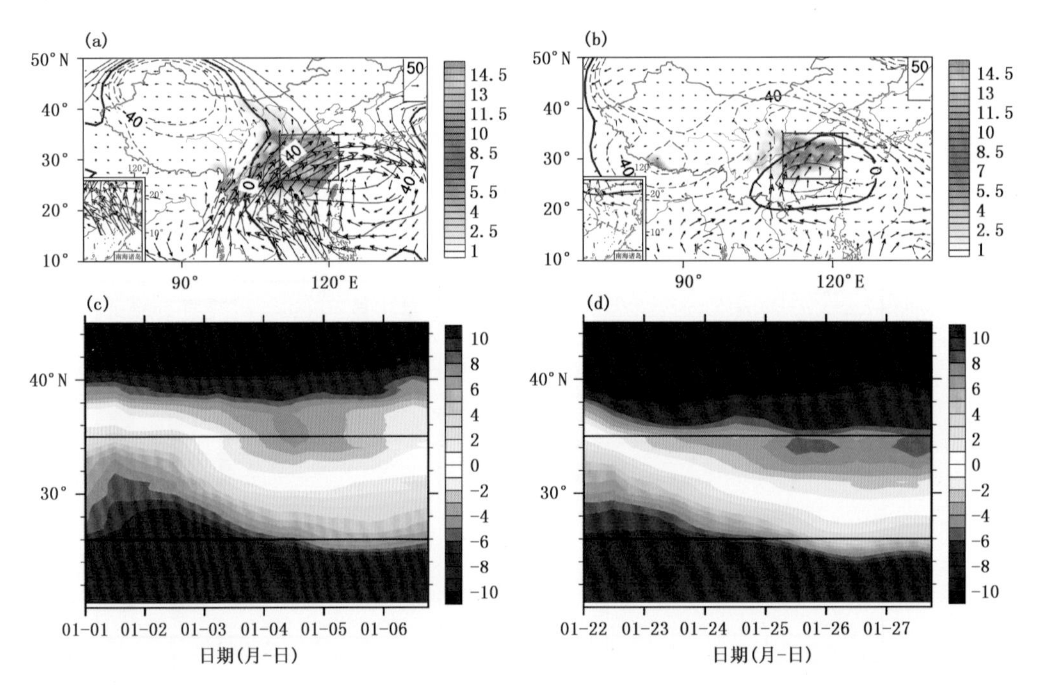

图 5.20　2018 年 1 月 3—4 日(a)和 24—25 日(b)日平均降水(阴影；单位：mm)、垂直积分水汽通量(箭头；单位：kg/(m · s))、500 hPa 位势高度(等值线；单位：gpm)相对于冬季气候态的异常。2018 年 1 月 1—6 日(c)和 22—27 日(d)中国东部（110°—122°E)纬向平均表面气温异常(单位：℃)随时间的演变(Sun et al.，2019)

上述来自北方的强冷平流受 2017/2018 年冬季偏强的西伯利亚高压影响。研究表明，在 1 月的两次强降雪事件发生前 1～3 天，西伯利亚高压显著增强，蒙古国和中国东北地区的海平面气压显著增大，引起辐散风异常，导致中国东部地区北风增强。2017 年 12 月—2018 年 1 月的西伯利亚高压是 1980—2017 年期间第四强的西伯利亚高压，这一偏强的西伯利亚高压与 2017 年秋季和 2017/2018 年冬季喀拉海、巴伦支海偏少的海冰有关：2017 年 11 月喀拉海、巴伦支海海冰偏少，这一异常持续至 2017/2018 年冬季，引起北极地区气温偏暖；中纬度欧亚大陆上空减弱的经向温度梯度引起西风减弱、经向环流增强，导致欧亚大陆上空阻塞高压强度增强且更加频繁，引起更多冷空气进入西伯利亚地区，最终导致西伯利亚高压增强。因此，北极海冰偏少引起 2018 年 1 月我国东部地区强冷平流的一个重要气候条件。

另一方面，引起中国东部自南向北水汽通量异常的西北太平洋异常反气旋和青藏高原—印度上空的异常气旋分别受 ENSO 和中纬度天气尺度波的影响。首先，西北太平洋上空的异常反气旋与热带太平洋海温有关：2018 年 1 月太平洋海温主要表现为拉尼娜条件，北太平洋和热带西太平洋海温偏暖，北太平洋上空的对流活动异常可在西北太平洋引起补偿性的下沉运动异常，进而在西北太平洋引起反气旋异常；类似地，热带西太平洋上空的对流活动异常可以激发向北传播的罗斯贝波，在西北太平洋上空引起下沉运动异常，从而在西北太平洋引起反气旋异常（图 5.21）。其次，印度和青藏高原上空的异常低压系统则与沿"地中海—西亚—印度半岛/青藏高原—中国东部"这一路径的天气尺度波紧密相联。2018 年 1 月沿该路径传播的天气尺度波通量偏强，在两次强降雪事件发生前一周内，有异常低压天气系统沿该路径从地中海和西亚一带移动至青藏高原和印度上空，引起异常气旋（图 5.22）。

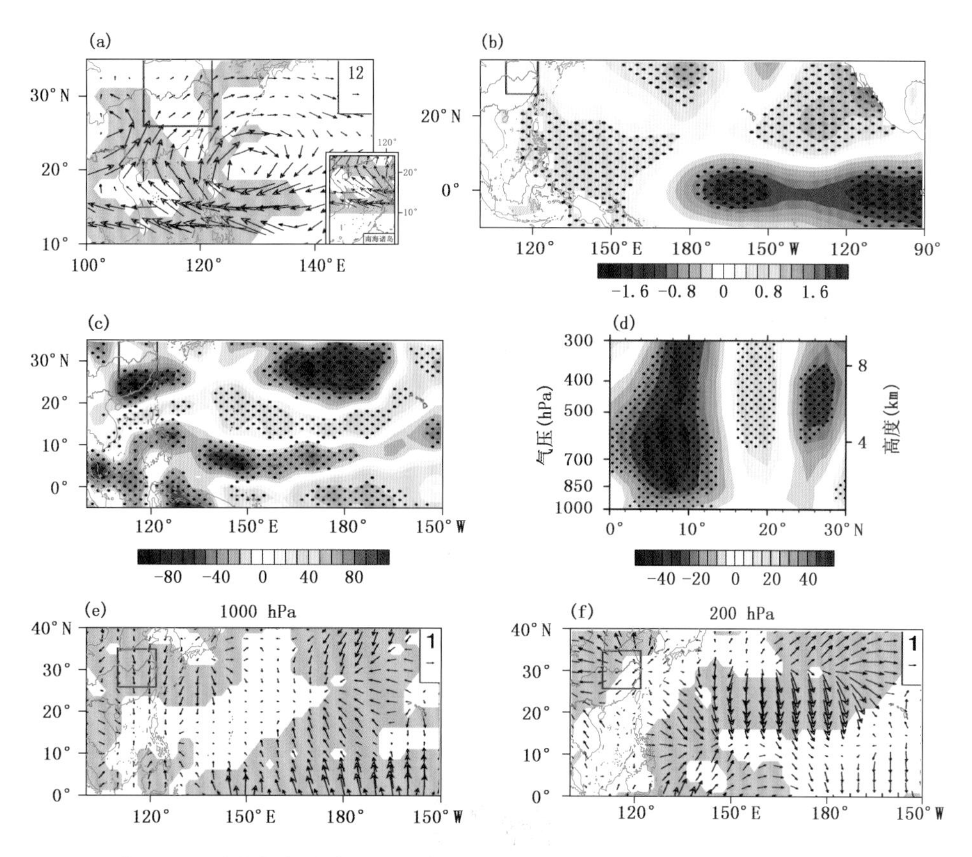

图 5.21　2018 年 1 月月平均气候异常：(a)垂直积分水汽通量（单位：kg/(m·s)），(b)海温（单位：℃），(c) 500 hPa 垂直速度（单位：10^{-3} Pa/s），(d)115°—150°E 纬向平均的垂直速度（单位：10^{-3} Pa/s），(e)1000 hPa 辐散风（单位：m/s），(f)200 hPa 辐散风（单位：m/s）。打点或灰色阴影区域表示异常幅度大于 1980—2017 年期间的标准差（Sun et al.，2019）

综上，2018 年 1 月我国东部的两次强降雪事件由三个因素共同作用引起，即①北极海冰偏少、西伯利亚高压偏强引起的中国东部的强冷平流，②太平洋海温异常引起的西太平洋反气

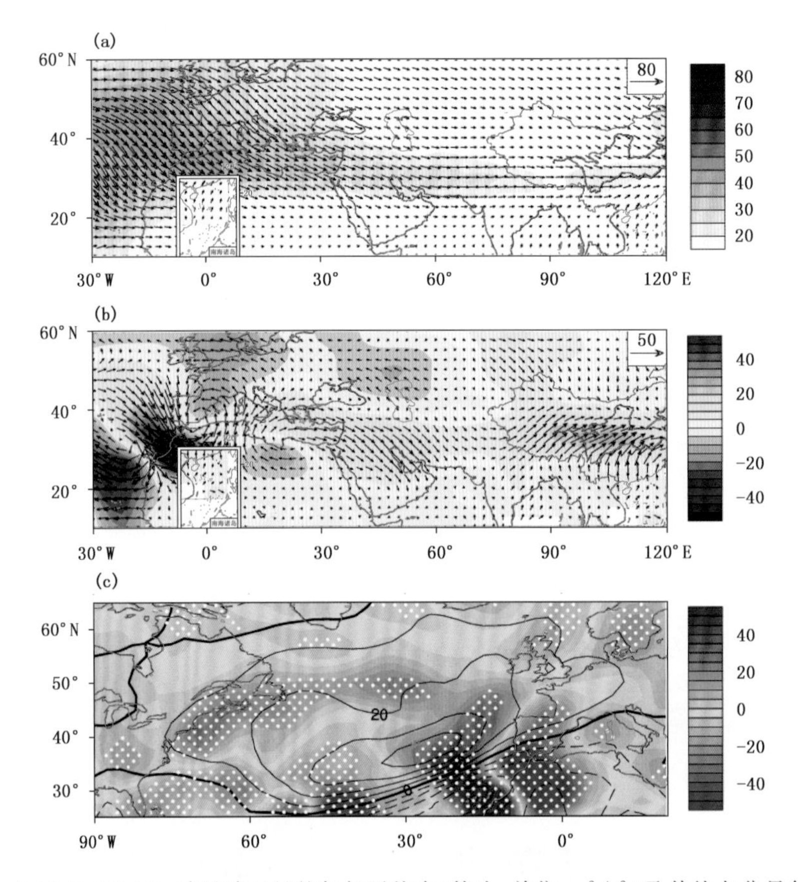

图 5.22　(a)1 月 200 hPa 波活动通量的气候平均态(箭头,单位:m^2/s^2)及其纬向分量值(彩色阴影,单位:m^2/s^2);(b)2018 年 1 月 200 hPa 波活动通量异常(箭头,单位:m^2/s^2)及其纬向分量值(彩色阴影,单位:m^2/s^2);(c)1 月 200 hPa 波活动通量散度的气候平均态(等值线,单位:$10^{-6}\ s^{-2}$)和 2018 年 1 月的 200 hPa 波活动通量散度异常(彩色阴影,单位:$10^{-6}\ s^{-2}$)。其中打点区域表示异常幅度大于 1980—2017 年期间的标准差(Sun et al.,2019)

旋异常,以及③沿"地中海—西亚—印度半岛/青藏高原—中国东部"这一路径的异常活跃的天气尺度波(图 5.23)。上述三个因素导致 2018 年 1 月来自南方的暖湿气流与来自北方的强冷平流在我国东部地区交汇,引起强降雪事件。

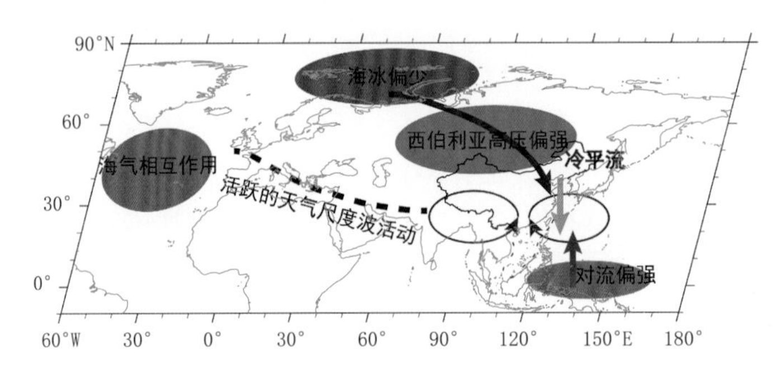

图 5.23　2018 年 1 月我国东部两次强降雪事件发生机制示意图(Sun et al.,2019)

这两次强降雪事件表明，北极海冰和热带海温对于我国东部地区强降雪事件有重要影响。进一步研究表明，过去几十年我国东部地区冬季强降雪事件的频次与喀拉海秋季海冰呈显著的负相关关系(图5.24a)，相关系数为－0.34(通过了置信度为95％的显著性检验)；与热带中东太平洋冬季海温呈显著的负相关关系(图5.24b)，相关系数为－0.31(通过了置信度为90％的显著性检验)。因此，北极海冰异常和热带中东太平洋海温异常不但是2018年1月中国东部两次强降雪事件的重要气候条件，也是影响中国东部冬季强降雪事件频次年际变率的重要因素，对于预测中国东部强降雪事件的年际变化具有重要意义。

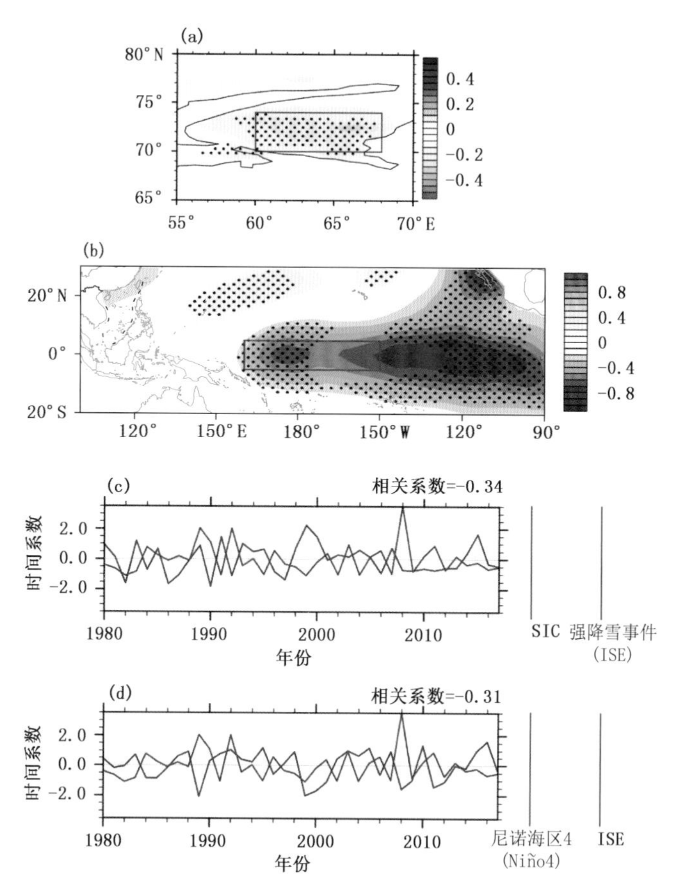

图5.24 1980—2017年中国东部强降雪事件偏多与偏少年份前期11月海冰密集度(单位:1)(a)和同期冬季海温(单位:℃)(b)的差异，打点区域表示差异通过了置信度为95％的显著性检验。前期11月喀拉海区域平均海冰密集度(蓝色)与冬季中国东部区域平均强降雪事件频次(红色)(c)、冬季Niño4指数(蓝色)与冬季中国东部区域平均强降雪事件频次(红色)的时间序列(d)，时间序列经过去趋势和标准化处理(Sun et al.，2019)

5.2.4 2018年初低温雨雪冰冻事件与2008年事件之对比分析

2008年1月中旬到2月初，我国南方地区遭遇了历史罕见的大范围低温雨雪冰冻天气，超过1亿人受灾，直接经济损失超过540亿元人民币(Zhou et al.，2011)。此次灾害性天气过程持续时间长、影响范围广、灾害损失大。2008 年初的事件并非独有，2018 年 1 月中国再次遭受了严重的低温、暴雪和冰冻天气侵袭，中国北部和中东部地区出现持续性低温，大部分地区发生暴雪，南方出现冰冻(图 5.25)。受此次事件影响，11 个省(直辖市、自治区)受灾，受影响人口超过 400 万，直接经济损失超过 30 亿元人民币。那么，两次事件之间有何异同点，我们能否从这两次事件的对比分析中得到一些普适性的规律从而为防灾减灾提供科学的理论依据呢？本节则主要围绕上述问题进行论述。

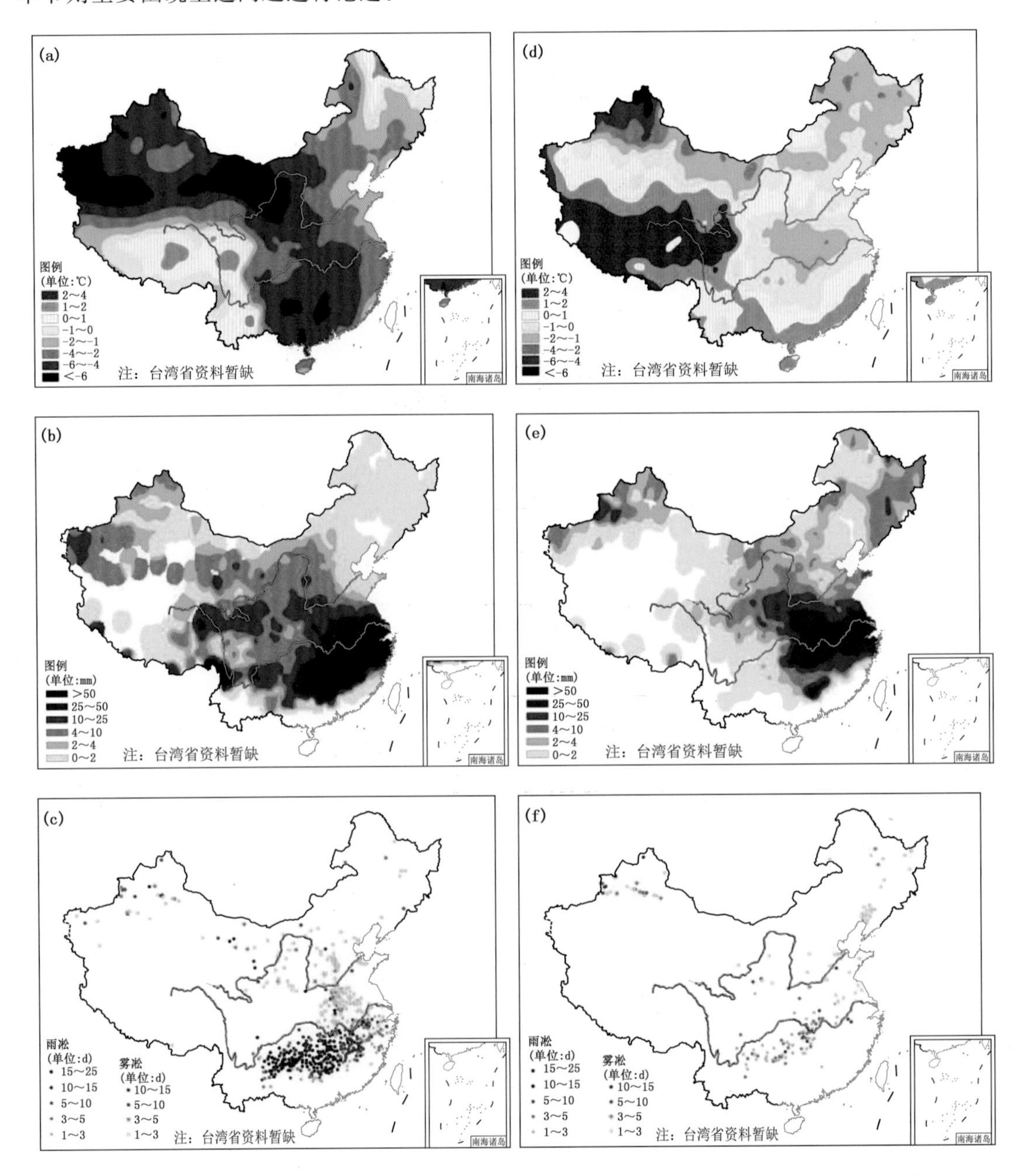

图 5.25　2008 年 1 月 13 日—2 月 4 日(a—c)及 2018 年 2 月 4—28 日(d—f)平均气温异常(单位:℃)(a 和 d)，累积降雪量(单位:mm)(b 和 e)及冰冻日数(单位:d)(d 和 f)分布(Wang et al.,2020)

本节中，将观测到有降雪天气现象而无降水天气现象的当日定义为一个降雪日，并将当日的降水量作为降雪量。将观测到有雨凇或雾凇天气现象的当日定义为一个冰冻日。2018 年事件的分析时段为 2018 年 1 月 4—28 日，2008 年事件的分析时段为 2008 年 1 月 13 日—2 月 4 日。

图 5.25d 显示了 2018 年事件期间平均气温距平分布。可以看到，气温偏低的区域主要分布在中国北方和中东部地区，平均气温普遍较气候平均值偏低 1 ℃ 以上。其中，中国西北地区北部气温偏低幅度最大，偏低 4 ℃ 以上。相比而言，2008 年事件期间温度偏低区域的范围更广，强度更大。如图 5.25a 所示，中国大部地区的气温都偏低 2 ℃ 以上，尤其是从西北地区经华中一带至华南的弧形区域内低温特征尤为明显，气温普遍偏低 4 ℃ 以上。

在两次事件中降雪的影响范围都非常广。如图 5.25b 和 5.25e 所示，除华南南部和云南大部等地外，全国大部地区都出现了降雪。其中，黄淮南部、江淮和江南等地降雪量最大，达 50 mm 以上。但相比较而言，2018 年事件的降雪范围较 2008 年小，主要集中在我国中东部、东北东部及新疆北部等地。而 2008 年事件中，西北大部、华中地区和西南大部也出现了明显降雪，部分地区降雪量达到 25～50 mm，局地 50 mm 以上。另外，2008 年事件期间，我国中东部降雪大值区的范围也较 2018 年更大且更为南扩，达到了华南北部。

雨凇和雾凇是中国两种重要的冰冻天气。图 5.25c 显示了 2008 年事件期间冰冻日数的空间分布。可以看到，长江以南的大范围地区均出现了雨凇天气，且冰冻持续时间长，有 114 个台站的冰冻日数达 15 天以上。同时，西北地区东部、淮河流域及新疆北部等地还出现了大范围的雾凇天气，最大雾凇日数在 10 天以上。而在 2018 年事件期间，长江以南地区发生的雨凇日数大都持续 3～5 天，东北中部、淮河流域及新疆北部的部分地区出现了 1～3 天的雾凇日数(图 5.25f)。很明显，2008 年事件中冰冻的发生范围较 2018 年事件要明显更大，且持续时间更长。

总体而言，2018 年低温雨雪冰冻事件弱于 2008 年。2018 年事件中强低温和强降雪区主要集中在中国中东部和北方部分地区；而 2008 年事件的影响范围更广，且无论是低温幅度、强降雪南扩程度和冰冻强度等都较 2018 年更大。

下面对两次事件相关的大气环流特征进行对比分析。图 5.26 给出了 2008 年和 2018 年两次低温雨雪冰冻事件期间 500 hPa 位势高度、850 hPa 水平风场和海平面气压距平场的空间分布图。如图所示，在 2008 年事件发生期间，欧亚地区上空的对流层中高层(500 hPa)维持一经向偶极子。不断向极地输送的暖空气促使乌拉尔山阻塞高压不断发展，控制了整个欧洲高纬度地区。而切断低压不断加强，维持在中低纬的亚洲上空。这种稳定的“北高南低”环流型有利于冷空气不断暴发南下，并在亚洲地区长时间维持而形成持续性低温(图 5.26a)。不仅如此，亚洲上空的位势高度负距平使得印缅槽加深，从而更好地引导来自孟加拉湾的西南暖湿气流不断向北输入我国，为强降雪和冰冻天气的发生提供有利的水汽条件。在 2018 年事件期间，在欧亚中高纬上空可以清楚地看到“西高东低”环流型，乌拉尔山阻塞高压发展且贝加尔湖低槽维持(图 5.26d)。该环流型有利于东亚大槽加深而东亚冬季风加强，也非常有利于冷空气的暴发南下。但可以注意到，低槽位置偏东偏北，因而低温区域主要出现在东北、华北和中东部等地。另外还可以注意到，两次事件都对应着西北太平洋副热带高压(西太副高)的偏北偏强，这有利于来自西北太平洋的暖湿气流北输，从而为中东部地区降雪和冰冻天气提供丰沛的水汽。

对流层低层的环流特征表现出了与中高层环流高度的动力一致性。在2008年事件期间，欧亚中高纬上空850 hPa环流表现为高纬地区为一反气旋控制而中纬地区维持一异常气旋(图5.26b)，这与图5.26a中位势高度“北高南低”的经向偶极型是相对应的。在此环流型影响下，强的偏北风和偏东风控制了中国大部地区，尤其是北方地区，表现出东亚冬季风偏强的特征(Ding et al.，1987)。在2018年事件期间，与500 hPa上空“西高东低”的位势高度距平场相对应，850 hPa环流场的特征为，异常反气旋环流位于乌拉尔山上空而异常气旋型环流控制其以东地区(图5.26e)。在此情况下，偏北风较2008年事件弱，并且南扩程度也不如2008年事件大，那么冬季风的整体强度较2008年事件弱。这也就说明了2018年事件整体强度较2008事件偏弱的原因。除此之外，还可以注意到，在两次事件期间副热带西太平洋地区均为

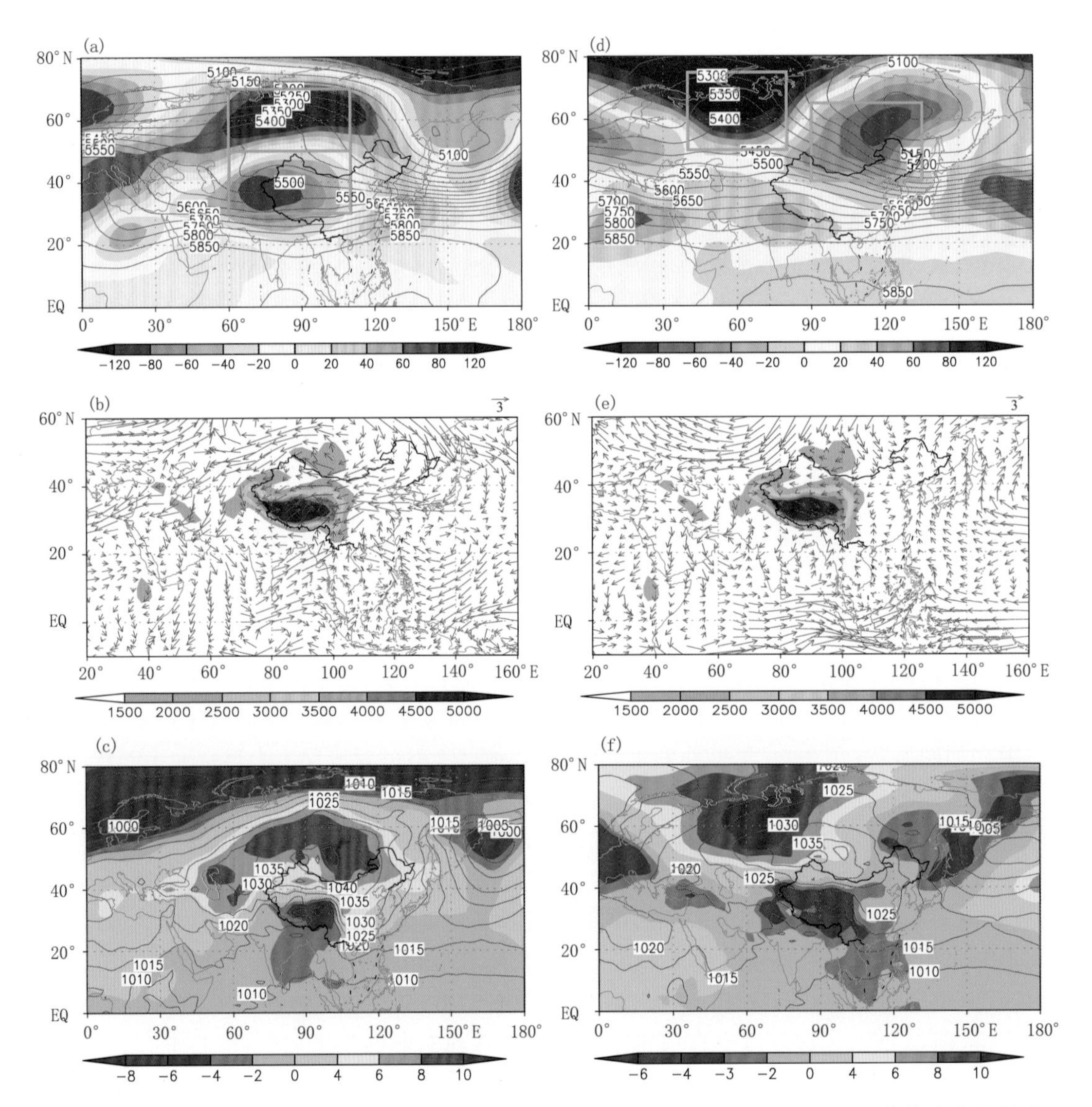

图5.26　2008年1月13日—2月4日(a—c)及2018年1月4—28日(d—f)500 hPa位势高度及距平(单位：gpm)(a和d)，850 hPa水平风场距平(单位：m/s)(b和e)和海平面气压及距平(单位：hPa)(c和f)分布，(a)、(c)、(d)、(f)中等值线表示原场，阴影区表示距平值(Wang et al.，2020)

异常反气旋环流所控制，这是与偏北偏强的西太副高相对应的。但是，2018年事件期间异常反气旋的位置较2008年事件更加偏东偏北。

图5.26c和图5.26f分别显示了2008年和2018年两次事件期间海平面气压异常分布。很明显，海平面气压与500 hPa异常高度场分布一致，也分别表现为“北高南低”型和“西高东低”型。这种低层和中高层大气的动力一致性表明影响两次事件发生的环流系统具有正压性。这种深厚和稳定的环流系统有利于灾害性天气的长时间持续。还可以注意到，2008年事件期间的海平面气压表现出了典型的西伯利亚高压偏强特征，表明东亚冬季风明显偏强。而2018年事件期间西伯利亚高压更为偏西偏北。根据三种较为常用的东亚冬季风强度指数定义，我们分别利用海平面气压(Wu et al.，2002b)，东亚地面经向风速(Chen et al.，2000)和东亚上空500 hPa纬向风速(朱艳峰，2008)计算了两次事件期间东亚冬季风强度指数值。结果表明，三种指数一致显示2008年事件期间东亚冬季风强度较2018年事件强。

上述环流系统不仅有利于冷空气暴发南下造成低温天气，而且为强降雪的发生提供了有力的动力条件和水汽输送通道。如图5.27a和5.27c所示，在两次事件期间都有明显的异常偏南风水汽输送进入中国。由于西太副高强度更强及印缅槽明显加深，2008年事件期间暖湿水汽的向北输送较2018年事件期间更强。不仅如此，从图5.27b和图5.27d所显示的垂直运动特征看，2008年事件期间全国大部地区的上升运动普遍增强，上升运动增强区较2018年事件更广。更丰沛的水汽供应以及更好的动力抬升条件是2008年事件中降雪范围更广，冰冻天气更多的重要原因。

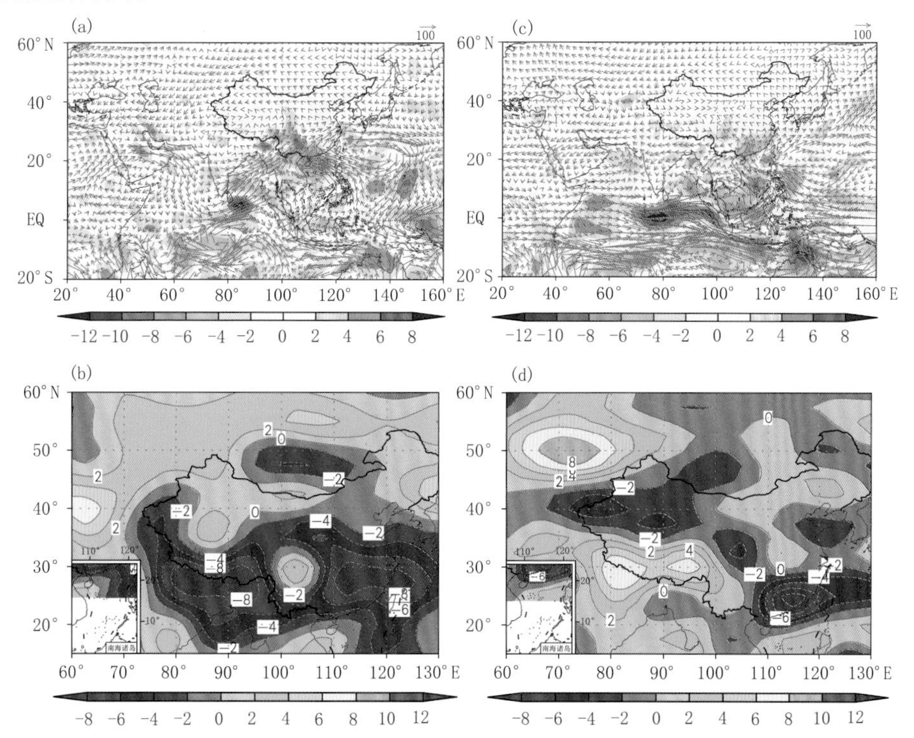

图5.27 2008年1月13日—2月4日(a—b)及2018年1月4—28日(c—d)整层积分水汽输送通量异常(箭头，单位：kg/(m·s))及其散度(a,c)(阴影，单位：10^{-5} kg/(m^2·s)，负值表示辐合，正值表示辐散)，和500 hPa垂直速度(单位10^{-2} Pa/s)异常(b,d)(Wang et al.，2020)

逆温层的形成和维持是冰冻天气发生的重要条件(Wang et al.,2014,2017)。逆温层中大气低层和高层气温较低而中层气温较高,当冰晶从寒冷的高层坠入温暖的中层大气时融化为水滴,并在进一步下落至更低的冷气层中形成过冷水滴,最终撞击地面物体快速凝固形成冰冻。以 925 hPa 和 850 hPa 之间的温度差值表征逆温层的强度,则负值表示有逆温层出现,并且绝对值越大表示逆温越强。图 5.28 显示了两次事件期间逆温层的空间分布特征。很明显,在 2008 年事件期间,中国南方地区上空维持一强的逆温层(图 5.28a),因而也造成了长江以南大范围持续性冰冻天气的发生。而在 2018 年事件期间,逆温并不明显,仅在中国南方地区上空形成了一个相对低值区(图 5.28b),所形成的冰冻范围相对较小,持续时间也相对较短。可见,逆温层强度的差异是两次事件冰冻天气强度差异的一个重要原因。

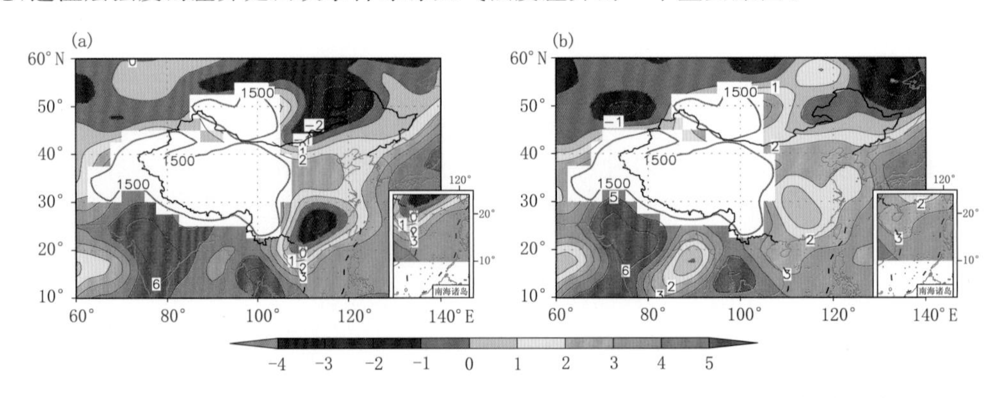

图 5.28　2008 年 1 月 13 日—2 月 4 日(a)及 2018 年 1 月 4—28 日(b)逆温层强度(定义为 925 hPa 和 850 hPa 气温差值,单位:℃,粗实线包括的空白区域表示高度超过 1500 m)(Wang et al.,2020)

综上,2018 年事件无论是低温强度,降雪范围还是冰冻的范围和持续时间都弱于 2008 年事件。在 2018 年事件期间,低温和强降雪主要出现在中国北方和中东部地区;而在 2008 年事件期间,出现了全国性的强低温,并且强降雪范围更广,覆盖了南方大部地区。欧亚中高纬大气环流两种不同的环流型,即:经向偶极型和纬向偶极型对两次事件的发生具有重要作用。乌拉尔山阻塞高压和贝加尔湖低槽维持的纬向偶极型(“西高东低”)影响了 2018 年事件的发生;而欧洲高纬地区维持阻塞高压而中纬度亚洲大部为切断低压的经向偶极型(“北高南低”)影响了 2008 年事件的发生。这两种环流型与增强的西太副高相配合都能产生中国区域内大范围的降水。该两种环流型与冰冻日数的相关性不显著,但其引导冷空气暴发南下,有利于南方逆温层形成,从而为冰冻天气的发生提供有利条件。

5.3　东北降雪与哈得来环流的联系

Hadley 环流作为热带区域重要的经圈环流,可以通过角动量、水汽和能量的向极输送,显著影响全球和区域气候异常,在全球气候系统中起着重要作用。在全球气候变暖背景下,近几十年来冬季北半球 Hadley 环流增强(Zhou et al.,2006;IPCC,2013)。本节揭示了 Hadley 环流的这种年代际增强对我国东北降雪强度的显著影响。

图 5.29a 为 1960—2009 年冬季(12 月—次年 2 月)Hadley 环流强度指数(HCI)与我国降

雪强度的相关分布。其中，HCI根据Oort等(1996)定义为0°—30°N纬向平均质量流函数的最大值，降雪资料来自中国台站观测。图5.29a显示，HCI与降雪强度在我国东北区域为显著的正相关，相关系数在0.4以上。基于此，选取(45°—55°N，115°—135°E)区域平均的降雪强度作为强度指数(NECSI)代表东北区域的降雪强度。图5.29b和图5.29c分别给出了HCI

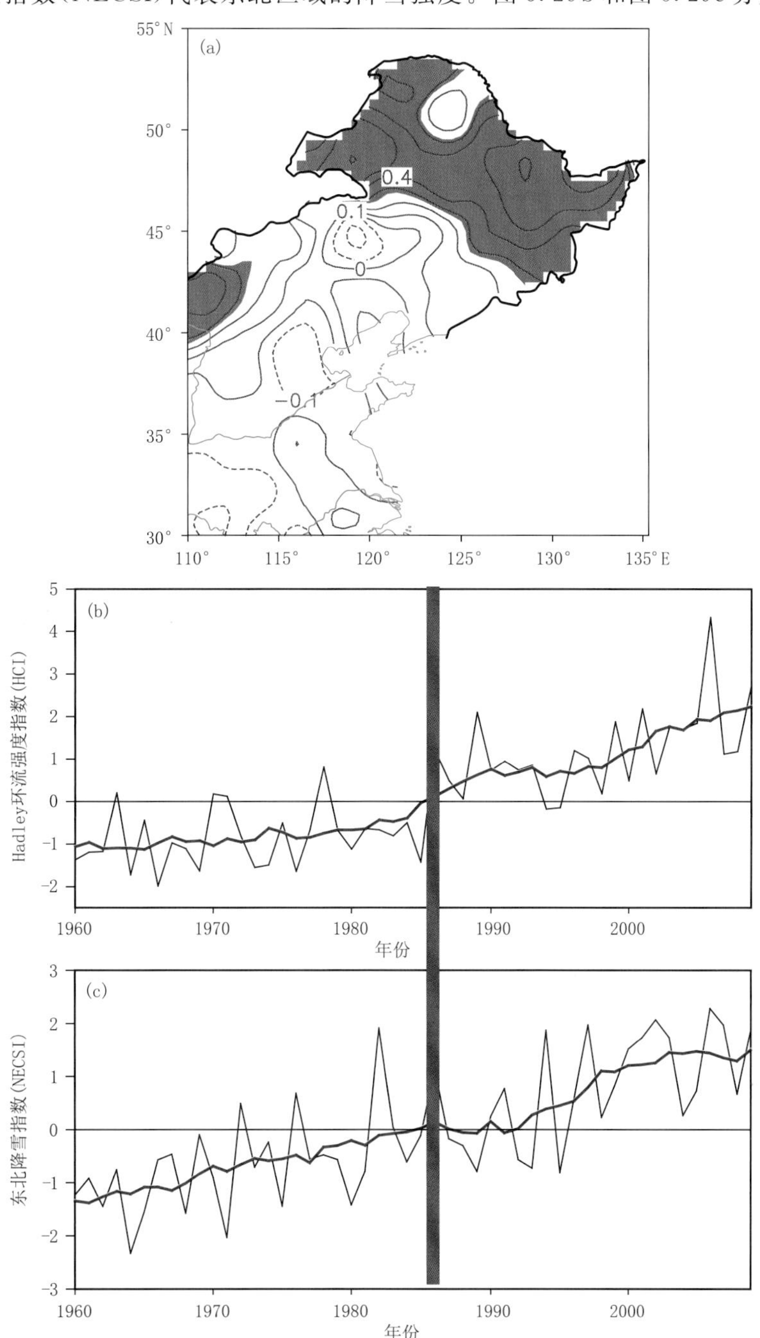

图5.29　(a)为1960—2099年冬季Hadley环流强度指数(HCI)与中国降雪强度的相关；(b)和(c)分别为HCI和东北降雪指数NECSI的时间序列(黑线)及其年代际分量(红线)；紫色竖线指HCI和NECSI发生年代际变化的具体时间(改绘自Zhou et al.,2017)

和 NECSI 随时间的变化。同时，为检查 HCI 和 NECSI 在不同时间尺度的变化特征，我们还给出了滤波后仅保留 10 年以上时间尺度信号的年代际分量（分别记为 HCI-ID 和 NECSI-ID）。由图可见，NECSI 和 HCI 除年际变化外还呈现明显的年代际变化特征。在 20 世纪 80 年代中后期之前，NECSI 和 HCI 均位于负距平，之后两者转为正距平。1960—2009 年期间，HCI 和 NECSI 的相关系数为 0.59，这种相关很大程度上体现的是两者在年代际以上时间尺度的相关。

为进一步阐述全球变暖背景下 Hadley 环流年代际增强与我国东北降雪强度增强的关系，分析了降雪强度变化与 HCI-ID 的回归，结果如图 5.30a 所示。可见，HCI-ID 回归的降雪强度变化的空间分布型态与图 5.29 揭示的相关分布型态相类似。对应于 Hadley 环流的年代际增强，我国东北地区的降雪强度明显加大。根据图 5.29b，分别选取 1960—1979 年和 1990—2009 年各 20 年分别代表弱 Hadley 环流年代和强 Hadley 环流年代。图 5.30b 为强弱 Hadely 年代所对应的降雪强度合成差异，同样和前面所述的空间分布型相一致，降雪强度在中国东北地区为显著的正异常。也就是说，我国东北地区降雪强度在 Hadley 环流偏强年代比在 Hadely 环流偏弱年代有所加强。上述结果从不同角度揭示，冬季 Hadley 环流和我国东北降雪强度在年代际时间尺度上存在显著联系。

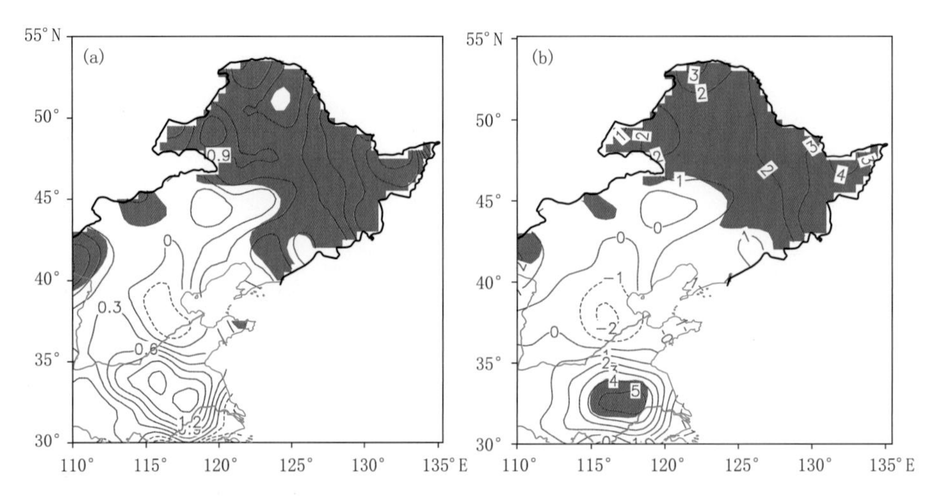

图 5.30　(a)降雪强度(单位:mm/d)与 HCI-ID 的回归分布;(b)1990—2009 年和 1960—1979 年降雪强度(单位:mm/d)的合成差异(阴影区通过了置信度为 95%的显著性检验)(Zhou et al.,2017)

为进一步探讨 Hadley 环流年代际增强影响我国东北降雪强度的物理机制，首先分析了与 Hadley 环流强度年代际增强（HCI-ID）相联系的大气环流和水汽条件的变化。在气候态上，东北冬季气候主要受东亚冬季风的控制，其在海平面气压场上表现为大陆上为西伯利亚高压，北太平洋上为阿留申低压。由于海陆之间的气压梯度力，我国东北地区低层盛行西北风（Ding，1994；Wu et al.，2002a；Wang et al.，2009，2012）。图 5.31 为海平面气压、850 hPa 水平风场和 500 hPa 位势高度与 HCI-ID 的回归分布。可以看到，当 Hadley 环流年代际增强时，东北亚和北太平洋区域均为海平面气压负异常（图 5.31a）。这种异常表示西伯利亚高压减弱，阿留申低压东移。一方面，西伯利亚高压减弱可以减弱东北区域盛行的西北风；另一方面，阿留申低压东移可以引导西北风向东移动，结果造成入侵东北区域的冷空气减弱。这可从与 HCI-ID 回归的 850 hPa 水平风场异常的空间分布（图 5.31b）得到佐证。由图 5.31b 可见，我国东北区域为异常西南风控制，意味着西北风减弱。500 hPa 位势高度场上（图 5.31c），Hadley 环流年代际增强对应东亚地区 500 hPa 位势高度正异常，该区域位势高度正异常表明东亚大槽减弱。当东亚大槽偏强时，东亚区域经向环流发展，利于高纬度冷空气向南入侵。反过来，当东亚大槽偏弱时，东亚地区经向环流减弱，不利于冷空气的南侵。此外，从图 5.31c 还可以看到，在北太平洋区域南北两侧分别为位势高度正异常和负异常，类似于北太平洋涛动（NPO）正位相（Rogers，1981；Wallace et al.，1981）。类 NPO 正位相模态在与 HCI-ID 回归的海平面气压场和 850 hPa 风场上均有所体现，呈现出相当正压结构。而 NPO 正位相则对应东亚冬季风减弱，我国温度升高（郭冬 等，2004；Wang et al.，2007）。

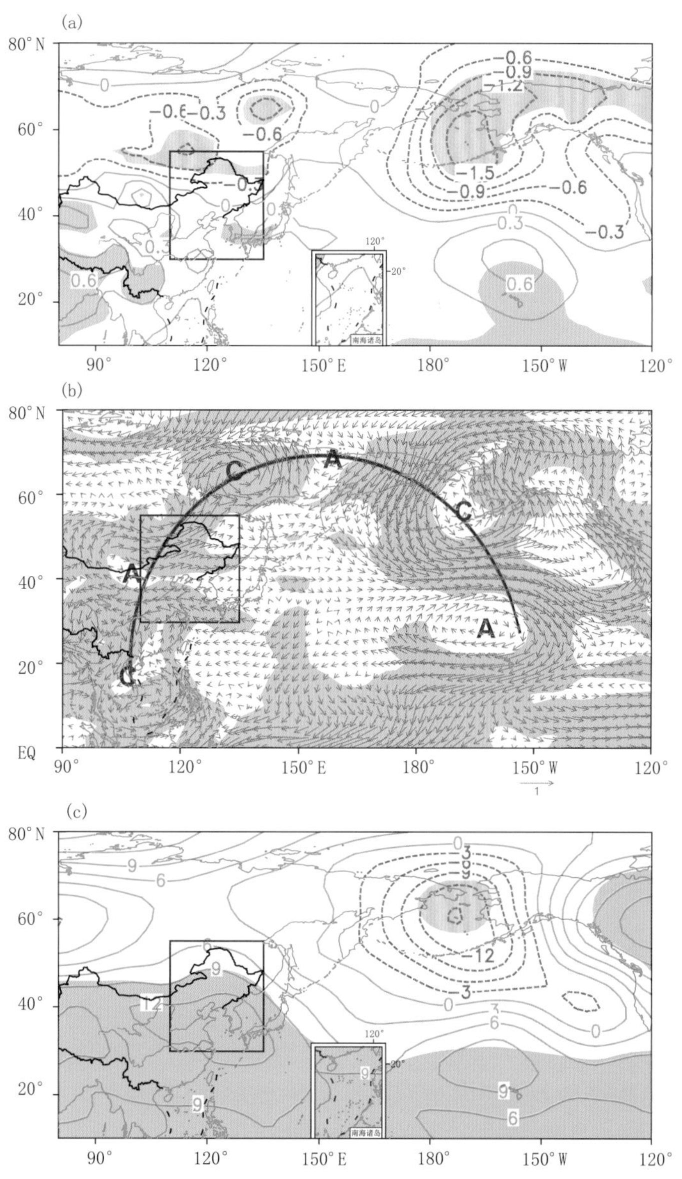

图 5.31　海平面气压（单位：hPa）(a)、850 hPa 水平风场（单位：m/s）(b)和 500 hPa 位势高度（单位：m）(c)与 HCI-ID 的回归分布（图(b)中的“A”和“C”分别表示反气旋型和气旋型环流。黑框表示区域（110°—135°E，30°—55°N）。阴影区通过了置信度为 95％的显著性检验）（Zhou et al.，2017）

因此，与 Hadley 环流偏弱的年代相比，在 Hadley 环流偏强的年代，西伯利亚高压和东亚大槽减弱，阿留申低压东移，NPO 位于正位相，我国东北区域盛行异常西南风，这种环流形势对应东亚冬季风减弱，不利于高纬冷空气向南入侵，导致东北区域地表气温上升。地表气温的上升有利于局地蒸发，从而提供更多的水汽(Wang et al.，2013)。另一方面，由于冷空气活动的减弱，来自海洋的水汽在贝加尔湖南侧的异常反气旋型环流的引导下被输送到东北区域(图 5.32a)。从强弱 HCI 年代整层积分的水汽收支合成差异(图 5.32b)可以看到，东北区域为显著的正异常，使得局地水汽含量增加。如图 5.32c 所示，与 Hadley 偏弱年代相比，在 Hadley 环流偏强年代，东北区域的水汽含量增加 4%～12%，这为降雪强度的增强提供了有利的水汽条件。

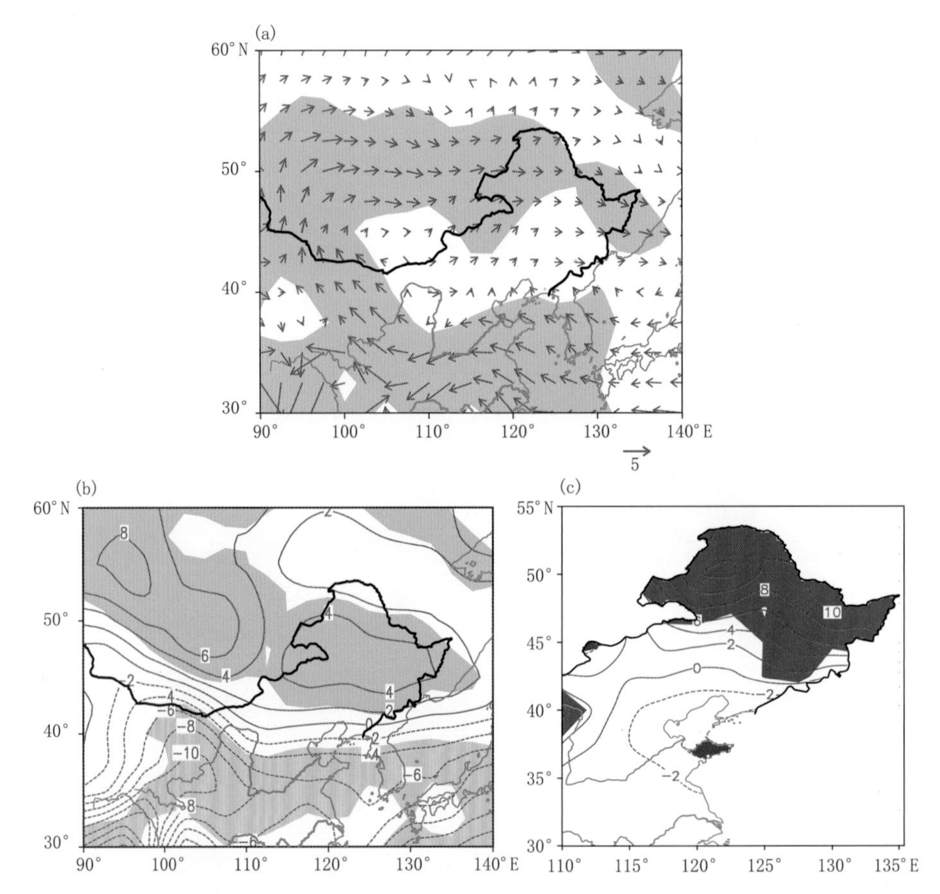

图 5.32　HCI-ID 与整层积分水汽输送的回归场(单位：kg/(m · s))(a)以及 1990—2009 年和 1960—1979 年间水汽输送(b)和大气可降水量(距平百分率表示)(c)的合成差异(阴影区通过了置信度为 95% 的显著性检验)(Zhou et al.，2017)

垂直上升运动是降雪发生的重要动力条件。图 5.33 为沿 115°—135°E 平均的垂直速度与 HCI-ID 的回归分布。可见，从低纬到高纬地区规则排列着负—正—负—正的异常分布，而东北区域正好位于负异常控制，意味着 Hadley 环流年代际增强对应东北区域上升运动加强，有利于对流的发生发展，这也为降雪强度的增强提供有利的动力条件。

Hadley 环流年代际增强是如何影响到高纬大气环流的年代际异常变化呢？由图 5.31b

可见，与 HCI-ID 相联系的显著特征之一表现为：亚洲—太平洋区域呈现异常气旋和反气旋型环流交替出现的环太平洋大圆波列。具体来讲，在欧亚区域，从低纬到高纬地区分别排列着异常气旋—反气旋—气旋—反气旋型环流；在北太平区域，从高纬到低纬则分别为异常气旋和反气旋型环流控制。通过该经向遥相关波列，亚洲太平洋区域低纬和中高纬的大气环流异常被联系在一起。回归分析和合成分析结果均显示，与 Hadley 环流年代际增强相对应的环流异常在东南亚区域表现为高空异常辐散，低层异常辐合，有利于对流活动发展，从而激发异常的环太平洋遥相关波列(Wang，2005)。因此，环太平洋遥相关波列在联系 Hadley 环流与影响东北降雪强度的大气环流之间起着重要的桥梁作用。

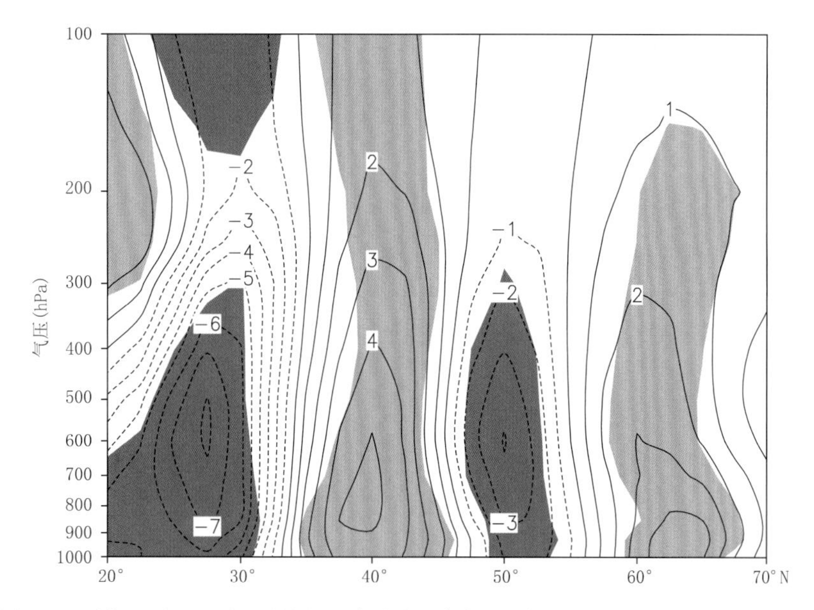

图 5.33 沿 115°—135°E 平均的垂直速度(单位：10^{-3} Pa/s)与 HCI-ID 的回归分布(阴影区通过了置信度为 95%的显著性检验)(Zhou et al.，2017)

5.4 北方强降雪年代际变化与大西洋年代际振荡的联系

基于 1961—2014 年我国台站降雪观测资料，本节着重分析中国北方地区(35°N 以北区域)冬季(12 月—次年 2 月)强降雪(日降雪量在 5 mm 以上)事件的年代际变化特征。

通过 EOF 分析，发现我国北方冬季强降雪的第一模态(EOF1)呈现全区一致型变化，正值中心位于我国东北地区的东南侧以及西北地区的西北侧(图 5.34a)，该模态解释方差为 36%。从 EOF1 模态对应的时间序列(PC1)来看，EOF1 模态在 20 世纪 90 年代中期出现由负位相向正位相转变的特征，亦即 20 世纪 90 年代中期之后，我国北方强降雪量增加(图 5.34b)。

基于我国北方强降雪变化的空间一致性，定义我国北方区域平均的强降雪量作为北方强降雪指数(NCSI)。图 5.35a 给出了冬季 NSCI 在 1961—2013 年间的变化，可以发现 NSCI 的变化特征与 PC1 的变化特征较为一致，两者之间的相关系数高达 0.81，通过了置信度为 99%的显著性检验。两者在年代际时间尺度上的相关系数为 0.87，同样通过了置信度为 99%的显著性检验。对 NSCI 时间序列的 M-K 检验结果揭示，NCSI 在 1996 年左右出现了显著的年代际变化(图 5.35b)。

因此，分别选取 1981—1995 年(P1)和 1999—2013 年(P2)代表我国北方强降雪偏少年代和偏多年代。图 5.36 为两个年代的强降雪距平分布，可以看到，两个时期我国强降雪的距平分布基本相反，而且分布型态与 EOF1 模态较为相似。在 P1 时段(1981—1995 年)，我国西北和东北区域的强降雪为显著负异常；而在 P2 时段(1999—2013 年)，该区域的强降雪则转为正异常。这些结果均表明，我国北方强降雪在 20 世纪 90 年代中期发生了一次明显的年代际变化，之前我国北方强降雪量相对较少，之后强降雪量增加。下面将从大气环流和海温的角度探讨我国北方强降雪在 20 世纪 90 年代中期出现年代际变化的原因与物理机制。

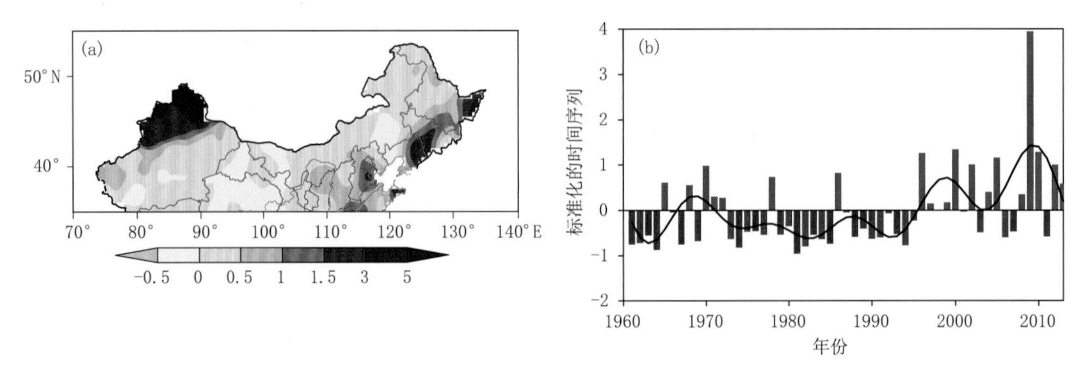

图 5.34　(a)我国北方强降雪的 EOF1 模态；(b) EOF1 模态对应的标准化 PC1 时间序列(柱状图)以及相应的年代际分量(黑色曲线)(Zhou et al.,2021)

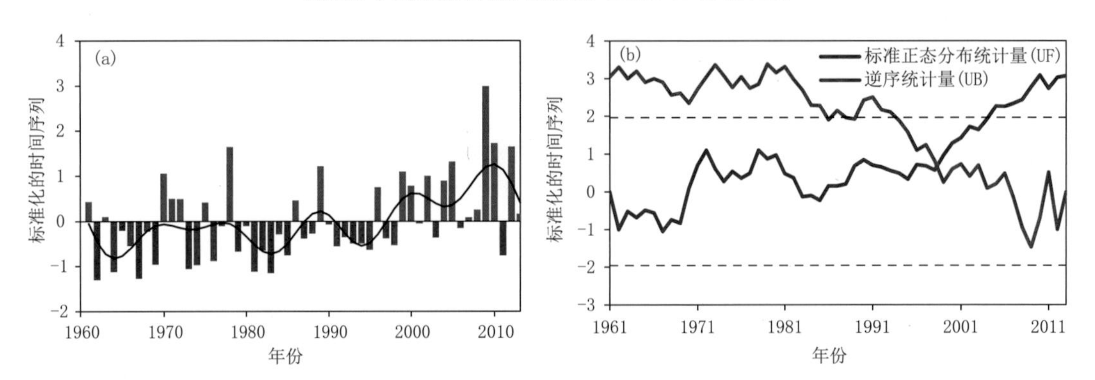

图 5.35　(a)冬季 NCSI 的标准化时间序列(柱状图)及其年代际分量(黑色曲线)；(b)NCSI 时间序列的 M-K 检验(虚线是置信度为 95%的显著性检验结果)(Zhou et al.,2021)

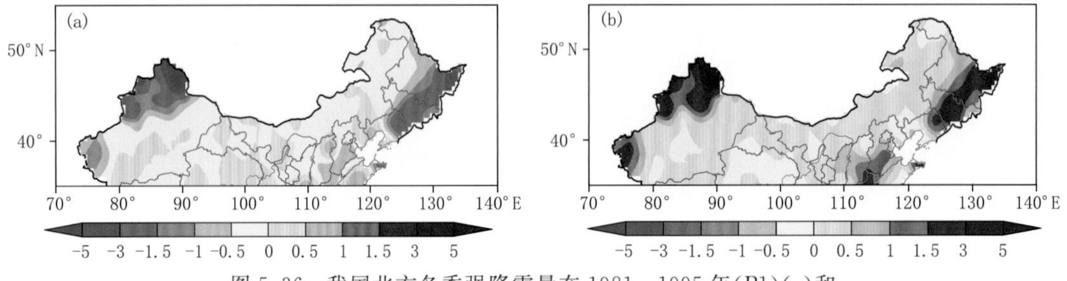

图 5.36　我国北方冬季强降雪量在 1981—1995 年(P1)(a)和 1999—2013 年(P2)(b)的距平分布(Zhou et al.,2021)

首先，分析与北方强降雪相联系的大气环流系统。图5.37为我国北方强降雪偏多年代和偏少年代对应的200 hPa纬向风、500 hPa位势高度和整层积分水汽输送通量的合成差值。由图5.37a可见，在对流层高层(200 hPa)，欧亚高纬度地区为东风异常，中纬度地区则为西风异常。这种异常环流型表示，与20世纪90年代中期之前相比，在20世纪90年代中期之后，高空极锋急流位置南移，而副热带急流位置北移。在对流层中层(500 hPa)，巴尔喀什湖到贝加尔湖一带为位势高度负异常(气旋型异常)，而太平洋中纬度区域则为位势高度正异常(反气旋型异常)(图5.37b)。中高层的这种环流异常分布正好对应利于强降雪增多的大气环流形势。另一方面，从水汽输送来看，向东北区域的南风水汽输送和向西北的西风水汽输送明显增强(图5.37c)，为强降雪的发生提供有利的水汽条件。上述环流特征共同导致20世纪90年代中期之后我国北方强降雪量增加。

大西洋年代际振荡(AMO)作为一个显著的年代际信号，对东亚区域气候的年代际变化具有显著贡献(如：Lu et al.，2006；Chen et al.，2010；Ding et al.，2014；Hao et al.，2016)。从20世纪初到现在，冬季AMO经历了三次明显的年代际变化。最近的一次发生在20世纪90年代，北大西洋海温由冷位相转为暖位相。我国北方强降雪由少变多的年代际转折正好处于AMO

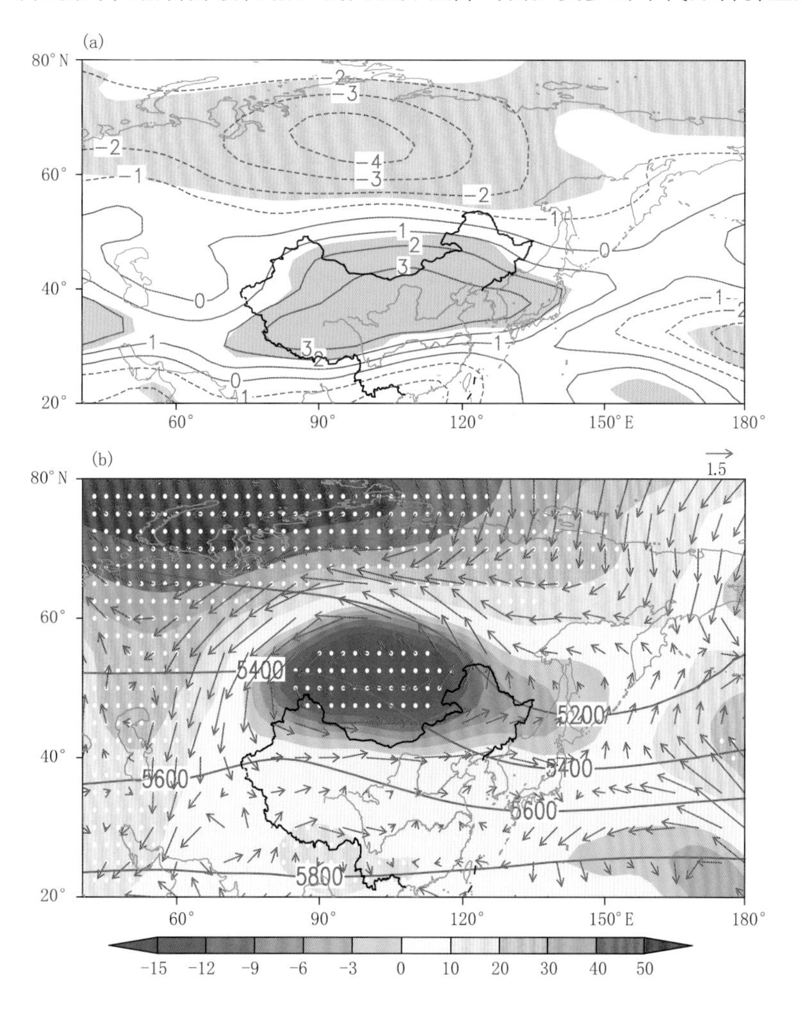

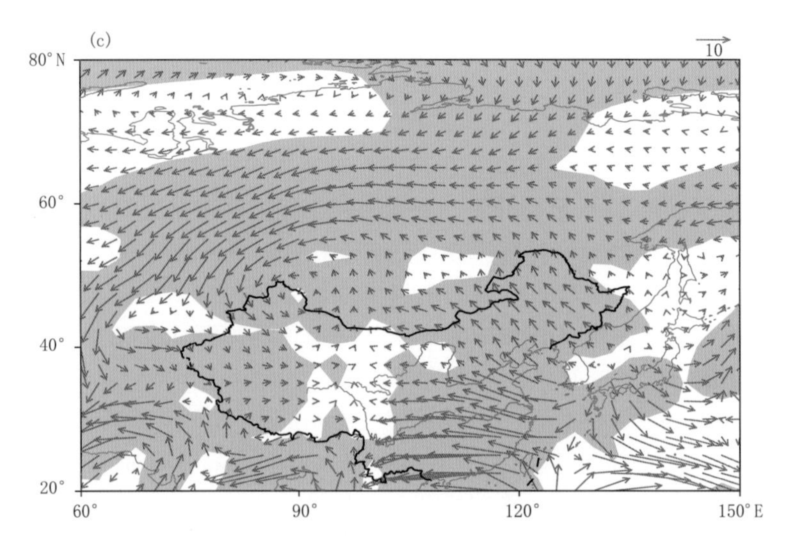

图 5.37　1999—2013 年(P2)和 1981—1995 年(P1)对应的 200 hPa 纬向风(单位:m/s)(a)、500 hPa 位势高度(阴影,单位:gpm)(b)和水平风场(箭头,单位:m/s)以及垂直积分的水汽输送(单位:kg/(m·s))(c)的合成差异(P2−P1)分布。(a)和(c)中的阴影区以及(b)中的打点区域通过了置信度为 95%的显著性检验。(b)中等值线表示 500 hPa 位势高度的气候平均态(Zhou et al.,2021)

位相由负转正的时期。那么,AMO 与我国北方强降雪的年代际变化是否存在联系?为此,计算了 1961—2013 年间 AMO 和北方强降雪指数(NCSI)在年代际时间尺度的相关。两者在年代际时间尺度的相关系数为 0.62(有效自由度为 13),通过了置信度为 95%的显著性检验。因此,AMO 的位相转变可能影响着我国北方强降雪的年代际变化。

为揭示 AMO 影响我国北方强降雪年代际变化背后的物理机制,计算了 AMO 指数与 200 hPa 纬向风和 500 hPa 位势高度年代际分量的回归分布,结果如图 5.38 所示。可见,AMO 指数回归的大气环流年代际变化特征与前面提到的强降雪偏多和偏少年代对应的合成差异分布特征相类似。当 AMO 处于暖位相时,对流层高层欧亚大陆高纬度区域的西风减弱,而中纬度区域的西风加强(图 5.38a)。在对流层中层,巴尔喀什湖到贝加尔湖区域为负的位势高度异常,北太平洋区域为正的位势高度异常(图 5.38b)。该种环流异常正好有利于我国北方强降雪的增加。为进一步证实 AMO 对上述大气环流的影响,利用 20 世纪再分析资料,选取 AMO 正位相年(1931—1962 年和 1999—2013 年)和负位相年(1902—1922 年和 1966—1995 年),对 200 hPa 纬向风和 500 hPa 位势高度进行了合成分析。合成分析结果同样显示,欧亚区域高层从中低纬到高纬分别为纬向风正异常和负异常,意味着高空极锋急流偏南,而副热带急流偏北。在对流层中层,巴尔喀什湖到贝加尔湖一带为显著的位势高度负异常,而北太平区域为位势高度正异常。这些分析结果说明,AMO 从冷位相向暖位相的转换可以通过影响对流层高层和中层大气环流异常进而影响我国北方的强降雪。

那么,AMO 的位相变化是通过何种途径影响到上述大气环流的年代际变化呢?一般而言,由于大气 Rossby 波的作用,一个区域的气候异常变化与其上游的扰动具有遥相关联系。因此,为探寻 AMO 对下游大气环流影响的物理机制,分析了与 AMO 变化相关的 Rossby 波源和波活动作用通量。根据波源理论(Sardeshmukh et al.,1988),北大西洋海面热力状况能

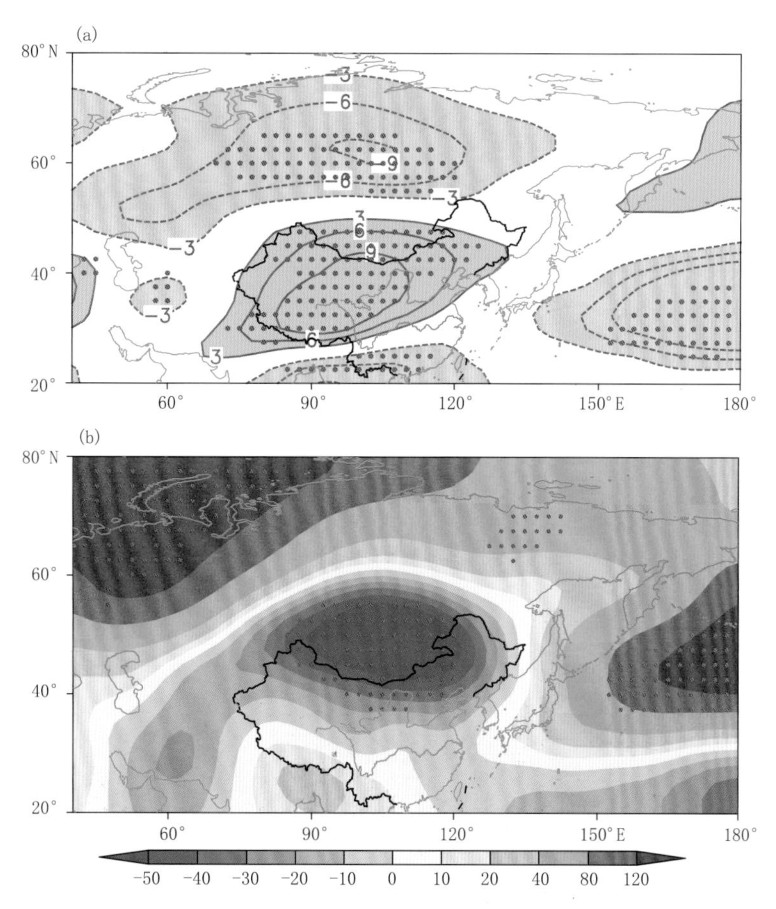

图5.38 1961—2013年AMO与200 hPa纬向风(单位:m/s)(a)和500 hPa位势高度(单位:gpm)(b)年代际分量的回归分布(打点区域通过了置信度为95%的显著性检验)(Zhou et al.,2021)

够通过引发大气高层辐散从而激发Rossby波(Hoskins et al.,1993;Branstator,2002;Manola et al.,2013)。图5.39为AMO正负位相所对应的300 hPa波源差值场分布情况,可见与海温异常相联系的异常波源位于大西洋西北部(40°—50°N)。在这种情况下,将激发出Rossby波源,并沿着纬向风气流的波导作用向下游传播。东传的异常Rossby波在西欧分裂为两支:一支向南传播,另一支向东北方向移动然后向东南方向传播至东北亚(图5.40)。后者将AMO信号向下游传播至东北亚地区,进而影响局地大气环流异常。因此,对流层高层从大西洋到东北亚的大气遥相关过程是联系AMO与影响北方强降雪变化的大尺度环流之间的重要桥梁。

综上,我国北方强降雪在20世纪90年代中期发生了一次明显的年代际变化,之前,我国北方强降雪量相对较少,之后强降雪量增加。与此次北方强降雪年代际增加相联系的异常大气环流系统主要包括:对流层高层极锋急流偏南和副热带急流偏北;对流层中层位势高度在巴尔喀什湖到贝加尔湖一带为负异常,在太平洋中纬度区域为正异常。进一步研究表明,AMO在20世纪90年代由冷位相转为暖位相,可以通过影响上述大气环流异常进而影响我国北方的强降雪,而这其中源自大西洋向下游传播至东北地区的大气遥相关过程起了重要的桥梁作用。

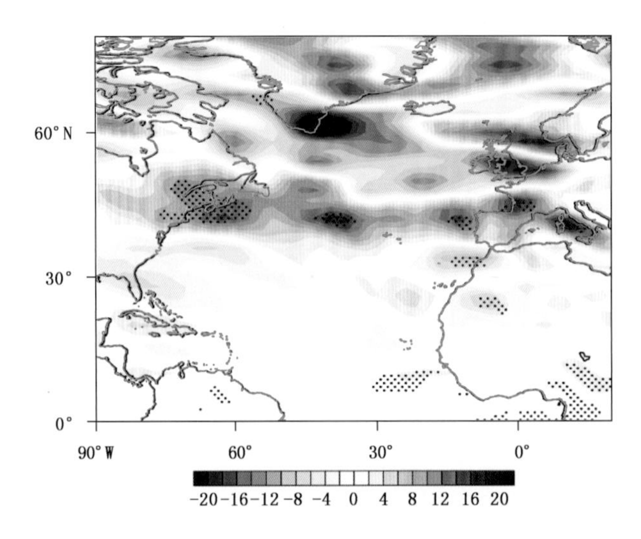

图 5.39　AMO 正负位相所对应的 300 hPa 波源的差值场(单位:10^{-11} s^{-2})(Zhou et al.,2021)

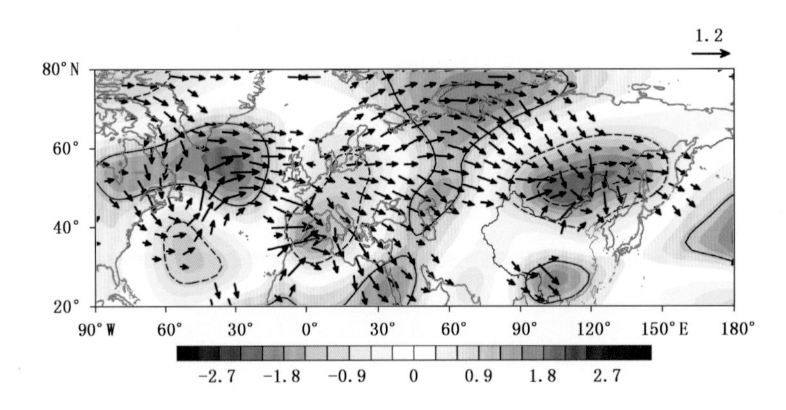

图 5.40　正负位相 AMO 异常所对应的 300 hPa 流函数(阴影,单位:10^6 m^2/s)和波活动通量(箭头,单位:m^2/s^2)(Zhou et al.,2021)

5.5　东北暴雪年代际变化与北极海冰的联系

图 5.41 给出了冬半年(11 月—次年 3 月)东北区域平均的暴雪(日降雪量≥10 mm)日数变化。由图可见,20 世纪 80 年代中期前,东北暴雪少发,80 年代中期后暴雪天气开始增多,2002 年以来暴雪频发。选取 1965—1980 年为东北暴雪少发期,2002—2011 年为东北暴雪多发期,进一步探讨与暴雪年代际尺度变化相对应的大气环流场特征,通过分析前期秋季(9—10 月)北极海冰的变化特征及其对冬半年(11 月—次年 3 月)东北暴雪的影响,揭示北极海冰异常影响东北暴雪年代际变化及相关环流的可能原因。

图 5.42 给出了东北暴雪少发期(1965—1980 年)与多发期(2002—2011 年)海平面气压距平合成场。不难发现,暴雪少发期和多发期海平面气压场分布特征相似但存在明显不同,两阶

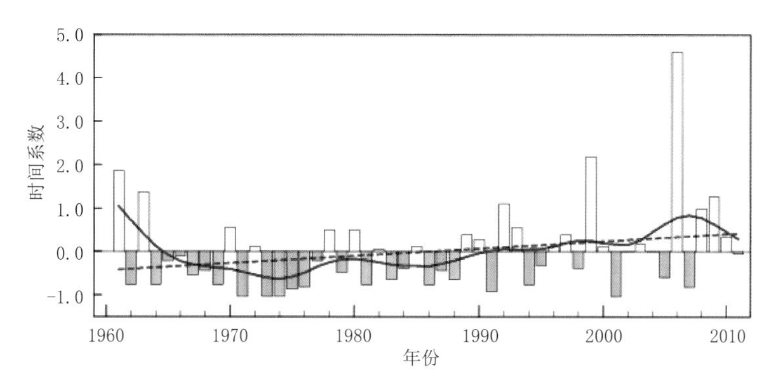

图 5.41 东北(113.5°—135.5°E,38°—53.5°N)区域平均暴雪日数标准化时间序列(直方图),其中红色虚线为线性趋势,蓝色粗实线为多项式拟合结果(陈海山 等,2019)

段在北大西洋地区表现出类似于 NAO 遥相关负位相模态,但暴雪多发期活动中心明显东移,这也表明 NAO 遥相关的活动可能与东北暴雪的年代际变化存在一定联系。已有研究指出,NAO 异常对极端天气气候变化的影响与北极海冰及热带海温异常等外强迫有关。例如,Liu 等(2012)指出秋季北极海冰异常偏少,导致冬季北半球海平面气压场表现出类似但又区别于 AO 模态的负位相,在该环流型及海冰减少提供更多水汽的共同作用下,北美、欧洲及东亚大部分地区出现异常降雪。

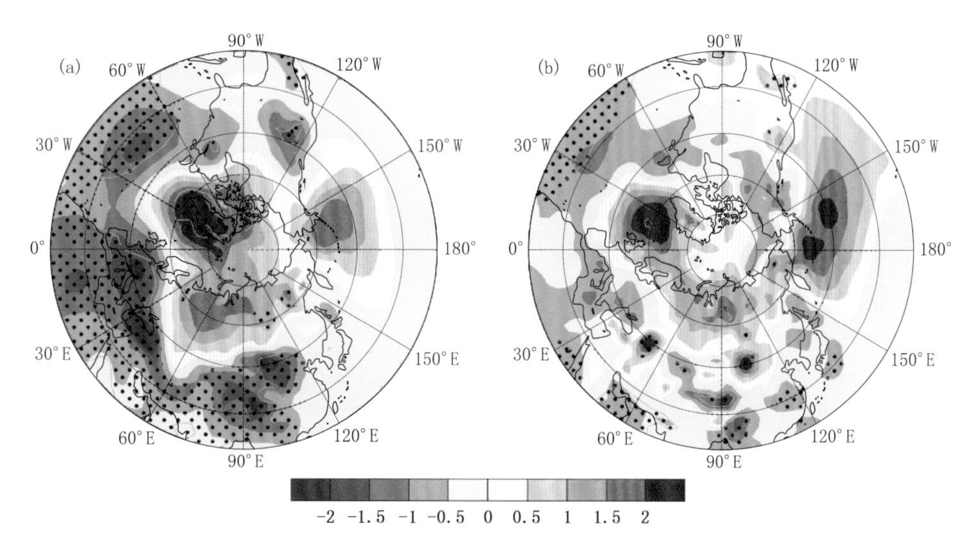

图 5.42 海平面气压距平空间分布(单位:hPa)(打点区域通过了置信度为 95%的显著性检验)(陈海山 等,2019)
(a)1965—1980 年;(b)2002—2011 年

从对流层低层 850 hPa 风场距平合成结果可以看出,在东北暴雪少发期,中国北方至日本岛一带 850 hPa 西风分量明显增强(图 5.43a);而在东北暴雪多发期,中国北方至日本岛一带 850 hPa 西风分量减弱,且存在异常偏东气流(图 5.43b)。东北暴雪少发期、多发期在贝加尔湖附近均存在偏北气流,引导极地冷空气向南入侵进入中国北方,造成北方地区冷空气活动较强,但此冷空气偏干冷,暴雪的发生还需要充沛的暖湿水汽。由图 5.43b 可知,在东北暴雪多发期,中国东北部存在异常偏南风,有利于太平洋暖湿水汽输送到中国北方地区,从而为东北暴雪天气提供了充沛的水汽条件。

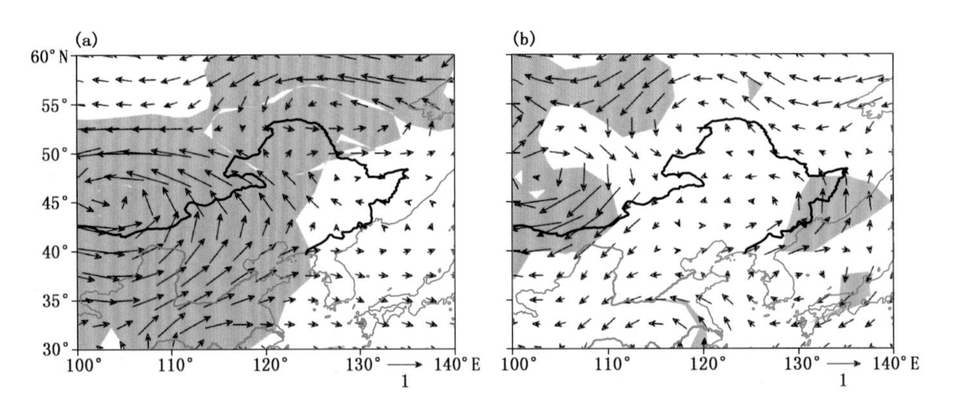

图 5.43 850 hPa 风场距平的空间分布(单位:m/s)(阴影区通过了置信度为 95%的显著性检验)(陈海山 等,2019)
(a)1965—1980 年;(b)2002—2011 年

水汽是产生降雪的重要因素之一。1965—1980 年间,向东北输送的水汽较少(图 5.44a);而在 2002—2011 年间,西北太平洋向东北输送的水汽则明显增多,水汽在东北地区辐合明显(图 5.44b)。同时,850 hPa 干冷空气起到冷垫的作用,暖湿空气沿着冷垫爬升,容易激发出中尺度低压,冷空气与暖湿气流在东北地区汇合锋生,提供东北暴雪日数增多的动力条件,造成 2002—2011 年期间东北暴雪频发。这也说明偏南风异常导致的水汽通量输送的变化是导致中国北方暴雪频发区位于东北及 2002—2011 年间东北暴雪频发的重要原因。

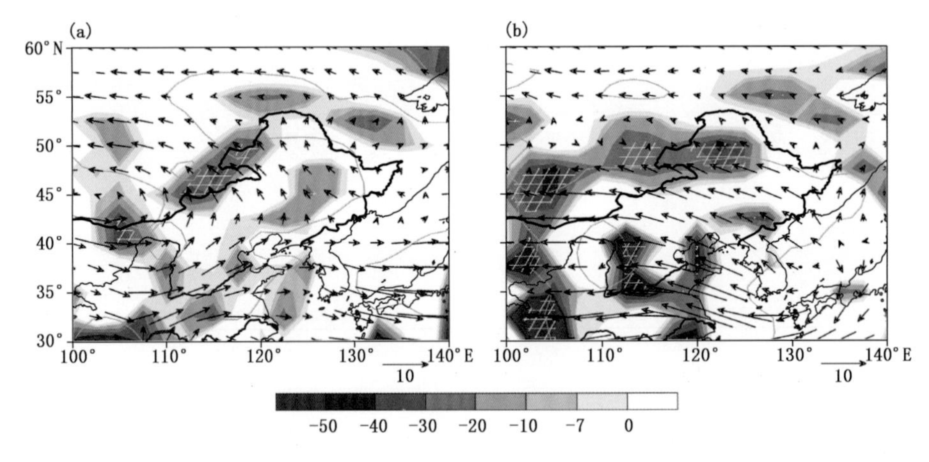

图 5.44 1000～300 hPa 水汽通量场(单位:kg/(m·s),绿线区域通过了置信度为 95%的显著性检验)和水汽输送通量散度(单位:10^{-7} kg/(m^2·s),打点区域通过了置信度为 95%的显著性检验)距平合成(阴影区为水汽输送散度≤0 的区域),其中(a)对应 1965—1986 年,(b)对应 2002—2011 年(陈海山 等,2019)

下面探讨东北暴雪年代际变化与北极海冰在年代际尺度上的联系。由于秋季北极海冰在空间上表现出较为一致的变化,因此,选取整个北极地区(0°—360°E,66.5°—90°N)的海冰作为研究对象,重点探讨前期秋季(9—10 月)北极海冰与冬半年(11 月—次年 3 月)东北暴雪在年代际尺度上的联系。将北极全区海冰标准化距平序列作为秋季北极海冰指数(SICI)。这里采用谐波分析的方法提取北极海冰变化≥10 年的部分为年代际信号。

如图5.45所示，秋季北极海冰指数总体呈减少趋势，且其时间序列存在显著的年代际变化特征：在2000年前以正指数为主，2000后基本为负指数。秋季海冰在2002年左右发生了明显的年代际转变，近十年来呈现出急剧减少的态势。此外，海冰在年代际尺度减少的转变点与东北暴雪在年代际尺度增加的转变点较一致，均发生在2002年前后。其中，1965—1980年为海冰偏多期，2002—2011年则为海冰偏少期。我们还注意到，东北暴雪少发期与北极多冰期(1965—1980年)具有很好的对应关系，而东北暴雪多发期则对应北极少冰期(2002—2011年)。进一步分析表明，海冰与东北暴雪日数的年代际分量的相关系数高达−0.86，通过了置信度为95%的蒙特卡洛随机检验，表明北极海冰的年代际减少与东北暴雪的年代际增加具有十分密切的联系。

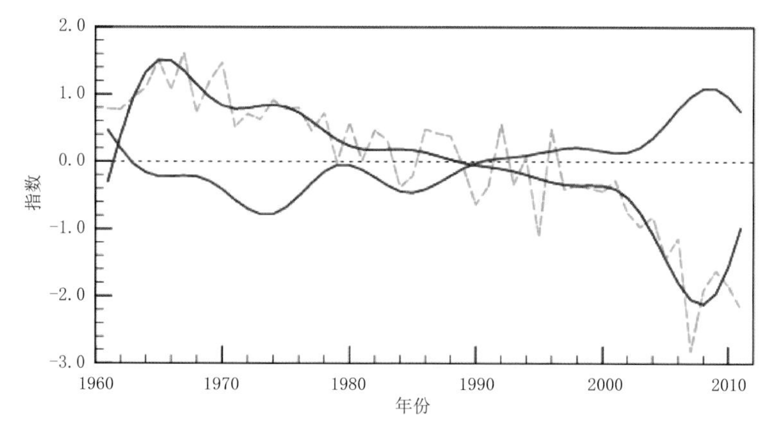

图5.45 秋季北极海冰指数(SICI，黄虚线)、秋季北极海冰年代际指数(蓝实线)、东北暴雪日数年代际指数(红实线)时间序列(陈海山 等，2019)

图5.46是秋季北极海冰年代际指数与中国北方暴雪日数年代际分量相关的空间分布。可以发现，在年代际尺度上，二者相关系数在东北、内蒙古西部及新疆北部和中部等大部分地区表现为显著负相关，而在新疆南部与西藏交界处及山东沿海等部分地区表现为较小范围的显著正相关。这表示前期秋季北极海冰的减少是造成北方暴雪尤其是东北暴雪年代际增加的可能原因。

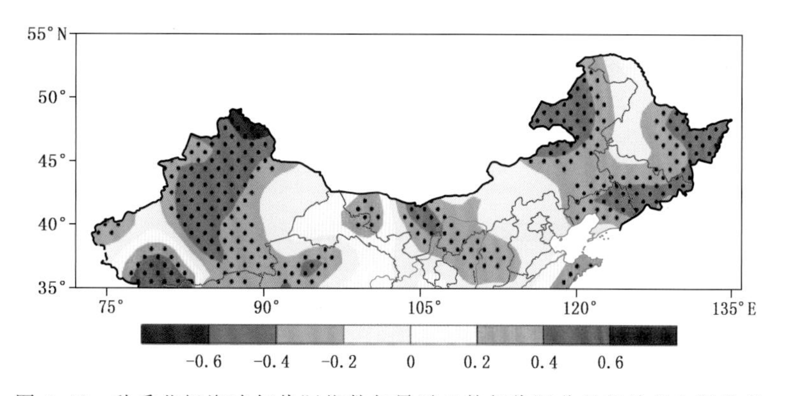

图5.46 秋季北极海冰年代际指数与暴雪日数年代际分量相关的空间分布(打点区域通过了置信度为95%的蒙特卡洛随机检验)(陈海山 等，2019)

图 5.47 是秋季北极海冰指数(这里乘以—1.0)回归得到的冬半年 500 hPa 位势高度异常、850 hPa 异常风场和 1000～300 hPa 异常水汽通量场、水汽输送通量散度的空间分布。如图 5.47a 所示，500 hPa 位势高度异常在北大西洋地区表现出 NAO 负位相模态：欧亚大陆上空存在显著的异常低压，而极地则为显著的异常高压。上述异常环流分布形势表明，极地位势高度偏高，欧亚大陆上空位势高度偏低，使得中高层极地和大陆的气压梯度减小，纬向西风气流减弱，大气环流的经向活动增强，有利于极地冷空气向南入侵，造成欧亚大陆气温偏低(图

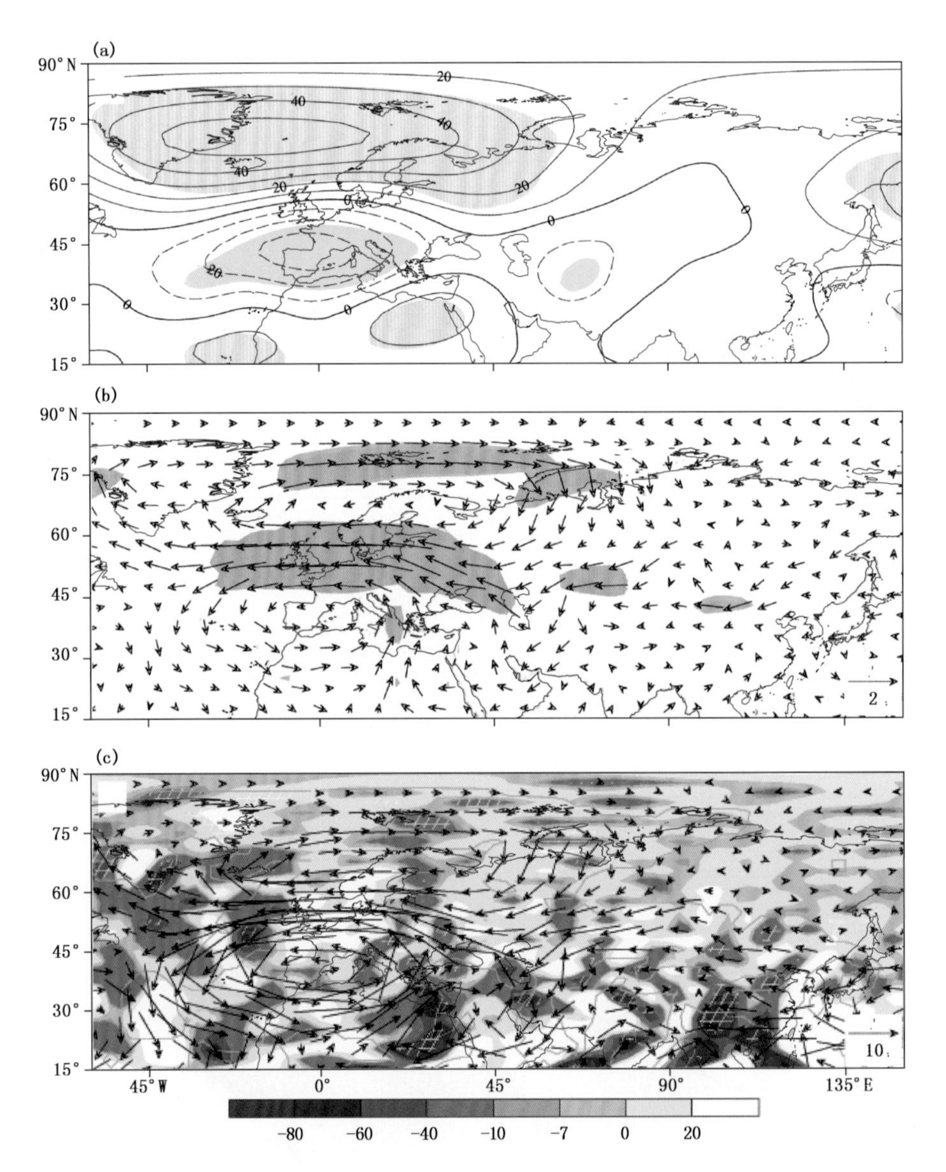

图 5.47　秋季北极海冰指数(乘以—1.0)回归得到的冬半年 500 hPa 位势高度异常场(单位：gpm)(a)、850 hPa 异常风场(单位：m/s)(阴影区通过了置信度为 95%的显著性检验)(b)及 1000～300 hPa 异常水汽通量场(单位：kg/(m · s)，绿线区域通过了置信度为 95%的显著性检验)和水汽输送通量散度(单位：10^{-7} kg/(m^2 · s)，网格标记区域通过了置信度为 95%的显著性检验)(阴影区为水汽输送散度≤0 的区域)(c)(陈海山 等，2019)

5.47b)。同时,秋季海冰消融使得大气中水汽含量增加,使得更多的暖湿气流在东北地区汇合(图5.47c)。秋季北极海冰的减少同时会引起NAO/AO位相的变化,NAO/AO位相的变化可以调控局地环流,从而对我国北方暴雪尤其是东北暴雪的年代际增加产生影响(Honda et al.,2009;Peings et al.,2014)。通过计算秋季北极海冰指数、秋季北极海冰年代际指数与11月—次年3月北大西洋涛动指数(NAOI)相关系数发现,二者相关系数数值分别为0.29、0.33,通过了置信度为95%的显著性检验。

综上,通过环流场分析发现,在东北暴雪少发期,向东北输送的水汽较少;在东北暴雪多发期,更多的水汽输送来自于西北太平洋,同时偏北气流引导的极地冷空气与偏南风引导的太平洋暖湿水汽在东北地区汇合锋生,提供暴雪发生的动力条件,造成东北暴雪出现年代际增多。同时,东北暴雪的年代际变化与NAO存在紧密联系。前期秋季海冰的年代际减少与东北暴雪的年代际增加存在很好的相关性。秋季北极海冰异常偏少导致的大气环流异常主要表现为纬向西风的减弱和NAO负位相,导致经向活动增强,有利于极地冷空气向南入侵,冷空气与暖湿水汽在东北地区汇合,造成东北暴雪的年代际增加。

参考文献

陈海山,罗江珊,韩方红,2019. 中国北方暴雪的年代际变化及其与大气环流和北极海冰的联系[J]. 大气科学学报,42 (1):68-77.

郭冬,孙照渤,2004. 冬季北太平洋涛动异常与东亚冬季风和我国天气气候的关系[J]. 南京气象学院院报,27 (4):461-470.

李如琦,唐冶,肉孜·阿基,2015. 2010年新疆北部暴雪异常的环流和水汽特征分析[J]. 高原气象,34 (1):155-162.

刘玉莲,任国玉,于宏敏,2012. 中国降雪气候学特征[J]. 地理科学,32 (10):1176-1185.

孙建奇,王会军,袁薇,2009. 2007年3月中国东部北方地区一次强灾害性暴风雪事件的成因初探[J]. 气象学报,67 (3):469-477.

王遵娅,周波涛,2018. 影响中国北方强降雪事件年际变化的典型环流背景和水汽收支特征分析[J]. 地球物理学报,61 (7):2654-2666.

张书萍,祝从文,2011. 2009年冬季新疆北部持续性暴雪的环流特征及其成因分析[J]. 大气科学,35 (5):833-846.

周淑玲,丛美环,吴增茂,等,2008. 2005年12月3—21日山东半岛持续性暴雪特征及维持机制[J]. 应用气象学报,19 (4):444-453.

朱艳峰,2008. 一个适用于描述中国大陆冬季气温变化的东亚冬季风指数[J]. 气象学报,66 (5):781-788.

BRANSTATOR G, 2002. Circumglobal teleconnections, the jet stream waveguide, and the North Atlantic oscillation[J]. J Clim, 15:1893-1910.

CHANGNON S A,CHANGNON D, 2006a. A spatial and temporal analysis of damaging snowstorms in the United States[J]. Nat Hazards, 37, 373-389.

CHANGNON S A,CHANGNON D,KARL T R, 2006b. Teporal and spatial characteristics of snowstorms in the contiguous United States[J]. J Appl Meteorol Climatol, 45:1141-1155.

CHEN W,GRAF H F,HUANG R H, 2000. The interannual variability of East Asian winter monsoon and its relation to the summer monsoon[J]. Adv Atmos Sci, 17:48-60.

CHEN W,DONG B W,LU R Y, 2010. Impact of the Atlantic Ocean on the multidecadal fluctuation of El Niño-southern oscillation-South Asian monsoon relationship in a coupled general circulation model[J]. J

Geophys Res Atmos, 115:D17109.

DING Y H, 1994. Monsoons over China[J]. Adv Atmos Sci, 11:252.

DING Y H,KRISHNAMURTI T N, 1987. Heat budget of the Siberian high and the winter monsoon[J]. Mon Weather Rev, 115:2428-2449.

DING Y H,LIU Y J,LIANG S J,et al, 2014. Interdecadal variability of the East Asian winter monsoon and its possible links to global climate change[J]. J Meteorol Res, 28:693-713.

GIORGI F,COPPOLA E, F,et al, 2012. RegCM4: model description and preliminary tests over multiple CORDEX domains[J]. Clim Res, 52:7-29.

HAO X,HE S P,WANG H J, 2016. Asymmetry in the response of central Eurasian winter temperature to AMO[J]. Clim Dyn, 47:2139-2154.

HONDA M,INOUE J,YAMANE S, 2009. Influence of low Arctic sea-ice minima on anomalously cold Eurasian winters[J]. Geophys Res Lett, 36:262-275.

HOSKINS B J,AMBRIZZI T,1993. Rossby wave propagation on a realistic longitudinally varying flow[J]. J Atmos Sci, 50:1661-1671.

IPCC, 2013. Climate Change 2013: The Physical Science Basis[M]. Cambridge: Cambridge University Press: 1535 .

LIU J P,CURRY J A,WANG H J,et al, 2012. Impact of declining Arctic sea ice on winter snowfall[J]. Proc Natl Acad Sci U S A, 109:4074-4079.

LU R Y,DONG B W,DING H, 2006. Impact of the Atlantic multidecadal oscillation on the Asian summer monsoon[J]. Geophys Res Lett, 33:L24701.

MANOLA I,SELTEN F,VRIES H D,et al, 2013. Waveguidability of idealized jets[J]. J Geophys Res Atmos, 118:10432-10440.

OORT A H,YIENGER J J, 1996. Observed interannual variability in the Hadley circulation and its connection to ENSO[J]. J Clim, 9:2751-2767.

PEINGS Y,MAGNUSDOTTIR G, 2014. Response of the wintertime northern hemisphere atmospheric circulation to current and projected Arctic sea ice decline: A numerical study with CAM5[J]. J Clim, 27:244-264.

ROGERS J C, 1981. The North Pacific oscillation[J]. Int J Climatol, 1:39-57.

SARDESHMUKH P D,HOSKINS B J, 1988. The generation of global rotational flow by steady idealized tropical divergence[J]. J Atmos Sci, 45:1228-1251.

SUN B,WANG H J, 2013. Water vapor transport paths and accumulation during widespread snowfall events in northeastern China[J]. J Clim, 26:4550-4566.

SUN B,WANG H J,ZHOU B T, 2019. Synoptic evolution and climatic conditions of two intense snowfall events in eastern China during January 2018[J]. J Geophys Res Atmos, 124: 926-941.

SUN J Q,WANG H J,YUAN W,et al, 2010. Spatial-temporal features of intense snowfall events in China and their possible change[J]. J Geophys Res Atmos, 115:D16110.

WALLACE J M,GUTZLER D S, 1981. Teleconnections in the geopotential height field during the northern hemisphere winter[J]. Mon Weather Rev, 109:784-812.

WANG H J, 2005. The circum-Pacific teleconnection pattern in meridional wind in the high troposphere[J]. Adv Atmos Sci, 22:463-466.

WANG H J,HE S P, 2012. Weakening relationship between East Asian winter monsoon and Enso after mid-1970s[J]. Chinese Sci Bull, 57:3535-3540.

WANG H J,HE S P, 2013. The increase of snowfall in northeast China after the mid-1980s[J]. Chinese Sci

Bull, 58:1350-1354.

WANG L,CHEN W,HUANG R H, 2007. Changes in the variability of North Pacific oscillation around 1975/1976 and its relationship with East Asian winter climate[J]. J Geophys Res Atmos, 112: D11110.

WANG L,CHEN W,ZHOU W,et al, 2009. Interannual variations of East Asian trough axis at 500 hPa and its association with the East Asian winter monsoon pathway[J]. J Clim, 22:600-614.

WANG Z Y,YANG S,KE Z J,et al, 2014. Large-scale atmospheric and oceanic conditions for extensive and persistent icing events in China[J]. J Appl Meteorol Climatol, 53:2698-2709.

WANG Z Y,YANG S ,ZHOU B T, 2017. Preceding features and relationship with possible affecting factors of persistent and extensive icing events in China[J]. Int J Climatol, 37:4105-4118.

WANG Z Y,DING Y H,ZHOU B T,et al, 2020. Comparison of two severe low-temperature snowstorm and ice freezing events in China: Role of Eurasian mid-high latitude circulation patterns[J]. Int J Climatol, 40:3436-3450.

WU B Y,WANG J, 2002a. Winter Arctic oscillation, Siberian high and East Asian winter monsoon[J]. Geophys Res Lett, 29:1897.

WU B Y,WANG J, 2002b. Possible impacts of winter Arctic Oscillation on Siberian high, the East Asian winter monsoon and sea-ice extent[J]. Adv Atmos Sci, 19:297-320.

XIE Z X,SUN B, 2019. Different roles of water vapor transport and cold advection in the intensive snowfall events over north China and the Yangtze River valley[J]. Atmosphere, 10:368.

ZHOU B T,WANG H J, 2006. Interannual and interdecadal variations of the Hadley circulation and its connection with tropical sea surface temperature[J]. Chinese J Geophys, 49: 1147-1154.

ZHOU B Z,GU L H,DING Y H,et al,2011. The great 2008 Chinese ice storm: Its socioeconomic-ecological impact and sustainability lessons learned[J]. Bull Am Meteorol Soc, 92:47-60.

ZHOU B T,WANG Z Y,SHI Y, 2017. Possible role of Hadley circulation strengthening in interdecadal intensification of snowfalls over northeastern China under climate change[J]. J Geophys Res Atmos, 122: 11638-11650.

ZHOU B T,WANG Z Y,SHI Y,et al, 2018. Historical and future changes of snowfall events in China under a warming background[J]. J Clim, 31:5873-5889.

ZHOU B T,WANG Z Y,SUN B,et al, 2021. Decadal change of heavy snowfall over northern China in the mid-1990s and associated background circulations[J]. J Clim, 34:825-837.

第6章　极端降水与洪涝

随着全球变暖，极端降水/洪涝频繁发生已成为不容忽视的事实（Allan et al.，2008）。例如，2007年英国遭受百年一遇大洪水、2013年中欧遭遇“世纪洪水”、2012年百年一遇特大暴雨袭击中国华北、2015年非洲南部多地遭暴雨袭击，这些极端降水事件造成的经济损失已呈指数式上升（Coumou et al.，2012）。研究发现，在全球变暖背景下北半球中高纬降水量增加的地区扩大，极端降水事件趋于增多（Frich et al.，2002）；我国中高纬度地区极端降水的强度和频数也都有增加趋势（Zhai et al.，2005；Dong et al.，2020）。因此，理解极端降水/洪涝的成因对提高致灾降水的预测水平具有重要的科学意义和应用价值。

中国北方是重要的粮食产区，该区域的农业活动和粮食产量与降水异常密切相关。近几十年来，极端降水/洪涝等灾害性事件频发，其影响范围广，且造成了严重的经济损失。所以，厘清中国北方极端降水/洪涝变化规律并进一步提高其预测水平，对于保障国计民生、维护中国和全球粮食安全、提升中国农业国际竞争力等都具有重要的意义。本章从降水日变化、年际和年代际变化等方面揭示中国北方地区极端降水的特征规律及其成因。最后，探讨了人类活动对极端降水/洪涝的影响。

6.1　东部持续性暴雨的日变化和年际变化

6.1.1　极端暴雨的日变化规律

利用新一代全球再分析资料和卫星降水数据，找出山谷风环流和边界层风场惯性振荡最为活跃的天数，然后通过对比相应的降水系统和大气动力热力条件，从而定量揭示其对华北夏季降水日变化的调节作用。结果表明，华北平原的夜间降水主要出现在季风活跃期间（图6.1），即日平均偏南风偏强的天数，表明活跃夏季风背景气流有利于夜间平原降水的发生。两种日变化区域强迫（山谷风环流的夜间上升支和低空偏南风的夜间加速）都能加强华北平原的夜间降水，但是后者引起的夜间降水发展时间更早、强度更强、影响范围也更广（图6.1）。当夏季风活跃时，两种区域强迫对降水日变化的调节都变得更加高效，它们引起水汽输送辐合的夜间增加幅度相当于季风气流的日平均值，所激发的夜间降水也明显加强。其中，边界层风场振荡与夏季风活动的耦合作用尤为显著，容易造成强降水的发生（图6.1d）。两种区域强迫对夜间的贡献差异，主要与它们的水汽输送和辐合差异有关，其中边界层风场振荡叠加活跃夏季风气流，对夜间水汽输送和辐合的增幅均更为显著，清楚表明了季风气流日变化是华北平原夏季降水和夜间强降水事件的重要调整机制。值得注意的是，该研究不同于传统观点主要强调山谷风环流的影响，而是定量给出了两种区域强迫影响华北平原降水的异同和相对大小，并揭示了它们与夏季风共同作用的增效。上述结果表明，活跃夏季风气流配合较强边界层风场振荡，形成夏季风气流日变化，是导致华北地区降水日变化的主要机制。

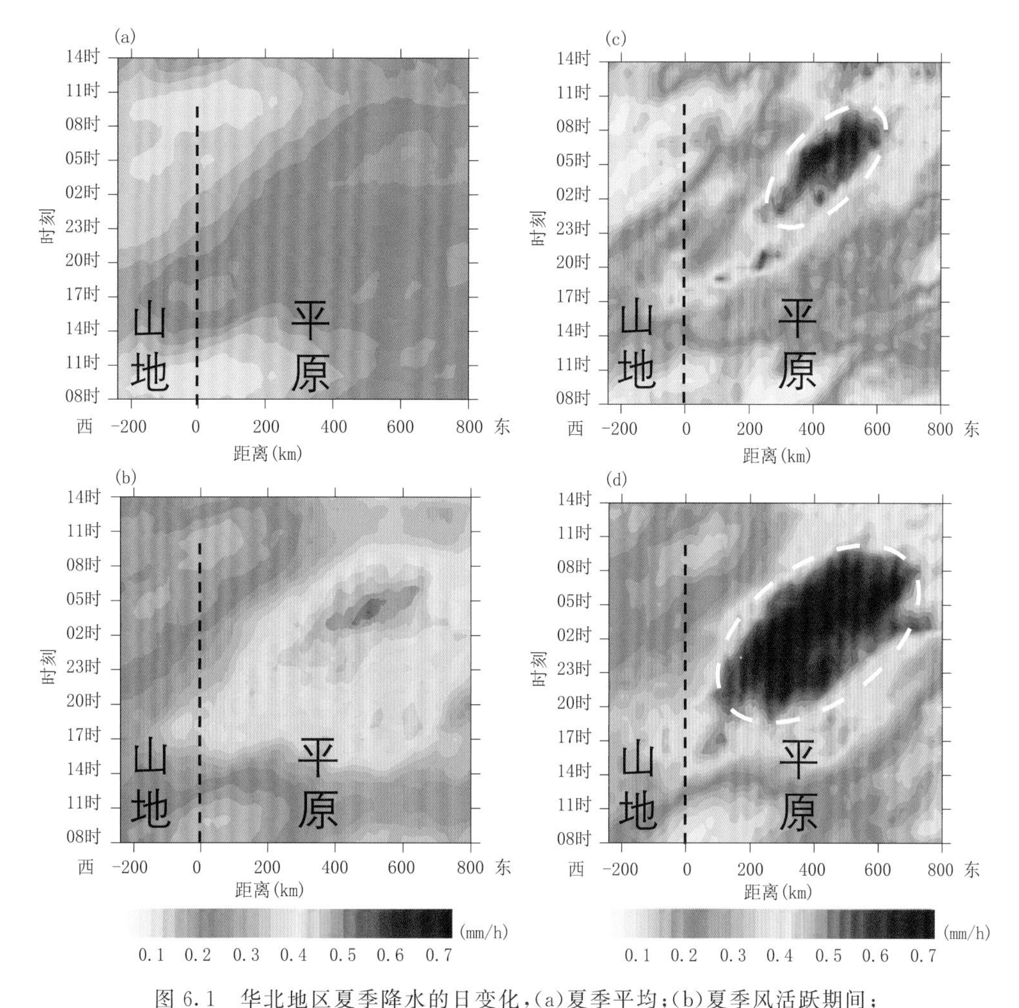

图 6.1　华北地区夏季降水的日变化，(a)夏季平均；(b)夏季风活跃期间；(c)活跃夏季风配合活跃的山谷风环流；(d)活跃夏季风配合活跃的边界层风场日变化(Pan et al., 2019)

针对中国东部的极端暴雨事件，通过分析发现中国东南部的季风气流日变化还起到"白天蓄能—夜间释放"的作用，在夜间把暖湿能量快速输送到中国东部地区，激发中尺度对流系统的凌晨发展，造成早晨峰值的暴雨。这种过程可在数天内反复发生，形成一条像走廊一样狭长的雨带，称为暴雨走廊(Rainfall Corridor)。雨带的东西长度超过 1000 km、南北宽度只有 300 km 甚至更窄，是造成流域性大洪水的重要推手。当暴雨走廊发生时，中国东部降水异常呈现出中部偏多和南北偏少的"三明治"分布。统计分析表明，暴雨走廊事件能贡献 50%以上的降水量，解释 70%的降水年际变化方差，是中国东部降水平衡的主导者。

进一步对暴雨走廊事件的大气环流分析表明，大多数暴雨事件主要出现在凌晨上午，与华南上空的夜间低空急流及其水汽输送存在密切关系(图 6.2)。夜间低空急流的建立主要出现在副热带高压西北边缘，受到热力和动力条件的共同调节。副热带高压的控制影响可导致强烈的白天陆面加热，从根本上影响了低空风场日偏差的强度。夜间风场加速还受到背景西南气流的动量平流输送作用，把华南地区的动量输送到华中平原，导致夜间低空急流的风速中心从华南地区向华中平原拓展。夜间低空急流冲击梅雨锋面，形成强烈的水汽输送、辐合抬升和对流不稳定能量，有利于夜间高架对流的发展，可在梅雨锋面同时激发多个中尺度对流系统，形成东西走向的狭长雨带。研究揭示了副热带高压等大尺度大气环流可通过调节区域尺度的日变化过程，影响我国东部的中尺度对流系统。研究还发现，暴雨走廊事件的生消、持续天数和年际变化还受到中高纬大气环流与热带大气环流的协同调节。其中，菲律宾附近的异常反气旋环流与厄尔尼诺现象、夏季印度洋增暖等热带大气海洋系统有关，中纬度气旋环流异常则与西风带波列扰动有关。两者构成了东亚地区的经向分布的高度场异常偶极子，有利于暴雨走廊的发生和维持。

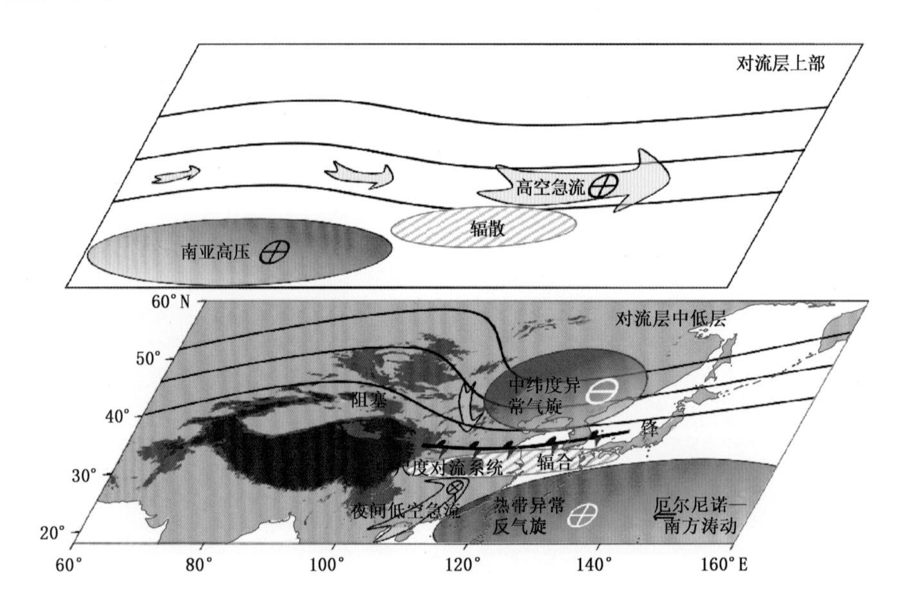

图 6.2　中国东部暴雨走廊发生的大气环流概念图(Guan et al.，2020)

6.1.2　持续性暴雨的年际变化规律

研究进一步考察了日变化现象与长期气候变化的联系，发现东亚夏季风气流日变化的年际和年代际变化与中国旱涝的长期变动存在密切关系。基于低空风场的日平均和日变化振幅，把中国东南部的季风气流分为 4 组，即夏季风偏强(偏弱)配合偏强(偏弱)日变化。结果显示，活跃夏季风配合偏强日变化的分组(Q1)在 20 世纪 60—70 年代平均为 35 天，在 80—90 年代衰减到 26 天(图 6.3a)。年代际突变发生在 70 年代末或 80 年代初。活跃夏季风配合偏弱日变化的分组(Q4)则在 70 年代平均为 14 天，在 90 年代显著增加到 24 天。Q1(Q4)的年代际减少(增多)表明夏季风气流日变化由强转弱，很好地对应于 20 世纪东亚夏季风的长期减弱。这两个分组在 21 世纪近 20 年开始回到正常水平，对应于近年夏季风强度得到了一定程度的恢复。这种夏季风日变化的长期变动与大尺度海陆热力差异的长期变化有关，受到热带海洋热力状况和陆面加热(气溶胶和春季雪盖等)的共同影响。这些研究结果从日变化角度表明,季风气流日变化是东亚夏季风系统长期变动的关键特征之一。

与20世纪60—70年代的活跃Q1天数相对应,中国夏季雨带异常偏北,中国北方地区偏涝(图6.3b)。随着Q1(Q4)天数在20世纪80—90年代的衰减(增加),东亚夏季雨带逐渐南移,我国南方地区转为偏涝,北方地区则转为偏旱。在最近20年,随着Q1天数转为增加,夏季雨带再次北移。统计分析还表明,Q1天数约占34%的夏季天数,能够贡献约50%的华北平原降水量,并解释了高达60%的年际变化方差,表明活跃夏季风配合较强日变化对北方降水平衡和变动起到了至关重要的贡献。相比而言,Q4天数约占20%的夏季天数,能够贡献约30%的南方地区降水量,解释了50%~60%的年际变化方差,表明活跃夏季风配合较弱日变化主要影响我国南方的降水平衡和变动。对降水年际和年代际的回归分析表明,活跃的Q1对应于华北地区的降水正异常和华中地区的降水负异常,而活跃的Q4对应于中国东南部的降水正异常和华北地区的降水负异常,异常量级10 mm/d接近气候平均降水量级。20世纪60—70年代,活跃的Q1和抑制的Q4对应于华北地区降水的年代际偏多;20世纪80—90年代,抑制的Q1和活跃的Q4则对应于华南地区的年代际偏多。

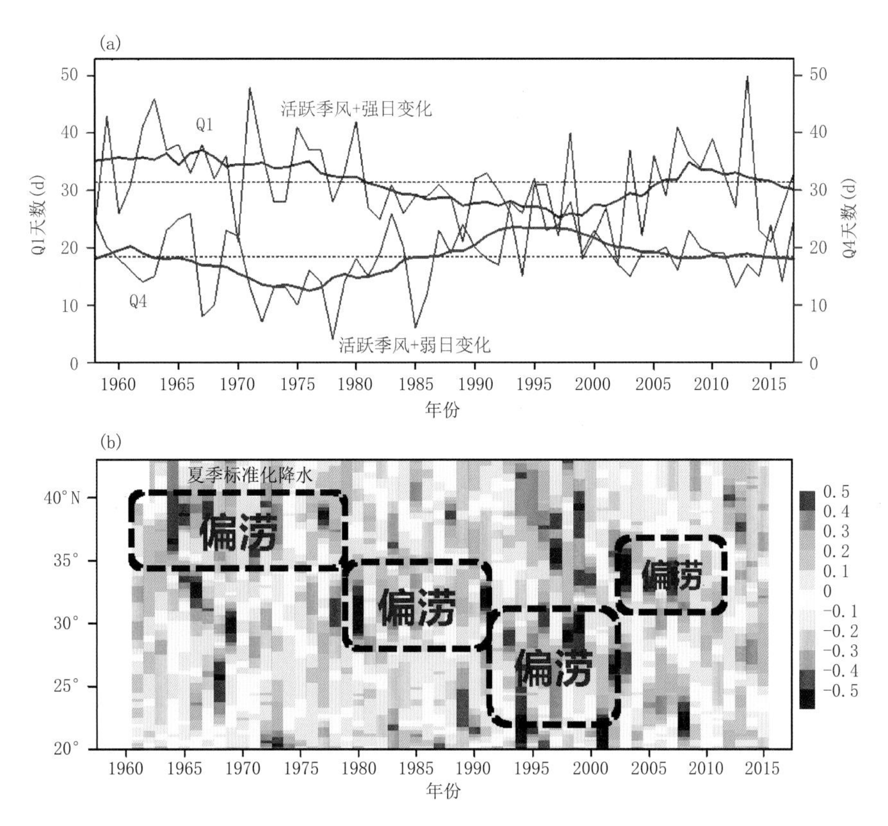

图6.3 (a)活跃夏季风气流的两种分类的长期变化,粗线为11年滑动平均;(b)中国东部夏季旱涝的长期变化(Chen et al.,2021)

这种季风气流日变化和夏季雨带的密切关系受到夜间加强的向北水汽输送的影响。与Q1有关的水汽输送是影响华北地区的水汽平衡和变动的主要贡献过程,尤其是夜间到早晨增强的水汽输送辐合与北方地区降水的长期变动的关系最为密切。Q1和Q4的水汽输送都与西北太平洋副热带高压的反气旋环流输送有关,但是两者之间存在明显差异。在Q1情况下，向北水汽输送的最大值出现在华中地区，水汽通量辐合主要出现在华北平原，与副热带高压的经向型分布形态有关。在Q4情况下，向北水汽输送的最大值主要出现在华南地区和南海北部，水汽通量辐合则出现在中国东南部，与副热带高压的纬向分布形态有关。上述结果表明，夏季风气流中的日变化过程可通过显著调节短时间尺度的水汽输送和辐合过程，影响对流和降水系统的发生发展。夏季风日变化在过去60年发生了明显的年际变化和年代际变化，并对中国降水尤其是夜间暴雨的长期变化有重要的影响作用。

基于上述研究分析，研究较为系统深入地阐明了夏季风活动的短时间尺度与长时间尺度变化之间的联系和共同作用，揭示了大尺度季风环流及其日变化现象对我国包括北方地区的夏季降水区域平衡、旱涝长期变化、极端暴雨事件等方面都有重要影响(Zeng et al.，2019)。偏强(偏弱)的夏季风气流日变化对应于我国北方地区(南方地区)降水的异常偏多。研究从天气与气候交叉链接的独特角度，表明季风气流日变化起到了重要的区域强迫作用，与大尺度大气环流共同调节水汽输送辐合等具体物理过程，成为影响我国尤其是北方地区的降水系统日变化及其长期变化的关键过程。

6.2 北方极端降水事件变化及其与气温的联系

6.2.1 北方群发性极端降水

将夏季中国北方地区群发性极端事件为研究对象，依据况雪源等(2014)提出的简化识别群发性极端气候事件的方法，对中国北方地区群发性极端降水事件进行了识别。进一步挑选了以下各类指标分别对事件的影响范围、持续时间及影响强度等方面进行了度量。包括：持续天数(ALD：事件的开始日到结束日之间的总天数)；影响站点(AST：事件影响的总站数)；平均强度(MQ：各站平均强度之和/影响站点数)；极端强度(MMX：事件过程中各站与灾害阈值之差绝对值的最大值)；平均中心纬度(受影响站点位置的纬度平均值，以影响天数为权重)；平均中心经度(受影响站点位置的经度平均值，以影响天数为权重)；综合强度(TEN：$TEN=0.5\times ALD^{*}+0.1\times AST^{*}+0.1\times MQ^{*}+0.3\times MMX^{*}$，* 表示标准化)，研究多次调整了综合强度中各个指数的比例，但考虑到持续时间较长、极端强度越大的群发性极端降水事件对我国的灾害性更强。因此，研究特地提高了综合强度计算中持续时间和极端强度的比重。

基于群发性极端降水事件的识别方法，监测出1960—2014年全年我国北方地区的群发性极端降水事件，共发生434次。表6.1列出了综合强度排名前十的我国北方地区群发性极端降水事件。所选出的综合强度前十的事件，涵盖了历史记录中发生的强降水事件，比如，1998年7月东北地区出现了持续性降水，其中嫩江、松花江等流域出现了150年来最严重的全流域特大洪水；1984年6月西北地区降水偏多，并出现多次大范围暴雨事件，其中陕西省多地出现暴雨以及区域性暴雨事件；2010年8月东北地区多次出现强降水事件，其作用时间长，降水量偏大，造成了严重的洪涝灾害；2013年7月延安地区发生超“百年一遇”标准的长过程、大强度、多暴雨日的长持续性降水事件，造成巨大的经济损失和重大的人员伤亡；1986年6月京津冀地区出现了持续性暴雨过程，引发了城市内涝；1975年8月5—7日，河南省中南部出现了

“75 · 8”暴雨事件，是该地区罕见的特大暴雨事件。因此，识别群发性极端降水事件的方法对于我国北方地区夏季群发性极端降水事件的识别也是比较合理的。

表 6.1 北方地区综合强度前十的群发性极端降水事件(严佩文，2019)

序号	起始时间	持续天数(d)	影响站数(个)	平均强度(mm/d)	极端强度(mm/d)	中心纬度(°N)	中心经度(°E)	综合强度
1	1998-07-04	4	277	20.81	360.00	35.71	109.42	2.67
2	1967-06-29	6	295	19.38	152.70	35.08	110.63	2.53
3	1984-06-13	5	267	25.99	217.00	36.75	113.63	2.45
4	1991-06-10	5	269	25.27	208.20	35.09	112.88	2.40
5	2010-08-18	5	239	21.58	190.60	35.59	110.67	2.23
6	2013-07-08	3	146	19.47	394.70	36.68	109.61	2.19
7	1986-06-25	5	239	18.80	165.90	39.05	115.10	2.08
8	1975-08-05	3	134	37.88	309.40	39.86	119.91	1.98
9	1962-07-24	4	197	28.46	218.90	37.62	113.61	1.96
10	2012-08-31	5	381	14.98	100.40	35.11	111.88	1.96

从各指数的频次分布来看，我国北方地区夏季群发性极端降水事件的持续天数多为 1 天，共发生 316 次，达到总事件的 73.6%，持续 2 天的共发生 73 次，占总事件的 16.8%，而持续 3 天及以上的长持续性群发性极端降水事件共发生 45 次，占总事件的 10.4%，最长的持续时间为 6 天(图 6.4a)。影响站点在 40～80 个之间的群发性极端降水事件最多 216 次，其次是小于 40 个的群发性极端降水事件，共发生 120 次，影响站点最多的一次群发性极端降水事件出现在 2012 年 8 月，影响站点为 381 个(图 6.4b)，平均强度位于 10～20 mm/d 的群发性极端降水事件最多，总计 240 次，其次为 20～30 mm/d 的群发性极端降水事件，总计 128 次，我国北方地区夏季群发性极端降水事件的平均强度多集中于 10～30 mm/d，平均强度最强的南方地区群发性极端降水事件发生在 1984 年 8 月 9 日，平均强度达到 50.51 mm/d(图 6.4c)。对于极端强度而言，在 50～100 mm/d 群发性极端降水事件最多，共计 178 次(图 6.4d)。综合强度由于受到持续天数权重的影响，多集中在－0.4～0.2 之间(图 6.4e)，群发性极端降水事件的中心多集中在 35°—27°N，123°—126°E(图 6.4f，g)。

随着持续天数的增长，我国北方夏季群发性极端降水事件的影响站点(图 6.5a)、平均强度(图 6.5b)、极端强度(图 6.5c)和综合强度(图 6.5d)有增长趋势，而中心纬度(图 6.5e)和中心经度(图 6.5f)有减小的趋势。说明对于我国北方夏季群发性极端降水事件，随着持续时间的增加影响的范围会有所扩大，事件的降水强度有所增加，并且事件中心有向西南移的趋势。进一步比较持续 3 天以上群发性极端降水事件的年代际特征发现，我国北方地区持续 3 天及以上群发性极端降水事件的频数在 20 世纪 60 年代出现极大值(共 10 次)，之后有下降趋势，在 2010 年后又出现一个较多值(共 6 次)。从影响站点来看，1990—1999 年和 2000—2009 年的持续 3 天及以上群发性极端降水事件中大范围群发性极端降水事件的发生频率较高；而在 20 世纪 60 年代和 2000—2009 年所发生的持续 3 天及以上群发性极端降水事件中小范围群发性极端降水事件的发生频率较高。从平均强度和极端强度而言，20 世纪 90 年代夏季北方地区发生的持续 3 天及以上群发性极端降水事件中偏大平均强度和极端强度偏强的事件较

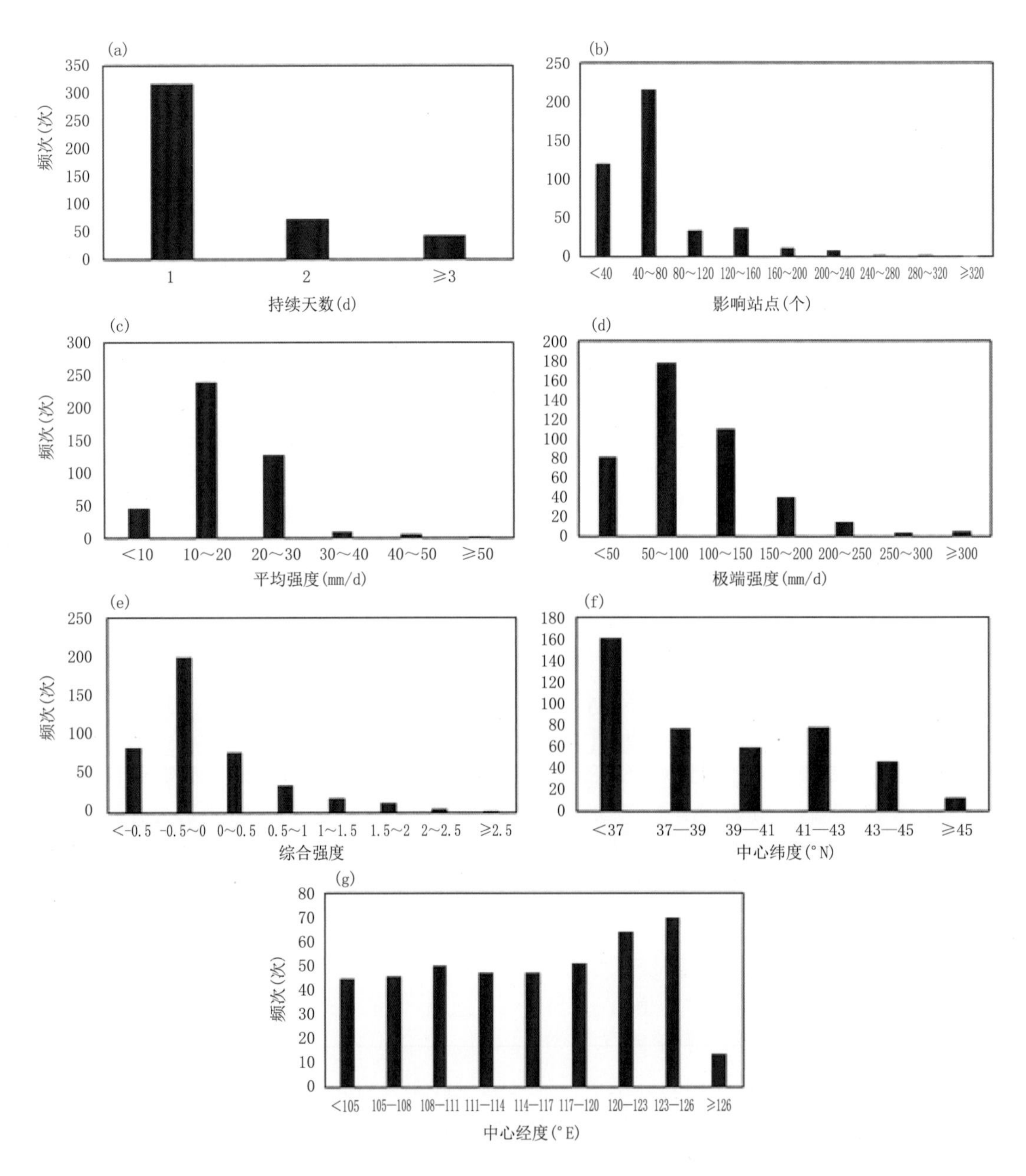

图 6.4　1961—2014 年我国北方地区夏季群发性极端降水事件各指数的频数分布图(严佩文，2019)

多;20 世纪 70 年代夏季北方地区发生的持续 3 天及以上群发性极端降水事件中偏小平均强度和极端强度的事件较多。因此,在 1990—2009 年期间夏季北方地区发生的持续 3 天及以上群发性极端降水事件有影响范围偏大,平均强度偏强,极端强度偏强的特点;而在 1970—1979 年期间夏季北方地区发生的持续 3 天及以上群发性极端降水事件有影响范围偏小、平均强度偏弱、极端强度偏弱等特点。

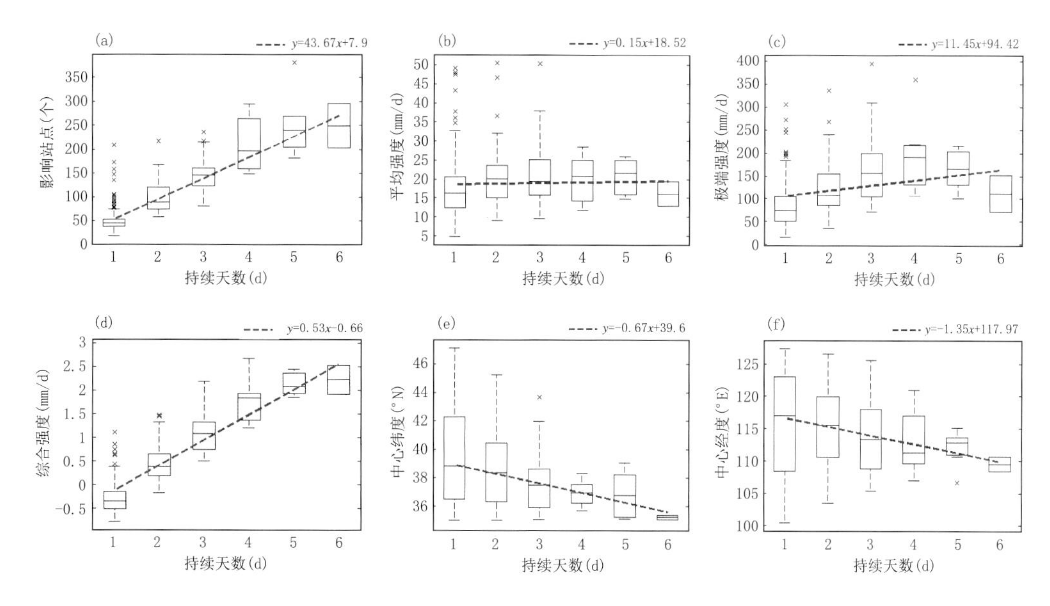

图 6.5 1961—2014 年我国北方地区夏季群发性极端降水事件随持续时间变化的各指数箱线图及各要素中位数与持续天数的线性拟合(红色虚线)(严佩文,2019)

6.2.2 北方极端温度和极端降水复合事件

根据温度和降水量的不同高低阈值定义了四类极端复合事件。暖湿事件:某站某日温度大于等于同月高阈值且日降水量也大于等于同月高阈值,则判定为一次暖湿事件,记为 WW;暖干事件:某站某日温度大于等于同月高阈值且日降水量小于等于同月低阈值,则判定为一次暖干事件,记为 WD;冷湿事件:某站某日温度小于等于同月低阈值且日降水量大于等于同月高阈值,则判定为一次冷湿事件,记为 CW;冷干事件:某站某日温度小于等于同月低阈值且日降水量也小于等于同月低阈值,则判定为一次冷干事件,记为 CD。

图 6.6 给出了 1961—2014 年平均的全国四类极端复合事件的频数分布。结果表明,暖湿事件的频发区在东北地区、长三角地区和青海一带,尤其以东北最为显著。暖干事件多发生于 30°N 以南,尤其是华南一带。冷湿事件的频发地区为西藏地区和华南地区。冷干事件多发生于长江以南地区,集中发生于云贵高原一带。综合比较四类极端复合事件频数分布得知,我国华南地区的暖干事件的发生频次是最高的。

图 6.7 给出了 1961—2014 年四类复合事件频数的趋势分布。结果表明,暖湿事件在整个中国区域均呈现线性增长的趋势,尤其以西藏、东北和西北地区的增长趋势最为明显。暖干事件除了在西藏地区的频数呈现弱的增加趋势,全国大部分地区都为减少趋势,尤其以西南地区最为明显。冷湿事件则是在西藏和东北一带频数明显增加,长江中游一带有较弱的减少趋势。冷干事件在全国大部分地区的发生频数都是显著减少的。四类事件比较而言,湿事件在全国范围均呈现出显著上升趋势,而干事件则表现为显著的下降趋势,尤其是我国的西南地区。

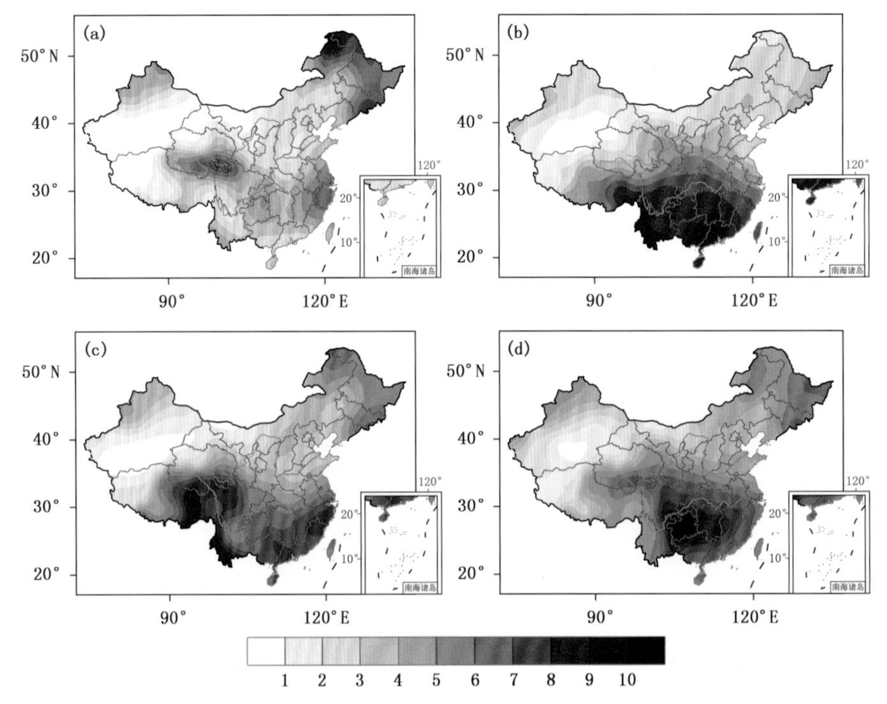

图 6.6　1961—2014 年平均的全国四类极端复合事件的频数分布(单位:d)(肖秀程 等，2020)
(a)暖湿事件;(b)暖干事件;(c)冷湿事件;(d)冷干事件

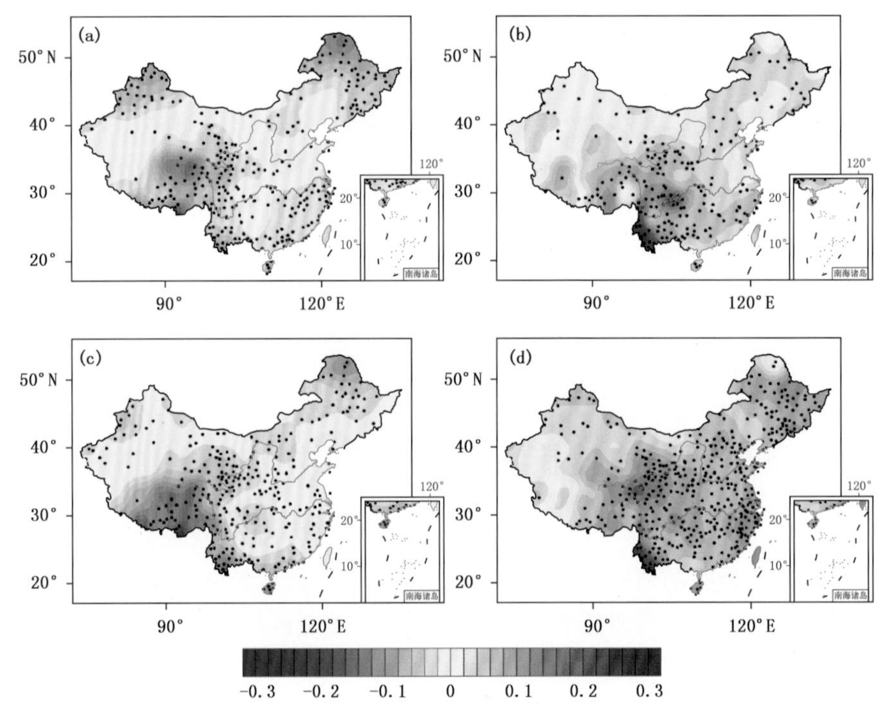

图 6.7　1961—2014 年四类复合事件频数的趋势分布
(黑点表示通过置信度为 95%的显著性检验的站点)(肖秀程 等，2020)
(a)暖湿事件;(b)暖干事件;(c)冷湿事件;(d)冷干事件

利用EOF分解的方法，系统性地分析四类极端复合事件的时空异常模态。暖湿、暖干、冷湿和冷干事件发生频数的EOF分解第一模态的方差贡献分别是44.28%、27.03%、43.91%和43.70%。暖湿、冷湿和冷干事件的空间分布表现为全场一致的变化形式，大值中心分别位于新疆北部、西藏青海地区和东北地区（图6.8a），西藏、云南、东北地区（图6.8c）和四川、云南、浙江地区（图6.8d）。暖干事件发生频数第一模态的空间分布表明全国大部分地区和新疆西部的反相变化形式（图6.8b）。四类事件的时间序列主要呈现出年代际异常，其中湿事件（暖湿和冷湿事件）都呈现出显著上升趋势，而干事件（暖干和冷干事件）约在20世纪70年代末后迅速减少。

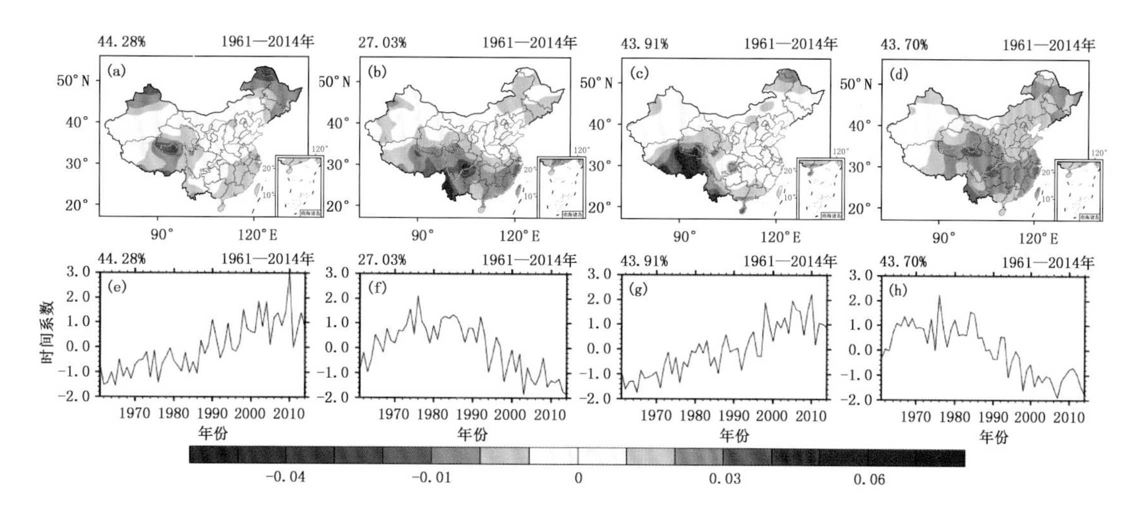

图6.8　极端复合事件频数EOF分析第一模态的特征向量EOF1（a—d）和对应的标准化的时间系数PC1（e—h），解释方差标注在各图的左上角：（a，e）暖湿事件，（b，f）暖干事件，（c，g）冷湿事件，（d，h）冷干事件（肖秀程 等，2020）

进一步选取多元回归的方法，探讨四类极端复合事件对能源消耗作用的相对贡献。即分别针对我国八个子区域，统计区域内所有站点受极端复合事件影响的主导因子，进而得到不同区域受复合极端事件影响因子比例的簇状堆积柱形图，因为各类能源统计的结果类似，所以为了提高图的清晰度和辨识度，选取了如下四种典型能源的结果（图6.9）。从结果来看，影响东北地区燃料消费量的主导因子为暖干事件，影响华北地区的主导因子为暖湿和冷湿事件，影响黄河上游地区的主导因子都是暖湿事件，影响西北的主导因子为暖干和冷湿事件。

6.2.3　行星波振幅变化与极端降水

大气行星波的形成和演变对于大气环流和短期气候变动有重要影响。我国大部分地区位于中纬度，而中纬度地区正是行星波的活跃区域。同时，由于极端降水的产生需要充沛的水汽输送，而不稳定能量的释放有利于激发极端降水。因此，本节侧重探讨夏季副热带行星波振幅的变化与我国极端降水的关系，并尝试从水汽输送和大气稳定度的角度分析其影响机制。

为了定量考察北半球副热带行星波振幅的变化，参照Yuan等（2015）的方法，定义行星波指数（SWI）为925 hPa 30°N副热带流函数的方差。因为水汽主要集中在大气的低层，所以本

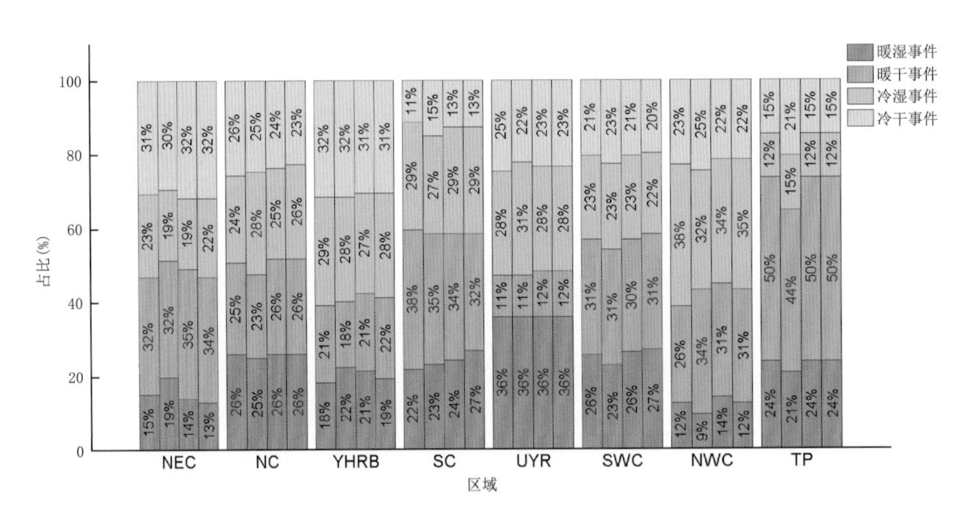

图 6.9　燃料消费量在不同区域受复合事件主要影响因子所占比例的簇状堆积柱形图，每个小柱子从左往右分别是柴油、电力、焦炭、煤炭，不同颜色代表不同复合事件，最大因子用蓝色数值标出(肖秀程 等，2020)

文基于标准化的 925 hPa 的 30°N 流函数方差序列，分别挑选出 SWI 值超过±1 的年份作为行星波振幅加强年和减弱年。定义 925 hPa 流函数场正负大值中心(海域 160°E—160°W，30°—40°N；大陆 40°—80°E，25°—35°N)的海平面气压差值为东亚季风环流指数(DSLP)，其表征东亚季风环流的强度。选取基于气候变化检测及指数联合专家组/气候研究组(ETCCDI/CRD)提出的 27 个极端气候指数中的最大 1 日降水量(Rx1day)、连续湿润日数(CWD)和连续干旱日数(CDD)来表征极端降水特征，并进一步定义了我国不同极端程度降水指数。采取国际通用的百分位法，在夏季每月分别定义一个极端降水阈值，研究各月极端降水特征时分别使用其对应的阈值来监测极端降水事件。

图 6.10 给出了行星波在低层 925 hPa 和高层 300 hPa 的气候平均态的空间型，副热带行星波在对流层垂直方向上确实是反相位的。欧亚大陆上低层为气旋环流而对应的高层则是反气旋环流；太平洋和大西洋低层是反气旋环流而高层对应的是气旋性环流。海洋低层环流系统分别是北太平洋副热带高压、北大西洋副热带高压，其中北太平洋副热带高压是东亚季风系统重要成员；欧亚大陆和美国及墨西哥西南部的气旋是北美季风系统的重要成员。并且，气旋和反气旋中心基本都位于 30°N，所以 30°N 流函数方差能够反映北半球副热带槽脊的强度。超过+1 的年份作为行星波振幅异常强的年份，即：1962、1969、1970、1972、1994、2006、2012 年；低于−1 的年份作为行星波振幅异常弱的年份，即：1978、1979、1984、1987、1992、1995、2004 年。

为了探究行星波振幅的变化对我国夏季降水的影响，本节将挑选的各极端降水指数进行了 SWI 强弱年的差值比较。针对夏季平均降水而言(图 6.11)，我国华南华东大部分地区为正值区，两个明显的大值中心位于福建沿海、广西中北部；东北大部分地区也是正值区，黑龙江及内蒙古东北部存在两个小的正值中心；此外，云南大部分也为正值区。我国中部大部分地区及北部的内蒙古、西北的新疆和西南的西藏大部分地区为负值区，负值中心主要位于我国中部的重庆、湖北、四川、河南等地。即我国东部沿海、东南、东北及云南等地在 SWI 强年降水量明显高于弱年，而中部大部分地区及内蒙古、新疆、西藏等地在强 SWI 年更加干。结合气候平均

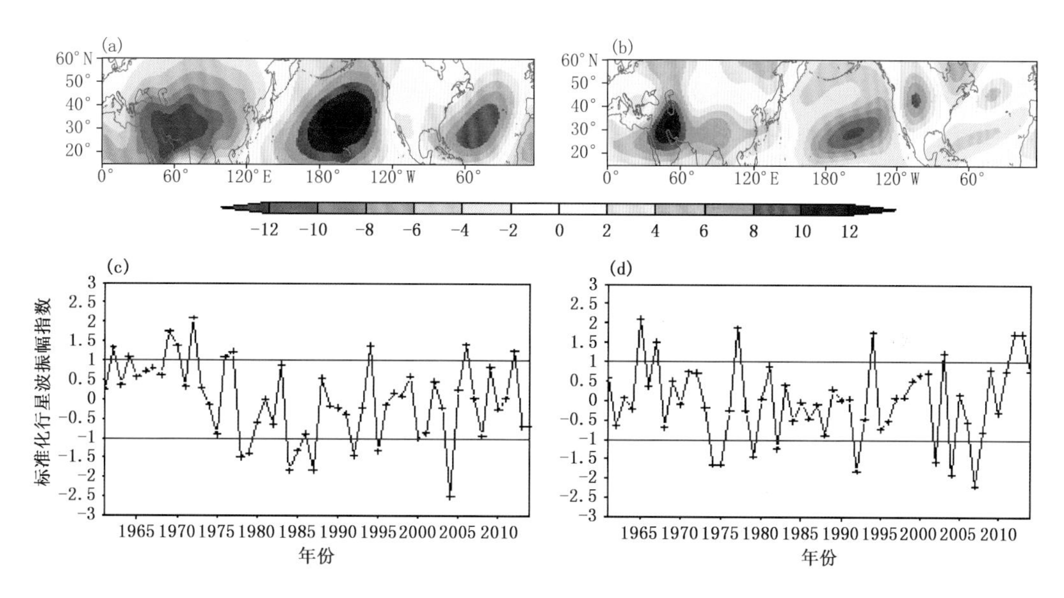

图 6.10 1961—2014 年夏季 925 hPa(a)、300 hPa(b)的流函数(单位:10^6 m²/s)的气候平均空间分布场,925 hPa(c)、300 hPa(d)的标准化行星波振幅指数 SWI 序列(张敏 等,2017)

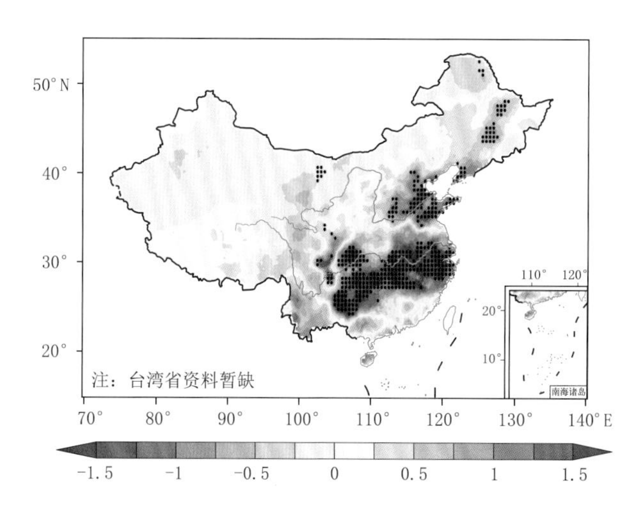

图 6.11 我国 1961—2014 年强 SWI 年与弱 SWI 年夏季降水的差值(单位:mm/d)(打点区域通过了置信度为 90%的显著性检验)(张敏 等,2017)

态的夏季降水分布发现,在强 SWI 年,夏季降水偏多的东南地区出现正降水异常,而降水偏少的西北地区出现负降水异常,表明强 SWI 年更易于放大东南西北的降水差异。

行星波振幅的强弱不仅影响我国夏季降水整体空间分布特征,还影响着我国夏季持续性降水的空间分布。在振幅较强的年份,我国东南沿海、东北地区、四川青海交界以及西南的西藏、云南部分地区最大持续性降水时间会更长,最大持续性干期会缩短;而西藏中部和四川南部最大持续性湿期为负大值中心,表明较振幅弱年有很明显的减少,我国中部和西北地区 CWD 平均为负值状态,表明振幅强年我国中部和西北地区最大持续湿期缩短。对于 CDD 强弱年的差异,我国东南、东北、西北大部分地区为负值,华北和中部大部分地区为正值,即振幅强年我国东南、东北、西北地区最长持续性干期缩短而中北部最长持续性干期加长(图 6.12)。我国夏季各月份极端降水指数 Rx1day 在行星波振幅强弱年的差异基本一致。从全国范围来看,我国东部夏季 Rx1day 的强弱年差异大于西部。在行星波振幅加强的年份,我国东部沿海的极端降水较弱年增强,中西部大部分地区极端降水减弱。不同等级极端降水强弱年差异表明,北方大部分地区一级极端降水强度减弱,西北地区强弱年差异不明显。

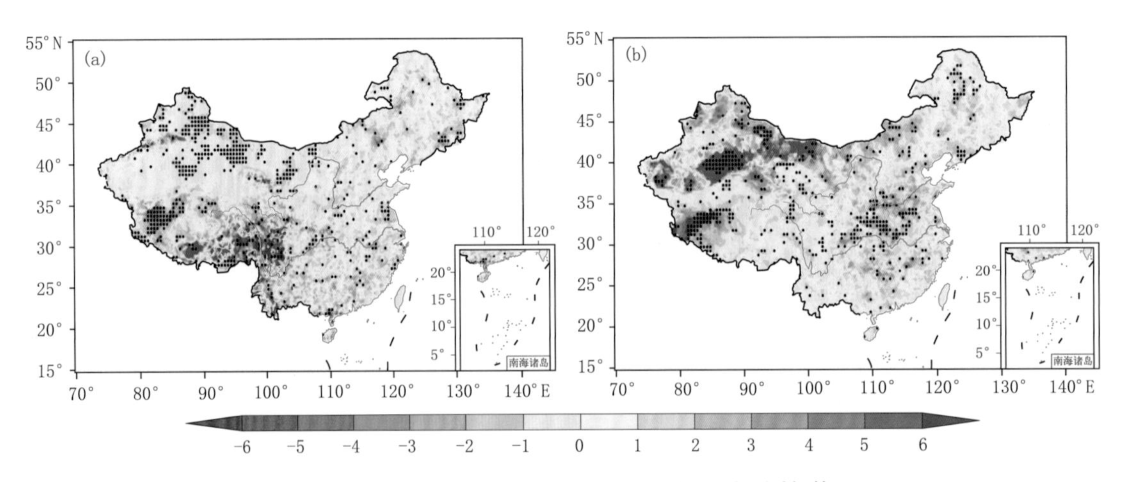

图 6.12　同图 6.11,但为 CWD(a)和 CDD(b)的差异(张敏 等, 2017)

东亚季风的强弱与行星波振幅强弱呈现出较好的相关性,表明行星波振幅的增强会直接影响东亚季风环流的加强,配合不同的水汽输送形势,从而导致我国不同地区的极端降水的差异。同时,在行星波振幅强年对流不稳定加剧;对于斜压不稳定,我国东部地区(100°—122°E)在中高层存在深厚的负值区域;对于 500 hPa 高度上,我国 30°N 以南地区基本呈负大值中心,表明在行星波振幅强年斜压不稳定加剧。对流不稳定和斜压不稳定的加剧,结合水汽通量在我国东南部输送的加强,将有利于我国东南部极端降水的发展(图 6.13)。

6.2.4　暖季极端降水与气温联系的理论解释

我国不同区域的极端降水对全球增暖的响应也不一致,因此,有必要针对我国东部地区的极端降水事件与气温联系的角度,探讨极端事件对全球增暖响应的理论解释。选取温度距平大于 5 ℃的时段(第 140～260 天,约在 5 月 20 日—9 月 17 日)作为暖季进行研究。

分析年际尺度极端降水对温度的响应时,对极端降水的识别采用百分位定义的方法对每月每站分别定义一个极端降水阈值。为了更好地表征极端降水事件的区域和季节依赖性,本节在各个台站每月分别定义一个极端降水阈值。具体方法是:把各站 1998—2014 年的每月逐日降水资料(剔除无降水日)分别从小到大排序,各月取第 90 个百分位所对应日的降水值作为极端降水阈值,即各站均有 12 个月的极端降水阈值。研究各月极端降水特征时,分别使用其对应月的阈值来检测极端降水事件。某站某日降水量大于等于其对应月极端降水阈值时,则发生一次极端降水事件。选取 3 个表征极端降水特征的参量:极端降水频数(暖季内发生极端降水事件的次数)、极端降水量(该时段内的极端降水日的降水量之和)和极端降水强度(极端降水量与频数的比值)。

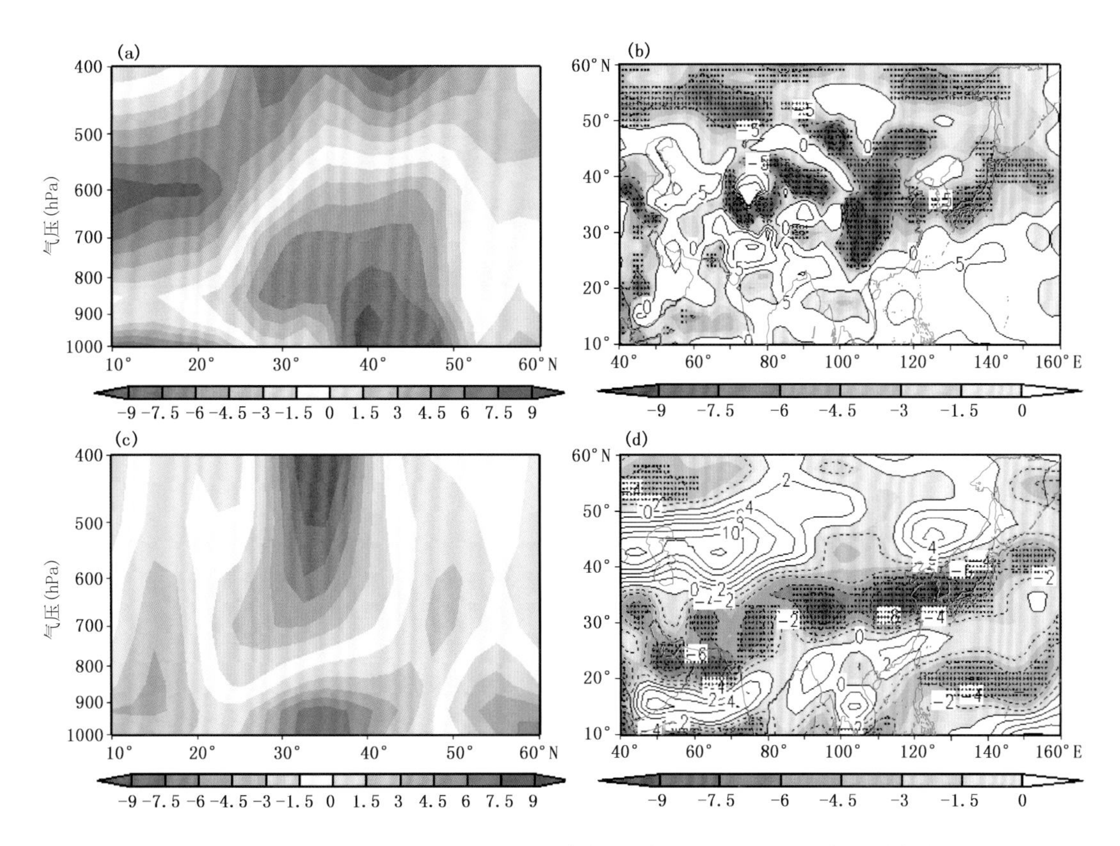

图 6.13　(a—b)为对流稳定度在 SWI 强弱年差异(单位:10^{-5} K/Pa),(c—d)为斜压稳定度在 SWI 强弱年差异(单位:10^{-4}(m·s)/Pa),(a,c)为 100°—122°E 平均的剖面图(打点区域通过了置信度为 90%的显著性检验)(张敏 等,2017)

分析日和小时极端降水与温度对应关系时,通常按照降水日的日平均气温进行分组,在各组气温区间内分别计算降水的极端阈值。为了削弱降水资料随气温分布不均的特性,本节采用不固定的气温间隔将整个气温区间分成 20 组,使各组内样本数大致相同。比如,假设有效的对应的气温和降水数据共有 20000 对,将其分成 20 组,那么每组都保证有 1000 对气温和降水数据,分别计算各组内样本的第 90、95 百分位的降水阈值,并将其与各组内样本的平均气温相对应。同时,为了比较不同极端程度降水与气温的关系,本节还选取了 70、80 百分位作为对应的阈值。

温度和极端降水关系的理论基础是克拉珀龙—克劳修斯方程(即水汽与温度之间的联系)。其中,理论依据指出水汽是联系极端降水和气温的纽带。然而,对于水汽和极端降水的联系,水汽和温度的联系在观测资料中的再现能力仍缺乏验证。我们的研究基于站点资料,检验了水汽与温度的联系,水汽与极端降水的联系以及温度与极端降水的联系。首先,围绕增暖停滞期(1998—2014 年)极端降水事件,展开了不同时间尺度暖季极端降水与温度的关系研究。从日(小时)尺度上看,气温低于 25 ℃时,随着气温的升高极端降水量增加,并且基本遵循一倍(二倍)的克劳修斯—克拉珀龙(Clausius-Clapeyron)关系(CC 关系)。但在气温高于 25 ℃时,随着温度升高日和小时极端降水量出现不同程度的下降,尤以前者减少的最显著(图 6.14)。进一步比较不同小时尺度极端降水与气温关系发现,随着时间尺度的增长,气温增长后极端降水下降的关系变得尤为明显。这可能与单日内极端降水在偏高温时以短时强降水为主有关(黄丹青 等，2017)。

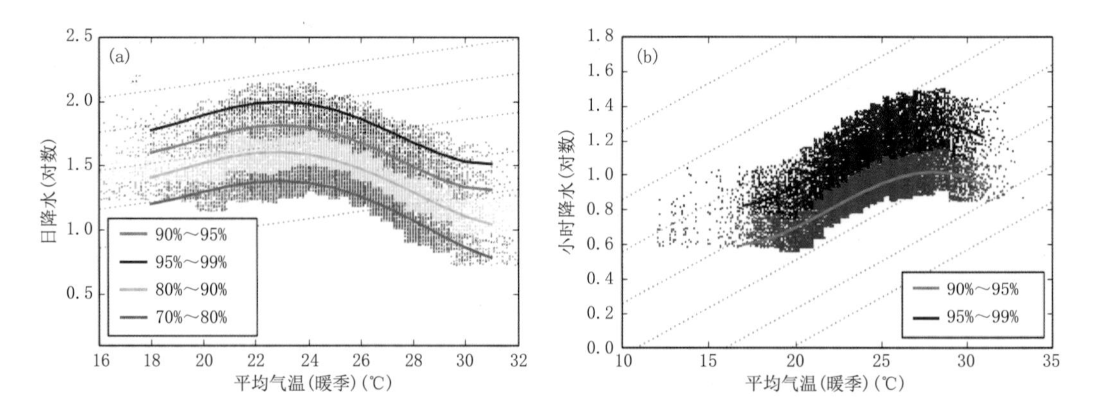

图 6.14　不同极端程度的日降水(a)和小时降水(b)随气温的变化(散点由各测站、各气温区间内一定的百分位数计算得到，粗线为各百分位阈值对应的降水事件经 4 次指数多项式在 18～30 ℃拟合得到的曲线，虚线为 CC 关系和 2 倍 CC 关系，*Y* 坐标经对数转换)(黄丹青 等，2017)

同时，比较日和小时极端降水量随气温下降的关系发现，日极端降水量减少的程度大于小时极端降水量。Utsumi 等(2011)将日降水量在高温条件下随气温升高而下降的现象归因于降水持续时间的缩短。为了比较不同时间尺度极端降水与气温关系的差异，本节基于逐小时的降水资料，将逐小时的降水资料分别转换成 3 h、6 h、12 h 和 24 h 平均的降水资料，再进一步比较四种不同小时尺度降水资料与日平均温度的关系。图 6.15 分别给出了 3 h、6 h、12 h 和 24 h 极端降水量随温度的变化关系。从图中可以发现与前文比较一致的结论：不同的时间尺度降水资料都表现出，随着温度的增长极端降水量与温度大约沿着 CC 关系的比例增长，其中 3 h 的极端降水量与温度约保持 1.5 倍的 CC 关系。但当到达 25 ℃后，随着温度的增长极端降水量有所下降。当然，也同样发现不同时间尺度极端降水与温度关系的差异，第一，随着时间尺度的增长，极端降水量的大小有所下降，这主要原因可能是一次强降水过程平均后被适当地削弱了强度。第二，随着时间尺度的递增，气温增长后极端降水量下降的关系变得尤为显著。主要原因很可能是因为在偏高温的时段，往往在 24 h 内的极端降水的发生是短时降水或者说降水的集中程度较强，强降水持续时间较短。相反，在低温时段的时候，极端降水在 24 h 内的发生较平均，强降水持续时间较长，这个可能原因有待进一步的验证。同样不同时间尺度极端降水随温度变化的差异，尤其是随温度增高减少的差异的结论也从某种程度验证了 Utsumi 等(2011)认为与降水持续时长关系的猜想。

将研究方法推广到整个东部地区，结果表明，在年际尺度上，四个季节的水汽(比湿和露点温度)与气温、水汽和降水、气温和降水均呈正相关，其中，气温与水汽的相关关系更密切。进一步分析水汽与极端降水的关系发现季节差异明显，具体表现为春季和秋季两者的关系较稳定，而夏季两者的关系则不稳定。通过水汽的连接，气温与极端降水的关系也出现类似季节差异。这种差异的原因来源于随着气温的增高，极端降水随着温度的增高反而下降，尤其以夏季最为明显(图 6.16)。日极端降水与气温的联系表现在：气温低于 25 ℃时，日极端降水随着气温的升高而增加，并且基本遵循一倍的 CC 关系，而当气温高于 25 ℃时，日极端降水随气温的

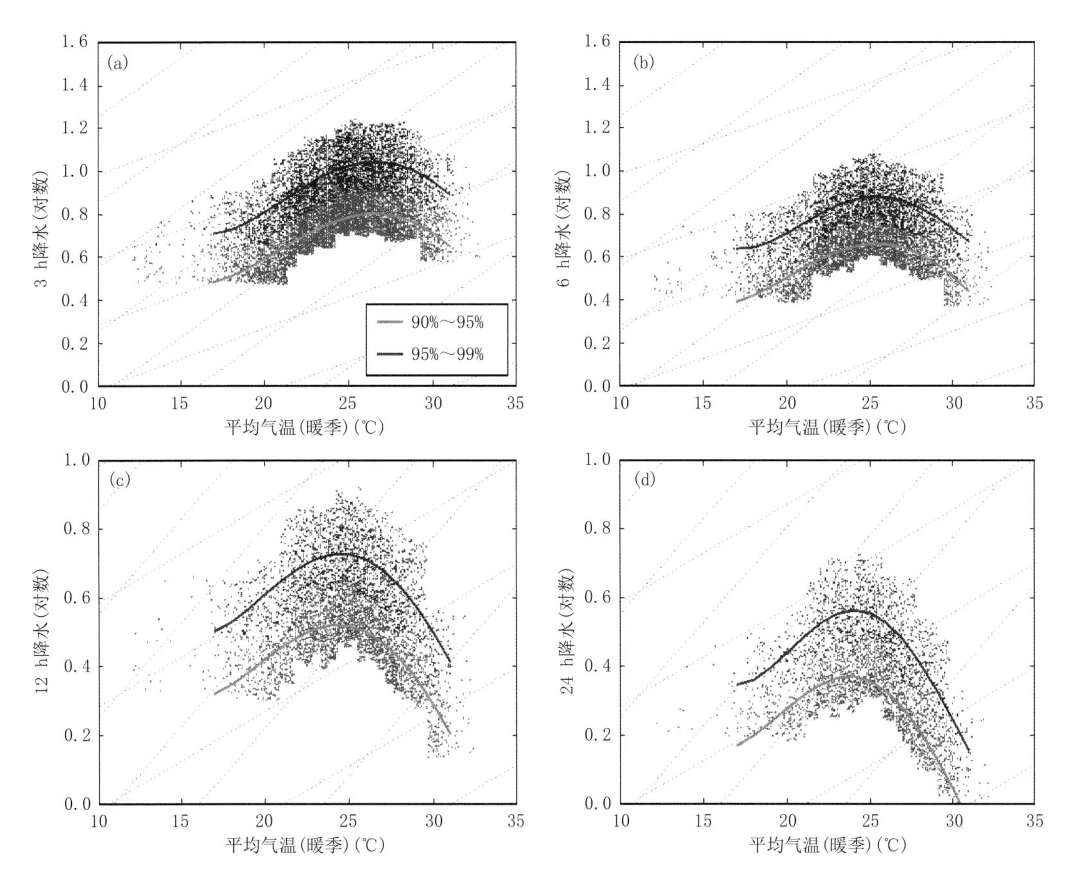

图 6.15　同图 6.14b,但分别为 3 h(a)、6 h(b)、12 h(c)和 24 h 降水(d)与气温的变化(黄丹青 等, 2017)

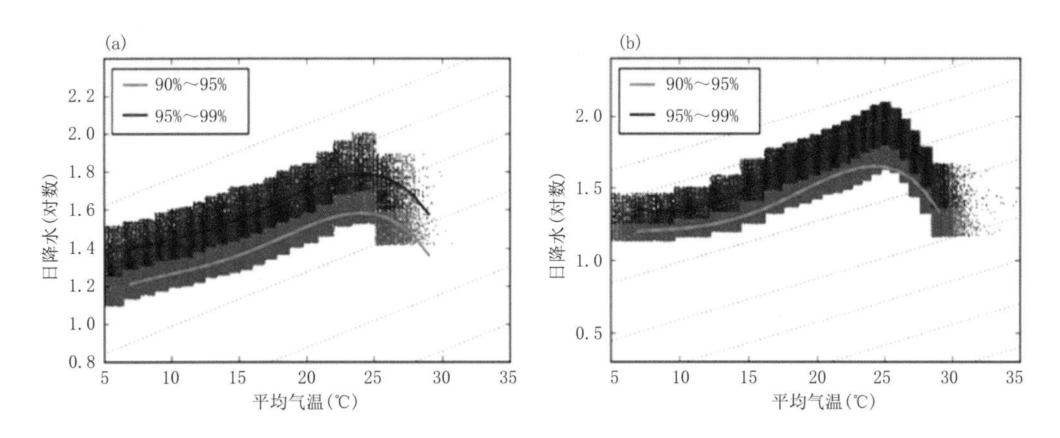

图 6.16　我国东部区域平均的日极端降水随气温的变化图(Huang et al., 2019b)

(a)春季;(b)夏季

升高而减少。基于强降水的理论模型 $P=Ewq$(P 为降水量,E 为降水效率,w 为垂直速度,q 为水汽含量),当降水效率和垂直运动保持不变时,强降水与水汽的物理联系(CC 关系)将决定强降水与气温的关系。因此,利用再分析资料进一步比较降水效率随气温的关系,结果表明，在气温偏低时，降水效率随着气温的增加而增长，但当气温高于 25 ℃时，降水效率随气温增加反而减少(图 6.17b)。这也正好吻合了极端降水随气温变化的演变规律(图 6.17a)(Huang et al.，2019b)。

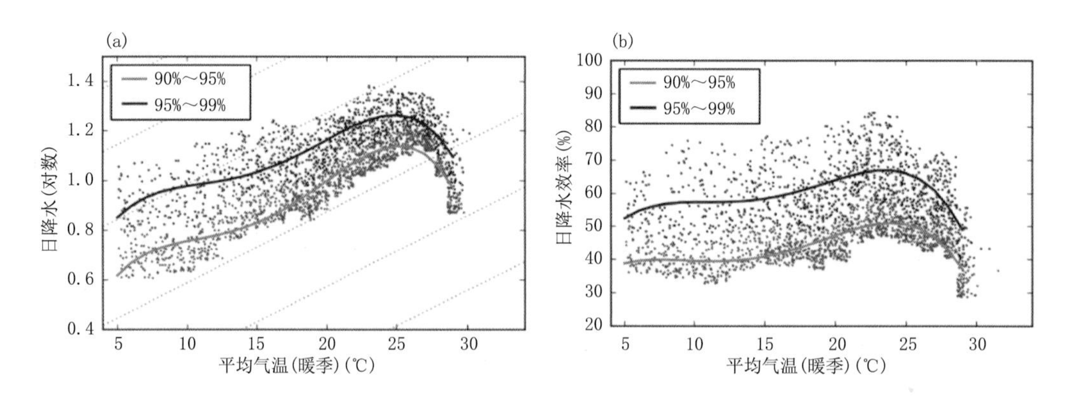

图 6.17　我国东部区域平均的日极端降水(a)和日降水效率(b)随气温的变化图(Huang et al.，2019b)

基于 ERA5 小时尺度的资料，进一步比较我国东部四个区域的极端降水与降水效率、垂直运动和混合比的联系。小时极端降水与露点温度的联系与日尺度极端降水与气温联系呈现比较一致的分布，主要表现为：当露点温度低于约 22 ℃时，小时极端降水随着露点温度的升高而增加，并且基本遵循一倍的 CC 关系，而当气温高于约 22 ℃时，小时极端降水随露点温度的升高而减少(图 6.18)。同时，我们发现，我国东部地区小时尺度的极端降水与露点温度的联系并未出现以前研究指出的超 CC 关系。这也说明了小时极端降水的地区差异和复杂性。进一步比较发现，整层水汽含量与露点温度呈现约为 7%的关联性，这与 CC 关系的理论模型基本吻合。然而，降水效率和垂直速度随露点温度变化与极端降水与露点温度变化比较一致，当露点温度大于约 22 ℃时，随着露点温度的升高，降水效率和垂直运动都呈现不同程度的下降。本节认为，在温度偏高时，易于减少的降水效率和减弱的上升运动，都不利于极端降水的发生，因此，导致在高温时，极端降水随着气温增长而减弱。

不同的降水时长很可能对应着不同的降水类型。一般来说，降水的微观类型(层云和对流云降水)和降水的宏观时空特征相对应：层云为主的降水通常尺度大，历时长，峰值雨量相对较小；对流云为主的降水通常尺度小，历时短，峰值雨量相对较大。对于不同持续时长极端降水与温度依赖关系的分析中，还应该考虑区分不同的降水类型。由于降水本质上是一个微观的天气过程，从降水形成的微物理过程而言，降水可以分成层云和对流降水两种类型，它的发生和发展受到各种中小尺度动力、热力和局地强迫的影响。不同类型的降水与温度的依赖关系很可能是不一样的。

围绕东北和华北地区，进一步区分不同类型极端降水随气温变化的联系。结果表明，北方的两个区域极端总降水量呈现与东部其他地区较为一致的特征：当气温低于 25 ℃时，日极端降水随着气温的升高而增加，并且基本遵循一倍的 CC 关系，而当气温高于 25 ℃时，日极端降水随气温的升高而减少。进一步区分积云对流极端降水和层云极端降水与气温联系的差异发现，随气温升高极端降水量增加的特征在积云对流降水与气温联系更明显，而当气温高于 25 ℃ 时，日极端降水随气温的升高而减少的特征在层云降水与气温联系更显著(图 6.19)。这表明在未来增暖的背景下，更需要关注积云对流极端降水的显著增长。

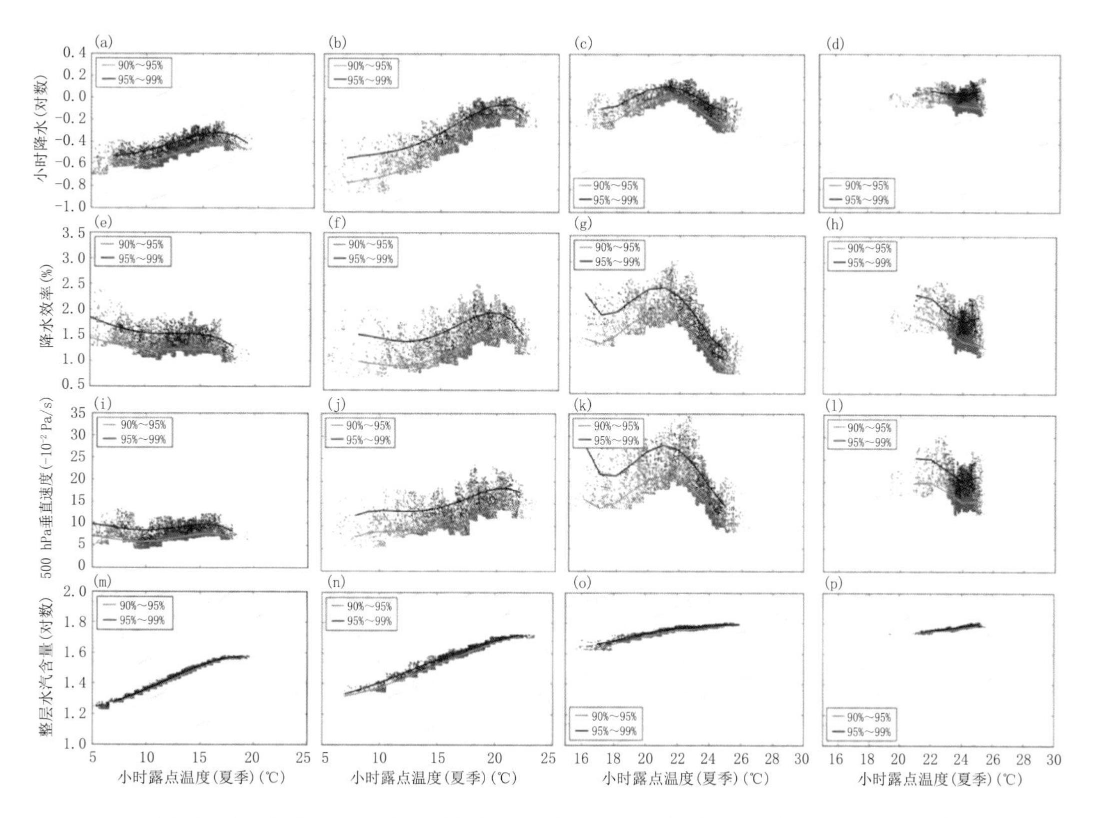

图6.18 同图6.17，但为东部四个子区域的小时降水量(a—d)、降水效率(e—h)，垂直速度(i—l)，整层水汽含量(m—p)与露点温度的联系。东北(第一列)、华北(第二列)、江淮(第三列)和华南(第四列)(Huang et al.，2021)

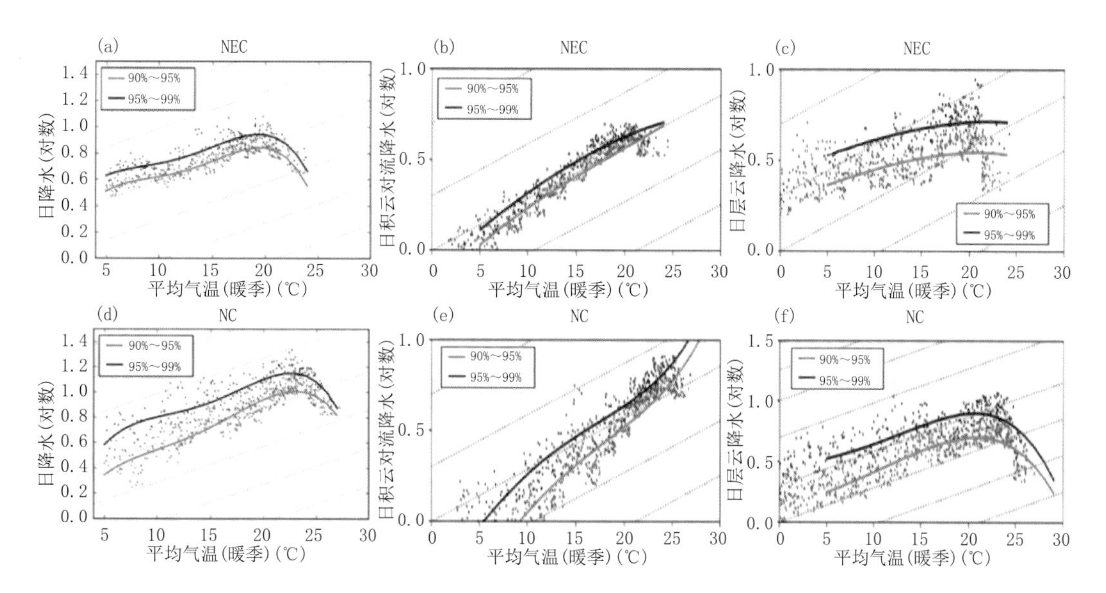

图6.19 我国东北(a—c)和华北(d—f)区域平均的日极端降水(a、d)、日极端对流性降水(b、e)和日极端层云降水(c、f)随气温的变化图

6.3　北方降水年代际变化与热带海温的联系

6.3.1　春季降水与热带海温关系的年代际变化

春季气候态降水量在中国东部地区具有较大差异(Li et al.，2018)。采用降水距平百分率进行EOF分解，来考察中国东部春季降水异常分布特征。图6.20给出了1951—2014年期间，中国东部春季降水(ECP)距平百分率经验正交函数分解的第一个特征向量(EOF1)。除了华南沿海和东北部分地区表现为弱的负异常，中国东部春季降水的主模态表现为全区一致性变化，主要反映了中纬度地区的降水异常，其中最大变率出现在黄河中下游地区，该结果与前人研究结果一致(左志燕 等，2012)。EOF1解释了总方差的23.8%，EOF1的时间系数(PC1)表现出较强的年际变率。

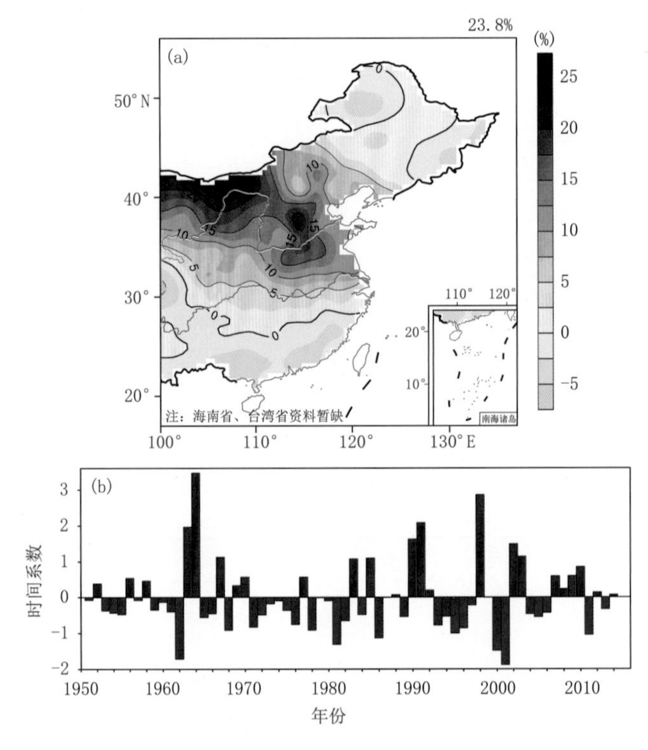

图6.20　1951—2014年，中国东部春季降水距平百分率EOF第一模态(EOF1)
(a)空间分布；(b)标准化时间序列

热带海温在20世纪70年代末发生了年代际突变，同时它与气候系统之间的关系也随之改变(Wang et al.，2008；Li et al.，2015)。为了研究热带海温与中国东部春季降水主模态之间关系的变化，分别计算了ECP PC1与春季热带海温在1951—1975年和1981—2014年的相关系数。如图6.21所示，春季降水主模态与热带海温的关系在后期显著增强。在1951—

1975 年，除了在印度尼西亚以东具有显著的正相关外，热带海温并没有大范围的显著信号。然而，在 1981—2014 年，与 ECP PC1 相关的热带海温呈现显著的 ENSO 型异常：在热带东太平洋和印度洋表现为显著正相关，在热带西太平洋表现为显著负相关。对 1951—2014 年春季热带（40°E—80°W，20°S—20°N）海温进行 EOF 分解，结果表明春季热带海温的主模态为 ENSO 型海温异常，其时间序列（海温 PC1）在 20 世纪 70 年代末显著增暖。已有研究指出，在更暖的海温背景下，同样的海温变率会激发更为显著的大气环流响应，从而改变热带海温与气候系统之间的关系（Xie et al.，2010）。图 6.22 给出了 ECP PC1 与热带海温 PC1 之间的 23 年滑动相关系数。二者之间的关系大体呈现增强的趋势，并在 20 世纪 70 年代末之后稳定地通过了置信度为 95%的显著性检验。上述结果表明，中国东部春季降水主模态与同期 ENSO 型海温之间的关系在 20 世纪 70 年代末之后显著增强。

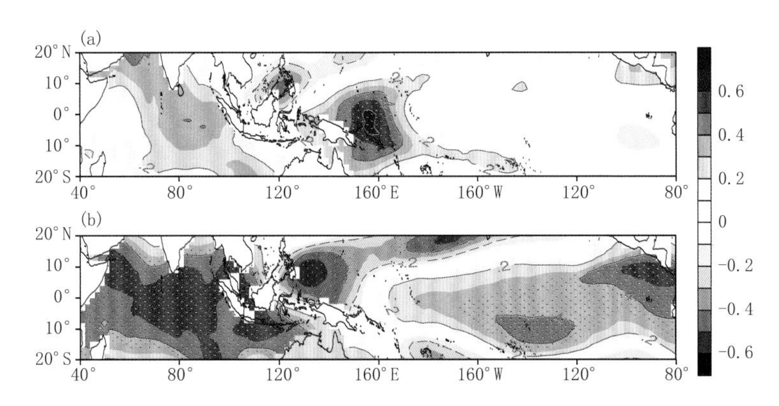

图 6.21　ECP PC1 与春季热带海温的相关系数（打点区域通过了置信度为 95%的显著性 t 检验）
(a)1951—1975 年；(b)1981—2014 年

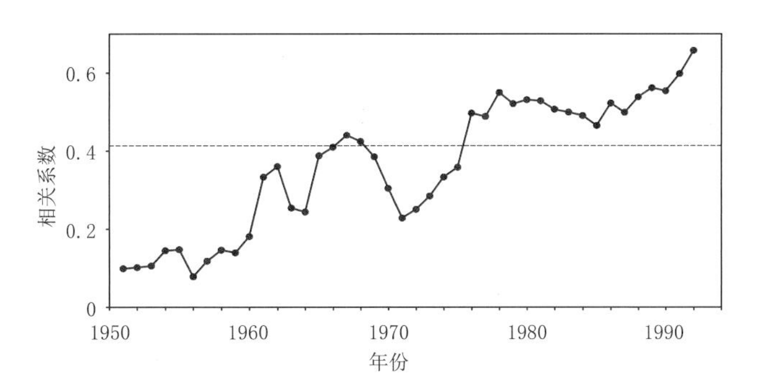

图 6.22　1951—2014 年 ECP PC1 与热带海温 PC1 的 23 年滑动相关曲线
（每个相关系数以滑动窗口的第一年标记。横虚线是置信度为 95%的显著性检验所对应的相关系数）

为了理解两个时期热带 ENSO 型海温对中国东部春季降水的不同影响，图 6.23 给出了前后两个时期，热带海温 PC1 回归的 850 hPa、500 hPa 位势高度和水平风场以及 500 hPa 垂直运动。对应 ENSO 型海温异常，热带地区（20°S—20°N）对流层低层位势高度呈现纬向偶极型异常，印度洋—西太平洋区域位势高度为正异常，东太平洋位势高度为负异常，伴随中东太平洋显著西风异常，反映了对热带东太平洋海温异常增暖的响应（图 6.23a，b）。随着热带海温在 20 世纪 70 年代末的显著增暖，它对上空大气的加热作用加强。在 1951—1975 年，中东太平洋地区显著的上升运动发生在 170°W 以东，最大值为 -8×10^{-3} Pa/s。同时，热带西太平洋地区显著的下沉运动以 140°E 为中心，最大值为 8×10^{-3} Pa/s(图 6.23e)。而在 1981—2014 年，热带地区对流活动的范围以及强度均有所增加。热带中东太平洋显著的上升运动向西扩展到 170°E，最大值达到 -16×10^{-3} Pa/s。在热带西太平洋，显著的下沉运动向西扩展到海洋性大陆区域，最大值达到 12×10^{-3} Pa/s(图 6.23f)。对比前后两个时期可以得出：在 20 世纪 70 年代末之后，热带 ENSO 型海温引起的异常沃克(Walker)环流增强且向西移动。在后期，海洋性大陆的异常上升运动可以调制局地经圈环流，从而在中国东部中纬度地区产生显著上升运动，为降水提供有利的动力条件。

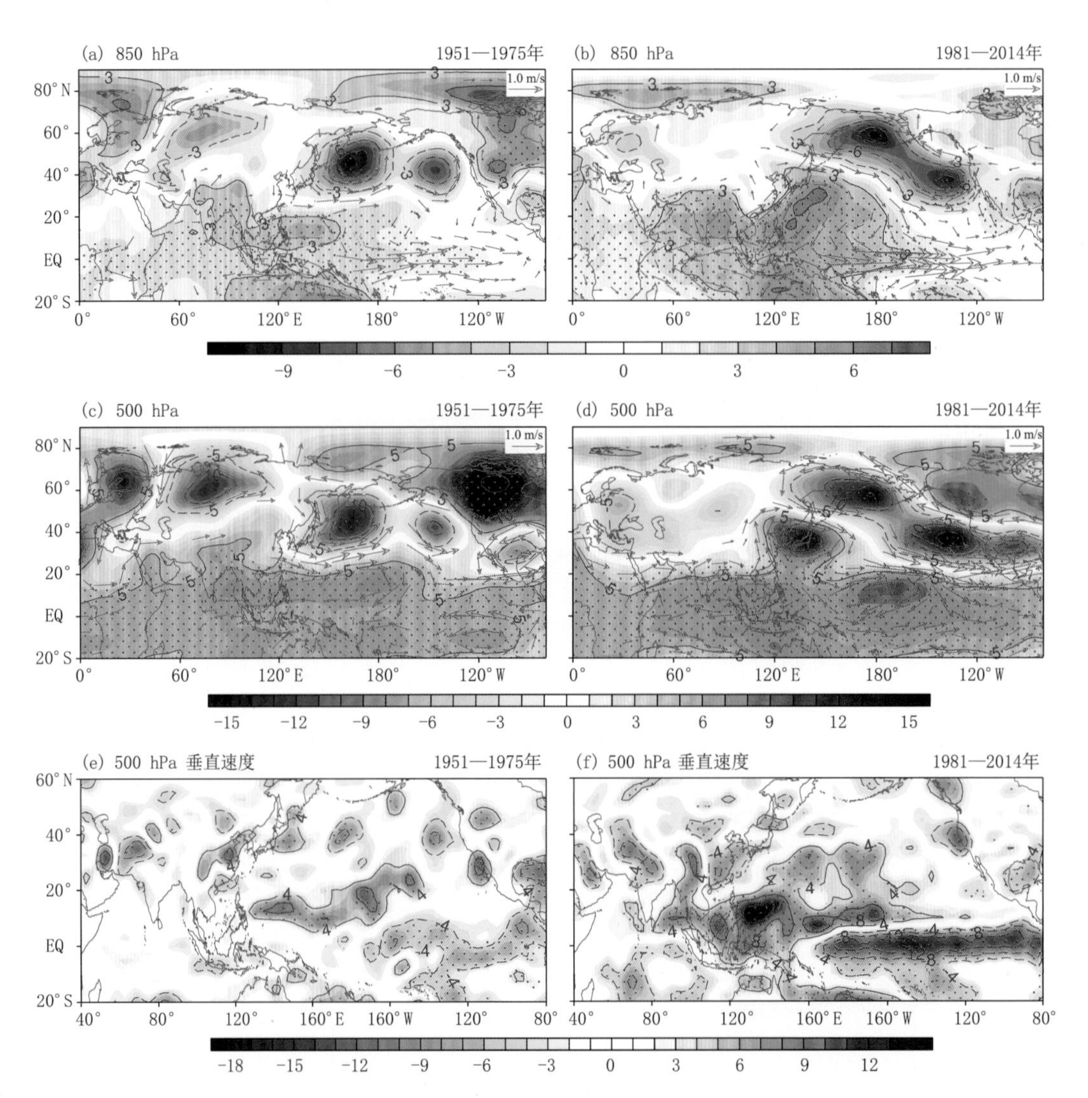

图 6.23　两个时期，热带海温 PC1 回归的环流异常。(a)和(b)为 850 hPa 位势高度(m)和水平风场(m/s)，(c)和(d)为 500 hPa 位势高度(m)和水平风场(m/s)，(e)和(f)为 500 hPa 垂直速度(10^{-3} Pa/s)。左列为 1951—1975 年，右列为 1981—2014 年。打点区域通过了置信度为 95%的显著性 t 检验。风场只显示通过置信度为 90%的显著性 t 检验的部分

在北半球热带外地区(20°N 以北),大尺度环流异常呈现准正压结构,在前后两个时期表现出明显差异。在 1951—1975 年,北太平洋呈现南北向的偶极位势高度异常,类似于北太平洋涛动/西太平洋型遥相关(NPO/WP;图 6.23a, c)。在北太平洋东部到北美地区,表现为太平洋/北美型遥相关(PNA)。然而,东亚地区中低层大气环流异常信号较弱,表明热带海温与东亚大气环流的关系在该时期较弱。在 1981—2014 年,NPO/WP 型异常和 PNA 遥相关依然存在,但 NPO/WP 的两个异常中心明显北移(图 6.23b, d)。在 850 hPa 上,副热带的显著正位势高度异常向北到达 37.5°N,反映西北太平洋副热带高压的增强和北移。在 500 hPa 上,东亚沿海中纬度地区被显著的反气旋性异常控制,表明东亚大槽减弱。异常反气旋性环流西边的南风可以进入中国东部中纬度地区,暖湿空气向北入侵带来丰沛的水汽,为该地区的降水提供了有利的水汽条件。

上述分析可以得出结论,由于 20 世纪 70 年代末热带海温的显著增暖,ENSO 型海温对其上空大气的加热作用显著增强。通过引起 NPO/WP 型环流异常,增强西太平洋副热带高压,减弱东亚大槽,导致中国东部中纬度地区盛行偏南风异常。同时,通过调整 Walker 环流,增强海洋性大陆下沉运动,进一步调制局地的 Hadley 环流,从而增强中国东部的上升活动。因此,ENSO 型海温与中国华北地区春季降水在 20 世纪 70 年代末期之后显著相关。

6.3.2　热带太平洋与印度洋影响的相对作用

中国东部春季降水主模态与 ENSO 型海温的关系在 20 世纪 70 年代末之后显著增强。同时也注意到,在 1981—2014 年,热带东太平洋(ETP)海温和印度洋(TIO)海温都与 ECP PC1 显著正相关。那么,20 世纪 70 年代末之后,影响中国春季降水的关键海区究竟是热带印度洋还是热带太平洋?为了回答这个问题,研究进一步探讨 ETP 海温与 TIO 海温分别对春季降水的作用。利用 TIO 指数与尼诺海区 3(Niño3)指数分别代表热带印度洋与东太平洋海温异常。TIO 指数定义为(40°—110°E,20°S—20°N)纬度加权平均的海温异常。利用偏回归/相关的方法来研究热带东太平洋与印度洋对中国东部春季降水变化的相对贡献。

图 6.24a 给出了 1981—2014 年期间,Niño3 指数与春季降水的偏相关。在中国东部地区,虽然大部分地区相关系数仍然为正,但是并没有大范围的显著异常信号,表明去除了印度洋信号后,热带东太平洋对中国春季降水的影响显著减弱。这个结果侧面反映了,在 1981—2014 年,热带海温与中国东部春季降水的显著联系可能主要来自于印度洋的影响。图 6.25 给出了 1981—2014 年,Niño3 指数偏回归的 850 hPa 和 500 hPa 位势高度和水平风场。去除 TIO 海温的线性影响后,ETP 海温引起的环流异常在北太平洋区域依然表现为 NPO/WP 型异常和 PNA 遥相关模态,但与热带海温 PC1 对应的环流异常具有明显差异。剔除 TIO 海温影响后,西北太平洋反气旋减弱且向南移动,东亚大槽没有显著异常,这使得偏南风无法到达中纬度地区,因此对中国东部中纬度地区降水影响较弱。图 6.25e 给出了 1981—2014 年,500 hPa 垂直速度对 Niño3 指数的偏回归场。热带东太平洋海温暖异常显著增强局地上升运动,并通过减弱 Walker 环流在热带西太平洋导致下沉运动。相比于热带海温 PC1,ETP 海温对应的上升运动在热带东太平洋地区强度减弱且向东退缩,显著的上升运动仅出现在 170°W 以东。同时,海洋性大陆的下沉运动在剔除 TIO 海温线性影响后也显著减弱。这使得中国东部对流异常的强度和范围减小,显著的上升运动只出现在华南沿海的小部分地区。因此,去除

热带印度洋海温的线性影响后，热带东太平洋海温异常对中国东部春季降水的影响较弱。

同样的，利用线性回归的方法去除了热带东太平洋海温的信号，来考察热带印度洋海温对中国东部春季降水的单独影响。如图 6.24b 所示，剔除 Niño3 指数的线性影响，在 1981—2014 年，TIO 海温与中国东部春季降水仍然呈现大范围的显著正相关。当 TIO 海温正异常时，中国东部长江流域以北到华北的大部分地区降水显著增加。去除 Niño3 指数的线性影响，TIO 指数与 ECP PC1 的偏相关系数在 1981—2014 年期间为 0.47，通过了 99%的置信水平。以上结果表明，在 1981—2014 年，热带印度洋海温与中国东部春季降水主模态显著相关，且二者的关系独立于热带东太平洋海温。

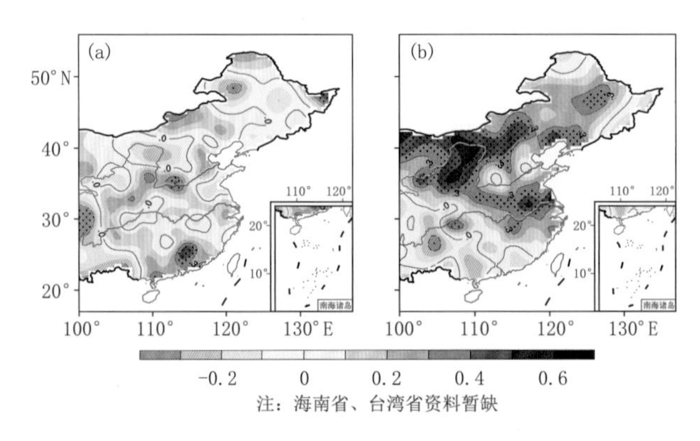

图 6.24　1981—2014 年，Niño3 指数和 TIO 指数与中国东部春季降水的偏相关。(a)线性去除 TIO 的影响，Niño3 指数与降水的偏相关场；(b)线性去除 Niño3 的影响，TIO 指数与降水的偏相关场。打点区域通过了置信度为 95%的显著性 t 检验

图 6.25b、d 和 f 给出了 1981—2014 年，剔除 Niño3 指数线性信号后，TIO 指数偏回归的 850 hPa、500 hPa 位势高度和水平风场以及 500 hPa 垂直速度。剔除 ETP 海温的线性影响后，热带太平洋区域环流异常显著减弱。在 850 hPa 上，印度洋的西侧和东侧分别强迫出西风和东风异常，反映了 TIO 海温暖异常导致的局地低层辐合(图 6.25b)。在垂直运动场上，热带印度洋呈现显著上升运动，通过调整印度洋上空的 Walker 环流，在海洋性大陆产生下沉运动，这与前人研究结果一致(图 6.25f)(Annamalai et al.，2005)。海洋性大陆地区的下沉运动通过减弱局地 Hadley 环流，在中国东部中纬度地区激发显著上升运动，为降水提供有利的动力条件。TIO 海温与热带海温 PC1 对应的中低层环流在北太平洋西部具有很好的相似性，都表现为 NPO/WP 型环流异常。NPO/WP 模态南边的反气旋性异常对应东亚大槽减弱，使得中国中纬度地区盛行偏南风异常，有利于来自热带太平洋的水汽输送到该地区，为降水提供有利的水汽条件。在去除 ETP 海温的线性影响之后，热带海温 PC1 引起的 PNA 遥相关模态显著减弱。这表明热带海温 PC1 对应的环流异常在北太平洋西部主要由印度洋海温贡献，而在北太平洋东部主要由热带东太平洋海温贡献。

此外，欧亚大陆中纬度 500 hPa 位势高度呈现出纬向波列结构异常，这反映了印度洋海温对流加热的松野—吉尔(Matsuno-Gill)响应(图 6.25d)。已有研究指出，印度夏季风异常可以在欧亚大陆中纬度对流层高层激发纬向遥相关波列，该波列是北半球环球遥相关(circumglobal teleconnection，CGT)的一部分(Ding et al.，2005)。印度夏季风降水引起的凝结潜热释放在其西北侧(西亚—中亚)对流层高层激发反气旋性异常，该异常信号沿着西风波导向下游

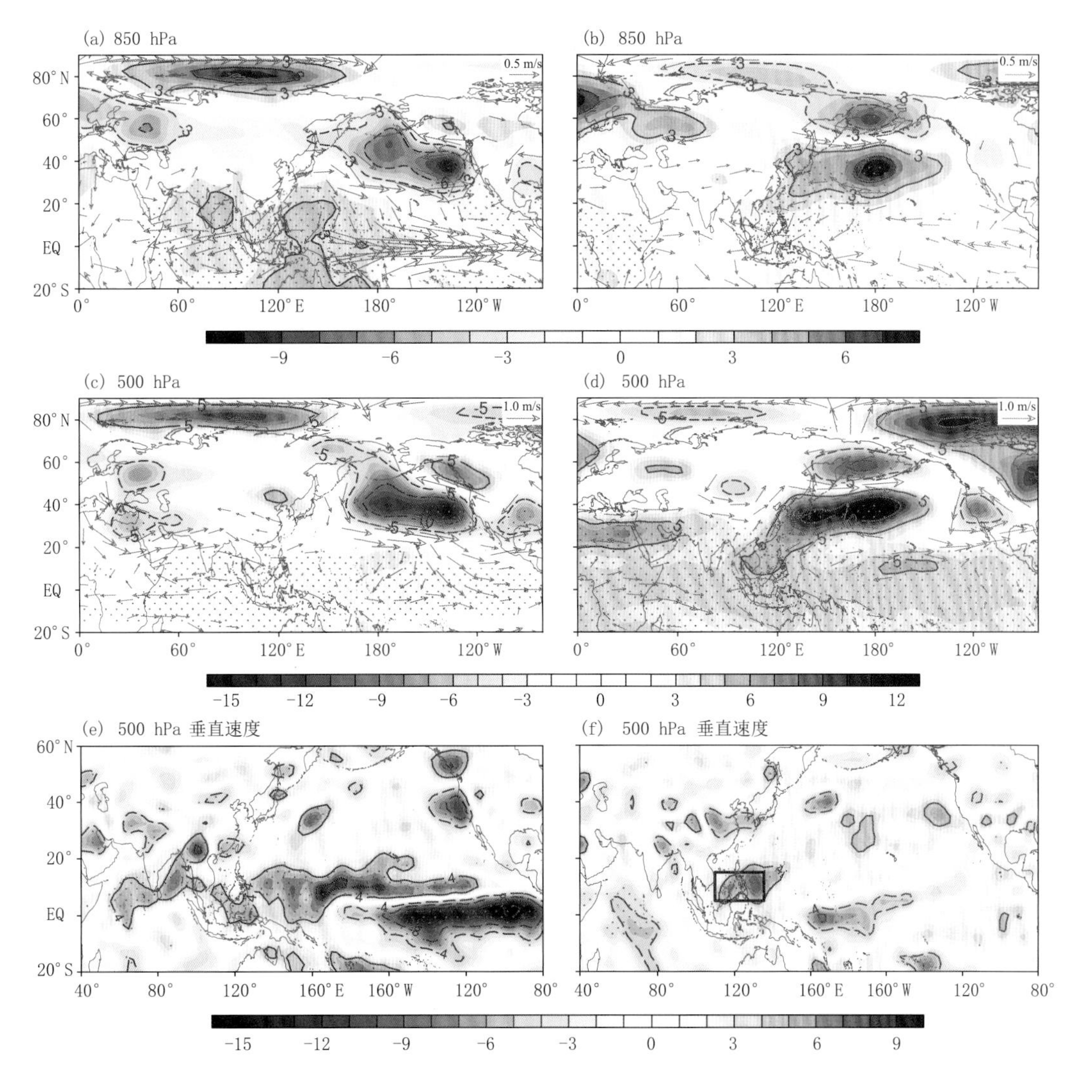

图 6.25　同图 6.23，但为 1981—2014 年，Niño3 指数和 TIO 指数偏回归的环流异常。左、右列分别为线性去除 TIO(Niño3)影响、Niño3(TIO)指数偏回归的环流场。红色框表示海洋性大陆地区对流指数(MCC)的定义区域

传播，在欧亚大陆中纬度形成纬向波列结构位势高度异常。由于春季和夏季的大气环流背景差异，春季 TIO 海温增暖激发的纬向波列的空间分布与夏季有所不同。

同时研究也发现，图 6.25d 中欧亚大陆中纬度的遥相关波列并不显著，欧亚大陆中纬度的位势高度可能受到上游北大西洋地区环流异常的影响。因此，TIO 海温激发的波列可能会被来自上游的信号所掩盖，从而造成欧亚大陆波列结构不显著。进一步剔除北大西洋的信号(50°—20°W，10°—20°N 加权平均的 500 hPa 位势高度)来考察印度洋海温单独的作用。如图 6.26 所示，利用二元线性回归去除 Niño3 指数与北大西洋 500 hPa 位势高度的影响后，热带 TIO 海温异常增暖可以在欧亚大陆中纬度地区激发显著的纬向波列结构异常，从而减弱东亚大槽。因此，热带印度洋海温可以通过调制海洋性大陆对流活动、激发中纬度波列两个途径来影响中国东部春季降水。

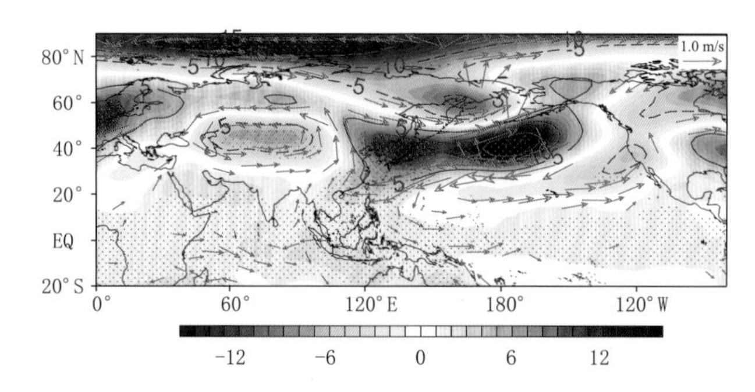

图 6.26　1981—2014 年，TIO 指数偏回归的 500 hPa 位势高度(m)和水平风场(m/s)。在偏回归之前，利用二元线性回归方法去除了 Niño3 指数与热带北大西洋环流异常(50°—20°W，10°—20°N 区域平均的 500 hPa 位势高度)的影响。打点区域通过了置信度为 95%的显著性 t 检验。风场只显示通过置信度为 90%的显著性 t 检验的部分

为进一步研究印度洋海温与海洋性大陆地区对流异常的关系，定义(110°—132.5°E，5°—15°N)纬度加权平均的 500 hPa 垂直速度作为海洋性大陆对流指数(marine continental convection，MCC；图 6.25f 中红色框区域)。图 6.27 给出了 TIO 海温与 MCC 指数的 23 年滑动偏相关曲线。线性去除 Niño3 指数的影响后，TIO 海温与 MCC 之间的联系呈现上升趋势，在 20 世纪 70 年代末通过了置信度为 95%的显著性检验，并在此后持续上升。因此，印度洋海温与海洋性大陆地区对流的联系在 20 世纪 70 年代末之后显著增强，这是导致印度洋海温与中国春季降水关系增强的原因之一。图 6.28 给出了 1981—2014 年，去除 Niño3 影响后，MCC 指数偏回归的 500 hPa 位势高度和水平风场。海洋性大陆地区出现下沉运动时(MCC 指数正异常)，抑制的对流可以激发向北传播的 Rossby 波列，导致东亚大槽减弱，并在鄂霍次克海形成气旋性异常，从而使得西北太平洋呈现 WP 型遥相关模态。上述结果表明，印度洋海温与海洋性大陆对流活动的联系在 20 世纪 70 年代末显著增强。海洋性大陆对流异常进一步调制局地 Hadley 环流，在中国东部引起上升运动；并通过激发经向 Rossby 波在西北太平洋产生 WP 型遥相关，从而显著影响中国东部春季降水。

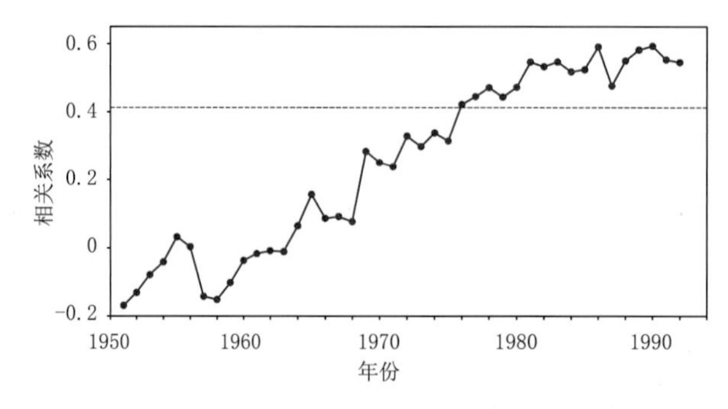

图 6.27　1951—2014 年，去掉 Niño3 指数线性影响后，TIO 指数与海洋性大陆地区对流指数(MCC)的 23 年滑动偏相关曲线。每个相关系数以滑动窗口的第一年标记。横虚线是置信度为 95%的显著性检验所对应的相关系数

由于中国东部中纬度地区春季降水受到东亚大槽的直接影响，进一步考察了 TIO 海温以及 ETP 海温与东亚大槽的关系随时间的演变特征。东亚大槽指数定义为(122.5°—142.5°E，

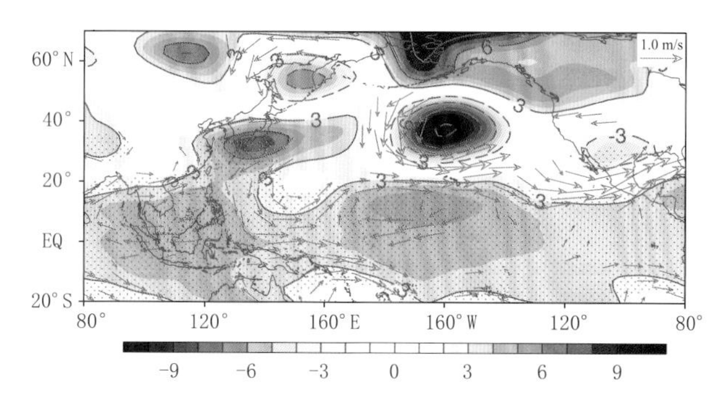

图 6.28　1981—2014 年，去除 Niño3 指数线性影响后，500 hPa 位势高度(m)和水平风场(m/s)对 MCC 指数的偏回归场。打点区域通过了置信度为 95%的显著性 t 检验。风场只显示通过置信度为 90%的显著性 t 检验的部分

27.5°—42.5°N)纬度加权平均的 500 hPa 位势高度。图 6.29 给出了 1951—2014 年，东亚大槽指数与 TIO 指数以及 Niño3 指数的 23 年滑动偏相关曲线。线性去除 Niño3 指数影响，东亚大槽指数与 TIO 指数的偏相关系数大体呈现上升趋势，并在 20 世纪 70 年代末之后稳定地通过了置信度为 95%的显著性检验。然而，去除 TIO 海温的贡献，东亚大槽指数与 Niño3 指数在 1951—2014 年期间没有显著的正相关关系。该结果进一步佐证了上述结论：印度洋是导致中国东部春季降水与热带海温关系增强的关键海区。

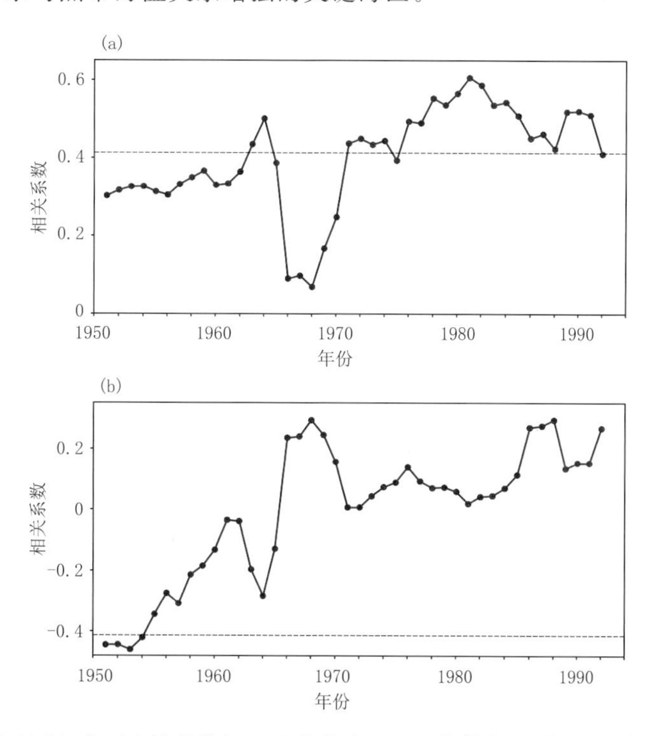

图 6.29　1951—2014 年，东亚大槽指数与 TIO 指数和 Niño3 指数的 23 年滑动偏相关曲线。上(下)图为线性去除 Niño3(TIO)指数影响后，TIO(Niño3)指数与东亚大槽指数的滑动偏相关曲线。每个相关系数以滑动窗口的第一年标记。横虚线是置信度为 95%的显著性检验所对应的相关系数
(a)热带印度洋；(b)热带东太平洋

6.3.3　热带海温影响降水的物理过程

热带海温在 20 世纪 70 年代末发生了年代际增暖，其对大气的加热作用增强。热带海温激发的 NPO/WP 型环流异常中心向北移动，使得东亚大槽减弱，中国东部中纬度地区盛行偏南风异常。同时，Walker 环流显著减弱，抑制海洋性大陆地区对流活动，进一步在中国东部产生上升运动，最终造成中国东部中纬度地区春季降水偏多。偏相关/回归分析结果表明，20 世纪 70 年代末之后，相比于热带太平洋，印度洋海温对春季降水的影响更为重要。利用 CAM5 大气环流模式进行海温敏感性试验，来进一步验证热带印度洋海温对中国东部中纬度地区春季降水的重要作用。其中，数值模式中海温的气候态选取 1981—2010 年，因此可以较好地反映 20 世纪 70 年代末之后，暖海温背景下热带印度洋的影响。一共两组试验，参照试验(EXP0)使用气候态的海温和海冰作为外强迫场。敏感性试验(EXP1_TIO)在热带印度洋(40°—110°E，20°S—20°N)加入 0.5 ℃的海温正异常作为强迫条件。为了防止加入异常导致海温突变，在海温正异常的四周设置了 5 个格点的缓冲区，使得海温线性递减至 0 ℃。两组试验均进行了 25 年的连续积分，选取后 20 年的数据进行分析。EXP1_TIO 与 EXP0 的差值代表热带印度洋海温异常的气候响应。

图 6.30 给出了 EXP1_TIO 减去 EXP0 的春季 500 hPa 位势高度和水平风场。当热带印度洋异常增暖时，印度洋海盆东西两侧呈现显著的东风和西风异常。这表明热带海温增暖造成局地对流增强，异常对流引起的非绝热加热可以激发 Matsuno-Gill 响应，在赤道的两侧中纬度地区(30°S 和 30°N)激发对称的气旋性环流异常。在北半球，该异常气旋沿着亚洲副热带急流向下游传播，从而在东亚产生反气旋性异常，减弱东亚大槽。同时，在东亚—西北太平洋地区，500 hPa 位势高度呈现经向偶极模态，即 NPO/WP 型遥相关，其南部的反气旋也表明东亚大槽的减弱。东亚大槽减弱导致中国东部中纬度地区盛行偏南风异常，暖湿空气入侵为降水提供了有利的水汽条件。

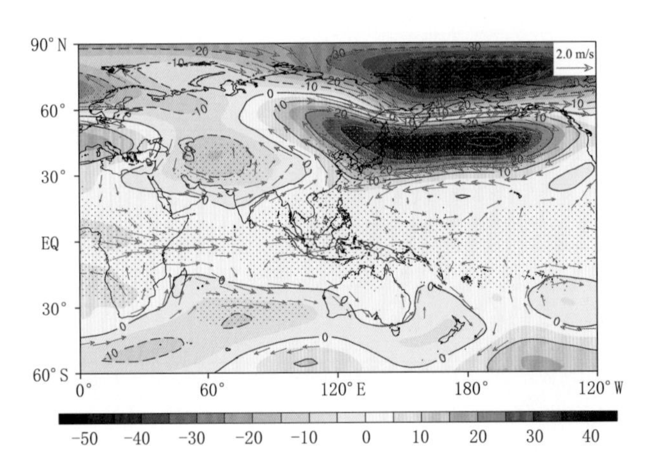

图 6.30　敏感性试验与参照试验差值场(EXP1_TIO－EXP0)。图中为春季 500 hPa 位势高度(m)和水平风场(m/s)。打点区域通过了置信度为 95%的显著性 t 检验。风场只显示通过置信度为 90%的显著性 t 检验的部分

图 6.31 给出了 EXP1_TIO 减去 EXP0 的 500 hPa 垂直运动场。热带印度洋地区表现为大范围的显著上升运动，通过调制印度洋 Walker 环流，在海洋性大陆地区激发下沉运动。海洋性大陆地区下沉运动进一步减弱局地 Hadley 环流，在中国东部中纬度地区导致显著的上升运动，为降水提供了有利的动力条件。数值模式模拟的大尺度环流异常与观测具有很好的一致性：当印度洋海温正异常时，一方面抑制海洋性大陆地区对流活动，另一方面在欧亚大陆中纬度地区激发纬向 Rossby 波列，两个路径共同导致东亚大槽减弱、中国东部中纬度地区上升运动增强，因此中国东部长江中下游以北至华北地区降水一致偏多(图 6.32)。数值试验的结果进一步佐证了再分析资料揭示的物理过程。

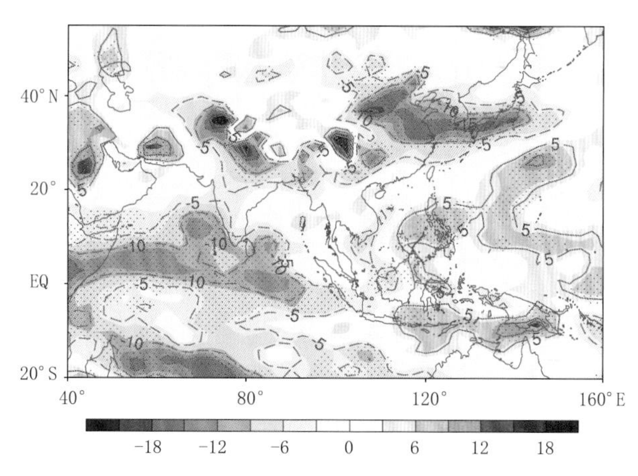

图 6.31　敏感性试验与参照试验差值场(EXP1_TIO－EXP0)。
春季 500 hPa 垂直速度(10^{-3} Pa/s)，打点区域通过了置信度为 95%的显著性 t 检验

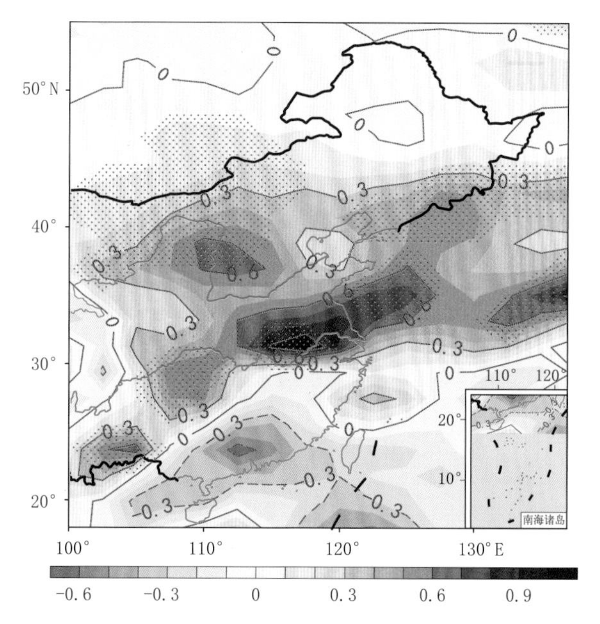

图 6.32　敏感性试验与参照试验差值场(EXP1_TIO－EXP0)。
中国东部春季降水(mm/d)，打点区域通过了置信度为 95%的显著性 t 检验

热带印度洋海温异常可以通过两个途径影响中国东部中纬度地区春季降水。其一，热带印度洋海温增暖通过调制印度洋 Walker 环流，抑制海洋性大陆地区的对流活动。海洋性大陆对流减弱进一步削弱局地 Hadley 环流，从而在中国东部中纬度地区激发上升运动，为降水提供有利的动力条件。此外，海洋性大陆地区对流减弱激发经向 Rossby 波列，从而在西北太平洋产生 WP 型遥相关模态，减弱东亚大槽，进而导致中国东部中纬度春季降水异常。其二，热带印度洋海温增暖可以激发 Matsuno-Gill 响应，在欧亚大陆中纬度地区产生纬向 Rossby 波列，从而减弱东亚大槽并造成中国东部中纬度地区春季降水偏多。通过上述两个途径，热带印度洋海温增暖可以引起 NPO/WP 型环流异常，减弱东亚大槽，并增强中国东部中纬度地区上升运动，从而该地区春季降水产生显著影响。数值试验进一步佐证了上述热带印度洋海温影响春季降水的物理过程。

6.4　北方持续性降水的年代际变化与成因

6.4.1　北方持续性极端降水的年代际变化

某站点当日降水超过 1 mm/d 则认为该站点当日发生了降水事件，结合北方地区单站持续性降水事件的特点，本节定义当中国北方地区某单站发生连续 3 天及以上的降水事件则认为该单站出现了持续性降水事件，本节指出的北方地区单站持续性降水事件特指北方地区单站持续 3 天及以上的降水事件。图 6.33 是 1971—2014 年中国北方夏季单站持续性降水事件频数总计的空间分布，中国北方夏季单站持续性降水事件多年总计频数在青海省的东南部和中国东北地区出现两个大值中心。若将中国北方地区划分为东西两个区域，在其东部地区，夏季单站持续性降水事件多年总计频数向北逐渐增多；而在西部地区，其多年总频数向西逐渐减少。

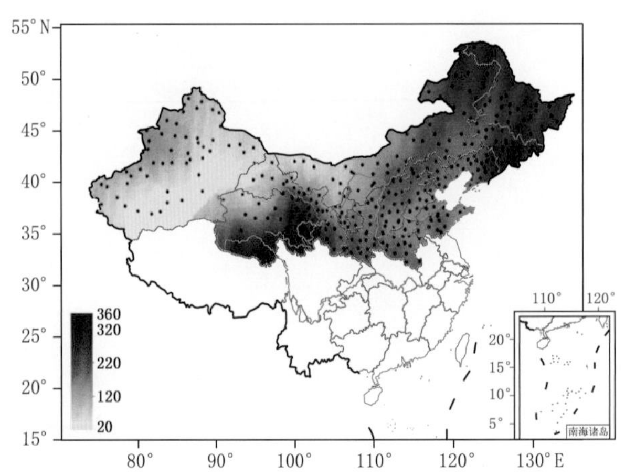

图 6.33　1971—2014 年中国北方地区夏季单站持续性降水频数总计的空间分布(单位：次数)(Yan et al.，2019)

我国北方降水存在明显年代际突变的特征(Zhou et al.，2010；Qin et al.，2018，2020)。区域平均的中国北方夏季单站持续性降水事件频数随时间演变的距平在1996年附近出现了年代际突变，并且该年代际突变在其11年滑动平均随时间的演变序列中也有所体现(图6.34)。因此，本节将该序列划分了1996年之前(1971—1995年)和之后(1996—2014年)两个时间段，并且经过 t 检验($t=-4.09$，通过了置信度为95%的显著性检验)发现在前后两个时间段内中国北方地区夏季单站持续性降水事件频数出现了明显的年代际突变，即1971—1995年所发生的中国北方夏季单站持续性降水事件明显多于1996—2014年。将中国北方地区夏季单站持续3天及以上降水事件定义为中国北方地区夏季单站持续性降水事件，并且将其划分为前后两个时期：1971—1995年中国北方地区夏季单站持续性降水事件频数表现为明显的正异常，而在1996—2014年期间其表现为明显的负异常。因此，接下来对于中国北方地区夏季单站持续性降水事件频数的分析也将分为1971—1995年和1996—2014年两个时期。

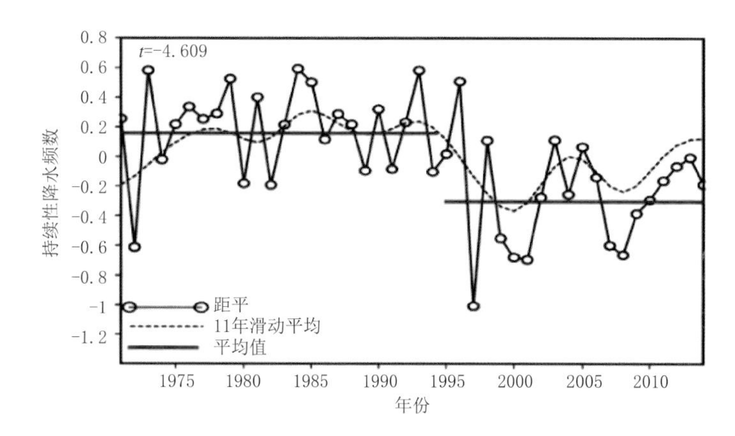

图6.34 1971—2014年区域平均的中国北方地区夏季单站持续性降水事件频数随时间演变的距平(带空心圆的黑色实线)、其11年滑动平均(黑色虚线)，单位：次数。两根红色实线分别代表1971—1995年和1996—2014年期间区域平均的中国北方夏季单站持续性降水频数随时间演变的距平的平均值(Yan et al.，2019)

通过回归的方法，分别选取了与1971—1995年和1996—2014年两个时期中国北方地区夏季单站持续性降水事件频数有关的前期春季和同期夏季关键海温区域(图6.35)。在1971—1995年，前期春季太平洋上出现了一个显著的由南至北的经向三级型海温异常(“冷—暖—冷”海温异常，图6.35a)，并且这个经向三级型海温异常信号也出现在同期夏季的太平洋海域(图6.35b)。这表明该经向三级型太平洋海温异常信号从前期春季一直持续到同期夏季。除了经向三级型海温异常外，同期夏季赤道中东太平洋也有一个明显的冷海温异常，类似于La Niña的海温异常分布。而在1996—2014年期间，前期春季和同期夏季的海温异常都表现为在南印度洋和南太平洋西部的暖海温异常(图6.35)。

区分两个不同时段典型海温对北方持续性降水影响途径发现，1971—1995年间，伴随典型的海温异常，整层大气呈现明显的上升运动，且水汽也有所增长，高空急流呈现北移的异常，利于我国夏季降水雨带北移，利于我国北方地区发生持续性极端降水事件。在1996—2014年间，伴随着典型海温异常，整层大气出现了明显地下沉运动异常，中国北方大部分地区都受到异常的西北气流控制，回归的200 hPa位势高度场出现类似于丝绸之路遥相关型负相

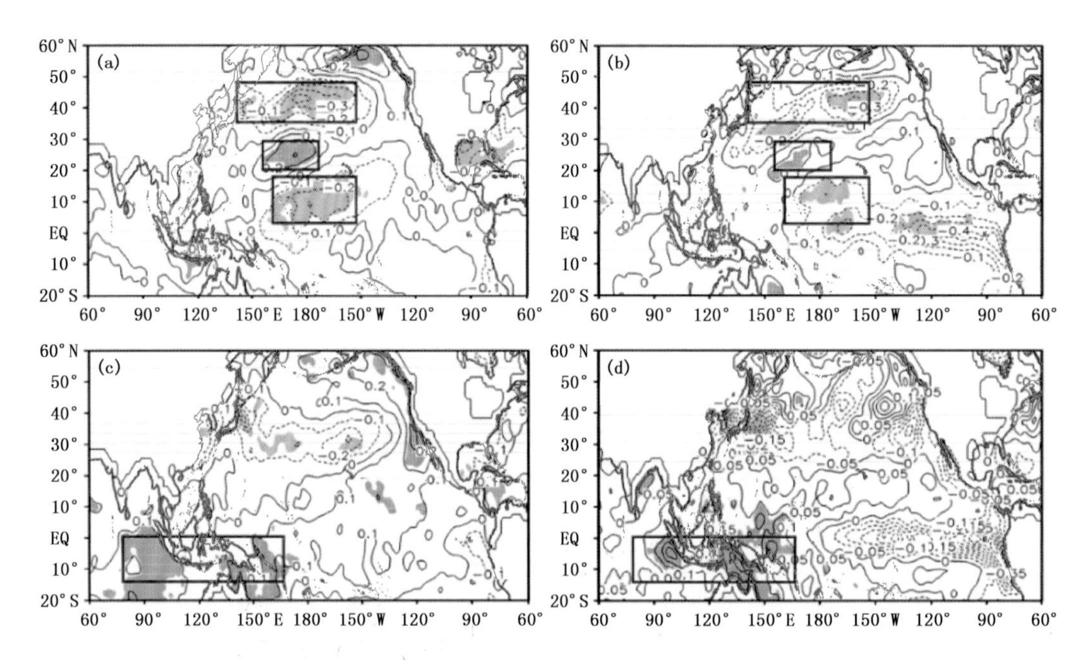

图 6.35　1971—1995 年(a, b)和 1996—2014 年(c, d)两个时期中国北方地区夏季持续性单站降水频数距平回归的前期春季(a, c)和同期夏季(b, d)的海温。红色框代表所选择的关键海温区域，阴影区通过了置信度为 90%的显著性检验，其中，橘色表示显著正异常，蓝色表示显著负异常(Yan et al., 2019)

位异常并且配合向赤道方向异常偏移的东亚高空急流，使得夏季中国雨带较气候态有所偏南，中国北方地区夏季单站持续性降水事件受到抑制。

6.4.2　北方降水年代际变化与海温和高空急流的联系

以往的研究分别分析了大西洋多年代际振荡(AMO)和太平洋年代际涛动(IPO)对东亚冬季风的影响，发现东亚冬季风在 IPO 或 AMO 的负(正)阶段增强(减弱)。因此，北极变暖、IPO 和 AMO 引起的海温变化可能改变对流层经向温度梯度，进而影响东亚副热带急流和东亚极锋急流，进而影响东亚冬季风和中国东部冬季降水。它们还可以直接改变东亚冬季陆—海温度梯度，从而影响东亚海温，进而影响中国东部冬季降水。

研究采用 CESM1.2.0 模式的 CAM5 物理参数化方案做敏感性试验(表 6.2)，强迫场资料为月海表温度观测资料以及哈得来中心海冰海温数据集(HadISST)的海冰浓度数据，水平分辨率为 2.5°经度×1.9°纬度、垂直混合层为 30 层。初始场资料为由 CESM1.2.0 提供的 2000 年大气和陆地条件。所有的试验共模拟 31 年，本节使用的数据为后 30 年的结果。在 CTRL 运行中，使用 1979—2014 年的气候月平均海表温度。5 个敏感性试验，EXP_All、EXP_P、EXP_A、EXP_AP 和 EXP_IP 与 CTRL 类似，但为海表温度的距平值，具体为 HadISST 数据集的 1999—2014 年平均减去 1979—1998 年平均，分别加在全球、太平洋、北大西洋、太平洋和北大西洋以及印度洋和太平洋的气候月平均海表温度上(详见表 6.2)。

表 6.2　模式试验设计(Huang et al., 2019a)

试验名称	海表温度配置
CTRL	1979—2014 年气候平均海表温度(月尺度)
EXP_All	全球海表温度的气候平均及其距平值
EXP_P	太平洋海表温度的气候平均及其距平值
EXP_A	太平洋海表温度的气候平均及其距平值
EXP_AP	太平洋和北大西洋海表温度的气候平均及其距平值
EXP_IP	印度洋和太平洋海表温度的气候平均及其距平值

注:海表温度距平为基于 HadISST 的 1999—2014 年减去 1979—1998 年月平均海表温度的差值。

全球变暖趋势由快速增暖期转变为增暖停滞期后,海洋的温度信号上转变为负太平洋十年际涛动(IPO)和正大西洋年代际振荡(AMO)的耦合配置(图 6.36)。我国东部的冬季降水呈现出南干北湿的降水异常(图 6.37a),同时夏季呈现出四极降水型(图 6.37b)。

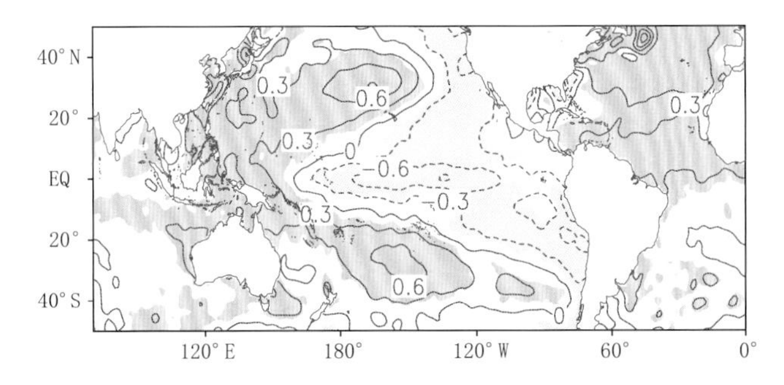

图 6.36　增暖减缓期(1999—2013 年)与快速增暖期(1985—1998 年)的海温异常(Huang et al., 2019a)

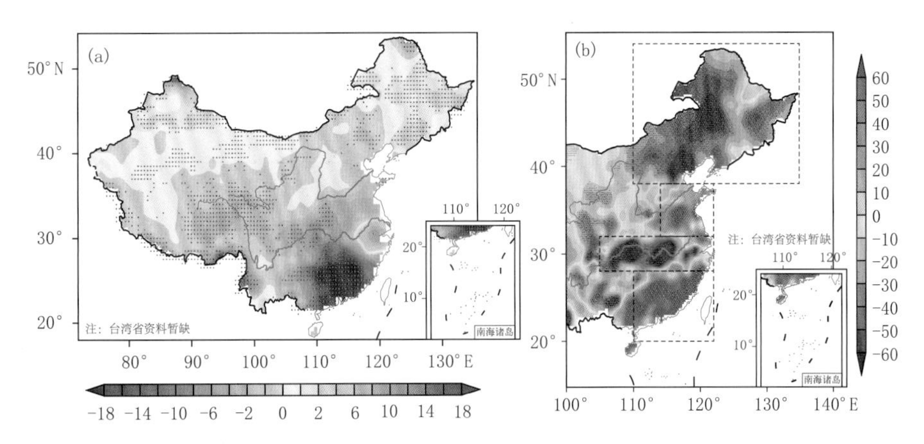

图 6.37　不同增暖期我国东部降水的年代际差异(Huang et al., 2019a)
(a)冬季;(b)夏季

上述的年代际典型海温异常配置易于导致冬季的副热带急流向北偏移,极锋急流向南偏移,导致西伯利亚高压西北向移动,东亚大槽加深;高原南侧西南气流减弱,南方水汽输送减少;两支急流靠近时,Hadley 环流异常,50°N 上升运动增强,易于导致冬季降水北方增多,南方减少的异常(图 6.38)。夏季,东亚副热带急流减弱并且极锋急流增强,通过影响全球遥相关型(CGT),导致我国东部地区呈现四极降水异常型(图 6.38)。

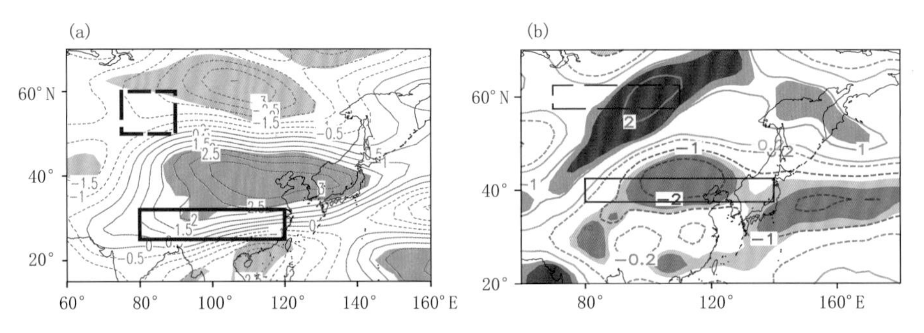

图 6.38　增暖减缓期与快速增暖期的冬季(a)和夏季(b)的 300 hPa 全风速异常(Huang et al., 2017; Xiao et al., 2020)

进一步结合敏感性数值试验(表 6.2),讨论不同的 IPO 和 AMO 的正负配置对东亚副热带急流和极锋急流位置协同作用的影响。再分析资料和敏感性试验结果均表明,当 IPO 和 AMO 反相配置下,有利于两支急流的位置协同变化(同相或相向而行),这与经向温度梯度、大气低层斜压性、天气尺度瞬变扰动和能量转换密切相关(Huang et al., 2017, 2019a; Zhang et al., 2019)。

冬季,数值试验模拟结果表明,四个敏感试验和 CTRL 之间的风速差异(图 6.39)。EXP_A 模拟出东亚极锋急流(EAPJ)的增强和东亚副热带急流(EASJ)的减弱(图 6.39a),而 EXP_P 的模拟显示 EAPJ 和 EASJ 无显著变化(图 6.39b)。EXP_AP 试验结合了北大西洋和太平

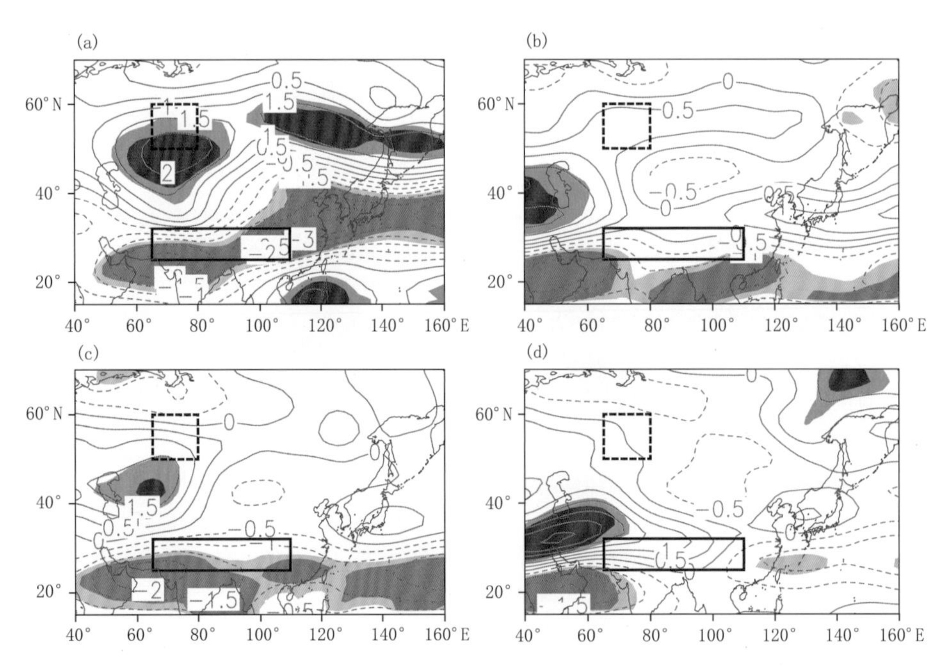

图 6.39　试验 EXP_A 和 CTRL(a)、EXP_P 和 CTRL(b)、EXP_AP 和 CTRL(c)、EXP_IP 和 CTRL(d)的 300 hPa 全风速差异(单位:m/s),红色实线和虚线分别对应副热带急流和极锋急流的活跃区,深(浅)红蓝色区域通过了置信度为 95%(90%)的显著性检验(Huang et al., 2019a)

洋的 SST 强迫，模拟出了300 hPa 风速的交替异常模式，在 35°—47.5°N 附近风速加强、南部风速减弱(图 6.39c)。这与 1999—2014 年至 1979—1998 年与再分析数据的差异一致。由于印度洋海温随 IPO 而变化(Dong et al.，2016)，因此，XP_IP 试验用以量化印度洋与 IPO 的协同作用。如图 6.39d 所示，EXP_IP 可以模拟出在 25°—40°N 的 300 hPa 风速增强，其南部风速减弱。尽管模拟出的异常进一步扩展到西部和南部，但纬度带接近于 EXP_AP 和 CTRL 模拟的最大风异常。因此，印度洋和太平洋海温的协同变化似乎对两支急流近期的变化影响比 IPO 的单独影响更大。

模式模拟出的经向温度梯度(MTG)垂直平均差异也进一步解释了模拟的风速差异(图 6.40)。对于 EXP_A 试验(图 6.40a)，EAPJ(EASJ)区域的 MTG 显著负(正)异常将通过热成风加强(减弱)背景场 MTG，从而加强(减弱)EAPJ 和 EASJ。这与 EXP_A 试验的风速差异一致(图 6.39a)。在西太平洋上空，EXP_P 试验(图 6.40b)的 MTG 差异显著，从而影响了那里的西风带。与 CTRL 相比，EXP_AP 试验(图 6.40c)模拟出 35°—45°N 区域的 MTG 负异常，进而加强 MTG，从而通过热风关系加强西风(图 6.39c)。同时，低纬度的 MTG 正异常会减弱该地区的西风。MTG 负异常在 EXP_IP(图 6.40d)中也很明显，尽管异常向南移动至 30°—40°N，并且类似于 EXP_AP(图 6.40c)，但与 EXP_P 中的 MTG 变化不同(图 6.40b)。

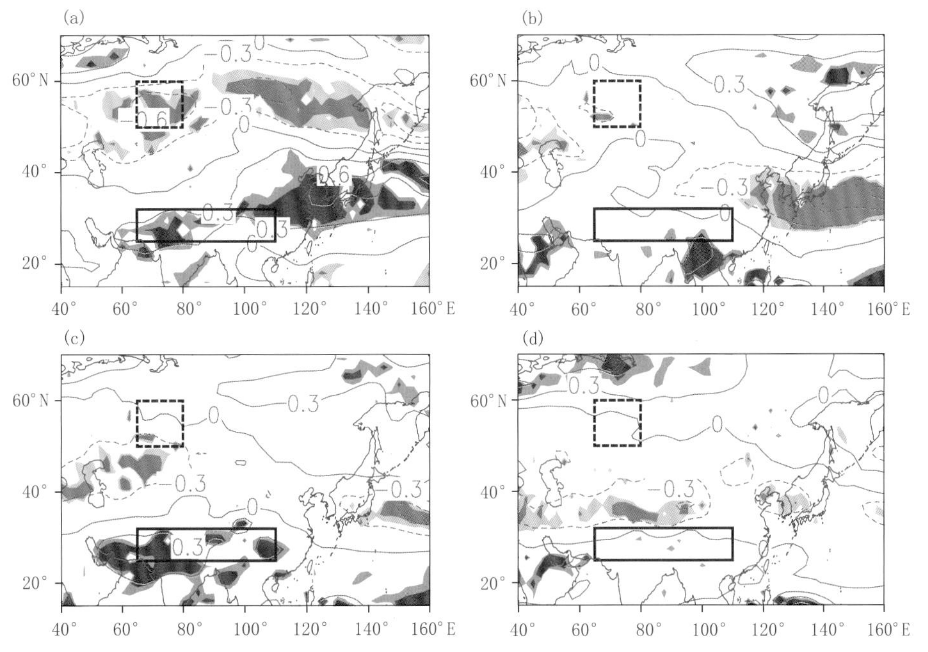

图 6.40　同图 6.39，但为冬季整层的经向温度梯度差异(单位：10^{-5} K/m)(Huang et al.，2019a)

进一步利用试验从瞬时涡旋变化和能量转换的角度探讨可能的机制。图 6.41 显示了 65°—80°E(EAPJ 和 EASJ 活跃区的经度范围)的纬向动量($\overline{u'v'}$)和感热($\overline{T'v'}$)的平均经向涡旋输送及其差异。在 EXP_AP 和 CTRL 试验中，纬向动量的涡动输送均在 40°N 左右出现单峰，但在 EXP_AP 中沿 35°—45°N 增强(图 6.41a)。这可能加强那里的西风带(Kuang et al.，2014)。感热经向涡旋输送在 28°—29°N 和 52°N 附近出现双峰(图 6.41b)，分别位于 EASJ 和 EAPJ 的活跃区。对于涡动热输运，EXP_AP 试验中沿 35°—45°N 的中纬度地区的正异常(图 6.41b)可以增强此处的西风(Kuang et al.，2014)。

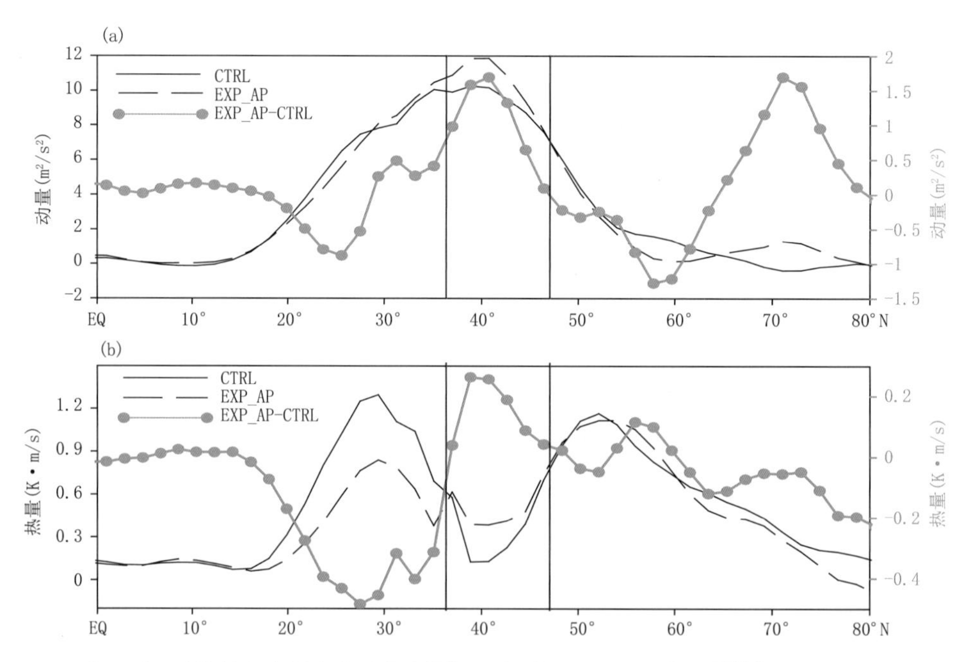

图 6.41　65°—80°E 平均的经向涡度的动量($\overline{u'v'}$)(m²/s²)(a)和热量输送($\overline{T'v'}$)(K·m/s)(b)在 CTRL(黑实线),EXP_AP(黑虚线),以及他们在 EXP_AP 和 CTRL 试验的差异(绿线)(Huang et al.,2019a)

选取多元线性回归的方法用于量化"－IPO"和"＋AMO"对两只急流变化的相对贡献,分别如图 6.42a 和图 6.42c 所示。为便于比较,图 6.42b 和图 6.42d 分别显示了 EAPJ 和 EASJ

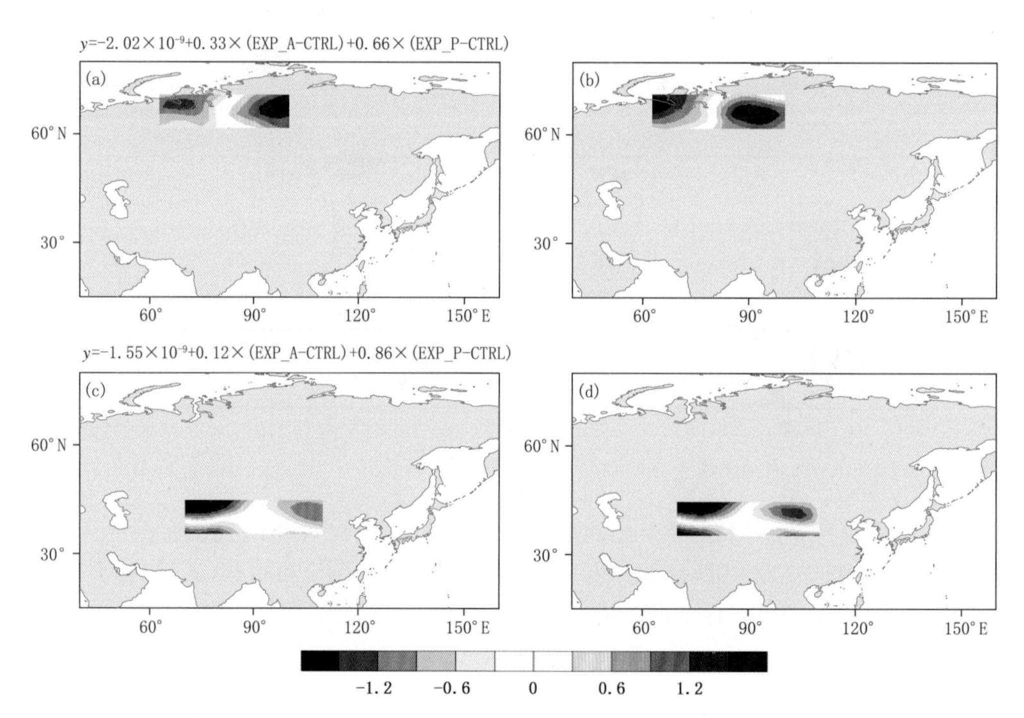

图 6.42　基于 EXP_A、EXP_P 和 CTRL 试验拟合的 300 hPa 夏季全风速(a, c)与 EXP_AP 和 CTRL(b, d)的全风速差异(Xiao et al.,2020)

活动区上空的 EXP_AP 和控制试验之间的标准化 300 hPa 风速差。估算的 300 hPa 夏季风速以及 EXP_AP 和控制试验之间的差异在数量上是一致的，两个回归方程在 99%的水平上是显著的。由于 EXP_P 与控制试验的回归方程斜率高于 EXP_A 与控制试验，因此我们认为在急流变化中，"－IPO"可能比"＋AMO"扮演更重要的角色，特别是在 EASJ 变化中。我们应该注意到，"－IPO＋AMO"的作用可能不仅仅与"－IPO"和"＋AMO"的单一作用线性相关。"－IPO"和"＋AMO"之间复杂的非线性相互作用将导致风速的多元回归和年代际变化的差异。近 10 年尺度上注意到了盆地间遥相关和热带—温带遥相关。利用多元线性拟合的方法，定量区分两者影响的相对贡献，发现，冬季，＋AMO 对东亚极锋急流的南移贡献较大，而－IPO对东亚副热带急流的北移贡献较大。夏季，－IPO 影响两支急流强度变化的贡献更大(Xiao et al.，2020)。

6.5　人类活动对极端降水的影响

人为温室气体的增加是过去几十年全球和区域增暖的主要原因，由克劳修斯—克拉珀龙(Clausius-Clapeyron)方程得知，增暖背景下大气持水能力将增加(约 7% K^{-1})，因而对全球水循环产生重要影响。观测分析的确发现，20 世纪后半叶全球陆地和中国区域极端降水频次和强度增加(Zhai et al.，2005；Westra et al.，2013)，气候模式亦预估未来降水将进一步极端化。以往的检测归因研究发现了人类活动整体对北半球陆地极端降水的贡献，但由于模式试验限制，并没有进一步区分温室气体和气溶胶的贡献，尽管后者对区域尺度的平均和极端降水可能有重要影响。因此，厘清温室气体和气溶胶等人为强迫，以及自然外强迫等对全球变暖背景下极端降水变化趋势的相对贡献，有助于加深人类活动对区域气候影响的理解。

6.5.1　外强迫对极端降水发生风险的影响

本节基于"气候变率与可预测性研究"(CLIVAR)下 C20C 检测归因计划的 CAM5.1 大气环流模式结果，通过计算风险比率 RR(risk ratio，RR＝P_1/P_0)，对比分析了全强迫(All，用观测海温和海冰，以及观测温室气体和气溶胶驱动大气模式)以及自然强迫(Nat，强迫场去掉海温中的增暖信号，且温室气体取 1850 年)下我国(北方)平均和极端降水的频次，强度指数发生风险的变化。其中，P_1 为全强迫下极端气候大于某个阈值(如 99%分位点)的概率，P_0 则为自然强迫下大于同阈值的概率。另外，基于 CMIP6 检测归因试验(DAMIP)的 5 个模式(CanESM5、CNRM-CM6-1、MIROC6、MRI-ESM2-0 和 NorESM2-LM)单因子强迫(温室气体、气溶胶和自然强迫)以及历史试验(Historical，全强迫)和中国区域观测(CN05 格点资料)资料，阐述外强迫因子对极端降水强度、频次变化趋势的影响。极端降水指数如表 6.3 所示，既包括了绝对指数如 Rx1day，也包括相对指数如 R95p。

表 6.3　极端降水指数的定义

英文缩写	指数名称	定义	单位
Prcptot	湿日总降水量	湿日(≥1 mm)的降水量之和	mm
SDII	降水强度	年总降水量/有雨日数(≥1 mm)	mm/d
Rx1day	最大1日降水量	一年中日降水量的最大值	mm
Rx5day	最大5日降水量	一年中连续五天降水量之和的最大值	mm
R10mm	中雨日数	一年中日降水量大于10 mm的天数	d
R30mm	大雨日数	一年中日降水量大于30 mm的天数	d
R95p	极端降水量	大于95%分位数的极端降水量之和	mm
R95ptot	极端降水贡献率	大于95%分位数的极端降水量占总降水量的比值	%

图6.43给出了基于CAM5.1 All和Nat试验计算得到的不同极端降水指数RR的空间分布。可见对于年总降水量Prcptot，西北大部分地区的RR值皆大于1，而东部季风区的RR值小于1，说明人为增暖增加了西北地区年总降水极值的发生概率(风险)，近十年来西北地区的变湿，可能有人为因子的贡献，而东部季风区年总降水量受内部自然变率的影响较大。对于极端降水强度指数SDII，黄河中下游地区以及西北地区部分区域的RR大于1，而西南地区的RR小于1，说明前者受温室气体等人为外强迫的影响较大，后者则是自然变率起主导。

对于表征极端降水频次的中雨日数R10mm和大雨日数R30mm，其显著特点是在我国西北地区出现RR的大值区，其幅度远大于1，尤以R30mm幅度更大，说明相较自然强迫，包含温室气体的全强迫使得西北地区的极端降水发生频次的风险(概率)显著增大；另外也增加了青藏高原大雨日数R30mm的发生概率，但在其他区域，尤其华南，人为外强迫对极端降水频次的影响较小。

对于表征极端降水强度的最大1日降水量Rx1day和最大5日降水量Rx5day，前者在西南、华南、西北地区及其东部皆有大于1的RR分布，表明在上述区域，人为增暖增加了最大日降水量的发生概率，对Rx5day，其RR大于1的落区与Rx1day相似，但范围和幅度较弱。对于极端降水分位数R95p和极端降水贡献率R95ptot，二者在西北地区都出现RR的大值区，这与前面人类活动对该区极端降水频次的影响较为一致，但与R95p不同之处在于R95ptot在东部季风区的RR值也大于1，说明尽管人为增暖对该区总降水量Prcptot的发生概率没有影响，但显著增加了极端降水贡献率的发生概率。

综上所述，全强迫和自然强迫驱动CAM5.1的对比分析表明，温室气体等人为强迫显著增加了西北地区极端降水频次如大雨日数、极端降水强度如R95ptot的发生概率；也增加了季风区的极端降水贡献率。但需要指出的是，外强迫对平均和极端降水，以及极端降水的不同特征(频次、强度等)的影响区域、幅度等有较大差异，其原因值得进一步研究。

为了定量对比不同区域不同指数的风险比，表6.4进一步给出了中国大陆和北方地区(35°N以北)区域平均的各极端降水RR值，可以发现，与前面一致，北方地区的大雨日数R30mm的RR值为1.19，说明人为外强迫显著增加了北方地区的大雨日数的发生概率，而大陆区域整体来看，则影响并不大；另外人为温室气体等亦显著增加了我国以及北方地区的极端降水贡献率，其RR值分别为1.04和1.10，对于平均降水(湿日总降水量，Prcptot)，以及其他极端降水指数，如R10mm、Rx1day、Rx5day和R95p，中国区域和北方地区整体来看，人为外

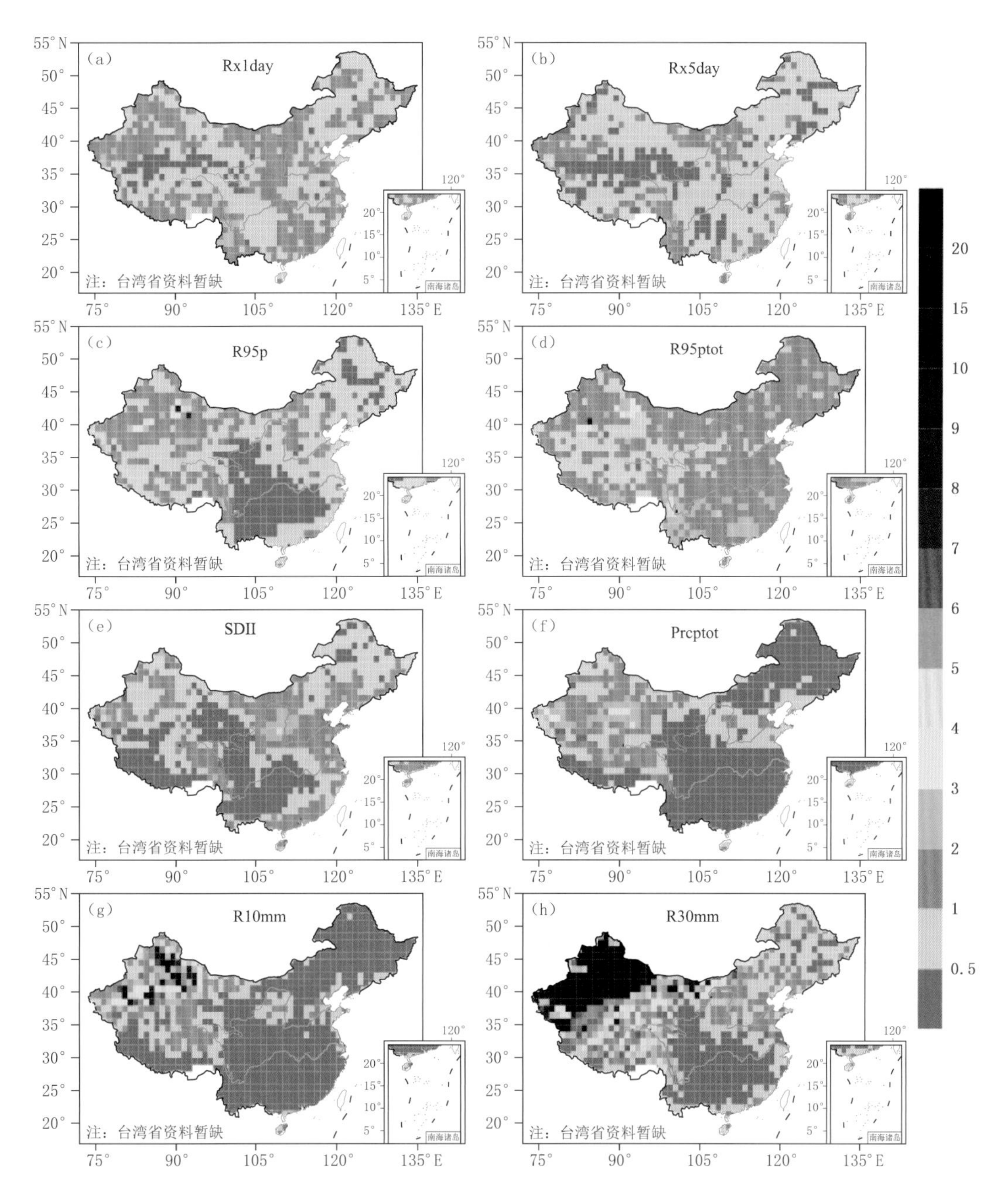

图 6.43　不同极端降水指数 RR 的空间分布，a—h 分别是 Rx1day、Rx5day、R95p、R95ptot、SDII、Prcptot、R10mm 和 R30mm 8 个极端降水指数

强迫的影响不明显。

表 6.4　不同极端降水指数区域平均的 RR 值

区域	Prcptot	R10mm	R30mm	Rx1day	Rx5day	R95p	R95ptot
中国大陆	0.74	0.67	0.73	0.98	0.86	0.78	1.04
北方地区	0.55	0.47	1.19	0.95	0.71	0.83	1.10

6.5.2　外强迫对极端降水趋势的影响

气候平均态的变化是极端事件变化的重要背景，因此首先考察变暖背景下观测和CMIP6-DAMIP模式中国大陆湿日降水总量(Prcptot)的变化，如图6.44所示。由观测(图6.44a)发现，1961—2015年我国湿日总降水量在西北北部、西北地区东部显著增加，而在四川盆地和西南地区显著减少；此外东南降水增加，华北降水减少，但二者皆没有通过置信度为95%的显著性检验。CMIP6全强迫试验(图6.44b)中，Prcptot表现为南北反向变化，南方降水减少，而青藏高原以及我国北方地区降水增加；上述格局可能是温室气体和气溶胶的共同作用引起：温室气体强迫(图6.44c)下我国Prcptot几乎呈全局性增加，而气溶胶强迫(图6.44d)引起我国南方降水显著减少。上述结果表明，温室气体和气溶胶皆对我国大尺度平均降水的趋势变化有重要且反向影响，表明二者强迫下大尺度平均环流差异显著，进而影响极端降水的变化。

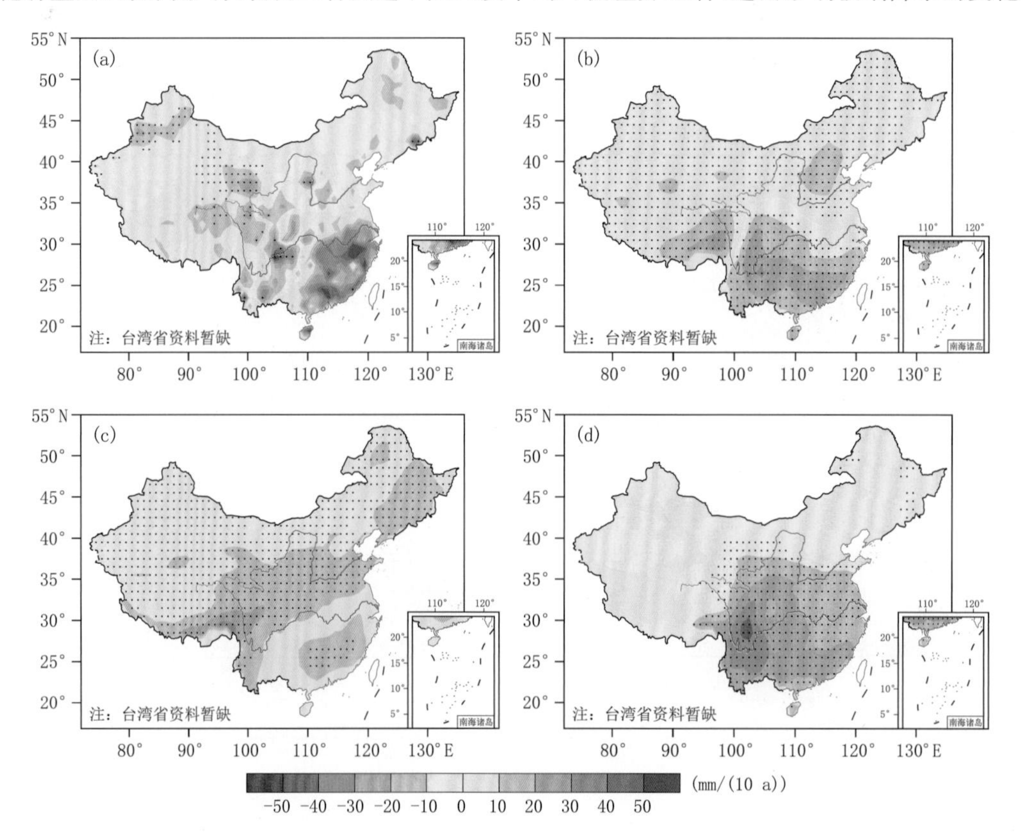

图6.44　观测(a)和CMIP6不同外强迫(全强迫(b)、温室气体(c)、气溶胶(d))我国湿日总降水量(Prcptot)的Theil-Sen变化趋势，打点区域通过了置信度为95%的显著性检验

对于极端降水，最大1日降水量是骤发洪涝的重要前期因子，因此成为气候变化检测归因及预估中的一个重要指标。图6.45给出观测和CMIP6模式中不同外强迫(全强迫；温室气体、气溶胶单因子强迫)下我国极端降水(最大1日降水量，Rx1day)的Theil-Sen变化趋势。可以发现，近几十年来观测的最大1日降水量Rx1day在华北呈减小趋势，减少幅度约0.8 mm/(d·10 a)，而在东南部分区域如长江中下游地区呈增加趋势，与平均降水的变化基本一致。CMIP6全强

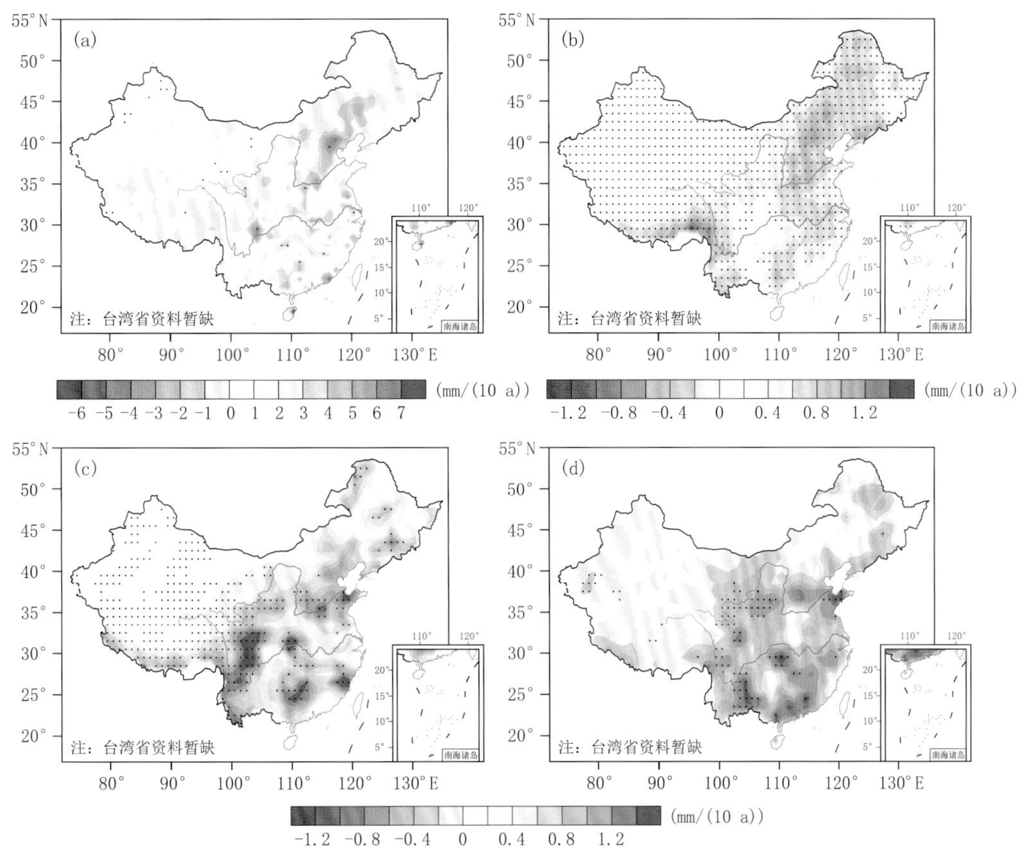

图 6.45　观测(a)和 CMIP6 不同外强迫(全强迫(b)、温室气体(c)、气溶胶(d))我国极端降水(最大 1 日降水量,Rx1day)的 Theil-Sen 变化趋势,打点区域通过了置信度为 95%的显著性检验

迫和温室气体 GHG 单因子强迫下,我国最大日降水量总体增加,尤其是东部季风区和西南区域,如 GHG 试验中增幅为 1.2 mm/(d · 10 a),其原因可能是变暖背景下"湿更湿"和克劳修斯—克拉珀龙(C-C)反馈机制主导,温室气体增强了极端降水,这与全球尺度的相关发现较为一致(Dong et al., 2020)。而气溶胶(AA)单因子强迫下,我国东部季风区的最大日降水量显著减少,尤其华南、江淮地区减少幅度为 0.8 mm/(d · 10 a) 可能原因是气溶胶致冷效应通过较弱海陆热力对比,减弱东亚夏季风,从而使得东部季风区极端降水减少。

对于极端降水频次,图 6.46 给出了观测和 CMIP6 不同外强迫(全强迫、温室气体、气溶胶)我国中雨日数(R10mm)的 Theil-Sen 变化趋势对比。观测(图 6.46a)的 R10mm 有显著的区域性特征,表现为西南区域呈降低趋势,与近年来西南干旱增强一致;而在西北北部、东北北部等地以及黄河上游等区域,中雨日数呈显著增加趋势;CMIP6 历史试验中(全强迫)R10mm 呈南北反向变化,南方地区显著减小,而青藏高原、西北、华北和东北则显著增加;仅温室气体强迫下,除西南部分区域 R10mm 减小外,其他区域如青藏高原、华中以及东北、西北 R10mm 显著增加,注意到在气溶胶单因子强迫下,我国的中雨日数几乎呈全局减少尤其以西南、华南等南方地区最显著。对比观测、全强迫,以及温室气体和气溶胶单强迫,可知观测中西北北部、东北北部以及黄河上游极端降水(R10mm)频次的增加很可能是温室气体的贡献;而西南地区的 R10mm 频次的减少有可能是气溶胶引起。

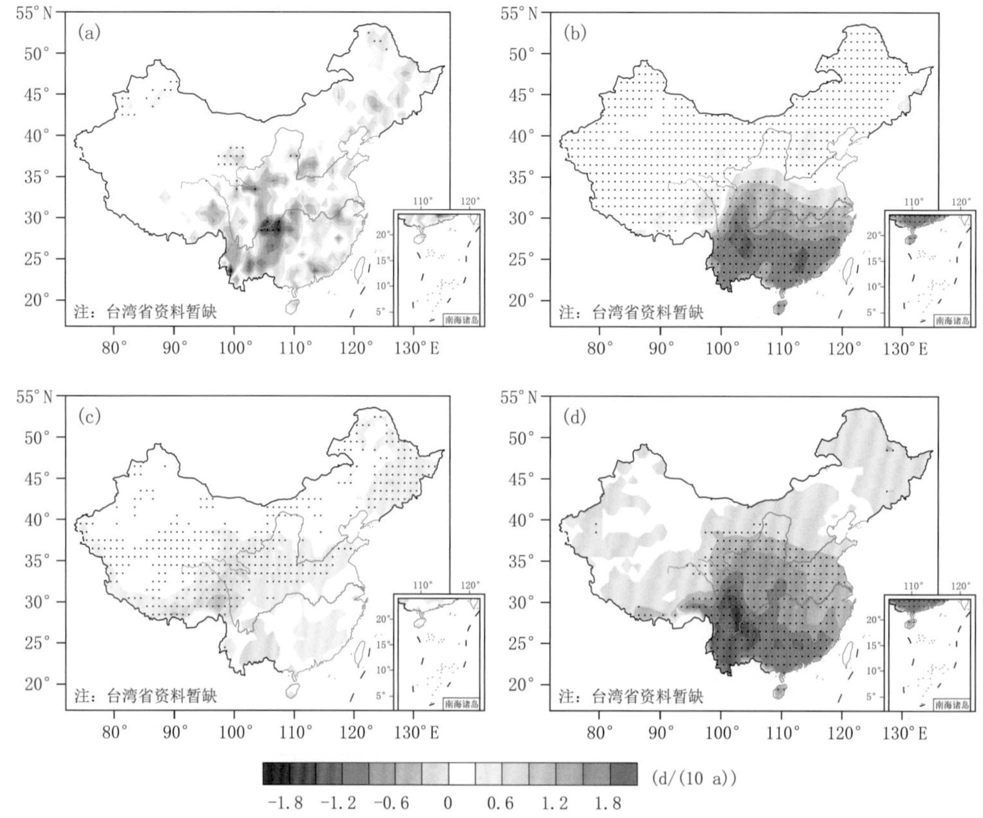

图 6.46　观测(a)和 CMIP6 不同外强迫(全强迫(b)、温室气体(c)、气溶胶(d))我国极端降水频次(中雨日数,R10mm)的 Theil-Sen 变化趋势,打点区域通过了置信度为 95%的显著性检验

以上分析的极端降水指数 Rx1day 和 R10mm 皆为绝对指数,考虑到我国降水空间分布差异较大,相对指数为考察不同气候区的极端降水变化提供了有益补充。图 6.47 为大于 95%分位数的极端降水量 R95p 的变化趋势空间分布,可见观测(图 6.47a)R95p 在西北北部、西北地区东部以及东北北部和东南增加,而华北减少,这与年总降水量的空间变化类似。

温室气体(图 6.47c)强迫引起我国极端降水量呈全局性增加,尤以西南、华南等最为显著;而气溶胶(图 6.47d)强迫则引起南方极端降水量的显著减少,二者叠加表现为全强迫(图 6.47b)中,极端降水量南方减少,青藏高原和北方增加的空间分布。

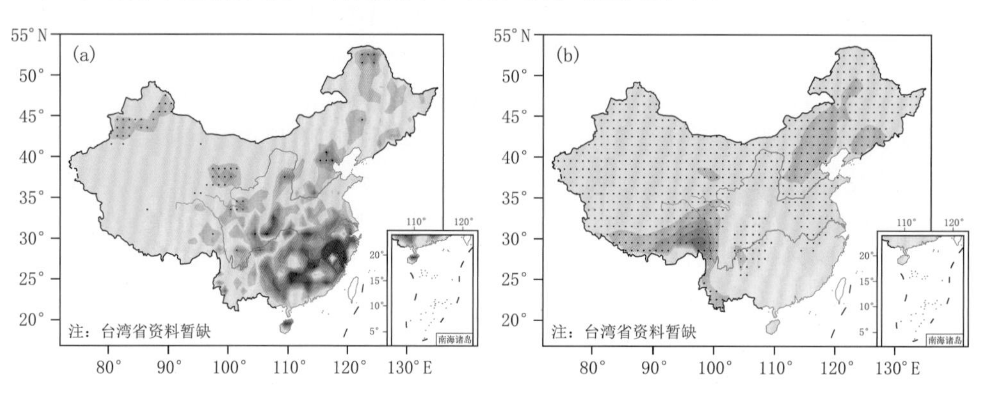

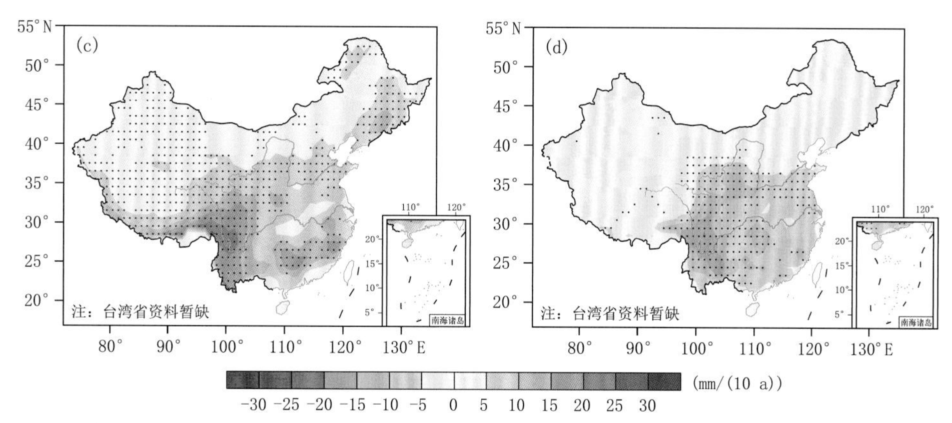

图 6.47 观测(a)和 CMIP6 不同外强迫(全强迫(b)、温室气体(c)、气溶胶(d))我国极端降水量(R95p)的 Theil-Sen 变化趋势，打点区域通过了置信度为 95%的显著性检验

对于自然强迫(太阳和火山活动)，图 6.48 给出了该单因子驱动下，我国年总降水量(Prcptot)、年最大 1 日降水量(Rx1day)、中雨日数(R10mm)和极端降水量(R95p)的变化趋势，可见上述 4 个指数的变化趋势现有通过置信度为 95%的显著性检验的区域，说明 Nat 强迫对我国极端降水的趋势变化贡献不显著，全强迫中的趋势主要是温室气体和气溶胶引起。

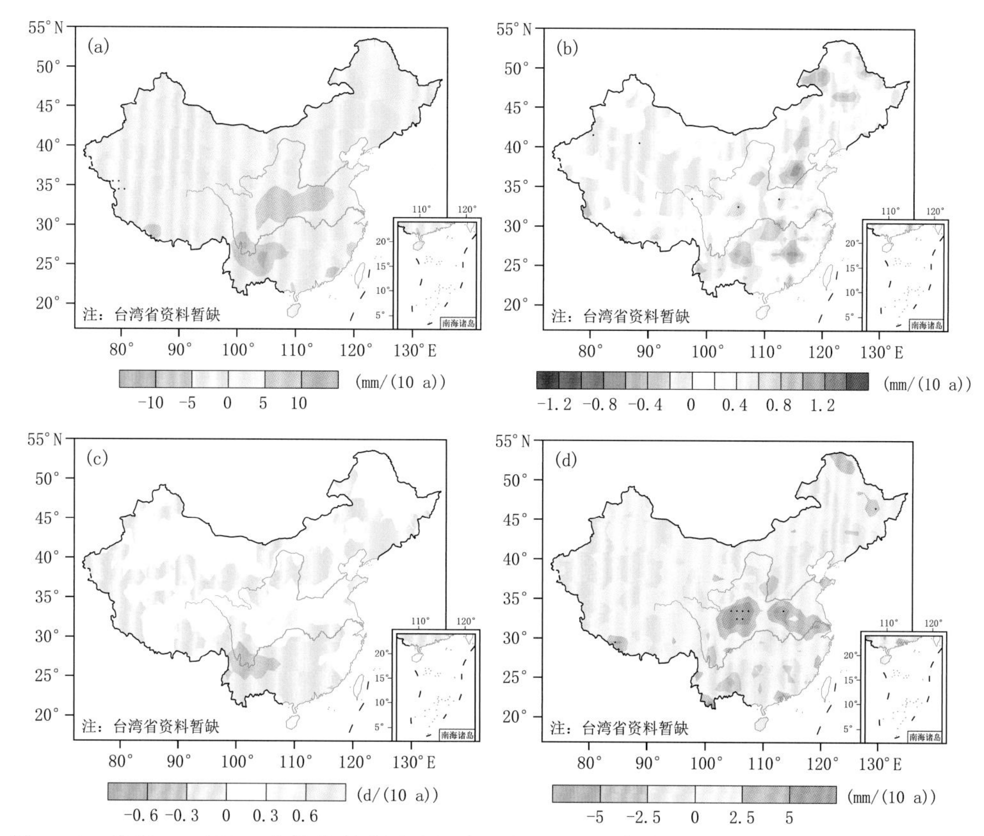

图 6.48 CMIP6-DAMIP 自然外强迫因子驱动下我国湿日总降水量(Prcptot)(a)、最大 1 日降水量(Rx1day)(b)、中雨日数(R10mm)(c)和极端降水量(R95p)(d)的变化趋势，打点区域通过了置信度为 95%的显著性检验

本节基于 CLIVAR-C20C 检测归因计划和 CMIP6 DAMIP 的模拟结果，分析了外强迫对我国极端降水强度、频次，如年总降水量(Prcptot)、年最大 1 日降水量(Rx1day)、中雨日数(R10mm)和极端降水量(R95p)的发生风险和变化趋势的影响，主要发现有，全强迫(All)和自然强迫(Nat)驱动大气环流模式 CAM5.1 的归因结果表明，人类活动等外强迫显著增加了西北地区极端降水频次(如 R30mm)和强度(如极端降水贡献率)的发生概率，这与其他学者基于 CMIP5 的归因结论一致(Li et al.，2017；Chen et al.，2017)。对比观测，CMIP6 全强迫，以及温室气体和气溶胶单强迫，揭示观测中西北北部、东北北部以及黄河上游极端降水(R10mm)频次和极端降水量(R95p)的增加，很可能是温室气体的贡献。对中国区域日最大降水量 Rx1day 的变化，温室气体单强迫下为增加趋势，气溶胶则相反。总体而言，温室气体导致我国平均和极端降水增加，气溶胶则相反，尤其导致南方地区平均和极端降水显著减少。

参考文献

黄丹青，严佩文，刘高平，等，2017. 暖季极端降水与温度的关系研究——以安徽省为例[J]. 气候与环境研究，22(5)：623-632.

况雪源，王遵娅，张耀存，等，2014. 中国近年来群发性高温事件的识别及统计特征[J]. 地球物理学报，57(6)：1782-1791.

肖秀程，黄丹青，严佩文，2020. 极端气温和极端降水复合事件的气候特征[J]. 气象科学，40(6)：744-751.

严佩文，2019. 中国夏季持续性降水事件的特征及其可能影响因子分析[D]. 南京：南京大学：76.

张敏，黄丹青，严佩文，2017. 夏季副热带行星波动振幅变化与我国极端降水的关系[J]. 热带气象学报，33(5)：716-727.

左志燕，张人禾，2012. 中国春季降水异常及其与热带太平洋海面温度和欧亚大陆积雪的联系[J]. 大气科学，36：185-194.

ALLAN R P，SODEN B J，2008. Atmospheric warming and the amplification of precipitation extremes[J]. Science，321：1481-1484.

ANNAMALAI H，LIU P，XIE S P，2005. Southwest Indian Ocean SST variability：Its local effect and remote influence on Asian monsoons[J]. J Clim，18：4150-4167.

CHEN H，SUN J，2017. Contribution of human influence to increased daily precipitation extremes over China[J]. Geophy Res Lett，44(5)：2436-2444.

CHEN G，DU Y，WEN Z，2021. Seasonal，interannual and interdecadal variations of the East Asian summer monsoon：A diurnal-cycle perspective[J]. J Clim，34(11)：4403-4421.

COUMOU D，RAHMSTORF S，2012. A decade of weather extremes[J]. Nat Clim Change，2：491-496.

DING Q，WANG B，2005. Circumglobal teleconnection in the northern hemisphere summer[J]. J Clim，18：3483-3505.

DONG L，ZHOU T，DAI A，et al，2016. The footprint of the inter-decadal Pacific oscillation in Indian Ocean Sea surface temperatures[J]. Sci Rep，6：21251.

DONG S，SUN Y，LI C，2020. Detection of human influence on precipitation extremes in Asia[J]. J Clim，33(12)：5293-5304.

FRICH P，ALEXANDER L V，DELLA-MARTA P，et al，2002. Observed coherent changes in climatic extremes during the second half of the twentieth century[J]. Clim Res，19(3)：193-212.

GUAN P，CHEN G，ZENG W，et al，2020. Corridors of mei-yu-season rainfall over eastern China[J]. J Clim，

33(7): 2603-2626.

HUANG D Q,DAI A G,ZHU J,et al, 2017. Recent winter precipitation changes over eastern China in different warming periods and the associated East Asian jets and oceanic conditions[J]. J Clim, 30(12): 4443-4462.

HUANG D Q,DAI A G,YANG B,et al, 2019a. Contributions of different combinations of the IPO and AMO to recent changes in winter East Asian jets[J]. J Clim, 32(5): 1607-1626.

HUANG D,YAN P,XIAO X,et al,2019b. The tri-pole relation among daily mean temperature, atmospheric moisture and precipitation intensity over China[J]. Glob Planet Change, 179: 1-9.

HUANG D,ZHU J,XIAO X, et al, 2021. Understanding the sensitivity of hourly precipitation extremes to the warming climate over eastern China[J]. Environ Res Communications,3:081002.

KUANG X,ZHANG Y,HUANG Y, et al, 2014. Spatial differences in seasonal variation of the upper-tropospheric jet stream in the northern hemisphere and its thermal dynamic mechanism[J]. Theor Appl Climatol, 117(1): 103-112.

LI X F,LI J P,LI Y, 2015. Recent winter precipitation increase in middle-lower Yangtze River valley since the late 1970s: A response to warming in tropical Indian Ocean[J]. J Clim, 28: 3857-3879.

LI H,CHEN H,WANG H, 2017. Effects of anthropogenic activity emerging as intensified extreme precipitation over China[J]. J Geophys Res Atmos, 122(13): 6899-6914.

LI P,ZHOU T,CHEN X, 2018. Water vapor transport for spring persistent rains over southeastern China based on five reanalysis datasets[J]. Clim Dyn, 51: 4243-4257.

PAN H,CHEN G, 2019. Diurnal variations of precipitation over north China regulated by mountain-plains solenoid and boundary-layer inertial oscillation[J]. Adv Atmos Sci, 36: 863-884.

QIN M H,LI D L,DAI A G,et al, 2018. The influence of the Pacific decadal oscillation on north central China precipitation during boreal autumn[J]. Int J Climatol, 38(S1): e821-e831.

QIN M H,DAI A G,LI D L,et al,2020. Understanding the inter-decadal variability of autumn precipitation over north central China using model simulations[J]. Int J Climatol, 40(2): 874-886.

UTSUMI N,SETO S,KANAE S,et al, 2011. Does higher surface temperature intensify extreme precipitation?[J]. Geophy Res Lett, 38:L16708.

WANG B,YANG J,ZHOU T, 2008. Interdecadal changes in the major modes of Asian-Australian monsoon variability: Strengthening relationship with ENSO since the late 1970s[J]. J Clim, 21: 1771-1789.

WESTRA S,ALEXANDER L V,ZWIERS F W, 2013. Global increasing trends in annual maximum daily precipitation[J]. J Clim, 26(11), 3904-3918.

XIAO X,HUANG D,YANG B,et al, 2020. Contributions of different combinations of the IPO and AMO to the concurrent variations of summer East Asian jets[J]. J Clim, 33(18): 7967-7982.

XIE S P,DU Y,HUANG G, et al, 2010. Decadal shift in El Niño influences on Indo-western Pacific and East Asian climate in the 1970s[J]. J Clim, 23: 3352-3368.

YAN P,HUANG D,ZHU J, et al, 2019. The decadal shift of the long persistent rainfall over the northern part of China and the associated ocean conditions[J]. Int J Climatol, 39(6): 3043-3056.

YUAN J,LI W,DENG Y, 2015. Amplified subtropical stationary waves in boreal summer and their implications for regional water extremes[J]. Environ Res Lett, 10:104009.

ZENG W,CHEN G,DU Y, et al,2019. Diurnal variations of low-level winds and rainfall response to large-scale circulations during a heavy rainfall event[J]. Mon Weather Rev, 147(11): 3981-4004.

ZHAI P,ZHANG X,WAN H,et al, 2005. Trends in total precipitation and frequency of daily precipitation extremes over China[J]. J Clim, 18(7): 1096-1108.

ZHANG Y,YAN P,LIAO Z,et al, 2019. The winter concurrent meridional shift of the East Asian jet streams and the associated thermal conditions[J]. J Clim, 32(7): 2075-2088.

ZHOU L,HUANG R, 2010. Interdecadal variability of summer rainfall in northwest China and its possible causes[J]. Int J Climatol, 30: 549-557.

第 7 章　极端气候预测新理论新方法与应用

中国地处东亚季风区，东临太平洋，西有青藏高原，独特的地理位置、地形和地貌等使得中国气象灾害不仅种类多，而且发生频率高，是气象灾害频发的国家之一。中国北方地区是一个气候变化的高敏感区，它涵盖 16 个省（直辖市、自治区），包含我国政治经济文化中心、商品粮生产基地、“一带一路”建设重要窗口地区，总人口占全国人口三分之一以上。该区域幅员辽阔，生态资源丰富，自然和社会体系复杂。随着全球变暖的加剧，中国北方地区干旱、洪涝、暴雪等极端气候事件频发，冬季霾污染问题加剧，灾害损失加重，严重影响了该地区自然环境和社会经济的可持续发展。因此，减轻极端气候所造成的灾害是当前国家经济建设和社会发展的当务之急，是各级政府特别关注的重大问题。如何提高对极端气候的预测水平，是亟需研究的前沿课题。

我国短期气候预测研究和业务已经有多年的发展。在动力预测领域，曾庆存等（1990）首次尝试利用大气环流模式耦合太平洋海洋环流模式开展跨季节气候预测，之后中国科学院大气物理研究所先后建立了多个基于大气环流模式的“两步法”预测系统（利用大气环流模式进行短期气候预测时，需要先利用其他方法预测出海面温度（SST）未来几个月的变化，再利用预测的 SST 驱动大气环流模式获得未来大气的状态，因此被称为“两步法”预测），并进行了实时预测检验（袁重光 等，1996；林朝晖 等，1998；郎咸梅 等，2004）；中国气象局于 2001 年建立了我国第一代短期气候预测业务系统，并开始业务运行（丁一汇，2004）。21 世纪初，欧美等发达国家相继建立“一步法”（“一步法”预测是利用耦合气候模式对未来大气状态进行预测，因模式中包含海气相互作用过程，因此无需事先对 SST 进行预测，可直接获得未来大气的状态，被称为“一步法”预测）业务预测系统后，我国国家气候中心发展了基于海气耦合模式 BCC_CSM 的第 1 代和第 2 代气候预测系统（丁一汇 等，2004；吴统文 等，2013），中国科学院大气物理研究所发展了基于气候系统模式（CCSM4）的动力预测系统（马洁华 等，2014）。近期，国家气候中心对国内多个“一步法”预测系统进行集成，建成我国第一代多模式集合预测系统（Ren et al.，2019）。

由于目前全球动力预测系统对东亚气候，特别是东亚地区降水的预测能力远不能满足防灾减灾的实际需求，而且其预测性能在短期内很难得到快速提升，需要发展动力模式预测以外的方法，并结合动力预测手段，从而进一步提高东亚地区的气候预测水平（李维京，2012；王会军 等，2012）。一些新的预测方法与技术陆续被提出，主要包括相似—动力方法（丑纪范，1979；任宏利 等，2007）、热带相似理论（Wang et al.，2009）、年际增量方法（Fan et al.，2008；Huang et al.，2013；Yin et al.，2016b，2017b）、统计—动力相结合的预测方法（封国林 等，2013；龚志强 等，2015；陈丽娟 等，2017；Lang et al.，2010；Sun et al.，2012a；Liu et al.，2014；Liu et al.，2015；Zhang et al.，2018）以及动力降尺度方法（鞠丽霞 等，2012；张冬峰 等，2015；Ding et al.，2006a，2006b；Ma et al.，2015）等。

上述预测研究主要是针对季节—年际平均气候异常，而关于极端气候的预测尚属初始阶段，是目前国际研究的前沿问题，也是难点问题。

在统计预测方法方面，柯宗建等(2010)尝试利用最优子集回归方法预测中国区域秋季干旱日数；陈红(2013)利用年际增量和多元线性回归方法对淮河流域极端降水日数进行预测，表现出一定的预测潜力。范可等(2013)利用年际增量的方法开展了我国东北地区冬季暴雪日数的预测。Han 等(2019)利用年际增量的方法开展了我国东北盛夏暴雨日数的预测。

在动力预测方法方面，国际上常用的几个预测系统对于极端气候的预测效能仅有少量评估工作。Barnston 等(2011)从概率预测的角度，评估了国际气候研究所(IRI)的动力预测系统在超前 1.5 个月情况下，对于极端温度和降水事件发生概率的预测能力；Hamilton 等(2012)检验了英国气象局第 4 代全球季节气候预测系统(GloSea4)在超前 1 个月情况下，对于极端温度事件发生频次的预测技巧，并指出动力模式中土壤湿度初始化能够改进夏季极端温度事件的预测；Becker 等(2013)对比了美国第一代和第二代气候预测系统(CFSv1 和 CFSv2)对美洲地区极端气温、降水和强 ENSO 事件的预测能力，发现动力方法对强 ENSO 事件的预测能力最高，其次为极端温度事件，极端降水事件预测能力最低；得益于更加完善的模式物理过程、分辨率的提升、数据同化技术的发展和集合个数的增加，CFSv2 的预测性能高于 CFSv1。Xie 等(2017)指出，对于 2015 年北美极寒事件来说，动力模式概率预测的结果好于确定性预测。

刘绿柳等(2008,2011)基于国家气候中心业务化月动力气候模式(DERF)，超前 1 候对未来一个月的极端高温和极端降水日数进行预测。其中，极端高温预测采用了物理统计方法、动力模式和统计—动力相结合的三种方法，评估结果表明三种方法的综合预测效果相对较好(刘绿柳等,2008)；极端降水预测采用最优子集回归方法进行统计降尺度，相比 DERF 直接结果有所改进(刘绿柳 等,2011)。月尺度以上的短期极端气候预测难度更大，我国相关业务还处于起步阶段。马洁华等(2019)利用“一步法”预测系统嵌套高分辨率区域气候模式，对 2018 年夏季我国极端降水和滑坡泥石流发生趋势进行了超前 4 个月的预测尝试，取得了较好的实际效果。

年代际气候预测是指针对未来 1～10 年或者 30 年之内的年平均、多年平均和年代际平均等多时间尺度的气候状态进行预测(Meehl et al. ,2009)。有效的年代际气候预测具有重要的社会经济以及环境价值(Vera et al. ,2010)，并且可以为需要应对气候变化的政府决策部门提供关键的科学支撑(Goddard et al. ,2012；Meehl et al. ,2014)。近年来，年代际气候预测已经成为国际热点和前沿问题，借鉴年际预测中的年际增量方法，本节提出年代际增量方法，在年代际气候预测领域进行了初步尝试，也取得了较好的效果。

7.1 北方极端气候动力预测

7.1.1 模式简介和试验设计

7.1.1.1 全球模式简介

本研究所用全球模式为美国国家大气研究中心(NCAR)研发的地球系统模式 1.2.2 版本(CESM1.2.2)。CESM 是由美国国家科学基金会和能源部支持、美国大气研究中心开发的，自1996年推出以来，经历了从CCSM1.0到CCSM2.0(2002)、CCSM3.0(2004)、CCSM4.0(2010)和目前的CESM的不断发展和改进，模式整体性能也不断提高。CESM1.2.2于2014年7月发布，是一个全球大气—海洋—陆面—海冰耦合的地球系统模式。该模式由大气、海洋、陆面、海冰和耦合器五大模块组成，由耦合器实现其他四个物理子模块间的耦合。该模式支持多种分辨率，并可以对各模块进行不同的组合，以满足不同研究的需求，达到模拟过去和现在地球气候系统、预测和预估气候变化等目的。

本研究采用的是CESM1.2.2的1°左右分辨率版本，其中大气模式CAM5采用有限元方案(Finite Volume)动力内核，相比谱动力内核，有限元动力内核在传输方面更有优势，所以成为CAM4及其以后版本中推荐使用的动力内核。本研究中模式选用的水平分辨率为1.25°×0.9°(经向×纬向)，垂直方向为混合σ-p坐标，分为30层，与之前的CAM4相比，新版本的大气模式在很多方面得到了改进。陆面模式CLM4.0与CAM5使用相同的水平分辨率，每个格点可包含多种地表类型和多种植被功能型，垂直方向分为15层，相比其较早版本亦有改进(Lawrence et al.,2011)。海洋模式选用POP2.1，旋转坐标系，水平分辨率大概1°×1°，垂直方向分为60层，包含主要的海洋动力和热力过程(Danabasoglu et al., 2012)。海冰模式CICE4使用与POP相同的海陆分布配置与水平分辨率。关于CICE4模块改进细节及模拟能力的评估请参考文献(Holland et al.,2012)。

7.1.1.2　区域模式简介

本研究所使用的区域气候模式是天气研究和预报模式(Weather Research and Forecasting,WRF)3.9.1版本。该模式是由美国国家大气研究中心(NCAR)、美国国家海洋和大气管理局(NOAA)和许多美国研究部门及大学的科学家共同参与研发的新一代中尺度预报模式和同化系统。它基于FORTRAN90计算机语言，采用模块化设计，包括动力框架、物理过程及前处理和后处理过程，层次清晰，各程序模块之间相互独立，方便用户进行二次开发研究，具有可移植、易维护、可扩充、高效率、使用方便等诸多特性；模式优化了并行算法，支持多种网络环境，具有较高的并行计算能力。WRF采用非静力动力学框架和质量垂直坐标，以及很多可供选择的详细物理参数化方案。WRF模式由气象科学家、计算机工程师、软件工程师和最终用户共同测试维护和改进，从而使得模式在大学、科研单位及业务部门之间的交流更为容易。

WRF模式最初用于1～10 km尺度天气预报和模拟，但随着模式发展与完善，模式已经用于各种空间尺度模拟研究，越来越多的研究者将WRF模式用于区域气候，特别是东亚地区气候的模拟与研究(Lo et al.,2008;Wang et al.,2011;Yu et al.,2012)。

7.1.1.3　试验设计

为系统性地检验动力预测系统的预测效能，需要利用历史资料进行回报试验。回报试验所取的年份为1981—2010年，针对夏季和冬季气候，分别从每年的3月和10月开始积分，分别积分6个月和8个月，初值相对预测季节的超前时间分别为3个月和2个月。

其中利用耦合气候模式进行“一步法”短期气候预测的问题主要是初值问题。在本研究中，CESM的初始化方案设计如下。

(1)1981—1999年的试验中大气模式CAM5选用0.5°×0.5°的NCEP气候预测系统再分析数据(Climate Forecast System Reanalysis,CFSR)(Saha et al.,2010),2000年及其以后

的试验选用水平分辨率为1°×1°的NCEP全球“最终”分析资料(FNL),选取地面气压(PS)和高层要素(比湿(Q)、温度(T)、风(U、V))共5个变量场插值到模式所需的水平分辨率和垂直分辨率进行大气模式的初始化。

(2)陆面模式CLM4选用NCEP CFSR 6 h预报资料中的0～2 m的土壤温度和土壤湿度资料参与初始化。由于CLM4的初始场在垂直方向共有20层,其中1～5层为雪盖,6～20层为土壤。15个土壤层的深度分别为:0.007100635 m、0.027925 m、0.062258574 m、0.118865067 m、0.212193396 m、0.366065797 m、0.619758498 m、1.03802705 m、1.727635309 m、2.864607113 m、4.739156711 m、7.829766507 m、12.92532062 m、21.32646906 m、35.17762121 m,而CFSR的土壤为4层,分别为0～0.1 m、0.1～0.4 m、0.4～1 m、1～2 m,所以CFSR的土壤资料在垂直方向上与CLM4并不匹配。

为了引入CFSR土壤初始异常,同时避免再分析资料与模式之间的不匹配,采用的初始化方案为:标准化异常耦合方案。首先将CFSR的4个层次的土壤温度和土壤湿度的异常进行标准化,并假定该标准化异常在整个层次中都存在,然后再根据CLM4的气候态资料将CFSR的标准化异常转化为CLM4的土壤温度和土壤湿度的异常,并叠加到CLM4的气候态中。用公式表达如下:

$$\frac{\mathrm{CFSR}-\overline{\mathrm{CFSR}}}{\sigma_{\mathrm{CFSR}}}\times\sigma_{\mathrm{CLM}}+\overline{\mathrm{CLM}} \tag{7.1}$$

式中,CFSR为初始化时次的CFSR土壤温度或者土壤湿度的值,$\overline{\mathrm{CFSR}}$为CFSR的土壤温度或者土壤湿度在该时次的1981—2010年气候态均值,σ_{CFSR}为CFSR的土壤温度或者土壤湿度在该时次的标准差;σ_{CLM}为CLM4气候态的土壤温度或者土壤湿度在该时次的标准差,$\overline{\mathrm{CLM}}$为CLM4的土壤温度或者土壤湿度在该时次的气候态均值。

如表7.1所示,垂直层次的对应为:CFSR第1层(0～0.1 m)的标准化异常叠加于CLM4的1～3层(0.007100635 m、0.027925 m、0.062258574 m),CFSR第2层(0.1 ～0.4 m)的标准化异常叠加于CLM4的4～6层(0.118865067 m、0.212193396 m、0.366065797 m),CFSR第3层(0.4～1 m)的标准化异常叠加于CLM4的7层(0.619758498 m),CFSR第4层(1～2 m)

表7.1　CLM4模式与CFSR土壤资料层次对应

层次	CLM(m)	CFSR(m)
1	0.007101	0～0.1
2	0.027925	0～0.1
3	0.062259	0～0.1
4	0.118865	0.1～0.4
5	0.212193	0.1～0.4
6	0.366066	0.1～0.4
7	0.619758	0.4～1.0
8	1.038027	1.0～2.0
9	1.727635	1.0～2.0
10	2.864607	
……	……	
15	35.17762	

的标准化异常叠加于 CLM4 的 8、9 层(1.03802705 m、1.727635309 m),CLM4 的 10～15 层采用模式气候态的值。

(3)海洋模式 POP 选用美国 NCEP CFSR 1 h 预报资料中的盐度(S)和温度(*T*)、洋流速度(*U*、*V*)相对于 1981—2010 年气候态的异常,插值到 POP 的水平网格作为 POP 的初始异常。

(4)利用观测数据驱动海冰模式 CICE4,获得不同起报时刻的海冰模式初值。

CESM 每组试验采用时间滞后法(Lagged Average Forecast,LAF)(Hoffman et al.,1983)选取 12 个初始场样本进行集合预测,运行期间每隔 6 h 输出一次变量作为区域模式 WRF 的初始场和边界场。其中 CAM5 输出 11 个变量,包括垂直方向的风(*U*、*V*)、气温(*T*)、相对湿度(RELHUM)、位势高度(GHT)、地表温度(TS)、表面气压(PS)、海平面气压(SLP)、海陆分布(LANDFRAC)、2 m 高度处的气温(*T* 2 m)和相对湿度(RH 2 m)。CLM4 输出 2 个变量:土壤温度(TSOI)和土壤湿度(H2OSOI)。WRF3.9.1 积分时间为 5 月 1 日—9 月 1 日(夏季 6—8 月)和 11 月 1 日—次年 3 月 1 日(冬季 12 月—次年 2 月),其中第 1 个月的结果作为适应调整初始化(spin-up),每组试验 12 个集合,集合平均结果作为当年回报试验的最终结果。

7.1.2 "一步法"全球预测系统对主要环流异常的预测性能

利用"一步法"全球预测系统的结果作为区域气候模式的初边值条件进行动力降尺度预测,首先要检验"一步法"系统对主要环流异常的预测性能。本部分主要选取了国家气候中心最新推荐的距平相关系数(ACC)来进行评估。

从夏季回报的海表面温度距平(SSTA)与实况的空间相关系数来看(图 7.1),该系统对全球 SSTA 的预测 ACC 存在明显的年际变化,就多年平均情况来看,热带地区最高,其次为太平洋地区(120°E—90°W,60°S—60°N),印度洋地区(30°—120°E,60°S—30°N)最低。时间相关系数(TCC)的分布情况类似,通过显著性检验的区域主要分布在太平洋,热带印度洋和30°S以北的大西洋地区。南大洋地区 SSTA 的 TCC 整体偏低,部分地区甚至低于 0。

模式回报的 500 hPa 位势高度场与再分析资料的时间相关系数大体呈带状分布,从赤道地区向中高纬度地区递减;在热带地区尤其是赤道地区具有相当高的可预测性,30°S—30°N 之间的 TCC 基本都能通过置信度为 95%的显著性检验,夏季和冬季的情况是类似的。从 30 年回报试验结果与实况的空间距平相关系数的年际变化来看(图 7.2),东亚地区(70°—150°E,10°—55°N)夏季 500 hPa 高度场 ACC 的变化规律与全球模式存在较大差异,反映了两者的模式可预测性来源有较大差异;而冬季两者变化较为一致,其中 2005 年以后 ACC 有所升高。

该系统回报的 850 hPa 纬向风场与 NCEP 再分析纬向风场的时间相关系数低于高度场(图 7.3),显著正相关区则主要集中在赤道附近。对于全球来说,夏季 850 hPa 纬向风场 30 年的 ACC 最高值为 0.55(1988 年),最低值为－0.29(2002 年),平均值为 0.17;冬季 850 hPa 纬向风场 30 年的 ACC 最高值为 0.67(1998 年),最低值为－0.42(2001 年),平均值为 0.21;该系统对全球对流层低层纬向风场的预测能力夏季和冬季之间的差异并不大。对于东亚地区来说,夏季 850 hPa 纬向风场的 ACC 在－0.41～0.81 之间,平均值为 0.24;冬季 850 hPa 纬向风场的 ACC 在－0.43～0.53 之间,平均值为 0.07;该系统东亚区域对流层低层纬向风场的预测能力夏季高于冬季。

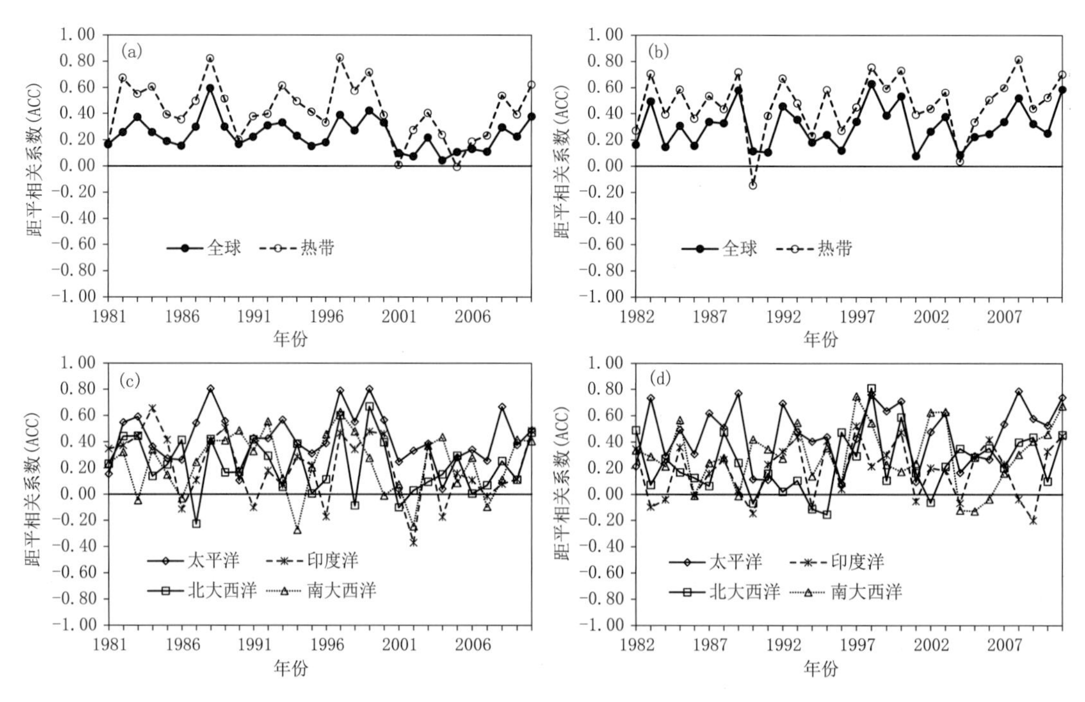

图 7.1　全球预测系统回报的夏季(a、c)和冬季(b、d)海表面温度与实况的空间距平相关系数

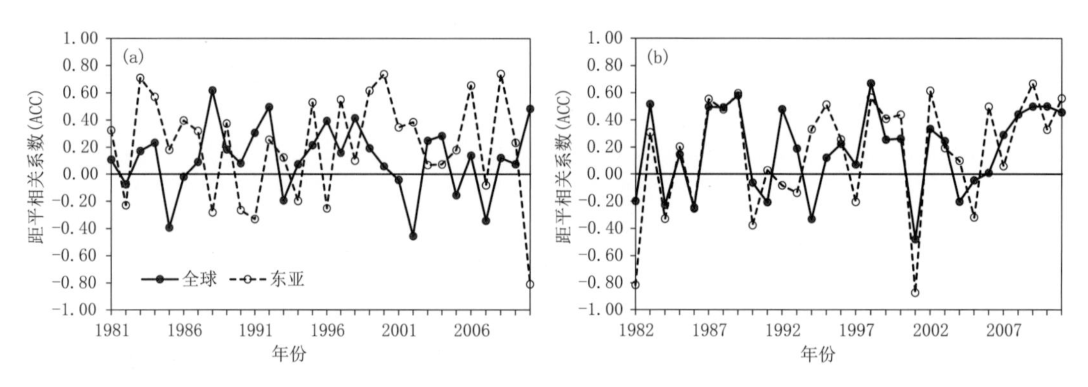

图 7.2　全球预测系统回报的夏季(a)和冬季(b)500 hPa 高度场与实况的空间距平相关系数

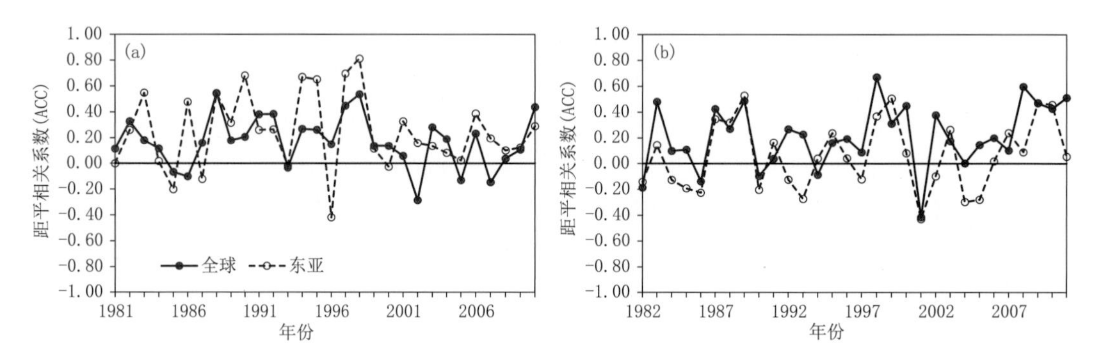

图 7.3　全球预测系统回报的夏季(a)和冬季(b)850 hPa 纬向风场与实况的空间距平相关系数

对于海平面气压场来说(图7.4),全球ACC同样高于东亚地区,全球和东亚地区夏季/冬季海平面气压场ACC 30年的平均值分别为0.16/0.16和0.11/0.05;即该系统对全球海平面气压的预测能力夏季和冬季差异不大,但是东亚地区冬季海平面气压场的预测能力则明显低于夏季。夏季全球海平面气压的ACC表现比较差的年份有1985年(−0.41)、1993年(−0.25)、2002年(−0.34)和2007年(−0.28),东亚地区海平面气压ACC表现较差的年份有1985年(−0.22)、1991年(−0.37)、1996年(−0.23)、2000年(−0.36)、2005年(−0.45)和2010年(−0.18),两者年际变化规律差异较大。冬季的情况有所不同,两者的变化一致的年份居多。

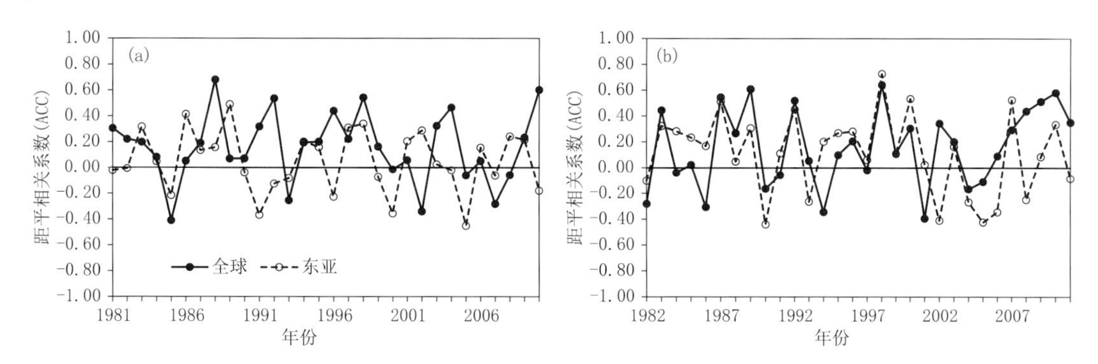

图7.4　全球预测系统回报的夏季(a)和冬季(b)海平面气压场与实况的空间距平相关系数

整体来看,夏季全球和东亚地区的气象要素场ACC年际变化的差异巨大,冬季两者较为一致,说明模式中东亚地区夏季气候的可预测性来源更加复杂。对于全球气候来说,夏季对流层中高层和近地面的质量场(位势高度场和气压场)的ACC变化规律基本一致;对与东亚地区来说,其变化情况相对复杂,也反映了东亚夏季气候预测的复杂性。

7.1.3　动力方法对我国北方极端气候异常的预测性能

"一步法"全球预测系统对大尺度环流的预测有一定的技巧,大尺度环流对降水、温度具有直接影响,因此利用"一步法"全球预测系统预测的环流场驱动区域气候模式进行动力降尺度预测具有实用意义。本节主要讨论两种动力方法对我国北方极端气候异常的预测效能。

7.1.3.1　我国北方夏季极端高温的回报效果

观测中我国北方地区夏季日最高气温呈现单峰型分布(图7.5),主要集中在25～32 ℃;"一步法"预测系统结果中概率密度峰值明显高于CN05,且区间更加集中,整条概率密度分布曲线与CN05存在较大差异;相比"一步法"预测系统结果,动力降尺度后的我国北方夏季日最高气温的概率密度分布与CN05更加接近,但是可以看到"一步法"预测系统结果的一些特征在动力降尺度结果中依然存在,如30 ℃附近的波动;此外,动力降尺度结果在10 ℃以下的区间存在明显的高估。

我国北方地区夏季日最高气温高于35 ℃的高温日数主要分布在我国新疆地区、内蒙古西部和我国华北地区,东北地区中部偶尔也会发生高于35 ℃的高温天气(图7.6)。"一步法"预测系统和动力降尺度方法在新疆塔里木盆地都存在明显的高估,华北地区和东北地区存在明显的低估。

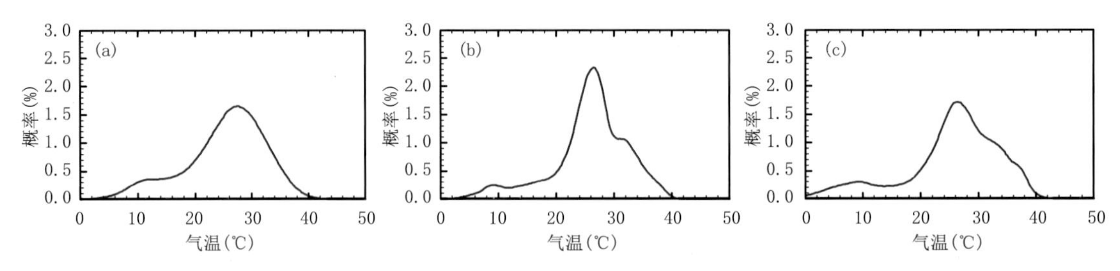

图 7.5　1981—2010 年我国北方地区(35°N 以北)夏季日最高气温的概率密度分布：(a)、(b)、(c)分别为 CN05、"一步法"预测系统和动力降尺度的结果

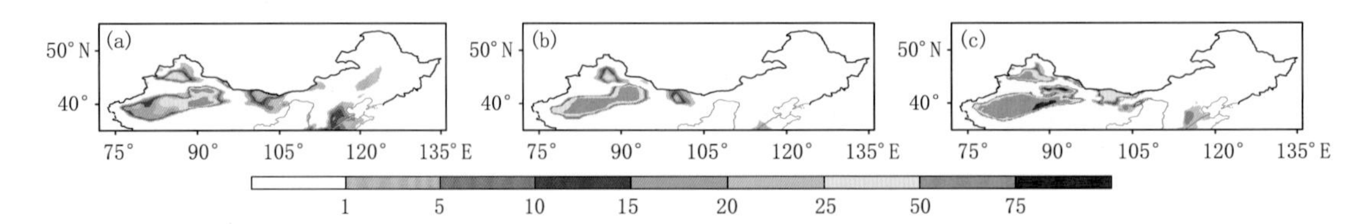

图 7.6　1981—2010 年平均我国北方地区(35°N 以北)夏季日最高气温≥35 ℃的日数分布(单位：d)：(a)、(b)、(c)分别为 CN05、"一步法"预测系统和动力降尺度的结果

动力降尺度方法得到的我国北方夏季日最高气温≥35 ℃的日数与 CN05 结果间的相关系数分布与"一步法"预测系统的结果类似(图 7.7)，只在塔里木盆地显示出稳定的升高；但是两者的差值表明，动力降尺度方法对于北方夏季日最高气温≥35 ℃日数的预测性能相比"一步法"预测系统有所提升，但仍然偏低。

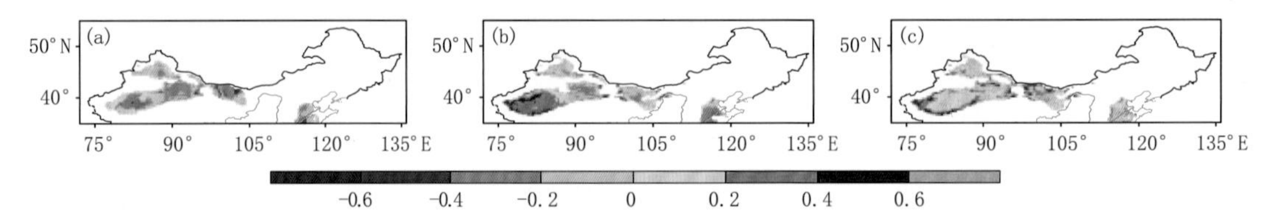

图 7.7　1981—2010 年观测与预测的我国北方地区夏季日最高气温≥35 ℃的日数的时间相关系数分布：(a)和(b)分别为"一步法"预测系统和动力降尺度的结果，(c)为两者之差

7.1.3.2　我国北方冬季极端低温的回报效果

观测中我国北方地区冬季日最低气温呈现单峰型分布，主要集中在－25 ～－8 ℃；"一步法"预测系统结果中－35～－20 ℃的区间概率密度明显高于 CN05，但低于－35 ℃的区间存在明显的低估，高于－2 ℃的区间存在明显的高估，整条概率密度分布曲线与 CN05 存在较大差异；动力降尺度后的我国北方冬季日最低气温的概率密度分布保留了"一步法"预测系统结果的基本特征，但低于－40 ℃的区间结果略优于"一步法"预测系统，高于－5 ℃的区间存在明显的低估(图 7.8)。即动力降尺度结果对于我国北方冬季日最低气温偏低的地区预测效果好于"一步法"预测系统，日最低气温偏高的地区存在明显的低估。

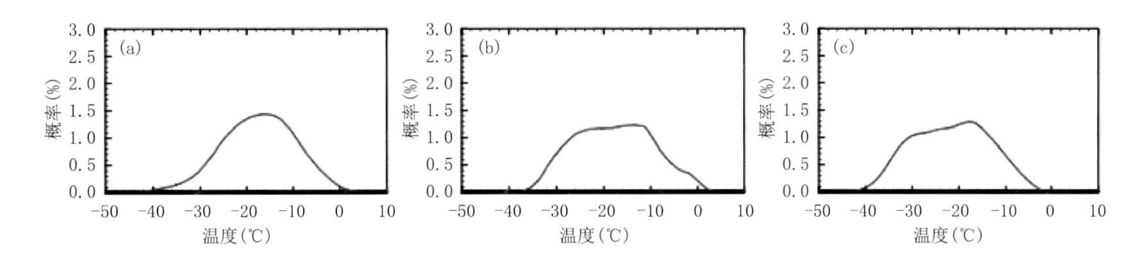

图 7.8　1981—2010 年我国北方地区(35°N 以北)冬季日最低气温的概率密度分布：
(a)、(b)、(c)分别为 CN05、“一步法”预测系统和动力降尺度的结果

冬季极端低温日数在本节中定义为低于 1981—2010 年日最低气温序列第 10 个百分位(TN10P)的天数。“一步法”预测系统和动力降尺度结果对于我国西北地区和东北地区的极端低温日数有较好的预测性能，相关系数能达到 0.2 及以上，但是华北地区的预测性能偏低(图 7.9)。两者相比，降尺度方法对于东北南部和华北的低温日数预测性能有所提升，其他区域略有下降。

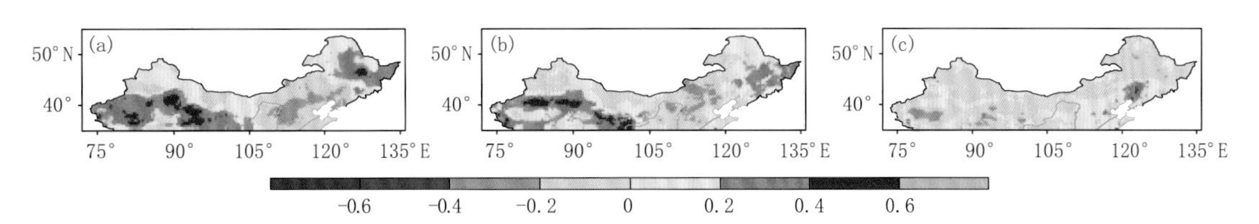

图 7.9　1981—2010 年观测与预测的我国北方地区冬季日最低气温<TN10P 的日数的时间相关系数分布：
(a)和(b)分别为“一步法”预测系统和动力降尺度的结果，(c)为两者之差

7.1.3.3　我国北方夏季极端降水的回报效果

CN05 资料中我国北方地区夏季日降水量的概率密度随着降水量值的增加迅速降低(图 7.10)；“一步法”预测系统的结果基本符合观测中的规律，但是对于日降水量小于 2 mm 的情况存在明显的高估，日降水量大于 6 mm 以上的情况存在明显的低估；动力降尺度的结果与 CN05 和“一步法”预测系统的差异都很大，主要表现为对于日降水量小于 1 mm 的情况存在明显的低估，日降水量大于 1 mm 的情况存在明显的高估。

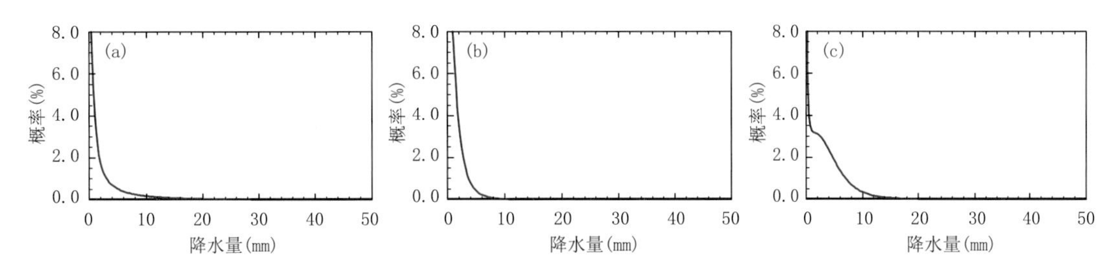

图 7.10　1981—2010 年我国北方地区(35°N 以北)夏季日降水量的概率密度分布：
(a)、(b)、(c)分别为 CN05、“一步法”预测系统和动力降尺度的结果

极端降水日数有多种定义方法，但是绝对阈值法得到的结果在我国北方存在大范围的缺测。因此，这里给出的是基于相对阈值法得到的结果（图 7.11）。以 1981—2010 年夏季日降水序列的第 95 个百分位（R95p）作为阈值，日降水量大于 R95p 的天数作为夏季极端降水日数。从夏季极端降水日数观测和预测结果之间的相关系数来看，“一步法”预测系统和动力降尺度结果都存在一些高相关的区域，二者在西北地区的相关系数分布较为类似，动力降尺度方法在河套和新疆部分地区的预测性能高于“一步法”预测系统，在东北北部显著低于“一步法”预测系统。

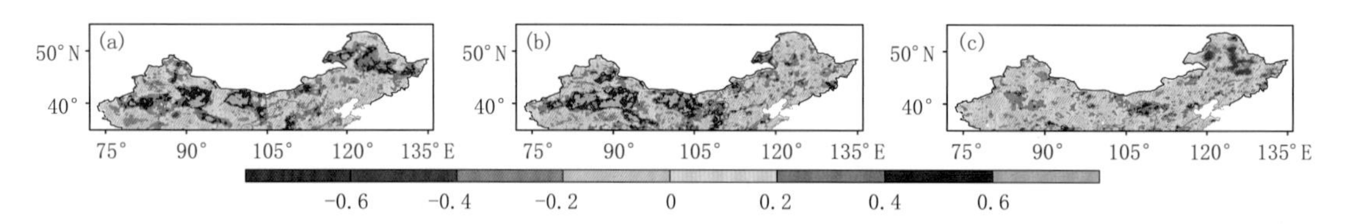

图 7.11　1981—2010 年观测与预测的我国北方地区夏季日降水量＞R95p 的日数的时间相关系数分布：(a)和(b)分别为“一步法”预测系统和动力降尺度的结果；(c)为两者之差

7.1.3.4　我国北方冬季暴雪的回报效果

CN05 资料中我国北方地区冬季日降水量的概率密度分布与夏季类似（图 7.12），只是区间很窄，主要集中在 0～1 mm/d 的区间，这主要是由于夏季是我国北方地区降水集中的时期，而冬季降水较为稀少；“一步法”预测系统的结果基本符合观测中的规律，但是对于日降水量小于 1 mm 的情况存在明显的高估；这种高估的特征在动力降尺度结果中也有所体现，但是要弱于“一步法”预测系统，也就是说相较而言动力降尺度结果与 CN05 更为接近。

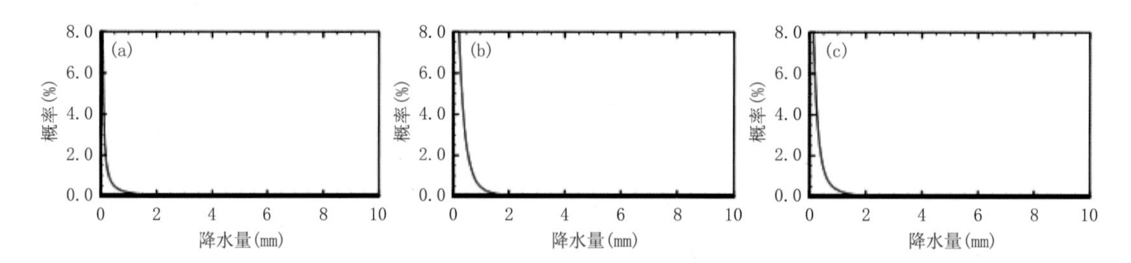

图 7.12　1981—2010 年我国北方地区（35°N 以北）冬季日降水量的概率密度分布：(a)、(b)、(c)分别为 CN05、“一步法”预测系统和动力降尺度的结果

考虑到我国北方地区冬季降水主要为降雪的形式，选择 1981—2010 年冬季日降水序列的第 95 个百分位（R95p）作为阈值，定义日降水量大于 R95p 的日数作为冬季极端降雪的频次。检验结果表明（图 7.13），“一步法”预测系统和动力降尺度方法对于我国北方极端降雪的预测性能相当，两者在我国西北地区预测性能最高，东北中部和华北南部也有预测性能较高的地区，华北北部和东北南部地区预测性能相对较低。

利用通用地球系统模式 CESM1.2.2 和区域气候模式 WRF3.9.1，分别建立了“一步法”全球气候预测系统和动力降尺度预测系统，针对我国北方极端气候（极端高/低温和极端降水/降雪）开展预测研究。系统性的历史回报试验检验结果表明，“一步法”预测系统对于北半球夏季和冬

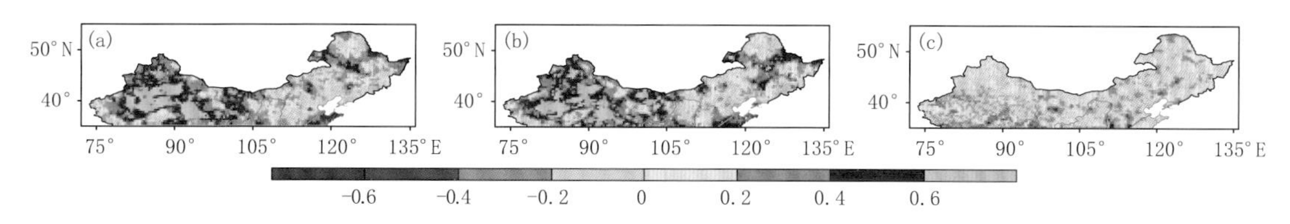

图7.13 1981—2010年观测与预测的我国北方地区冬季日降水量>R95p的日数的时间相关系数分布：(a)和(b)分别为"一步法"预测系统和动力降尺度的结果；(c)为两者之差

季全球海温和主要环流场具有较好的预测能力，能够为区域气候模式提供合理的初边值条件。除夏季降水外，相比"一步法"预测系统，动力降尺度方法对于我国北方地区逐日气温和降水的概率密度分布与CN05更为接近。对于夏季极端高温日数和极端降水日数来说，动力降尺度方法有一定的优势；对于冬季极端低温日数来说，动力降尺度方法仅在东北南部和华北地区较"一步法"预测系统有优势；对于冬季极端降雪日数来说，两者的预测性能相当。可喜的是，两种方法对于我国北方地区夏季的极端降水频次和冬季的极端降雪频次都显示出大范围的高相关区，说明动力方法对于我国北方地区上述两种降水相关的极端事件有一定的预测能力；但对极端高温日数的预测性能不理想，后续还需要结合其他方法进一步来改善我国北方夏季极端高温的预测。

7.2 滑坡泥石流事件预测

据自然资源部发布的2007—2019年《全国地质灾害通报》，滑坡泥石流是我国主要的地质灾害类型，占我国地质灾害总数的80%以上，平均每年造成直接经济损失40亿元以上，平均每年因灾死亡或失踪人数高达700人，对人民生命和财产安全造成了极大的威胁。我国90%的滑坡泥石流灾害是由降水引发的，在全球变暖情景下，降水的变化和极端降水事件在一些地区发生的频率增加，有可能引发更多的滑坡泥石流灾害(Gariano et al.，2016；He et al.，2019)。由此可见，我国未来面临的滑坡泥石流灾害风险可能不容乐观，亟需建立适用于我国的滑坡泥石流预报预测系统，从而减少损失。

由于滑坡和泥石流在本质上都是边坡失稳的过程，泥石流可以看作是含液态物质较多的滑坡，因此广义上可将二者进行并列研究，本研究如无特殊说明均为广义滑坡。目前滑坡的预测模型主要分为经验统计模型和物理(动力)模型。

统计模型主要通过综合考虑导致滑坡泥石流的静态因素和动态因素来建立模型。静态因素包括海拔、坡度、植被类型、岩石类型、土壤深度、土壤类型等。根据这些因素，可建立滑坡敏感性分布图，从而得知哪些地方容易发生滑坡。动态因素又称诱发因素，如降水、地震、人工切破等，其中降水是主要触发因素。在某个地区在一定时间段内降水量超过某一阈值时，有可能引发滑坡，这个阈值称为降雨阈值(Caine，1980)，一般降水阈值都需要综合考虑降水强度及降水持续时间(降水历时)，称为降水—历时阈值。笔者在多年历史数据分析的基础上，建立了全国1 km水平分辨率的大尺度滑坡统计模型(汪君 等，2016)；并在1998—2017年的771次个例分析的基础上，建立了一套分别适用于雨季、旱季以及考虑了年平均降水分布差异的降水—历时阈值(He et al.，2020)。

物理模型主要从滑坡发生的内部机理来进行考量，分析降水以后岩土层内发生的动力、热力过程。简单来说，降水造成滑坡主要是由于降水通过向下渗透增加了土壤质量，增加了坡体下滑力；降水也同时改变了土壤水含量，使土壤孔隙水压力增大，减小了切应力，减小了土壤的内外摩擦力；下滑力的增加和摩擦力的减小同时造成了坡体更易下滑，引发坡体的下滑，即为滑坡(Liao et al.，2010)。通过考虑不同地区不同下垫面降水后的岩土动力学过程，并充分考虑在此过程中的陆面、水文过程，笔者建立了高分辨率的滑坡动力预报模型，并在西南地形复杂地区开展了测试(汪君 等，2016)。

基于以上研发的滑坡统计和动力模型，使用美国气候预报中心卫星融合降水数据(CMORPH)准实时卫星降水资料和WRF实时预报降水资料驱动，建立了我国滑坡实时预报系统，经系统的后报及2017—2018年的实时验证，该系统对我国雨季滑坡的预报效能达到75%以上(汪君 等，2016；何爽爽 等，2018，2019；He et al.，2020)。

结合研发的短期气候预测系统，利用WRF将预测的气候降尺度到更高分辨率(目前是全国25 km)，然后使用降尺度后的预测日降水驱动上述滑坡统计模型，计算格点上滑坡泥石流的总发生频次；具体的计算方法如下：首先将预测的日降水数据插值到滑坡泥石流模型1 km×1 km的网格，驱动滑坡泥石流模型运行；然后统计区域内每个25 km×25 km网格内所有可能发生的频次，记为格点上滑坡泥石流总的发生频次；最后，将所有格点滑坡泥石流发生频次归一化到50%～100%，记为此格点上滑坡泥石流的发生概率(马洁华 等，2019)。图7.14是2018—2020年实时开展的滑坡夏季预测及其验证结果，可以看到预测的滑坡和实际发生的重大滑坡分布吻合较好，初步验证了本系统的预测能力与潜力。

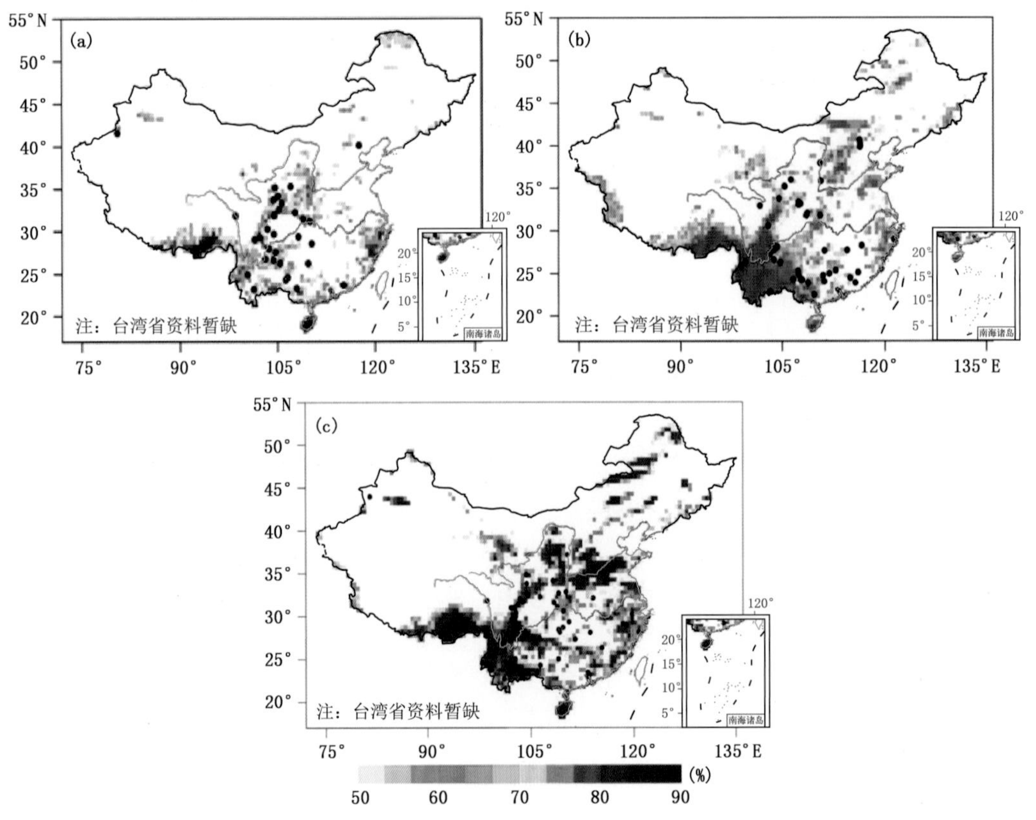

图7.14　2018年(a)、2019年(b)、2020年(c)滑坡夏季预测及其验证

此外，利用RegCM动力降尺度后的全球气候预估资料驱动上述滑坡模型，预估了我国未来滑坡事件的变化，经研究表明，我国大部分地区在RCP4.5和RCP8.5气候变化路径下滑坡发生频次会明显增加(He et al.,2019)，尤其在华北和东北地区，滑坡泥石流的频次更是大幅度显著增加；而利用统计降尺度的CMIP5模式预估降水驱动滑坡模型的结果也表明，欧亚大陆地区尤其是“一带一路”沿线主要国家未来50年内滑坡发生的频次也会大大增加。我国未来需要加大对滑坡灾害预报预测研究的投入，以防范滑坡带来的巨大损失。

7.3 东北暴雨日数预测

近年来，我国东部地区夏季暴雨事件频发，给当地带来严重的经济损失和人员伤亡。然而，关于夏季暴雨的预测仍然是业务难题。对此，本研究分析了我国东北地区夏半年(5—9月)暴雨日数的时空分布特征，并使用年际增量预测方法建立盛夏时节东北暴雨日数的季节预测模型。

本研究以1961—2016年期间夏半年所有降水记录日降水量第90个百分位数值作为暴雨日筛选的阈值。在夏半年，我国东北地区暴雨主要集中在盛夏，即7—8月发生(图7.15)，该时节的暴雨发生日数占夏半年暴雨发生总日数的比例约为65%。此外，7—8月暴雨降水量占东北全年总降水量可超过25%。就空间分布而言，盛夏时节，东北暴雨日数的大值区位于大、小兴安岭和长白山一带。

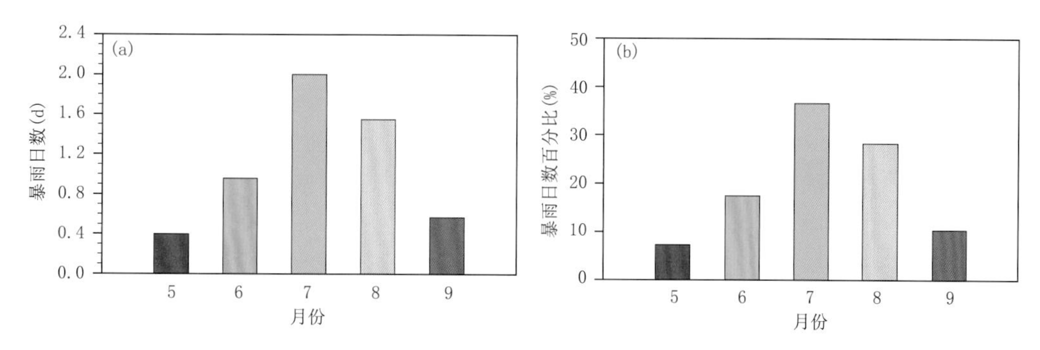

图7.15 (a)1961—2016年期间东北地区5—9月各月平均暴雨日数(单位：d)；(b)1961—2016年期间东北5—9月各月暴雨日数占夏半年暴雨总日数的百分比(%)(Han et al.,2019)

小波分析结果表明，东北地区盛夏暴雨日数表现为显著的2～4年的准周期振荡。这表示年际增量预测方法可以应用到东北盛夏暴雨日数的季节预测中。因此，在东北盛夏暴雨日数的季节预测模型的研究中，所有变量均使用年际增量的形式，即变量当年的年际增量定义为变量当年值与前一年值的差值。最终选取了前期早春中亚土壤湿度年际增量(x_1，如图7.16a)和热带大西洋海表面温度年际增量(x_2，如图7.16b)作为预测因子，建立东北盛夏暴雨日数的季节预测模型。上述预测因子与东北盛夏暴雨日数年际增量在1962—2016年期间的相关系数分别为0.54和0.60，均通过了置信度为99%的显著性检验，而且这种显著的相关关系具有很好的季节持续性。进一步研究表明，前期早春中亚土壤湿度增强，引起后期我国上空40°N附近西风异常增强，而西风带是东北地区强降水发生重要的水汽来源之一。因此，后期盛夏东北地区大气中可降水量显著增加，这有利于暴雨的发生。另一方面，当前期春季热带大西洋海温暖异常时，可引起后期副热带西太平洋地区出现显著的反气旋风场异常，我国东部盛行显著的偏南风异常，有利于将热带西太平洋的水汽向北输送我国东北地区。因此，在西太平洋地区存在显著的水汽辐散异常，而我国东北地区有显著的水汽辐合异常。上述结果表明，前期早春中亚土壤湿度和热带大西洋海表温度是东北盛夏暴雨日数具有明确物理意义的预测因子。基于此，利用多元线性回归方法建立东北盛夏暴雨日数的季节预测方程：东北盛夏暴雨日数年际增量$=-0.0394+0.2657x_1+0.4516x_2$。

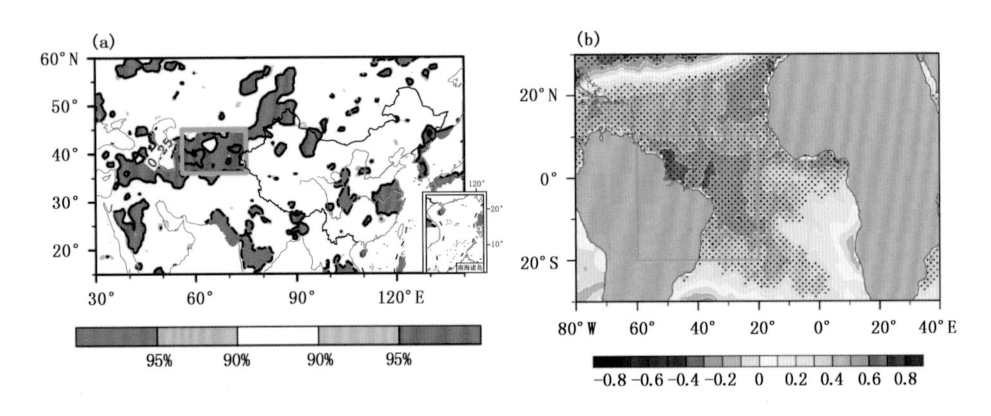

图 7.16　(a)东北盛夏(7、8 月)暴雨日数年际增量与前期早春(3、4 月)土壤湿度年际增量相关系数空间分布。绿色框表示预测因子 x_1 定义的关键区；(b)东北盛夏暴雨日数年际增量与前期早春热带大西洋海表温度年际增量相关系数空间分布。绿色框表示预测因子 x_2 定义的关键区。打点区域通过了置信度为 95%的显著性检验(Han et al.,2019)

1962—2016 年期间东北盛夏暴雨日数年际增量的预报值和观测值之间的相关系数为 0.70，纳什系数为 0.49(正值表示该预测模型性能较好)，同号率为 72.7%，相对误差和均方根误差分别为 14.3%和 17.8%。通过将当年盛夏暴雨日数年际增量的预测值叠加在前一年盛夏暴雨日数的观测值计算得到东北盛夏暴雨日数当年的预测值。1962—2016 年东北盛夏暴雨日数的预报值和观测值之间的相关系数为 0.58，通过了置信度为 99%的显著性检验。

使用 1962—2016 年逐年剔除交叉检验的方法来评估该预测模型的性能(图 7.17)。交叉检验结果表明，东北盛夏暴雨日数年际增量的预报值和观测值的相关系数为 0.65，同号率为 70.9%。进一步通过计算东北盛夏暴雨日数逐年年际增量预测值和前一年观测值之和得出当年盛夏暴雨日数。东北盛夏暴雨日数的预报值和观测值的相关系数为 0.53，通过了置信度为 99%的显著性检验。此外，预测模型可以较好地抓住东北盛夏暴雨日数的年代际变化特征，即预测的东北盛夏暴雨日数在 20 世纪 80—90 年代偏多，在 20 世纪 70 年代之前和 21 世纪 00 年代之后偏少，与观测结果一致。进一步，采用 1997—2016 年独立样本回报检验方法进一步检验该统计预测模型的性能。年际增量的观测值与预测值之间的相关系数为 0.70，东北盛夏暴雨日数的预报值和观测值的相关系数为 0.46，均通过了置信度为 99%的显著性检验。

此外，上述两个预测因子对东北盛夏降水量也有一定的预测能力(图 7.18)。使用上述两个预报因子建立对东北盛夏降水量年际增量的预测模型：东北盛夏降水量年际增量$=-0.0279+0.2692x_1+0.4553x_2$。该预测模型的纳什指数为 0.52，说明该预测模型具有较好

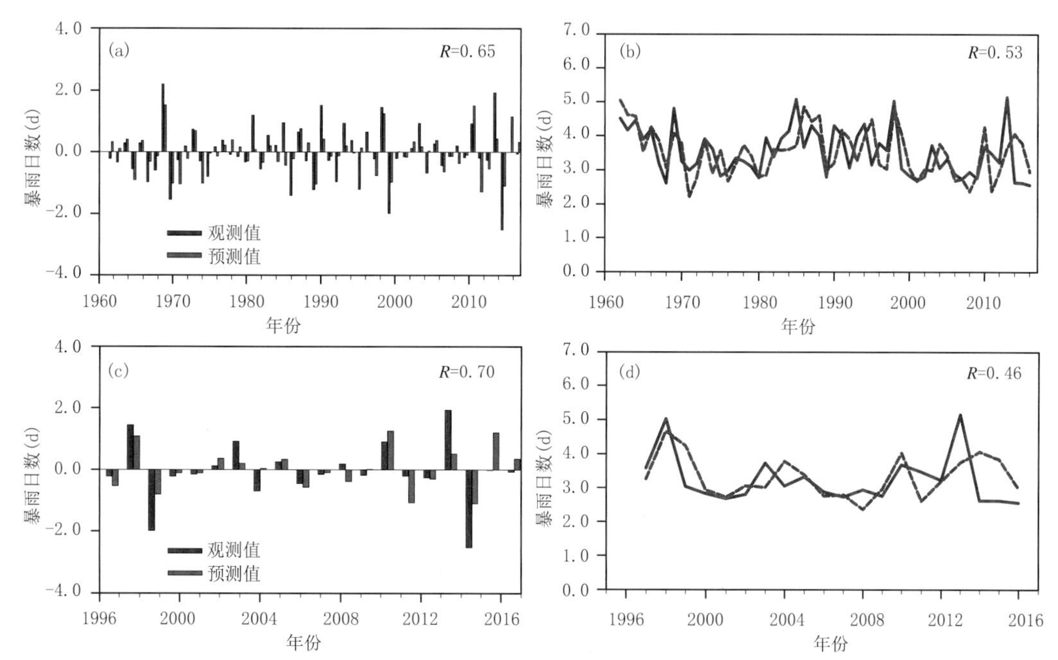

图7.17 (a,b)东北盛夏暴雨日数预测模型1962—2016年交叉检验结果:(a)东北盛夏暴雨日数年际增量的预测值(蓝色)和观测值(红色),(b)东北盛夏暴雨日数的预测值(蓝色)和观测值(红色)。(c,d)东北盛夏暴雨日数预测模型1997—2016年独立样本回报检验结果:(c)东北盛夏暴雨日数年际增量的预测值(蓝色)和观测值(红色),(d)东北盛夏暴雨日数的预测值(蓝色)和观测值(红色)(Han et al.,2019)

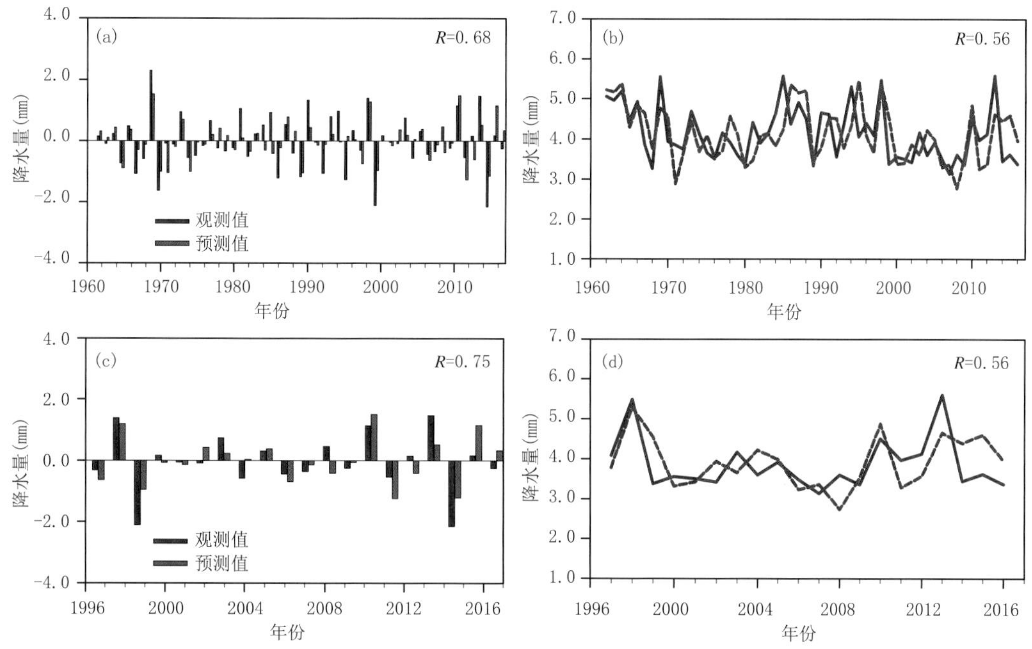

图7.18 (a,b)东北盛夏降水量预测模型1962—2016年交叉检验结果:(a)东北盛夏降水量年际增量的预测值(蓝色)和观测值(红色),(b)东北盛夏降水量的预测值(蓝色)和观测值(红色)。(c,d)东北盛夏降水量预测模型1997—2016年独立样本回报检验结果:(c)东北盛夏降水量年际增量的预测值(蓝色)和观测值(红色),(d)东北盛夏降水量的预测值(蓝色)和观测值(红色)(Han et al.,2019)

的预测性能。年际增量的预测值和观测值之间的相关系数为 0.72，同号率为 76.4%，相对误差和均方根误差分别为 14.3%和 11.7%。将逐年年际增量的预测值加上前一年观测值计算东北盛夏降水量，其预测值和观测值之间的相关系数为 0.60，通过了置信度为 99%的显著性检验。1962—2016 年交叉检验结果显示，东北盛夏降水量年际增量的预测值和观测值之间的相关系数为 0.68，同号率为 74.5%。进一步计算盛夏降水量，其预测值和观测值之间的相关系数为 0.56，通过了置信度为 99%的显著性检验。此外，该预测模型能成功抓住了东北盛夏降水在 20 世纪 70 年代和 90 年代末的两次年代际转变。1997—2016 年独立样本回报检验结果表明，年际增量的预测值和观测值之间的相关系数为 0.75，降水量预测值和观测值之间的相关系数为 0.56，均通过了置信度为 99%的显著性检验。

此外，通过比较发现，使用年际增量方法建立的模型预测能力明显优于传统的使用距平方法的统计预测模型(图 7.19)。

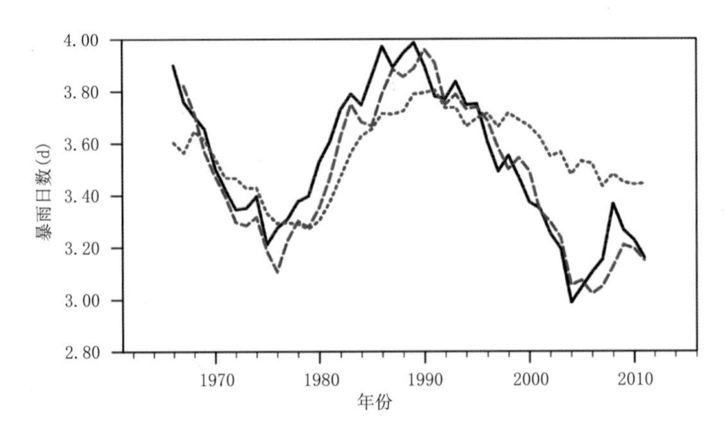

图 7.19　东北盛夏暴雨日数 11 年滑动平均序列：观测(黑线)，年际增量方法预测结果(红线)，传统距平方法预测结果(蓝线)(Han et al.，2019)

7.4　华北霾日预测

7.4.1　大气环流对华北霾污染的影响

气候变化在华北地区冬季霾日数的年际—年代际变化中起着重要的作用(Wang et al.，2016；Dang et al.，2019)。随着全球变暖，与华北冬季霾污染相关的大气环流变得更加稳定，并在一定程度上提高了华北地区冬季重霾事件发生的风险(Cai et al.，2017；Han et al.，2017；Chen et al.，2019)。东大西洋/西俄罗斯(EA/WR)波列、西太平洋(WP)波列以及欧亚(EU)波列的正位相能通过显著增强华北地区反气旋性异常来影响华北地区冬季霾污染(Yin et al.，2017a)。此外，中心位于科迪勒拉山脉，白令海和华北地区的另一种遥相关模式(TP_{CBN})也与华北地区冬季霾日数的变化密切相关。冬季的大尺度大气环流同时为华北地区气溶胶颗粒的积聚和吸湿性增长提供了环流背景(Chen et al.，2015；Liu et al.，2017)。受异常反气旋性环流的影响，出现南风异常，一方面降低了华北地区的近地面风速（抑制了细颗粒物的水平扩散），另一方面，潮湿的水汽也改变了华北地区的湿度条件，促进霾粒子吸湿性增长，迅速降低能见度（Li et al.，2020）。与此同时，西风动量的下传也受到了抑制（Zhong et al.，2019），这不仅维持了华北上空的逆温层，还阻止了干洁空气从高空进入低层大气（图 7.20），污染物的垂直扩散受到抑制，使得颗粒物易于积聚，导致霾天气发生。

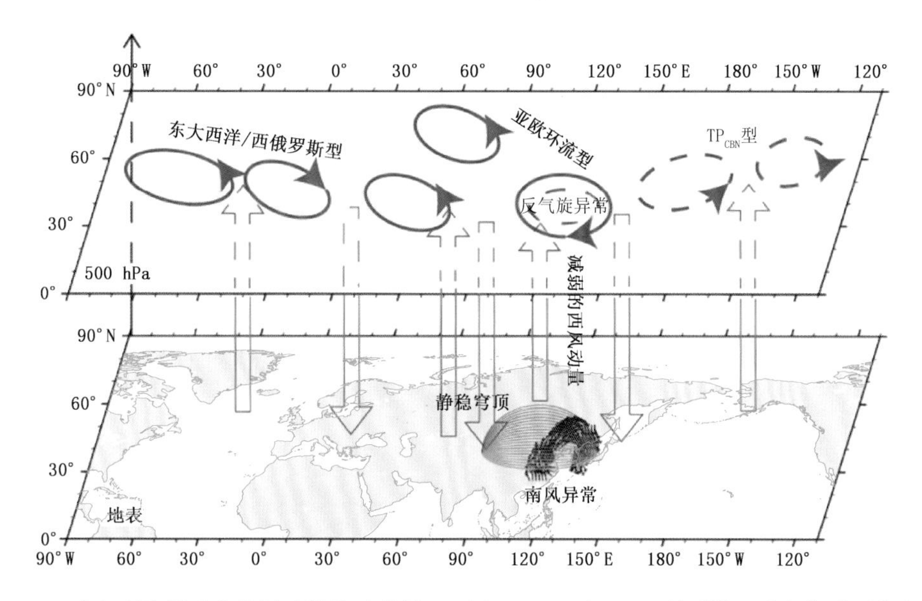

图 7.20　大气环流影响华北霾日数的示意图。EA/WR、EU 和 TP_{CBN} 波列的正位相加强了华北上空对流层中层的反气旋性异常，造成南风异常，逆温层和近地面湿度条件异常，并且减弱向下西风动量，最终导致水平和垂直方向上的静稳大气（Yin et al.，2020b）

7.4.2　前期因子的协同作用和预测信号

7.4.2.1　前期外强迫对霾污染影响的协同作用物理机制

有效的外强迫因子能够通过影响大气环流和局地气象条件来影响霾天气的发生。前秋波弗特海海冰、10—11 月西西伯利亚雪深、前秋北太平洋海温梯度、8—9 月北大西洋海温和 11 月中西伯利亚土壤湿度这几个气候因子协同作用能激发显著的 TP_{CBN}、EU 及 EA/WR 波列正位相，增强华北地区的反气旋性异常，造成我国东部地区出现低纬至高纬南风异常（Yin et al.，2020b）。除了减弱北方冷空气南下入侵外，还向华北地区输送更多的水汽。湿度的增加将引发诸如硫酸盐和硝酸盐气溶胶等气溶胶的化学生成（Cheng et al.，2015），也促使气溶胶颗粒吸湿增长，迅速降低能见度。此外，通过降低边界层高度、减弱近地面风速，即限制污染物在水平和垂直方向上的扩散，使得污染物颗粒积聚，加快霾污染的发生、发展。当这五个因子中的大多数处于同相变化时，有利于华北地区霾污染易发、频发，增加极端霾污染事件的概率。例如，异常增多的波弗特海海冰、西西伯利亚雪深、北太平洋海温梯度和异常降低的北大西洋海温、中西伯利亚土壤湿度的协同变化是 2014 年和 2015 年严重霾污染的主要原因。而与之相反的是，低于正常水平的波弗特海海冰、西西伯利亚雪深、北太平洋海温梯度，以及正异常的北大西洋海温、中西伯利亚土壤湿度，通过调节大气环流，导致 2010 年华北霾日数最低。2017 年和 2018 年，4 个前期气候因子呈现相反方向的变化，导致了 2017 年空气质量良好以及 2018 年 $PM_{2.5}$ 的反弹(Yin et al.，2020a)。

7.4.2.2　基于年际增量的预测因子

华北地区霾日数与前期外强迫之间的密切联系，为开展华北地区霾日数的季节预测提供了充分的可能性，在众多季节预测的方法中，基于年际增量的预测模型往往具备独特的优势。年际增量法是基于年际增量的短期气候预测方法，它不是利用气候距平值，而是将年际增量作为预测对象。其中，某年的年际增量被定义为该变量当年的观测值减去前一年的观测值。由于年际增量能够反映气候变量的准两年变化特征，同时能够有效地利用前一年的观测信息，使得气候变量的年际和年代际变化均可以被较好地捕捉(王会军 等，2008，2012)。

前期秋季日本海到外兴安岭(35°—65°N，130°—140°E)地表气温负年际增量能在大气中激发出类似 EU 波列负位相和 WP 波列正位相，进而加强华北上空的反气旋性异常，通过限制华北地区污染物颗粒的水平和垂直扩散，导致华北冬季霾污染加重，是影响华北地区冬季霾日数年际增量(WHD_{NCP} DY)的有效因子(图 7.21)。

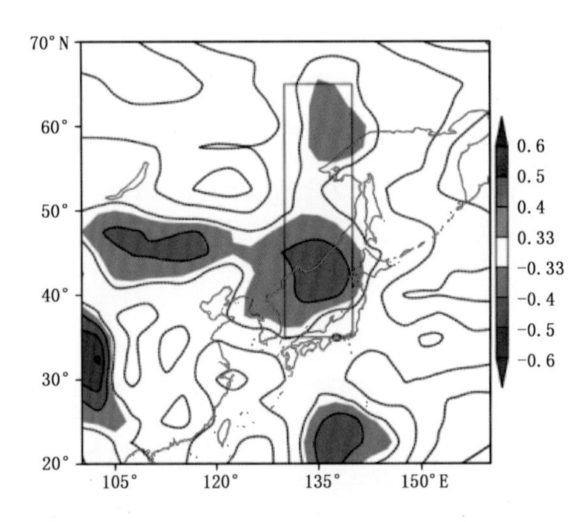

图 7.21　1980—2013 年 WHD_{NCP} DY 和秋季近地面气温年际增量的相关系数。阴影区通过了置信度为 95%的显著性检验，黑框表示选择的预测因子的区域(35°—65°N，130°—140°E)引自(Yin et al.，2016b)

华北地区严重的冬季霾污染事件与的东亚急流衰减、北移有关(Chen et al.，2015)。前秋阿拉斯加海湾附近(36°—56°N，130°—170°W)(图 7.22)的海温正年际增量能够在东亚和邻近海域上空激发出明显的气旋性异常(Yin et al.，2019)，使得东亚急流减弱、北移。高纬度地区的南风异常限制了来自极地冷空气活动从而加剧了华北上空的霾污染。

海温三极型是秋季北大西洋海温的主要模态(Czaja et al.，1999)。当前秋北大西洋海温异常从南到北呈现"＋　－　＋"的分布型时，随后的东亚冬季风更强，华北的近地面气温更低(时晓曚，2014)。Xiao 等(2015)研究发现从夏季到冬季北大西洋的海温异常与冬季霾日数在年际和年代际尺度上都有显著的关系。格陵兰岛以南(50°—70°N，30°—65°W)(图 7.23)的海

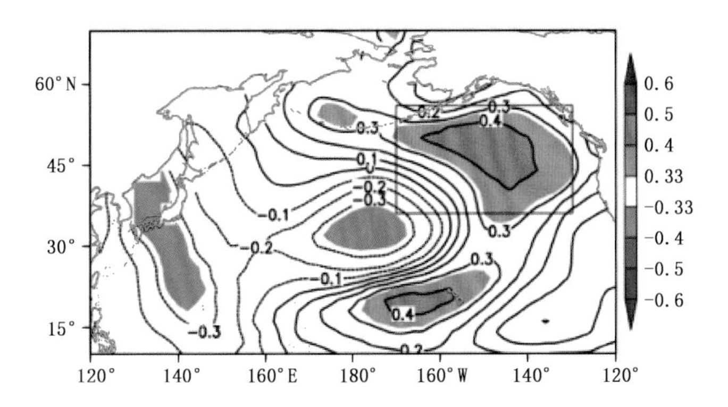

图 7.22　1980—2013 年 WHD_{NCP} DY 和秋季太平洋海温年际增量的相关系数。阴影区通过了置信度为 95%的显著性检验，黑框表示选择的预测因子的区域(36°—56°N，130°—170°W)(Yin et al.，2016b)

温负年际增量与 WP 遥相关波列的正位相存在显著相关，通过减弱从低层到中层的大陆高压和洋面低压，导致东亚冬季风和冷气流减弱。中国东海岸的气压梯度变化引起的显著南风异常，使得地面风速减小，湿度增大，这种静稳型气象条件为霾的吸湿增长提供了有利的环境，从而导致华北冬季霾污染加重。

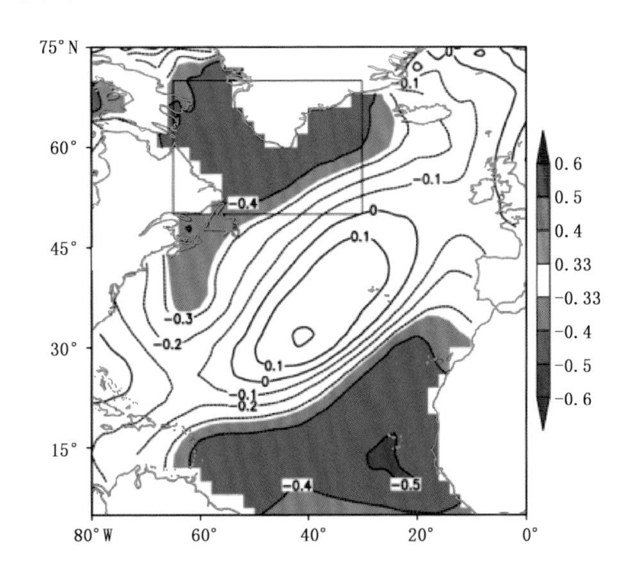

图 7.23　1980—2013 年 WHD_{NCP} DY 和秋季大西洋海温年际增量的相关系数。阴影区通过了置信度为 95%的显著性检验，黑框表示选择的预测因子的区域(50°—70°N，30°—65°W)(Yin et al.，2016b)

近年来，北极海冰急剧减少并且变化显著，是影响中国东部冬季霾日数的显著因子(Wang et al.，2015，2016)。前秋波弗特海冰正异常(73°—78°N，130°—165°W；图 7.24)，会通过辐射冷却作用，影响大气环流，使得波弗特海和阿拉斯加湾的地面风速降低，随后 11 月的阿拉斯加湾和白令海域洋面温度升高(Yin et al.，2019)。这种暖洋面通过加热大气，容易在对流层中高层形成有利于前冬霾天气发生的大气环流(例如，弱的西风急流，以及从华北和日本海，到白令海和阿拉斯加湾、科迪勒拉山脉的罗斯贝波波列)。在近地面，海平面压力梯度的减弱使得中国沿海地区有异常南风出现，为污染物粒子的吸湿增长构造静稳、潮湿的环境。通过对水平和垂直颗粒物输送的抑制，污染物粒子易于在有限的空间内积聚，能见度迅速下降，从而引发霾污染。

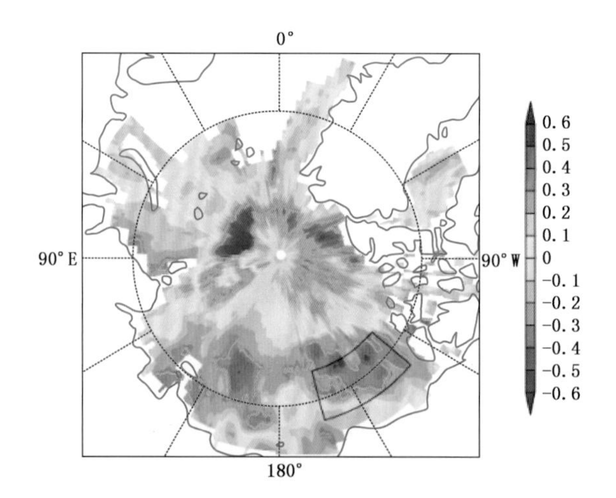

图 7.24　1980—2013 年 WHD_{NCP} DY 和秋季北极海冰年际增量的相关系数。阴影区通过了置信度为 95% 的显著性检验，黑框表示选择的预测因子的区域(73°—78°N,130°—165°W)(Yin et al. ,2016b)

土壤湿度是季节预测的一个重要因子(郭维栋 等,2007)。由于污染物颗粒的吸湿性，华北地区冬季霾日数与湿度条件有着密切的联系(Yin et al. ,2015)。环渤海区域(35°—42°N, 117°—127°E)(图 7.25)土壤湿度的负年际增量，通过激发类似 EA/WR、WP 波列的正位相和 EU 波列的负位相，造成华南上空出现气旋性异常，华北和西太平洋上空出现反气旋性异常。气旋性和反气旋性异常之间显著的东南风，会向陆地输送更多的水汽，并减小华北地区的近地面风速，从而导致华北地区的冬季霾日数增加(Yin et al. ,2016a)。而前期夏季蒙古东部

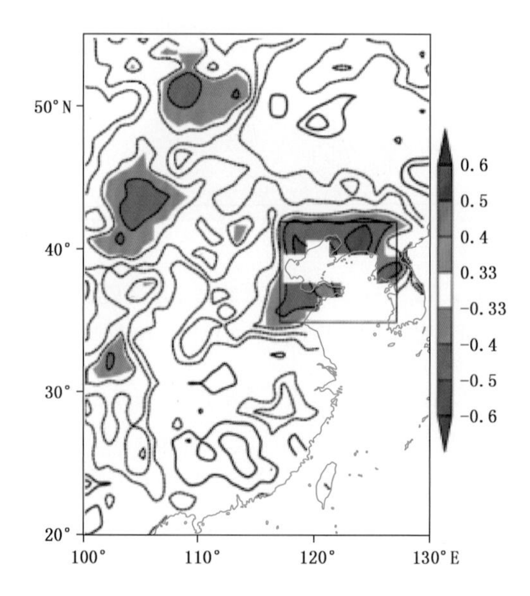

图 7.25　1980—2013 年 WHD_{NCP} DY 和秋季土壤湿度年际增量的相关系数。阴影区通过了置信度为 95%的显著性检验，黑框表示选择的预测因子的区域(35°—42°N,117°—127°E)(Yin et al. ,2016b)

(48°—52°N,115°—125°E)(图7.26)土壤湿度正的年际增量将通过激发类似EU波列的负位相来影响华北冬季霾污染。高纬地区位势高度纬向性增加使得输送冷空气的经向环流减弱,华北地区上空的位势高度正异常能够限制污染物颗粒的水平和垂直扩散,从而使华北地区的霾污染加重。

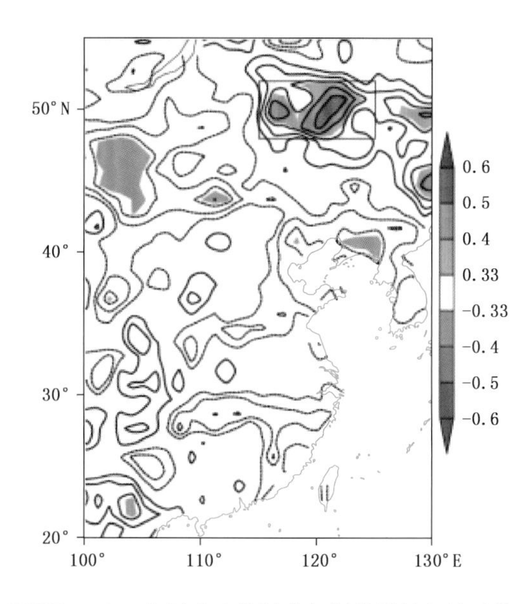

图7.26 1980—2013年WHD_{NCP} DY和夏季土壤湿度年际增量的相关系数。阴影区通过了置信度为95%的显著性检验,黑框表示选择的预测因子的区域(48°—52°N,115°—125°E)(Yin et al.,2016b)

近年来,一些研究表明南极涛动(AAO)可能通过越赤道气流影响东亚气候(范可 等,2006;Fan et al.,2004,2007),甚至影响华北地区冬季霾污染(Zhang et al.,2019)(图7.27)。前期秋季AAO变化通过影响南印度洋西北海域海温升高或减弱的趋势,影响海洋大陆至东亚的哈得来环流,从而影响华北地区霾污染。

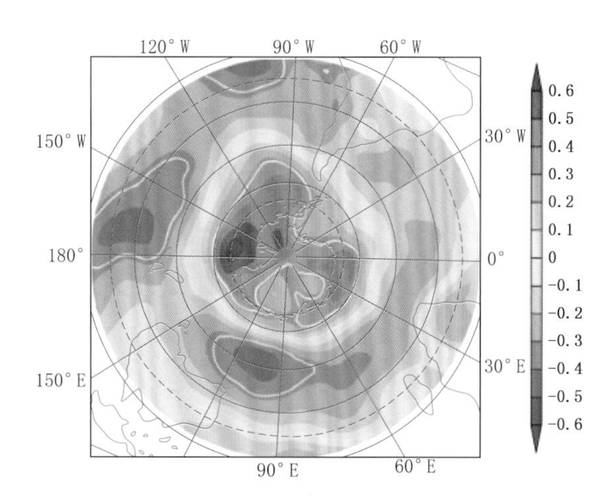

图7.27 1980—2013年WHD_{NCP} DY和9、10月850 hPa位势高度(Z850)年际增量的相关系数(白色曲线包围的区域通过了置信度为95%的显著性检验)(Yin et al.,2016b)

7.4.3　华北区域霾日数预测模型

7.4.3.1　华北霾日数预测模型

由于记忆效应，影响华北地区霾日数前期外强迫因子能够储存有效的预测信息(Yin et al.,2016a)。Yin 等(2016b)选用上述 7 个前期因子的年际增量，采用多元线性回归的方法建立了华北冬季霾日数的预测模型，该预测模型不仅能够再现霾日数的长期趋势、拐点、极值，而且在预报值上也有很好的精确度。针对 1979—2013 年的霾日数年际增量的预测，采用“去一法”进行交叉验证，均方根误差为 3.3 天，相关系数为 0.73，可以解释总方差的 53%。两个独立预测年份(2014 和 2015 年)的预报误差分别为 0.09 和－3.3 天。将前一年的观测值累加到预报的年际增量上，可以得到该年预测的霾日数。比如，将预测的 2012 年霾日数年际增量叠加到观测的 2011 年冬季霾日数，结果就是预测的 2012 年霾日数。原始(去趋势)预测值和观测值的相关系数是 0.89(0.87)，预测值能够很好地再现长期趋势、年际—年代际分量，并且对极值也有很好的把握能力。此外，模型成功预测了距平增减，同号率可以达到 100%。

虽然各预测因子和因变量之间以显著的线性关系为主，但依然有非线性关系存在。因此，进一步采用能够涵盖非线性关系的广义相加模型建立了预测模型。当采用非线性的方法时，建立预测模型所需要的预测因子减少为 2 个(阿拉斯加海湾的海表温度和波弗特海海域的海冰面积)，但预测精度却没有下降(Yin et al.,2017b)。预测的年际增量的均方根误差为 3.01 天。除了年际变化之外，该模型还能很好地捕获对流层准两年振荡特征和 2010 年以来急剧增加的趋势，并能很好地模拟冬季霾日数的长期趋势和转折点，同号率高达 91.7%。而 2014 年和 2015 年的独立样本实验结果显示，预测偏差分别为 0.86 和 0.19 天。利用循环独立样本实验获得更多的独立预测实验样本，用来验证预测模型的性能。在不同的截止年份下，由 1980 年至该年的数据训练得到广义相加模型，之后至 2015 年的数据均用作独立实验样本。在循环的 2005—2015 年实时预测中，2015 年的霾日数被独立预测了 11 次，2014 年的霾日数则被独立预测了 10 次(图 7.28)。通过进行循环独立样本实验，可以进一步评估该模型预测近些年污染严重形势下霾日数的能力。实验结果表明，同号率达到 100%，并且每年的预测结果并没有很大的变化，表明建立的预测模型有很好的稳定性。

7.4.3.2　京津冀实时逐月霾污染预测模型

霾污染包含大量的有毒颗粒，对人体健康、交通安全、生态系统以及社会经济有巨大的危害。当霾污染发生在首都经济圈——京津冀区域时，造成的危害更是难以估量。因此，有必要在华北预测模型的基础上，进一步将预测范围集约到京津冀区域，为京津冀霾污染防治提供更有针对性的科学支持。进一步的研究发现，虽然 12 月、次年 1 月和 2 月京津冀区域的霾日数距平两两之间均呈现出显著的正相关关系(即变化特征类似)，但当将线性趋势去除之后，12 月和次年 2 月霾日数之间的相关性变得不显著(表 7.2)。同时，3 个月的年际增量之间并没有任何显著的相关关系。此外，统计气候预测最关注的同号率，发现 37 年的年际增量中仅有 14 年表现为冬季 3 个月同号。因此，无论是从预测的精细程度方面出发，还是从预测基础的科学性上考虑，均有必要针对京津冀区域冬季 3 个月的霾污染分开建立气候预测模型。同时，为了

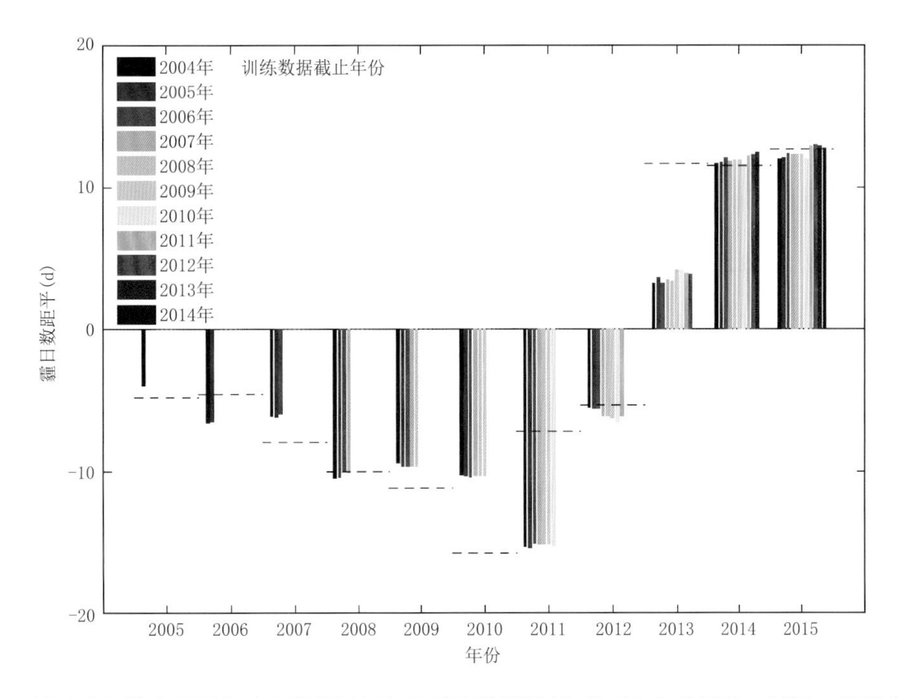

图 7.28　循环独立样本预测实验的华北平原冬季霾日数预测值(柱状)和观测值(虚线)。训练样本的截止年表示广义相加模型是由 1980 年至该年的数据训练得到,之后到 2015 年的数据均用作独立样本实验,比如,从 2011 年开始出现的黄色柱型代表的是 2011—2015 年的数值是由 1980—2010 年数据训练得到的模型预测而来(Yin et al.,2017b)

在 11 月给出整个冬季的预测结果,在选取前期外强迫预测因子时,将时间限制在 9 和 10 月。选取因子后,采用多元线性回归的方法,建立京津冀区域的实时逐月霾污染预测模型。

表 7.2　1979—2015 年冬季各月霾日数之间的相关系数(尹志聪 等,2019)

月份	年际增量		距平		去线性趋势	
	12 月	次年 1 月	12 月	次年 1 月	12 月	次年 1 月
次年 1 月	0.18		0.57*		0.53*	
次年 2 月	0.22	0.22	0.34*	0.49*	0.31	0.47*

注:* 表示通过了置信度为 95%的显著性检验。

相比而言,12 月霾污染预测模型的性能最好,能够解释年际增量 46%的变化,均方根误差仅有 1.56 天(表 7.3)。叠加前一年观测信息后,年际变化异常同号率能达到 86%,对长期趋势(相关系数 0.71)和年际变化(去除线性趋势后,相关系数 0.65)的把握也是比较好的。次年 2 月的模型性能次之,能够解释年际增量 58%的变化,均方根误差仅有 1.73 天,年际变化异常同号率为 81%。次年 1 月的模型性仅能解释年际增量 37%的变化,均方根误差为 2.24 天,但同号率保持在 83%。将 3 个月份的预测结果相加后,即可得到冬季平均的预测结果,不仅优于 3 个月份的预测性能,而且优于直接用冬季平均霾日数建模的性能。冬季预测结果能够解释年际增量 66%的方差。叠加前一年监测信息后,同号率能达到 91.7%,对长期趋势(相关系数 0.81)和年际变化(去除线性趋势后,相关系数 0.77)的把握也是最好的。

表 7.3　京津冀实时逐月霾污染预测模型的性能指标(尹志聪 等,2019)

性能指标	12 月	次年 1 月	次年 2 月
RMSE	1.56	2.24	1.73
MAE	1.34	1.79	1.41
LCC	0.68	0.61	0.76
EV(%)	46	37	58
PSSano(%)	86	83	81
LCCano	0.71	0.71	0.61
DCCano	0.65	0.70	0.61

注:年际增量指标:RMSE/MAE 是均方根误差/绝对误差;LCC 是年际增量预测和观测的相关系数;EV 是解释方差。距平指标:PSSano 是距平同号百分比;LCCano 和 DCCano 分别是相关系数和去趋势后相关系数。

7.4.4　华北霾污染预测和效果检验

2016 年 11 月,王会军等采用 7.3.2 中建立的京津冀区域实时逐月霾污染预测模型开展了实时预测,并形成建议服务材料(王会军 等,2017)。模型预测的 2016/2017 年冬季 3 个月霾日数分别为 22.7、16.8 和 14.8 天,均大于该月常年值,霾污染较为严重。将预测结果与前一年(2015/2016 年)冬季的实际状况进行了对比(表 7.4),根据 2016/2017 年冬季 3 个月的霾日数观测值,模型预测的结果相对于常年值的结论全部准确,相对于前一年污染状况的结论大多数准确。此次实时预测仅在与 2015 年 12 月霾日数的比较中有错误结论,主要是因为实测的 2016 年 12 月霾日数与去年相当,而不是预测的偏多。从具体的预测误差来看,12 月和次年 1 月的预测误差在 2 天左右,2 月的预测误差很小(图 7.29)。

表 7.4　主要实时预测结论及核查(王会军 等,2017)

月份	2016/2017 年冬季,京津冀霾日数
12 月	多于 2015 年 12 月,也明显多于常年平均
次年 1 月	少于 2016 年 12 月,也少于 2016 年 1 月,但多于常年平均
次年 2 月	少于 2016 年 12 月,略多于 2016 年 2 月,也多于常年平均

注:红色为正确的结论,蓝色为错误的结论。

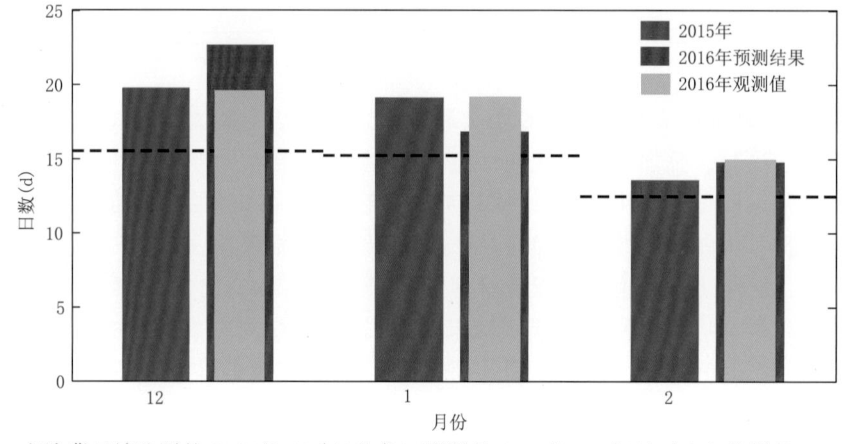

图 7.29　京津冀区域监测的 2015/2016 年(蓝色)、预测的 2016/2017 年(红色)和监测的 2016/2017 年(绿色)的冬季逐月霾日数(虚线为常年平均值)(尹志聪 等,2019)

7.5　年代际气候预测

目前实现年代际气候预测的主要技术手段是依靠初始化的动力数值模式。一般认为，初始化方案是模式年代际气候预测能否成功的关键(周天军 等,2017)。然而初始化方案具有模式依赖性(Doblas-Reyes et al. ,2013),同时初始化冲击一直是模式初始化伴随的问题(He et al. ,2017)。当前初始化的动力数值模式对北大西洋和印度洋的海表温度展现了较好的预测能力(Doblas-Reyes et al. , 2013;Kirtman et al. ,2013),对于北太平洋海表温度(Guemas et al. ,2012;Kim et al. ,2012;Newman,2013;Meehl et al. ,2014;Wang et al. ,2018)、陆面温度(Wu et al. ,2019)、降水(Goddard et al. ,2012;Kirtman et al. ,2013;Meehl et al. ,2014)的预测水平十分有限,远不能满足实际需求。

结合在短期气候预测领域提出的年际增量方法(王会军 等, 2012),本书提出年代际增量方法,在年代际气候预测领域进行了初步尝试。区别于动力气候模式首先预测未来几年/十年每一年的气候状况,再通过滑动/滤波得到年代际气候预测结果,年代际增量方法直接将气候的年代际变率作为预测对象,并针对气候的年代际增量构建预测模型。年代际增量方法的步骤如下(图 7.30):首先,利用 5 年滑动平均得到气候变量的年代际变率;其次,计算变量 3 年年代际增量,针对年代际增量构建预测模型;再次,将预测得到的 3 年年代际增量加上 3 年前的观测值,最终得到预测对象的年代际变化。我们利用年代际增量方法,尝试进行了北太平洋海温(黄艳艳 等,2020;Huang et al. ,2020a)和华北夏季降水(Huang et al. ,2020b)的年代际预测,结果如下。

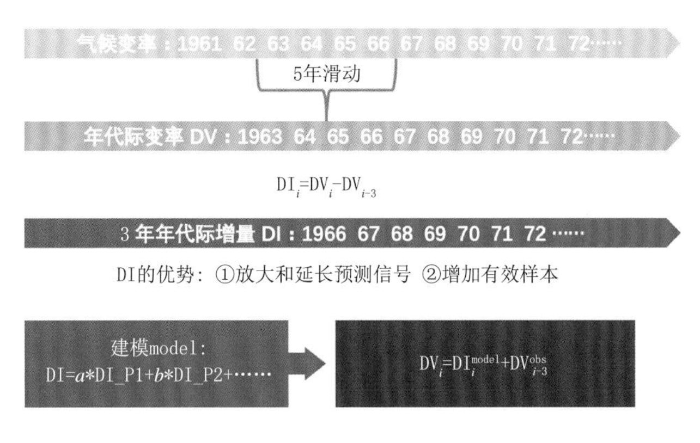

图 7.30　年代际增量预测方法的总体思路

7.5.1　太平洋年代际振荡的年代际预测

太平洋年代际振荡(Pacific Decadal Oscillation, PDO)是气候系统的主要内部年代际变率之一(图 7.31),对气候系统其他成员具有显著影响(Newman et al. ,2016)。例如,PDO 的年代际转折被认为对东亚、南亚(Yu et al. ,2015;Zhu et al. ,2015;Fan et al. ,2017)、澳大利亚(Arblaster et al. ,2002)和北美(McCabe et al. ,2004, 2012)气候的年代际变化,以及最近的

全球变暖停滞贡献显著(Kosaka et al. ,2013)。同时,PDO 对于农业、水资源和渔业也有显著影响(Mantua et al. ,1997;Miller et al. ,2004)。

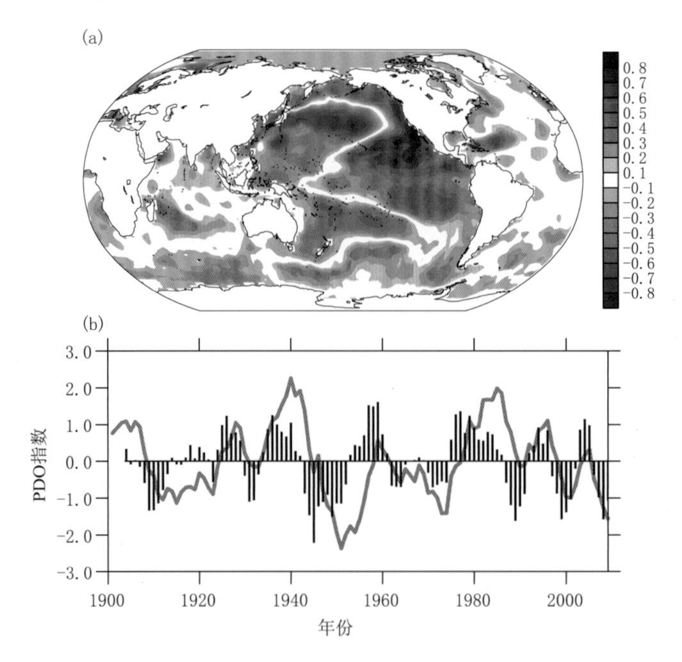

图 7.31　(a)1901—2009 年年代际 PDO 指数与 5 年滑动平均的冬季全球 SST 相关系数及(b)1901—2009 年年代际 PDO 指数(实线)和 1904—2009 年 DI_PDO(柱)(Huang et al. ,2020a)

由于北太平洋内部年代际变率机制的争议性(Meehl et al. ,2014)和对于初始状态不稳定的内部敏感性(Branstator et al. ,2012a,2012b),当前初始化的动力数值模式对北太平洋海表温度的预测水平十分有限。此外,由于 PDO 的年代际转折可能跟大范围的随机强迫有关,因此对 PDO 的年代际转折进行预测依然存在困难(Newman et al. ,2016)。

冬季的北太平洋物理过程显示出显著的年代际信号(Mantua et al. ,1997;Deser et al. ,2006;Yeh et al. ,2011;Wang et al. ,2012),因此本书将冬季(12 月—次年 1 月—2 月)的 PDO 年代际变率作为预测对象。年代际变率通过 5 年滑动平均得到,标记年份为滑动 5 年的中间年份。年代际 PDO 指数定义为 5 年滑动平均的冬季北太平洋(20°—70°N)海表温度异常(SSTA)的经验正交分解(EOF)主模态的时间序列,其中 SSTA 由海表温度首先扣除全球平均的海表温度,再扣除气候态年循环得到(Mantua et al. ,1997)(图 7.31b)。

基于增量形式的预测因子,构建经验统计模型来预测 PDO 的 3 年增量形式(DI_PDO)(图 7.31b)。该模型的建立主要通过以下 3 个步骤:①Newman 等(2016)总结出 PDO 的变率主要跟阿留申低压、源于热带的遥相关以及中纬度海洋动力过程有关。基于以上 3 个物理过程寻找潜在的预测因子。②采用 5 年滑动平均得到年代际变率,为了防止预测模型用到任何预测时段的信息,预测因子必须至少超前 DI_PDO 3 年。③采用置信度为 99%的 Fisher's F 检验的逐步回归来确定最后模型中的预测因子。逐步回归的基本原理是筛选出与预测对象最相关的因子,并剔除与该预测因子显著相关的因子,故最终筛选得到的预测因子应该是与预测对象显著相关,并彼此独立。

通过以上3个步骤，选择3个超前3年的预测因子，分别为增量形式的秋季阿留申低压(DI_AL)、增量形式的冬季格陵兰海冰(DI_SIC)和增量形式的春季中太平洋海表面高度(DI_SSH)。具体而言，大部分北太平洋SST变率主要受大气驱动(Smirnov et al.，2014)。一般而言，由于埃克曼输送或者通量—驱动SSTA形态的物理过程，大气的变率会超前于SST的变率(Davis，1976；Deser et al.，1997)。前期的阿留申低压(AL)是驱动PDO变率的重要大气强迫之一(Schneider et al.，2005；Newman et al.，2016)。同时，格陵兰海冰可以通过影响北极涛动来影响PDO变率(Lindsay et al.，2005；Sun et al.，2006)。此外，西北太平洋的副极地锋区是PDO变率的大值区(Nakamura et al.，2003)。前期副极地锋区的热容量可以通过热动力响应来驱动PDO变率(Qiu，2003；Newman et al.，2016)。

$$DI\_PDO = -0.31 \times DI\_AL - 0.36 \times DI\_SIC - 0.37 \times DI\_SSH \tag{7.2}$$

式中，DI_AL为增量形式的9—11月SLP在(36°—44°N，180°—194°E)的区域平均值；DI_SIC为增量形式的3—5月SIC在(70°—75°N，15°—2°W)的区域平均值；DI_SSH为增量形式的12—2月SSH在(28°—33°N，205°—220°E)的区域平均值。DI_AL、DI_SIC和DI_SSH分别可以解释DI_PDO方差的9.6%、13%、13.7%。

1906—2009年DI_PDO与超前3年的DI_AL、DI_SSH和DI_SIC的相关系数分别为−0.43、−0.48和−0.43。尽管研究时段3个预测因子都与DI_PDO呈现显著相关，但是由于研究时段超过了100年，相关关系不可避免地存在年代际变化。DI_PDO与超前3年的DI_AL和DI_SSH的相关均在1960—1980年减弱，这可能会影响预测模型的预测效果，这也可能是预测模型中预测因子解释方差并不高的原因。

检验预测模型时，考虑到年代际信号是对原始数据进行5年滑动平均得到，为了避免虚假的预测技巧，这里将传统检验方法进行适度调整，用来衡量统计预测模型的预测技巧。一是剔除5年的交叉检验(Michaelsen，1987)：预测对象在目标年份的预测值，通过剔除研究时段内的5年值(包括目标年份及其前后各2年的预测对象及对应5年的预测因子)，并利用剩余的年份构建预测模型得到。此步骤一直重复，直到所有年份均得到交叉检验结果。研究时段的最初3年/最后3年的交叉检验结果，为剔除最初5年/最后5年，利用剩余年份建模预测得到。二是独立试报：预测模型为滚动的67年，即预测对象在目标年份的预测值，通过利用超前于目标年份72(69)年至6(3)年前的预测因子(预测对象)构建的预测模型得到。这样做是为了避免预测模型用到任何预测时段的信息。如，利用1903—1969年增量形式的预测因子和1906—1972年DI_PDO构建预测模型，预测1975年的DI_PDO；利用1904—1970年增量形式预测因子和1907—1973年DI_PDO构建预测模型，预测1976年的DI_PDO；以此类推。

图7.32a给出了经验统计预测模型剔除5年交叉检验的1906—2009年DI_PDO。由于之前提到的预测因子和DI_PDO相关关系的年代际变化，1960—1980年期间预测的DI_PDO和观测有较大的差异，表明统计预测模型在该时段预测水平有限。其余年份，预测的DI_PDO变率和振幅与观测在一定程度上一致，特别是1980年之后的时段。观测和预测的DI_PDO在1906—2009年的相关系数为0.68，通过了置信度为99.99%的显著性检验。经验统计预测模型对于DI_PDO显示出可观的预测水平。

利用经验统计模型预测得到的DI_PDO加上3年前观测的年代际PDO指数，得到最终预测的年代际PDO指数(图7.32b)。观测和预测的PDO在1960—1980年时段依然具有明显的不一致性。但在其余年份，最终预测的PDO指数和观测结果无论是在变率还是在振幅上都相当吻合，并且预测的 PDO 指数成功捕捉到了每一次的年代际转折。观测和预测的 PDO 指数在 1906—2009 年的相关系数达 0.82。相比于观测的 PDO 年代际转折点，预测 PDO 的年代际转折点的误差小于或者等于 2 年(图 7.32c)。增量方法显示了对年代际 PDO 指数的有效预测水平。

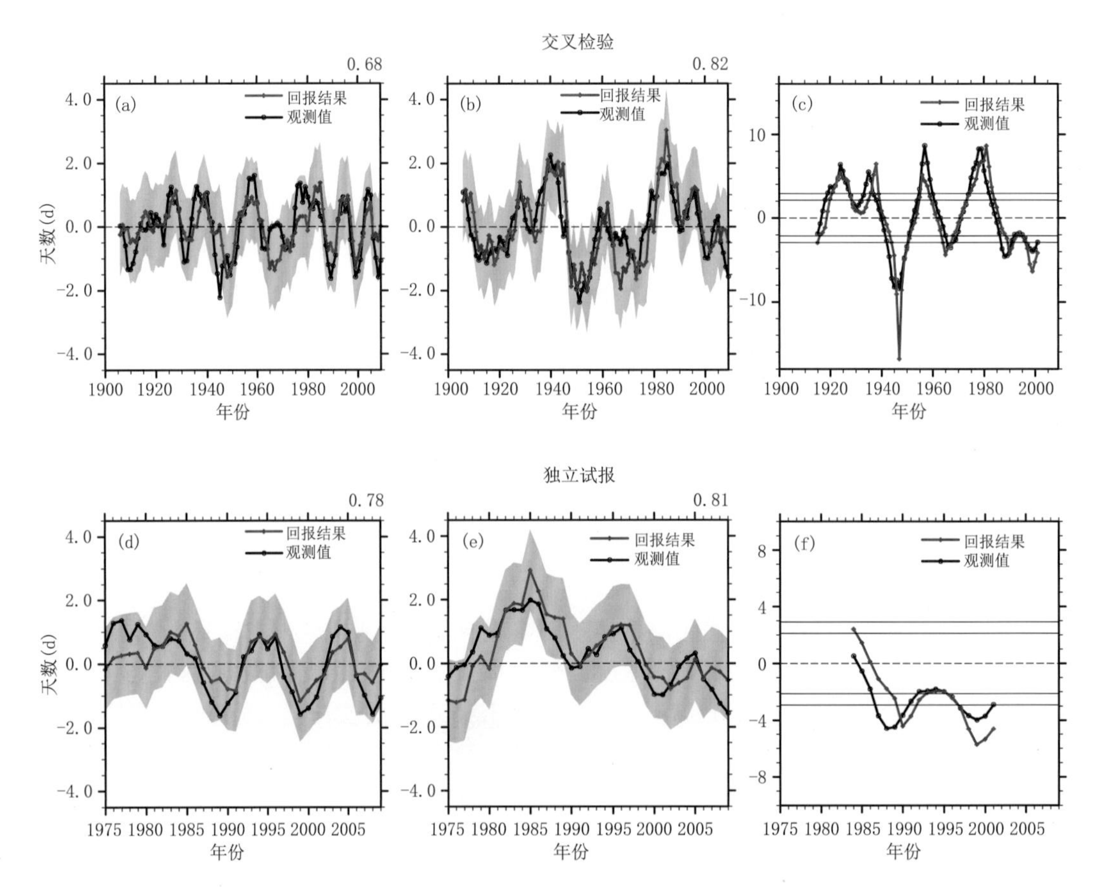

图 7.32　DI_PDO(a,d)和 PDO(b,e)的预测结果及 PDO 的 9 年滑动 t 检验结果(c,f)(1906—2009 年剔除 5 年的交叉检验结果(a,b,c)，1975—2009 年的独立试报结果(d,e,f)；空心圆的黑色实线为观测结果，实心棱形的红色实线为预测结果，浅粉色填色表示 95%的预测置信区间。右上角的数字为观测和预测的相关系数；c 和 f 中的细实线分别为 95%和 99%的置信度阈值)(Huang et al.，2020a)

对 1975—2009 年的 DI_PDO 进行独立试报，进一步验证经验统计模型的预测技巧(图 7.32d)。模型对于 1975—1980 年的 DI_PDO 的预测水平有限，预测的 DI_PDO 的振幅小于 0.5，比观测小很多。对于 1980 年之后的 DI_PDO 统计模型显示出了很高的预测水平。观测和预测的 1975—2009 年 DI_PDO 的相关系数为 0.78，通过了置信度为 99%的显著性检验。最终预测的 1975—2009 年年代际 PDO 指数于观测的相关系数为 0.81(图 7.32e)。观测中 1975—2009 年的年代际 PDO 指数具有 2 次年代际转折点，分别为 1988/1989 年和 1999/2000 年。预测年代际 PDO 指数第一次年代际转折发生在 1990/1991 年，比观测晚 2 年，第二次发生在 1999/2000 年，与观测完全一致(图 7.32f)。总的说来，经验统计模型结合增量方法对于年代际 PDO 指数显示出较高的预测水平，其中包括年代际转折的预测。

统计预测模型结合增量方法被进一步用来尝试预报北太平洋(20°—70°N)每个格点上的冬季SSTA的年代际变率。与式(7.2)类似，只是将预测对象变为北太平洋每个格点上的3年增量形式的SSTA(DI_SSTA)。同样，增量形式的预测因子超前DI_SSTA 3年。最终预测的SSTA为预测DI_SSTA加上观测中三年前的SSTA。文中只给出独立试报中1975—2009年的结果。

对于1975—2009年北太平洋冬季DI_SSTA，有预测技巧的地方出现在黑潮延伸区至中太平洋和50°N以北的太平洋(图7.33a)。尽管最终预测的SSTA在北太平洋并不是全部显著(图7.33b)，但却成功捕捉到北太平洋SSTA在1999年的年代际转折(图7.33c)，年代际转折的预测对于目前气候模式还较为困难(Newman et al.，2016)。该结果进一步检验了经验统计模型结合增量方法对PDO空间模态的预测能力。图7.33d给出了基于式(7.2)最终预测的年代际PDO指数(图7.32e)与最终预测的北太平洋SSTA(图7.33b)独立试报结果在1975—2009年的相关系数。对应于正位相的PDO，负的SSTA出现在北太平洋西部至中部，正的SSTA出现在北太平洋东部，与观测非常一致(图7.33e)，图7.33d和e的空间相关系数可以达到0.95。以上结果说明，统计预测模型结合增量方法可以有效预测北太平洋SSTA的年代际转折以及PDO的空间模态。

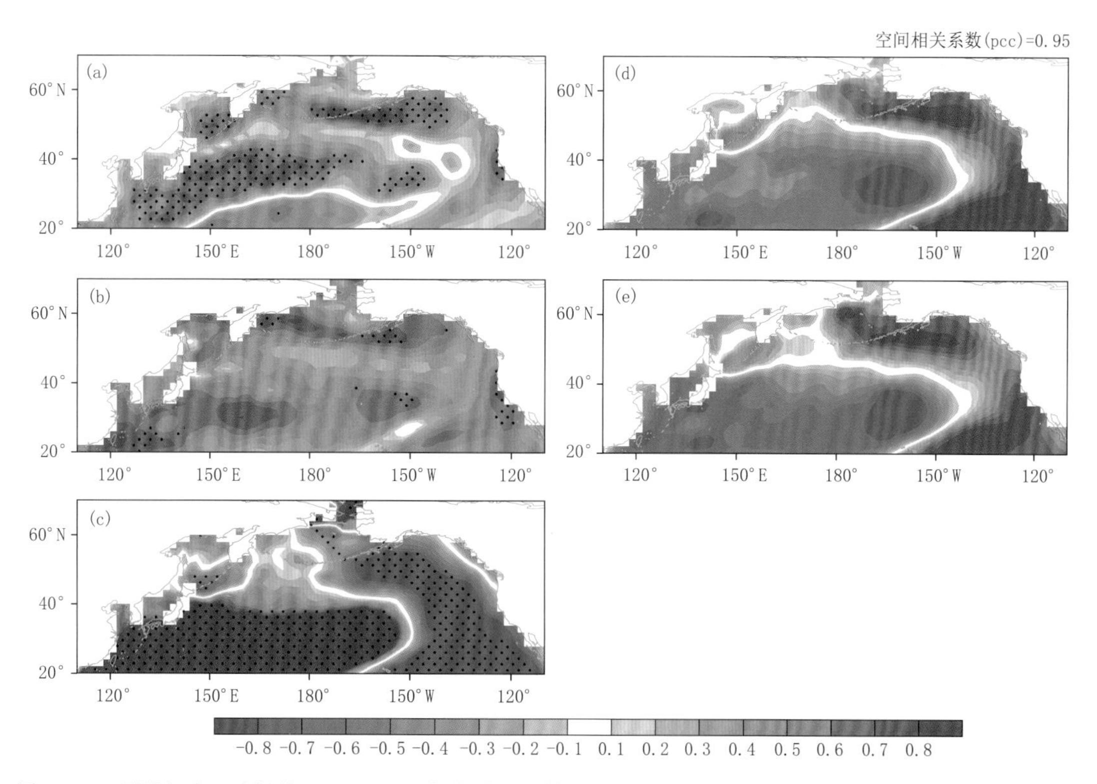

图7.33　观测和独立试报的1975—2009年冬季预测结果的相关系数((a)DI_SSTA，(b)SSTA，(c)预测的SSTA在2000—2009年与1980—1999年的差值，(d)独立试报的年代际PDO指数与独立试报的SSTA在1975—2009年的相关系数，(e)观测结果中1975—2009年年代际PDO指数与SSTA的相关系数；打点区域通过了置信度为90%(a和b)和95%(c)的显著性检验)(Huang et al.，2020a)

7.5.2 华北夏季降水的年代际预测

中国人口众多，人均水资源匮乏，在华北尤为显著（卢金凯 等，1991）。华北人口密集，又是重要的工农业生产基地，水资源问题严重制约着华北的可持续发展（刘昌明 等，2002）。近年来，华北降水呈现显著的年代际变化特征（Ding et al.，2010；Ogou et al.，2019），20 世纪 60 年代、90 年代和 21 世纪初期的少雨期已经被学者们所注意，并进行了大量的研究（杨修群 等，2005；Huang et al.，2012；Xu et al.，2015）。国家更是启动南水北调工程来缓解华北的水资源短缺问题。华北降水的年代际预测对于政府决策者具有重要的指示意义，特别是有利于水资源配给和基础设施建设的合理规划（Barsugli et al.，2009；Means et al.，2010）。

华北地区（35°—45°N，110°—125°E）夏季（6—7—8 月）降水约占年总降水的 65%。华北地区 5 年滑动平均的夏季平均降水的经验正交分解第一模态表现为全区一致型（图 7.34a），解释方差达到 46.8%，故年代际华北夏季降水指数（DP）定义为 5 年滑动平均的夏季平均降水在华北地区（35°—45°N，110°—125°E）的区域平均值（图 7.34b）。对应的 5 年年代际增量 DI_DP 为图 7.34b 所示。

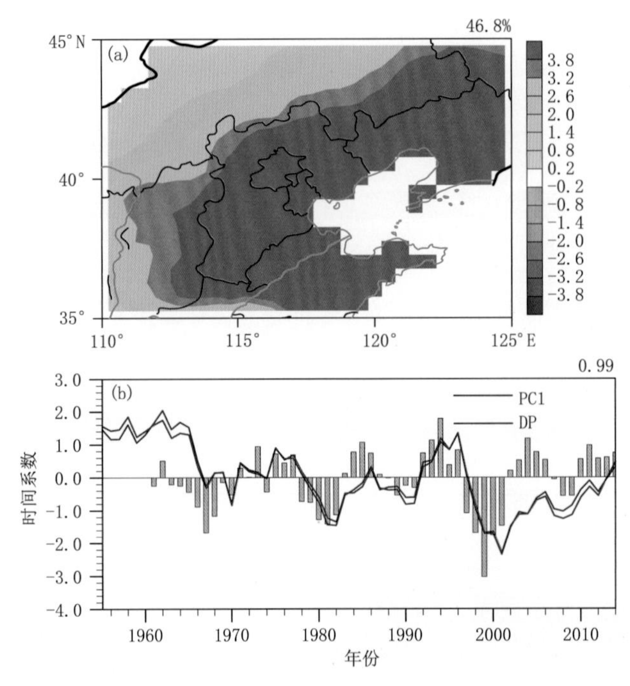

图 7.34　1955—2014 年 5 年滑动平均的华北夏季平均降水的经验正交分解第一主模态（EOF1）的空间分布（a）和时间序列（PC1）（b，红色实线）。（b）中蓝色实线为年代际华北夏季降水指数[DP，华北（35°—45°N，110°—125°E）夏季降水 5 年滑动平均的区域平均值]，柱状图为 DP 的 5 年年代际增量（DI_DP）。（a）右上角为 EOF1 的解释方差，（b）右上角为 PC1 和 DP 的相关系数（Huang et al.，2020b）

评估当前 CMIP5 模式年代际预测试验的第一个 5 年滑动平均对于 1963—2013 年 DP 的年代际预测水平发现（图略，详见 Huang et al.，2020b），预测与观测的相关系数为－0.12，均方差技巧得分(MSSS,值为正且越接近于 1 表明模型年代际预测水平越好)为－1.67,模式几乎没有任何预测技巧。对于 DI_DP 亦是如此。因此,有必要构建针对 DP 的有效经验统计预测模型。

采用年代际增量方法,首先针对 DI_DP 寻找预测因子,构建预测模型,然后利用模型预测的 DI_DP 加上 5 年前观测,得到最终预测的 DP。

$$\mathrm{DI\_DP}_i = 0.50 \times \mathrm{DI\_SSTA}_{i-3} + 0.62 \times \mathrm{DI\_SIC}_{i-4} \tag{7.3}$$

式(7.3)中,DI_SSTA 代表春季平均的北大西洋三极子($R_{30°—45°\mathrm{N}/80°—55°\mathrm{W}}—R_{15°—30\mathrm{N}°/40°—15°\mathrm{W}}—R_{50°—60°\mathrm{N}/50°—30°\mathrm{W}}$);DI_SIC 代表夏季平均的东西伯利亚海冰($R_{70°—80°\mathrm{N}/150°—170°\mathrm{E}}$)($R$ 表示 Region,即下标所示区域范围的区域平均)。DI_SSTA 和 DI_SIC 分别超前 DI_DP 5 年和 5 年,可以解释 DI_DP 25%和 38%的方差。

物理机制方面,华北夏季降水与东亚夏季风具有紧密的联系。北大西洋三极子一方面可以通过与北大西洋涛动耦合影响东亚夏季风(Sun et al.,2012b);另一方面可以在大西洋至欧亚大陆区域激发一个斜压波列进而影响东亚夏季风异常(Zuo et al.,2013;Xu et al.,2015)。此波列可以与乌拉尔山上空的高度场吻合(Zuo et al.,2013),此处阻塞活动多发。当此处阻塞活动频发时,有利于东亚副热带峰区加强,不利于东亚夏季风北上(张庆云 等,1998; 李双林 等,2001)。1961—2014 年的 DI_DP 与超前 5 年的春季 DI_SSTA 相关系数为 0.66,通过了置信度为 99%的显著性检验。

北极海冰一方面可以影响欧亚雪盖异常,引起东亚土壤湿度异常(Zhang et al., 2011)和一个极地欧亚遥相关型(Li et al.,2018),进而影响华北夏季环流异常;另一方面,前期异常的北极海冰激发出的大尺度环流异常可以引起北太平洋海表温度异常,海温异常可以持续到夏季,进而通过遥相关或者海陆热力对比影响华北夏季降水(Guo et al.,2013)。总的说来,欧亚雪盖和北太平洋的海表温度可能是北极海冰影响华北夏季降水的媒介。1961—2014 年的 DI_DP 与超前 5 年的夏季东西伯利亚海冰 DI_SIC 的相关系数为－0.63,通过了置信度为 99%的显著性检验。

在剔除 5 年的交叉检验结果中,统计模型预测的 1961—2014 年 DI_DP 与观测结果基本呈现一致的变化(图 7.35a),特别是预测出了 1990 年末期的极大值,预测与观测的相关系数为 0.77(通过了置信度为 99%的显著性检验)。加上三年前观测值,最终预测的 DP 与观测吻合较好,基本预测出 DP 的主要多雨/少雨期(图 7.35b)。具体而言,预测的 DP 与观测结果的相关系数为 0.81,MSSS 为 0.55。此外,由观测结果可以看出,DP 呈现三次主要的年代际转折,分别在 1980/1981 年、1989/1990 年和 1998/1999 年(图 7.35c)。值得注意的是,预测的 DP 完全抓住了这三次年代际转折,并且年代际转折点与观测完全一致。

此外,利用预测因子从起始年份至预测年份的 6/7 年前的时段建模,独立试报的 1980—2014 年的 DI_DP(DP)与观测的相关系数为 0.82(0.73)(图 7.35d, e),MSSS 为 0.68(0.48)。年代际增量方法预测的 1980—2014 年 DP 在 1998/1999 年呈现出年代际转折,这与观测完全一致(图 7.35f)。

PDO 和华北夏季降水的年代际预测结果说明,年代际增量方法为当前年代际气候预测提供了一个可行的新思路。这可能是由于:①在增量形式中,预测对象和预测因子之间的关系可以得到放大和持续,且在相关分析中,有效样本会增加;②年代际增量方法可以充分利用观测资料,并考虑大气内部变率。

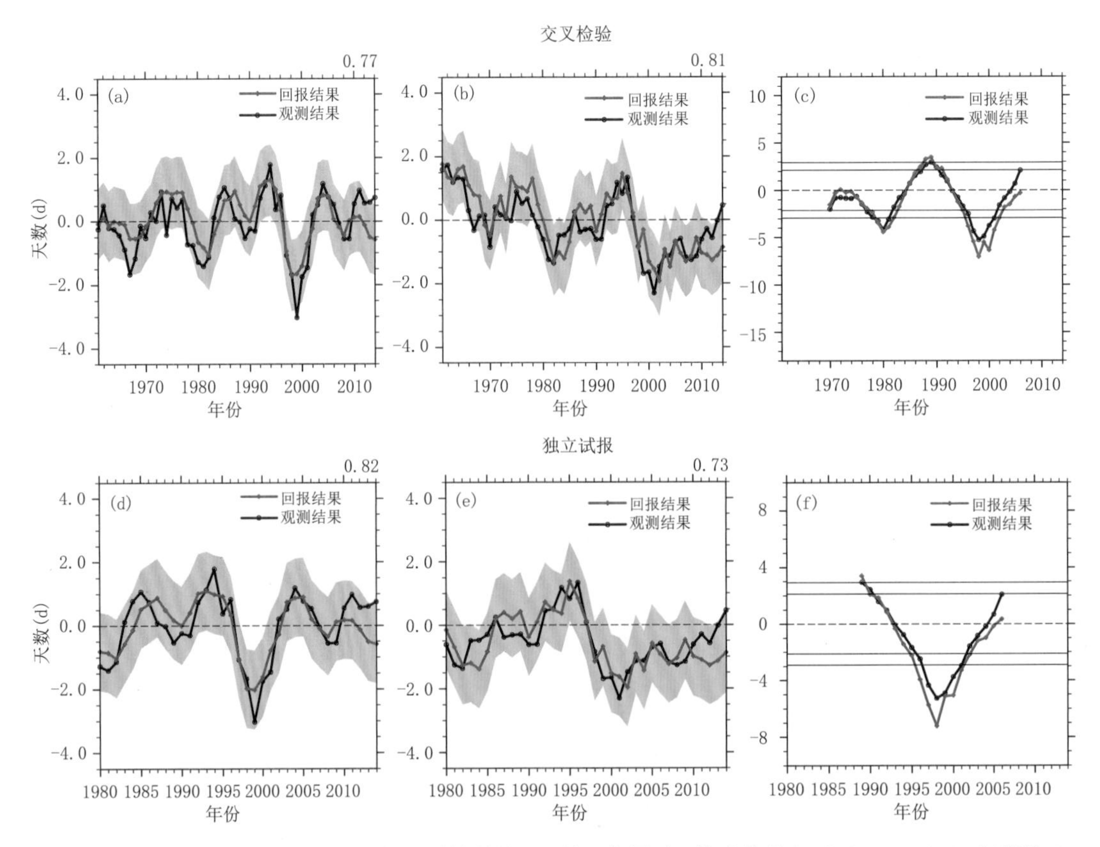

图 7.35　DI_DP(a,d)和 DP(b,e)的预测结果及 DP 的 9 年滑动 t 检验结果(c,f)(1961—2014 年剔除 5 年的交叉检验结果(a,b,c),1980—2014 年的独立试报结果(d,e,f);空心圆的黑色实线为观测结果,实心棱形的红色实线为预测结果,浅粉色填色表示 95%的预测置信区间。右上角的数字为观测和预测的相关系数;c 和 f 中的细实线分别为 95%和 99%的置信度阈值)(Huang et al.,2020b)

参考文献

陈红,2013. 淮河流域夏季极端降水事件的统计预测模型研究[J]. 气候与环境研究,18:221-231.

陈丽娟,顾伟宗,伯忠凯,等,2017. 黄淮地区夏季降水的统计降尺度预测[J]. 应用气象学报,28:129-141.

丑纪范,1979. 长期数值天气预报的若干问题[C]//中长期水文气象预报文集. 北京:水利电力出版社:216-221.

丁一汇,2004. 我国短期气候预测业务系统[J]. 气象,30:11-17.

丁一汇,李清泉,李维京,等,2004. 中国业务动力季节预报进展[J]. 气象学报,62:598-612.

范可,王会军,2006. 有关南半球大气环流与东亚气候的关系研究的若干新进展[J]. 大气科学(3):402-412.

范可,田宝强,2013. 东北地区冬半年大雪—暴雪日数气候预测[J]. 科学通报,58:699-706.

封国林,赵俊虎,支蓉,等,2013. 动力—统计客观定量化汛期降水预测研究新进展[J]. 应用气象学报,24:656-665.

龚志强,赵俊虎,封国林,等,2015. 基于年代际突变风量的东亚夏季降水动力—统计预报方案研究[J]. 中国科学:地球科学,45:236-252.

郭维栋,马柱国,王会军,2007. 土壤湿度——一个跨季度降水预测中的重要因子及其应用探讨[J]. 气候与环境研究(1):20-28.

何爽爽,汪君,王会军,2018.基于卫星降水和WRF预报降水的"6·18"门头沟泥石流事件的回报检验研究[J].大气科学,42(3):590-606.

何爽爽,汪君,王会军,2019.滑坡泥石流大尺度统计预报模型的实时检验[J].大气科学学报,42(1):78-92.

黄艳艳,王会军,2020.太平洋年代际振荡的年代际预测方法[J].气象学报,78:177-186.

鞠丽霞,郎咸梅,2012.RegCM3_IAP9L-AGCM对我国跨季度短期气候预测的回报试验研究[J].气象学报,2:244-252.

柯宗建,王永光,贾小龙,等,2010.中国区域秋季旱涝特征预测[J].高原气象,29:1345-1350.

郎咸梅,王会军,姜大膀,2004.应用九层全球大气格点模式进行跨季度短期气候预测系统性试验[J].地球物理学报,47:19-24.

李双林,纪立人,2001.夏季乌拉尔地区环流持续异常及其背景流特征[J].气象学报,59:280-293.

李维京,2012.现代气候业务[M].北京:气象出版社:170-347.

林朝晖,李旭,赵彦,等,1998.中国科学院大气物理研究所短期气候预测系统的改进及其对1998年全国汛期旱涝形势的预测[J].气候与环境研究,3:339-348.

刘昌明,李丽娟,2002.华北水资源问题与对策[J].科技和产业,2:44-50.

刘绿柳,孙林海,廖要明,等,2008.国家级极端高温短期气候预测系统的研制及应用[J].气象,34:102-107.

刘绿柳,孙林海,廖要明,等,2011.基于DERF的SD方法预测月降水和极端降水日数[J].应用气象学报,22:77-85.

卢金凯,杜国桓,胡素敏,等,1991.中国水资源[M].北京:地质出版社:157.

马洁华,王会军,2014.一个基于耦合气候系统模式的气候预测系统的研制[J].中国科学:地球科学,44:1689-1700.

马洁华,孙建奇,汪君,等,2019.2018年夏季我国极端降水及滑坡泥石流灾害预测[J].大气科学学报,42(1):93-99.

任宏利,丑纪范,2007.动力相似预报的策略和方法研究[J].中国科学:地球科学,37:1101-1109.

时晓曚,2014.中高纬海洋对中国东北部气候变化影响的研究[D].青岛:中国海洋大学.

汪君,王会军,洪阳,2016.一个新的高分辨率洪涝动力数值监测预报系统[J].科学通报,61(4-5),518-528.

王会军,孙建奇,郎咸梅,等,2008.几年来我国气候年际变异和短期气候预测研究的一些新成果[J].大气科学,32(4):806-814.

王会军,范可,郎咸梅,等,2012.中国短期气候预测的新理论、新方法和新技术[M].北京:气象出版社.

王会军,尹志聪,孙建奇,等,2017.关于2017年1—2月京津冀霾污染趋势预测展望[R].中国科学院院士建议.北京:中国科学院学部工作局.

吴统文,宋连春,刘向文,等,2013.国家气候中心短期气候预测模式系统业务化进展[J].应用气象学报,24:533-543.

杨修群,谢倩,朱益民,等,2005.华北降水年代际变化特征及相关的海气异常型[J].地球物理学报,48:789-797.

尹志聪,王会军,段明铿,2019.近几年我国霾污染实施季节预测概要[J].大气科学学报,42(1):2-13.

袁重光,李旭,曾庆存,1996.跨季度气候距平数值预测研究小结[J].气候与环境研究,1:150-159.

曾庆存,袁重光,王万秋,等,1990.跨季度气候距平数值预测试验[J].大气科学,14:10-25.

张冬峰,高学杰,马洁华,2015.CCSM4.0模式及其驱动下RegCM4.4模式对中国夏季气候的回报分析[J].气候与环境研究,20:307-318.

张庆云,陶诗言,1998.亚洲中高纬度环流对东亚夏季降水的影响[J].气象学报,56:199-211.

周天军,吴波,2017.年代际气候预测问题:科学前沿与挑战[J].地球科学进展,32:331-341.

ARBLASTER, MEEHL J, G A, MOORE A, 2002. Interdecadal modulation of Australian rainfall[J]. Clim Dyn, 18:519-531.

BARNSTON A, MASON S, 2011. Evaluation of IRI's seasonal climate forecasts for the extreme 15% tails [J]. Weather Forecast, 26: 545-554.

BARSUGLI J, ANDERSON C, SMITH J B, et al, 2009. Options for Improving Climate Modeling to Assist Water Utility Planning for Climate Change[R]. Western Utilities Climate Alliance (WUCA) White Paper: 144.

BECKER E, DOOL H, MALAQUIAS P, 2013. Short-term climate extremes: Prediction skill and predictability[J]. J Clim, 26: 512-531.

BRANSTATOR G, COAUTHORS, 2012a. Systematic estimates of initial-value decadal predictability for six AOGCMs[J]. J Clim, 25: 1827-1846.

BRANSTATOR G, TENG H, 2012b. Potential impact of initialization on decadal predictions as assessed for CMIP5 models[J]. Geophys Res Lett, 39: L12703.

CAI W, LI K, LIAO H, et al, 2017. Weather conditions conducive to Beijing severe haze more frequent under climate change[J]. Nat Clim Change, 7(4): 257-262.

CAINE N, 1980. The rainfall intensity-duration control of shallow landslides and debris flows, Geografiska annaler: series A[J]. Phys Geogr, 62(1-2): 23-27.

CHEN H P, WANG H J, 2015. Haze days in north China and the associated atmospheric circulations based on daily visibility data from 1960 to 2012[J]. J Geophys Res Atmos, 120(12): 5895-5909.

CHEN H, WANG H, SUN J, et al, 2019. Anthropogenic fine particulate matter pollution will be exacerbated in eastern China due to 21st century GHG warming[J]. Atmos Chem Phys, 19(1): 233-243.

CHENG Y, HE K, DU Z, et al, 2015. Humidity plays an important role in the $PM_{2.5}$ pollution in Beijing[J]. Environ Pollut, 197: 68-75.

CZAJA A, FRANKIGNOUL C, 1999. Influence of the North Atlantic SST on the atmospheric circulation[J]. Geophys Res Lett, 26: 2969-2972.

DANABASOGLU G, BATES S, BRIEGLEB B, et al, 2012. The CCSM4 Ocean Component[J]. J Clim, 25 (5): 1361-1389.

DANG R J, LIAO H, 2019. Severe winter haze days in the Beijing-Tianjin-Hebei region from 1985 to 2017 and the roles of anthropogenic emissions and meteorology[J]. Atmos Chem Phys, 19(16): 10801-10816.

DAVIS R E, 1976. Predictability of sea surface temperature and sea level pressure anomalies over the North Pacific Ocean[J]. J Phys Oceanogr, 6: 249-266.

DESER C, TIMLIN M S, 1997. Atmosphere-Ocean interaction on weekly timescales in the North Atlantic and Pacific[J]. J Clim, 10: 393-408.

DESER C, PHILLIPS A S, 2006. Simulation of the 1976/77 climate transition over the North Pacific: Sensitivity to tropical forcing[J]. J Clim, 19: 6170-6180.

DING Y H, SHI X L, LIU Y M, et al, 2006a. Multi-year simulations and experimental seasonal predictions for rainy seasons in China by using a nested regional climate model (RegCM_NCC) Part Ⅰ: Sensitivity study [J]. Adv Atmos Sci, 23(3): 323-341.

DING Y H, LIU Y M, SHI X L, et al, 2006b. Multi-year simulations and experimental seasonal predictions for rainy seasons in China by using a nested regional climate model (RegCM_NCC) Part Ⅱ: The experiment seasonal prediction[J]. Adv Atmos Sci, 23(4): 487-503.

DING Y H, WANG Z Y, SUN Y, 2010. Inter-decadal variation of the summer precipitation in east China and its association with decreasing Asian summer monsoon Part I: Observed evidences[J]. Int J Climatol, 28: 1139-1161.

DOBLAS-REYES F J, ANDREU-BURILLO I, CHIKAMOTO Y, 2013. Initialized near-term regional climate change prediction[J]. Nat Commun, 4, 1078-1090.

FAN K, WANG H J, 2004. Antarctic oscillation and the dust weather frequency in north China[J]. Geophys Res Lett, 31:L10201.

FAN K, WANG H J, 2007. Simulation on the AAO anomaly and its influence on the northern hemispheric circulation in boreal winter and spring[J]. Chinese J Geophys, 50:397-403.

FAN Y,FAN K, 2017. Pacific Decadal Oscillation and the decadal change in the intensity of the interannual variability of the south China Sea summer monsoon[J]. Atmos Oceanic Sci Lett, 10:162-167.

FAN K, WANG H, CHOI Y, 2008. A physically-based statistical forecast model for the middle-lower reaches of the Yangtze River Valley summer rainfall[J]. Chinese Sci Bull, 53: 602-609.

GARIANO S L,GUZZETTI F, 2016. Landslides in a changing climate[J]. Earth Sci Rev,166:227-252.

GODDARD L,COAUTHORS, 2012. A verification framework for interannual-to-decadal predictions experiments[J]. Clim Dyn, 40:245-272.

GUEMAS V, COAUTHORS, 2012. Identifying the causes of the poor decadal climate prediction skill over the North Pacific[J]. J Geophys Res Atmos, 117:D20111.

GUO D,GAO Y Q,BETHKE I, et al, 2013. Mechanism on how the spring Arctic sea ice impacts the East Asian summer monsoon[J]. Theor Appl Climatol, 115:107-119.

HAMILTON E, EADE R, GRAHAM R, et al, 2012. Forecasting the number of extreme daily events on seasonal timescales[J]. J Geophys Res Atmos, 117: D03114.

HAN Z Y, ZHOU B T, XU Y, et al, 2017. Projected changes in haze pollution potential in China: An ensemble of regional climate model simulations[J]. Atmos Chem Phys, 17(16):10109-10123.

HAN T T, WANG H J, HAO X, et al, 2019. Seasonal prediction of midsummer extreme precipitation days over Northeast China[J]. J Appl Meteorol Climatol,58(9):2033-2048.

HE Y,COAUTHORS,2017. Reduction of initial shock in decadal predictions using a new initialization strategy [J]. Geophys Res Lett, 44:8538-8547.

HE S S,WANG J,WANG H J , 2019. Projection of landslides in China during the 21st century under the RCP8.5 Scenario[J]. J Meteor Res, 33(1):138-148.

HE S S,WANG J,LIU S N, 2020. Rainfall event-duration thresholds for landslide occurrences in China[J]. Water, 12(2):494.

HOFFMAN R N,KALNAY E,1983. Lagged average forecasting, an alternative to Monte Carlo forecasting [J]. Tellus, 35A: 100-118.

HOLLAND M M, BAILEY D A, BRIEGLEB B P, et al,2012. Improved sea ice shortwave radiation physics in CCSM4: The impact of melt ponds and aerosols on Arctic sea ice[J]. J Clim, 25(5): 1413-1430.

HUANG R H,LIU Y,FENG T, 2012. Interdecadal change of summer precipitation over eastern China around the late-1990s and associated circulation anomalies, internal dynamical causes[J]. Chinese Sci Bull, 58: 1339-1349.

HUANG Y, WANG H, ZHAO P, 2013. Is the interannual variability of the summer Asian-Pacific oscillation predictable? [J]. J Clim, 26: 3865-3876.

HUANG Y Y,WANG H J, 2020a. A possible approach for decadal prediction of the PDO[J]. J Meteorol Res, 34:63-72.

HUANG Y Y,WANG H J, 2020b. Is the regional precipitation predictable in decadal scale? A possible approach for the decadal prediction of the summer precipitation over north China[J]. Earth Space Sci, 7(1):986.

KIM H M,WEBSTER P J,CURRY J A, 2012. Evaluation of short-term climate change prediction in multi-model CMIP5 decadal hindcasts[J]. Geophys Res Lett, 39:L10701.

KIRTMAN B,POWER S B,ADEDOYIN J A, et al,2013. Near-term Climate Change: Projections and Predictability[M]. Cambridge: Cambridge University Press:953-1028.

KOSAKA Y,XIE S P, 2013. Recent global-warming hiatus tied to equatorial Pacific surface cooling[J]. Nature, 501:403-407.

LANG X, WANG H, 2010. Improving extraseasonal summer rainfall prediction by information from GCMs and observations[J]. Weather Forecast, 25: 1263-1674.

LAWRENCE D M, OLESON K W, FLANNER M G, et al,2011. Parameterization improvements and functional and structural advances in version 4 of the Community Land Model[J]. J Adv Model Earth Syst, 3 (1):27.

LI Y Y, YIN Z C, 2020. Melting of Perennial Sea ice in the Beaufort Sea enhanced its impacts on early-winter haze pollution in north China after the mid-1990s[J]. J Clim, 33(12):5061-5080.

LI H X,CHEN H P,WANG H J, et al, 2018. Can Barents Sea ice decline in spring enhance summer hot drought events over northeastern China? [J]. J Clim, 31: 4705-4725.

LIAO Z H,HONG Y,WANG J, et al, 2010. Prototyping an experimental early warning system for rainfall-induced landslides in Indonesia using satellite remote sensing and geospatial datasets[J]. Landslides, 7: 317-324.

LINDSAY R W,ZHANG J, 2005. The thinning of arctic sea ice, 1988—2003: Have we passed a tipping point? [J]. J Clim, 18:4879-4894.

LIU Y, FAN K, 2014. An application of hybrid downscaling model to forecast summer precipitation at stations in China[J]. Atmos Res, 143: 17-30.

LIU Y, REN H, 2015. A hybrid statistical downscaling model for prediction of winter precipitation in China [J]. Int J Climatol, 35: 1309-1321.

LIU T T, GONG S L, HE J J, et al, 2017. Attributions of meteorological and emission factors to the 2015 winter severe haze pollution episodes in China's Jing-Jin-Ji area[J]. Atmos Chem Phys, 17(4): 2971-2980.

LO J C F, YANG Z L,PIELKE SR R A, 2008. Assessment of three dynamical climate downscaling methods using the Weather Research and Forecasting (WRF) model[J]. J Geophys Res Atmos, 113: D09112.

MA J, WANG H, FAN K, 2015. Dynamic downscaling of summer precipitation prediction over China in 1998 using WRF and CCSM4[J]. Adv Atmos Sci, 32: 577-584.

MANTUA N J,COAUTHORS, 1997. A Pacific interdecadal climate oscillation with impacts on salmon production[J]. Bull Amer Meteor Soc, 78:1069-1080.

MCCABE G J, COAUTHORS, 2012. Influences of the El Niño Southern oscillation and the Pacific decadal oscillation on the timing of the North American spring[J]. Int J Climatol, 32: 2301-2310.

MCCABE G J, M A PALECKI,J L BETANCOURT, 2004. Pacific and Atlantic Ocean influences on multidecadal drought frequency in the United States[J]. Proc Natl Acad Sci USA, 101: 4136-4141.

MEANS E M, COAUTHORS, 2010. Decision support planning methods: Incorporating climate change uncertainties into water planning[J]. Western Utilities Climate Alliance (WUCA) White Paper:102.

MEEHL G A,COAUTHORS, 2009. Decadal prediction: can it be skillful? [J]. Bull Amer Meteor Soc, 90: 1467-1486.

MEEHL G A,COAUTHORS, 2014. Decadal Climate Prediction: An Update from the Trenches[J]. Bull Amer Meteor Soc, 95:243-267.

MICHAELSEN J, 1987. Cross-Validation in statistical climate forecast models[J]. J Appl Meteorol Climatol, 26:1589-1600.

MILLER A J，COAUTHORS，2004. Decadal-scale climate and ecosystem interactions in the North Pacific Ocean[J]. J Oceanogr，60：163-188.

NAKAMURA H，KAZMIN A S，2003. Decadal changes in the North Pacific oceanic frontal zones as revealed in ship and satellite observations[J]. J Geophys Res Oceans，108：3078.

NEWMAN M，2013. An empirical benchmark for decadal forecasts of global surface temperature anomalies [J]. J Clim，26：5260-5269.

NEWMAN M，COAUTHORS，2016. The Pacific decadal oscillation，revisited[J]. J Clim，29：4399-4427.

OGOU F K，YANG Q，DUAN Y W，et al，2019. Comparative analysis of interdecadal precipitation variability over central north China and sub Saharan Africa[J]. Atmos Oceanic Sci Lett，12，201-207.

QIU B，2003. Kuroshio Extension variability and forcing of the Pacific decadal oscillations：Responses and potential feedback[J]. J Phys Oceanogr，33：2465-2482.

REN H，WU Y，BAO Q，et al，2019. The China Multi-Model Ensemble Prediction System and its application to flood-season prediction in 2018[J]. J Meteor Res，33：540-552.

SAHA S，MOORTHI S，PAN H-L，et al，2010. The NCEP climate forecast system reanalysis[J]. Bull Amer Meteorol Soc，91(8)：1015-1057.

SCHNEIDER N，CORNUELLE B D，2005. The forcing of the Pacific decadal oscillation[J]. J Clim，18：4355-4373.

SMIRNOV D，NEWMAN M，ALEXANDER M A，2014. Investigating the role of ocean-atmosphere coupling in the North Pacific Ocean[J]. J Clim，27：592-606.

SUN J Q，WANG H J，2006. Relationship between Arctic oscillation and Pacific decadal oscillation on decadal timescale[J]. Chinese Sci Bull，51：75-79.

SUN J，CHEN H，2012a. A statistical downscaling scheme to improve global precipitation forecasting[J]. Meteorol Atmos Phys，117：87-102.

SUN J Q，WANG H J，2012b. Changes of the connection between the summer North Atlantic oscillation and the East Asian summer rainfall[J]. J Geophys Res Atmos，117：D08110.

VERA C，COAUTHORS，2010. Needs assessment for climate information on decadal timescales and longer [J]. Procedia Environ Sci，1：275-286.

WANG H，FAN K，2009. A new scheme for improving the seasonal prediction of summer precipitation anomalies[J]. Weather Forecast，24：548-554.

WANG T，COAUTHORS，2012. The response of the North Pacific decadal variability to strong tropical volcanic eruptions[J]. Clim Dyn，39：2917-2936.

WANG H J，CHEN H P，2016. Understanding the recent trend of haze pollution in eastern China：Roles of climate change[J]. Atmos Chem Phys，16(6)：4205-4211.

WANG T，MIAO J P，2018. Twentieth-century Pacific Decadal oscillation simulated by CMIP5 coupled models [J]. Atmos Oceanic Sci Lett，11：94-101.

WANG H J，YU E T，YANG S，2011. An exceptionally heavy snowfall in northeast China：Large-scale circulation anomalies and hindcast of the NCAR WRF model[J]. Meteorol Atmos Phys，113(1-2)：11-25.

WANG H J，CHEN H P，LIU J P，2015. Arctic sea ice decline intensified haze pollution in eastern China[J]. Atmos Oceanic Sci Lett，8：1-9.

WU B，ZHOU T，LI C，et al，2019. Improved decadal prediction of northern-hemisphere summer land temperature[J]. Clim Dyn，53：1357-1369.

XIAO D，LI Y，FAN S J，et al，2015. Plausible influence of Atlantic Ocean SST anomalies on winter haze in China[J]. Theor Appl Climatol，122：249-257.

XIE J, ZHANG M, 2017. Role of internal atmospheric variability in the 2015 extreme winter climate over the North American continent[J]. Geophys Res Lett, 44:2464-2471.

XU Z Q, FAN K, WANG H J, 2015. Decadal variation of summer precipitation over China and associated atmospheric circulation after the late 1990s[J]. J Clim, 28:4086-4106.

YEH S W, COAUTHORS, 2011. The North Pacific climate transitions of the winters of 1976/1977 and 1988/1989[J]. J Clim, 24:1170-1183.

YIN Z C, WANG H J, 2016a. The relationship between the subtropical Western Pacific SST and haze over north-central north China plain[J], Int J Climatol, 36:3479-3491.

YIN Z C, WANG H J, 2016b. Seasonal prediction of winter haze days in the north-central north China plain [J]. Atmos Chem Phys, 16(23):14843-14852.

YIN Z C, WANG H J, 2017a. Role of atmospheric circulations in haze pollution in December 2016[J]. Atmos Chem Phys, 17(18):11673-11681.

YIN Z C, WANG H J, 2017b. Statistical prediction of winter haze days in the north China plain using the generalized additive model[J]. J Appl Meteorol Clim, 56: 2411-2419.

YIN Z C, WANG H J, GUO W L, 2015. Climatic change features of fog and haze in winter over north China and Huang-Huai area[J]. Sci China Earth Sci, 58:1370-1376.

YIN Z C, LI Y Y, WANG H J, 2019. Response of early winter haze in the north China plain to autumn Beaufort sea ice[J]. Atmos Chem Phys, 19:1439-1453.

YIN Z C, ZHANG Y J, 2020a. Climate anomalies contributed to the rebound of $PM_{2.5}$ in winter 2018 under intensified regional air pollution preventions[J]. Sci Total Environ, 726: 138514.

YIN Z C, ZHOU B T, CHEN H P, et al, 2020b. Synergetic impacts of precursory climate drivers on interannual-decadal variations in haze pollution in north China: A review[J]. Sci Total Environ, 755:143017.

YU L, COAUTHORS, 2015. Modulation of the Pacific decadal oscillation on the summer precipitation over East China: A comparison of observations to 600-years control run of Bergen Climate Model[J]. Clim Dyn, 44:475-494.

YU E T, WANG H J, SUN J Q, et al, 2012. Climatic response to changes in vegetation in the northwest Hetao Plain as simulated by the WRF model[J]. Int J Climatol, 33: 1470-1481.

ZHANG R, ZUO Z, 2011. Impact of spring soil moisture on surface energy balance and summer monsoon circulation over East Asia and precipitation in east China[J]. J Clim, 24: 3309-3322.

ZHANG D, HUANG Y, SUN B, et al, 2018. Verification and improvement of the ability of CFSv2 to predict the Antarctic oscillation in boreal spring[J]. Adv Atmos Sci, 36: 292-302.

ZHANG Z Y, GONG D Y, MAO R, et al, 2019. Possible influence of the Antarctic oscillation on haze pollution in north China[J]. J Geophys Res Atmos, 124:1307-1321.

ZHONG W G, YIN Z C, WANG H J, et al. , 2019. The relationship between anticyclonic anomalies in northeastern Asia and severe haze in the Beijing-Tianjin-Hebei region[J]. Atmos Chem Phys, 19(9): 5941-5957.

ZHU Y L, COAUTHORS, 2015. Contribution of the phase transition of Pacific decadal oscillation to the late 1990s′ shift in east China summer rainfall[J]. J Geophys Res Atmos, 120:8817-8827.

ZUO J Q, LI W J, SUN C H, et al, 2013. Impact of the North Atlantic sea surface temperature tripole on the East Asian summer monsoon[J]. Adv Atmos Sci, 30:1173-1186.

第 8 章　极端气候未来变化预估

极端气候与气象灾害的联系十分密切，对人类生活和社会生产有直接影响，因此，极端事件未来变化受到科学家、决策者和社会公众的广泛关注。中国北方地区幅员辽阔，生态资源丰富，是极端气候变化的高敏感区。随着全球变暖的加剧，中国北方地区干旱、洪涝、暴雪等极端气候事件频发，气象灾害损失加重，严重影响了该地区自然环境和社会经济的可持续发展。因此，科学预估 21 世纪中国北方等地区极端天气气候事件的变化趋势对于国家战略规划和可持续发展具有重要的科学意义。

8.1　极端温度

8.1.1　数据和方法

本节采用的气候数据来自于 4 套全球模式数据驱动的区域模式降尺度模拟结果。四个全球模式分别为 CSIRO-Mk3.6.0、EC-EARTH、HadGEM2-ES 和 MPI-ESM-MR。区域模式为 RegCM4.4，其水平分辨率为 25 km，垂直方向 18 层，顶层高度为 10 hPa(Gao et al., 2018)，模拟区域为“协调区域气候降尺度试验”计划(CORDEX)(Giorgi et al., 2009)第二阶段推荐的东亚区域。本节中对应的四套动力降尺度模拟分别简称为 CdR、EdR、HdR 和 MdR。研究时期为 1979—2098 年，其中 1981—2005 年为历史时期，2006—2098 年为未来时期(排放情景为 RCP 4.5)。用于验证模式的观测资料为 CN05.1，其分辨率为 0.25°，时期为 1961—2018 年(Wu et al., 2013)。

本节选取了气候变化检测及指数联合专家组(ETCCDI；Sillmann et al.,2013)推荐的 6 个极端温度指数，包括 2 个绝对指数：年最高温度(TXx)和年最低温度(TNn)，其表征极端温度事件的强度；2 个阈值指数：暖昼指数(TX90P)和冷夜指数(TN10P)，其表征极端温度事件的发生频率；2 个历时指数：暖日持续日数(WSDI)和冷日持续日数(CSDI)，其表征极端温度事件的持续性。在指数计算过程中，确定相对阈值的时期为 1981—2000 年。选取了 1986—2005 年作为基准时段，21 世纪早期、中期和晚期对应的时期分别为 2016—2035 年、2046—2065 年和 2079—2098 年。所有模式结果都统一插值到观测资料 CN05.1 的格点上，插值过程中去除了地形的影响。

本节采用有效温度(ET)来度量气候舒适度(Gregorczuk, 1968)，其计算公式如下：

$$\mathrm{ET} = 37 - \frac{37 - T}{0.68 - 0.0014\mathrm{RH} + \dfrac{1}{1.76 + 1.4v^{0.75}}} - 0.29T(1 - 0.01\mathrm{RH})$$

式中，T 为日平均气温（单位：℃），RH 为相对湿度（单位：%），v 为风速（单位：m/s）。根据有效温度的数值，将热舒适度划分为 7 个等级：寒冷（低于 1 ℃）、冷（1～9 ℃）、凉（9～17 ℃）、舒适（17～21 ℃）、暖（21～23 ℃）、热（23～27 ℃）、炎热（大于 27 ℃）。用于计算 ET 的逐日平均气温、相对湿度和风速均使用分位数映射法（Gudmundsson et al.，2012；童尧 等，2017）进行了误差订正。

为了进一步研究热舒适度对人口的影响，本节分析了不同等级有效温度对应人口的暴露度（定义为格点上的人口数与该格点上的对应等级有效温度逐年天数总和的乘积）。此外，有效温度暴露度受到各等级有效温度和人口两个因素的共同影响，有效温度暴露度的变化可拆分为三项，公式如下：

$$\delta E = \delta C \times \bar{P} + \bar{C} \times \delta P + \delta C \times \delta P$$

式中，δE 代表有效温度暴露度的变化，$\delta C \times \bar{P}$ 代表气候变化导致的有效温度暴露度变化（即气候因子），$\bar{C} \times \delta P$ 代表人口变化导致的有效温度暴露度变化（即人口因子），$\delta C \times \delta P$ 代表气候和人口同时发生变化导致的有效温度暴露度变化（即非线性项）。人口数据来自国际应用系统分析研究所（Riahi et al.，2007），水平分辨率为 0.5°×0.5°，未来人口情景为 B1。

8.1.2 模式评估

图 8.1 给出了 1986—2005 年观测的极端高温指数气候态空间分布和模拟偏差。四组降尺度模拟结果及其集合平均均能较好地再现观测的 TXx 气候态空间分布，空间相关系数均为 0.98；在青藏高原边缘和内蒙古地区表现出冷偏差，而在新疆和中国南方地区表现出暖偏差。模拟的 WSDI 气候态与观测值较为接近，二者空间相关系数在 0.47～0.62 之间；除青藏高原西南部模拟值偏高外，其他大部分地区模拟值偏低。模拟的 TX90P 气候态与观测偏差较大，空间相关系数在 −0.19～0.18 之间。模拟偏差的空间分布与 WSDI 类似，这与二者均基于相同阈值计算得出有关。

图 8.2 给出了 1986—2005 年观测的极端低温指数空间分布和模拟偏差。模式可以较好地再现观测的 TNn 气候态分布，空间相关系数在 0.89～0.94 之间，但在青藏高原地区表现出冷偏差。模式也可合理再现观测的 CSDI 气候态分布，二者空间相关系数在 0.32～0.47 之间。就空间分布而言，模拟的 CSDI 在中国大部分地区偏高，但东北北部、西北和华南南部的部分地区模拟值偏低。模拟的 TN10P 气候态与观测值差异较大，空间相关系数在 −0.22～0.23 之间。模拟的 TN10P 在大部分地区值均偏高，尤其是青藏高原西部地区。

图 8.3 给出了全球和区域模式分别模拟的极端温度空间分布与观测对比的泰勒图。与全球模式结果相比，区域模式改进了部分极端指数的模拟效果。区域模式提高了 TXx、WSDI 和 CSDI 的空间相关系数，但对于其他指数，空间相关系数改进不明显，甚至出现降低的情况。此外，区域模式动力降尺度明显减小了气候模式间的差异，从而有效减小了模拟的不确定性。在四组动力降尺度模拟中，HdR 的模拟性能总体最好，集合平均结果与 HdR 接近（图 8.3）。极端高温和极端低温的模拟性能与平均温度的模拟性能显著相关，尤其是极端高温指数。例如，HdR 模拟的极端高温在四组模拟中与观测最接近，其日平均温度在四组模拟中也与观测最接近；EdR 模拟的极端高温在四组模拟中表现最差，其日平均温度表现也最差（Guo et al.，2021）。

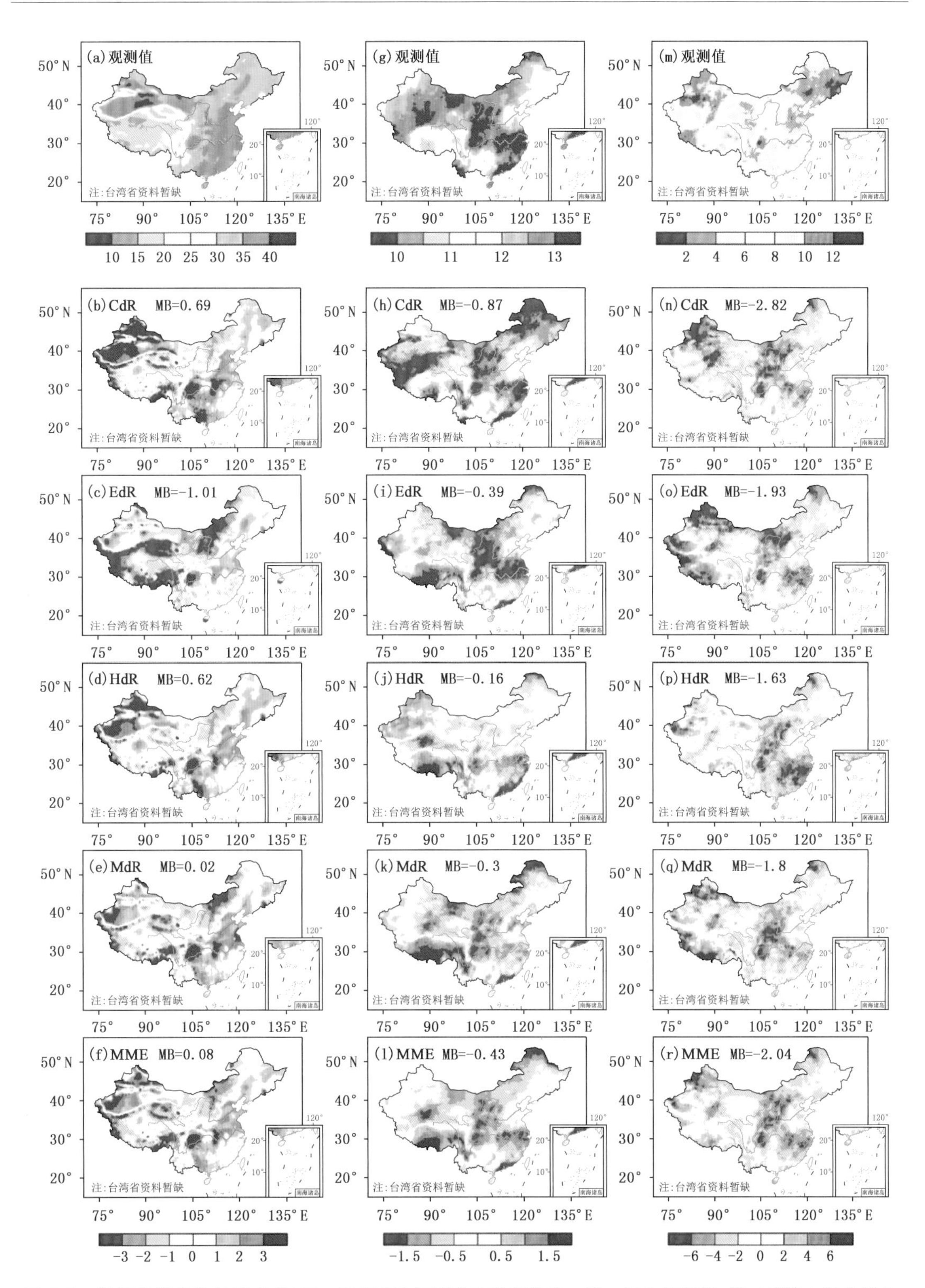

图8.1 极端高温指数气候态(1986—2005年)观测值及模拟偏差。第一行为观测值,第二到第六行分别为CdR、EdR、HdR、MdR和MME模拟与观测的偏差。第一列为TXx(℃),第二列为TX90P(%),第三列为WSDI(d)。MB为平均偏差(Guo et al.,2021)

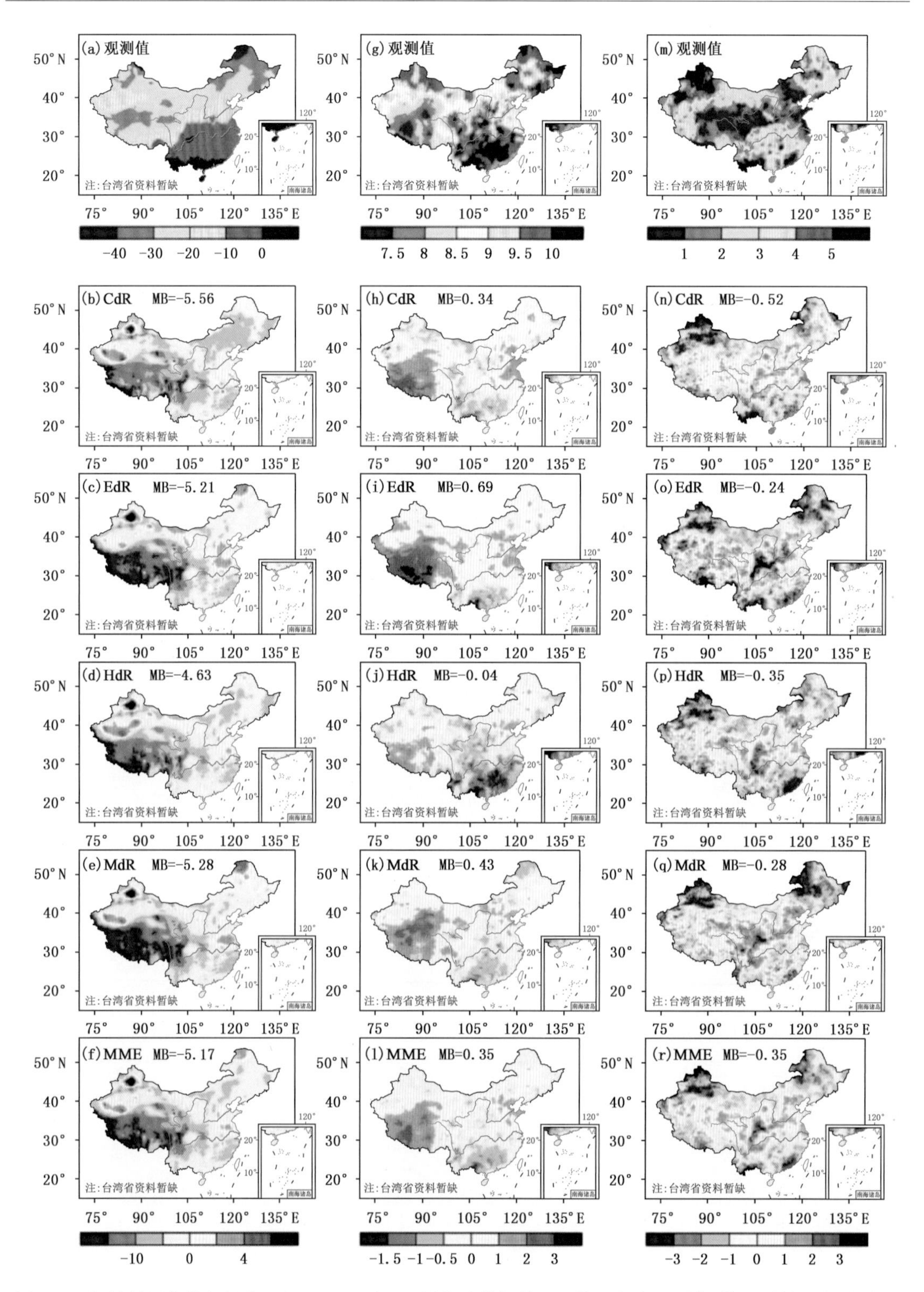

图 8.2　极端低温指数气候态(1986—2005 年)观测值及模拟偏差。第一行为观测值,第二到第六行分别为 CdR、EdR、HdR、MdR 和 MME 模拟与观测的偏差。第一列为 TNn(℃),第二列为 TN10P(%),第三列为 CSDI(d)。MB 为平均偏差(Guo et al.,2021)。

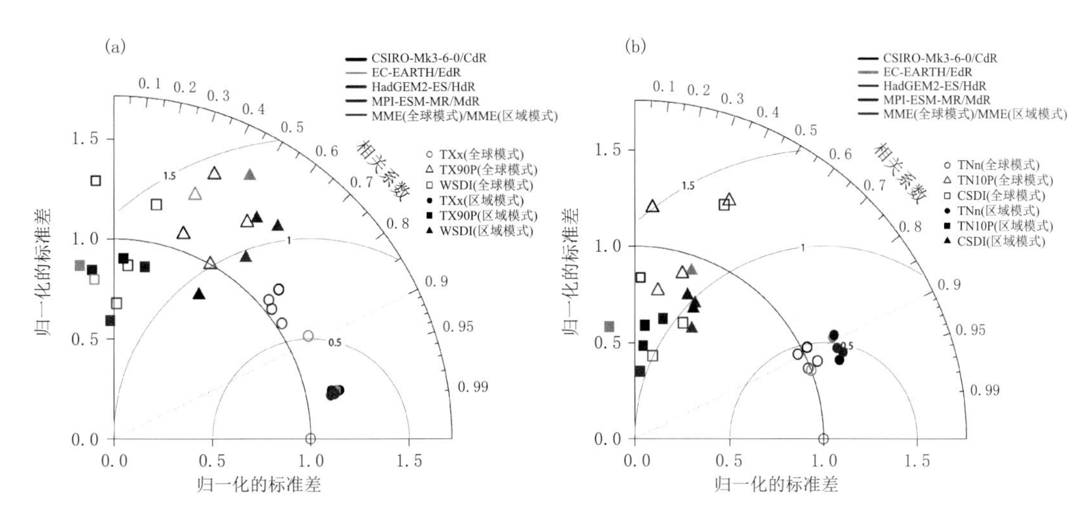

图 8.3　模拟的极端温度气候态(1986—2005 年)与观测对比的泰勒图。(a)极端高温指数:TXx(℃)、TX90P(%)和 WSDI(d)。(b)极端低温指数:TNn(℃)、TN10P(%)和 CSDI(d)。空心图形为全球模式模拟的结果,实心图形为区域气候模式模拟的结果,颜色代表不同的动力降尺度模拟。在(b)中,全球模式 EC-ERATH 模拟的 TN10P 和 CSDI 与观测值呈负相关(TN10P: 相关系数为−0.43, 标准差为 0.94;CSDI:相关系数为−0.21,标准差为 1.68),因此未在图中显示(Guo et al., 2021)。

总体而言,区域模式对 TXx、TNn、WSDI 和 CSDI 的模拟能力较好,但对 TX90P 和 TN10P 的模拟能力较弱。TXx 和 TNn 只与日最高/低温度有关,而 TX90P 和 TN10P 不但与日最高/低温度有关,还与阈值(基于基准时段得到的第 90 和第 10 百分位数)有关,这增加了结果的不确定性。尽管 WSDI 和 CSDI 与 TX90P 和 TN10P 都不仅与日最高/低温度有关,还与相应的阈值有关,但前者聚焦在达到阈值至少连续 6 天的天数,因此其有效自由度减少了(在多数情况下,模拟结果中的一些较小的不确定性可能不会影响超过某一阈值连续 6 天的天数)。此外,区域模式偏差与全球模式偏差具有统计显著的空间相关关系,这表明区域模式的部分误差源于作为驱动场的全球模式(Guo et al., 2021)。同时,四组区域模拟偏差的空间分布较全球模式更为相似,这表明区域模式的内部物理过程对偏差也有一定贡献。需要注意的是,模式评估中的这些偏差并不代表预估的未来变化中也具有同样偏差。预估的未来变化是未来和当前两个时期的差值,因此消除了部分模式系统误差,使得预估结果可能更加可信。

8.1.3　极端温度预估

图 8.4 给出了 RCP4.5 情景下中国区域平均的极端温度指数的未来变化。未来极端高温指数曲线先升高,之后逐渐变得平缓。到 21 世纪早期(2016—2035 年),TXx、TX90P 和 WSDI 相对基准时期(1986—2005 年)将分别增加约 1.0 ℃、6.9%和 11.1 天;到 21 世纪末期(2079—2098 年),其分别增加约 2.5 ℃、21.1%和 43.6 天。TNn 变化曲线在早期也表现出增加趋势,之后变得平稳。到 21 世纪早期,TNn 相对基准时期平均增加了约 1.1 ℃,到 21 世纪晚期增加了约 3.3 ℃。TN10P 和 CSDI 在未来表现出明显减少的趋势,到 21 世纪早期和晚期分别减少了 3.5%和 6.8%(TN10P)以及 1.0 天和 2.0 天(CSDI)。

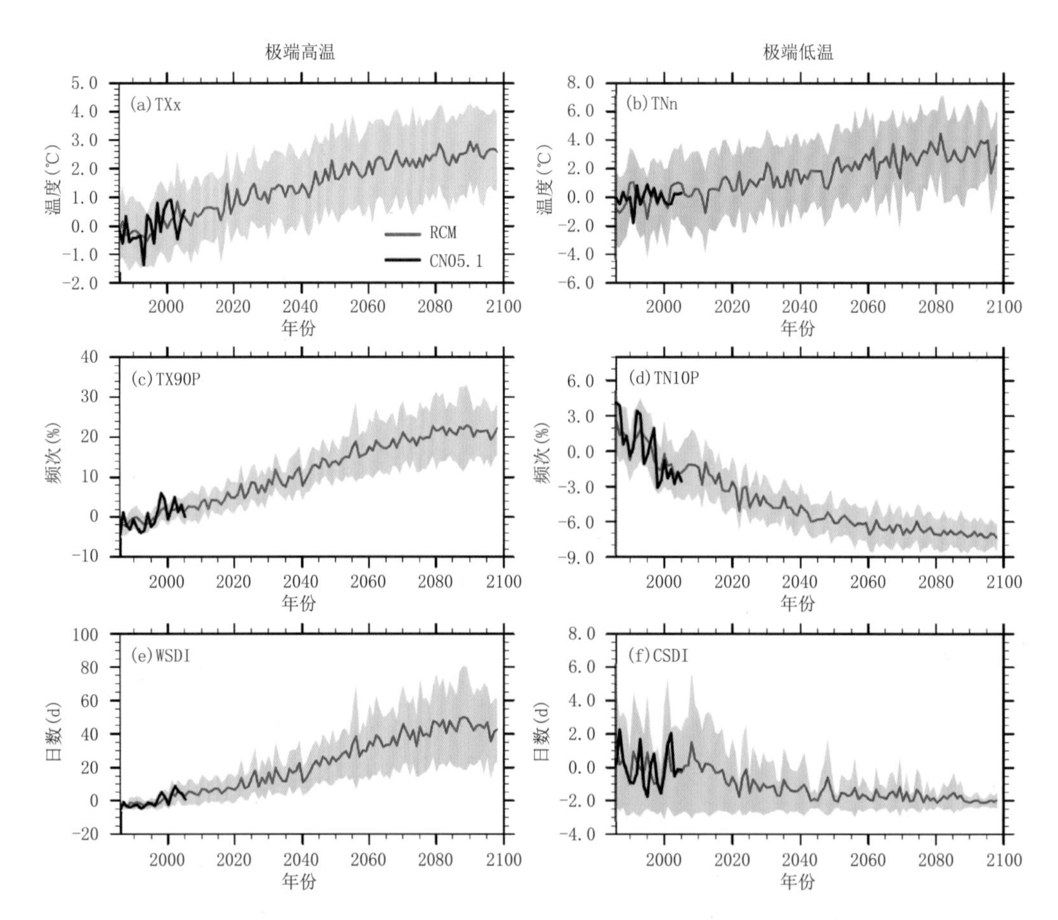

图 8.4　区域模式模拟的中国区域平均极端温度指数的变化(相对于 1986—2005 年)。蓝色实线是集合平均的结果,阴影代表模式间标准差,黑色实线为观测值(CN05.1)(Guo et al., 2021)
(a)TXx;(b)TNn;(c)TX90P;(d)TN10P;(e)WSDI;(f)CSDI

图 8.5—图 8.7 分别给出了 21 世纪早期(2016—2035 年)、中期(2046—2065 年)和末期(2079—2098 年)极端温度指数变化的空间分布。在 21 世纪早期,TXx 的升高幅度在西北地区略大于东北和华南地区。到了 21 世纪中期和末期,中国中部和青藏高原地区 TXx 的升高幅度相对更大。TX90P 和 WSDI 的增加幅度在三个时期都表现出从青藏高原向东北地区递减的分布模态,表明青藏高原地区极端高温的变化更为敏感。相对 21 世纪早期,21 世纪末期所有高温指数的变化幅度都更大。

在所有三个时期中,TNn 的变化在北方和青藏高原地区相对更强,在南方地区较弱。三个时期中 TN10P 在青藏高原地区均表现出较大幅度的减小,在 21 世纪中后期 TN10P 也在东北地区表现出大幅度减小。在 21 世纪早期,CSDI 的变化在中国区域表现较为一致。到了 21 世纪中末期,塔里木盆地和四川盆地的 CSDI 变化明显加强。与极端高温指数类似,相对 21 世纪早期,极端低温指数的变化在 21 世纪末期更显著。

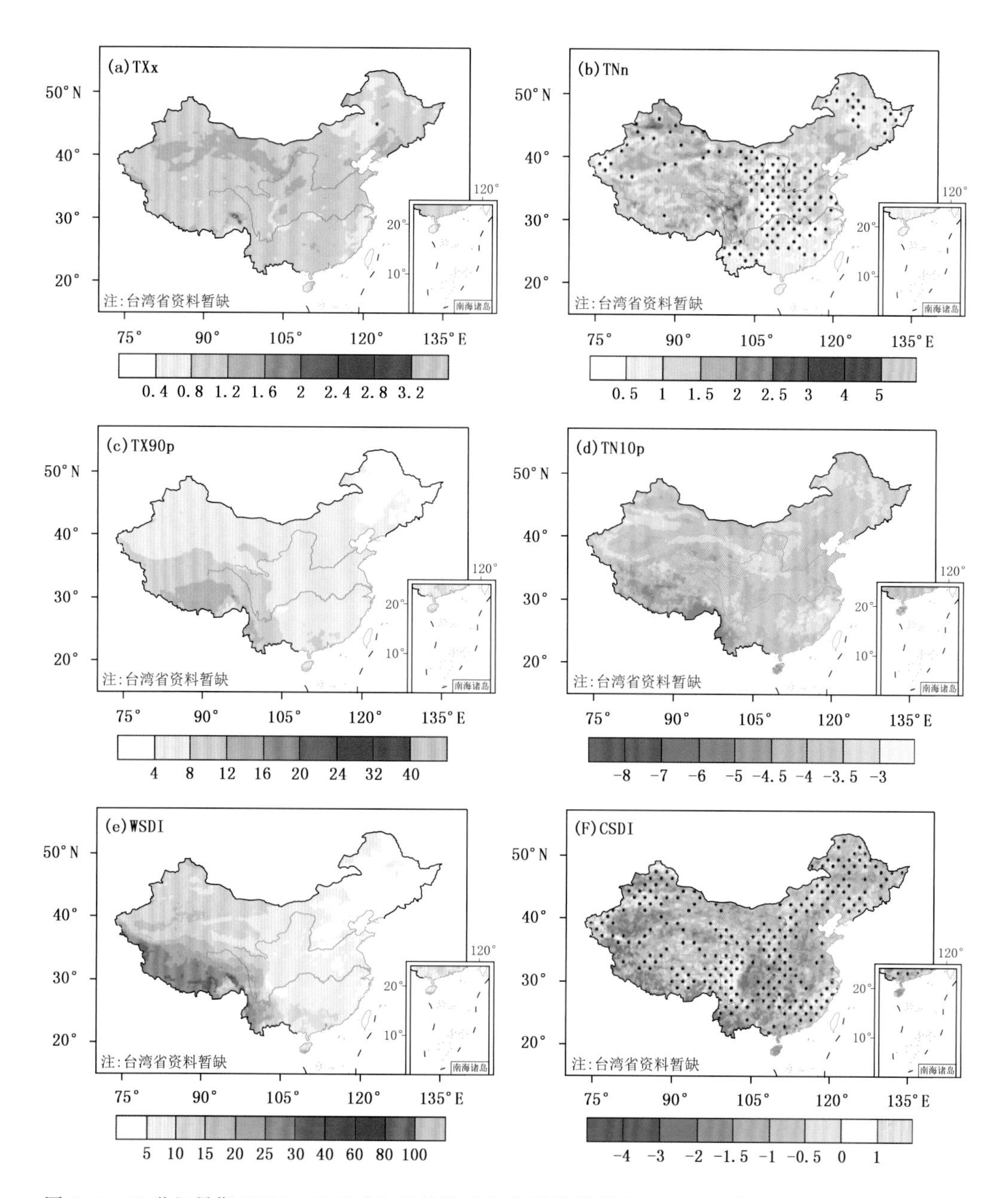

图8.5 21世纪早期(2016—2035年)区域模式集合平均模拟的RCP4.5情景下极端温度指数变化(相对1986—2005年)。图中黑点表示变化未通过置信度为95%的显著性检验。左列为极端高温指数:TXx(℃)、TX90P(%)和WSDI(d)。右列为极端低温指数:TNn(℃)、TN10P(%)和CSDI(d)(Guo et al.,2021)

此外,进一步分析了预估的未来变化与当前模拟偏差之间的联系。HdR预估的未来极端温度指数变化幅度最大,但其模拟偏差却最小。EdR预估的未来极端温度变化幅度明显小于CdR,但EdR的模拟偏差却与CdR接近。这表明预估的未来变化与当前模拟偏差没有直接的联系。然而,区域模式预估的未来变化与作为驱动场的全球模式预估结果紧密相关。例如,

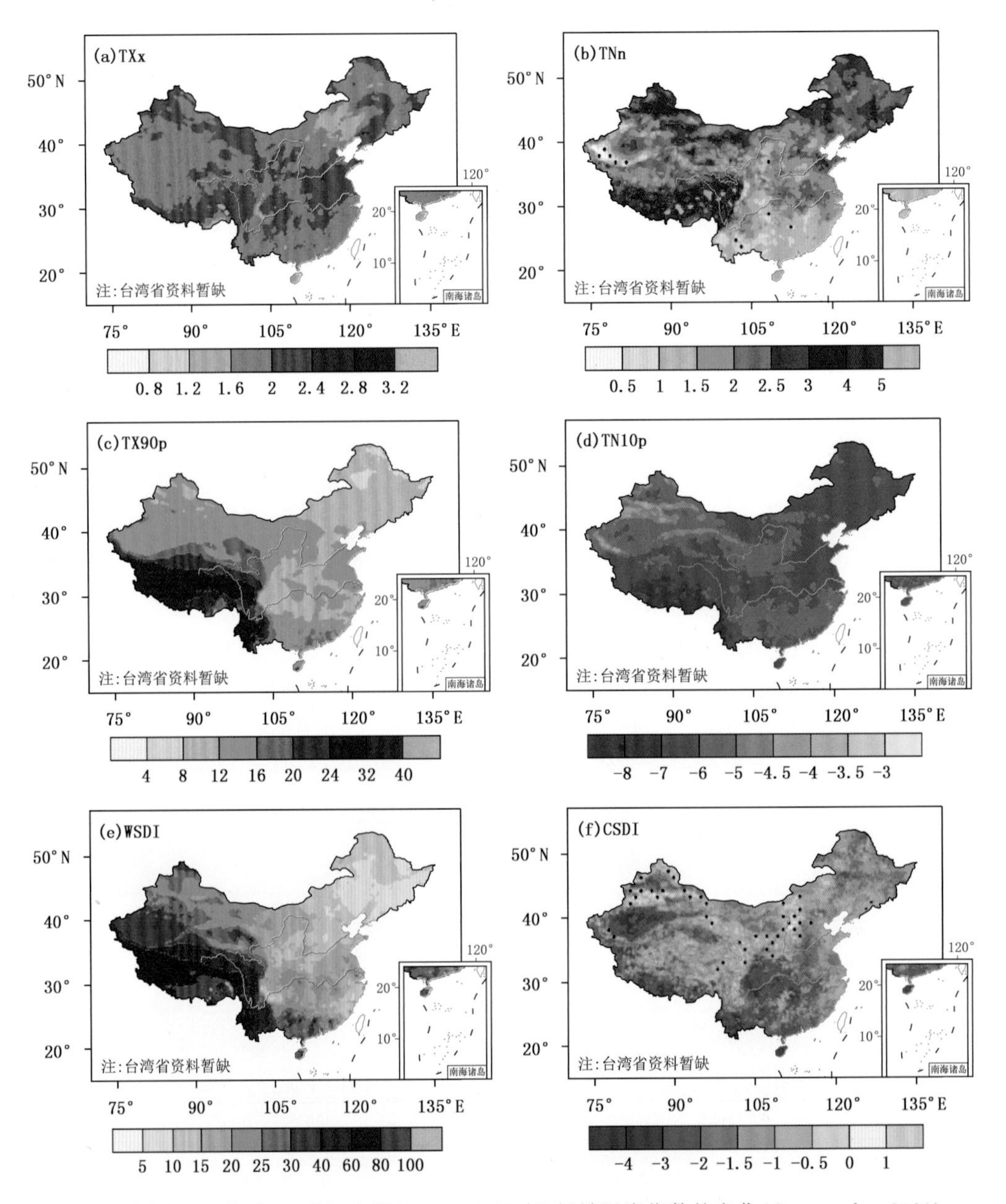

图 8.6　同图 8.5,但为 21 世纪中期(2046—2065 年)极端温度指数的变化(Guo et al.,2021)

CdR 和 HdR 预估的极端温度变化比 EdR 和 MdR 更为显著,与之对应,全球模式 CSIRO-Mk3.6.0 和 HadGEM2-ES 预估的极端温度变化比 EC-EARTH 和 MPI-ESM-MR 更为显著(Guo et al.,2021)。这表明区域模式预估的未来极端温度变化幅度受作为驱动场的全球模式控制。值得注意的是,区域模式预估的未来极端气候变化幅度相对对应的全球模式偏小。

总体而言,本研究预估的未来极端温度的变化趋势和区域特征与前人基于全球模式或单个区域模式的研究结果基本一致(Zhou et al.,2014; Ji et al.,2015; Chen et al.,2018),但在部分区域存在一定的差异,这可能与不同研究所采用模式和集合方法等的不同有关。

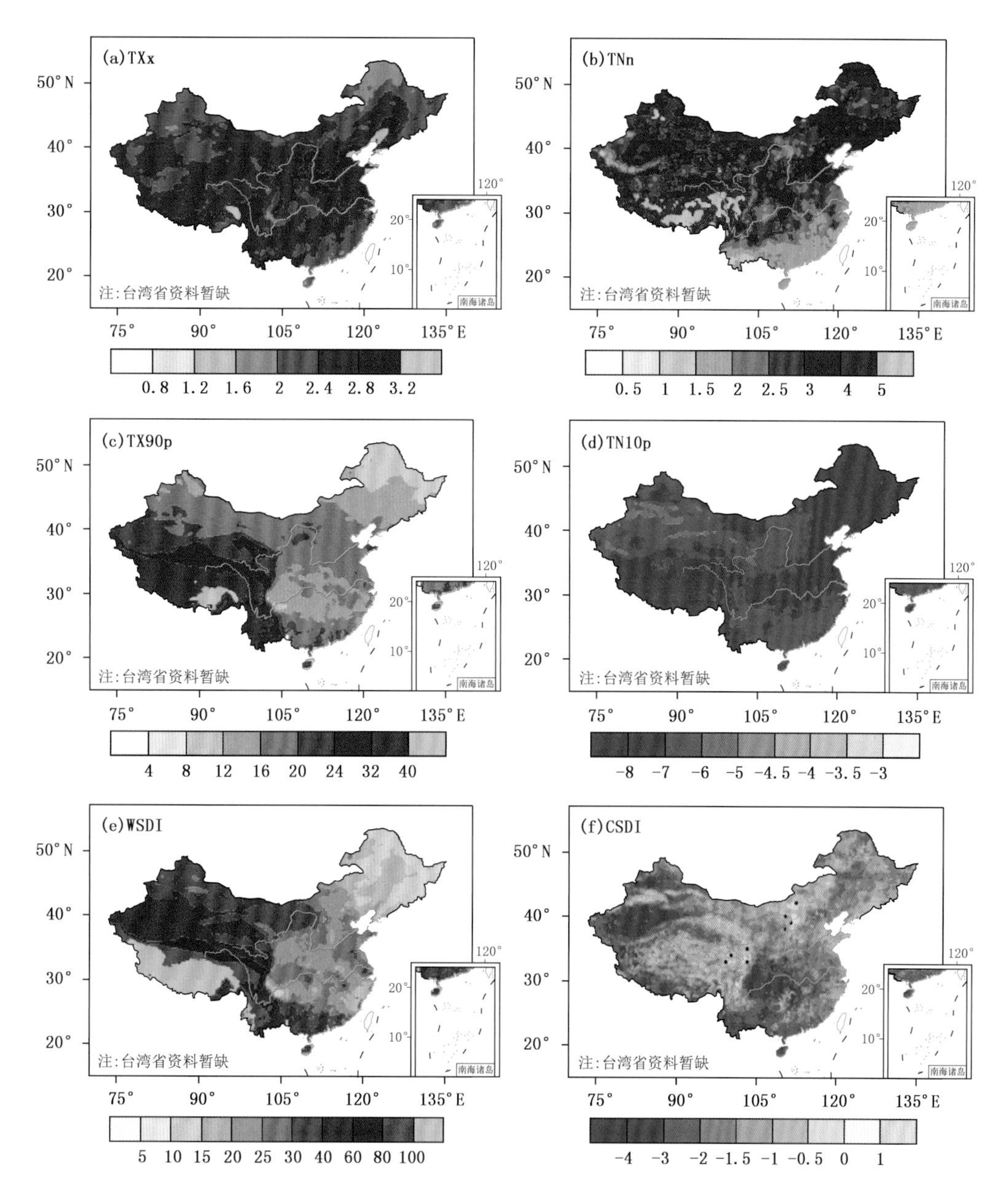

图8.7　同图8.5,但为21世纪末期(2079—2098年)极端温度指数的变化(Guo et al.,2021)

8.1.4　热舒适度预估

图8.8给出了当代不同等级有效温度的分布及中国区域的平均值。炎热天数主要分布在黄河下游到长江区域、四川盆地、华南地区南部和西北地区,数值均较小(<7天)。热天数分布在中国东部和西北地区大部分区域,其中在长江中下游区域、四川盆地和华南地区数值较大(>30天)。暖天数分布在除青藏高原、天山、阴山的中国大部分区域,在华南地区南部和海南数值最大(>60天)。舒适天数分布在除青藏高原和天山的中国大部分区域,其中在长江以南

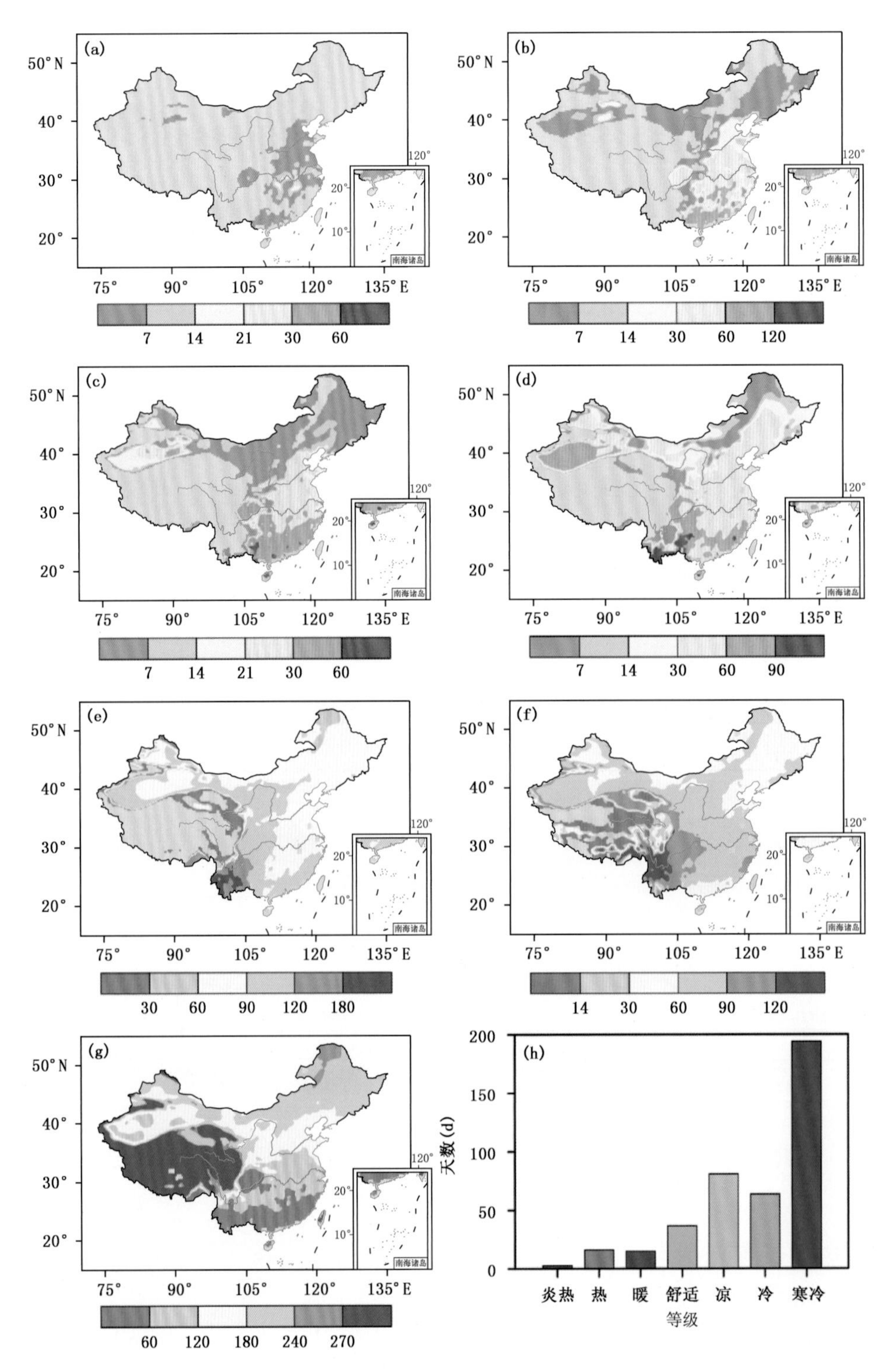

图 8.8　当代多模式集合平均的炎热(a)、热(b)、暖(c)、舒适(d)、凉(e)、冷(f)和寒冷(g)的年平均天数(单位:d;灰色区域:数值为 0)的分布。(h)为各等级有效温度年平均天数的中国区域平均值(单位:d)(Gao et al.,2018)

的大部分区域数值较大（＞60 天）。凉天数分布在除青藏高原中部和南部的中国大部分区域，数值较大（＞120 天）的区域集中在西南地区。冷天数和寒冷天数均分布在整个中国区域，但冷天数在西南地区较大（＞90 天），寒冷天数的最大值（＞270 天）主要集中在青藏高原。从中国区域平均的各等级有效温度天数可以看出，寒冷天数最多（208 天），而炎热天数最少。

图 8.9 给出了当代 4 个模式动力降尺度结果集合平均的不同等级有效温度暴露度的分布及对应的中国区域总和。中国人口的分布不均极大影响了有效温度暴露度的分布。炎热天数暴露度主要集中在黄河下游区域、长江中游区域和四川盆地，且数值都较小（＜1×10^6 人·d）。热天数暴露度主要分布在中国东部区域和四川盆地，其中在长江中游区域的南部、四川盆地和华南地区东部数值较大（＞2.5×10^7 人·d）。暖天数暴露度主要分布在东北地区中部、约 105°E 以东的大部分中国东部和新疆中部区域，其中在黄河下游区域、四川盆地和华南地区出现较大值（＞2.5×10^7 人·d）。舒适天数暴露度分布在除内蒙古北部和青藏高原外的中国大部分区域，在黄河下游区域和四川盆地数值较大（＞2.5×10^7 人·d）。凉天数暴露度分布在除青藏高原外的中国大部分区域，其中在黄河下游区域和四川盆地数值最大（＞5×10^7 人·d）。冷天数暴露度及其大值区的分布与凉天数暴露度的相似。寒冷天数暴露度基本分布在整个中国区域，其中在东北地区中部和华北平原数值最大（＞5×10^7 人·d）。从多模式集合平均的各等级有效温度暴露度的中国区域总和可以看出，寒冷天数暴露度的数值（1.9×10^{11} 人·d）最大，其次是凉天数暴露度（1.53×10^{11} 人·d），而炎热天数暴露度的数值（2×10^8 人·d）最小。

图 8.10 给出了多模式集合平均预估的 21 世纪末期各等级有效温度天数的变化。相比当代，21 世纪末期的炎热天数在中国东部大部分地区、四川盆地和西北地区均增加，增加的大值区（＞30 天）集中在长江中下游区域、四川盆地和华南地区。热天数将在中国大部分区域增加，其中长江以南的大部分区域的增幅都将超过 30 天；在长江中游区域和四川盆地，热天数将减少，其中长江中游区域的减少幅度较大（＞21 天），这是由于该区域的气温上升导致热天数移动到炎热天数。暖天数在长江以北的大部分中国东部地区、云贵高原和大部分的西北地区将增加，其中在云南南部和云贵高原东部增加幅度较大（＞30 天）；在除云贵高原的大部分长江以南区域，暖天数将减少。21 世纪末期的舒适天数将在除青藏高原和天山以外的大部分中国区域发生变化，但在大部分区域变化幅度不大，只在云南中部增加幅度超过 60 天。凉天数在中国大部分区域将减少，其中在云南和海南的大部分区域以及贵州西部减少幅度较大（＞21 天）；凉天数的增加主要出现在大兴安岭、天山和青藏高原东部。冷天数将在中国大部分区域减少，减少幅度最大（＞21 天）的区域主要集中在云南南部；在青藏高原和天山区域，冷天数将增加。寒冷天数将在整个中国区域减少，其中青藏高原东部的减少幅度最大（＞30 天）。从中国区域平均的各等级有效温度天数变化来看，相比当代，21 世纪末期的寒冷天数和凉天数均将减少，其中寒冷天数减少幅度最大（18 天）；其他 5 个等级的有效温度天数的区域平均值均将增加，增加幅度最大的是热天数（7 天），接下来依次是舒适天数（4 天）、炎热天数（4 天）、暖天数（3 天）和冷天数（2 天）。

图 8.11 给出了 21 世纪末期的各等级有效温度暴露度的变化。相对于现代，21 世纪末期的炎热天数暴露度将在中国东部大部分区域、黄河河套以西区域和新疆中部区域增加，其中增加幅度较大（＞2.5×10^7 人·d）的区域主要集中在四川盆地和华南地区南部。热天数暴露度将在中国东部和新疆的大部分区域增加，其中增幅较大（＞1×10^7 人·d）的区域主要集中在华北平原北部和东南沿海地区；在长江中游区域、四川盆地和华南南部地区将减少，这是由于

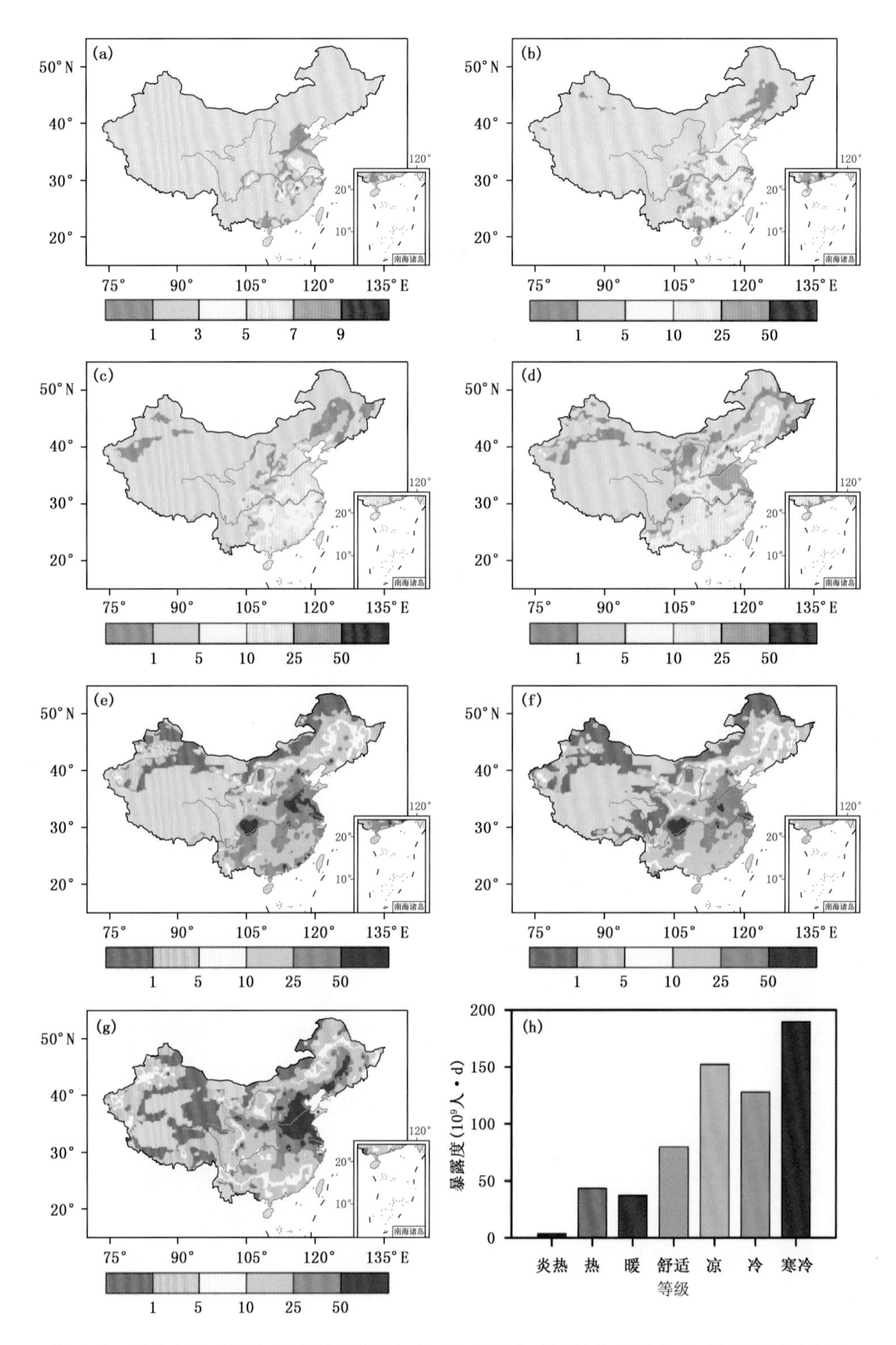

图 8.9　当代多模式集合平均的炎热(a)、热(b)、暖(c)、舒适(d)、凉(e)、冷(f)和寒冷(g)天数的年平均暴露度(单位:10^6 人·d;灰色区域:数值小于 0.1)的分布。(h)为各等级年平均有效温度暴露度的中国区域总和(单位:10^9 人·d)(Gao et al.,2018)

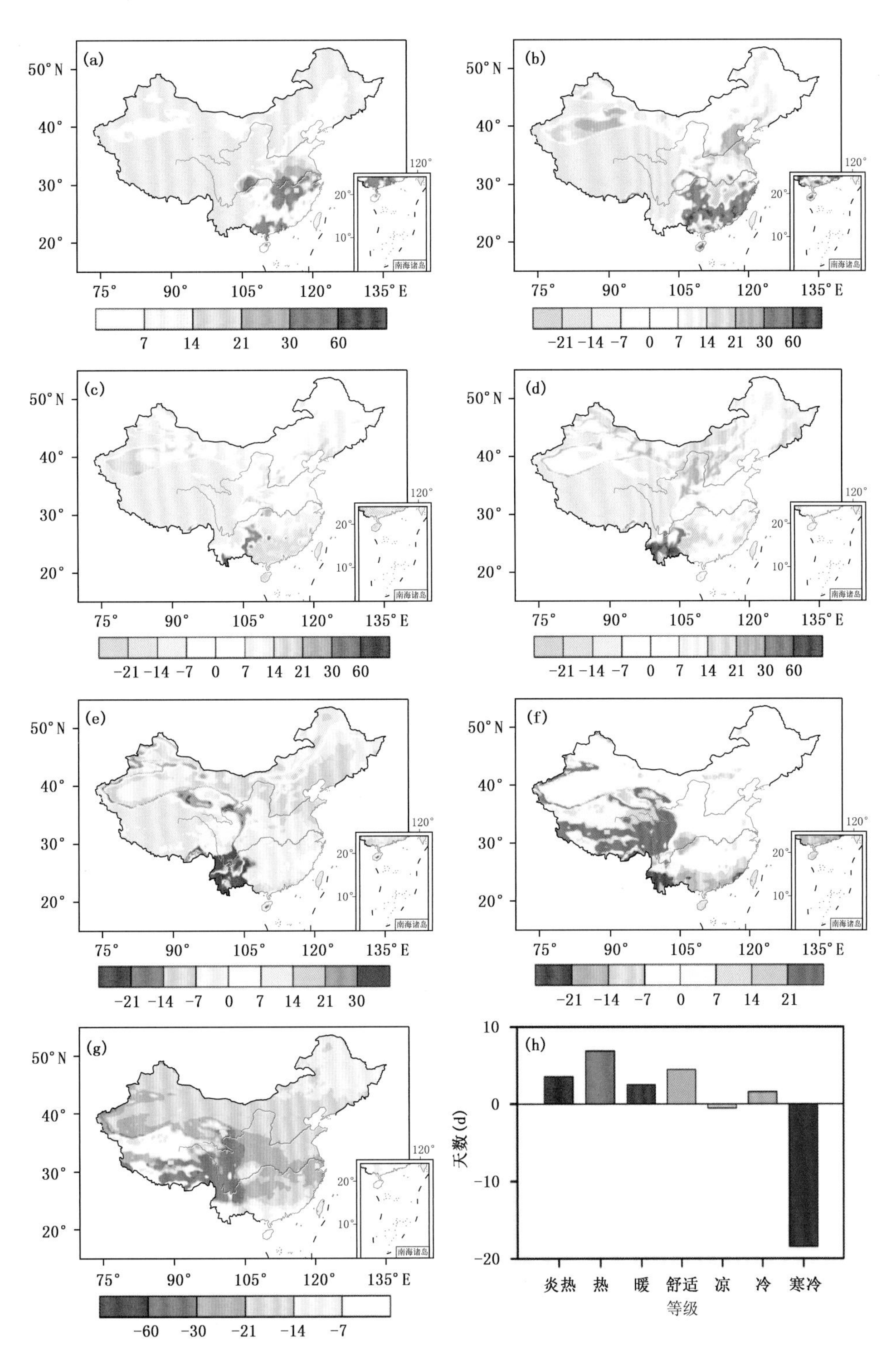

图 8.10　21 世纪末期多模式集合平均的炎热(a)、热(b)、暖(c)、舒适(d)、凉(e)、冷(f)和寒冷(g)的年平均天数变化(单位:d;灰色区域:数值为 0)的分布(相对于 1986—2005 年)。(h)为各等级有效温度年平均天数变化的中国区域平均值(单位:d)(Gao et al.，2018)

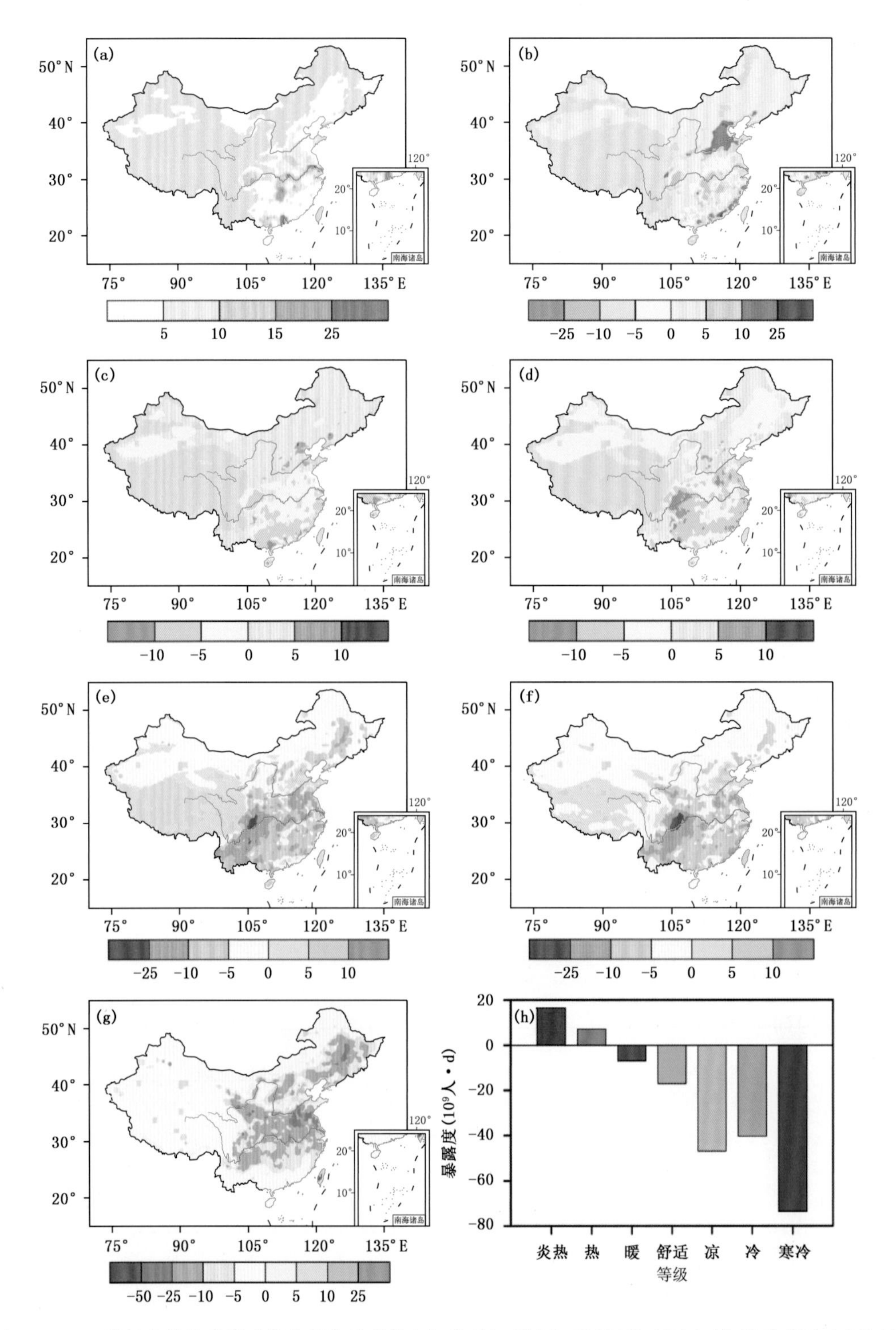

图 8.11　21 世纪末期的多模式集合平均的炎热(a)、热(b)、暖(c)、舒适(d)、凉(e)、冷(f)和寒冷(g)的年平均有效温度暴露度变化(单位：10^6 人・d；灰色区域：数值小于 0.1)的分布(相对于 1986—2005 年)。(h)为各等级年平均有效温度暴露度的中国区域总和(单位：10^9 人・d)(Gao et al.，2018)

这些区域的热天数升温到炎热天数以及人口数量较大。暖天数暴露度将在约 35°N 以北的大部分地区和云贵高原增加，而在约 35°N 以南的大部分东部地区和新疆中部减少，其中减少幅度较大（>5×10^6 人·d）的区域主要集中在四川盆地和长江以南的大部分区域。舒适天数暴露度在中国东部地区和西北地区的大部分区域将减少，其中在四川盆地和黄河下游以南区域减少幅度最大（>1×10^7 人·d）；在云贵高原和约 35°N 以北的大部分区域，舒适天数暴露度将略微增加。凉天数暴露度在中国大部分区域减少，其中在四川盆地减少幅度最大（>2.5×10^7 人·d）；凉天数暴露度的增加区域主要集中在华北地区北部和青藏高原东部。冷天数暴露度在中国大部分区域减少，减少幅度最大的区域是四川盆地（>2.5×10^7 人·d），而在华北地区北部和青藏高原将略微增加。寒冷天数暴露度在除华北地区北部的整个中国区域均将减少，其中在东北地区中部、黄河下游以南区域和台湾减少幅度较大（>2.5×10^7 人·d）；在华北地区北部，寒冷天数暴露度将增加，这是由于在 B1 人口情景下，该区域的人口在 21 世纪末期将增加。从各等级有效温度暴露度的中国区域总和来看，相比当代，21 世纪末期的炎热天数暴露度和热天数暴露度将增加，其他 5 个等级的有效温度暴露度将减少，其中寒冷天数暴露度的减少幅度最大。

图 8.12 给出了 21 世纪末期受各等级有效温度影响的不同时间长度的人口数量。相对于现代，在 21 世纪，模式结果表明约有 2 亿人不受炎热天气影响，但受超过 2 个月炎热天气影响的人数增加到 230 万人。在 21 世纪末期受超过 2 个月舒适天数影响的人数将是当代对应数值的 55%。相比当代，21 世纪末期受超过 2 个月的凉、冷和寒冷天数影响的人数均将大幅减少，即 21 世纪末期将有更少的人受到长时间较冷天数的影响。

从图 8.13 可以看出，在 2011—2098 年，炎热天数暴露度将持续增加，寒冷天数暴露度将持续减少，而其他 5 个等级的有效天数暴露度都将在 2030 年左右达到峰值。在炎热和热天数暴露度的时间变化中，气候因素起着主导作用，而在其他 5 个等级有效天数暴露度的时间变化中，人口因素起着主导作用。

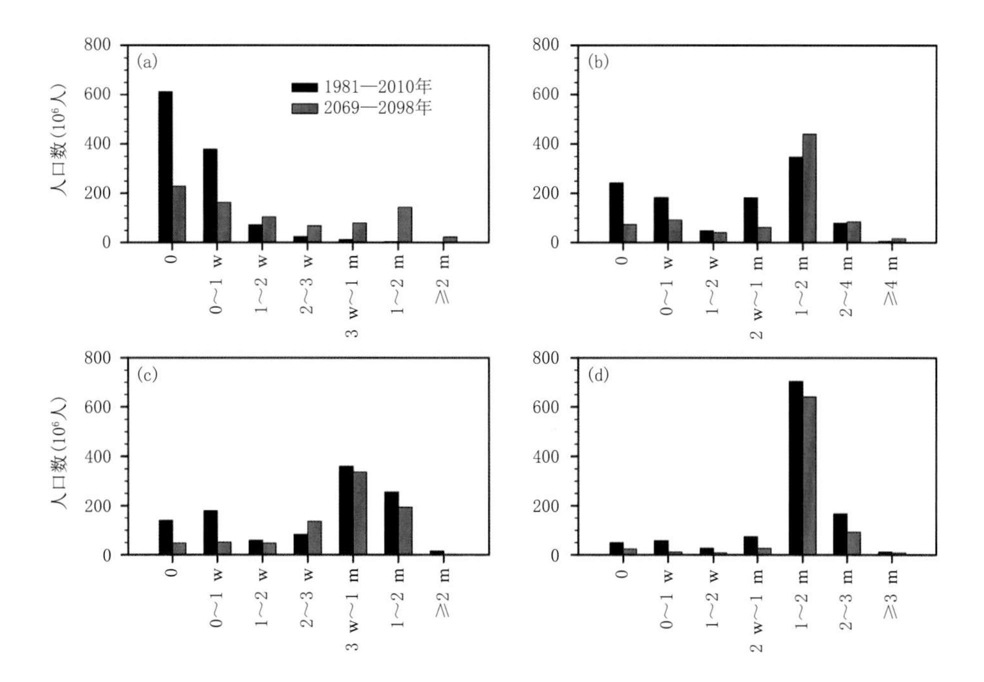

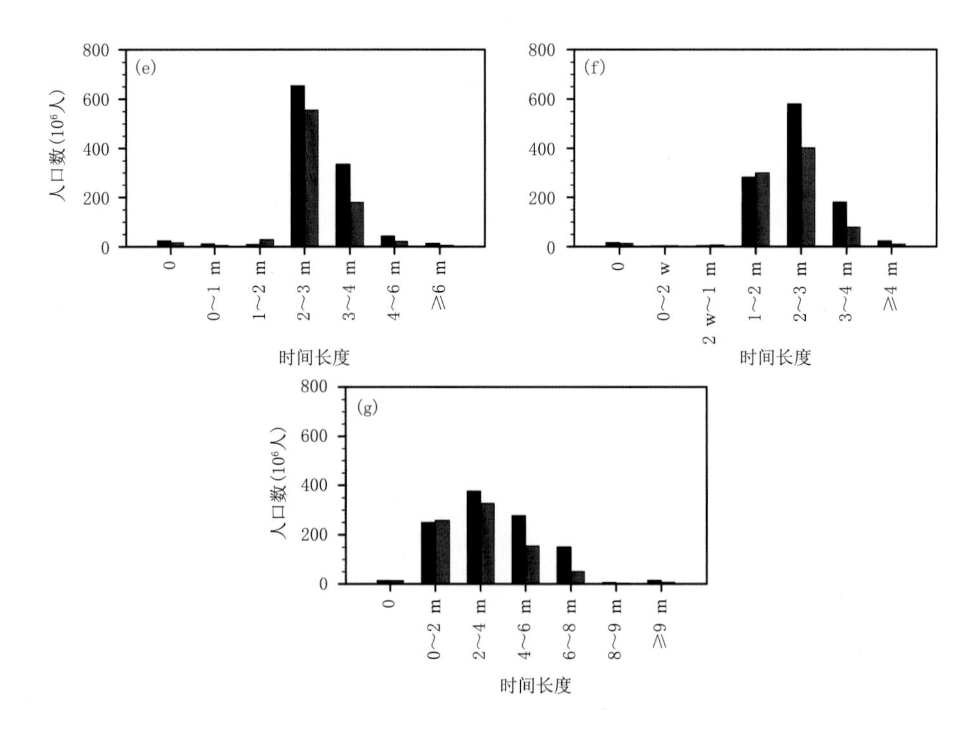

图 8.12　多模式集合平均的当代(黑柱)和 21 世纪末期(红柱)受炎热(a)、热(b)、暖(c)、舒适(d)、凉(e)、冷(f)和寒冷(g)天数影响的年平均不同时间长度的人口数(单位:10^6 人)。(a)图中图例的长度代表了当代(10.8 亿人)和 21 世纪末期(8.1 亿人)的中国人口总数。横轴中的“w”和“m”分别代表周和月(Gao et al.，2018)

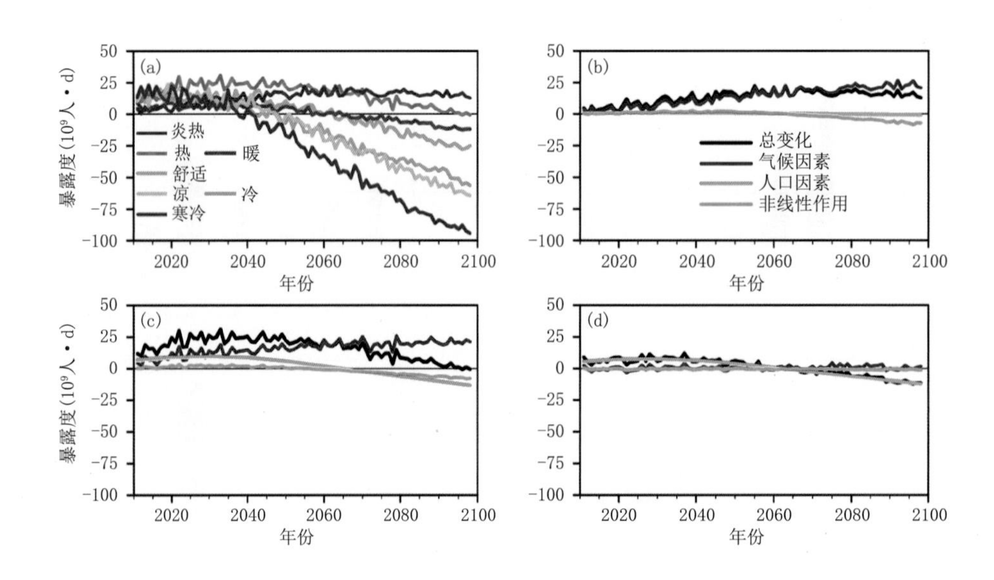

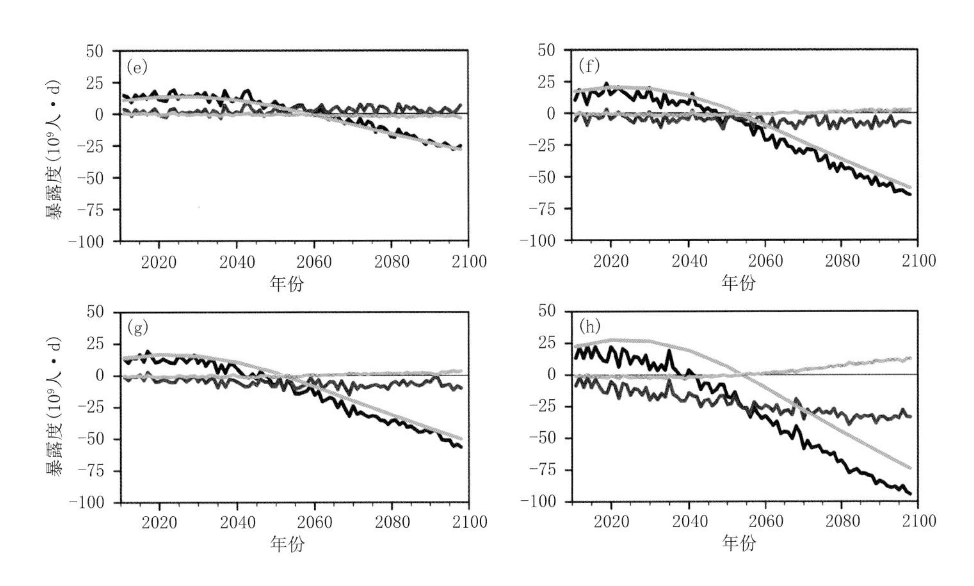

图 8.13　2011—2098 年多模式集合平均的(a)各等级中国区域总和的有效温度暴露度(单位:10^9 人·d)的时间变化以及造成炎热(b)、热(c)、暖(d)、舒适(e)、凉(f)、冷(g)和寒冷(h)天数暴露度及其影响因子(单位:10^9 人·d)的时间变化(Gao et al., 2018)

8.2　极端降水

8.2.1　数据和方法

本节选取同时具有 RCP4.5 和 RCP8.5 两种排放路径试验下的 CMIP5 模式,包括来自 18 个不同研究机构的 32 个气候模式(表 8.1)。由于气候变化对各个地区影响并不一致,将中国北方分成三个子区域进行分析(图 8.14),即东北(39°—54°N,119°—134°E)、华北(36°—46°N,111°—119°E)和西北(36°—46°N,75°—111°E)来研究特定区域的未来极端降水变化(Tian et al., 2015)。用于模式验证的降水观测数据集 CN05.1 的水平分辨率为 0.25°,包含了中国境内 2416 个台站的观测资料(Wu et al., 2013)。

表 8.1　32 个气候系统模式的基本信息

模式名称	所属机构,国家	模式分辨率
1. ACCESS1.0	CSIRO-BOM,澳大利亚	1.875°× 1.25°
2. ACCESS1.3	CSIRO-BOM,澳大利亚	1.875°× 1.25°
3. BCC_CSM1.1	BCC,中国	2.8125°×2.8125°
4. BCC_CSM1.1(m)	BCC,中国	1.125°×1.125°
5. BNU-ESM	GCESS,中国	2.8°×2.8°
6. CanESM2	CCCMA,加拿大	2.8°×2.8°
7. CCSM4	NCAR,美国	1.25°×0.94°

续表

模式名称	所属机构，国家	模式分辨率
8. CESM1(BGC)	NSF-DOE-NCAR，美国	1.25°×0.94°
9. CESM1(CAM5)	NSF-DOE-NCAR，美国	1.25°×0.94°
10. CMCC-CM	CMCC，意大利	0.75°×0.75°
11. CMCC-CMS	CMCC，意大利	1.875°×1.875°
12. CNRM-CM5	CNRM-CERFACS，法国	1.4°×1.4°
13. CSIRO-Mk3.6.0	CSIRO-QCCCE，澳大利亚	1.875°×1.875°
14. EC-EARTH	EC- EARTH，欧洲	1.125°×1.125°
15. FGOALS-g2	LASG-CESS，中国	2.8°×3°
16. GFDL-CM3	NOAA/GFDL，美国	2.5°×2.0°
17. GFDL-ESM2G	NOAA/GFDL，美国	2.5°×2.0°
18. GFDL-ESM2M	NOAA/GFDL，美国	2.5°×2.0°
19. HadGEM2-AO	NIMR/KMA，韩国和英国	1.875°×1.25°
20. HadGEM2-CC	MOHC，英国	1.875°×1.25°
21. HadGEM2-ES	MOHC，英国	1.875°×1.25°
22. INM-CM4	INM，俄罗斯	2.0°×1.5°
23. IPSL-CM5A-LR	IPSL，英国	3.75°×1.875°
24. IPSL-CM5A-MR	IPSL，英国	2.5°×1.26°
25. IPSL-CM5B-LR	IPSL，英国	3.75°×1.875°
26. MIROC5	MIROC，日本	1.406°×1.406°
27. MIROC-ESM	MIROC，日本	2.8125°×2.8125°
28. MIROC-ESMCHEM	MIROC，日本	2.8125°×2.8125°
29. MPI-ESM-LR	MPI-M，德国	1.875°×1.875°
30. MPI-ESM-MR	MPI-M，德国	1.875°×1.875°
31. MRI-CGCM3	MRI，日本	1.125°×1.125°
32. NorESM1-M	NCC，挪威	2.5°×1.875°

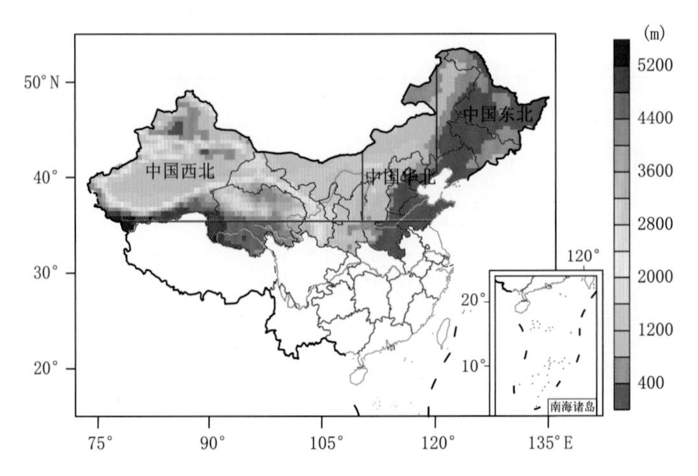

图 8.14　中国北方地形图(阴影)，包括了中国东北(NEC)、中国华北(NC)和中国西北(NWC)三个子区域分区(Rao et al.，2019)

本节采用气候变化检测与指标专家组(ETCCDI)提出的极端气候指数中的 6 个极端降水指数,分别为:湿日总降水量(Prcptot)、极端降水总量(R95p;代表了每年超过 95%阈值的总降水量(mm))、连续 5 日最大降雨量(Rx5day;代表了每年连续 5 日最大降水总量(mm))、中雨天数(R10mm;代表了每年降水量超过 10 mm 的总天数(d))、降水强度(SDII)和连续干旱日数(CDD)。

8.2.2　模式评估

图 8.15 对比了 CMIP5 多模式集合平均和观测的极端降雨指数(R95p、Rx5day 和 R10mm)的空间分布。观测和模式模拟都显示了中国北方极端降水从东到西的下降趋势,两者空间相关系数超过 0.85,这表明大部分 CMIP5 模式能够较好地模拟中国北方极端降水的

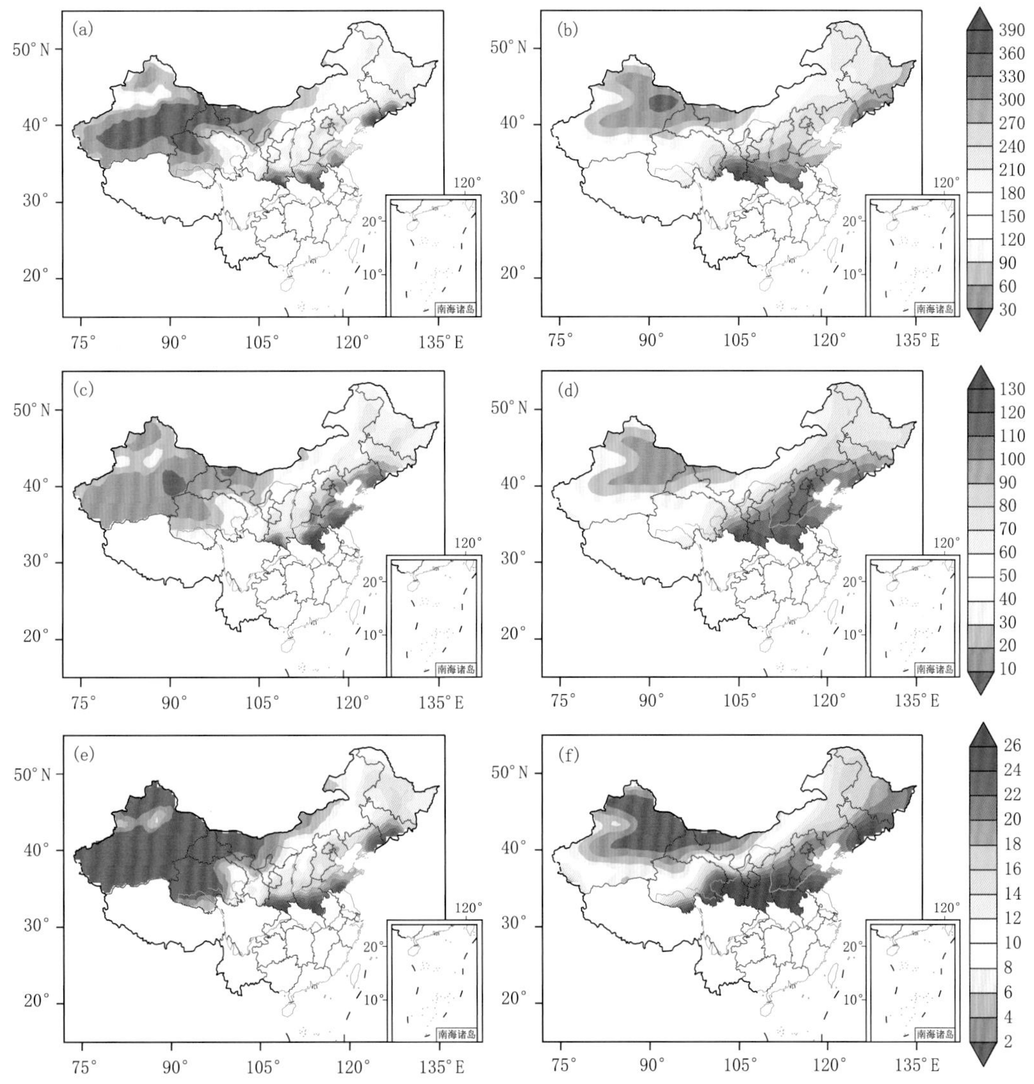

图 8.15　1986—2005 年 3 个极端降水指数年平均在中国北方的空间分布,左列:观测资料;右列:多模式集合平均;极端降水量(R95p)(单位:mm)(a, b);连续 5 日最大降雨量(Rx5day)(单位:mm)(c, d);中雨天数 R10mm(单位:d)(e, f)(Rao et al., 2019)

空间分布。最大极端降雨中心位于青藏高原东缘，最小降雨中心位于中国西北部三个主要盆地(塔里木盆地、吐鲁番盆地和柴达木盆地)的边缘。然而，CMIP5 模式模拟结果显示三个极端降水指数在中国北方地区明显被高估。青藏高原东缘极端降水量、连续 5 日最大降雨量和中雨天数的最大偏差分别超过 100 mm、40 mm 和 10 天。CMIP5 模式对中国北方极端降水的高估与以往的研究结果一致，比如较粗分辨率的区域气候模式模拟的极端降水普遍存在高估的现象(Zhang et al.，2006；Gao et al.，2008；Xu et al.，2013)。而模式对于青藏高原北部边缘极端降水的低估，可能是由于该地区缺乏密集的观测站，观测值也存在一定的不确定性(Wu et al.，2013)。

泰勒图用于评估每个模式在模拟极端降雨空间分布上的性能(图 8.16)。大多数模式模拟极端降水量、连续 5 日最大降雨量与观测资料的空间相关系数在 0.6 以上，中雨天数所有模式与观测的相关系数都超过 0.6，这表明绝大部分模式对极端降水的空间分布模拟较好。模式与观测值的标准差比值显示极端降水量和连续 5 日最大降雨量的标准差在 0.75 和 1.2 之间，而中雨天数的标准差值在 1.0 到 1.65 之间且模拟结果呈离散分布，这表明气候模式对于中雨天数的模拟存在着较大的不确定性。另外，虽然 CMIP5 多模式集合平均比大多数单个 CMIP5 模式具有更好的模拟性能，但并不是最好的。由泰勒图的结果可以筛选出模拟中国北方极端降水空间分布最好的五个模式分别是：CNRM-CM5、CSIRO-Mk3.6.0、EC-EARTH、IPSL-CM5A-LR 和 MRI-CGCM3，模拟结果均优于 CMIP5 多模式集合平均。

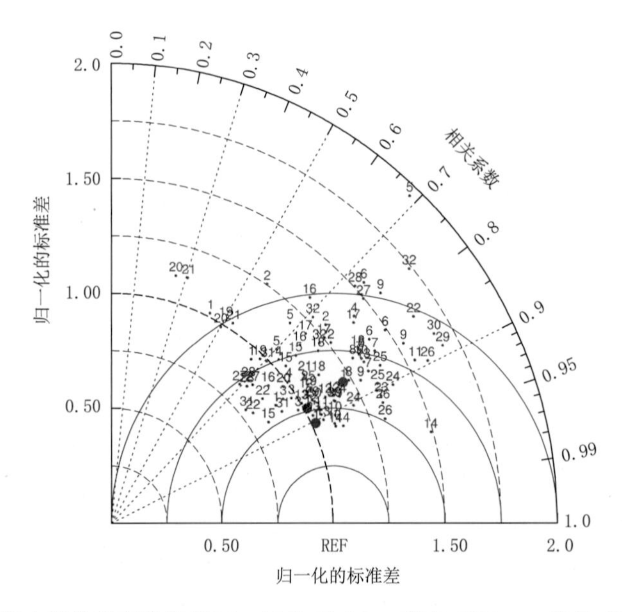

图 8.16　3 个极端降水指数的泰勒图(R95p：红色；Rx5day：蓝色；R10mm：紫色；REF：参照点(观测))
小圆上方数字 1—32 代表 32 个 CMIP5 模式代号，大圆 1 代表多模式集合平均(Rao et al.，2019)

图 8.17 显示了三个极端降雨指数年际变率评分(IVS)区域平均值。气候模式对极端降水年际变率的模拟存在较大的差异。极端降水量和连续 5 日最大降雨量的 IVS 的范围分别为 0.9～5.2 和 0.6～4.6，大多数模式的 IVS 值低于 3，表明大多数气候模式可以再现极端降雨的年际变率。但是中雨天数的 IVS 值在 3.1～13.1 之间，明显大于其他极端降雨指标，表明气候模式对中雨天的年际变率模拟能力较差。通过 IVS 指数筛选出模拟中国北方极端降

水年际变率最好的五个模式分别是：IPSL-CM5A-LR、EC-EARTH、CSIRO-Mk3.6.0、CMCC-CMS 和 MRI-CGCM3。

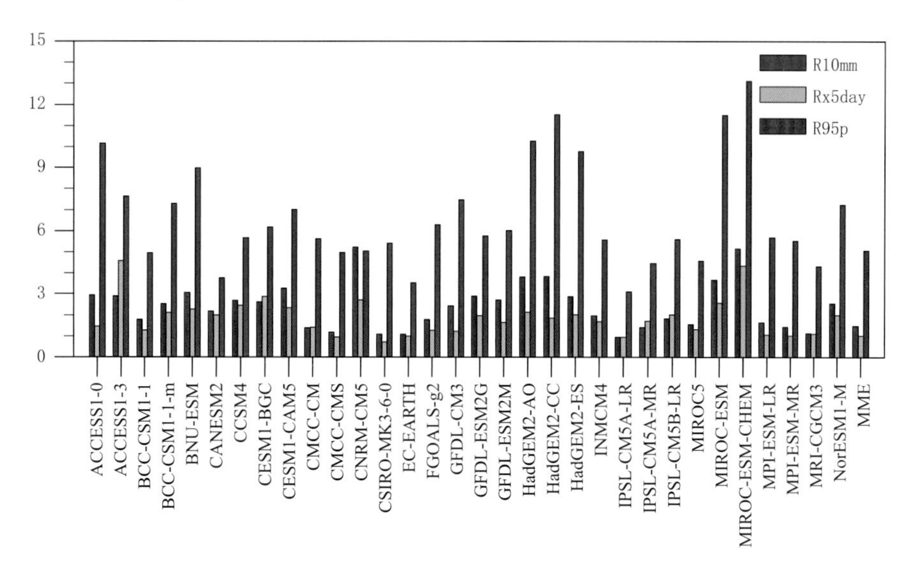

图 8.17　32 个 CMIP5 模式和多模式集合平均的 IVS 指数在中国北方的区域平均
（R95p：红色；Rx5day：绿色；R10mm：蓝色）。
注：IVS 接近 0 时，模式具有较好的模拟年际变率的能力（Rao et al.，2019）

为了筛选出同时具备模拟空间分布和年际变化能力的模式，采用综合指标（MR）指数将空间模拟和时间模拟效果进行量化。图 8.18 为基于泰勒图的均方根误差和 IVS 指数的 MR 散点图。极端降水的泰勒图均方根和 IVS 之间的相关性为 0.8，通过了置信度为 95％的显著性检验，这意味着模式在模拟空间和时间上的性能具有一致性。基于 MR 的散点图，筛选出能够同时在空间和时间上模拟极端降雨的五个最优模式分别是 EC-EARTH、IPSL-CM5A-LR、CSIRO-Mk3-60、MRI-CGCM3 和 IPSL-CM5A-MR，并把这五个模式作为第一组（Group1）用于预估未来变化。这 5 个最优模式的泰勒图和 IVS 的 MR 等级都超过 0.7。

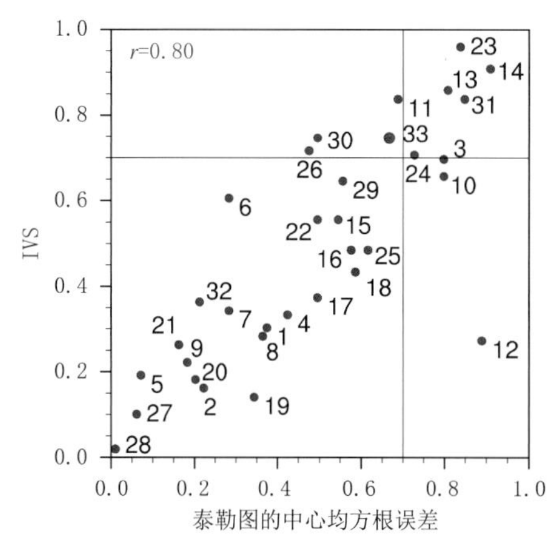

图 8.18　泰勒图的中心均方根误差（X 轴）和 IVS 指数（Y 轴）的 MR 散点图。
1—32 表示每个模式序号，33 表示多模式集合平均；极端降水 X 轴与 Y 轴的相关系数为 0.80，均通过了置信度为 95％的显著性检验（Rao et al.，2019）

为了评估优选模式集合的模拟能力，选择了模拟效果最差的五个模式 MIROC-ESM-CHEM、MIROC-ESM、BNU-ESM、ACCESS1-3 和 HADGEM2-CC 作为最差模式集合(Group2)，和多模式集合平均(AMME)与优选模式集合(Group1)进行比较分析。图 8.19 显示了来自三组模式集合平均对于三个极端降雨指数的模式偏差。结果表明优选模式集合模拟极端降水量和连续 5 日最大降雨量的湿偏差明显减小，并且在华北平原出现了干偏差。最差模式集合的湿偏差明显增加，特别是在青藏高原地区因为模式分辨率较粗，无法准确模拟出具有复杂地形地区的极端降水。与所有模式集合平均相比，优选模式集合平均在模拟极端降水量、连续 5 日最大降雨量和中雨天数模式偏差分别降低了 42%、34% 和 37%。优选模式集合、最差模式集合和所有模式集合平均对于整个中国北方区域极端降水量平均误差分别为 31.8 mm、54.7 mm、84.2 mm；而连续 5 日最大降雨量的区域误差分别为 12.0 mm、18.2 mm 和 24.8 mm。此外，中雨天数的偏差分别为 3.4 天、5.4 天和 8.5 天。总之，优选模式集合平均显著提高了对极端降雨的模拟性能。

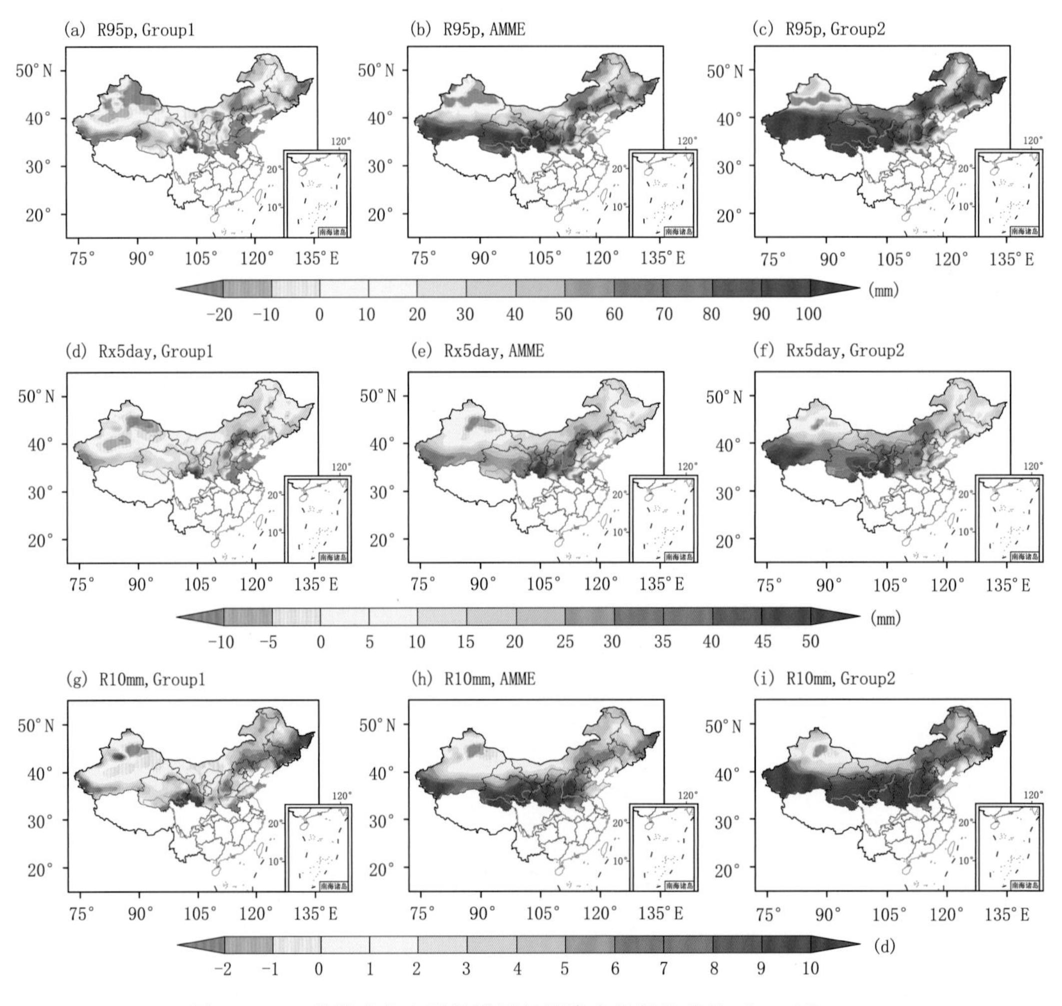

图 8.19　三种模式集合平均模拟极端降水指数的偏差，(a—c)R95p、(d—f)Rx5day、(g—i)R10mm(Rao et al.，2019)

8.2.3 极端降水预估

图8.20显示了RCP4.5和RCP8.5情景下21世纪中期(2046—2065年)和21世纪末期(2080—2099年)三个极端降雨指数的预估变化。在21世纪中期RCP4.5排放情景下,三种模式集合平均预估极端降水量在整个北方、东北和华北上的变化都在22%左右。然而,在西北地区,最差模式集合模拟结果明显大于优选模式集合和所有模式集合平均。此外,三种模式集合平均之间在空间分布没有显著的差异。在RCP8.5排放情景下,最差模式集合平均的预估变化明显高于其他两种模式集合平均,表明最差模式集合中的气候模式对高排放更敏感。三种模式集合平均预估的极端降水最大变化中心分别位于西北地区不同的地点,这意味着该

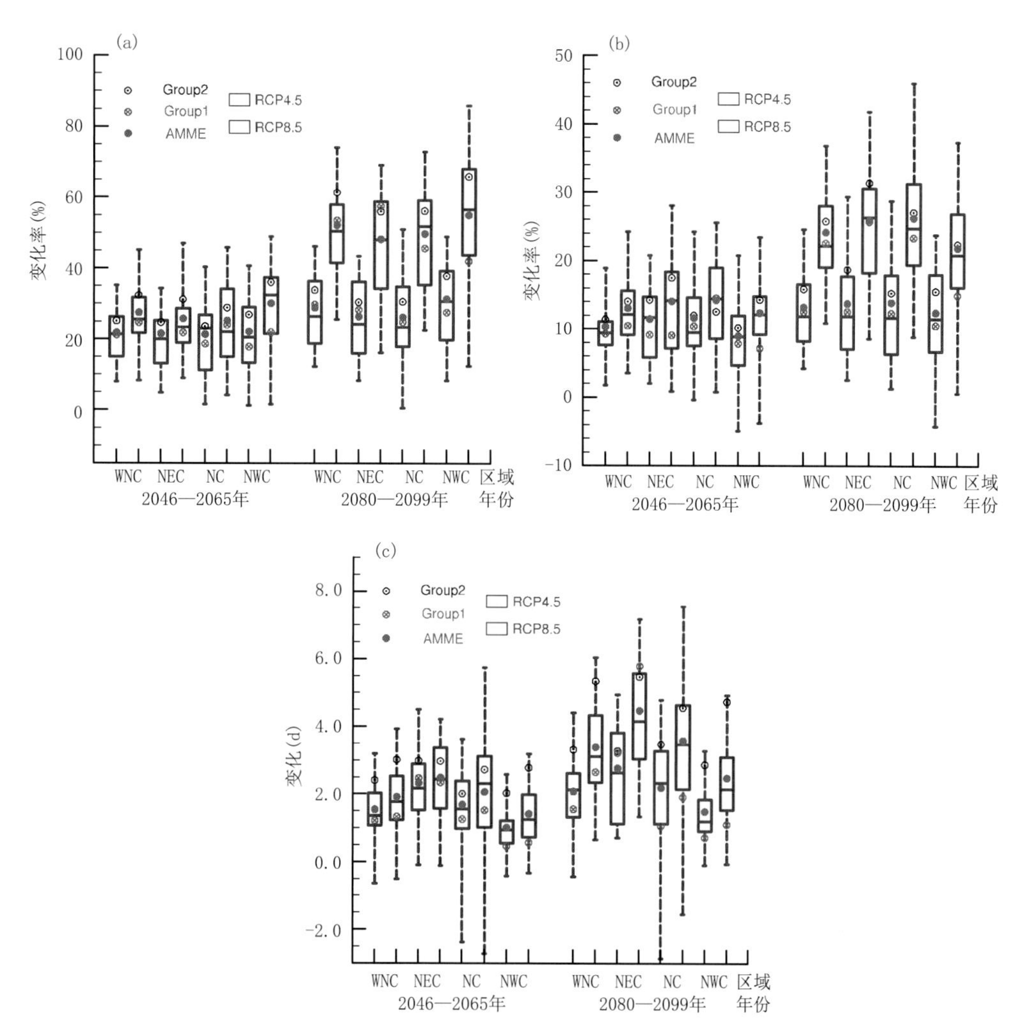

图8.20 在RCP4.5(蓝色)和RCP8.5(红色)排放情景下,三个集合模式模拟位于中国北方和子区域的三个降水指数R95p(a)、Rx5day(b)、R10mm(c)在21世纪中期(2046—2065年)和末期(2080—2099年)相对于历史时期(1986—2005年)的变化百分比。蓝色:AMME;紫色:Group1;黑色:Group2(Rao et al.,2019)

区域的不确定性较大(图 8.21)。21 世纪末期的预估变化基本和中期类似。在东北地区,RCP8.5 情景下优选模式集合和最差模式集合平均预估极端降水总量增加了 58%,超过了所有模式集合平均的预估。

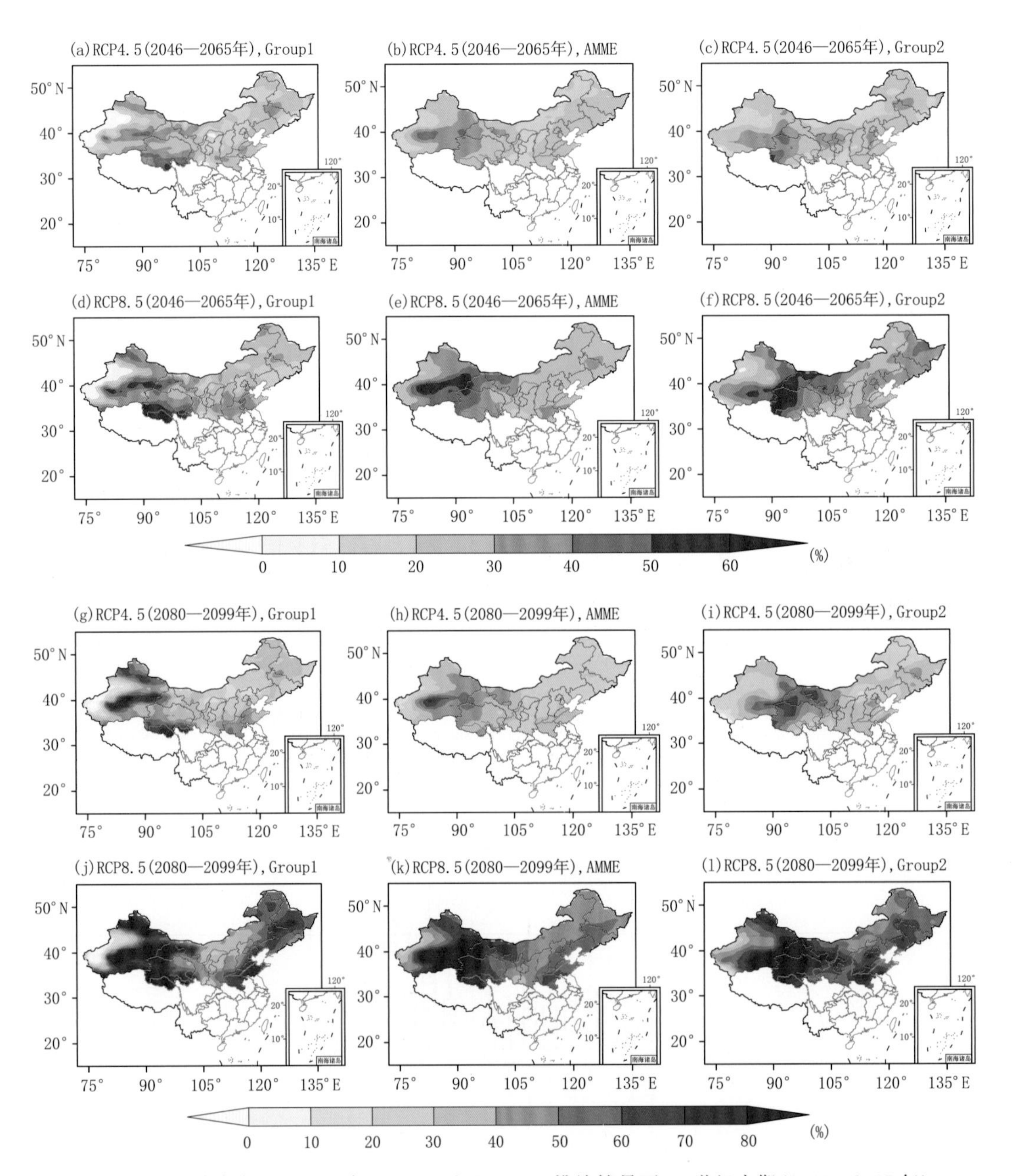

图 8.21　极端降水量(R95p)在 RCP4.5 和 RCP8.5 排放情景下 21 世纪中期(2046—2065 年)(a—f)和 21 世纪末期(2080—2099 年)(g—l)的变化百分比。
(左列:Group1;中间:AMME;右列:Group2)(Rao et al.,2019)

对于连续 5 日最大降雨量,在 21 世纪中期 RCP4.5 排放情景下,除东北地区之外,中国北方三种模式集合平均之间没有显著的差异(图 8.22);在 RCP8.5 排放情景下,未来预估的变化集中在西北和东北地区。到 21 世纪末，在 RCP4.5 排放情景下，最差模式集合的预估变化比优选模式集合和所有模式集合平均值上升了约 3%。优选模式集合预估变化最小，特别是在 RCP8.5 排放情景下的西北地区。

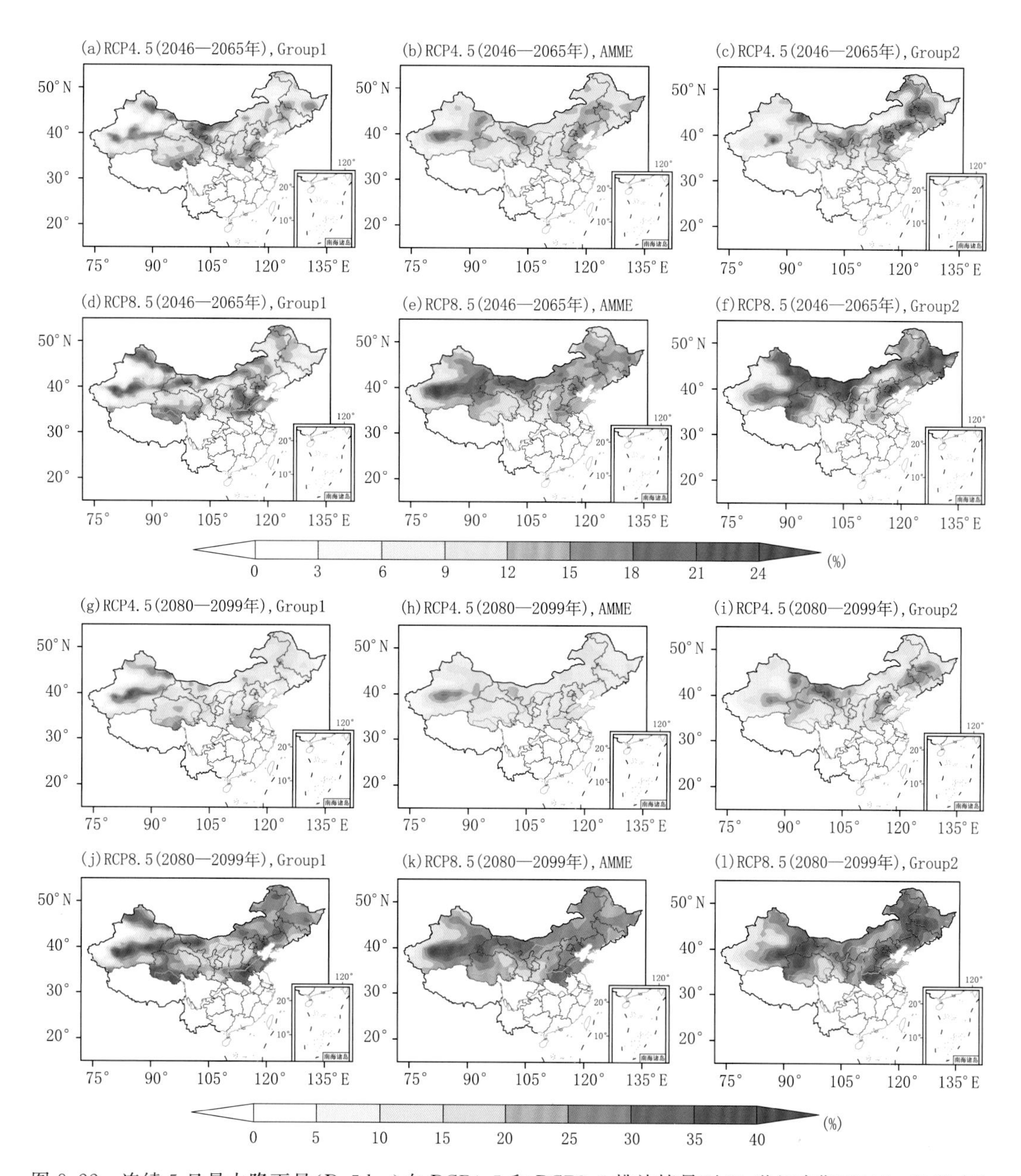

图 8.22　连续 5 日最大降雨量(Rx5day)在 RCP4.5 和 RCP8.5 排放情景下 21 世纪中期(2046—2065 年)(a—f)和 21 世纪末期(2080—2099 年)(g—l)的变化百分比。
(左列:Group1;中间:AMME;右列:Group2)(Rao et al.,2019)

在 21 世纪中期 RCP4.5 和 RCP8.5 两种排放情景下，三种集合模式平均对中雨天数预估的最大差异位于中国西北地区。由于较粗精度的气候模式对高大地形模拟能力差，最差模式集合预估结果显示在青藏高原北侧中雨天数超过历史时期 4 天。值得注意的是，优选模式集预估结果表明在 21 世纪末期 RCP4.5 和 RCP8.5 排放情景下，在东北地区中雨天数显著增加，与极端降水量在空间上表现一致(图 8.23)。在更高的辐射强迫下，由于单个模式之间预估结果差异增加，三种模式集合平均在中国北方对中雨天数的预估结果差异显著。

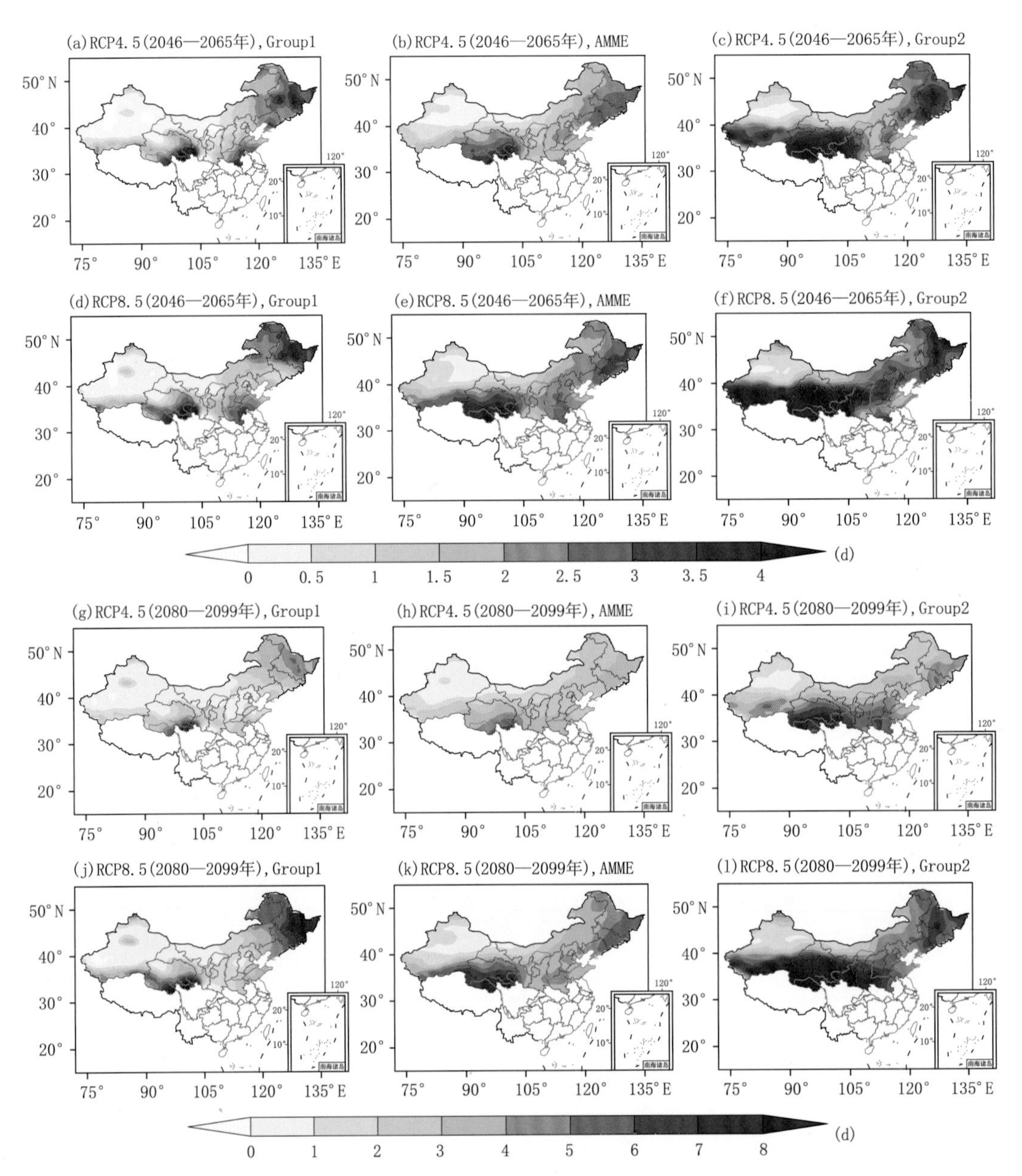

图 8.23　中雨天数(R10mm)在 RCP4.5 和 RCP8.5 排放情景下 21 世纪中期(2046—2065 年)(a—f)和 21 世纪末期(2080—2099 年)(g—l)的变化。

(左列:Group1;中间:AMME;右列:Group2)(Rao et al.，2019)

应该指出的是，在 21 世纪中期，较高的排放对极端降雨指数的影响不是特别明显，但到 21 世纪末期则影响显著。总之，对高排放最敏感的区域是西北地区，特别是在盆地地区，三个不同模式集合预估显示极端降水量和连续 5 日最大降雨量未来分别增加了 80％和 40％。然而，在西北地区，优选模式集合和所有模式集合平均预估中雨天数均没有明显增加，这表明西北地区的变化可能是由于降雨强度的增加引起的。此外，最差模式集合对极端降水量变化的高估是由于模拟中雨天数的增加。另一个敏感区域是东北地区，优选模式和最差模式集合平均显示极端降水量的增加是由于中雨天数在未来增加了 6 天左右。这些结果表明未来中国北方地区特别是东北和西北地区有发生洪水事件的危险，值得更多的关注。

图 8.24 显示了三个极端降水指数预估变化的时间演变。在历史参考时期，优选模式集合的变化小于观测值，而 21 世纪极端降水指数则有显著的上升趋势。在 RCP4.5 和 RCP8.5 排放情景下，极端降水量在 21 世纪末期将分别增加 29.8％和 53.5％，连续 5 日最大降水量将分别增加 12.6％和 22.6％，中雨天数将分别增加 1.6 天和 2.7 天。模式预估结果表明不同的排放情景对 21 世纪中期的极端降雨指数影响不大，但在 21 世纪后期，特别是对极端降水量的影响变得显著。此外，中雨天数在两种情景下的预估变化区别不明显，这表明极端降水量的增加主要是由于降水强度的增强。因此，高排放可能导致 21 世纪末中国北方极端总降水量和强度增加，这与其他研究一致(Zhou et al.，2014；Chen et al.，2014；Li et al.，2016)。

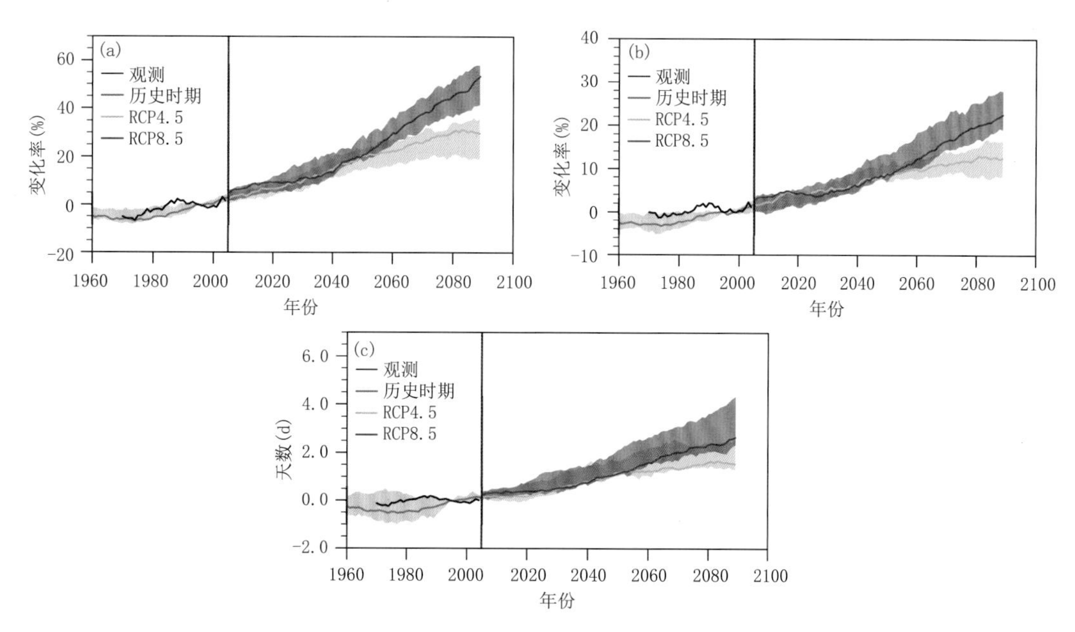

图 8.24　相对于观测历史参考时期(1986—2005 年)三个极端降雨指数，包括极端降水量(a)、连续 5 日最大降水量(b)和中雨天数(c)的变化。历史观测(黑色)、历史模拟(黄色)、RCP4.5(蓝色)和 RCP8.5(红色)，实线表示优选集合平均，阴影表示所有模式集合四分位数间分布(25th 和 75th 分位数)(Rao et al.，2019)

此外，“一带一路”倡议包括“丝绸之路经济带”和“21 世纪海上丝绸之路”两个方面。根据涉及国家和地区的地理位置，本节将丝绸之路经济带沿线国家和地区分为 5 个区域和 2 个城市(图 8.25)，分别为欧洲中部(41°—59°N，14°—33°E)、中亚(38°—55°N，55°—80°E)、西亚(12°—41°N，25°—55°E)、南亚(6°—37°N，61°—92°E)、东南亚(10°S—28°N，93°—127°E)、莫斯科(56°N,38°E)和内罗毕(1°N,37°E)。

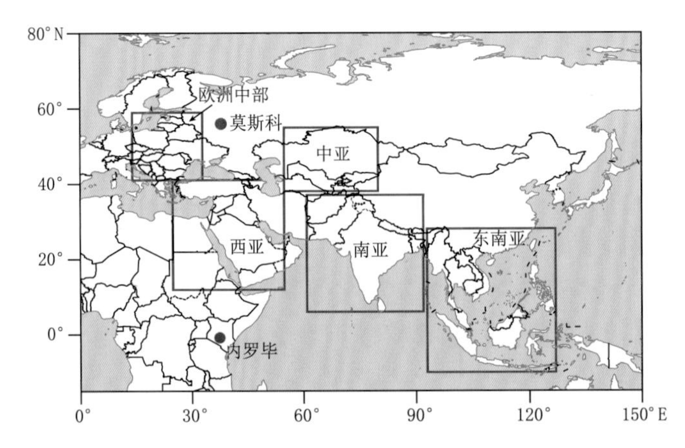

图 8.25　丝绸之路经济带沿线国家和地区划分(Han et al.，2018)

对于总降水量而言(图 8.26 和图 8.27)，和当前气候态相比，在 21 世纪中叶 RCP4.5 排放情景下，丝绸之路经济带沿线区域的总降水量没有明显变化；在 21 世纪末期 RCP8.5 排放情景下，内罗毕和莫斯科总降水量增加显著。在 21 世纪末期，RCP4.5 排放情景下，总降水量在此经济带区域和国家将增加 1%～19%；RCP8.5 排放情景下，总降水量变化幅度为－2%～32%。其中，内罗毕地区未来总降水量增加最为明显，且模式间一致性较好。

模式对于降水强度的预估结果具有很强的一致性(图 8.26 和图 8.27)。在 21 世纪中叶 RCP4.5 情景下，降水强度在莫斯科、中欧、东南亚和内罗毕一致增加；到 21 世纪末 RCP8.5 情景下，除了上述区域外，中亚和南压降水强度也增加显著。其中，莫斯科增强幅度最大，到 21 世纪末期 RCP4.5 和 RCP8.5 排放情景下将分别增强 28%和 57%。

模式对连续 5 日最大降雨量和极端降水量表现为更强的一致性，在 RCP8.5 情景下大部分地区表现为高度一致增多(图 8.26 和图 8.27)：连续 5 日最大降雨量在南亚增加幅度最大，为 30%，其次是西亚，为 26%，在莫斯科、内罗毕和东南亚将增多 19%～22%，在中欧和中亚地区增多约 13%～14%。极端降水量在两种排放情景下均表现为一致增加，但是 RCP8.5 情景下增加幅度增大。增加最为显著的地区为西亚地区，在 21 世纪末期 RCP8.5 情景下将增幅 94%，在 RCP4.5 情景下将增幅 30%。其次是内罗毕增加也很显著，在 RCP8.5 和 RCP4.5 情景下将分别增幅 79%和 51%。因此，极端降水事件和相应的洪水事件的发生风险在上述地区有可能增加。

在 21 世纪末期 RCP4.5 情景下，中雨日数主要在莫斯科、中欧、中亚、东南亚和内罗毕地区增加显著，最大增幅在东南亚地区(约为 4 天)，其次是内罗毕(为 3 天)。RCP8.5 情景下增幅相对更大，在内罗毕和莫斯科将增加 5 天。这表示未来这两个城市发生暴雨的风险将增大。

此外，连续干旱日数在丝绸之路经济带沿线国家和地区(除西亚之外)变化较小。在 21 世纪末期 RCP4.5 情景下，连续干旱日数在西亚地区将增加 8 天，在 RCP8.5 情景下将增加 7 天(图 8.26 和图 8.27)。虽然模式间的一致性较低，但是仍有一半以上的模式结果显示西亚地区的连续干旱日数未来将增加，这表示，未来在 RCPs 排放情景下，该地区的干旱将有可能会恶化。

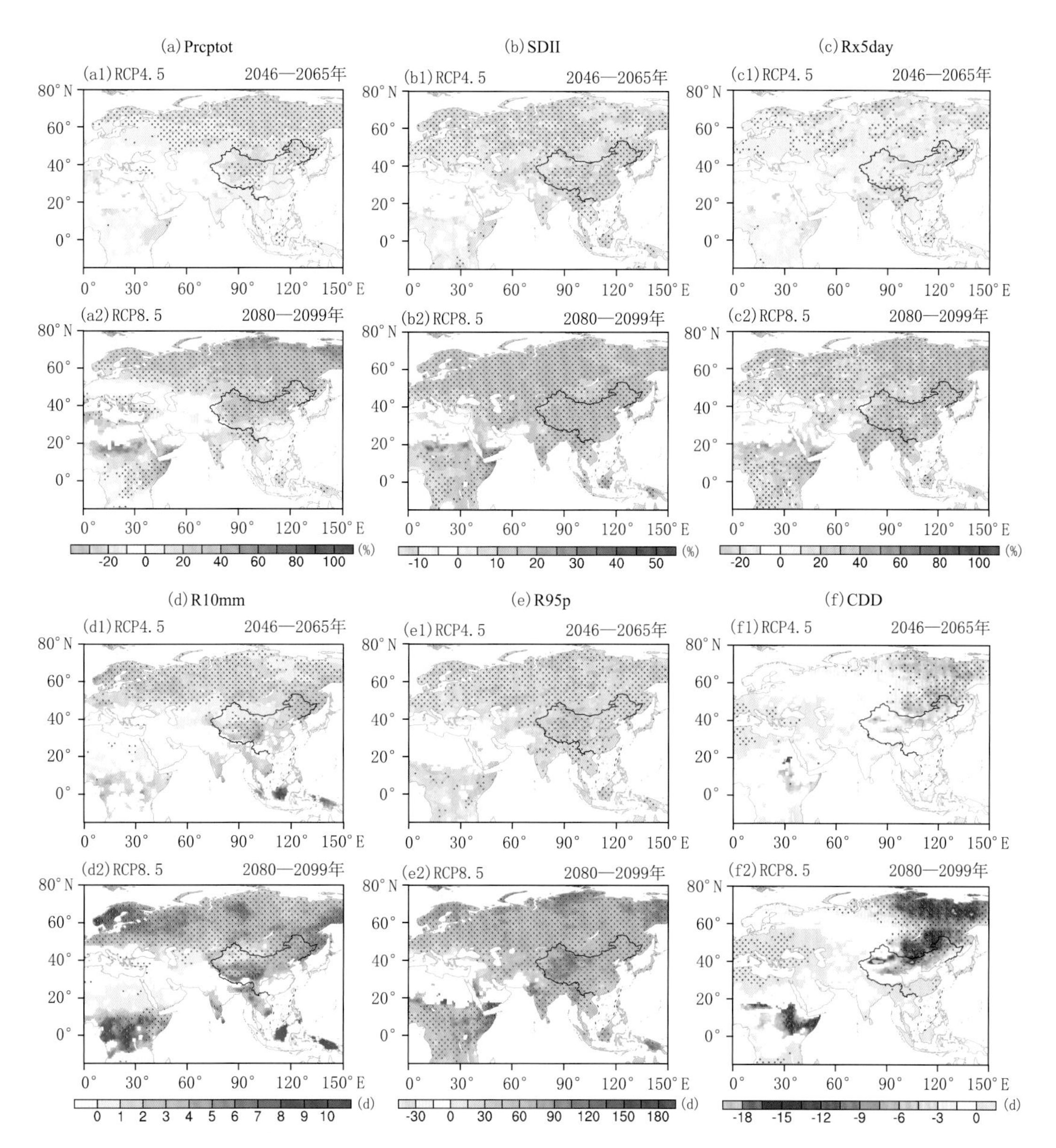

图 8.26　极端降水事件在 RCP4.5 情景下 2046—2065 年期间和 RCP8.5 情景下 2080—2099 年期间相对历史时期(1986—2005 年期间)的变化。填色区域为超过 66%的模式变化信号一致的区域,打点区为 90%以上模式变化信号一致的区域。该结果为 CMIP5 多模式集合平均(Han et al., 2018)

(a)Prcptot;(b)SDII;(c)Rx5day;(d)R10mm;(e)R95p;(f)CDD

总体而言,未来在 RCP4.5 和 RCP8.5 两种排放情景下,“丝绸之路”经济带沿线区域的总降水量将增多,降水的极端性将增强。特别是,出现强降水的概率将增加,未来丝绸之路经济带沿线大部分国家和地区极端降水事件发生频次将增多,强度将增强,这意味着发生洪水的风险将增加。另外,对于西亚地区而言,干旱和洪涝事件的发生风险都有可能增加。

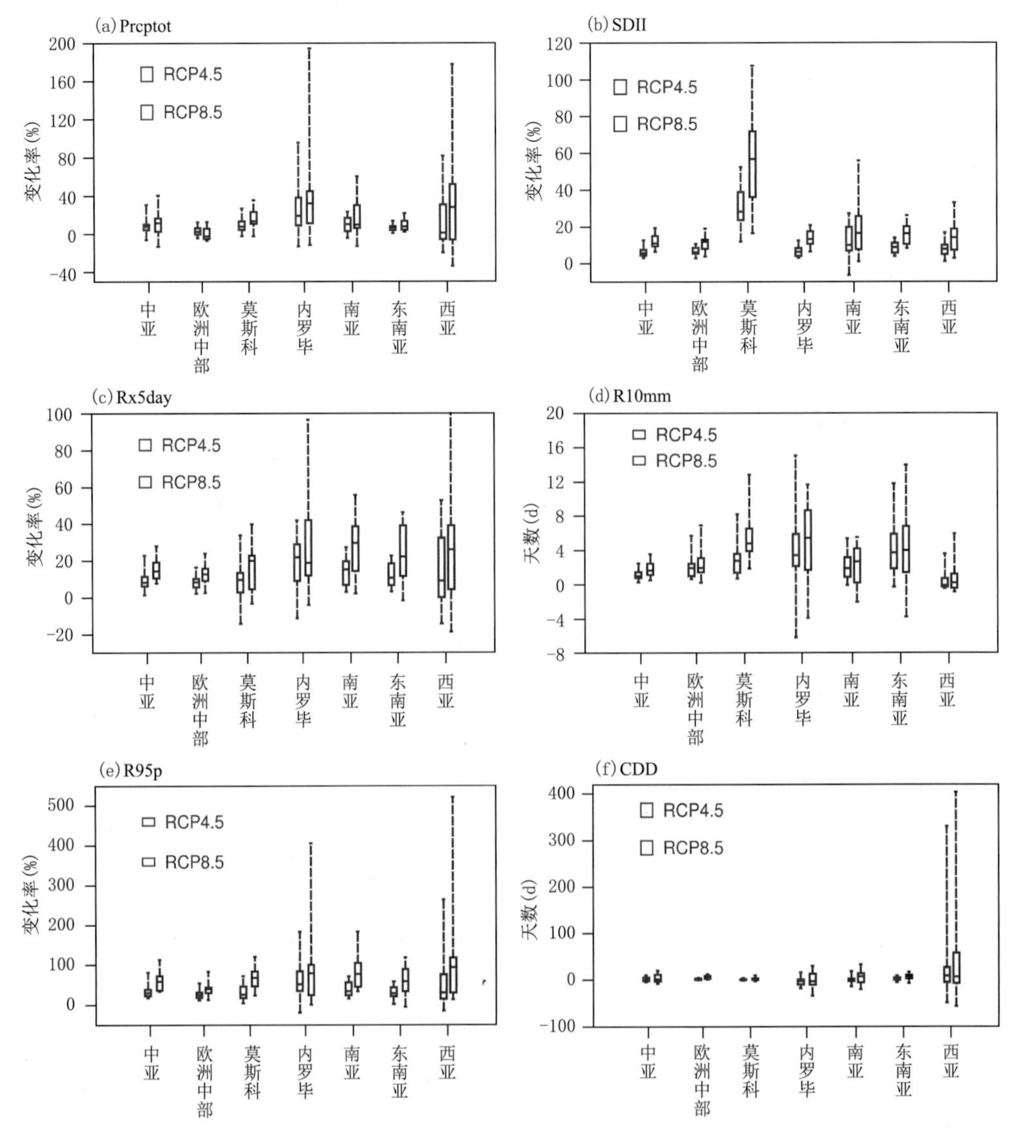

图 8.27　在 RCP4.5(蓝色)和 RCP8.5(红色)情景下,CMIP5 多模式集合平均丝绸之路经济带沿线地区和国家在 21 世纪末期(2080—2099 年期间)相对于历史时期(1986—2005 年期间)的变化(Han et al., 2018)

(a)Prcptot;(b)SDII;(c)Rx5day;(d)R10mm;(e)R95p;(f)CDD

8.3　干旱

8.3.1　数据和方法

本节研究所用模式数据来自三个全球气候模式 CSIRO-Mk3-6-0、HadGEM2-ES 和 MPI-ESM-MR 历史气候模拟试验和 RCP4.5 预估试验数据(下文分别简称 CSIRO_GCM、Had_

GCM 和 MPI_GCM)，以及这些试验数据驱动 RegCM4 下的东亚气候动力降尺度模拟数据(下文分别简称 CdR、HdR 和 MdR；Gao et al.，2018)，其中包括日最高温度、日最低温度、降水、地面气压、2 m 风速、相对湿度和地表辐射通量的逐月资料。

本节选用干燥度指数(AI)来表征气候干湿状况，其定义为降水(P)与潜在蒸散发(PET)的比值(Middleton et al.，1997)。桑斯维特方法(Thornthwaite，1948)和彭曼方法(Penman，1948)通常被用于计算 PET。在下文中，以上两种方法均被用于计算 PET，以期比较不同算法间的异同。两者计算方法如下。

桑斯维特方法：

$$\mathrm{PET_{TH}} = 16 \times \left(\frac{10T_i}{H}\right)^A \tag{8.1}$$

$$H = \sum_{i=1}^{12}\left(\frac{T_i}{5}\right)^{1.514} \tag{8.2}$$

$$A = 6.75 \times 10^{-7} H^3 - 7.71 \times 10^{-5} H^2 + 1.792 \times 10^{-2} H + 0.49 \tag{8.3}$$

式中，$\mathrm{PET_{TH}}$ 为月潜在蒸散发(单位：mm)，T_i 为月平均温度(单位：℃)，H 为年热量指数，A 为与年热量指数有关的常数。当 $T_i \leqslant 0$ ℃时，月潜在蒸散发 $\mathrm{PET_{TH}} = 0$。

彭曼方法：

$$\mathrm{PET_{PM}} = \frac{408\Delta(R_n - G) + \gamma \dfrac{900}{T_{mean} + 273} u_2 (e_s - e_a)}{\Delta + \gamma(1 + 0.34u_2)} \tag{8.4}$$

式中，$\mathrm{PET_{PM}}$ 为潜在蒸散发(单位：mm/d)，R_n 为地表净辐射(单位：MJ/(m^2 · d))，G 为土壤热通量(单位：MJ/(m^2 · d))，T_{mean} 为日平均最高温度和日平均最低温度的平均值(单位：℃)，u_2 为 2 m 高度处风速(单位：m/s)，e_s 为饱和水汽压(单位：kPa)，e_a 为实际水汽压(单位：kPa)，Δ 为饱和水汽压曲线斜率(单位：kPa /℃)，γ 为干湿表常数(单位：kPa /℃)。

降水和潜在蒸散发的变化直接影响 AI 的变化，因此量化降水和潜在蒸散发的作用是研究 AI 变化的重要环节。根据 Feng 等(2013)提出的公式计算降水和潜在蒸散发的贡献：

$$\Delta \mathrm{AI} \approx F(\Delta P) + G(\Delta \mathrm{PET}) \tag{8.5}$$

$$F(\Delta P) = \frac{\Delta P}{\mathrm{PET}} \tag{8.6}$$

$$G(\Delta \mathrm{PET}) = -\frac{\Delta \mathrm{PET}}{\mathrm{PET}^2} P + \frac{P}{\mathrm{PET}^3} (\Delta \mathrm{PET})^2 = \Delta \mathrm{AI} - F(\Delta P) \tag{8.7}$$

式中，ΔAI、ΔP 和 ΔPET 分别表示 AI、降水和潜在蒸散发的变化，$F(\Delta P)$ 和 $G(\Delta \mathrm{PET})$ 分别表示降水和潜在蒸散发对 AI 变化的贡献率。

8.3.2　模式评估

图 8.28 显示了采用不同蒸散发计算方法得到的当代中国干湿状况。采用彭曼方法时，AI 在中国地区的空间分布表现为从西北至东南递增。从数值上看，AI 最小值位于西北地区，该地区以极端干旱区和干旱区为主；最大值位于东南沿海，该地区以湿润区为主。在气候类型上，基本以长江为界，干旱地区大多位于长江以北，湿润地区集中在长江以南。区域平均观测 AI 为 0.7。桑斯维特方法下得到 AI 与彭曼方法结果有相似的空间分布，但整体表现偏湿。

受方法本身所限，在海拔较高的青藏高原地区和黄土高原地区桑斯维特算法所得 AI 数值明显偏大，在青藏高原东南侧地形较为复杂的云贵高原地区，AI 出现了虚假的高值中心，与实际气候干湿状况有一定差距。可见，潜在蒸散发计算方法的选择对 AI 的计算有部分影响，这种影响在海拔较高和地势复杂的山地地区十分明显，但对于地势较为平坦的平原地区影响有限。相较而言，彭曼方法计算得到的 AI 与实际更相符。

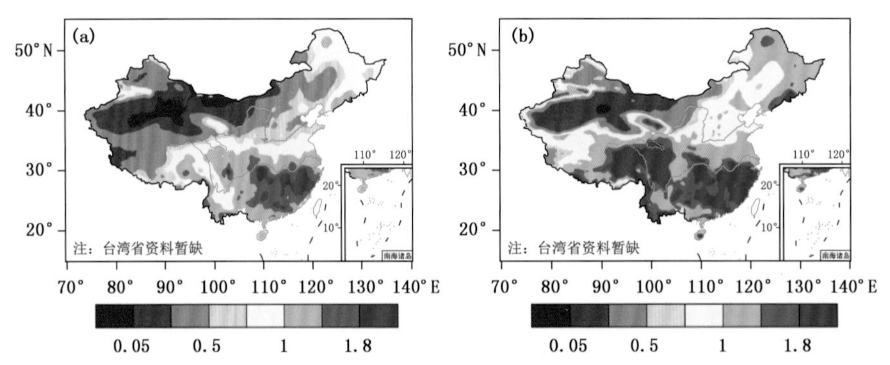

图 8.28　1986—2005 年两种潜在蒸散发计算方法下 AI 的气候态分布(王恺曦 等，2020)
(a)彭曼方法；(b)桑斯维特方法

图 8.29 为 RegCM4 模拟的当代中国干湿状况。采用彭曼方法，RegCM4 三个模拟结果的空间分布与观测相似，对于 AI 较小的西北地区模拟与观测基本一致，对柴达木盆地和塔里

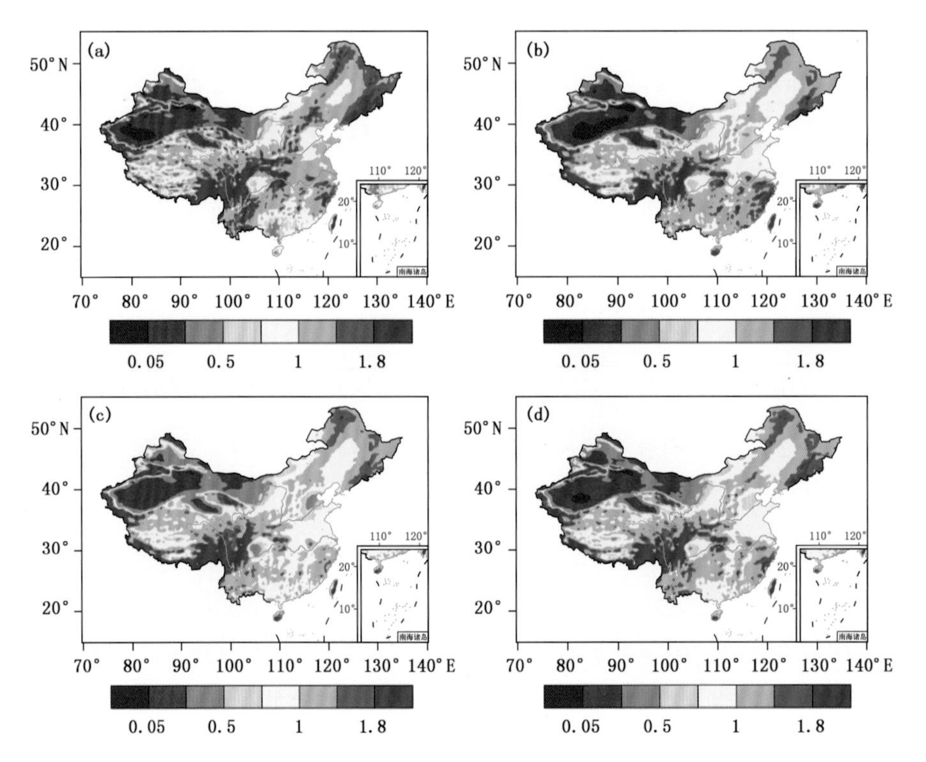

图 8.29　1986—2005 年彭曼方法下 AI 的气候态分布(王恺曦 等，2020)
(a)CdR；(b)HdR；(c)MdR；(d)MME

木盆地的AI低值区有明显体现，但模拟结果中青藏高原东侧存在虚假AI大值中心，四川盆地AI存在虚假低值中心。三个模拟结果相比，HdR对于西北地区的模拟效果最优；CdR对于南方沿海地区的模拟效果相对较差，存在虚假低值中心。MME可以重现观测AI的空间分布，对于西北地区AI模拟较为准确，东南地区的AI模拟偏小，东北和华北地区的AI模拟略微偏大。区域平均而言，CdR、HdR、MdR和MME的模拟值分别为1.2、1.0、1.1和1.1，较为接近观测值。采用桑斯维特方法(图8.30)，RegCM4三个模拟结果中西北地区AI较小，与观测基本一致，但在其余地区，AI模拟值大幅高于观测值。相较而言，MME中对中国北方地区的模拟结果优于南方，但AI偏高的问题仍然存在。

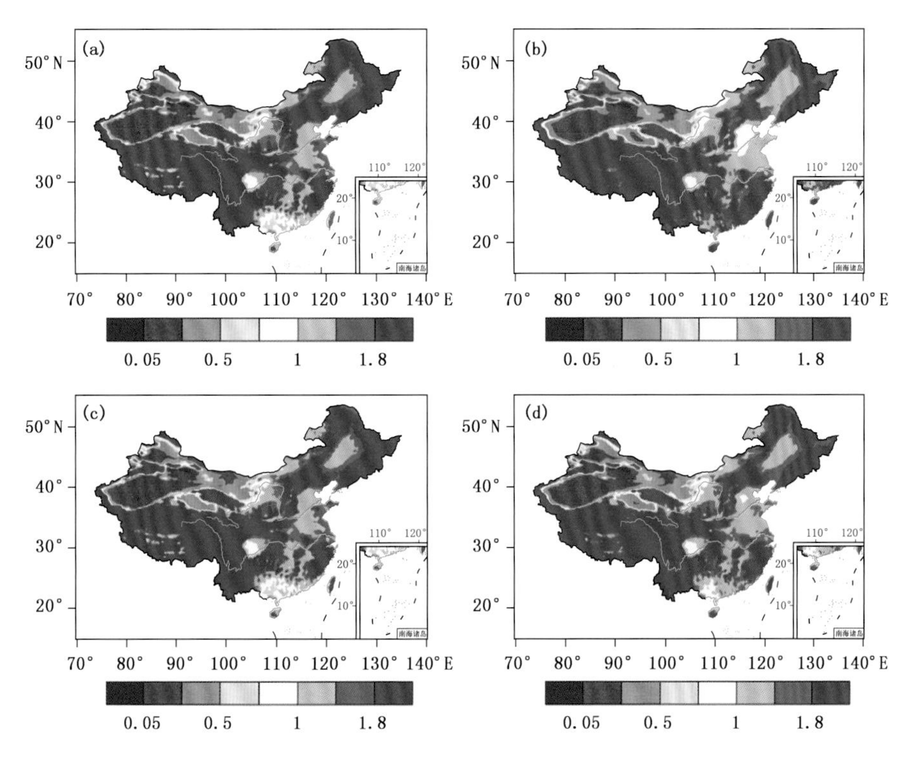

图8.30 1986—2005年桑斯维特方法下AI的气候态分布(王恺曦 等，2020)
(a)CdR；(b)HdR；(c)MdR；(d)MME

相比于全球气候模式，RegCM4对盆地和高原等复杂地形区的AI模拟更为细致，一定程度上纠正了全球气候模式模拟数值过大的偏差，但大部分地区模拟结果偏湿的现象仍然存在(图8.31和图8.32)。此外，RegCM4对西部尤其是西北地区的模拟效果较优，对于东部沿海地区的模拟结果相对较差；其中，HdR的模拟效果改善最为明显，对西北干旱地区的模拟结果明显优于Had_GCM。

在潜在蒸散发计算方法的选取上，彭曼方法所得结果明显优于桑斯维特方法，为此，对彭曼方法下计算得到的AI进行区域平均，进一步对比分析RegCM4和全球气候模式的模拟能力。CSIRO_GCM、Had_GCM和MPI_GCM和En_GCM与观测AI之间的标准差之比分别为3.8、8.3、10.1和5.8，标准化中心化均方根误差分别为3.9、8.4、11.2和6.0；CdR、HdR、MdR及MME和观测AI的标准差之比在1.8～2.2之间，标准化中心化均方根误差在2.0～

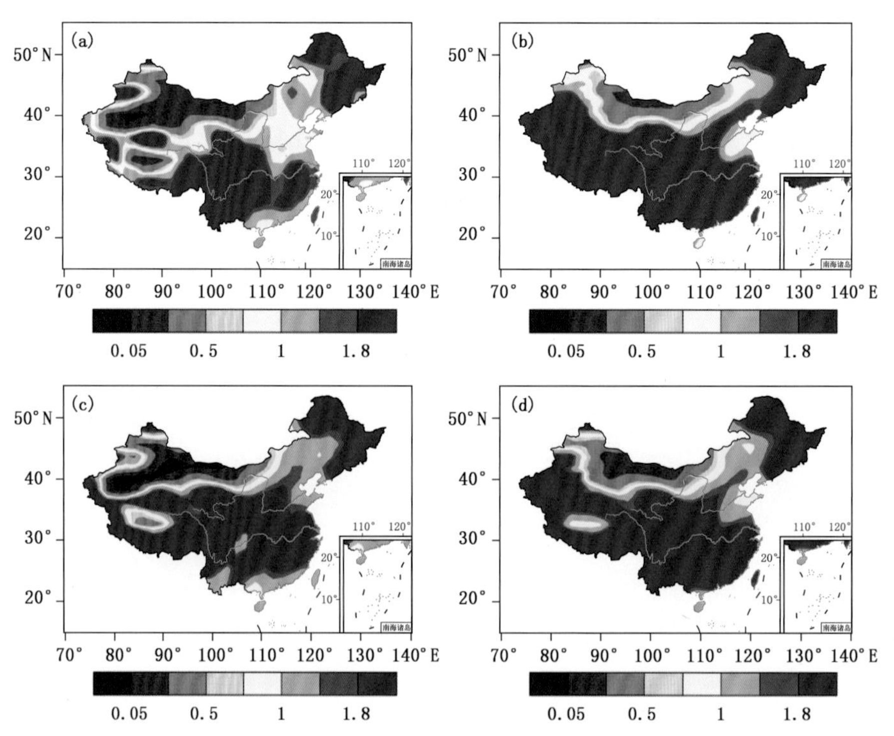

图 8.31　1986—2005 年彭曼方法下 AI 的气候态分布(王恺曦 等，2020)
(a)CSIRO_GCM；(b)Had_GCM；(c)MPI_GCM；(d)En_GCM

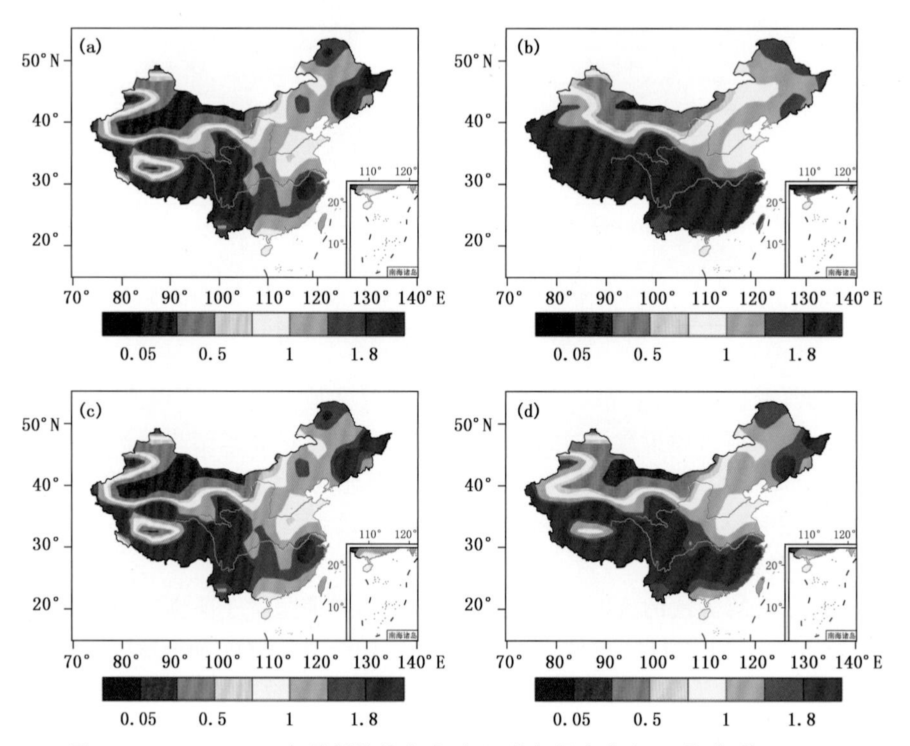

图 8.32　1986—2005 年桑斯维特方法下 AI 的气候态分布(王恺曦 等，2020)
(a)CSIRO_GCM；(b)Had_GCM；(c)MPI_GCM；(d)En_GCM

2.4之间。相比全球气候模式，RegCM4的模拟更加接近观测值，标准差之比和标准化中心化均方根误差明显小于全球气候模式，模拟效果更优。

8.3.3　干旱预估

基于RCP4.5情景下三个全球模式驱动的RegCM4动力降尺度试验，根据PET_{PM}计算的AI空间分布在21世纪中期（2046—2065年）和末期（2081—2098年）类似，表现出明显的区域差异性（图8.33）。CdR、HdR和MdR及其集合平均（以下简称MME）表明中国区域平均的AI在21世纪中期和末期分别下降超过1%和2%，21世纪末期AI的减小幅度大于中期（HdR除外）。

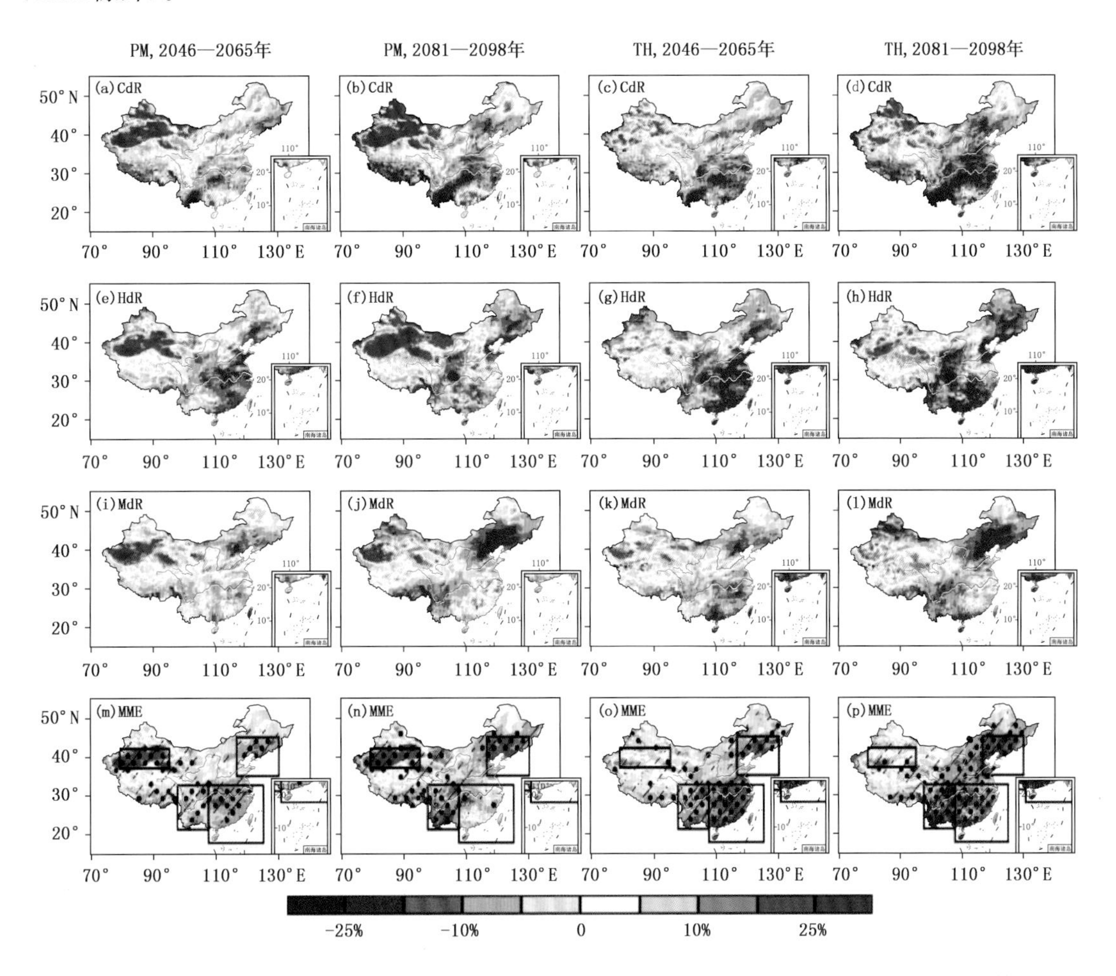

图8.33　RCP4.5情景下RegCM4预估21世纪中期（第一列、第三列）与21世纪末期（第二列、第四列）AI的变化（%），从上至下依次为：CdR、HdR和MdR及其集合平均MME；第一列和第二列基于PET_{PM}，第三列和第四列基于PET_{TH}。红色斜线代表三个模拟结果变化一致区域，黑点表示通过了置信度为95%的显著性检验（下同）。黑色框表示AI变化较为显著的重点研究区域，分别位于：①西北中部：37°—42°N，79°—95°E；②东北南部、华北北部：35°—45°N，116.5°—130°E；③西南：21°—32.5°N，97.5°—107.5°E；④东南：17.5°—32.5°N，107.5°—125°E（王恺曦 等，2020）

整体而言,21 世纪中国大部分地区变干,西北中部变湿,模式预估结果一致性较高。在 21 世纪中期(末期),根据 PET_{PM} 计算的西北中部 AI 增加,幅度为 12%～14%(9%～22%),末期增幅大于中期;东北南部、华北北部和西南地区 AI 减小,分别为 −9%～−5%(−15%～−7%)和 −6%～−3%(−10%～−7%),末期减幅大于中期;东南地区 AI 也整体表现为减小,平均为 −11%～−5%(−6%～0%),末期减幅小于中期,但模式一致性较差(图 8.33)。以上 AI 变化结果表明,21 世纪中国西北中部将变湿,东北南部、华北北部和西南有变干的趋势,且这种趋势随全球增温而增强。东南也有变干的趋势,这种趋势将会减弱。基于 PET_{TH} 计算的 AI 空间分布与 PET_{PM} 类似,均表现为西北部分地区变湿,其他地区变干,但两者之间在变幅上存在一定差异。具体表现为,AI 在西北地区变幅更小且不显著。

以 21 世纪中期为例,RegCM4 三个动力降尺度试验及其集合平均表明,降水对中国 AI 变化的贡献整体为正,贡献率为 3%～4%;PET 对 AI 变化的贡献为负,区域平均贡献率为 −8%～−5%。空间上,未来西部和北方大部分地区降水显著增加,降水的贡献率总体为正;东部尤其东南地区降水变化不明显,模拟结果存在不确定性(图 8.34)。PET 在全国范围内增加,其贡献率均为负。

西北中部降水对 AI 的贡献远大于 PET,西北中部降水的贡献率为 15%～17%,PET 的仅为 −4%～−2%;其余三个区域 PET 对 AI 的贡献均大于降水,东北南部和华北北部降水贡献率为 −0.4%～2%,PET 为 −10%～−6%;西南降水贡献率为 1%～3%,PET 为 −7%～−6%;东南降水贡献率有正有负,贡献率为 −4%～1%,PET 为 −8%～−4%。结果表明,虽然降水量在大部分地区有所增加,但 PET 增幅更大,21 世纪中期整个中国地区有变干的趋势。

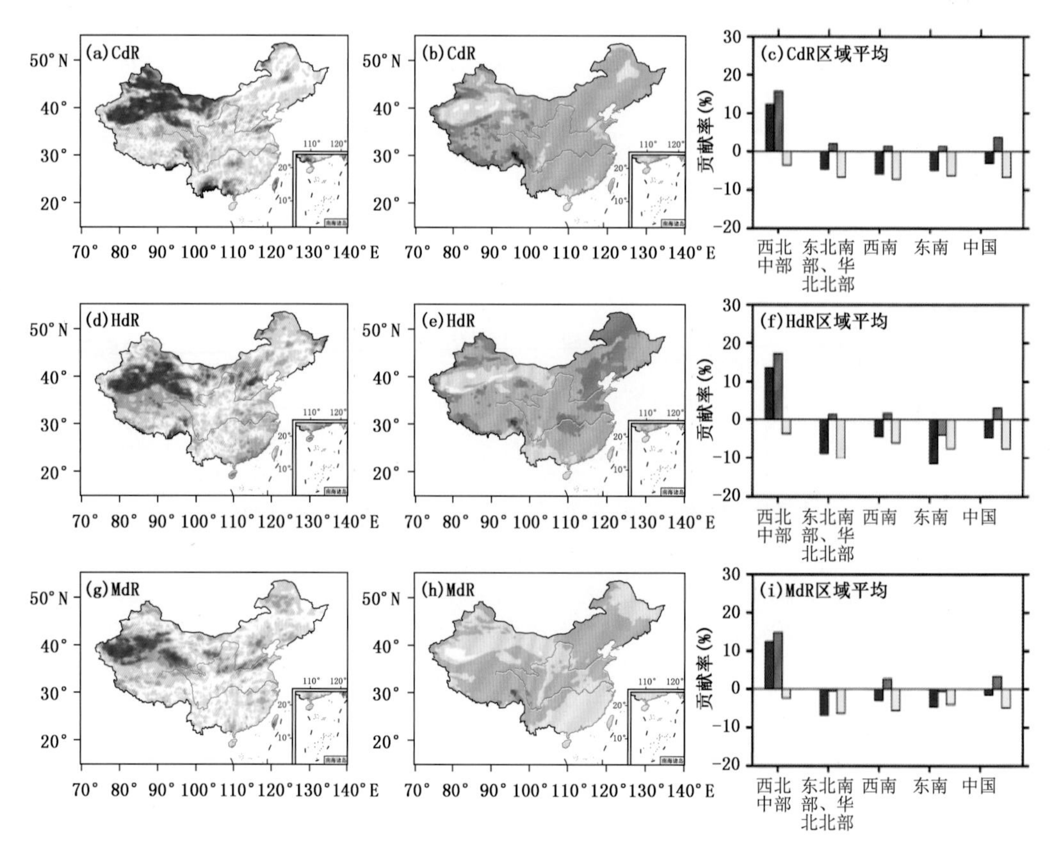

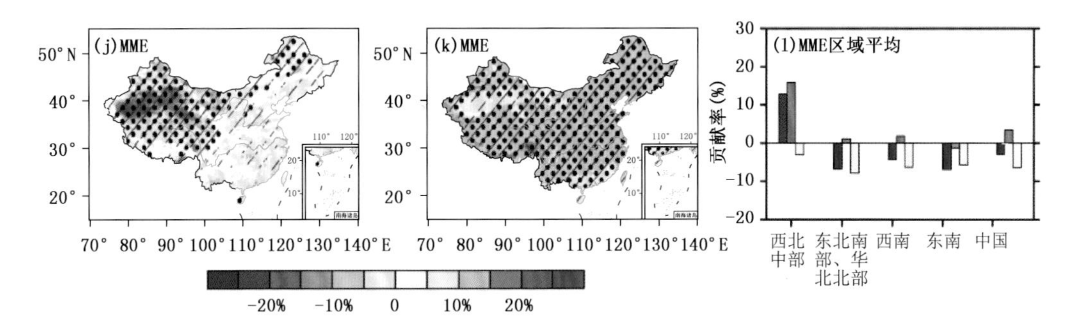

图 8.34　基于 RCP4.5 情景下 21 世纪中期 RegCM4 试验，降水（左列）和 PET（中间列）对 AI 变化的贡献（%）以及区域平均的降水和潜在蒸散发对 AI 变化的贡献（右列），从上至下依次为：CdR（a－c）、HdR（d－f）和 MdR（g－i）及其集合平均 MME（j－l）。柱状图从左至右依次为区域平均的 AI 变化（%）、降水和潜在蒸散发引起的 AI 变化（%）（王恺曦 等，2020）

PET_{PM}受平均温度（T）、有效能量 AE（R_n-G）、相对湿度（RH）与 2 m 高度处风速（U）共同影响。为了探究这些因素对 PET_{PM}的单独贡献，有必要进一步估算各因子的贡献率。本研究采用 Fu 等（2014）提出的方法，分别研究 21 世纪中期上述四个因子的贡献。

RegCM4 三个动力降尺度试验及其集合平均表明，温度对潜在蒸散发变化的贡献为正，区域平均贡献率为 6%～8%，在青藏高原地区存在大值区，在东南地区贡献率最小（图 8.35）。除青藏高原外，有效能量对 PET 的变化呈正贡献，但贡献率相对较小，区域平均仅为 0.8%～1%，在中国西部为负贡献，在中国东部为正贡献（图 8.35），模拟结果间有较好一致性。风速对 PET 变化的贡献为负，区域平均贡献率为－2%～－1%，在中国西部的负贡献较大，局部可超过 4%；在中国东部的负贡献较弱，且模式一致性较差（图 8.35）。相对湿度对 PET 变化的

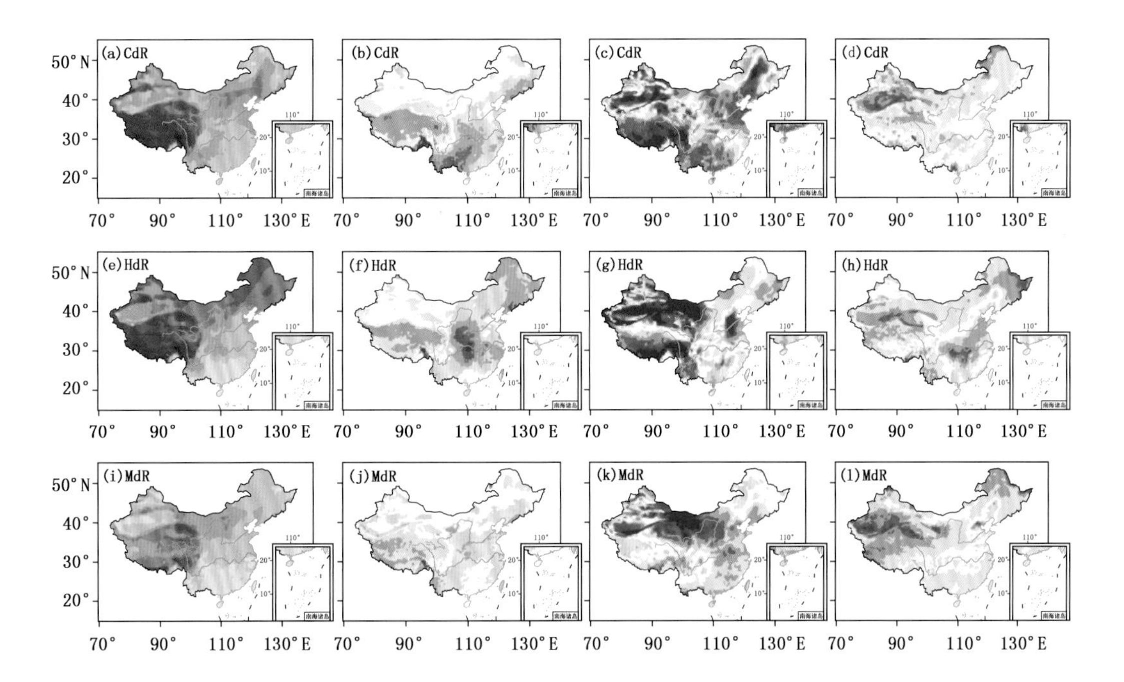

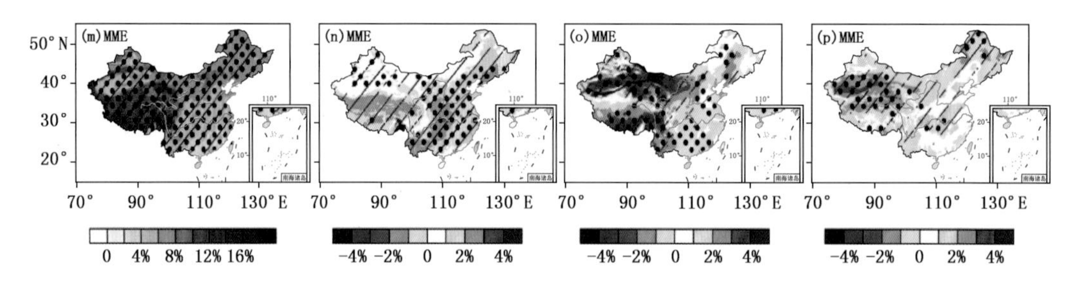

图 8.35　在 RCP4.5 情景下的 RegCM4 试验中，平均温度（第一列）、有效能量（第二列）、2 m 风速（第三列）和相对湿度（第四列）对 21 世纪中期 PET_{PM} 变化的贡献，从上至下依次为三个 RegCM4 及其试验集合平均（王恺曦 等，2020）

贡献有正有负，区域平均贡献率为−1%～0.2%，在西部地区贡献率为负，在东部地区，各模拟结果一致性较差，集合平均的贡献率整体呈弱“北负南正”分布。以上分析表明，平均温度是影响 PET 变化的主导因素。

进一步，综合探究上述因子对 AI 变化的影响（图 8.36）。全国平均上，降水、平均温度、有效能量、相对湿度和风速对 AI 变化的贡献分别为 3%～4%、−8%～−6%、−1%～−0.8%、

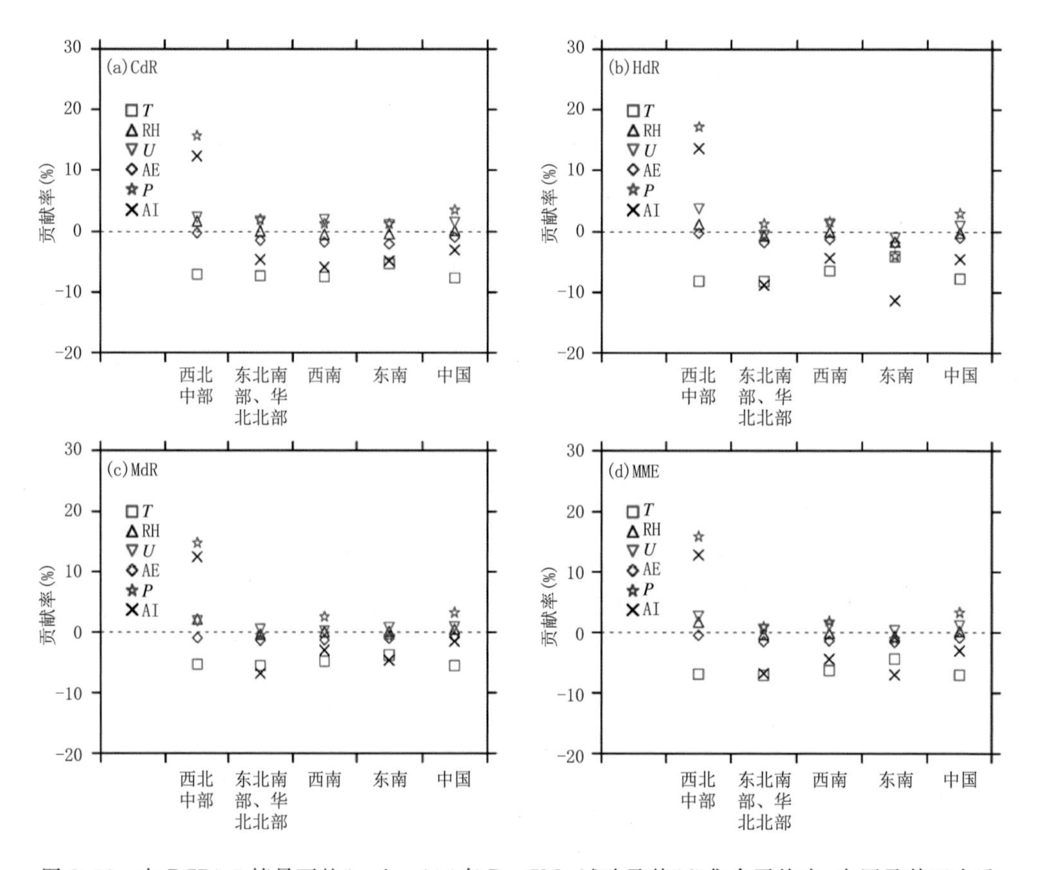

图 8.36　在 RCP4.5 情景下的（a，b，c）三套 RegCM4 试验及其（d）集合平均中，中国及其四个重点地区的平均温度（蓝）、相对湿度（红）、2 m 风速（绿）、有效能量（紫）和降水（橙）对 21 世纪中期 AI（黑）变化的贡献（王恺曦 等，2020）

−0.2%～1%和1%～2%。降水和平均温度是影响中国AI变化的两个主要因素，其他因素的影响相对较小。不同区域的主要影响因素有所差异。我们以选取的四个重点区域为例，具体而言，西北中部影响AI变化的主要因素是降水，贡献率可达15%～17%，其次是平均温度，贡献率为−8%～−5%。相对湿度、风速和有效能量贡献率相对较小，其中相对湿度和风速贡献为正，有效能量贡献为负且贡献率接近零。受降水增多影响，西北中部AI增加，气候变湿。与西北中部相比，其他三个地区影响AI变化的主要因素是平均温度，降水、相对湿度、风速和有效能量的贡献在不同模式和不同区域存在差异，但贡献率都远小于平均温度；受平均温度影响，三个地区AI减小，气候变干。

参考文献

童尧，高学杰，韩振宇，等，2017. 基于RegCM4模式的中国区域日尺度降水模拟误差订正[J]. 大气科学，41(6)：1156-1166.

王恺曦，姜大膀，华维，2020. 中国干湿变化的高分辨率区域气候模式预估[J]. 大气科学，44(6)：1203-1212.

CHEN H, SUN J, CHEN X, 2014. Projection and uncertainty analysis of global precipitation-related extremes using CMIP5 models[J]. Int J Climatol, 34(8):2730-2748.

CHEN S, JIANG Z, CHEN W, et al, 2018. Changes in temperature extremes over China under 1.5 ℃ and 2 ℃ global warming targets[J]. Adv Clim Change Res, 9: 120-129.

FENG S, FU Q, 2013. Expansion of global drylands under a warming climate [J]. Atmos Chem Phys, 13 (19): 10081-10094.

FU Q, FENG S, 2014. Responses of terrestrial aridity to global warming [J]. J Geophys Res Atmos, 119 (13): 7863-7875.

GAO J, SHI Y, SONGY, et al, 2008. Reduction of future monsoon precipitation over China: Comparison between a high resolution RCM simulation and the driving GCM[J]. Meteorol Atmos Phys, 100:73-86.

GAO X, WU J, SHI Y, et al, 2018. Future changes in thermal comfort conditions over China based on multi-RegCM4 simulations[J]. Atmos Oceanic Sci Lett, 11: 291-299.

GIORGI F, JONES C, ASRAR G R, 2009. Addressing climate information needs at the regional level: The CORDEX framework[J]. World Meteorological Organization (WMO) Bulletin, 58: 175-183.

GREGORCZUK M, 1968. Biometeorological and hygienic assessment of negative effective temperatures[J]. Hyg Sanitat, 33: 400-403.

GUDMUNDSSON L, BREMNES J B, HAUGEN J E, et al, 2012. Technical note: Downscaling RCM precipitation to the station scale using statistical transformations - a comparison of methods[J]. Hydrol Earth Syst Sci, 16: 3383-3390.

GUO D, ZHANG Y, GAO X, et al, 2021. Evaluation and ensemble projection of extreme high and low temperature events in China from four dynamical downscaling simulations[J]. Int J Climatol, 41: E1252-E1269.

HAN T T, CHEN H P, HAO X, et al, 2018. Projected changes in temperature and precipitation extremes over the Silk Road Economic Belt regions by the CMIP5 multi-model ensembles[J]. Int J Climatol, 38: 4077-4091.

JI Z, KANG S, 2015. Evaluation of extreme climate events using a regional climate model for China[J]. Int J Climatol, 35:888-902.

LI W, JIANG H, XU J, et al, 2016. Extreme precipitation Indices over China in CMIP5 Models. Part II: Probabilistic Projection[J]. J Clim, 29:8989-9004.

MIDDLETON N, THOMAS D, 1997. World Atlas of Desertification[M]. 2nd ed. London: Arnold.

PENMAN H, 1948. Natural evaporation from open water, bare soil and grass[J]. Proc Math Phys Eng Sci, 193: 120-145.

RAO X, LU X, DONG W, 2019. Evaluation and projection of extreme precipitation over northern China in CMIP5 Models[J]. Atmosphere, 10: 691.

RIAHI K, NAKICENOVIC N, 2007. Greenhouse gases-integrated assessment[J]. Technol Forecast Soc Change, 74: 873-1108.

SILLMANN J, KHARIN V, ZHANG X, et al, 2013. Climate extremes indices in the CMIP5 multimodel ensemble: Part 1. Model evaluation in the present climate[J]. J Geophys Res Atmos, 118(4): 1716-1733.

THORNTHWAITE C, 1948. An approach toward a rational classification of climate[J]. Geogr Rev, 38: 55-94.

TIAN D, GUO Y, DONG W, 2015. Future changes and uncertainties in temperature and precipitation over China on CMIP5 models[J]. Adv Atmos Sci, 32:487-496.

WU J, GAO J, 2013. A gridded daily observation dataset over China region and comparison with the other datasets[J]. Chinese J Geophys. 56:1102-1111.

XU J, SHI Y, GAO X, et al, 2013. Projected changes in climate extremes over China in the 21st century from a high resolution regional climate model (RegCM3)[J]. Chinese Sci Bull, 58(12):1443-1452.

ZHANG Y, XU Y, DONG W, et al, 2006. A future climate scenario of regional changes in extreme climate events over china using the precis climate model[J]. Geophys Res Lett, 33(24):L24702.

ZHOU B, HAN W, XU Y, et al, 2014. Projected changes in temperature and precipitation extremes in China by the CMIP5 multimodel ensembles[J]. J Clim, 27: 6591-6611.